高等学校教材

JU　ZHEN　LUN

矩阵论

张凯院　徐　仲　等编著

西北工業大學出版社
西　安

【内容简介】 本书分为7章，主要内容包括线性空间与线性变换、向量范数与矩阵范数、矩阵分析、矩阵分解、矩阵的特征值估计、广义逆矩阵以及特殊矩阵等．各章均配有适量的习题，书后附有习题答案或提示．本书内容丰富，论述翔实严谨，安排了较多的典型例题，教学辅导书与网络教学课件等一应俱全，便于读者自学．

本书可作为高等院校和科研院所理、工科研究生和数学专业高年级本科生的教材，也可供从事科学计算和工程技术的有关人员参考．

图书在版编目（CIP）数据

矩阵论/张凯院等编著．—西安：西北工业大学出版社，2017.8(2024.9重印)
ISBN 978-7-5612-5570-4

Ⅰ.①矩…　Ⅱ.①张…　Ⅲ.①矩阵论　Ⅳ.①O151.21

中国版本图书馆CIP数据核字(2017)第201002号

策划编辑：雷　军
责任编辑：雷　军

出版发行：西北工业大学出版社
通信地址：西安市友谊西路127号　**邮编：**710072
电　　话：(029)88493844
网　　址：www.nwpup.com
印 刷 者：兴平市博闻印务有限公司
开　　本：720 mm×1 020 mm　1/16
印　　张：20.5
字　　数：398千字
版　　次：2017年8月第1版　2024年9月第8次印刷
定　　价：58.00元

前 言

矩阵论是高等学校和科研院(所)面向研究生开设的一门数学基础课．作为数学的一个重要分支,矩阵理论具有极为丰富的内容;作为一种基本工具,矩阵理论在数学学科以及其他科学技术领域都有非常广泛的应用．因此,学习和掌握矩阵的基本理论与方法,对于研究生来说是十分重要的．

本书以程云鹏等编著的研究生教材《矩阵论》(西北工业大学出版社,2013 年第 4 版)为蓝本,修改、更新或增加了一些定理与引理论证方法、定义、性质、例题、习题、习题答案以及文字叙述段落,重组或增加了多个教学内容模块,前 6 章增加了本章内容要点评述,并对全书进行了较多的文字和叙述方式修改．

本书致力于以近代数学思想、观点和语言统一处理有关题材,并使其内容比传统工科的相应教材有较大的拓宽、充实、更新和提高 h 突出线性空间的结构和线性变换两大核心内容的地位及训练,并以它们为主线将各章内容贯穿起来,使之成为一个有机的整体．以期达到培养研究生抽象思维和逻辑推理的能力,也使课程体系整体优化．

本书注意揭示数学理论的相关背景,多处安排不同领域的一些典型范例．力求遵循教育学和教学法的原理,符合教学过程中研究生的认知规律,贴近我国研究生的实际水平．虽然在整体上以线性空间和线性变换为主线,但在具体题材的处理上,尽量做到由易到难、由具体到抽象、由特殊到一般．矩阵论中所使用的各种推证方法、公理化定义、抽象化思维、计算技巧及应用等都很有特色,是其他课程所无法替代的,也是提高研究生数学素质不可缺少的一环．在注重基础理论的表述及论证严谨等基础上,为了便于理解,本书对于矩阵理论中教学难度较大的内容做了颇有特色的处理．

本书力求通俗易懂,便于研究生在教师指导下自学．为了使研究生能正确理解概念,掌握运算技巧和解题方法,书中安排了较多的例题,各章均配有适量的习题．这些题目是经过精心挑选的,其中不少具有新意,书后附有习题答案或提示．另外,还有《矩阵论导教・导学・导考》《矩阵论辅导讲案》以及《矩阵论流媒体课程》(西北工业大学出版社)等辅导资料与本书相配合,给研究生自学提供了极大的方便．

本书题材丰富,不同专业的研究生可根据需要对内容进行取舍．使用本书为教材,理科研究生约需 80 学时,工科研究生删去左上角带“＊”的内容后约需 60 学时．学习过工科线性代数课程的读者,均可阅读本书．

参加本书编写的有张凯院、徐仲、吕全义、陆全等任课教师,全书由张凯院统稿并负责修改定稿．本书在编写过程中，得到了西北工业大学理学院、研究生院、教务处、出版社等部门的协助与支持；并参阅了相关文献资料，在此，笔者向给予协助支持的部门以及文献资料的作者表示由衷的感谢．

限于水平，书中疏漏和不妥之处，恳请同行、读者指正．

编　者

2017 年 7 月于西北工业大学

符 号 说 明

$\mathbf{N}_0$	正整数集合
$a \in S$	元素 a 属于集合 S
$a \notin S$	元素 a 不属于集合 S
$S_1 \supset S_2$	集合 S_1 包含集合 S_2
$S_1 \cap S_2$	集合 S_1 与集合 S_2 的交集
$S_1 \cup S_2$	集合 S_1 与集合 S_2 的并集
$S_1 + S_2$	集合 S_1 与集合 S2 的和
$S_1 \oplus S_2$	集合 S_1 与集合 S_2 的直和
σ：$S_1 \to S_2$	σ 是集合 S_1 到集合 S 的映射
$\mathbf{R}(\mathbf{C})$	实(复)数集合
$\mathbf{R}^n(\mathbf{C}^n)$	n 维实(复)向量集合
$\mathbf{R}^{m\times n}(\mathbf{C}^{m\times n})$	$m\times n$ 实(复)矩阵集合
$\mathbf{R}_r^{m\times n}(\mathbf{C}_r^{m\times n})$	秩为 r 的 $m\times n$ 实(复)矩阵集合
$\mathbf{R}_+^n$	n 维非负实向量集合
V^n	n 维线性空间
$\dim V$	线性空间 V 的维数
$W^{\perp}$	子空间 W 的正交补
$\mathbf{0}$	零向量或线性空间的零元素
$\boldsymbol{e}_i$	第 i 个分量为 1,其余分量为 0 的向量
$\boldsymbol{O}$	零矩阵
$\boldsymbol{I}$	单位矩阵
$\boldsymbol{E}_{ij}$	第 i 行第 j 列元素为 1,其余元素为 0 的矩阵
$\det\boldsymbol{A}$	方阵 $\boldsymbol{A}$ 的行列式
$\mathrm{tr}\boldsymbol{A}$	方阵 A 的迹
$\mathrm{adj}\boldsymbol{A}$	方阵 A 的伴随矩阵
$\boldsymbol{A}^{\mathrm{T}}$	矩阵 $\boldsymbol{A}$ 的转置
$\boldsymbol{A}^{\mathrm{H}}$	矩阵 $\boldsymbol{A}$ 的共轭转置
$(\boldsymbol{A})_{ij}$	矩阵 $\boldsymbol{A}$ 的第 i 行第 j 列元素
$R(\boldsymbol{A})$	矩阵 $\boldsymbol{A}$ 的值域
$N(\boldsymbol{A})$	矩阵 A 的零空间
$\mathrm{rank}\boldsymbol{A}$	矩阵 $\boldsymbol{A}$ 的秩,$\dim R(\boldsymbol{A})$
$n(\boldsymbol{A})$	矩阵 A 的零度,$\dim N(\boldsymbol{A})$
$\rho(\boldsymbol{A})$	方阵 $\boldsymbol{A}$ 的谱半径
$\mathrm{cond}(\boldsymbol{A})$	方阵 $\boldsymbol{A}$ 的条件数
$\boldsymbol{J}$	方阵的 Jordan 标准形
$\boldsymbol{J}_i(\lambda_i)$	方阵的第 i 个 Jordan 块

$\Vert \boldsymbol{A} \Vert$	矩阵 $\boldsymbol{A}$ 的任意范数
$\Vert \boldsymbol{A} \Vert_F$	矩阵 $\boldsymbol{A}$ 的 Frobenius 范数
$\Vert \boldsymbol{x} \Vert_p$	向量 $\boldsymbol{x}$ 的 p -范数
$\lambda_i(\boldsymbol{A})$	方阵 $\boldsymbol{A}$ 的第 i 个特征值
$\sigma_i(\boldsymbol{A})$	矩阵 $\boldsymbol{A}$ 的第 i 个奇异值
$\boldsymbol{A} \sim \boldsymbol{B}$	方阵 $\boldsymbol{A}$ 相似于方阵 $\boldsymbol{B}$
$\boldsymbol{A} \otimes \boldsymbol{B}$	矩阵 $\boldsymbol{A}$ 与矩阵 $\boldsymbol{B}$ 的直积,Kronecker 积
$\overline{\text{vec}}(\boldsymbol{A})$	矩阵 $\boldsymbol{A}$ 按行拉直的列向量
$\text{diag}(\lambda_1,\lambda_2,\cdots,\lambda_n)$	以 $\lambda_1,\lambda_2,\cdots,\lambda_n$ 为对角元素的对角矩阵
$\text{diag}(\boldsymbol{A}_1,\boldsymbol{A}_2,\cdots,\boldsymbol{A}_n)$	以 $\boldsymbol{A}_1,\boldsymbol{A}_2,\cdots,\boldsymbol{A}_n$ 为对角元素的准对角矩阵
$(\boldsymbol{x},\boldsymbol{y})$	向量 $\boldsymbol{x}$ 与向量 $\boldsymbol{y}$ 的内积
$\boldsymbol{x} \perp \boldsymbol{y}$	向量 $\boldsymbol{x}$ 与向量 $\boldsymbol{y}$ 正交
$L(\boldsymbol{x}_1,\boldsymbol{x}_2,\cdots,\boldsymbol{x}_m)$ 或 $\text{span}\{\boldsymbol{x}_1,\boldsymbol{x}_2,\cdots,\boldsymbol{x}_m\}$	向量 $\boldsymbol{x}_1,\boldsymbol{x}_2,\cdots,\boldsymbol{x}_m$ 生成的子空间
$f(\lambda) \mid g(\lambda)$	多项式 $f(\lambda)$ 整除多项式 $g(\lambda)$
$\partial f(\lambda)$	多项式 $f(\lambda)$ 的次数
$\text{Re}(\lambda)$	复数 λ 的实部
$\text{Im}(\lambda)$	复数 λ 的虚部
G_i	方阵 $\boldsymbol{A}$ 的第 i 个 Gerschgorin 圆
$R_i(\boldsymbol{A})$ 或 R_i	方阵 $\boldsymbol{A}$ 的第 i 个 Gerschgorin 圆的半径
$R(\boldsymbol{x})$	方阵 $\boldsymbol{A}$ 的 Rayleigh 商
T_0	零变换
T_e	单位变换
$T_{L,M}$	沿着空间 M 到空间 L 的投影变换
T_L	空间 L 上的正交投影变换
$\boldsymbol{P}_{L,M}$	沿着空间 M 到空间 L 的投影矩阵
$\boldsymbol{P}_L$	空间 L 上的正交投影矩阵
$\boldsymbol{A}^+$	矩阵 $\boldsymbol{A}$ 的 Moore-Penrose 逆
$\boldsymbol{A}^{(i,\ j,\ \cdots,\ l)}$	矩阵 $\boldsymbol{A}$ 的$\{i,\ j,\ \cdots,\ l\}$- 逆
$A\{i,\ j,\ \cdots,\ l\}$	矩阵 $\boldsymbol{A}$ 的$\{i,\ j,\ \cdots,\ l\}$- 逆的集合
$\boldsymbol{A}^{(d)}$	矩阵 $\boldsymbol{A}$ 的 Drazin 逆
$\boldsymbol{A}^{\#}$	矩阵 $\boldsymbol{A}$ 的群逆
$\boldsymbol{L}_{-1}$	反周期 Jacobi 矩阵
$\boldsymbol{A} > \boldsymbol{B}$	$\boldsymbol{A}$ 和 $\boldsymbol{B}$ 都是 Hermite 矩阵,且 $\boldsymbol{A}-\boldsymbol{B}$ 为正定矩阵
$\boldsymbol{A} \geq \boldsymbol{B}$	$\boldsymbol{A}$ 和 $\boldsymbol{B}$ 都是 Hermite 矩阵,且 $\boldsymbol{A}-\boldsymbol{B}$ 为非负定矩阵
$\boldsymbol{A} > \boldsymbol{O}(\boldsymbol{x} > \boldsymbol{0})$	矩阵 $\boldsymbol{A}$(向量 $\boldsymbol{x}$) 的每个元素都是正数
$\boldsymbol{A} \geqslant \boldsymbol{O}(\boldsymbol{x} \geqslant \boldsymbol{0})$	矩阵 $\boldsymbol{A}$(向量 $\boldsymbol{x}$) 的每个元素都是非负实数
$\boldsymbol{A} \geq \boldsymbol{O}(\boldsymbol{x} \geq \boldsymbol{0})$	非零矩阵 $\boldsymbol{A}$(向量 $\boldsymbol{x}$) 的每个元素都是非负实数
VL 稳定	Volterra-Lyapunov 稳定

P_0^+	主子式的值非负，且同阶主子式中至少有一个为正值的矩阵集合
命题 $A \Leftrightarrow$ 命题 B	命题 A 等价于命题 B
命题 $A \Rightarrow$ 命题 B	由命题 A 可推导出命题 B
$\forall$	任意

目　录

第1章　线性空间与线性变换

线性空间与线性变换是矩阵理论中的两个重要概念．本章先简要地介绍这两个概念及其有关理论，然后再讨论两个特殊的线性空间，这就是Euclid空间和酉空间．所有论述是在假定读者已经具备了 n 维向量空间的理论，矩阵的初步运算，线性方程组的理论和二次型的有关知识的基础上进行的．

1.1　线性空间

为了统一研究在数学、力学及其它学科中遇到的规定了线性运算的不同集合的公共性质，需要引入线性空间的概念．线性空间是对 n 维向量空间的推广．

1.1.1　集合与映射

集合是数学中最基本的概念之一．所谓**集合**是指作为整体看的一堆东西．例如，由一些数（有限个或无限个）组成的集合，称为**数集合**或**数集**；一个线性代数方程组解的全体组成一个集合，称为**解集合**；一个已知半径和圆心的开圆内的所有点组成一个集合，称为**点集合**或**点集**；等等．组成集合的事物称为这个**集合的元素**．如果用 S 表示集合，a 表示 S 的元素，常用记号 $a \in S$ 表示 a 是 S 的元素，读为 a 属于 S；用记号 $a \notin S$ 表示 a 不是 S 的元素，读为 a 不属于 S．

因为一个集合由它的元素组成，所以给出一个集合的方式不外乎是列举出它的全部元素或给出这个集合元素所具有的特征性质．例如，由数 1,2,3 组成的集合 N，可记为 $N=\{1,\ 2,\ 3\}$，这就是用列举出其全部元素的方式；但适合方程

$$\frac{x^2}{a^2}+\frac{y^2}{b^2}=1$$

的全部点组成的点集 P，因其元素有无穷多个，不可能全部列举出来，就用其元素所具有的特征性质的方式把它记为

$$P=\left\{(x,\ y)\ \middle|\ \frac{x^2}{a^2}+\frac{y^2}{b^2}=1\right\}$$

一般地，M 是具有某些性质的全部元素 a 所组成的集合时，可记为

$$M=\{a \mid a\ \text{具有的性质}\}$$

一切正整数的集合，称为正整数集，常记为

$$\mathbf{N}_0=\{n \mid n\ \text{是正整数}\}$$

不包含任何元素的集合称为**空集合**，常记为 $\varnothing$．例如，一个无解的线性代数方

程组的解集合就是一个空集合．空集合在集合运算中所起的作用，类似于数零在数的运算中所起的作用．

如果集合 S_1 的元素全是集合 S_2 的元素，即由 $a \in S_1$ 可以推出 $a \in S_2$，那么就称 S_1 为 S_2 的**子集合**，记为

$$S_1 \subset S_2 \quad 或 \quad S_2 \supset S_1$$

例如，全体偶数组成的集合是全体整数组成的集合(称为**整数集**)的子集合．规定空集合是任一集合的子集合．按定义，每个集合都是它自身的子集合．把集合的这两个特殊子集合，统称为其**当然子集合**或**假子集合**，而把它的其余子集合统称为其**非当然子集合**或**真子集合**．

如果两个集合 S_1 与 S_2 含有完全相同的元素，即 $a \in S_1$，当且仅当 $a \in S_2$ 时，那么就称它们**相等**，记为 $S_1 = S_2$. 显然两个集合 S_1 与 S_2，如果同时满足 $S_1 \subset S_2$ 与 $S_2 \subset S_1$，那么 S_1 和 S_2 相等．

把既属于集合 S_1，又属于集合 S_2 的全体元素所组成的集合称为 S_1 与 S_2 的**交**，记为

$$S_1 \cap S_2 = \{x \mid x \in S_1 且\ x \in S_2\}$$

例如，圆 $(x-1)^2 + y^2 = 1$ 包含的所有点组成的点集与圆 $(x-2)^2 + y^2 = 1$ 包含的所有点组成的点集的交，就是两个圆公共部分所有点组成的点集．两集合的交显然具有关系式

$$S_1 \cap S_2 \subset S_1, \quad S_1 \cap S_2 \subset S_2$$

属于集合 S_1，或属于集合 S_2 的全体元素组成的**集合**，称为 S_1 与 S_2 的**并**，记为

$$S_1 \cup S_2 = \{x \mid x \in S_1 或\ x \in S_2\}$$

两集合 S_1 与 S_2 的并显然满足关系 $S_1 \cup S_2 \supset S_1$，$S_1 \cup S_2 \supset S_2$.

集合 S_1 与集合 S_2 的**和集**是指集合

$$\{x + y \mid x \in S_1,\ y \in S_2\}$$

常用记号 $S_1 + S_2$ 来表示，于是有

$$S_1 + S_2 = \{x + y \mid x \in S_1,\ y \in S_2\}$$

应该指出，两集合的和集概念不同于它们的并集概念，例如

$$\{1, 2, 3\} \cup \{2, 3, 4\} = \{1, 2, 3, 4\}$$

$$\{1, 2, 3\} + \{2, 3, 4\} = \{3, 4, 5, 6, 7\}$$

某些数集(含非零的数)，如果其中任意两个数的和、差、积、商(除数不为零)仍在该数集中(即数集关于四则运算封闭)，那么称该数集为**数域**．例如，实数集关于四则运算封闭，因此它形成一个数域，称其为**实数域**，记为 **R**. 同样，复数集也形成一个数域，称其为**复数域**，记为 **C**. 读者可以验证有理数集形成一个**有理数域**．但奇数集不能形成数域，偶数集也不能形成数域．

下面简要介绍矩阵论中关于集合间的映射这一重要概念．

设 S 与 S' 是两个集合．所谓集合 S 到集合 S' 的一个**映射**或**映照**，是指一个法

则(或规则)$\sigma: S \to S'$,它使 S 中每一个元素 a 都有 S' 中一个确定的元素 a' 与之对应,记为

$$\sigma(a) = a' \quad 或 \quad a \to a'(=\sigma(a))$$

a' 称为 a 在映射 σ 下的**象**,而 a 称为 a' 在映射 σ 下的一个**原象**(**或象源**).

S 到 S 自身的映射,有时也称为 S 到自身的一个**变换**. 这种特殊的映射,在矩阵论中也是经常出现的.

例如,S 是数域 K① 上全体 n 阶矩阵 $\boldsymbol{A}$ 的集合,定义

$$\sigma_1(\boldsymbol{A}) = \det\boldsymbol{A} \quad (\boldsymbol{A} \in S)$$

则有 $\sigma_1: S \to K$,即 σ_1 是 S 到 K 的一个映射;如果定义

$$\sigma_2(a) = a\boldsymbol{I} \quad (a \in K)$$

这里 $\boldsymbol{I}$ 是 n 阶单位矩阵,则有 $\sigma_2: K \to S$.

令 P_n 是所有次数不超过 n 的实系数多项式的集合,定义

$$\sigma(f(t)) = f'(t) \quad (f(t) \in P_n)$$

σ 是 P_n 到自身的一个映射(实为求导运算),即 σ 是 P_n 到自身的一个变换.

又如,对于指数函数 $y=\mathrm{e}^x$ 而言,它可视为 $\mathbf{R}$ 到自身的映射. 一般地,定义在 $\mathbf{R}$ 上的实函数 $y = f(x)$,都可视为 $\mathbf{R}$ 到自身的一种特殊映射.

关于映射,还可定义它的运算:

设 σ_1 与 σ_2 都是集合 S 到 S' 的映射,如果对于每个 $a \in S$,都有 $\sigma_1(a)=\sigma_2(a)$,则称映射 σ_1 与 σ_2 **相等**,记为 $\sigma_1 = \sigma_2$.

设 σ, τ 依次是集合 S 到 S_1, S_1 到 S_2 的映射,映射的**乘积** $\tau\sigma$ 定义为

$$(\tau\sigma)(a) = \tau(\sigma(a)) \quad (a \in S)$$

此即相继施行映射 σ 和 τ 的结果,$\tau\sigma$ 是 S 到 S_2 的一个映射.

设 σ, τ, μ 依次为集合 S 到 S_1, S_1 到 S_2, S_2 到 S_3 的映射,可以证明映射的乘积满足结合律,但不满足交换律,即

$$(\mu\tau)\sigma = \mu(\tau\sigma), \quad \tau\sigma \neq \sigma\tau$$

1.1.2　线性空间及其性质

线性空间是线性代数最基本的概念之一,也是学习现代矩阵论的重要基础. 线性空间的概念,是某类事物从量的方面的一个抽象. 为了便于理解这个抽象概念,先看以下几个熟知的例子.

例 1.1　所有实(或复)n 维向量的集合 $\mathbf{R}^n$(或 $\mathbf{C}^n$),对 n 维向量的加法及数乘 n 维向量的运算是封闭的. 加法运算还满足交换律与结合律;数乘向量的运算满足分配律与结合律.

例 1.2　在集合 P_n 中,按通常意义定义多项式加法及实数与多项式乘法,则

---

① 数域 K 表示一般的数域,它可以是 $\mathbf{R}$,可以是 $\mathbf{C}$,也可以是其他数域.

P_n 对这两种运算是封闭的，因为，如果 $f(t) \in P_n$，$g(t) \in P_n$，则 $f(t)+g(t) \in P_n$；若 $k \in \mathbf{R}$，则 $kf(t) \in P_n$. 易验证对 P_n 的这两种运算，也有如例 1.1 中所论的诸算律成立．

例 1.3 常系数二阶齐次线性微分方程

$$y'' - 3y' + 2y = 0$$

的解的集合 D，对于函数加法及数与函数乘法有，若 y_1，$y_2 \in D$，则 $y_1 + y_2 \in D$，当 $k \in \mathbf{R}$ 时，则 $ky_1 \in D$. 即 D 关于这两种运算是封闭的，且满足如例 1.1 中所论的诸算律．

例 1.4 在所有 n 阶实矩阵的集合 $\mathbf{R}^{n\times n}$（或复矩阵的集合 $\mathbf{C}^{n\times n}$）中，如果 $\boldsymbol{A}$，$\boldsymbol{B} \in \mathbf{R}^{n\times n}$（或 $\mathbf{C}^{n\times n}$），则 $\boldsymbol{A}+\boldsymbol{B} \in \mathbf{R}^{n\times n}$（或 $\mathbf{C}^{n\times n}$）；如果 $k \in \mathbf{R}$（或 $\mathbf{C}$），则 $k\boldsymbol{A} \in \mathbf{R}^{n\times n}$（或 $\mathbf{C}^{n\times n}$）．即集合对于这两种运算是封闭的．加法与数乘矩阵也都满足如例 1.1 中所论的诸算律．

此外，在数学、力学及其他学科中，还有大量如例 1.1 至例 1.4 这样的集合．因此，有必要不考虑集合的对象，抽去它们的具体内容的含义，来研究这类集合的公共性质，并引进一个概括性名词．于是就有如下的线性空间的概念．

定义 1.1 设 V 是一个非空集合，它的元素用 $\boldsymbol{x}$，$\boldsymbol{y}$，$\boldsymbol{z}$ 等表示，并称之为向量；K 是一个数域，它的元素用 k，l，m 等表示．如果 V 满足条件：

(1) 在 V 中定义一个加法运算，即当 $\boldsymbol{x}$，$\boldsymbol{y} \in V$ 时，有唯一的和 $\boldsymbol{x}+\boldsymbol{y} \in V$，且加法运算满足以下性质：

1) 结合律 $\boldsymbol{x}+(\boldsymbol{y}+\boldsymbol{z})=(\boldsymbol{x}+\boldsymbol{y})+\boldsymbol{z}$；

2) 交换律 $\boldsymbol{x}+\boldsymbol{y}=\boldsymbol{y}+\boldsymbol{x}$；

3) 存在**零元素** $\mathbf{0}$，使 $\boldsymbol{x}+\mathbf{0}=\boldsymbol{x}$；

4) 存在**负元素**，即对任一向量 $\boldsymbol{x} \in V$，存在向量 $\boldsymbol{y} \in V$，使 $\boldsymbol{x}+\boldsymbol{y}=\mathbf{0}$，则称 $\boldsymbol{y}$ 为 $\boldsymbol{x}$ 的负元素，记为 $-\boldsymbol{x}$，于是有 $\boldsymbol{x}+(-\boldsymbol{x})=\mathbf{0}$.

(2) 在 V 中定义数乘（数与向量的乘法）运算，即当 $\boldsymbol{x} \in V$，$k \in K$ 时，有唯一的乘积 $k\boldsymbol{x} \in V$，且数乘运算满足以下性质：

5) 数因子分配律 $k(\boldsymbol{x}+\boldsymbol{y})=k\boldsymbol{x}+k\boldsymbol{y}$；

6) 分配律 $(k+l)\boldsymbol{x}=k\boldsymbol{x}+l\boldsymbol{x}$；

7) 结合律 $k(l\boldsymbol{x})=(kl)\boldsymbol{x}$；

8) $1\,\boldsymbol{x}=\boldsymbol{x}$.

则称 V 为数域 K 上的**线性空间或向量空间**．

V 中所定义的加法及数乘运算统称为 V 的线性运算．在不致产生混淆时，将数域 K 上的线性空间简称为线性空间．数 k 与向量 $\boldsymbol{x}$ 的乘积 $k\boldsymbol{x}$ 也可以写成 $\boldsymbol{x}k$.

需要指出，不管 V 的元素如何，当 K 为实数域 $\mathbf{R}$ 时，则称 V 为**实线性空间**；当 K 为复数域 $\mathbf{C}$ 时，就称 V 为**复线性空间**．

例 1.1 中的 $\mathbf{R}^n$ 形成实线性空间，$\mathbf{C}^n$ 形成复线性空间；例 1.2 与例 1.3 中的集

合，在其各自的加法和数乘运算的定义下，都形成实线性空间；例1.4中的$\mathbf{R}^{n\times n}$形成实线性空间，$\mathbf{C}^{n\times n}$形成复线性空间．特别地，将例1.2所给的线性空间称为**多项式空间**，将例1.4所给的线性空间称为**矩阵空间**．

例1.5 设$\mathbf{R}^+$为所有正实数组成的数集，其加法与数乘运算分别定义为

$$m\oplus n=mn,\quad k\circ m=m^k$$

证明$\mathbf{R}^+$是$\mathbf{R}$上的线性空间．

证 设$m, n\in\mathbf{R}^+, k\in\mathbf{R}$，则有

$$m\oplus n=mn\in\mathbf{R}^+,\quad k\circ m=m^k\in\mathbf{R}^+$$

即$\mathbf{R}^+$对所定义的加法运算"$\oplus$"与数乘运算"$\circ$"是封闭的，且有

(1) $(m\oplus n)\oplus p=(mn)\oplus p=mnp=m\oplus(np)=m\oplus(n\oplus p)$

(2) $m\oplus n=mn=nm=n\oplus m$

(3) 1是零元素，因为$m\oplus 1=m\times 1=m$

(4) m的负元素是$\frac{1}{m}$，因为$m\oplus\frac{1}{m}=m\times\frac{1}{m}=1$

(5) $k\circ(m\oplus n)=k\circ(mn)=(mn)^k=m^kn^k=(k\circ m)\oplus(k\circ n)$

(6) $(k+l)\circ m=m^{k+l}=m^km^l=(k\circ m)\oplus(l\circ m)$

(7) $k\circ(l\circ m)=k\circ m^l=(m^l)^k=m^{lk}=m^{kl}=(kl)\circ m$

(8) $1\circ m=m^1=m$

成立，故$\mathbf{R}^+$是实线性空间．

定理1.1 线性空间V有唯一的零元素，任一元素也有唯一的负元素．

证 设$\mathbf{0}_1, \mathbf{0}_2$是$V$的两个零元素，考虑和$\mathbf{0}_1+\mathbf{0}_2$．由于$\mathbf{0}_1$是$V$的零元素，因此$\mathbf{0}_1+\mathbf{0}_2=\mathbf{0}_2+\mathbf{0}_1=\mathbf{0}_2$；又由于$\mathbf{0}_2$也是$V$的零元素，因此$\mathbf{0}_1+\mathbf{0}_2=\mathbf{0}_1$．从而有

$$\mathbf{0}_1=\mathbf{0}_1+\mathbf{0}_2=\mathbf{0}_2$$

这就证明了零元素的唯一性．

为了证明负元素的唯一性，设元素$\boldsymbol{x}$有两个负元素$\boldsymbol{x}_1$和$\boldsymbol{x}_2$，则有

$$\boldsymbol{x}+\boldsymbol{x}_1=\mathbf{0},\quad \boldsymbol{x}+\boldsymbol{x}_2=\mathbf{0}$$

于是

$$\boldsymbol{x}_1=\boldsymbol{x}_1+\mathbf{0}=\boldsymbol{x}_1+(\boldsymbol{x}+\boldsymbol{x}_2)=(\boldsymbol{x}_1+\boldsymbol{x})+\boldsymbol{x}_2=\mathbf{0}+\boldsymbol{x}_2=\boldsymbol{x}_2$$ 证毕

利用负元素，定义V中向量的减法为

$$\boldsymbol{x}-\boldsymbol{y}=\boldsymbol{x}+(-\boldsymbol{y})$$

可以证明，若$\boldsymbol{x}\in V, k\in K$，则$0\boldsymbol{x}=\mathbf{0}, k\mathbf{0}=\mathbf{0}, (-1)\boldsymbol{x}=-\boldsymbol{x}$.

同n维线性空间$\mathbf{R}^n$中向量组的线性相关性一样，如果$\boldsymbol{x}_1, \boldsymbol{x}_2, \cdots, \boldsymbol{x}_m$为线性空间$V$中的$m$(有限正整数)个向量，$\boldsymbol{x}\in V$，且存在数域$K$中一组数$c_1, c_2, \cdots, c_m$，使

$$\boldsymbol{x}=c_1\boldsymbol{x}_1+c_2\boldsymbol{x}_2+\cdots+c_m\boldsymbol{x}_m \tag{1.1.1}$$

则称 $\boldsymbol{x}$ 为向量组 $\boldsymbol{x}_1, \boldsymbol{x}_2, \cdots, \boldsymbol{x}_m$ 的**线性组合**,有时也称向量 $\boldsymbol{x}$ 可由 $\boldsymbol{x}_1, \boldsymbol{x}_2, \cdots, \boldsymbol{x}_m$ **线性表示**.

如果式(1.1.1)中的 $c_1, c_2, \cdots, c_m$ 不全为零,且使

$$c_1\boldsymbol{x}_1+c_2\boldsymbol{x}_2+\cdots+c_m\boldsymbol{x}_m=\boldsymbol{0} \tag{1.1.2}$$

则称向量组 $\boldsymbol{x}_1, \boldsymbol{x}_2, \cdots, \boldsymbol{x}_m$ **线性相关**,否则称其为**线性无关**(即式(1.1.2)仅当 $c_1, c_2, \cdots, c_m$ 全为零时才成立,称 $\boldsymbol{x}_1, \boldsymbol{x}_2, \cdots, \boldsymbol{x}_m$ 线性无关). 注意到上述概念都只涉及加法与数乘运算,与向量本身的属性无直接关系,因此对于 $\mathbf{R}^n$ 中向量成立的相应结论可以照搬到一般的线性空间中来. 对 V 中线性无关的向量组所含向量的最大个数进行如下定义.

定义 1.2 线性空间 V 中线性无关向量组所含向量最大个数称为 V 的**维数**. 若 n 是具有这个性质的正整数,则称 V 的维数是 n,记为 $\dim V=n$.

维数是 n 的线性空间称为数域 K 上的 ***n* 维线性空间**,记为 V^n. 当 $n=+\infty$ 时,称为**无限维线性空间**.

譬如,例 1.3 中的集合 D 仅有两个线性无关的向量 $y_1=\mathrm{e}^x$, $y_2=\mathrm{e}^{2x}$,且 D 中任一向量 y 都可以由 y_1 和 y_2 线性表示,即有 $y=c_1\mathrm{e}^x+c_2\mathrm{e}^{2x}$,得 $\dim D=2$,即 D 是 $\mathbf{R}$ 上的 2 维线性空间. 同样,例 1.4 中的 $\mathbf{R}^{n\times n}$ 是 $\mathbf{R}$ 上的 n^2 维线性空间. 这是因为 $\mathbf{R}^{n\times n}$ 的任一向量

$$\boldsymbol{A}=(a_{ij})_{n\times n}=\sum_{i,\,j=1}^{n}a_{ij}\boldsymbol{E}_{ij}$$

其中 $\boldsymbol{E}_{ij}$ 是第 i 行第 j 列的元素为 1,其余元素都为 0 的 n 阶矩阵,且易验证 $\boldsymbol{E}_{ij}(i, j=1, 2, \cdots, n)$ 线性无关,故 $\dim\mathbf{R}^{n\times n}=n^2$. 又如,所有实系数多项式的集合,在通常的多项式加法及数乘多项式的运算下形成的实线性空间是无限维的,这是因为对于任意整数 N,都有 N 个线性无关的向量 $1, t, t^2, \cdots, t^{N-1}$.

容易验证,$1, t, t^2, \cdots, t^n$ 是例 1.2 中的线性空间 P_n 的一个**最大线性无关组**,且 $\dim P_n=n+1$.

无限维线性空间是一个专门研究的对象,它与有限维线性空间有较大的差别. 本书主要讨论有限维线性空间.

1.1.3 线性空间的基与坐标

在解析几何中,为了借助于数量运算以实现向量的运算,必须引进向量的坐标. 对有限维线性空间,坐标同样是一个有力的工具.

定义 1.3 设 V 是数域 K 上的线性空间,$\boldsymbol{x}_1, \boldsymbol{x}_2, \cdots, \boldsymbol{x}_r(r\geqslant 1)$ 是属于 V 的任意 r 个向量,如果它满足

(1) $\boldsymbol{x}_1, \boldsymbol{x}_2, \cdots, \boldsymbol{x}_r$ 线性无关;

(2) V 中任一向量 $\boldsymbol{x}$ 都是 $\boldsymbol{x}_1, \boldsymbol{x}_2, \cdots, \boldsymbol{x}_r$ 的线性组合.

则称 $\boldsymbol{x}_1, \boldsymbol{x}_2, \cdots, \boldsymbol{x}_r$ 为 V 的一个**基**或**基底**，并称 $\boldsymbol{x}_i(i=1, 2, \cdots, r)$ 为**基向量**.

由定义 1.3 可见，线性空间的维数是其基中所含向量的个数.

例如，e^x 与 e^{2x} 就是线性空间 D 的一个基；而 $\boldsymbol{E}_{ij}(i, j=1, 2, \cdots, n)$ 就是线性空间 $\mathbf{R}^{n\times n}$ 的一个基.

根据定义 1.3，容易看出：齐次线性方程组 $\boldsymbol{Ax}=\mathbf{0}$ 的基础解系中所含的向量，就是其解空间的一个基.

需要指出，一个线性空间的基不是唯一的. 例如，n 维向量组

$$\left.\begin{array}{l}\boldsymbol{e}_1=(1, 0, \cdots, 0)\\ \boldsymbol{e}_2=(0, 1, \cdots, 0)\\ \cdots\cdots\\ \boldsymbol{e}_n=(0, 0, \cdots, 1)\end{array}\right\} \text{及} \left.\begin{array}{l}\boldsymbol{y}_1=(1, 1, \cdots, 1, 1)\\ \boldsymbol{y}_2=(0, 1, \cdots, 1, 1)\\ \cdots\cdots\\ \boldsymbol{y}_n=(0, 0, \cdots, 0, 1)\end{array}\right\} \tag{1.1.3}$$

都是线性空间 $\mathbf{R}^n$ 的基. 这是因为

$$\begin{vmatrix}1 & 0 & \cdots & 0\\ 0 & 1 & \cdots & 0\\ \vdots & \vdots & & \vdots\\ 0 & 0 & \cdots & 1\end{vmatrix}\neq 0, \quad \begin{vmatrix}1 & 1 & \cdots & 1 & 1\\ 0 & 1 & \cdots & 1 & 1\\ \vdots & \vdots & & \vdots & \vdots\\ 0 & 0 & \cdots & 0 & 1\end{vmatrix}\neq 0$$

从而它们各自都线性无关，而且对任一向量 $\boldsymbol{x}=(\xi_1, \xi_2, \cdots, \xi_n)\in\mathbf{R}^n$，分别有

$$\boldsymbol{x}=\xi_1\boldsymbol{e}_1+\xi_2\boldsymbol{e}_2+\cdots+\xi_n\boldsymbol{e}_n$$

$$\boldsymbol{x}=\xi_1\boldsymbol{y}_1+(\xi_2-\xi_1)\boldsymbol{y}_2+\cdots+(\xi_n-\xi_{n-1})\boldsymbol{y}_n$$

于是由定义 1.3 知上面论断成立.

定义 1.4　称线性空间 V^n 的一个基 $\boldsymbol{x}_1, \boldsymbol{x}_2, \cdots, \boldsymbol{x}_n$ 为 V^n 的一个**坐标系**. 设向量 $\boldsymbol{x}\in V^n$，它在该基下的线性表示式为

$$\boldsymbol{x}=\xi_1\boldsymbol{x}_1+\xi_2\boldsymbol{x}_2+\cdots+\xi_n\boldsymbol{x}_n \tag{1.1.4}$$

则称 $\xi_1, \xi_2, \cdots, \xi_n$ 为 $\boldsymbol{x}$ 在该坐标系中的**坐标**或**分量**，记为

$$(\xi_1, \xi_2, \cdots, \xi_n)^{\mathrm{T}} \tag{1.1.5}$$

必须指出，在不同的坐标系(或基)中，同一向量的坐标一般是不同的. 例如，$\mathbf{R}^n$ 的任一向量 $(\xi_1, \xi_2, \cdots, \xi_n)$ 在式(1.1.3)的第一基中的坐标是 $(\xi_1, \xi_2, \cdots, \xi_n)^{\mathrm{T}}$，但在第二基中的坐标却是 $(\xi_1, \xi_2-\xi_1, \cdots, \xi_n-\xi_{n-1})^{\mathrm{T}}$. 然而却有下面的定理.

定理 1.2　设 $\boldsymbol{x}_1, \boldsymbol{x}_2, \cdots, \boldsymbol{x}_n$ 是 V^n 的一个基，$\boldsymbol{x}\in V^n$，则 $\boldsymbol{x}$ 可唯一地表示成 $\boldsymbol{x}_1, \boldsymbol{x}_2, \cdots, \boldsymbol{x}_n$ 的线性组合.

证　设 $\boldsymbol{x}$ 可由 $\boldsymbol{x}_1, \boldsymbol{x}_2, \cdots, \boldsymbol{x}_n$ 线性表示为

$$\boldsymbol{x}=\xi_1\boldsymbol{x}_1+\xi_2\boldsymbol{x}_2+\cdots+\xi_n\boldsymbol{x}_n, \quad \boldsymbol{x}=\xi_1'\boldsymbol{x}_1+\xi_2'\boldsymbol{x}_2+\cdots+\xi_n'\boldsymbol{x}_n$$

相减得

$$(\xi_1'-\xi_1)\boldsymbol{x}_1+(\xi_2'-\xi_2)\boldsymbol{x}_2+\cdots+(\xi_n'-\xi_n)\boldsymbol{x}_n=\mathbf{0}$$

由于 $\boldsymbol{x}_1, \boldsymbol{x}_2, \cdots, \boldsymbol{x}_n$ 是 V^n 的基，从而线性无关，故有

$$\xi_i' = \xi_i \quad (i=1, 2, \cdots, n)$$ 证毕

需要注意，使用表达式(1.1.5)时，应该指明在 V^n 中所选用的坐标系，这是因为 V^n 的基不唯一，而向量的坐标随基的不同而不同．若 $\boldsymbol{x}_1, \boldsymbol{x}_2, \cdots, \boldsymbol{x}_n$ 为 V^n 的一个基，则在这个坐标系中，基向量 $\boldsymbol{x}_i(i=1, 2, \cdots, n)$ 正好表示为

$$\boldsymbol{x}_i = 0\boldsymbol{x}_1 + \cdots + 0\boldsymbol{x}_{i-1} + 1\,\boldsymbol{x}_i + 0\boldsymbol{x}_{i+1} + \cdots + 0\boldsymbol{x}_n$$

它的坐标为

$$\boldsymbol{e}_i = (0, \cdots, 0, 1, 0, \cdots, 0)^{\mathrm{T}} \quad (i=1, 2, \cdots, n)$$

由此可见，假如在定义 1.1 中没有 $1\,\boldsymbol{x}=\boldsymbol{x}$ 的规定，就无法把 $\boldsymbol{x}_i$ 写成 $\boldsymbol{x}_1, \boldsymbol{x}_2, \cdots, \boldsymbol{x}_n$ 的线性组合，从而基、维数等概念都没有了．

在线性空间中引入向量的坐标概念后，抽象的向量及向量组的有关问题可以转化为通常的向量及向量组的对应问题.

例如，设 $\boldsymbol{x}, \boldsymbol{y} \in V^n$ 在给定基 $\boldsymbol{x}_1, \boldsymbol{x}_2, \cdots \boldsymbol{x}_n$ 下的坐标分别为 $\boldsymbol{\alpha}, \boldsymbol{\beta}$(列向量)，则 $\boldsymbol{x}+\boldsymbol{y}$ 在该基下的坐标为 $\boldsymbol{\alpha}+\boldsymbol{\beta}$，$kx$ 在该基下的坐标为 $k\boldsymbol{\alpha}(k \in K)$.

为了使用方便，通常将线性组合 $\xi_1\boldsymbol{x}_1+\xi_2\boldsymbol{x}_2+\cdots+\xi_n\boldsymbol{x}_n$ 写成矩阵乘法形式为

$$(\boldsymbol{x}_1, \boldsymbol{x}_2, \cdots, \boldsymbol{x}_n)\boldsymbol{\alpha}, \quad \boldsymbol{\alpha} = (\xi_1, \xi_2, \cdots, \xi_n)^{\mathrm{T}}$$

但在做乘法运算时，只能将每一个 $\boldsymbol{x}_i$ 当做一个"量"对待．

例 1.6　设线性空间 V^n 的基为 $\boldsymbol{x}_1, \boldsymbol{x}_2, \cdots, \boldsymbol{x}_n$，抽象的向量 $\boldsymbol{y}, \boldsymbol{y}_1, \cdots, \boldsymbol{y}_m$ 在该基下的坐标依次为 $\boldsymbol{\alpha}, \boldsymbol{\alpha}_1, \cdots, \boldsymbol{\alpha}_m$(通常的列向量)，则有

(1) $\boldsymbol{y}$ 可由 $\boldsymbol{y}_1, \cdots, \boldsymbol{y}_m$ 线性表示的充要条件是 $\boldsymbol{\alpha}$ 可由 $\boldsymbol{\alpha}_1, \cdots, \boldsymbol{\alpha}_m$ 线性表示；

(2) $\boldsymbol{y}_1, \cdots, \boldsymbol{y}_m$ 线性相关的充要条件是 $\boldsymbol{\alpha}_1, \cdots, \boldsymbol{\alpha}_m$ 线性相关；

(3) $\boldsymbol{y}_{i_1}, \cdots, \boldsymbol{y}_{i_r}$ 是 $\boldsymbol{y}_1, \cdots, \boldsymbol{y}_m$ 的最大线性无关组的充要条件是 $\boldsymbol{\alpha}_{i_1}, \cdots, \boldsymbol{\alpha}_{i_r}$ 是 $\boldsymbol{\alpha}_1, \cdots, \boldsymbol{\alpha}_m$ 的最大线性无关组.

事实上，对于数组 $k_1, \cdots, k_m$，因为

$$k_1\,\boldsymbol{y}_1 + \cdots + k_m\,\boldsymbol{y}_m = (\boldsymbol{x}_1, \cdots, \boldsymbol{x}_n)(k_1\boldsymbol{\alpha}_1 + \cdots + k_m\boldsymbol{\alpha}_m) = \boldsymbol{0}$$

等价于 $k_1\boldsymbol{\alpha}_1+\cdots+k_m\boldsymbol{\alpha}_m=\boldsymbol{0}$，所以第二个结论成立. 同理可以验证另外两个结论成立.

1.1.4　基变换与坐标变换

在 V^n 中，任意 n 个线性无关的向量都可取作它的基或坐标系．但对不同基或坐标系，同一个向量的坐标一般是不同的．现在讨论当基改变时，向量的坐标如何变化．首先介绍，由 V^n 的一基改变为另一基时，过渡矩阵的概念．

设 $\boldsymbol{x}_1, \boldsymbol{x}_2, \cdots, \boldsymbol{x}_n$ 是 V^n 的旧基，$\boldsymbol{y}_1, \boldsymbol{y}_2, \cdots, \boldsymbol{y}_n$ 为其新基，则由基的定义可得

$$\begin{cases} \boldsymbol{y}_1 = c_{11}\boldsymbol{x}_1 + c_{21}\boldsymbol{x}_2 + \cdots + c_{n1}\boldsymbol{x}_n \\ \boldsymbol{y}_2 = c_{12}\boldsymbol{x}_1 + c_{22}\boldsymbol{x}_2 + \cdots + c_{n2}\boldsymbol{x}_n \\ \quad \cdots\cdots \\ \boldsymbol{y}_n = c_{1n}\boldsymbol{x}_1 + c_{2n}\boldsymbol{x}_2 + \cdots + c_{nn}\boldsymbol{x}_n \end{cases}$$

写成矩阵乘法形式

$$(\boldsymbol{y}_1, \boldsymbol{y}_2, \cdots, \boldsymbol{y}_n)=(\boldsymbol{x}_1, \boldsymbol{x}_2, \cdots, \boldsymbol{x}_n)\boldsymbol{C} \tag{1.1.6}$$

其中矩阵

$$\boldsymbol{C}=\begin{bmatrix} c_{11} & c_{12} & \cdots & c_{1n} \\ c_{21} & c_{22} & \cdots & c_{2n} \\ \vdots & \vdots & & \vdots \\ c_{n1} & c_{n2} & \cdots & c_{nn} \end{bmatrix}$$

称为由旧基改变为新基的**过渡矩阵**．而称式(1.1.6)为**基变换公式**．

需要指出，对式(1.1.6)的右端作矩阵乘法运算之前，只能将 $\boldsymbol{x}_i$ 当做一个“量”看待，无论它本身是何类元素，都不能直接代入进行运算．式(1.1.6)的右端按矩阵乘法规则运算之后，比较等号两端的对应“分量”时，亦将 $\boldsymbol{y}_i$ 当做一个“量”看待．

可以证明，过渡矩阵是可逆矩阵．

现在讨论向量的坐标变换问题．为此，设 $\boldsymbol{x}\in V^n$ 在上面所述旧新两基下的坐标依次是 $(\xi_1, \xi_2, \cdots, \xi_n)^{\mathrm{T}}$ 与 $(\eta_1, \eta_2, \cdots, \eta_n)^{\mathrm{T}}$，即

$$\boldsymbol{x}=\xi_1\boldsymbol{x}_1+\xi_2\boldsymbol{x}_2+\cdots+\xi_n\boldsymbol{x}_n=\eta_1\boldsymbol{y}_1+\eta_2\boldsymbol{y}_2+\cdots+\eta_n\boldsymbol{y}_n$$

采用矩阵乘法形式，并使用(1.1.6)，则有

$$\boldsymbol{x}=(\boldsymbol{x}_1, \boldsymbol{x}_2, \cdots, \boldsymbol{x}_n)\boldsymbol{\alpha}=(\boldsymbol{y}_1, \boldsymbol{y}_2, \cdots, \boldsymbol{y}_n)\boldsymbol{\beta}=(\boldsymbol{x}_1, \boldsymbol{x}_2, \cdots, \boldsymbol{x}_n)\boldsymbol{C}\boldsymbol{\beta}$$

由于基向量是线性无关的，因此有

$$\boldsymbol{\alpha}=\boldsymbol{C}\boldsymbol{\beta} \tag{1.1.7}$$

或者

$$\boldsymbol{\beta}=\boldsymbol{C}^{-1}\boldsymbol{\alpha} \tag{1.1.8}$$

式(1.1.7)与式(1.1.8)给出了在基变换式(1.1.6)下向量坐标的变换公式．

例 1.7　在 $\mathbf{R}^n$ 中，已知向量 $\boldsymbol{x}$ 在基 $\boldsymbol{e}_1, \boldsymbol{e}_2, \cdots, \boldsymbol{e}_n$ 下的坐标为 $(\xi_1, \xi_2, \cdots, \xi_n)^{\mathrm{T}}$，求当该基改变为式(1.1.3)中的基 $\boldsymbol{y}_1, \boldsymbol{y}_2, \cdots, \boldsymbol{y}_n$ 时，向量 $\boldsymbol{x}$ 在新基下的坐标 $(\eta_1, \eta_2, \cdots, \eta_n)^{\mathrm{T}}$.

解　由式(1.1.3)，有

$$(\boldsymbol{y}_1, \boldsymbol{y}_2, \cdots, \boldsymbol{y}_n)=(\boldsymbol{e}_1, \boldsymbol{e}_2, \cdots, \boldsymbol{e}_n)\begin{bmatrix} 1 & 0 & \cdots & 0 \\ 1 & 1 & \cdots & 0 \\ \vdots & \vdots & & \vdots \\ 1 & 1 & \cdots & 1 \end{bmatrix}$$

于是过渡矩阵为

$$\boldsymbol{C}=\begin{bmatrix} 1 & 0 & \cdots & 0 \\ 1 & 1 & \cdots & 0 \\ \vdots & \vdots & & \vdots \\ 1 & 1 & \cdots & 1 \end{bmatrix}$$

不难求得

$$C^{-1}=\begin{bmatrix}1&0&0&\cdots&0&0\\-1&1&0&\cdots&0&0\\0&-1&1&\cdots&0&0\\\vdots&\vdots&\vdots&&\vdots&\vdots\\0&0&0&\cdots&-1&1\end{bmatrix}$$

由式(1.1.8)得 $\boldsymbol{x}$ 在新基 $\boldsymbol{y}_1,\boldsymbol{y}_2,\cdots,\boldsymbol{y}_n$ 下的坐标为

$$\begin{bmatrix}\eta_1\\\eta_2\\\vdots\\\eta_n\end{bmatrix}=\begin{bmatrix}1&0&0&\cdots&0&0\\-1&1&0&\cdots&0&0\\0&-1&1&\cdots&0&0\\\vdots&\vdots&\vdots&&\vdots&\vdots\\0&0&0&\cdots&-1&1\end{bmatrix}\begin{bmatrix}\xi_1\\\xi_2\\\vdots\\\xi_n\end{bmatrix}$$

也就是

$$\begin{cases}\eta_1=\xi_1\\\eta_i=\xi_i-\xi_{i-1}\quad(i=2,3,\cdots,n)\end{cases}$$

这与前面所得结果完全一致．

例 1.8 已知矩阵空间 $\mathbf{R}^{2\times2}$ 的两个基

$$(\text{Ⅰ})\ \boldsymbol{A}_1=\begin{bmatrix}1&0\\0&1\end{bmatrix},\quad\boldsymbol{A}_2=\begin{bmatrix}1&0\\0&-1\end{bmatrix},\quad\boldsymbol{A}_3=\begin{bmatrix}0&1\\1&0\end{bmatrix},\quad\boldsymbol{A}_4=\begin{bmatrix}0&1\\-1&0\end{bmatrix}$$

$$(\text{Ⅱ})\ \boldsymbol{B}_1=\begin{bmatrix}1&1\\1&1\end{bmatrix},\quad\boldsymbol{B}_2=\begin{bmatrix}1&1\\1&0\end{bmatrix},\quad\boldsymbol{B}_3=\begin{bmatrix}1&1\\0&0\end{bmatrix},\quad\boldsymbol{B}_4=\begin{bmatrix}1&0\\0&0\end{bmatrix}$$

求由基(Ⅰ)改变为基(Ⅱ)的过渡矩阵．

解 为了计算简单,采用中介基方法．引进 $\mathbf{R}^{2\times2}$ 的简单基

$$(\text{Ⅲ})\ \boldsymbol{E}_{11}=\begin{bmatrix}1&0\\0&0\end{bmatrix},\quad\boldsymbol{E}_{12}=\begin{bmatrix}0&1\\0&0\end{bmatrix},\quad\boldsymbol{E}_{21}=\begin{bmatrix}0&0\\1&0\end{bmatrix},\quad\boldsymbol{E}_{22}=\begin{bmatrix}0&0\\0&1\end{bmatrix}$$

直接写出由基(Ⅲ)改变为基(Ⅰ)的过渡矩阵为

$$\boldsymbol{C}_1=\begin{bmatrix}1&1&0&0\\0&0&1&1\\0&0&1&-1\\1&-1&0&0\end{bmatrix}$$

即

$$(\boldsymbol{A}_1,\boldsymbol{A}_2,\boldsymbol{A}_3,\boldsymbol{A}_4)=(\boldsymbol{E}_{11},\boldsymbol{E}_{12},\boldsymbol{E}_{21},\boldsymbol{E}_{22})\boldsymbol{C}_1$$

再写出由基(Ⅲ)改变为基(Ⅱ)的过渡矩阵为

$$\boldsymbol{C}_2=\begin{bmatrix}1&1&1&1\\1&1&1&0\\1&1&0&0\\1&0&0&0\end{bmatrix}$$

即

$$(\boldsymbol{B}_1, \boldsymbol{B}_2, \boldsymbol{B}_3, \boldsymbol{B}_4) = (\boldsymbol{E}_{11}, \boldsymbol{E}_{12}, \boldsymbol{E}_{21}, \boldsymbol{E}_{22})\boldsymbol{C}_2$$

所以有

$$(\boldsymbol{B}_1, \boldsymbol{B}_2, \boldsymbol{B}_3, \boldsymbol{B}_4) = (\boldsymbol{A}_1, \boldsymbol{A}_2, \boldsymbol{A}_3, \boldsymbol{A}_4)\boldsymbol{C}_1^{-1}\boldsymbol{C}_2$$

于是得由基(Ⅰ)改变为基(Ⅱ)的过渡矩阵为

$$\boldsymbol{C} = \boldsymbol{C}_1^{-1}\boldsymbol{C}_2 = \frac{1}{2}\begin{bmatrix} 1 & 0 & 0 & 1 \\ 1 & 0 & 0 & -1 \\ 0 & 1 & 1 & 0 \\ 0 & 1 & -1 & 0 \end{bmatrix}\begin{bmatrix} 1 & 1 & 1 & 1 \\ 1 & 1 & 1 & 0 \\ 1 & 1 & 0 & 0 \\ 1 & 0 & 0 & 0 \end{bmatrix} = \frac{1}{2}\begin{bmatrix} 2 & 1 & 1 & 1 \\ 0 & 1 & 1 & 1 \\ 2 & 2 & 1 & 0 \\ 0 & 0 & 1 & 0 \end{bmatrix}$$

1.1.5　线性子空间

在通常的三维几何空间中，考虑过原点的一条直线或一个平面．不难验证这条直线或这个平面上的所有向量对于向量加法及数乘运算，分别形成一个一维和二维的线性空间．这就是说，它们一方面都是三维几何空间的一个部分，同时它们自身对于原来的运算也都构成一个线性空间．针对这种现象，引入下面的定义．

定义 1.5　设 V_1 是数域 K 上的线性空间 V 的一个非空子集合，且对 V 已有的线性运算满足以下条件：

(1) 如果 $\boldsymbol{x}, \boldsymbol{y} \in V_1$，则 $\boldsymbol{x} + \boldsymbol{y} \in V_1$；

(2) 如果 $\boldsymbol{x} \in V_1$，$k \in K$，则 $k\boldsymbol{x} \in V_1$.

则称 V_1 为 V 的**线性子空间或子空间**．

例如，n 阶齐次线性方程组的解空间是 $\mathbf{R}^n$ 的子空间．

值得指出，线性子空间 V_1 也是线性空间．这是因为 V_1 为 V 的子集合，所以 V_1 中的向量不仅对线性空间 V 已定义的线性运算封闭，而且还满足相应的 8 条运算律．

容易看出，每个非零线性空间至少有两个子空间，一个是它自身，另一个是仅由零向量所构成的子集合，称后者为**零子空间**．

由于线性子空间也是线性空间，因此，前面引入的关于维数、基和坐标等概念，亦可应用到线性子空间中去．

由于零子空间不含线性无关的向量，因此它没有基，规定其维数为零．

因为线性子空间中不可能比整个线性空间中有更多数目的线性无关的向量，所以，任何一个线性子空间 V_1 的维数不大于整个线性空间 V 的维数，即有

$$\dim V_1 \leqslant \dim V \tag{1.1.9}$$

例如，n 阶齐次线性方程组当其系数矩阵的秩为 $r(1 \leqslant r < n)$ 时，其解空间的维数小于 $\mathbf{R}^n$ 的维数．

下面讨论线性子空间的生成问题．

设 $\boldsymbol{x}_1, \boldsymbol{x}_2, \cdots, \boldsymbol{x}_m$ 是数域 K 上的线性空间 V 的一组向量，其所有可能的线性组合的集合

$$V_1=\{k_1\boldsymbol{x}_1+\cdots+k_m\boldsymbol{x}_m\}\quad (k_i\in K,\ i=1,\ 2,\ \cdots,\ m)$$

是非空的，而且容易验证 V_1 对 V 的线性运算是封闭的，因而 V_1 是 V 的一个线性子空间．这个子空间称为由 $\boldsymbol{x}_1,\ \boldsymbol{x}_2,\ \cdots,\ \boldsymbol{x}_m$ **生成（或张成）的子空间**，记为

$$L(\boldsymbol{x}_1,\ \boldsymbol{x}_2,\ \cdots,\ \boldsymbol{x}_m)=\{k_1\boldsymbol{x}_1+\cdots+k_m\boldsymbol{x}_m\} \tag{1.1.10}$$

在有限维线性空间 V 中，它的任何一个子空间都可以由式(1.1.10)表示．事实上，设 V_1 是 V 的子空间，V_1 当然是有限维的，如果 $\boldsymbol{x}_1,\ \boldsymbol{x}_2,\ \cdots,\ \boldsymbol{x}_m$ 是 V_1 的一个基，则有

$$V_1=L(\boldsymbol{x}_1,\ \boldsymbol{x}_2,\ \cdots,\ \boldsymbol{x}_m) \tag{1.1.11}$$

特别地，零子空间就是由零元素生成的子空间 $L(\mathbf{0})$．

矩阵的值域和核空间(零空间)的理论，在线性最小二乘问题和广义逆矩阵的讨论中都占有重要地位，现定义如下．

定义 1.6 设 $\boldsymbol{A}\in\mathbf{R}^{m\times n}$，以 $\boldsymbol{a}_i(i=1,\ 2,\ \cdots,\ n)$ 表示 $\boldsymbol{A}$ 的第 i 个列向量，称子空间 $L(\boldsymbol{a}_1,\ \boldsymbol{a}_2,\ \cdots,\ \boldsymbol{a}_n)$ 为**矩阵 A 的值域(列空间)**，记为

$$R(\boldsymbol{A})=L(\boldsymbol{a}_1,\ \boldsymbol{a}_2,\ \cdots,\ \boldsymbol{a}_n) \tag{1.1.12}$$

由前面的论述及矩阵秩的概念可知 $R(\boldsymbol{A})\subset\mathbf{R}^m$，且有

$$\mathrm{rank}\boldsymbol{A}=\dim R(\boldsymbol{A})$$

$R(\boldsymbol{A})$ 还可以这样生成：令 $\boldsymbol{x}=(\xi_1,\ \xi_2,\ \cdots,\ \xi_n)^{\mathrm{T}}\in\mathbf{R}^n$，则

$$\boldsymbol{Ax}=(\boldsymbol{a}_1,\ \boldsymbol{a}_2,\ \cdots,\ \boldsymbol{a}_n)(\xi_1,\ \xi_2,\ \cdots,\ \xi_n)^{\mathrm{T}}=\xi_1\boldsymbol{a}_1+\xi_2\boldsymbol{a}_2+\cdots+\xi_n\boldsymbol{a}_n$$

这表明 $\boldsymbol{Ax}$ 为 $\boldsymbol{A}$ 的列向量组的线性组合．反之，若 $\boldsymbol{y}$ 为 $\boldsymbol{A}$ 的列向量组的线性组合，即

$$\boldsymbol{y}=\xi_1\boldsymbol{a}_1+\xi_2\boldsymbol{a}_2+\cdots+\xi_n\boldsymbol{a}_n=\boldsymbol{Ax}$$

可见，所有乘积 $\boldsymbol{Ax}$ 之集合 $\{\boldsymbol{Ax}\mid\boldsymbol{x}\in\mathbf{R}^n\}$ 与 $\boldsymbol{A}$ 的列向量组的线性组合的集合 $L(\boldsymbol{a}_1,\ \boldsymbol{a}_2,\ \cdots,\ \boldsymbol{a}_n)$ 相同，从而有

$$R(\boldsymbol{A})=\{\boldsymbol{Ax}\mid\boldsymbol{x}\in\mathbf{R}^n\}$$

同样可以定义 $\boldsymbol{A}^{\mathrm{T}}$ **的值域(行空间)**为

$$R(\boldsymbol{A}^{\mathrm{T}})=\{\boldsymbol{A}^{\mathrm{T}}\boldsymbol{x}\mid\boldsymbol{x}\in\mathbf{R}^m\}\subset\mathbf{R}^n \tag{1.1.13}$$

且有

$$\mathrm{rank}\boldsymbol{A}=\dim R(\boldsymbol{A})=\dim R(\boldsymbol{A}^{\mathrm{T}})$$

定义 1.7 设 $\boldsymbol{A}\in\mathbf{R}^{m\times n}$，称集合 $\{\boldsymbol{x}\mid\boldsymbol{Ax}=\mathbf{0}\}$ 为 $\boldsymbol{A}$ 的**核空间(零空间)**，记为 $N(\boldsymbol{A})$，即

$$N(\boldsymbol{A})=\{\boldsymbol{x}\mid\boldsymbol{Ax}=\mathbf{0}\} \tag{1.1.14}$$

显见 $N(\boldsymbol{A})$ 是齐次线性方程组 $\boldsymbol{Ax}=\mathbf{0}$ 的解空间，它是 $\mathbf{R}^n$ 的一个子空间．$\boldsymbol{A}$ 的核空间的维数称为 $\boldsymbol{A}$ 的**零度**，记为 $n(\boldsymbol{A})$，即 $n(\boldsymbol{A})=\dim N(\boldsymbol{A})$．

例 1.9 已知 $\boldsymbol{A}=\begin{bmatrix}1&0&1\\0&1&1\end{bmatrix}$，求 $\boldsymbol{A}$ 的秩及零度．

解 显然有 $\boldsymbol{a}_1+\boldsymbol{a}_2-\boldsymbol{a}_3=\mathbf{0}$，即 $\boldsymbol{A}$ 的三个列向量线性相关．但 $\boldsymbol{A}$ 的任何两个

列向量均线性无关，故 $\mathrm{rank}\boldsymbol{A}=2$.

又由 $\boldsymbol{Ax}=\boldsymbol{0}$ 可求出 $\boldsymbol{x}=t(1,1,-1)^{\mathrm{T}}$，$t$ 为任意参数．从而有 $n(\boldsymbol{A})=1$.

同样，可以求得 $\mathrm{rank}\boldsymbol{A}^{\mathrm{T}}=2$，$n(\boldsymbol{A}^{\mathrm{T}})=0$.

从例 1.9 可见，$\mathrm{rank}\boldsymbol{A}+n(\boldsymbol{A})=\boldsymbol{A}$ 的列数，而 $n(\boldsymbol{A})-n(\boldsymbol{A}^{\mathrm{T}})=(\boldsymbol{A}$ 的列数$)-(\boldsymbol{A}$ 的行数$)$．这一事实具有一般性，即若 $\boldsymbol{A}\in\mathbf{R}^{m\times n}$，则有一般公式

$$\mathrm{rank}\boldsymbol{A}+n(\boldsymbol{A})=n \tag{1.1.15}$$

$$n(\boldsymbol{A})-n(\boldsymbol{A}^{\mathrm{T}})=n-m \tag{1.1.16}$$

事实上，因为 $\boldsymbol{Ax}=\boldsymbol{0}$ 的解空间的维数为 $n(\boldsymbol{A})=n-\mathrm{rank}\boldsymbol{A}$，从而式(1.1.15)成立；又因

$$\mathrm{rank}\boldsymbol{A}^{\mathrm{T}}+n(\boldsymbol{A}^{\mathrm{T}})=m$$

由式(1.1.15)减去上式，便得式(1.1.16).

值得指出的是，当 $\boldsymbol{A}\in\mathbf{C}^{m\times n}$ 时，照样有定义 1.6 和定义 1.7，且式(1.1.15)与式(1.1.16)仍成立．

定理 1.3　设 V_1 是数域 K 上的线性空间 V^n 的一个 m 维子空间，$\boldsymbol{x}_1,\boldsymbol{x}_2,\cdots,\boldsymbol{x}_m$ 是 V_1 的基，则这 m 个基向量必可扩充为 V^n 的一个基．换言之，在 V^n 中必可找到 $n-m$ 个向量 $\boldsymbol{x}_{m+1},\boldsymbol{x}_{m+2},\cdots,\boldsymbol{x}_n$，使得 $\boldsymbol{x}_1,\boldsymbol{x}_2,\cdots,\boldsymbol{x}_n$ 是 V^n 的一个基．

证　对维数差 $n-m$ 作归纳法．当 $n-m=0$ 时，定理显然成立，原因为 $\boldsymbol{x}_1,\boldsymbol{x}_2,\cdots,\boldsymbol{x}_m$ 已经是 V^n 的基．现在假定 $n-m=k$ 时定理成立，考虑 $n-m=k+1$ 的情形．

既然 $\boldsymbol{x}_1,\boldsymbol{x}_2,\cdots,\boldsymbol{x}_m$ 还不是 V^n 的基，但它又是线性无关的，则由定义 1.3 可知，在 V^n 中至少有一个向量 $\boldsymbol{x}_{m+1}$ 不能由 $\boldsymbol{x}_1,\boldsymbol{x}_2,\cdots,\boldsymbol{x}_m$ 线性表示．把 $\boldsymbol{x}_{m+1}$ 添加进去，$\boldsymbol{x}_1,\boldsymbol{x}_2,\cdots,\boldsymbol{x}_m,\boldsymbol{x}_{m+1}$ 必定是线性无关的(若 $\boldsymbol{x}_1,\boldsymbol{x}_2,\cdots,\boldsymbol{x}_r$ 线性无关，但 $\boldsymbol{x}_1,\boldsymbol{x}_2,\cdots,\boldsymbol{x}_r,\boldsymbol{x}$ 线性相关，那么 $\boldsymbol{x}$ 可以由 $\boldsymbol{x}_1,\boldsymbol{x}_2,\cdots,\boldsymbol{x}_r$ 线性表示)．由式(1.1.11)知子空间 $L(\boldsymbol{x}_1,\boldsymbol{x}_2,\cdots,\boldsymbol{x}_m,\boldsymbol{x}_{m+1})$ 是 $m+1$ 维的．因为

$$n-(m+1)=(n-m)-1=k+1-1=k$$

由归纳法假定知 $L(\boldsymbol{x}_1,\boldsymbol{x}_2,\cdots,\boldsymbol{x}_m,\boldsymbol{x}_{m+1})$ 的基 $\boldsymbol{x}_1,\boldsymbol{x}_2,\cdots,\boldsymbol{x}_m,\boldsymbol{x}_{m+1}$ 可以扩充为 V^n 的基，归纳法完成．　证毕

1.1.6　子空间的交与和

前面讨论了由线性空间的元素生成子空间的方法与理论．这里将要讨论的子空间的交与和，可以视为由子空间生成的子空间．先证明下面的定理．

定理 1.4　如果 V_1,V_2 是数域 K 上的线性空间 V 的两个子空间，那么它们的交 $V_1\cap V_2$ 也是 V 的子空间．

证　因为 $\boldsymbol{0}\in V_1$，$\boldsymbol{0}\in V_2$，所以 $\boldsymbol{0}\in V_1\cap V_2$．于是 $V_1\cap V_2$ 是非空的．又若 $\boldsymbol{x},\boldsymbol{y}\in V_1\cap V_2$，则 $\boldsymbol{x},\boldsymbol{y}\in V_1$，$\boldsymbol{x},\boldsymbol{y}\in V_2$．因 V_1,V_2 都是子空间，故 $\boldsymbol{x}+\boldsymbol{y}\in V_1$，$\boldsymbol{x}+\boldsymbol{y}\in V_2$，即 $\boldsymbol{x}+\boldsymbol{y}\in V_1\cap V_2$．又因 $k\boldsymbol{x}\in V_1$，$k\boldsymbol{x}\in V_2$，故 $k\boldsymbol{x}\in V_1\cap V_2$.

于是由定义 1.5 知$V_1 \cap V_2$是 V 的子空间． 证毕

由集合的交的定义可以推知，子空间的交满足交换律与结合律，则有

$$V_1 \cap V_2 = V_2 \cap V_1$$

$$(V_1 \cap V_2) \cap V_3 = V_1 \cap (V_2 \cap V_3)$$

定义 1.8 设 V_1，V_2 都是数域 K 上的线性空间 V 的子空间，且 $\boldsymbol{x} \in V_1$，$\boldsymbol{y} \in V_2$，则所有 $\boldsymbol{x}+\boldsymbol{y}$ 这样的元素的集合称为 V_1 与 V_2 的**和**，记为 V_1+V_2，即

$$V_1 + V_2 = \{\boldsymbol{z} \mid \boldsymbol{z} = \boldsymbol{x} + \boldsymbol{y},\ \boldsymbol{x} \in V_1,\ \boldsymbol{y} \in V_2\}$$

定理 1.5 如果 V_1，V_2 都是数域 K 上的线性空间 V 的子空间，那么它们的和 V_1+V_2 也是 V 的子空间．

证 因为 $\mathbf{0} \in V_1$，$\mathbf{0} \in V_2$，所以 $\mathbf{0}=\mathbf{0}+\mathbf{0} \in V_1+V_2$. 于是 V_1+V_2 是非空的.

对任意向量 $\boldsymbol{x}$，$\boldsymbol{y} \in V_1+V_2$，存在向量$\boldsymbol{x}_1$，$\boldsymbol{y}_1 \in V_1$ 及向量$\boldsymbol{x}_2$，$\boldsymbol{y}_2 \in V_2$，使得

$$\boldsymbol{x} = \boldsymbol{x}_1 + \boldsymbol{x}_2, \quad \boldsymbol{y} = \boldsymbol{y}_1 + \boldsymbol{y}_2$$

由此可得

$$\boldsymbol{x}+\boldsymbol{y} = (\boldsymbol{x}_1+\boldsymbol{x}_2)+(\boldsymbol{y}_1+\boldsymbol{y}_2) = (\boldsymbol{x}_1+\boldsymbol{y}_1)+(\boldsymbol{x}_2+\boldsymbol{y}_2) \in V_1+V_2$$

$$k\boldsymbol{x} = k(\boldsymbol{x}_1+\boldsymbol{x}_2) = k\boldsymbol{x}_1 + k\boldsymbol{x}_2 \in V_1+V_2$$

这就证明了 V_1+V_2 是 V 的子空间． 证毕

由集合的和的定义可以推知，子空间的和适合交换律与结合律，即有

$$V_1 + V_2 = V_2 + V_1$$

$$(V_1 + V_2) + V_3 = V_1 + (V_2 + V_3)$$

例如，在线性空间 $\mathbf{R}^3$ 中，V_1 表示过原点的直线 l_1 上所有向量形成的子空间；V_2 表示另一条过原点的直线 l_2 上所有向量形成的子空间．显然 $V_1 \cap V_2$ 是由 l_1 与 l_2 交点（原点）形成的零子空间；V_1+V_2 是在由 l_1 与 l_2 所决定的平面上全体向量形成的子空间．

子空间的交与和可视为子空间之间的两种运算．

如果 $W \subset V_1$，$W \subset V_2$，那么 $W \subset V_1 \cap V_2$. 这就是说 V_1，V_2 的子空间 W 是 $V_1 \cap V_2$ 的子空间；换言之，$V_1 \cap V_2$ 是包含在 V_1，V_2 中的最大子空间．如果 $W \supset V_1$，$W \supset V_2$，那么 $W \supset V_1+V_2$. 这就是说包含 V_1 与 V_2 的子空间 W 也包含 V_1+V_2；或者说V_1+V_2 是包含 V_1 及 V_2 的最小子空间．

需要指出：两个子空间的并集不一定是子空间. 例如：在 $\mathbf{R}^2$ 中，令

$$V_1 = L(\boldsymbol{e}_1), \quad V_2 = L(\boldsymbol{e}_2)$$

故得

$$V_1 \cup V_2 = \left\{(\xi_1, \xi_2) \,\middle|\, \xi_1 \cdot \xi_2 = 0, \xi_i \in \mathbf{R}\right\}$$

易见 $\boldsymbol{e}_1$，$\boldsymbol{e}_2 \in V_1 \cup V_2$，但 $\boldsymbol{e}_1+\boldsymbol{e}_2=(1,1) \notin V_1 \cup V_2$，即在 $V_1 \cup V_2$ 中加法运算不封闭，故 $V_1 \cup V_2$ 不是子空间.

关于两个子空间的交与和的维数，有如下的定理.

定理 1.6　（维数公式）如果 V_1, V_2 是数域 K 上的线性空间 V 的两个子空间，则有

$$\dim V_1 + \dim V_2 = \dim(V_1 + V_2) + \dim(V_1 \cap V_2) \tag{1.1.17}$$

证　设 $\dim V_1 = n_1$, $\dim V_2 = n_2$, $\dim(V_1 \cap V_2) = m$. 需要证明 $\dim(V_1 + V_2) = n_1 + n_2 - m$.

当 $m = n_1$ 时，由 $V_1 \cap V_2 \subset V_1$ 知 $V_1 \cap V_2 = V_1$，再由 $V_1 \cap V_2 \subset V_2$ 可得 $V_1 \subset V_2$，从而 $V_1 + V_2 = V_2$，故

$$\dim(V_1 + V_2) = \dim V_2 = n_2 = n_1 + n_2 - m$$

同理，当 $m = n_2$ 时，式(1.1.17) 亦成立．

当 $m < n_1$ 且 $m < n_2$ 时，设 $\boldsymbol{x}_1, \boldsymbol{x}_2, \cdots, \boldsymbol{x}_m$ 为 $V_1 \cap V_2$ 的基．由定理 1.3，将它依次扩充为 V_1, V_2 的基，有

$$\boldsymbol{x}_1, \boldsymbol{x}_2, \cdots, \boldsymbol{x}_m, \boldsymbol{y}_1, \boldsymbol{y}_2, \cdots, \boldsymbol{y}_{n_1-m}$$

$$\boldsymbol{x}_1, \boldsymbol{x}_2, \cdots, \boldsymbol{x}_m, \boldsymbol{z}_1, \boldsymbol{z}_2, \cdots, \boldsymbol{z}_{n_2-m}$$

只要证明向量组

$$\boldsymbol{x}_1, \boldsymbol{x}_2, \cdots, \boldsymbol{x}_m, \boldsymbol{y}_1, \boldsymbol{y}_2, \cdots, \boldsymbol{y}_{n_1-m}, \boldsymbol{z}_1, \boldsymbol{z}_2, \cdots, \boldsymbol{z}_{n_2-m} \tag{1.1.18}$$

是 $V_1 + V_2$ 的一个基，这样一来，$V_1 + V_2$ 的维数就等于 $n_1 + n_2 - m$，从而式(1.1.17) 成立．因为 V_1 中任一向量可由 $\boldsymbol{x}_1, \boldsymbol{x}_2, \cdots, \boldsymbol{x}_m, \boldsymbol{y}_1, \boldsymbol{y}_2, \cdots, \boldsymbol{y}_{n_1-m}$ 线性表示，所以也可由向量组式(1.1.18) 线性表示．同理，V_2 中任一向量也可由它们线性表示．于是有

$$V_1 + V_2 = L(\boldsymbol{x}_1, \boldsymbol{x}_2, \cdots, \boldsymbol{x}_m, \boldsymbol{y}_1, \boldsymbol{y}_2, \cdots, \boldsymbol{y}_{n_1-m}, \boldsymbol{z}_1, \boldsymbol{z}_2, \cdots, \boldsymbol{z}_{n_2-m})$$

此外，还要证明这 $n_1 + n_2 - m$ 个向量线性无关．假定

$$k_1\boldsymbol{x}_1 + \cdots + k_m\boldsymbol{x}_m + p_1\boldsymbol{y}_1 + \cdots + p_{n_1-m}\boldsymbol{y}_{n_1-m} + q_1\boldsymbol{z}_1 + \cdots + q_{n_2-m}\boldsymbol{z}_{n_2-m} = \boldsymbol{0}$$

令

$$\boldsymbol{x} = q_1\boldsymbol{z}_1 + \cdots + q_{n_2-m}\boldsymbol{z}_{n_2-m} = -k_1\boldsymbol{x}_1 - \cdots - k_m\boldsymbol{x}_m - p_1\boldsymbol{y}_1 - \cdots - p_{n_1-m}\boldsymbol{y}_{n_1-m}$$

则由第一等式有 $\boldsymbol{x} \in V_2$；由第二等式有 $\boldsymbol{x} \in V_1$，因此有 $\boldsymbol{x} \in V_1 \cap V_2$，即 $\boldsymbol{x}$ 可由 $\boldsymbol{x}_1, \boldsymbol{x}_2, \cdots, \boldsymbol{x}_m$ 线性表示．令

$$\boldsymbol{x} = -l_1\boldsymbol{x}_1 - l_2\boldsymbol{x}_2 - \cdots - l_m\boldsymbol{x}_m$$

则有

$$l_1\boldsymbol{x}_1 + l_2\boldsymbol{x}_2 + \cdots + l_m\boldsymbol{x}_m + q_1\boldsymbol{z}_1 + \cdots + q_{n_2-m}\boldsymbol{z}_{n_2-m} = \boldsymbol{0}$$

但 $\boldsymbol{x}_1, \boldsymbol{x}_2, \cdots, \boldsymbol{x}_m, \boldsymbol{z}_1, \boldsymbol{z}_2, \cdots, \boldsymbol{z}_{n_2-m}$ 是 V_2 的基，它们线性无关，因此

$$l_1 = \cdots = l_m = 0, \quad q_1 = \cdots = q_{n_2-m} = 0$$

从而 $\boldsymbol{x} = \boldsymbol{0}$. 可得

$$k_1\boldsymbol{x}_1 + \cdots + k_m\boldsymbol{x}_m + p_1\boldsymbol{y}_1 + \cdots + p_{n_1-m}\boldsymbol{y}_{n_1-m} = \boldsymbol{0}$$

但 $\boldsymbol{x}_1, \boldsymbol{x}_2, \cdots, \boldsymbol{x}_m, \boldsymbol{y}_1, \boldsymbol{y}_2, \cdots, \boldsymbol{y}_{n_1-m}$ 是 V_1 的基，故它们线性无关，从而又有

$$k_1 = \cdots = k_m = 0, \quad p_1 = \cdots = p_{n_1-m} = 0$$

这就证明了向量组式(1.1.18) 线性无关，因而它是 $V_1 + V_2$ 的基．　证毕

式(1.1.17)表明,和空间的维数往往要比空间维数的和来得小.

定义1.8给出和空间 V_1+V_2 时,只知道其任一向量 $\boldsymbol{z}$ 均可表示为 $\boldsymbol{x}\in V_1$ 与 $\boldsymbol{y}\in V_2$ 的和,即 $\boldsymbol{z}=\boldsymbol{x}+\boldsymbol{y}$. 但是,一般说来这种表示法并不是唯一的.例如,在 $\mathbf{R}^3$ 中,若 V_1 表示 $\boldsymbol{x}_1=(1,0,0)$ 与 $\boldsymbol{x}_2=(1,1,1)$ 所生成的子空间;V_2 表示 $\boldsymbol{y}_1=(0,0,1)$ 与 $\boldsymbol{y}_2=(3,1,2)$ 所生成的子空间.则其和 V_1+V_2 中的零向量 $\mathbf{0}$,一方面可表示为 $\mathbf{0}=\mathbf{0}+\mathbf{0}$,即 V_1 中的零向量与 V_2 中的零向量之和,另一方面,零向量又可表示为

$$\mathbf{0}=(2\boldsymbol{x}_1+\boldsymbol{x}_2)-(\boldsymbol{y}_2-\boldsymbol{y}_1)$$

这就说明零向量的表示法不唯一.针对这种现象,做如下定义.

定义1.9 如果 V_1+V_2 中的任一向量只能唯一地表示为子空间 V_1 的一个向量与子空间 V_2 的一个向量的和,则称 V_1+V_2 为 V_1 与 V_2 的**直和或直接和**,记为 $V_1\oplus V_2$(或 $V_1\dot{+}V_2$).

定理1.7 和 V_1+V_2 为直和的充要条件是 $V_1\cap V_2=L(\mathbf{0})$.

证 充分性. 设 $V_1\cap V_2=L(\mathbf{0})$,对 $\boldsymbol{z}\in V_1+V_2$,若有

$$\boldsymbol{z}=\boldsymbol{x}_1+\boldsymbol{x}_2,\quad \boldsymbol{x}_1\in V_1,\ \boldsymbol{x}_2\in V_2$$

$$\boldsymbol{z}=\boldsymbol{y}_1+\boldsymbol{y}_2,\quad \boldsymbol{y}_1\in V_1,\ \boldsymbol{y}_2\in V_2$$

则有

$$(\boldsymbol{x}_1-\boldsymbol{y}_1)+(\boldsymbol{x}_2-\boldsymbol{y}_2)=\mathbf{0},\quad \boldsymbol{x}_1-\boldsymbol{y}_1\in V_1,\quad \boldsymbol{x}_2-\boldsymbol{y}_2\in V_2$$

即

$$(\boldsymbol{x}_1-\boldsymbol{y}_1)=-(\boldsymbol{x}_2-\boldsymbol{y}_2)\in V_1\cap V_2$$

故

$$\boldsymbol{x}_1-\boldsymbol{y}_1=\mathbf{0},\quad \boldsymbol{x}_2-\boldsymbol{y}_2=\mathbf{0}$$

也就是 $\boldsymbol{x}_1=\boldsymbol{y}_1$, $\boldsymbol{x}_2=\boldsymbol{y}_2$. 于是 $\boldsymbol{z}$ 的分解式唯一,V_1+V_2 为直和.

必要性. 假定 V_1+V_2 为直和,求证必有 $V_1\cap V_2=L(\mathbf{0})$. 如果 $V_1\cap V_2$ 不为零空间,则在 $V_1\cap V_2$ 中至少有一向量 $\boldsymbol{x}\neq\mathbf{0}$. 因为 $V_1\cap V_2$ 是线性空间,故有 $(-\boldsymbol{x})\in V_1\cap V_2$. 今对 V_1+V_2 的零向量既有 $\mathbf{0}=\mathbf{0}+\mathbf{0}$,又有 $\mathbf{0}=\boldsymbol{x}+(-\boldsymbol{x})$. 这与 V_1+V_2 是直和的假定矛盾. 证毕

推论1 设 V_1, V_2 都是线性空间 V 的子空间,令 $U=V_1+V_2$,则 $U=V_1\oplus V_2$ 的充要条件为

$$\dim U=\dim(V_1+V_2)=\dim V_1+\dim V_2 \tag{1.1.19}$$

证 由公式(1.1.17)有

$$\dim U+\dim(V_1\cap V_2)=\dim V_1+\dim V_2$$

由定理1.7知,V_1+V_2 为直和的充要条件是 $V_1\cap V_2=L(\mathbf{0})$,这与 $\dim(V_1\cap V_2)=0$ 等价,也就与 $\dim U=\dim V_1+\dim V_2$ 等价. 证毕

推论2 如果 $\boldsymbol{x}_1,\boldsymbol{x}_2,\cdots,\boldsymbol{x}_k$ 为 V_1 的基,$\boldsymbol{y}_1,\boldsymbol{y}_2,\cdots,\boldsymbol{y}_l$ 为 V_2 的基,且 V_1+V_2 为直和,则 $\boldsymbol{x}_1,\boldsymbol{x}_2,\cdots,\boldsymbol{x}_k,\boldsymbol{y}_1,\boldsymbol{y}_2,\cdots,\boldsymbol{y}_l$ 为 $V_1\oplus V_2$ 的基.

证 由式(1.1.19)知 $\dim(V_1\oplus V_2)=k+l$,而 $\boldsymbol{x}_1,\boldsymbol{x}_2,\cdots,\boldsymbol{x}_k,\boldsymbol{y}_1,\boldsymbol{y}_2,\cdots,\boldsymbol{y}_l$ 是 $V_1\oplus V_2$ 中的 $k+l$ 个向量,只需证明它们线性无关即可.设一组数 $c_1,c_2,\cdots,$

$c_k, d_1, d_2, \cdots, d_l$,使

$$c_1\boldsymbol{x}_1+\cdots+c_k\boldsymbol{x}_k+d_1\boldsymbol{y}_1+\cdots+d_l\boldsymbol{y}_l=\boldsymbol{0}$$

则有

$$c_1\boldsymbol{x}_1+\cdots+c_k\boldsymbol{x}_k=-(d_1\boldsymbol{y}_1+\cdots+d_l\boldsymbol{y}_l)\in V_1\cap V_2=L(\boldsymbol{0})$$

即

$$c_1\boldsymbol{x}_1+\cdots+c_k\boldsymbol{x}_k=\boldsymbol{0},\quad d_1\boldsymbol{y}_1+\cdots+d_l\boldsymbol{y}_l=\boldsymbol{0}$$

故 $c_1=\cdots=c_k=0$, $d_1=\cdots=d_l=0$,也就是 $\boldsymbol{x}_1, \boldsymbol{x}_2, \cdots, \boldsymbol{x}_k, \boldsymbol{y}_1, \boldsymbol{y}_2, \cdots, \boldsymbol{y}_l$ 线性无关.

证毕

子空间的直和概念可以推广到多个子空间的情形:设 $V_i\ (i=1, 2, \cdots, s)$ 是线性空间 V 的子空间.如果和 $\sum_{i=1}^{s}V_i$ 中每个向量 $\boldsymbol{x}$ 的分解式

$$\boldsymbol{x}=\boldsymbol{x}_1+\cdots+\boldsymbol{x}_s\quad(\boldsymbol{x}_i\in V_i,\ i=1, 2, \cdots, s)$$

是唯一的,则称该和为直和,记为 $V_1\oplus V_2\oplus\cdots\oplus V_s$.

习　题　1.1

1. 设 $S_1\subset S_2$,证明 $S_1\cap S_2=S_1$,　$S_1\cup S_2=S_2$.

2. 判别数集 $\{a+b\sqrt{2}\mid a, b\in\mathbf{R}\}$ 是否形成数域.

3. 判别下列集合对所指运算是否构成 $\mathbf{R}$ 上的线性空间:

(1) 次数等于 $m(m\geqslant 1)$ 的实系数多项式的集合,对于多项式的加法和数与多项式的乘法;

(2) 实对称矩阵的集合,对于矩阵的加法和实数与矩阵的乘法;

(3) 平面上全体向量的集合,对于通常的加法和如下定义的数乘运算 $k\circ\boldsymbol{x}=\boldsymbol{0}$.

4. 证明:在实函数空间中,$1, \cos^2 t$, $\cos 2t$ 是线性相关的.

5. 求第 3 题之(2)中线性空间的维数与基.

6. 求 P_2 中向量 $1+t+t^2$ 对基:$1, t-1, (t-2)(t-1)$ 的坐标.

7. 设线性空间 V^4 中两个基(Ⅰ):$\boldsymbol{x}_1, \boldsymbol{x}_2, \boldsymbol{x}_3, \boldsymbol{x}_4$;(Ⅱ):$\boldsymbol{y}_1, \boldsymbol{y}_2, \boldsymbol{y}_3, \boldsymbol{y}_4$ 满足

$$\boldsymbol{x}_1+2\boldsymbol{x}_2=\boldsymbol{y}_3,\quad \boldsymbol{x}_2+2\boldsymbol{x}_3=\boldsymbol{y}_4,\quad \boldsymbol{y}_1+2\boldsymbol{y}_2=\boldsymbol{x}_3,\quad \boldsymbol{y}_2+2\boldsymbol{y}_3=\boldsymbol{x}_4$$

(1) 求由基(Ⅰ)改变为基(Ⅱ)的过渡矩阵 $\boldsymbol{C}$;

(2) 求向量 $\boldsymbol{x}=2\boldsymbol{y}_1-\boldsymbol{y}_2+\boldsymbol{y}_3+\boldsymbol{y}_4$ 在基(Ⅰ)下的坐标.

8. 设 $\mathbf{R}^4$ 中两个基为

(Ⅰ):$\boldsymbol{x}_1=\boldsymbol{e}_1, \boldsymbol{x}_2=\boldsymbol{e}_2, \boldsymbol{x}_3=\boldsymbol{e}_3, \boldsymbol{x}_4=\boldsymbol{e}_4$;

(Ⅱ):$\boldsymbol{y}_1=(2,1,-1,1), \boldsymbol{y}_2=(0,3,1,0), \boldsymbol{y}_3=(5,3,2,1), \boldsymbol{y}_4=(6,6,1,3)$.

(1) 求由基(Ⅰ)改变为基(Ⅱ)的过渡矩阵;

(2) 求向量 $\boldsymbol{x}=(\xi_1, \xi_2, \xi_3, \xi_4)$ 对基(Ⅱ)的坐标;

(3) 求对两个基有相同坐标的非零向量.

9. 设线性空间 V 中的向量组 $\boldsymbol{x}_1, \boldsymbol{x}_2, \cdots, \boldsymbol{x}_m$ 与向量组 $\boldsymbol{y}_1, \boldsymbol{y}_2, \cdots, \boldsymbol{y}_m$ 满足关系式

$$(\boldsymbol{y}_1, \boldsymbol{y}_2, \cdots, \boldsymbol{y}_m)=(\boldsymbol{x}_1, \boldsymbol{x}_2, \cdots, \boldsymbol{x}_m)\boldsymbol{P}$$

其中 $\mathbf{P}$ 是 m 阶矩阵,证明:若以下三个条件

(a) 向量组 $\boldsymbol{x}_1, \boldsymbol{x}_2, \cdots, \boldsymbol{x}_m$ 线性无关;

(b) 向量组 $\boldsymbol{y}_1,\boldsymbol{y}_2,\cdots,\boldsymbol{y}_m$ 线性无关；

(c) 矩阵 $\boldsymbol{P}$ 可逆.

中的任意两个成立时，其余的一个也成立.

10. 假定 $\boldsymbol{x}_1, \boldsymbol{x}_2, \boldsymbol{x}_3$ 是 $\mathbf{R}^3$ 的一个基，试求由

$$\boldsymbol{y}_1=\boldsymbol{x}_1-2\boldsymbol{x}_2+3\boldsymbol{x}_3, \quad \boldsymbol{y}_2=2\boldsymbol{x}_1+3\boldsymbol{x}_2+2\boldsymbol{x}_3, \quad \boldsymbol{y}_3=4\boldsymbol{x}_1+13\boldsymbol{x}_2$$

生成的子空间 $L(\boldsymbol{y}_1, \boldsymbol{y}_2, \boldsymbol{y}_3)$ 的基.

11. 求 $\mathbf{R}^4$ 的两个子空间

$$V_1=\{(\xi_1, \xi_2, \xi_3, \xi_4) \mid \xi_1-\xi_2+\xi_3-\xi_4=0\}$$

$$V_2=\{(\xi_1, \xi_2, \xi_3, \xi_4) \mid \xi_1+\xi_2+\xi_3+\xi_4=0\}$$

的交 $V_1 \cap V_2$ 的基.

12. 给定 $\mathbf{R}^{2\times 2}=\{\boldsymbol{A}=(a_{ij})_{2\times 2} \mid a_{ij} \in \mathbf{R}\}$（数域 $\mathbf{R}$ 上的 2 阶实方阵按通常矩阵的加法与数乘矩阵构成的线性空间）的子集

$$V=\{\boldsymbol{A}=(a_{ij})_{2\times 2} \mid a_{ij} \in \mathbf{R} \text{ 且 } a_{11}+a_{22}=0\}$$

(1) 证明 V 是 $\mathbf{R}^{2\times 2}$ 的子空间；

(2) 求 V 的维数和一个基.

13. 试证明所有二阶矩阵之集合形成的实线性空间，是所有二阶实对称矩阵之集合形成的子空间与所有二阶反对称矩阵之集合形成的子空间的直和.

1.2 线性变换及其矩阵

线性空间是某类客观事物从量的方面的一个抽象，而线性变换则研究线性空间中元素之间的最基本联系. 本节介绍线性变换的基本概念，并讨论它与矩阵之间的联系.

1.2.1 线性变换及其运算

根据 1.1 的论述，线性空间 V 到自身的一种映射就是 V 的一个变换.

定义 1.10 设 V 是数域 K 上的线性空间，T 是 V 到自身的一个映射，使对任意向量 $\boldsymbol{x} \in V$, V 中都有唯一的向量 $\boldsymbol{y}$ 与之对应，则称 T 是 V 的一个**变换**或**算子**，记为 $T\boldsymbol{x}=\boldsymbol{y}$，称 $\boldsymbol{y}$ 为 $\boldsymbol{x}$ 在 T 下的**象**，而 $\boldsymbol{x}$ 是 $\boldsymbol{y}$ 的**原象**（或**象源**）.

例如，平面上所有起点在原点的向量的集合，形成实二维线性空间 $\mathbf{R}^2$. 在 $\mathbf{R}^2$ 中绕原点的旋转就是 $\mathbf{R}^2$ 的一个变换.

定义 1.10 中的变换记号 T，类似于数学分析中的函数记号. 不过在那里是数（或纯）量函数，而这里则是向量函数. 如果定义 1.10 中的向量 $\boldsymbol{x}$ 是一维向量，则数学分析中的线性函数 $\boldsymbol{y}=F(\boldsymbol{x})=k\boldsymbol{x}$ 给出了 $\mathbf{R}$ 的一个变换. 采用定义 1.10 中的记法，就可以把它写成

$$\boldsymbol{y}=F\boldsymbol{x}=k\boldsymbol{x}$$

定义 1.11 如果数域 K 上的线性空间 V 的一个变换 T 具有以下性质：

$$T(kx + ly) = k(Tx) + l(Ty) \tag{1.2.1}$$

其中 $\boldsymbol{x}$, $\boldsymbol{y} \in V$, k, $l \in K$. 则称 T 为 V 的一个**线性变换或线性算子**.

式(1.2.1) 所表示的性质实为变换 T 对向量的线性运算是封闭的. 因为只要在式(1.2.1) 中分别取 $k = l = 1$ 和 $l = 0$,便得到 $T(\boldsymbol{x} + \boldsymbol{y}) = T\boldsymbol{x} + T\boldsymbol{y}$ 和 $T(k\boldsymbol{x}) = k(T\boldsymbol{x})$. 因此,有的作者将此二式作为线性变换的定义.

例 1.10　把线性空间 $\mathbf{R}^2$ 的所有向量均绕原点依顺(或逆)时针方向旋转 θ 角的变换,就是一个线性变换. 这时象(η_1, η_2)与原象(ξ_1, ξ_2)之间的关系为

$$\begin{bmatrix}\eta_1\\ \eta_2\end{bmatrix} = \begin{bmatrix}\cos\theta & \sin\theta\\ -\sin\theta & \cos\theta\end{bmatrix}\begin{bmatrix}\xi_1\\ \xi_2\end{bmatrix}$$

例 1.11　在线性空间 P_n 中,求微分是其一个线性变换,这里用 D(1.1 中曾用 σ) 表示,即

$$Df(t) = f'(t) \quad (\forall f(t) \in P_n)$$

事实上,对任意的 $f(t)$, $g(t) \in P_n$ 及 k, $l \in \mathbf{R}$,有

$$D(kf(t) + lg(t)) = (kf(t) + lg(t))' =$$
$$kf'(t) + lg'(t) = k(Df(t)) + l(Dg(t))$$

例 1.12　定义在闭区间$[a, b]$上的所有实连续函数的集合 $C(a, b)$ 构成 $\mathbf{R}$ 上的一个线性空间. 在 $C(a, b)$ 上定义变换 J,即

$$J(f(t)) = \int_a^t f(u)\mathrm{d}u \quad (\forall f(t) \in C(a, b))$$

则 J 是 $C(a, b)$ 的一个线性变换.

事实上,因为有

$$J(kf(t) + lg(t)) = \int_a^t (kf(u) + lg(u))\mathrm{d}u =$$
$$k\int_a^t f(u)\mathrm{d}u + l\int_a^t g(u)\mathrm{d}u = k(Jf(t)) + l(Jg(t))$$

例 1.11 和例 1.12 表明,作为数学分析的两个运算 —— 微分和积分,从变换(或算子) 的角度来看都是线性变换(或线性算子). 可见,线性变换在理论与应用中是多么广泛.

下面讨论线性变换的简单性质.

根据线性变换的定义 1.11,有

$$T\mathbf{0} = T(0\boldsymbol{x}) = 0(T\boldsymbol{x}) = \mathbf{0},\ T(-\boldsymbol{x}) = T((-1)\boldsymbol{x}) = (-1)T\boldsymbol{x} = -T\boldsymbol{x}$$

这就表明,线性变换把线性空间的零向量变为零向量;把向量 $\boldsymbol{x}$ 的负向量 $-\boldsymbol{x}$ 变为 $\boldsymbol{x}$ 的象 $T\boldsymbol{x}$ 的负向量 $-T\boldsymbol{x}$. 又线性变换把线性相关的向量组仍变为线性相关的向量组,即若

$$k_1\boldsymbol{x}_1 + k_2\boldsymbol{x}_2 + \cdots + k_s\boldsymbol{x}_s = \mathbf{0}$$

其中 $k_i (i = 1, 2, \cdots, s)$ 不全为零,则有

$$k_1(T\boldsymbol{x}_1) + k_2(T\boldsymbol{x}_2) + \cdots + k_s(T\boldsymbol{x}_s) = T\mathbf{0} = \mathbf{0}$$

但要注意，线性变换可能把线性无关的向量组变为线性相关的向量组．如零变换 T_0（定义稍后给出）就是这样．

现在介绍与矩阵 $\mathbf{A}$ 的值域 $R(\mathbf{A})$ 和核空间 $N(\mathbf{A})$ 相联系的所谓线性变换的值域和核的概念．

定义 1.12 设 T 是线性空间 V 的线性变换，V 中所有向量的象形成的集合，称为 T 的**值域**，用 $R(T)$ 表示，即

$$R(T)=\{T\boldsymbol{x}\mid \boldsymbol{x}\in V\}$$

V 中所有被 T 变为零向量的原象构成的集合，称为 T 的**核**，用 $N(T)$ 表示，即

$$N(T)=\{\boldsymbol{x}\mid T\boldsymbol{x}=\boldsymbol{0},\ \boldsymbol{x}\in V\}$$

定理 1.8 线性空间 V 的线性变换 T 的值域和核都是 V 的线性子空间．

证 因为 V 非空，所以 $R(T)$ 亦非空．同时还有

$$T\boldsymbol{x}+T\boldsymbol{y}=T(\boldsymbol{x}+\boldsymbol{y}),\quad k(T\boldsymbol{x})=T(k\boldsymbol{x})$$

即 $R(T)$ 对于线性运算是封闭的，从而 $R(T)$ 是 V 的线性子空间，也称为 T 的**象子空间**．

由 $T\boldsymbol{x}=\boldsymbol{0}$，$T\boldsymbol{y}=\boldsymbol{0}$，可得

$$T(\boldsymbol{x}+\boldsymbol{y})=\boldsymbol{0},\quad T(k\boldsymbol{x})=\boldsymbol{0}$$

即 $N(T)$ 对于线性运算是封闭的，因为 $T(\boldsymbol{0})=\boldsymbol{0}$，故 $\boldsymbol{0}\in N(T)$，即 $N(T)$ 非空．这就表明 $N(T)$ 是 V 的线性子空间，也称为 T 的**核子空间**． 证毕

例如，在线性空间 P_n 中，令 $D(f(t))=f'(t)$，则线性变换 D 的值域是 P_{n-1}，D 的核就是子空间 $\mathbf{R}$.

定义 1.13 象子空间的维数 $\dim R(T)$ 称为 T 的秩；核子空间的维数 $\dim N(T)$ 称为 T 的**亏**（或**零度**）.

后面将会看到，线性变换的秩与亏和 1.1 节所论述的矩阵的秩与零度，在一定条件下有相同的数量关系.

例 1.13 设线性空间 V^n 的一个基为 $\boldsymbol{x}_1,\boldsymbol{x}_2,\cdots,\boldsymbol{x}_n$，$T$ 是 V^n 中的线性变换，则

$$R(T)=L(T\boldsymbol{x}_1,T\boldsymbol{x}_2,\cdots,T\boldsymbol{x}_n),\quad \dim R(T)+\dim N(T)=n.$$

证 先证明第一个等式. 对任意 $\boldsymbol{y}\in R(T)$，存在 $\boldsymbol{x}\in V^n$，使得 $\boldsymbol{y}=T\boldsymbol{x}$. 由于

$$\boldsymbol{x}=c_1\boldsymbol{x}_1+c_2\boldsymbol{x}_2+\cdots+c_n\boldsymbol{x}_n$$

可得

$$\boldsymbol{y}=c_1(T\boldsymbol{x}_1)+c_2(T\boldsymbol{x}_2)+\cdots+c_n(T\boldsymbol{x}_n)\in L(T\boldsymbol{x}_1,T\boldsymbol{x}_2,\cdots,T\boldsymbol{x}_n)$$

即 $R(T)\subset L(T\boldsymbol{x}_1,T\boldsymbol{x}_2,\cdots,T\boldsymbol{x}_n)$.

又 $T\boldsymbol{x}_i\in R(T)(i=1,2,\cdots,n)$，所以 $L(T\boldsymbol{x}_1,T\boldsymbol{x}_2,\cdots,T\boldsymbol{x}_n)\subset R(T)$. 因此，$R(T)=L(T\boldsymbol{x}_1,T\boldsymbol{x}_2,\cdots,T\boldsymbol{x}_n)$.

再证明第二个等式. 设 $\dim N(T)=m$，且 $N(T)$ 的基为 $\boldsymbol{y}_1,\cdots,\boldsymbol{y}_m$，将这组基扩充为 V^n 的基：

$$\boldsymbol{y}_1,\cdots,\boldsymbol{y}_m,\boldsymbol{y}_{m+1},\cdots,\boldsymbol{y}_n$$

由 $T\boldsymbol{y}_i=\boldsymbol{0}(i=1,2,\cdots,m)$，并结合第一个等式可得

$$R(T)=L(T\boldsymbol{y}_1,\cdots,T\boldsymbol{y}_m,T\boldsymbol{y}_{m+1},\cdots,T\boldsymbol{y}_n)=L(T\boldsymbol{y}_{m+1},\cdots,T\boldsymbol{y}_n).$$

下面证明 $T\boldsymbol{y}_{m+1},\cdots,T\boldsymbol{y}_n$ 线性无关. 设数组 $k_{m+1},\cdots,k_n$ 使得

$$k_{m+1}(T\boldsymbol{y}_{m+1})+\cdots+k_n(T\boldsymbol{y}_n)=\boldsymbol{0}$$

则

$$T(k_{m+1}\boldsymbol{y}_{m+1}+\cdots+k_n\boldsymbol{y}_n)=\boldsymbol{0}$$

因为 T 是线性变换，所以 $k_{m+1}\boldsymbol{y}_{m+1}+\cdots+k_n\boldsymbol{y}_n\in N(T)$，故

$$k_{m+1}\boldsymbol{y}_{m+1}+\cdots+k_n\boldsymbol{y}_n=l_1\boldsymbol{y}_1+\cdots+l_m\boldsymbol{y}_m$$

即

$$(-l_1)\boldsymbol{y}_1+\cdots+(-l_m)\boldsymbol{y}_m+k_{m+1}\boldsymbol{y}_{m+1}+\cdots+k_n\boldsymbol{y}_n=0$$

因为 $\boldsymbol{y}_1,\cdots,\boldsymbol{y}_m,\boldsymbol{y}_{m+1},\cdots,\boldsymbol{y}_n$ 线性无关，所以 $k_{m+1}=0,\cdots,k_n=0$. 因此，$T\boldsymbol{y}_{m+1},\cdots,T\boldsymbol{y}_n$ 线性无关，从而 $\dim R(T)=n-m$，即 $\dim R(T)+m=n$.

例 1.14　在矩阵空间 $\mathbf{R}^{2\times2}$ 中，给定矩阵 $\boldsymbol{B}=\begin{bmatrix}1&2\\0&3\end{bmatrix}$，线性变换 T 为

$$T(\boldsymbol{X})=\boldsymbol{BX}-\boldsymbol{XB}\quad(\forall\,\boldsymbol{X}\in\mathbf{R}^{2\times2})$$

求 $R(T)$ 和 $N(T)$ 的基与维数.

解　取 $\mathbf{R}^{2\times2}$ 的简单基 $\boldsymbol{E}_{11},\boldsymbol{E}_{12},\boldsymbol{E}_{21},\boldsymbol{E}_{22}$，计算基象组

$$T(\boldsymbol{E}_{11})=\boldsymbol{BE}_{11}-\boldsymbol{E}_{11}\boldsymbol{B}=\begin{bmatrix}0&-2\\0&0\end{bmatrix}$$

$$T(\boldsymbol{E}_{12})=\begin{bmatrix}0&-2\\0&0\end{bmatrix},\quad T(\boldsymbol{E}_{21})=\begin{bmatrix}2&0\\2&-2\end{bmatrix},\quad T(\boldsymbol{E}_{22})=\begin{bmatrix}0&2\\0&0\end{bmatrix}$$

基象组的坐标依次为

$$\boldsymbol{\gamma}_1=\begin{bmatrix}0\\-2\\0\\0\end{bmatrix},\quad\boldsymbol{\gamma}_2=\begin{bmatrix}0\\-2\\0\\0\end{bmatrix},\quad\boldsymbol{\gamma}_3=\begin{bmatrix}2\\0\\2\\-2\end{bmatrix},\quad\boldsymbol{\gamma}_4=\begin{bmatrix}0\\2\\0\\0\end{bmatrix}$$

该向量组的一个最大线性无关组为 $\boldsymbol{\gamma}_1,\boldsymbol{\gamma}_3$. 利用例 1.6 的结论可得 $R(T)$ 的一个基为 $T(\boldsymbol{E}_{11}),T(\boldsymbol{E}_{21})$，从而 $\dim R(T)=2$.

设 $\boldsymbol{X}=\begin{bmatrix}x_1&x_2\\x_3&x_4\end{bmatrix}\in N(T)$，由 $T(\boldsymbol{X})=\begin{bmatrix}0&0\\0&0\end{bmatrix}$ 可得

$$\begin{bmatrix}2x_3&-2x_1-2x_2+2x_4\\2x_3&-2x_3\end{bmatrix}=\begin{bmatrix}0&0\\0&0\end{bmatrix}$$

也就是

$$\begin{cases}2x_3=0\\-2x_1-2x_2+2x_4=0\\2x_3=0\\-2x_3=0\end{cases}$$

该齐次线性方程组的一个基础解系为

$$(-1,1,0,0)^{\mathrm{T}}, \quad (1,0,0,1)^{\mathrm{T}}$$

利用例 1.6 的结论可得

$$\boldsymbol{A}_1=\begin{bmatrix}-1 & 1\\ 0 & 0\end{bmatrix}, \quad \boldsymbol{A}_2=\begin{bmatrix}1 & 0\\ 0 & 1\end{bmatrix}$$

线性无关，故 $N(T)$ 的一个基为$\boldsymbol{A}_1,\boldsymbol{A}_2$，从而 $\dim N(T)=2$.

为了讨论线性变换的运算，先引入单位变换和零变换的概念．

把线性空间 V 的任一向量都变为其自身的变换是一个线性变换(读者自己验证)，称为**单位变换**或**恒等变换**，记为 T_e，于是有

$$T_e\boldsymbol{x}=\boldsymbol{x} \quad (\forall\, \boldsymbol{x}\in V) \tag{1.2.2}$$

把线性空间 V 中的任一向量都变为零向量的变换也是一个线性变换(验证留给读者)，称为**零变换**，记为 T_0，于是有

$$T_0\boldsymbol{x}=\mathbf{0} \quad (\forall\, \boldsymbol{x}\in V) \tag{1.2.3}$$

如果 T_1, T_2 是 V 的两个变换，且对任意向量 $\boldsymbol{x}\in V$，都有$T_1\boldsymbol{x}=T_2\boldsymbol{x}$，那么就称 T_1 与 T_2 **相等**，记为

$$T_1=T_2 \tag{1.2.4}$$

对于线性空间的线性变换，定义它们的几种运算如下。

1. *加法*

设 T_1, T_2 是线性空间 V 的两个线性变换，定义它们的**和**T_1+T_2 为

$$(T_1+T_2)\boldsymbol{x}=T_1\boldsymbol{x}+T_2\boldsymbol{x} \quad (\forall\, \boldsymbol{x}\in V)$$

下面证明，线性变换 T_1 与 T_2 的和 T_1+T_2 仍是 V 的线性变换．事实上，对任意 $\boldsymbol{x}$, $\boldsymbol{y}\in V$, k, $l\in K$，由定义 1.11 有

$$\begin{aligned}(T_1+T_2)(k\boldsymbol{x}+l\boldsymbol{y})=&\,T_1(k\boldsymbol{x}+l\boldsymbol{y})+T_2(k\boldsymbol{x}+l\boldsymbol{y})=\\ &\,k(T_1\boldsymbol{x})+l(T_1\boldsymbol{y})+k(T_2\boldsymbol{x})+l(T_2\boldsymbol{y})=\\ &\,k(T_1\boldsymbol{x}+T_2\boldsymbol{x})+l(T_1\boldsymbol{y}+T_2\boldsymbol{y})=\\ &\,k(T_1+T_2)\boldsymbol{x}+l(T_1+T_2)\boldsymbol{y}\end{aligned}$$

这就表明 T_1+T_2 是 V 的线性变换．

线性变换 T 的**负变换** $-T$ 定义为

$$(-T)\boldsymbol{x}=-(T\boldsymbol{x}) \quad (\forall\, \boldsymbol{x}\in V)$$

容易验证负变换也是线性变换．而线性变换的加法具有以下诸性质：

(1) $T_1+T_2=T_2+T_1$；

(2) $(T_1+T_2)+T_3=T_1+(T_2+T_3)$；

(3) $T+T_0=T$；

(4) $T+(-T)=T_0$.

2. *线性变换与数的乘法*

设 $k\in K$, T 为线性空间 V 中的线性变换，定义数 k 与 T 的**乘积** kT 为

$$(kT)\boldsymbol{x}=k(T\boldsymbol{x})\quad(\forall\,\boldsymbol{x}\in V)$$

容易验证 kT 也是线性变换，且具有以下诸性质：

(1) $k(T_1+T_2)=kT_1+kT_2$；

(2) $(k+l)T=kT+lT$；

(3) $(kl)T=k(lT)$；

(4) $1\,T=T$.

由线性变换的加法和线性变换与数的乘法(二者合称为线性变换的线性运算)及其性质可以看出，线性空间 V 的所有线性变换的集合，在所论的线性运算下，形成一个新的线性空间，常以 $\mathrm{Hom}(V,V)$ 表示之，称为线性空间 V 的**同态**.

3. 线性变换的乘法

设 T_1，T_2 是线性空间 V 的两个线性变换，定义 T_1 与 T_2 的**乘积** T_1T_2 为

$$(T_1T_2)\boldsymbol{x}=T_1(T_2\boldsymbol{x})\quad(\forall\,\boldsymbol{x}\in V)$$

即 T_1T_2 是先施行 T_2，然后施行 T_1 的变换. 容易验证 T_1T_2 也是 V 的线性变换. 这是因为有

$$(T_1T_2)(k\boldsymbol{x}+l\boldsymbol{y})=T_1(T_2(k\boldsymbol{x}+l\boldsymbol{y}))=T_1(k(T_2\boldsymbol{x})+l(T_2\boldsymbol{y}))=$$
$$k(T_1(T_2\boldsymbol{x}))+l(T_1(T_2\boldsymbol{y}))=k(T_1T_2)\boldsymbol{x}+l(T_1T_2)\boldsymbol{y}$$

这就证明了 T_1T_2 是线性变换. 不仅如此，线性变换的乘法还具有以下诸性质：

$$(T_1T_2)T_3=T_1(T_2T_3)$$
$$T_1(T_2+T_3)=T_1T_2+T_1T_3$$
$$(T_1+T_2)T_3=T_1T_3+T_2T_3$$

需要强调的是，线性变换的乘法与矩阵的乘法一样，一般不满足交换律. 例如在 $\mathbf{R}^2$ 中，T_1 表示绕原点作 $\pi/2$ 的逆时针方向旋转的变换；T_2 表示把向量在横坐标轴上的投影. 取直角坐标系，则对横轴上的单位向量 $\boldsymbol{e}_1$ 和纵轴上的单位向量 $\boldsymbol{e}_2$，有

$$(T_1T_2)\boldsymbol{e}_1=T_1(T_2\boldsymbol{e}_1)=T_1\boldsymbol{e}_1=\boldsymbol{e}_2$$
$$(T_2T_1)\boldsymbol{e}_1=T_2(T_1\boldsymbol{e}_1)=T_2\boldsymbol{e}_2=\boldsymbol{0}$$
$$(T_1T_2)\boldsymbol{e}_2=T_1(T_2\boldsymbol{e}_2)=T_1\boldsymbol{0}=\boldsymbol{0}$$
$$(T_2T_1)\boldsymbol{e}_2=T_2(T_1\boldsymbol{e}_2)=T_2(-\boldsymbol{e}_1)=-\boldsymbol{e}_1$$

显见有 $T_1T_2\neq T_2T_1$. 但对于单位变换 T_e 却有

$$TT_e=T_eT=T\tag{1.2.5}$$

可见，T_e 在线性变换的乘法中，有着数 1 在数的乘法和单位矩阵 $\boldsymbol{I}$ 在矩阵乘法中类似的性质.

4. 逆变换

同逆矩阵的概念类似，若 T 是 V 的线性变换，且存在线性变换 S，使得

$$(ST)\boldsymbol{x}=(TS)\boldsymbol{x}=\boldsymbol{x}\quad(\forall\,\boldsymbol{x}\in V)$$

则称 S 是 T 的**逆变换**，记为 $S=T^{-1}$. 且有

$$T^{-1}T=TT^{-1}=T_e\tag{1.2.6}$$

逆变换的意义在于 T 把 $\boldsymbol{x}$ 变为 $T\boldsymbol{x}$，而 T^{-1} 又把 $T\boldsymbol{x}$ 还原到 $\boldsymbol{x}$. 须要指出，一个线性变换存在逆变换的充要条件为 T 是一对一的变换. 有逆变换的线性变换称为可逆的线性变换. 可以证明，线性变换的逆变换也是线性变换.

5. 线性变换的多项式

设 n 是正整数，T 是线性空间 V 的线性变换. 定义 T 的 **n 次幂**为

$$T^n = T^{n-1}T \quad (n=2, 3, \cdots)$$

定义 T 的**零次幂**为

$$T^0 = T_e \tag{1.2.7}$$

于是可以建立线性变换的指数法则

$$T^{m+n} = T^m T^n, \quad (T^m)^n = T^{mn} \tag{1.2.8}$$

其中 $m, n \in \mathbf{N}_0$. 当 T 是可逆变换时，定义 T 的**负整数次幂**为

$$T^{-n} = (T^{-1})^n \quad (n \in \mathbf{N}_0) \tag{1.2.9}$$

这样就把指数法则式(1.2.8)推广到负整数次幂的情形.

设 $f(t) = a_0 t^m + a_1 t^{m-1} + \cdots + a_{m-1}t + a_m$ 是纯量 t 的 m 次多项式，T 是 V 的一个线性变换，则由线性变换的运算可知

$$f(T) = a_0 T^m + a_1 T^{m-1} + \cdots + a_{m-1}T + a_m T_e \tag{1.2.10}$$

也是 V 的一个线性变换，称其为**线性变换 $\boldsymbol{T}$ 的多项式**.

不难证明，如果有

$$h(t) = f(t)g(t), \quad p(t) = f(t) + g(t)$$

其中 $f(t)$, $g(t)$ 均是多项式，则有

$$h(T) = f(T)g(T), \quad p(T) = f(T) + g(T)$$

特别地，有

$$f(T)g(T) = g(T)f(T)$$

这就是说，同一线性变换的多项式相乘是可交换的.

1.2.2 线性变换的矩阵表示

有限维线性空间的向量可以用坐标表示出来，更进一步，这里将通过坐标把线性变换用矩阵表示出来，从而可把比较抽象的线性变换转化为具体的矩阵来处理.

根据线性变换的定义，要确定一个线性变换 T，乍看起来，似乎需要把线性空间 V 中所有向量在 T 下的象全部找出来才行. 事实上，不必如此. 因为 T 是线性变换，而 V 中任一向量都可由基向量唯一线性表示，所以只要能够确定出 V 的基向量的象，则 V 中任一向量的象也就完全确定了.

设 T 是线性空间 V^n 的线性变换，$\boldsymbol{x} \in V^n$，且 $\boldsymbol{x}_1, \boldsymbol{x}_2, \cdots, \boldsymbol{x}_n$ 是 V^n 的一个基，则有

$$\boldsymbol{x} = a_1\boldsymbol{x}_1 + a_2\boldsymbol{x}_2 + \cdots + a_n\boldsymbol{x}_n$$

$$T\boldsymbol{x}=a_1(T\boldsymbol{x}_1)+a_2(T\boldsymbol{x}_2)+\cdots+a_n(T\boldsymbol{x}_n)$$

这表明，V^n 中任一向量 $\boldsymbol{x}$ 的象由基象组 $T\boldsymbol{x}_1, T\boldsymbol{x}_2, \cdots, T\boldsymbol{x}_n$ 唯一确定．因为基象组仍属于 V^n，故可令

$$\left.\begin{aligned}T\boldsymbol{x}_1&=a_{11}\boldsymbol{x}_1+a_{21}\boldsymbol{x}_2+\cdots+a_{n1}\boldsymbol{x}_n\\T\boldsymbol{x}_2&=a_{12}\boldsymbol{x}_1+a_{22}\boldsymbol{x}_2+\cdots+a_{n2}\boldsymbol{x}_n\\&\cdots\cdots\\T\boldsymbol{x}_n&=a_{1n}\boldsymbol{x}_1+a_{2n}\boldsymbol{x}_2+\cdots+a_{nn}\boldsymbol{x}_n\end{aligned}\right\}\tag{1.2.11}$$

即

$$T\boldsymbol{x}_i=\sum_{j=1}^{n}a_{ji}\boldsymbol{x}_j\quad(i=1,2,\cdots,n)$$

采用矩阵乘法形式，式(1.2.11) 可表示为

$$T(\boldsymbol{x}_1, \boldsymbol{x}_2, \cdots, \boldsymbol{x}_n)\overset{\text{def}}{=\!=\!=}(T\boldsymbol{x}_1, T\boldsymbol{x}_2, \cdots, T\boldsymbol{x}_n)=(\boldsymbol{x}_1, \boldsymbol{x}_2, \cdots, \boldsymbol{x}_n)\boldsymbol{A}\tag{1.2.12}$$

其中

$$\boldsymbol{A}=\begin{bmatrix}a_{11}&a_{12}&\cdots&a_{1n}\\a_{21}&a_{22}&\cdots&a_{2n}\\\vdots&\vdots&&\vdots\\a_{n1}&a_{n2}&\cdots&a_{nn}\end{bmatrix}$$

矩阵 $\boldsymbol{A}$ 的第 i 列恰是 $T\boldsymbol{x}_i$ 的坐标($i=1, 2, \cdots, n$).

定义 1.14　式(1.2.12) 中的矩阵 $\boldsymbol{A}$ 称为 T 在 V^n 的基 $\boldsymbol{x}_1, \boldsymbol{x}_2, \cdots, \boldsymbol{x}_n$ 下的矩阵，简称 $\boldsymbol{A}$ 为 $\boldsymbol{T}$ 的**矩阵**.

由式(1.2.11) 或式(1.2.12) 可见，对于 V^n 的一个线性变换，可以确定一个 n 阶矩阵；反之，对于一个 n 阶矩阵 $\boldsymbol{A}$，由式(1.2.11) 或式(1.2.12) 就能得到 n 个向量．可以证明，以这 n 个向量为基象组的线性变换 T 是唯一的．因此，对于任意 n 阶矩阵 $\boldsymbol{A}$，存在唯一的一个线性变换 T. 这样一来，线性变换就可以用矩阵来表示了．

因为对于线性空间 V^n 的一个基 $\boldsymbol{x}_1, \boldsymbol{x}_2, \cdots, \boldsymbol{x}_n$，有

$$T_0\boldsymbol{x}_i=\boldsymbol{0}=0\boldsymbol{x}_1+0\boldsymbol{x}_2+\cdots+0\boldsymbol{x}_n\quad(i=1, 2, \cdots, n)$$

和

$$\begin{cases}T_e\boldsymbol{x}_1=\boldsymbol{x}_1=1\boldsymbol{x}_1+0\boldsymbol{x}_2+\cdots+0\boldsymbol{x}_n\\T_e\boldsymbol{x}_2=\boldsymbol{x}_2=0\boldsymbol{x}_1+1\boldsymbol{x}_2+\cdots+0\boldsymbol{x}_n\\\quad\cdots\cdots\\T_e\boldsymbol{x}_n=\boldsymbol{x}_n=0\boldsymbol{x}_1+0\boldsymbol{x}_2+\cdots+1\boldsymbol{x}_n\end{cases}$$

所以零变换 T_0 的矩阵是零矩阵 $\boldsymbol{O}$；而单位变换 T_e 的矩阵是单位矩阵 $\boldsymbol{I}$. 使线性空间 V^n 的任一向量 $\boldsymbol{x}$ 与 $m\boldsymbol{x}$(m 是固定数) 对应的变换 T_m 是线性变换，称为**数乘变**

换．因为

$$\begin{cases} T_m\boldsymbol{x}_1 = m\boldsymbol{x}_1 = m\boldsymbol{x}_1 + 0\boldsymbol{x}_2 + \cdots + 0\boldsymbol{x}_n \\ T_m\boldsymbol{x}_2 = m\boldsymbol{x}_2 = 0\boldsymbol{x}_1 + m\boldsymbol{x}_2 + \cdots + 0\boldsymbol{x}_n \\ \quad\cdots\cdots \\ T_m\boldsymbol{x}_n = m\boldsymbol{x}_n = 0\boldsymbol{x}_1 + 0\boldsymbol{x}_2 + \cdots + m\boldsymbol{x}_n \end{cases}$$

所以数乘变换的矩阵为

$$\begin{bmatrix} m & 0 & \cdots & 0 \\ 0 & m & \cdots & 0 \\ \vdots & \vdots & & \vdots \\ 0 & 0 & \cdots & m \end{bmatrix} = m\boldsymbol{I} \tag{1.2.13}$$

通常称矩阵(1.2.13)为**数量矩阵**．

由数乘变换的定义可知，当 m 分别取数 0 和 1 时，分别可得 T_0 和 T_e 的矩阵是零矩阵 $\boldsymbol{O}$ 和单位矩阵 $\boldsymbol{I}$，即这两个矩阵都是数量矩阵的特例．

例 1.15 在矩阵空间 $\mathbf{R}^{2\times 2}$ 中，给定矩阵

$$\boldsymbol{B} = \begin{bmatrix} 0 & 1 \\ 4 & 0 \end{bmatrix}$$

线性变换为 $T(\boldsymbol{X}) = \boldsymbol{XB}(\forall \boldsymbol{X} \in \mathbf{R}^{2\times 2})$，$\mathbf{R}^{2\times 2}$ 的两个基为

(Ⅰ)：$\boldsymbol{E}_{11}, \boldsymbol{E}_{12}, \boldsymbol{E}_{21}, \boldsymbol{E}_{22}$；

(Ⅱ)：$\boldsymbol{B}_1 = \begin{bmatrix} 1 & 1 \\ 1 & 1 \end{bmatrix}, \boldsymbol{B}_2 = \begin{bmatrix} 1 & 1 \\ 1 & 0 \end{bmatrix}, \boldsymbol{B}_3 = \begin{bmatrix} 1 & 1 \\ 0 & 0 \end{bmatrix}, \boldsymbol{B}_4 = \begin{bmatrix} 1 & 0 \\ 0 & 0 \end{bmatrix}$.

分别求 T 在这两个基下的矩阵.

解 计算基(Ⅰ)的基像组，有

$$T(\boldsymbol{E}_{11}) = \boldsymbol{E}_{11}\boldsymbol{B} = \begin{bmatrix} 0 & 1 \\ 0 & 0 \end{bmatrix} = 0\boldsymbol{E}_{11} + 1\boldsymbol{E}_{12} + 0\boldsymbol{E}_{21} + 0\boldsymbol{E}_{22}$$

$$T(\boldsymbol{E}_{12}) = \boldsymbol{E}_{12}\boldsymbol{B} = \begin{bmatrix} 4 & 0 \\ 0 & 0 \end{bmatrix} = 4\boldsymbol{E}_{11} + 0\boldsymbol{E}_{12} + 0\boldsymbol{E}_{21} + 0\boldsymbol{E}_{22}$$

$$T(\boldsymbol{E}_{21}) = \boldsymbol{E}_{21}\boldsymbol{B} = \begin{bmatrix} 0 & 0 \\ 0 & 1 \end{bmatrix} = 0\boldsymbol{E}_{11} + 0\boldsymbol{E}_{12} + 0\boldsymbol{E}_{21} + 1\boldsymbol{E}_{22}$$

$$T(\boldsymbol{E}_{22}) = \boldsymbol{E}_{22}\boldsymbol{B} = \begin{bmatrix} 0 & 0 \\ 4 & 0 \end{bmatrix} = 0\boldsymbol{E}_{11} + 0\boldsymbol{E}_{12} + 4\boldsymbol{E}_{21} + 1\boldsymbol{E}_{22}$$

故 T 在基(Ⅰ)下的矩阵为

$$\boldsymbol{A}_1 = \begin{bmatrix} 0 & 4 & 0 & 0 \\ 1 & 0 & 0 & 0 \\ 0 & 0 & 0 & 4 \\ 0 & 0 & 1 & 0 \end{bmatrix}$$

计算基(Ⅱ)的基像组，有

$$T(\boldsymbol{B}_1)=\boldsymbol{B}_1\boldsymbol{B}=\begin{bmatrix}4 & 1\\4 & 1\end{bmatrix}=1\boldsymbol{B}_1+3\boldsymbol{B}_2-3\boldsymbol{B}_3+3\boldsymbol{B}_4$$

$$T(\boldsymbol{B}_2)=\boldsymbol{B}_2\boldsymbol{B}=\begin{bmatrix}4 & 1\\0 & 1\end{bmatrix}=1\boldsymbol{B}_1-1\boldsymbol{B}_2+1\boldsymbol{B}_3+3\boldsymbol{B}_4$$

$$T(\boldsymbol{B}_3)=\boldsymbol{B}_3\boldsymbol{B}=\begin{bmatrix}4 & 1\\0 & 0\end{bmatrix}=0\boldsymbol{B}_1+0\boldsymbol{B}_2+1\boldsymbol{B}_3+3\boldsymbol{B}_4$$

$$T(\boldsymbol{B}_4)=\boldsymbol{B}_4\boldsymbol{B}=\begin{bmatrix}0 & 1\\0 & 0\end{bmatrix}=0\boldsymbol{B}_1+0\boldsymbol{B}_2+1\boldsymbol{B}_3-1\boldsymbol{B}_4$$

T 在基(Ⅱ)下的矩阵为

$$\boldsymbol{A}_2=\begin{bmatrix}1 & 1 & 0 & 0\\3 & -1 & 0 & 0\\-3 & 1 & 1 & 1\\3 & 3 & 3 & -1\end{bmatrix}$$

易见 $\boldsymbol{A}_1\neq\boldsymbol{A}_2$.

在1.1节中已经知道,同一个向量在不同基下的坐标一般不相同;而例1.15表明同一个线性变换在不同基下的矩阵一般亦不相同. 换言之,向量的坐标与线性变换的矩阵均随线性空间的基改变而改变. 前一事实已讨论清楚,后一事实留待稍后讨论.

例1.16　设 $\boldsymbol{A}$ 是线性空间 V^n 的线性变换 T 的矩阵,则

$$\dim R(T)=\dim R(\boldsymbol{A}),\quad \dim N(T)=\dim N(\boldsymbol{A})$$

证　设 V^n 的基为 $\boldsymbol{x}_1, \boldsymbol{x}_2, \cdots, \boldsymbol{x}_n$. 若 $\dim R(\boldsymbol{A})=r$,则 $\boldsymbol{A}$ 的列向量组的最大无关组由 $\boldsymbol{A}$ 的 r 个列向量构成. 由式(1.2.12)知,$T\boldsymbol{x}_1, T\boldsymbol{x}_2, \cdots, T\boldsymbol{x}_n$ 的最大无关组由其中的 r 个向量构成,再由例1.13的第一个结论可得

$$\dim N(T)=n-\dim L(T\boldsymbol{x}_1, T\boldsymbol{x}_2, \cdots, T\boldsymbol{x}_n)=r$$

以上推导步步可逆,于是可得:若 $\dim R(T)=r$,则 $\dim R(\boldsymbol{A})=r$. 因此 $\dim R(T)=\dim R(\boldsymbol{A})$. 根据例1.13的第二个结论以及式(1.1.15)可得

$$\dim N(T)=n-\dim R(T)=n-\dim R(\boldsymbol{A})=\dim N(\boldsymbol{A})\qquad(1.2.14)$$

线性空间的基给定后,线性变换可以用矩阵来表达. 于是自然提出这样的问题:已知 V^n 的线性变换 T_1 和 T_2 在基 $\boldsymbol{x}_1,\boldsymbol{x}_2,\cdots,\boldsymbol{x}_n$ 下的矩阵依次是 $\boldsymbol{A}$ 和 $\boldsymbol{B}$,那么 T_1+T_2, kT_1 以及 T_1T_2 在该基下的矩阵各是什么? 关于这个问题可用下面的定理回答.

定理1.9　设 $\boldsymbol{x}_1, \boldsymbol{x}_2, \cdots, \boldsymbol{x}_n$ 是数域 K 上的线性空间 V^n 的一个基,线性变换 T_1, T_2 在该基下的矩阵依次是 $\boldsymbol{A},\boldsymbol{B}$. 则有下述结论:

(1) $(T_1+T_2)(\boldsymbol{x}_1, \boldsymbol{x}_2, \cdots, \boldsymbol{x}_n)=(\boldsymbol{x}_1, \boldsymbol{x}_2, \cdots, \boldsymbol{x}_n)(\boldsymbol{A}+\boldsymbol{B})$;

(2) $(kT_1)(\boldsymbol{x}_1, \boldsymbol{x}_2, \cdots, \boldsymbol{x}_n)=(\boldsymbol{x}_1, \boldsymbol{x}_2, \cdots, \boldsymbol{x}_n)(k\boldsymbol{A})$;

(3) $(T_1T_2)(\boldsymbol{x}_1, \boldsymbol{x}_2, \cdots, \boldsymbol{x}_n)=(\boldsymbol{x}_1, \boldsymbol{x}_2, \cdots, \boldsymbol{x}_n)\boldsymbol{AB}$;

(4) $T_1^{-1}(\boldsymbol{x}_1, \boldsymbol{x}_2, \cdots, \boldsymbol{x}_n) = (\boldsymbol{x}_1, \boldsymbol{x}_2, \cdots, \boldsymbol{x}_n)\boldsymbol{A}^{-1}$.

证 因为

$$T_1(\boldsymbol{x}_1, \boldsymbol{x}_2, \cdots, \boldsymbol{x}_n) = (\boldsymbol{x}_1, \boldsymbol{x}_2, \cdots, \boldsymbol{x}_n)\boldsymbol{A}$$
$$T_2(\boldsymbol{x}_1, \boldsymbol{x}_2, \cdots, \boldsymbol{x}_n) = (\boldsymbol{x}_1, \boldsymbol{x}_2, \cdots, \boldsymbol{x}_n)\boldsymbol{B}$$

所以

$$(T + T_2)(\boldsymbol{x}_1, \boldsymbol{x}_2, \cdots, \boldsymbol{x}_n) = T_1(\boldsymbol{x}_1, \boldsymbol{x}_2, \cdots, \boldsymbol{x}_n) + T_2(\boldsymbol{x}_1, \boldsymbol{x}_2, \cdots, \boldsymbol{x}_n) =$$
$$(\boldsymbol{x}_1, \boldsymbol{x}_2, \cdots, \boldsymbol{x}_n)\boldsymbol{A} + (\boldsymbol{x}_1, \boldsymbol{x}_2, \cdots, \boldsymbol{x}_n)\boldsymbol{B} = (\boldsymbol{x}_1, \boldsymbol{x}_2, \cdots, \boldsymbol{x}_n)(\boldsymbol{A} + \boldsymbol{B})$$
$$(kT_1)(\boldsymbol{x}_1, \boldsymbol{x}_2, \cdots, \boldsymbol{x}_n) = k(T_1(\boldsymbol{x}_1, \boldsymbol{x}_2, \cdots, \boldsymbol{x}_n)) =$$
$$k(\boldsymbol{x}_1, \boldsymbol{x}_2, \cdots, \boldsymbol{x}_n)\boldsymbol{A} = (\boldsymbol{x}_1, \boldsymbol{x}_2, \cdots, \boldsymbol{x}_n)(k\boldsymbol{A})$$
$$(T_1T_2)(\boldsymbol{x}_1, \boldsymbol{x}_2, \cdots, \boldsymbol{x}_n) =$$
$$T_1(T_2(\boldsymbol{x}_1, \boldsymbol{x}_2, \cdots, \boldsymbol{x}_n)) = T_1((\boldsymbol{x}_1, \boldsymbol{x}_2, \cdots, \boldsymbol{x}_n)\boldsymbol{B}) =$$
$$T_1(\boldsymbol{x}_1, \boldsymbol{x}_2, \cdots, \boldsymbol{x}_n)\boldsymbol{B} = (\boldsymbol{x}_1, \boldsymbol{x}_2, \cdots, \boldsymbol{x}_n)\boldsymbol{AB}$$

上面诸式证明了 $T_1 + T_2$, T_1T_2 及 kT_1 在基 $\boldsymbol{x}_1, \boldsymbol{x}_2, \cdots, \boldsymbol{x}_n$ 下的矩阵依次是 $\boldsymbol{A} + \boldsymbol{B}$,$\boldsymbol{AB}$ 及 $k\boldsymbol{A}$. 为了证明结论(4),设 T_1 的逆变换是 T_2,于是有

$$T_1T_2 = T_2T_1 = T_e$$

则由结论(3) 有

$$\boldsymbol{AB} = \boldsymbol{BA} = \boldsymbol{I}$$

即 T_1 的逆变换在所给基下的矩阵是 $\boldsymbol{B} = \boldsymbol{A}^{-1}$. 证毕

推论 设 $f(t) = a_0t^m + a_1t^{m-1} + \cdots + a_{m-1}t + a_m$ 是纯量 t 的多项式,T 为线性空间 V^n 的线性变换,且对 V^n 的基 $\boldsymbol{x}_1, \boldsymbol{x}_2, \cdots, \boldsymbol{x}_n$ 有

$$T(\boldsymbol{x}_1, \boldsymbol{x}_2, \cdots, \boldsymbol{x}_n) = (\boldsymbol{x}_1, \boldsymbol{x}_2, \cdots, \boldsymbol{x}_n)\boldsymbol{A}$$

则 V^n 的线性变换 $f(T)$ 在所论基下的矩阵是

$$f(\boldsymbol{A}) = a_0\boldsymbol{A}^m + a_1\boldsymbol{A}^{m-1} + \cdots + a_{m-1}\boldsymbol{A} + a_m\boldsymbol{I} \tag{1.2.15}$$

式(1.2.15) 称为**方阵 A 的多项式**. 它在以后的理论研究中占有重要地位.

定理 1.10 设线性变换 T 在线性空间 V^n 的基 $\boldsymbol{x}_1, \boldsymbol{x}_2, \cdots, \boldsymbol{x}_n$ 下的矩阵是 $\boldsymbol{A}$,向量 $\boldsymbol{x}$ 在该基下的坐标是 $\boldsymbol{\alpha}$,则 $T\boldsymbol{x}$ 在该基下的坐标是

$$\boldsymbol{\beta} = \boldsymbol{A\alpha} \tag{1.2.16}$$

证 由假设有 $\boldsymbol{x} = (\boldsymbol{x}_1, \boldsymbol{x}_2, \cdots, \boldsymbol{x}_n)\boldsymbol{\alpha}$,而

$$T\boldsymbol{x} = T(\boldsymbol{x}_1, \boldsymbol{x}_2, \cdots, \boldsymbol{x}_n)\boldsymbol{\alpha} = (\boldsymbol{x}_1, \boldsymbol{x}_2, \cdots, \boldsymbol{x}_n)\boldsymbol{A\alpha}$$

另一方面有 $T\boldsymbol{x} = (\boldsymbol{x}_1, \boldsymbol{x}_2, \cdots, \boldsymbol{x}_n)\boldsymbol{\beta}$. 由于 $\boldsymbol{x}_1, \boldsymbol{x}_2, \cdots, \boldsymbol{x}_n$ 线性无关,故得式(1.2.16). 证毕

利用式(1.2.16),可以直接由线性变换的矩阵 $\boldsymbol{A}$,来计算一个向量 $\boldsymbol{x}$ 的象 $T\boldsymbol{x}$ 的坐标.

为了利用矩阵研究线性变换,有必要弄清楚线性变换的矩阵是怎样随基的改变而改变的,从而建立矩阵相似的概念. 先证明下面的定理.

定理 1.11 设线性空间 V^n 的线性变换为 T,T 在 V^n 的两个基 $\boldsymbol{x}_1, \boldsymbol{x}_2, \cdots, \boldsymbol{x}_n$

和 $\boldsymbol{y}_1, \boldsymbol{y}_2, \cdots, \boldsymbol{y}_n$ 下的矩阵依次是 $\boldsymbol{A}$ 和 $\boldsymbol{B}$,并且

$$(\boldsymbol{y}_1, \boldsymbol{y}_2, \cdots, \boldsymbol{y}_n) = (\boldsymbol{x}_1, \boldsymbol{x}_2, \cdots, \boldsymbol{x}_n)\boldsymbol{C}$$

那么

$$\boldsymbol{B} = \boldsymbol{C}^{-1}\boldsymbol{AC} \tag{1.2.17}$$

证　根据假设有

$$T(\boldsymbol{x}_1, \boldsymbol{x}_2, \cdots, \boldsymbol{x}_n) = (\boldsymbol{x}_1, \boldsymbol{x}_2, \cdots, \boldsymbol{x}_n)\boldsymbol{A}$$
$$T(\boldsymbol{y}_1, \boldsymbol{y}_2, \cdots, \boldsymbol{y}_n) = (\boldsymbol{y}_1, \boldsymbol{y}_2, \cdots, \boldsymbol{y}_n)\boldsymbol{B}$$

由于

$$T(\boldsymbol{y}_1, \boldsymbol{y}_2, \cdots, \boldsymbol{y}_n) = T(\boldsymbol{x}_1, \boldsymbol{x}_2, \cdots, \boldsymbol{x}_n)\boldsymbol{C} = (\boldsymbol{x}_1, \boldsymbol{x}_2, \cdots, \boldsymbol{x}_n)\boldsymbol{AC} = (\boldsymbol{y}_1, \boldsymbol{y}_2, \cdots, \boldsymbol{y}_n)\boldsymbol{C}^{-1}\boldsymbol{AC}$$

所以 $\boldsymbol{B} = \boldsymbol{C}^{-1}\boldsymbol{AC}$.　证毕

譬如,在例 1.15 中,有

$$(\boldsymbol{B}_1, \boldsymbol{B}_2, \boldsymbol{B}_3, \boldsymbol{B}_4) = (\boldsymbol{E}_{11}, \boldsymbol{E}_{12}, \boldsymbol{E}_{21}, \boldsymbol{E}_{22})\boldsymbol{C}$$

其中

$$\boldsymbol{C} = \begin{bmatrix} 1 & 1 & 1 & 1 \\ 1 & 1 & 1 & 0 \\ 1 & 1 & 0 & 0 \\ 1 & 0 & 0 & 0 \end{bmatrix}$$

直接计算可得

$$\boldsymbol{C}^{-1}\boldsymbol{A}_1\boldsymbol{C} = \begin{bmatrix} 1 & 1 & 0 & 0 \\ 3 & -1 & 0 & 0 \\ -3 & 1 & 1 & 1 \\ 3 & 3 & 3 & -1 \end{bmatrix} = \boldsymbol{A}_2.$$

式(1.2.17) 给出的两个矩阵 $\boldsymbol{A}$ 和 $\boldsymbol{B}$ 之间的关系,在矩阵论中将起极其重要的作用. 对此引入下述定义.

定义 1.15　设 $\boldsymbol{A}, \boldsymbol{B}$ 为数域 K 上的两个 n 阶矩阵,如果存在 K 上的 n 阶可逆矩阵 $\boldsymbol{P}$,使得 $\boldsymbol{B} = \boldsymbol{P}^{-1}\boldsymbol{AP}$,则称 $\boldsymbol{A}$ **相似于** $\boldsymbol{B}$,记为 $\boldsymbol{A} \sim \boldsymbol{B}$.

按此定义,线性变换在不同基下的矩阵是相似的;反之,如果两个矩阵相似,那么它们可以看成同一个线性变换在两个不同基下的矩阵.

相似矩阵有以下三个基本性质:

反身性: $\boldsymbol{A} \sim \boldsymbol{A}$.

对称性: 如果 $\boldsymbol{A} \sim \boldsymbol{B}$,那么 $\boldsymbol{B} \sim \boldsymbol{A}$.

传递性: 如果 $\boldsymbol{A} \sim \boldsymbol{B}$, $\boldsymbol{B} \sim \boldsymbol{C}$, 那么 $\boldsymbol{A} \sim \boldsymbol{C}$.

事实上,因为 $\boldsymbol{A} = \boldsymbol{I}^{-1}\boldsymbol{AI}$,所以 $\boldsymbol{A} \sim \boldsymbol{A}$. 又若 $\boldsymbol{B} = \boldsymbol{P}^{-1}\boldsymbol{AP}$,令 $\boldsymbol{Q} = \boldsymbol{P}^{-1}$,便有 $\boldsymbol{A} = \boldsymbol{PBP}^{-1} = \boldsymbol{Q}^{-1}\boldsymbol{BQ}$,故 $\boldsymbol{B} \sim \boldsymbol{A}$. 至于传递性的证明,留给读者完成.

上面相似矩阵的三个性质表明,矩阵的相似关系为一等价关系. 因而 K 上的

一切 n 阶矩阵可以按此关系分成许多类，使得在同一类中，任意两个矩阵相似；而不在同一类中的任意两个矩阵都不相似．这样的类称之为**相似类**．

例 1.17 如果 $\boldsymbol{B}=\boldsymbol{P}^{-1}\boldsymbol{AP}$，且 $f(t)$ 是数域 K 上的多项式，则矩阵多项式 $f(\boldsymbol{B})$ 与 $f(\boldsymbol{A})$ 之间有关系式 $f(\boldsymbol{B})=\boldsymbol{P}^{-1}f(\boldsymbol{A})\boldsymbol{P}$.

证 对于正整数 k，易知 $\boldsymbol{B}^k=\boldsymbol{P}^{-1}\boldsymbol{A}^k\boldsymbol{P}$. 令

$$f(t)=a_0t^m+a_1t^{m-1}+\cdots+a_{m-1}t+a_m$$

则有

$$\begin{aligned}f(\boldsymbol{B})=&a_0\boldsymbol{B}^m+a_1\boldsymbol{B}^{m-1}+\cdots+a_{m-1}\boldsymbol{B}+a_m\boldsymbol{I}=\\&a_0(\boldsymbol{P}^{-1}\boldsymbol{A}^m\boldsymbol{P})+a_1(\boldsymbol{P}^{-1}\boldsymbol{A}^{m-1}\boldsymbol{P})+\cdots+a_{m-1}(\boldsymbol{P}^{-1}\boldsymbol{AP})+a_m(\boldsymbol{P}^{-1}\boldsymbol{IP})=\\&\boldsymbol{P}^{-1}(a_0\boldsymbol{A}^m+a_1\boldsymbol{A}^{m-1}+\cdots+a_{m-1}\boldsymbol{A}+a_m\boldsymbol{I})\boldsymbol{P}=\boldsymbol{P}^{-1}f(\boldsymbol{A})\boldsymbol{P}\end{aligned}$$

1.2.3 特征值与特征向量

现在讨论如何选择线性空间的基，使线性变换在该基下的矩阵形状最简单的问题．为此，先论述线性变换的特征值和特征向量的概念．它们对于线性变换的研究，起着十分重要的作用．

定义 1.16 设 T 是数域 K 上的线性空间 V^n 的线性变换，且对 K 中某一数 λ_0，存在非零向量 $\boldsymbol{x}\in V^n$，使得

$$T\boldsymbol{x}=\lambda_0\boldsymbol{x} \tag{1.2.18}$$

成立，则称 λ_0 为 T 的**特征值**，$\boldsymbol{x}$ 为 T 的属于 λ_0 的**特征向量**．

式(1.2.18)表明，在几何上，特征向量 $\boldsymbol{x}$ 的方位，经过线性变换后保持不变．

又由线性变换的定义及式(1.2.18)可得

$$T(k\boldsymbol{x})=\lambda_0(k\boldsymbol{x})$$

该式表明，如果 $\boldsymbol{x}$ 是 T 的属于特征值 λ_0 的特征向量，那么任一数 $k\neq 0$ 与 $\boldsymbol{x}$ 的乘积 $k\boldsymbol{x}$ 也是属于 λ_0 的特征向量．因此，特征向量不是被特征值唯一确定；但是，特征值却被特征向量唯一确定．这是因为一个特征向量只能属于一个特征值的缘故．

设 $\boldsymbol{x}_1,\boldsymbol{x}_2,\cdots,\boldsymbol{x}_n$ 是线性空间 V^n 的基，线性变换 T 在该基下的矩阵是 $\boldsymbol{A}=(a_{ij})_{n\times n}$. 令 λ_0 是 T 的特征值，属于 λ_0 的特征向量 $\boldsymbol{x}=\xi_1\boldsymbol{x}_1+\xi_2\boldsymbol{x}_2+\cdots+\xi_n\boldsymbol{x}_n$，则由式(1.2.16)知 $T\boldsymbol{x}$ 及 $\lambda_0\boldsymbol{x}$ 的坐标分别是

$$\boldsymbol{A}\begin{bmatrix}\xi_1\\\xi_2\\\vdots\\\xi_n\end{bmatrix},\quad \lambda_0\begin{bmatrix}\xi_1\\\xi_2\\\vdots\\\xi_n\end{bmatrix}$$

由式(1.2.18)可得坐标间的等式为

$$\boldsymbol{A}\begin{bmatrix}\xi_1\\\xi_2\\\vdots\\\xi_n\end{bmatrix}=\lambda_0\begin{bmatrix}\xi_1\\\xi_2\\\vdots\\\xi_n\end{bmatrix} \tag{1.2.19}$$

上式说明特征向量 $\boldsymbol{x}$ 的坐标$(\xi_1, \xi_2, \cdots, \xi_n)^{\mathrm{T}}$ 满足齐次线性方程组

$$(\lambda_0\boldsymbol{I}-\boldsymbol{A})\begin{bmatrix}\xi_1\\\xi_2\\\vdots\\\xi_n\end{bmatrix}=\boldsymbol{0} \tag{1.2.20}$$

由于 $\boldsymbol{x}\neq\boldsymbol{0}$,因此 $\xi_1, \xi_2, \cdots, \xi_n$ 不全为零,即方程组(1.2.20) 有非零解,从而就有

$$\det(\lambda_0\boldsymbol{I}-\boldsymbol{A})=\begin{vmatrix}\lambda_0-a_{11} & -a_{12} & \cdots & -a_{1n}\\ -a_{21} & \lambda_0-a_{22} & \cdots & -a_{2n}\\ \vdots & \vdots & & \vdots\\ -a_{n1} & -a_{n2} & \cdots & \lambda_0-a_{nn}\end{vmatrix}=0 \tag{1.2.21}$$

针对式(1.2.21) 所表达的事实,给出下述定义.

定义 1.17　设 $\boldsymbol{A}=(a_{ij})_{n\times n}$ 是数域 K 上的 n 阶矩阵,λ 是参数,$\boldsymbol{A}$ 的**特征矩阵** $\lambda\boldsymbol{I}-\boldsymbol{A}$ 的行列式

$$\det(\lambda\boldsymbol{I}-\boldsymbol{A})=\begin{vmatrix}\lambda-a_{11} & -a_{12} & \cdots & -a_{1n}\\ -a_{21} & \lambda-a_{22} & \cdots & -a_{2n}\\ \vdots & \vdots & & \vdots\\ -a_{n1} & -a_{n2} & \cdots & \lambda-a_{nn}\end{vmatrix} \tag{1.2.22}$$

称为矩阵 $\boldsymbol{A}$ 的**特征多项式**,它是 K 上的一个 n 次多项式,记为 $\varphi(\lambda)$. $\varphi(\lambda)$ 的根(或零点)λ_0 称为 **$\boldsymbol{A}$ 的特征值(根)**;而相应于方程组(1.2.20) 的非零解向量$(\xi_1, \xi_2, \cdots, \xi_n)^{\mathrm{T}}$ 称为 **$\boldsymbol{A}$ 的属于特征值 λ_0 的特征向量**.

以上分析表明,如果 λ_0 是线性变换的特征值,那么 λ_0 必定是矩阵 $\boldsymbol{A}$ 的特征多项式 $\varphi(\lambda)=\det(\lambda\boldsymbol{I}-\boldsymbol{A})$ 的一个根;反之,如果 λ_0 是 $\varphi(\lambda)$ 在数域 K 中的一个根,即有 $\varphi(\lambda_0)=\det(\lambda_0\boldsymbol{I}-\boldsymbol{A})=0$,那么齐次线性方程组(1.2.20) 就有非零解. 于是非零向量

$$\boldsymbol{x}=\xi_1\boldsymbol{x}_1+\xi_2\boldsymbol{x}_2+\cdots+\xi_n\boldsymbol{x}_n$$

就满足式(1.2.18),从而 λ_0 是 T 的特征值,$\boldsymbol{x}$ 是 T 的属于 λ_0 的特征向量. 所以,欲求线性变换 T 的特征值和特征向量,只要求出 T 的矩阵 $\boldsymbol{A}$ 的特征值和特征向量就行了. 换言之,T 的特征值与 $\boldsymbol{A}$ 的特征值相一致,而 T 的特征向量在 V^n 的基下的坐标(列向量) 与 $\boldsymbol{A}$ 的特征向量相一致. 因此,计算特征值和特征向量的步骤如下:

第一步:取定数域 K 上的线性空间 V^n 的一个基,写出线性变换 T 在该基下的矩阵 $\boldsymbol{A}$.

第二步：求出 $\boldsymbol{A}$ 的特征多项式 $\varphi(\lambda)$ 在数域 K 上的全部根，它们就是 T 的全部特征值．

第三步：把求得的特征值逐个代入方程组(1.2.20)，解出矩阵 $\boldsymbol{A}$ 属于每个特征值的全部线性无关的特征向量．

第四步：以 $\boldsymbol{A}$ 的属于每个特征值的特征向量为 V^n 中取定基下的坐标，即得 T 的相应特征向量．

例 1.18 设 $\boldsymbol{B}=\begin{bmatrix}1 & 1\\0 & 1\end{bmatrix}$，线性空间

$$V=\{X=(\boldsymbol{X}_{ij})_{2\times 2}\mid x_{11}+x_{22}=0, x_{ij}\in\mathbf{R}\}$$

中的线性变换为 $T(\boldsymbol{X})=\mathbf{B}^{\mathrm{T}}\boldsymbol{X}-\boldsymbol{X}^{\mathrm{T}}\boldsymbol{B}(\forall\boldsymbol{X}\in V)$，求 T 的特征值与特征向量.

解 设 $\boldsymbol{X}=\begin{bmatrix}x_{11} & x_{12}\\x_{21} & x_{22}\end{bmatrix}\in V$，则有

$$\boldsymbol{X}=\begin{bmatrix}x_{11} & x_{12}\\x_{21} & -x_{11}\end{bmatrix}=\begin{bmatrix}x_{11} & 0\\0 & -x_{11}\end{bmatrix}+\begin{bmatrix}0 & x_{12}\\0 & 0\end{bmatrix}+\begin{bmatrix}0 & 0\\x_{21} & 0\end{bmatrix}=$$

$$x_{11}\begin{bmatrix}1 & 0\\0 & -1\end{bmatrix}+x_{12}\begin{bmatrix}0 & 1\\0 & 0\end{bmatrix}+x_{21}\begin{bmatrix}0 & 0\\1 & 0\end{bmatrix}$$

这表明 $\boldsymbol{X}\in V$ 可由

$$\boldsymbol{X}_1=\begin{bmatrix}1 & 0\\0 & -1\end{bmatrix},\quad \boldsymbol{X}_2=\begin{bmatrix}0 & 1\\0 & 0\end{bmatrix},\quad \boldsymbol{X}_3=\begin{bmatrix}0 & 0\\1 & 0\end{bmatrix}$$

线性表示. 容易验证 $\boldsymbol{X}_1,\boldsymbol{X}_2,\boldsymbol{X}_3$ 线性无关，故 $\boldsymbol{X}_1,\boldsymbol{X}_2,\boldsymbol{X}_3$ 构成 V 的一个基，且 $\boldsymbol{X}$ 在该基下的坐标为 $(x_{11},x_{12},x_{21})^{\mathrm{T}}$. 由线性变换的公式求得

$$T(\boldsymbol{X}_1)=\begin{bmatrix}0 & -1\\1 & 0\end{bmatrix}=0\boldsymbol{X}_1-1\boldsymbol{X}_2+1\boldsymbol{X}_3$$

$$T(\boldsymbol{X}_2)=\begin{bmatrix}0 & 1\\-1 & 0\end{bmatrix}=0\boldsymbol{X}_1+1\boldsymbol{X}_2-1\boldsymbol{X}_3$$

$$T(\boldsymbol{X}_3)=\begin{bmatrix}0 & -1\\1 & 0\end{bmatrix}=0\boldsymbol{X}_1-1\boldsymbol{X}_2+1\boldsymbol{X}_3$$

故 T 在该基下的矩阵为

$$\boldsymbol{A}=\begin{bmatrix}0 & 0 & 0\\-1 & 1 & -1\\1 & -1 & 1\end{bmatrix}$$

根据线性代数课程中介绍的算法，求得 $\boldsymbol{A}$ 的特征值与线性无关的特征向量为

$$\lambda_1=\lambda_2=0,\boldsymbol{\alpha}_1=\begin{bmatrix}1\\1\\0\end{bmatrix},\boldsymbol{\alpha}_2=\begin{bmatrix}0\\1\\1\end{bmatrix};\quad \lambda_3=2,\boldsymbol{\alpha}_3=\begin{bmatrix}0\\1\\-1\end{bmatrix}$$

那么，T 的特征值 $\lambda_1=\lambda_2=0$ 对应的线性无关的特征向量为

$$\boldsymbol{Y}_1=(\boldsymbol{X}_1,\boldsymbol{X}_2,\boldsymbol{X}_3)\,\boldsymbol{\alpha}_1=\begin{bmatrix}1 & 1\\ 0 & -1\end{bmatrix},\quad \boldsymbol{Y}_2=(\boldsymbol{X}_1,\boldsymbol{X}_2,\boldsymbol{X}_3)\,\boldsymbol{\alpha}_2=\begin{bmatrix}0 & 1\\ 1 & 0\end{bmatrix}$$

全体特征向量为 $k_1\boldsymbol{Y}_1+k_2\boldsymbol{Y}_2(k_1,k_2\in\mathbf{R}$ 不同时为零)；T 的特征值 $\lambda_3=2$ 对应的线性无关的特征向量为

$$\boldsymbol{Y}_3=(\boldsymbol{X}_1,\boldsymbol{X}_2,\boldsymbol{X}_3)\,\boldsymbol{\alpha}_3=\begin{bmatrix}0 & 1\\ -1 & 0\end{bmatrix}$$

全体特征向量为 $k_3\boldsymbol{Y}_3(0\neq k_3\in\mathbf{R})$.

对于线性空间 V^n 的线性变换 T 的任一特征值 λ_0，T 的属于 λ_0 的全部特征向量，再添上零向量所构成的集合

$$V_{\lambda_0}=\{\boldsymbol{x}\mid T\boldsymbol{x}=\lambda_0\boldsymbol{x},\ \boldsymbol{x}\in V^n\}\tag{1.2.23}$$

是 V^n 的一个线性子空间．事实上，设 $\boldsymbol{x},\ \boldsymbol{y}\in V_{\lambda_0}$，则有

$$T\boldsymbol{x}=\lambda_0\boldsymbol{x},\quad T\boldsymbol{y}=\lambda_0\boldsymbol{y}$$

于是

$$T(\boldsymbol{x}+\boldsymbol{y})=T\boldsymbol{x}+T\boldsymbol{y}=\lambda_0(\boldsymbol{x}+\boldsymbol{y})$$
$$T(k\boldsymbol{x})=k(T\boldsymbol{x})=k(\lambda_0\boldsymbol{x})=\lambda_0(k\boldsymbol{x})$$

这就说明 $\boldsymbol{x}+\boldsymbol{y}$ 与 $k\boldsymbol{x}$ 均属于 V_{λ_0}.

定义 1.18　设 T 是线性空间 V^n 的线性变换，λ_0 是 T 的一个特征值，称 V^n 的子空间 V_{λ_0} 为 T 的属于 λ_0 的**特征子空间**.

显然，$\dim V_{\lambda_0}$ 就是属于 λ_0 的线性无关特征向量的最大数目.

例如，例 1.18 的线性变换有两个特征子空间 $V_0=L(\boldsymbol{Y}_1,\ \boldsymbol{Y}_2)$，$V_2=L(\boldsymbol{Y}_3)$，而且 $\dim V_0=2$，$\dim V_2=1$.

由行列式的展开法则可得 n 阶矩阵 $\boldsymbol{A}=(a_{ij})_{n\times n}$ 的特征多项式

$$\begin{aligned}\varphi(\lambda)&=\det(\lambda\boldsymbol{I}-\boldsymbol{A})=\\ &\lambda^n-(a_{11}+a_{22}+\cdots+a_{nn})\lambda^{n-1}+\cdots+(-1)^n\det\boldsymbol{A}\end{aligned}$$

如果 $\boldsymbol{A}$ 有 n 个特征值 $\lambda_1,\ \lambda_2,\ \cdots,\ \lambda_n$，则由上式知

$$\sum_{i=1}^{n}\lambda_i=\sum_{i=1}^{n}a_{ii},\quad \lambda_1\lambda_2\cdots\lambda_n=\det\boldsymbol{A}\tag{1.2.24}$$

引入记号

$$\mathrm{tr}\boldsymbol{A}=\sum_{i=1}^{n}a_{ii}\tag{1.2.25}$$

称为矩阵 $\boldsymbol{A}$ 的**迹**或**追迹**．式(1.2.24)表明，矩阵 $\boldsymbol{A}$ 的所有特征值的和等于 $\boldsymbol{A}$ 的迹，而 $\boldsymbol{A}$ 的全体特征值的乘积等于 $\det\boldsymbol{A}$.

关于矩阵的迹有以下结论.

定理 1.12　设 $\boldsymbol{A}=(a_{ij})_{m\times n}$，$\boldsymbol{B}=(b_{ij})_{n\times m}$，则 $\mathrm{tr}(\boldsymbol{AB})=\mathrm{tr}(\boldsymbol{BA})$.

证　令 $\boldsymbol{AB}=(u_{ij})_{m\times m}$，$\boldsymbol{BA}=(v_{ij})_{n\times n}$，于是有

$$u_{ij}=\sum_{k=1}^{n}a_{ik}b_{kj},\quad v_{ij}=\sum_{l=1}^{m}b_{il}a_{lj}$$

故

$$\mathrm{tr}(\boldsymbol{AB})=\sum_{i=1}^{m}u_{ii}=\sum_{i=1}^{m}\left[\sum_{k=1}^{n}a_{ik}b_{ki}\right]=\sum_{k=1}^{n}\left[\sum_{i=1}^{m}b_{ki}a_{ik}\right]=\sum_{k=1}^{n}v_{kk}=\mathrm{tr}(\boldsymbol{BA})$$ 证毕

定理 1.13 相似矩阵有相同的迹.

证 设 $\boldsymbol{A}\sim\boldsymbol{B}$,即有可逆矩阵 $\boldsymbol{P}$,使 $\boldsymbol{B}=\boldsymbol{P}^{-1}\boldsymbol{AP}$,则由定理 1.12 可得

$$\mathrm{tr}(\boldsymbol{B})=\mathrm{tr}(\boldsymbol{P}^{-1}\boldsymbol{AP})=\mathrm{tr}(\boldsymbol{APP}^{-1})=\mathrm{tr}(\boldsymbol{A})$$ 证毕

定理 1.14 相似矩阵有相同的特征多项式,因此也有相同的特征值.

证 设 $\boldsymbol{B}=\boldsymbol{P}^{-1}\boldsymbol{AP}$,则

$$\det(\lambda\boldsymbol{I}-\boldsymbol{B})=\det(\lambda\boldsymbol{I}-\boldsymbol{P}^{-1}\boldsymbol{AP})=\det(\boldsymbol{P}^{-1}(\lambda\boldsymbol{I}-\boldsymbol{A})\boldsymbol{P})=$$

$$\det\boldsymbol{P}^{-1}\cdot\det(\lambda\boldsymbol{I}-\boldsymbol{A})\cdot\det\boldsymbol{P}=\det(\lambda\boldsymbol{I}-\boldsymbol{A})$$ 证毕

定理 1.14 表明,线性变换的矩阵的特征多项式与基的选择无关,它直接被线性变换所决定.

定理 1.15 设 $\boldsymbol{A}_1,\boldsymbol{A}_2,\cdots,\boldsymbol{A}_m$ 均为方阵,$\boldsymbol{A}=\mathrm{diag}(\boldsymbol{A}_1,\boldsymbol{A}_2,\cdots,\boldsymbol{A}_m)$,则

$$\det(\lambda\boldsymbol{I}-\boldsymbol{A})=\prod_{i=1}^{m}\det(\lambda\boldsymbol{I}_i-\boldsymbol{A}_i)$$

其中 $\boldsymbol{I}_i$ 表示与 $\boldsymbol{A}_i$ 同阶的单位矩阵.

证 根据行列式的性质可得

$$\det(\lambda\boldsymbol{I}-\boldsymbol{A})=\begin{vmatrix}\lambda\boldsymbol{I}_1-\boldsymbol{A}_1 & & & \\ & \lambda\boldsymbol{I}_2-\boldsymbol{A}_2 & & \\ & & \ddots & \\ & & & \lambda\boldsymbol{I}_m-\boldsymbol{A}_m\end{vmatrix}=$$

$$\prod_{i=1}^{m}\det(\lambda\boldsymbol{I}_i-\boldsymbol{A}_i)$$ 证毕

定理 1.16 (Sylvester) 设 $\boldsymbol{A}\in\mathbf{R}^{m\times n}$, $\boldsymbol{B}\in\mathbf{R}^{n\times m}$, 又设 $\boldsymbol{AB}$ 的特征多项式为 $\varphi_{\boldsymbol{AB}}(\lambda)$,$\boldsymbol{BA}$ 的特征多项式为 $\varphi_{\boldsymbol{BA}}(\lambda)$,则

$$\lambda^n\varphi_{\boldsymbol{AB}}(\lambda)=\lambda^m\varphi_{\boldsymbol{BA}}(\lambda) \tag{1.2.26}$$

证 对下式

$$\begin{bmatrix}\boldsymbol{I}_m & \boldsymbol{O}\\ -\boldsymbol{B} & \boldsymbol{I}_n\end{bmatrix}\begin{bmatrix}\boldsymbol{I}_m & \boldsymbol{A}\\ \boldsymbol{O} & \lambda\boldsymbol{I}_n\end{bmatrix}\begin{bmatrix}\lambda\boldsymbol{I}_m-\boldsymbol{AB} & \boldsymbol{O}\\ \boldsymbol{B} & \boldsymbol{I}_n\end{bmatrix}=$$

$$\begin{bmatrix}\boldsymbol{I}_m & \boldsymbol{O}\\ -\boldsymbol{B} & \boldsymbol{I}_n\end{bmatrix}\begin{bmatrix}\lambda\boldsymbol{I}_m & \boldsymbol{A}\\ \lambda\boldsymbol{B} & \lambda\boldsymbol{I}_n\end{bmatrix}=\begin{bmatrix}\lambda\boldsymbol{I}_m & \boldsymbol{A}\\ \boldsymbol{O} & \lambda\boldsymbol{I}_n-\boldsymbol{BA}\end{bmatrix}$$

取行列式,可得式(1.2.26). 证毕

为了证明矩阵论中极为重要的 Hamilton-Cayley 定理,先建立任意 n 阶矩阵与三角矩阵相似的理论,同时,这个理论也有其重要的理论价值.

定理 1.17 任意 n 阶矩阵与三角矩阵相似.

证 设 $\boldsymbol{A}$ 为 n 阶矩阵,它的特征多项式为

$$\varphi(\lambda)=\det(\lambda \boldsymbol{I}-\boldsymbol{A})=(\lambda-\lambda_1)(\lambda-\lambda_2)\cdots(\lambda-\lambda_n)$$

对矩阵的阶数 n 用归纳法来证明之.

当 $n=1$ 时,定理显然成立. 假定对 $n-1$ 阶矩阵定理成立,为了证明定理对 n 阶矩阵也成立,设 $\boldsymbol{x}_1, \boldsymbol{x}_2, \cdots, \boldsymbol{x}_n$ 是 n 个线性无关的列向量(不一定全是特征向量),其中 $\boldsymbol{x}_1$ 是属于 $\boldsymbol{A}$ 的特征值 λ_1 的特征向量,即 $\boldsymbol{A}\boldsymbol{x}_1=\lambda_1\boldsymbol{x}_1$. 记

$$\boldsymbol{P}_1=(\boldsymbol{x}_1, \boldsymbol{x}_2, \cdots, \boldsymbol{x}_n)$$

于是

$$\boldsymbol{A}\boldsymbol{P}_1=(\boldsymbol{A}\boldsymbol{x}_1, \boldsymbol{A}\boldsymbol{x}_2, \cdots, \boldsymbol{A}\boldsymbol{x}_n)=(\lambda_1\boldsymbol{x}_1, \boldsymbol{A}\boldsymbol{x}_2, \cdots, \boldsymbol{A}\boldsymbol{x}_n)$$

由于 $\boldsymbol{A}\boldsymbol{x}_i\in\mathbf{C}^n$,所以 $\boldsymbol{A}\boldsymbol{x}_i$ 可由 $\mathbf{C}^n$ 的基 $\boldsymbol{x}_1, \boldsymbol{x}_2, \cdots, \boldsymbol{x}_n$ 唯一地线性表示,即有

$$\boldsymbol{A}\boldsymbol{x}_i=b_{1i}\boldsymbol{x}_1+b_{2i}\boldsymbol{x}_2+\cdots+b_{ni}\boldsymbol{x}_n \quad (i=2, 3, \cdots, n)$$

于是

$$\boldsymbol{A}\boldsymbol{P}_1=(\lambda_1\boldsymbol{x}_1, \boldsymbol{A}\boldsymbol{x}_2, \cdots, \boldsymbol{A}\boldsymbol{x}_n)=$$

$$(\boldsymbol{x}_1, \boldsymbol{x}_2, \cdots, \boldsymbol{x}_n)\begin{bmatrix}\lambda_1 & b_{12} & \cdots & b_{1n}\\ 0 & b_{22} & \cdots & b_{2n}\\ \vdots & \vdots & & \vdots\\ 0 & b_{n2} & \cdots & b_{nn}\end{bmatrix}$$

即

$$\boldsymbol{P}_1^{-1}\boldsymbol{A}\boldsymbol{P}_1=\left[\begin{array}{c:ccc}\lambda_1 & b_{12} & \cdots & b_{1n}\\ \hdashline 0 & & & \\ \vdots & & \boldsymbol{A}_1 & \\ 0 & & & \end{array}\right]$$

根据定理 1.14,可设 $n-1$ 阶矩阵 $\boldsymbol{A}_1$ 的特征多项式为

$$\varphi_1(\lambda)=\det(\lambda\boldsymbol{I}-\boldsymbol{A}_1)=(\lambda-\lambda_2)(\lambda-\lambda_3)\cdots(\lambda-\lambda_n)$$

再由归纳法假定,有

$$\boldsymbol{Q}^{-1}\boldsymbol{A}_1\boldsymbol{Q}=\begin{bmatrix}\lambda_2 & * & \cdots & *\\ & \lambda_3 & \ddots & \vdots\\ & & \ddots & *\\ & & & \lambda_n\end{bmatrix}$$

记

$$\boldsymbol{P}_2=\begin{bmatrix}1 & \boldsymbol{0}^{\mathrm{T}}\\ \boldsymbol{0} & \boldsymbol{Q}\end{bmatrix}, \quad \boldsymbol{P}=\boldsymbol{P}_1\boldsymbol{P}_2$$

则有

$$\boldsymbol{P}^{-1}\boldsymbol{A}\boldsymbol{P}=(\boldsymbol{P}_1\boldsymbol{P}_2)^{-1}\boldsymbol{A}(\boldsymbol{P}_1\boldsymbol{P}_2)=\boldsymbol{P}_2^{-1}(\boldsymbol{P}_1^{-1}\boldsymbol{A}\boldsymbol{P}_1)\boldsymbol{P}_2=$$

$$P_2^{-1}\left[\begin{array}{c:ccc}\lambda_1 & b_{12} & \cdots & b_{1n}\\ \hdashline 0 & & & \\ \vdots & & A_1 & \\ 0 & & & \end{array}\right]P_2=\begin{bmatrix}\lambda_1 & * & \cdots & *\\ & \lambda_2 & \ddots & \vdots\\ & & \ddots & *\\ & & & \lambda_n\end{bmatrix}$$ 证毕

例 1.19 求与矩阵 $A=\begin{bmatrix}2 & 1 & 1\\ -2 & 5 & 1\\ -3 & 2 & 5\end{bmatrix}$ 相似的三角矩阵.

解 求得A的特征值为$\lambda_1=\lambda_2=\lambda_3=4$,属于$\lambda_1$的一个特征向量为$(1,1,1)^T$. 取可逆矩阵

$$P_1=(x_1,\ x_2,\ x_3)=\begin{bmatrix}1 & 0 & 0\\ 1 & 1 & 0\\ 1 & 1 & 1\end{bmatrix}$$

选取P_1的后两列时只要保证P_1可逆即可. 计算

$$P_1^{-1}AP_1=\begin{bmatrix}4 & 2 & 1\\ 0 & 4 & 0\\ 0 & 1 & 4\end{bmatrix}$$

对 $A_1=\begin{bmatrix}4 & 0\\ 1 & 4\end{bmatrix}$,它的特征值为$\lambda_2=\lambda_3=4$,求出属于$\lambda_2$的一个特征向量为$(0,\ 1)^T$,取可逆矩阵

$$Q=\begin{bmatrix}0 & 1\\ 1 & 0\end{bmatrix}$$

选取 Q 的后一列时只要保证 Q 可逆即可. 计算

$$Q^{-1}A_1Q=\begin{bmatrix}4 & 1\\ 0 & 4\end{bmatrix}$$

令

$$P_2=\begin{bmatrix}1 & \mathbf{0}^T\\ \mathbf{0} & Q\end{bmatrix},\quad P=P_1P_2=\begin{bmatrix}1 & 0 & 0\\ 1 & 0 & 1\\ 1 & 1 & 1\end{bmatrix}$$

则有

$$P^{-1}AP=P_2^{-1}(P_1^{-1}AP_1)P_2=\begin{bmatrix}4 & 1 & 2\\ 0 & 4 & 1\\ 0 & 0 & 4\end{bmatrix}$$

需要指出,在定理1.17构造矩阵P的过程中,为使步骤减少,选取P_1时可用矩阵A的多个线性无关的特征向量作为P_1的前几列,这样能使$P_1^{-1}AP_1$的前面多个列呈上三角状.

定理 1.18 (Hamilton-Cayley)　n 阶矩阵 $\boldsymbol{A}$ 是其特征多项式的矩阵根(零点)，即令

$$\varphi(\lambda)=\det(\lambda\boldsymbol{I}-\boldsymbol{A})=\lambda^n+a_1\lambda^{n-1}+\cdots+a_{n-1}\lambda+a_n$$

则有

$$\varphi(\boldsymbol{A})=\boldsymbol{A}^n+a_1\boldsymbol{A}^{n-1}+\cdots+a_{n-1}\boldsymbol{A}+a_n\boldsymbol{I}=\boldsymbol{O} \tag{1.2.27}$$

证　改写 $\varphi(\lambda)$ 为

$$\varphi(\lambda)=(\lambda-\lambda_1)(\lambda-\lambda_2)\cdots(\lambda-\lambda_n)$$

由定理 1.17,可设

$$\boldsymbol{P}^{-1}\boldsymbol{A}\boldsymbol{P}=\begin{bmatrix}\lambda_1 & * & \cdots & * \\ & \lambda_2 & \ddots & \vdots \\ & & \ddots & * \\ & & & \lambda_n\end{bmatrix}$$

于是

$$\varphi(\boldsymbol{P}^{-1}\boldsymbol{A}\boldsymbol{P})=(\boldsymbol{P}^{-1}\boldsymbol{A}\boldsymbol{P}-\lambda_1\boldsymbol{I})\cdots(\boldsymbol{P}^{-1}\boldsymbol{A}\boldsymbol{P}-\lambda_n\boldsymbol{I})=$$

$$\begin{bmatrix}0 & * & \cdots & * \\ & \lambda_2-\lambda_1 & \ddots & \vdots \\ & & \ddots & * \\ & & & \lambda_n-\lambda_1\end{bmatrix}\begin{bmatrix}\lambda_1-\lambda_2 & * & \cdots & * \\ & 0 & \ddots & \vdots \\ & & \ddots & * \\ & & & \lambda_n-\lambda_2\end{bmatrix}\cdots(\boldsymbol{P}^{-1}\boldsymbol{A}\boldsymbol{P}-\lambda_n\boldsymbol{I})=$$

$$\begin{bmatrix}0 & 0 & * & \cdots & * \\ 0 & 0 & * & \cdots & * \\ 0 & 0 & * & \cdots & * \\ \vdots & \vdots & & \ddots & \vdots \\ 0 & 0 & & & *\end{bmatrix}\begin{bmatrix}\lambda_1-\lambda_3 & * & * & \cdots & * \\ & \lambda_2-\lambda_3 & * & \cdots & * \\ & & 0 & \ddots & \vdots \\ & & & \ddots & * \\ & & & & \lambda_n-\lambda_3\end{bmatrix}\cdots(\boldsymbol{P}^{-1}\boldsymbol{A}\boldsymbol{P}-\lambda_n\boldsymbol{I})$$

$$=\boldsymbol{O}$$

即 $\varphi(\boldsymbol{P}^{-1}\boldsymbol{A}\boldsymbol{P})=\boldsymbol{P}^{-1}\varphi(\boldsymbol{A})\boldsymbol{P}=\boldsymbol{O}$,故有 $\varphi(\boldsymbol{A})=\boldsymbol{O}$.　证毕

当 n 阶矩阵 $\boldsymbol{A}$ 可逆时,它的特征多项式中的常数项 $a_n\neq 0$. 由式(1.2.27)可得

$$\boldsymbol{A}^{-1}=-\frac{1}{a_n}(\boldsymbol{A}^{n-1}+a_1\boldsymbol{A}^{n-2}+\cdots+a_{n-2}\boldsymbol{A}+a_{n-1}\boldsymbol{I})$$

即 $\boldsymbol{A}$ 的逆矩阵能够由它的 $n-1$ 次矩阵多项式表示. 此外,无论 $\boldsymbol{A}$ 是否可逆,它的 n 次幂也能够由它的次数不超过 $n-1$ 的矩阵多项式表示. 根据后一结论,可以简化矩阵多项式的计算问题.

例 1.20　计算矩阵多项式 $\boldsymbol{A}^{100}+2\boldsymbol{A}^{50}$,其中

$$\boldsymbol{A}=\begin{bmatrix}1 & 1 & -1 \\ 1 & 1 & 1 \\ 0 & -1 & 2\end{bmatrix}$$

解　令 $\psi(\lambda)=\lambda^{100}+2\lambda^{50}$, 可求得 $\boldsymbol{A}$ 的特征多项式为

$$\varphi(\lambda)=\det(\lambda \boldsymbol{I}-\boldsymbol{A})=(\lambda-1)^2(\lambda-2)$$

用 $\varphi(\lambda)$ 除 $\psi(\lambda)$，可得

$$\psi(\lambda)=\varphi(\lambda)q(\lambda)+b_0+b_1\lambda+b_2\lambda^2$$

将 $\lambda=1, 2$ 分别代入上式，则有

$$\begin{cases} b_0+b_1+b_2=3 \\ b_0+2b_1+4b_2=2^{100}+2^{51} \end{cases}$$

为了寻找足够的信息以确定 $b_i(i=0, 1, 2)$，对 $\psi(\lambda)$ 关于 λ 求导数，得到

$$\psi'(\lambda)=[2(\lambda-1)(\lambda-2)+(\lambda-1)^2]q(\lambda)+\varphi(\lambda)q'(\lambda)+b_1+2b_2\lambda$$

将 $\lambda=1$ 代入上式，可得

$$b_1+2b_2=\psi'(1)=200$$

从而求得

$$b_0=2^{100}+2^{51}-400,\quad b_1=606-2^{101}-2^{52},\quad b_2=-203+2^{100}+2^{51}$$

故

$$\boldsymbol{A}^{100}+2\boldsymbol{A}^{50}=\psi(\boldsymbol{A})=b_0\boldsymbol{I}+b_1\boldsymbol{A}+b_2\boldsymbol{A}^2$$

以矩阵 **A** 为根的多项式有时是很多的，但是它们之间却有一定的关系．为了弄清楚这些关系，引入以下定义．

定义 1.19 首项系数是1(简称首 1)，次数最小，且以矩阵 **A** 为根的 λ 的多项式，称为 **A** 的**最小多项式**，常用 $m(\lambda)$ 表示．

根据定理 1.18，显然 **A** 的最小多项式 $m(\lambda)$ 的次数不大于它的特征多项式 $\varphi(\lambda)$ 的次数．

例 1.21 求矩阵 $\boldsymbol{A}=\begin{bmatrix} 3 & -3 & 2 \\ -1 & 5 & -2 \\ -1 & 3 & 0 \end{bmatrix}$ 的最小多项式．

解 设 $f(\lambda)=\lambda+k\ (k\in\mathbf{R})$，由于 $f(\boldsymbol{A})=\boldsymbol{A}+k\boldsymbol{I}\neq\boldsymbol{O}$，所以任何一次多项式都不是 **A** 的最小多项式．注意到 **A** 的特征多项式

$$\varphi(\lambda)=(\lambda-2)^2(\lambda-4)$$

且对于它的二次因式

$$\psi(\lambda)=(\lambda-2)(\lambda-4)=\lambda^2-6\lambda+8$$

有

$$\psi(\boldsymbol{A})=\boldsymbol{A}^2-6\boldsymbol{A}+8\boldsymbol{I}=\boldsymbol{O}$$

于是由定义 1.19，有 $m(\lambda)=\psi(\lambda)$.

这就是说，**A** 的最小多项式是其特征多项式的因式．这个事实具有一般性，由下面的定理给出．

定理 1.19 矩阵 **A** 的最小多项式 $m(\lambda)$ 可整除以 **A** 为根的任意首 1 多项式 $\psi(\lambda)$，且 $m(\lambda)$ 是唯一的．

证 假若 $m(\lambda)$ 不能整除 $\psi(\lambda)$，则有

$$\psi(\lambda)=m(\lambda)q(\lambda)+r(\lambda)$$

其中 $r(\lambda)$ 的次数小于 $m(\lambda)$ 的次数．于是由

$$\psi(\boldsymbol{A})=m(\boldsymbol{A})q(\boldsymbol{A})+r(\boldsymbol{A})$$

知 $r(\boldsymbol{A})=\boldsymbol{O}$，这就与 $m(\lambda)$ 是 $\boldsymbol{A}$ 的最小多项式相矛盾．

为了证明唯一性，设 $\boldsymbol{A}$ 有两个不同的最小多项式 $m(\lambda)$ 与 $m'(\lambda)$．由定义 1.19 知，$m(\lambda)$ 与 $m'(\lambda)$ 的次数相同，而 $f(\lambda)=m(\lambda)-m'(\lambda)$ 是比 $m(\lambda)$ 次数低的非零多项式．将 $f(\lambda)$ 的首项系数化为 1，它仍以 $\boldsymbol{A}$ 为根，这就与 $m(\lambda)$ 是 $\boldsymbol{A}$ 的最小多项式的假设矛盾．

证毕

定理 1.20　矩阵 $\boldsymbol{A}$ 的最小多项式 $m(\lambda)$ 与其特征多项式 $\varphi(\lambda)$ 的零点相同（不计重数）．

证　由定理 1.18 知 $\varphi(\boldsymbol{A})=\boldsymbol{O}$，再由定理 1.19 知 $m(\lambda)$ 能够整除 $\varphi(\lambda)$，所以 $m(\lambda)$ 的零点是 $\varphi(\lambda)$ 的零点．

又设 λ_0 是 $\varphi(\lambda)$ 的一个零点，也是 $\boldsymbol{A}$ 的一个特征值，那么有非零向量 $\boldsymbol{x}\in\mathbf{C}^n$，使得

$$\boldsymbol{A}\boldsymbol{x}=\lambda_0\boldsymbol{x}\quad \text{或}\quad m(\boldsymbol{A})\boldsymbol{x}=m(\lambda_0)\boldsymbol{x}$$

因为 $m(\boldsymbol{A})=\boldsymbol{O}$，所以 $m(\lambda_0)\boldsymbol{x}=\boldsymbol{0}$，从而 $m(\lambda_0)=0$．故 $\varphi(\lambda)$ 的零点也是 $m(\lambda)$ 的零点．

证毕

定理 1.21　设 n 阶矩阵 $\boldsymbol{A}$ 的特征多项式为 $\varphi(\lambda)$，特征矩阵 $\lambda\boldsymbol{I}-\boldsymbol{A}$ 的全体 $n-1$ 阶子式的最大公因式为 $d(\lambda)$，则 $\boldsymbol{A}$ 的最小多项式为

$$m(\lambda)=\frac{\varphi(\lambda)}{d(\lambda)} \tag{1.2.28}$$

证明略去[6]．

例 1.22　证明：相似矩阵有相同的最小多项式．

证　设 $\boldsymbol{B}=\boldsymbol{P}^{-1}\boldsymbol{A}\boldsymbol{P}$，$m_A(\lambda)$ 与 $m_B(\lambda)$ 分别表示 $\boldsymbol{A}$ 与 $\boldsymbol{B}$ 的最小多项式．由 $m_A(\boldsymbol{A})=\boldsymbol{O}$，可得

$$m_A(\boldsymbol{B})=m_A(\boldsymbol{P}^{-1}\boldsymbol{A}\boldsymbol{P})=\boldsymbol{P}^{-1}m_A(\boldsymbol{A})\boldsymbol{P}=\boldsymbol{O}$$

根据定理 1.19，$m_B(\lambda)$ 能够整除 $m_A(\lambda)$；另一方面，由 $m_B(\boldsymbol{B})=\boldsymbol{O}$ 可得

$$m_B(\boldsymbol{A})=m_B(\boldsymbol{P}\boldsymbol{B}\boldsymbol{P}^{-1})=\boldsymbol{P}m_B(\boldsymbol{B})\boldsymbol{P}^{-1}=\boldsymbol{O}$$

再根据定理 1.19，$m_A(\lambda)$ 能够整除 $m_B(\lambda)$．

因为 $m_A(\lambda)$ 与 $m_B(\lambda)$ 都是首 1 多项式，且能够互相整除，所以 $m_A(\lambda)=m_B(\lambda)$．

必须指出，最小多项式相同是矩阵相似的必要条件，并非充分条件．例如，对角矩阵 $\mathrm{diag}(2,3,3)$ 与 $\mathrm{diag}(2,2,3)$ 不相似，因为它们的特征多项式不同．但是，它们的最小多项式却是相同的，都是 $(\lambda-2)(\lambda-3)$．

关于属于不同特征值的特征向量之间的关系，在线性代数课程中已经做了论述．为了后面使用方便，下面仅列出两个定理．

定理 1.22　如果 $\lambda_1,\lambda_2,\cdots,\lambda_s$ 是矩阵 $\boldsymbol{A}$ 的互不相同的特征值，$\boldsymbol{x}_1,\boldsymbol{x}_2,\cdots,$

$\boldsymbol{x}_s$ 是分别属于它们的特征向量，那么 $\boldsymbol{x}_1, \boldsymbol{x}_2, \cdots, \boldsymbol{x}_s$ 线性无关．

定理 1.23 如果 $\lambda_1, \lambda_2, \cdots, \lambda_k$ 是矩阵 $\boldsymbol{A}$ 的不同特征值，而 $\boldsymbol{x}_{i1}, \boldsymbol{x}_{i2}, \cdots, \boldsymbol{x}_{ir_i}$ 是属于 λ_i 的线性无关的特征向量$(i=1, 2, \cdots, k)$，那么向量组

$$\boldsymbol{x}_{11}, \cdots, \boldsymbol{x}_{1r_1}, \cdots, \boldsymbol{x}_{k1}, \cdots, \boldsymbol{x}_{kr_k}$$

也线性无关．

1.2.4 对角矩阵

对角矩阵是较简单的矩阵之一．无论是计算它的乘积、逆矩阵还是特征值等，都甚为方便．这里将要讨论哪些线性变换在适当基下的矩阵是对角矩阵的问题．

定理 1.24 设 T 是线性空间 V^n 的线性变换，T 在某一基下的矩阵 $\boldsymbol{A}$ 可以为对角矩阵的充要条件是 T 有 n 个线性无关的特征向量．

证 设 T 在 V^n 的基 $\boldsymbol{x}_1, \boldsymbol{x}_2, \cdots, \boldsymbol{x}_n$ 下的矩阵是对角矩阵

$$\boldsymbol{A}=\operatorname{diag}(\lambda_1, \lambda_2, \cdots, \lambda_n) \tag{1.2.29}$$

这就意味着有

$$T\boldsymbol{x}_i=\lambda_i\boldsymbol{x}_i \quad (i=1, 2, \cdots, n)$$

因而 $\boldsymbol{x}_1, \boldsymbol{x}_2, \cdots, \boldsymbol{x}_n$ 就是 T 的 n 个线性无关的特征向量．

反之，如果 T 有 n 个线性无关的特征向量 $\boldsymbol{x}_1, \boldsymbol{x}_2, \cdots, \boldsymbol{x}_n$，即有

$$T\boldsymbol{x}_i=\lambda_i\boldsymbol{x}_i \quad (i=1, 2, \cdots, n).$$

那么就取 $\boldsymbol{x}_1, \boldsymbol{x}_2, \cdots, \boldsymbol{x}_n$ 为 V^n 的基，于是在这个基下 T 的矩阵是对角矩阵．

证毕

根据定义 1.15 和定理 1.11，一个线性变换的矩阵能否在某一基下是对角矩阵的问题，相当于一个矩阵能否相似于对角矩阵的问题．因此，相应于定理 1.24，有下面的基本定理．

定理 1.25 n 阶矩阵 $\boldsymbol{A}$ 与对角矩阵相似的充要条件是，$\boldsymbol{A}$ 有 n 个线性无关的特征向量，或 $\boldsymbol{A}$ 有完备的特征向量系①．

证 如果 $\boldsymbol{A}$ 与对角矩阵相似，则存在可逆矩阵 $\boldsymbol{P}=(\boldsymbol{x}_1, \boldsymbol{x}_2, \cdots, \boldsymbol{x}_n)$，使得

$$\boldsymbol{P}^{-1}\boldsymbol{A}\boldsymbol{P}=\operatorname{diag}(\lambda_1, \lambda_2, \cdots, \lambda_n)$$

亦即

$$\boldsymbol{A}(\boldsymbol{x}_1, \boldsymbol{x}_2, \cdots, \boldsymbol{x}_n)=(\boldsymbol{x}_1, \boldsymbol{x}_2, \cdots, \boldsymbol{x}_n)\begin{bmatrix}\lambda_1 & & & \\ & \lambda_2 & & \\ & & \ddots & \\ & & & \lambda_n\end{bmatrix}$$

得

$$\boldsymbol{A}(\boldsymbol{x}_1, \boldsymbol{x}_2, \cdots, \boldsymbol{x}_n)=(\lambda_1\boldsymbol{x}_1, \lambda_2\boldsymbol{x}_2, \cdots, \lambda_n\boldsymbol{x}_n)$$

① 当 n 阶矩阵 $\boldsymbol{A}$ 有 n 个线性无关的特征向量时，就称矩阵 $\boldsymbol{A}$ 有完备的特征向量系．

故有

$$\boldsymbol{A}\boldsymbol{x}_i=\lambda_i\boldsymbol{x}_i \quad (i=1,2,\cdots,n)$$

这就表明 $\boldsymbol{P}$ 的列向量是 $\boldsymbol{A}$ 的特征向量．又 $\boldsymbol{P}$ 可逆，故 $\boldsymbol{x}_1,\boldsymbol{x}_2,\cdots,\boldsymbol{x}_n$ 是 $\boldsymbol{A}$ 的 n 个线性无关的特征向量．

反之，如果 $\boldsymbol{A}$ 有 n 个线性无关的特征向量 $\boldsymbol{x}_1,\boldsymbol{x}_2,\cdots,\boldsymbol{x}_n$，可得

$$\boldsymbol{A}\boldsymbol{x}_i=\lambda_i\boldsymbol{x}_i \quad (i=1,2,\cdots,n)$$

记 $\boldsymbol{P}=(\boldsymbol{x}_1,\boldsymbol{x}_2,\cdots,\boldsymbol{x}_n)$，则 $\boldsymbol{P}$ 可逆．又因为

$$\begin{aligned}\boldsymbol{AP}&=(\boldsymbol{A}\boldsymbol{x}_1,\boldsymbol{A}\boldsymbol{x}_2,\cdots,\boldsymbol{A}\boldsymbol{x}_n)=(\lambda_1\boldsymbol{x}_1,\lambda_2\boldsymbol{x}_2,\cdots,\lambda_n\boldsymbol{x}_n)=\\&(\boldsymbol{x}_1,\boldsymbol{x}_2,\cdots,\boldsymbol{x}_n)\mathrm{diag}(\lambda_1,\lambda_2,\cdots,\lambda_n)=\boldsymbol{P}\mathrm{diag}(\lambda_1,\lambda_2,\cdots,\lambda_n)\end{aligned}$$

即有

$$\boldsymbol{P}^{-1}\boldsymbol{AP}=\mathrm{diag}(\lambda_1,\lambda_2,\cdots,\lambda_n)$$

故 $\boldsymbol{A}$ 与对角矩阵 $\boldsymbol{P}^{-1}\boldsymbol{AP}$ 相似．　证毕

需要指出，这里 $\lambda_1,\lambda_2,\cdots,\lambda_n$ 的排列顺序必须与 $\boldsymbol{x}_1,\boldsymbol{x}_2,\cdots,\boldsymbol{x}_n$ 的排列顺序相对应，否则 $\boldsymbol{P}$ 就不是原来的了．

根据定理 1.22 及定理 1.25，可以得到矩阵与对角矩阵相似的一个重要的充分条件．

定理 1.26　如果 n 阶矩阵有 n 个互不相同的特征值，那么它与对角矩阵相似.

在例 1.18 中已经计算出线性变换的矩阵 $\boldsymbol{A}$ 的特征值是 $\lambda_1=\lambda_2=0,\lambda_3=2$，而对应的线性无关的特征向量依次为

$$\boldsymbol{\alpha}_1=\begin{bmatrix}1\\1\\0\end{bmatrix},\quad \boldsymbol{\alpha}_2=\begin{bmatrix}0\\1\\1\end{bmatrix},\quad \boldsymbol{\alpha}_3=\begin{bmatrix}0\\1\\-1\end{bmatrix}$$

令

$$\boldsymbol{P}=(\boldsymbol{\alpha}_1,\boldsymbol{\alpha}_2,\boldsymbol{\alpha}_3)=\begin{bmatrix}1&0&0\\1&1&1\\0&1&-1\end{bmatrix}$$

则有 $\boldsymbol{P}^{-1}\boldsymbol{AP}=\mathrm{diag}(0,0,2)$. 这里的 $\boldsymbol{P}$ 实为由基 $\boldsymbol{X}_1,\boldsymbol{X}_2,\boldsymbol{X}_3$ 改变为基 $\boldsymbol{Y}_1,\boldsymbol{Y}_2,\boldsymbol{Y}_3$ 的过渡矩阵.

例 1.23　设矩阵空间 $\mathbf{R}^{2\times2}$ 的子空间为

$$V=\{\boldsymbol{X}=(x_{ij})_{2\times2}\mid x_{11}+x_{12}+x_{21}=0,x_{ij}\in\mathbf{R}\}$$

V 中的线性变换为

$$T(\boldsymbol{X})=\boldsymbol{X}+\boldsymbol{X}^{\mathrm{T}} \quad (\forall\boldsymbol{X}\in V)$$

求 V 的一个基，使 T 在该基下的矩阵为对角矩阵.

解　先求 V 的一个基. 设 $\boldsymbol{X}=\begin{bmatrix}x_{11}&x_{12}\\x_{21}&x_{22}\end{bmatrix}\in V$，则有

$$\boldsymbol{X}=\begin{bmatrix}-x_{12}-x_{21} & x_{12}\\ x_{21} & x_{22}\end{bmatrix}=\begin{bmatrix}-x_{12} & x_{12}\\ 0 & 0\end{bmatrix}+\begin{bmatrix}-x_{21} & 0\\ x_{21} & 0\end{bmatrix}+\begin{bmatrix}0 & 0\\ 0 & x_{22}\end{bmatrix}=$$

$$x_{12}\begin{bmatrix}-1 & 1\\ 0 & 0\end{bmatrix}+x_{21}\begin{bmatrix}-1 & 0\\ 1 & 0\end{bmatrix}+x_{22}\begin{bmatrix}0 & 0\\ 0 & 1\end{bmatrix}$$

这表明 $\boldsymbol{X}\in V$ 可由

$$\boldsymbol{X}_1=\begin{bmatrix}-1 & 1\\ 0 & 0\end{bmatrix},\quad \boldsymbol{X}_2=\begin{bmatrix}-1 & 0\\ 1 & 0\end{bmatrix},\quad \boldsymbol{X}_3=\begin{bmatrix}0 & 0\\ 0 & 1\end{bmatrix}$$

线性表示.容易验证$\boldsymbol{X}_1,\boldsymbol{X}_2,\boldsymbol{X}_3$ 线性无关,故$\boldsymbol{X}_1,\boldsymbol{X}_2,\boldsymbol{X}_3$ 是 V 的一个基,且 X 在该基下的坐标为$(x_{12},x_{21},x_{22})^{\mathrm{T}}$.

然后求 T 在基$\boldsymbol{X}_1,\boldsymbol{X}_2,\boldsymbol{X}_3$ 下的矩阵.由线性变换的公式计算基象组

$$T(\boldsymbol{X}_1)=\boldsymbol{X}_1+\boldsymbol{X}_1^{\mathrm{T}}=\begin{bmatrix}-2 & 1\\ 1 & 0\end{bmatrix}=1\,\boldsymbol{X}_1+1\,\boldsymbol{X}_2+0\,\boldsymbol{X}_3$$

$$T(\boldsymbol{X}_2)=\boldsymbol{X}_2+\boldsymbol{X}_2^{\mathrm{T}}=\begin{bmatrix}-2 & 1\\ 1 & 0\end{bmatrix}=1\,\boldsymbol{X}_1+1\,\boldsymbol{X}_2+0\,\boldsymbol{X}_3$$

$$T(\boldsymbol{X}_3)=\boldsymbol{X}_3+X_3^{\mathrm{T}}=\begin{bmatrix}0 & 0\\ 0 & 2\end{bmatrix}=0\,\boldsymbol{X}_1+0\,\boldsymbol{X}_2+2\,\boldsymbol{X}_3$$

参照式(1.2.12),写出 T 在基$\boldsymbol{X}_1,\boldsymbol{X}_2,\boldsymbol{X}_3$ 下的矩阵

$$\boldsymbol{A}=\begin{bmatrix}1 & 1 & 0\\ 1 & 1 & 0\\ 0 & 0 & 2\end{bmatrix}$$

最后求可逆矩阵 $\boldsymbol{P}$ 使$\boldsymbol{P}^{-1}\boldsymbol{AP}=\boldsymbol{\Lambda}$.根据线性代数课程中介绍的算法,求得

$$\boldsymbol{\Lambda}=\begin{bmatrix}0 & & \\ & 2 & \\ & & 2\end{bmatrix},\quad \boldsymbol{P}=\begin{bmatrix}1 & 1 & 0\\ -1 & 1 & 0\\ 0 & 0 & 1\end{bmatrix}$$

由$(\boldsymbol{Y}_1,\boldsymbol{Y}_2,\boldsymbol{Y}_3)=(\boldsymbol{X}_1,\boldsymbol{X}_2,\boldsymbol{X}_3)\boldsymbol{P}$ 求出

$$\boldsymbol{Y}_1=\begin{bmatrix}0 & 1\\ -1 & 0\end{bmatrix},\quad \boldsymbol{Y}_2=\begin{bmatrix}-2 & 1\\ 1 & 0\end{bmatrix},\quad \boldsymbol{Y}_3=\begin{bmatrix}0 & 0\\ 0 & 1\end{bmatrix}$$

根据定理 1.11,线性变换 T 在基$\boldsymbol{Y}_1,\boldsymbol{Y}_2,\boldsymbol{Y}_3$ 下的矩阵为 $\boldsymbol{\Lambda}$.

1.2.5 不变子空间

本段中,将讨论子空间与线性变换的关系,从而进一步简化线性变换的矩阵.首先给出下面的定义.

定义 1.20 如果 T 是线性空间 V 的线性变换,V_1 是 V 的子空间,并且对于任意一个 $\boldsymbol{x}\in V_1$, 都有 $T\boldsymbol{x}\in V_1$,则称 V_1 是 T 的**不变子空间**.

例如,任何一个子空间都是数乘变换的不变子空间.这是因为子空间对于数与向量的乘法是封闭的缘故.

例 1.11 已经证明取导数的变换 D 是 P_n 的一个线性变换，P_{n-1} 为一切次数小于 n 的多项式的集合形成的线性空间，则 P_{n-1} 是 D 的不变子空间．

由定义 1.18 可知，线性变换 T 的属于 λ_0 的特征子空间 V_{λ_0} 是 T 的不变子空间．

整个线性空间 V 和零子空间，对于每个线性变换 T 而言，都是 T 的不变子空间，特别也是 T_e 的不变子空间．

T 的不变子空间的交与和仍为线性变换 T 的不变子空间．事实上，设 V_1，V_2 都是 V 的子空间，T 是 V 的线性变换，且 V_1，V_2 对 T 是不变的．由于交 $V_1 \cap V_2$ 仍是 V 的子空间，且若 $\boldsymbol{x} \in V_1 \cap V_2$，则有 $\boldsymbol{x} \in V_1$，$\boldsymbol{x} \in V_2$，又因 $T\boldsymbol{x} \in V_1$，$T\boldsymbol{x} \in V_2$，从而有 $T\boldsymbol{x} \in V_1 \cap V_2$．这就证明了 $V_1 \cap V_2$ 是 T 的不变子空间．至于子空间的和仍为 T 的不变子空间的证明，留给读者．

线性变换 T 的值域 $R(T)$ 与核 $N(T)$ 都是 T 的不变子空间．事实上，由定义 1.20 知，T 的值域 $R(T)$ 是 V 中的向量在 T 下象的集合，当然它也包含 $R(T)$ 中向量的象，故 $R(T)$ 是 T 的不变子空间．又 T 的核 $N(T)$ 是被 T 变成零向量的向量的集合，$N(T)$ 中向量的象是零向量，当然还在 $N(T)$ 中，这就表明 $N(T)$ 也是 T 的不变子空间．

下面的定理给出了怎样使用不变子空间来简化线性变换的矩阵．

定理 1.27　设 T 是线性空间 V^n 的线性变换，且 V^n 可分解为 s 个 T 的不变子空间的直和

$$V^n = V_1 \oplus V_2 \oplus \cdots \oplus V_s$$

又在每个不变子空间 V_i 中取基

$$\boldsymbol{x}_{i1},\ \boldsymbol{x}_{i2},\ \cdots,\ \boldsymbol{x}_{in_i}\quad (i=1,\ 2,\ \cdots,\ s) \tag{1.2.30}$$

把它们合并起来作为 V^n 的基，则 T 在该基下的矩阵为

$$\boldsymbol{A} = \mathrm{diag}(\boldsymbol{A}_1,\ \boldsymbol{A}_2,\ \cdots,\ \boldsymbol{A}_s) \tag{1.2.31}$$

其中 $\boldsymbol{A}_i(i=1,\ 2,\ \cdots,\ s)$ 就是 T 在 V_i 的基(1.2.30)下的矩阵．

证　因为 V_1，V_2，$\cdots$，V_s 都是 T 的不变子空间，所以当 $\boldsymbol{x}_{ij} \in V_i$ 时，有

$$T\boldsymbol{x}_{ij} \in V_i\quad (i=1,\ 2,\ \cdots,\ s;\ j=1,\ 2,\ \cdots,n_i)$$

可设

$$\begin{cases} T\boldsymbol{x}_{i1} = a_{11}^{(i)}\boldsymbol{x}_{i1} + a_{21}^{(i)}\boldsymbol{x}_{i2} + \cdots + a_{n_i1}^{(i)}\boldsymbol{x}_{in_i} \\ T\boldsymbol{x}_{i2} = a_{12}^{(i)}\boldsymbol{x}_{i1} + a_{22}^{(i)}\boldsymbol{x}_{i2} + \cdots + a_{n_i2}^{(i)}\boldsymbol{x}_{in_i} \\ \quad\cdots\cdots \\ T\boldsymbol{x}_{in_i} = a_{1n_i}^{(i)}\boldsymbol{x}_{i1} + a_{2n_i}^{(i)}\boldsymbol{x}_{i2} + \cdots + a_{n_in_i}^{(i)}\boldsymbol{x}_{in_i} \end{cases}$$

参照式(1.2.12)，写出 T 在 V_i 的基(1.2.30)下的矩阵

$$\mathbf{A}_i=\begin{bmatrix}a_{11}^{(i)} & a_{12}^{(i)} & \cdots & a_{1n_i}^{(i)}\\ a_{21}^{(i)} & a_{22}^{(i)} & \cdots & a_{2n_i}^{(i)}\\ \vdots & \vdots & & \vdots\\ a_{n_i1}^{(i)} & a_{n_i2}^{(i)} & \cdots & a_{n_in_i}^{(i)}\end{bmatrix}$$

因此，T 在 V^n 的基

$$\boldsymbol{x}_{11},\boldsymbol{x}_{12},\cdots,\boldsymbol{x}_{1n_1},\cdots,\boldsymbol{x}_{s1},\boldsymbol{x}_{s2},\cdots,\boldsymbol{x}_{sn_s}$$

下的矩阵 **A** 形如式(1.2.31). 证毕

定理1.27之逆也是对的. 因为可以证明，如果线性变换 T 在上述 V^n 的基下的矩阵是准对角矩阵(1.2.31)，则子空间

$$L(\boldsymbol{x}_{i1},\ \boldsymbol{x}_{i2},\ \cdots,\ \boldsymbol{x}_{in_i})=V_i\quad(i=1,\ 2,\ \cdots,\ s)$$

是 T 的不变子空间，且有 $V^n=V_1\oplus V_2\oplus\cdots\oplus V_s$.

由此可知，矩阵相似于准对角矩阵与线性空间分解为不变子空间的直和是相当的.

推论 线性空间 V^n 的线性变换 T 在 V^n 的某个基下的矩阵 **A** 为对角矩阵的充要条件是 V^n 可分解为 n 个 T 的一维特征子空间的直和.

上面推论更一般的情况是：设 T 是线性空间 V^n 的线性变换，$\lambda_1,\ \lambda_2,\ \cdots,\ \lambda_s$ 是 T 的全部不同的特征值，则 T 在某一基下的矩阵为对角矩阵的充要条件是

$$\dim V_{\lambda_1}+\dim V_{\lambda_2}+\cdots+\dim V_{\lambda_s}=n$$

1.2.6 Jordan 标准形介绍

前面已经指出，一切 n 阶矩阵 **A** 可以分成许多相似类. 今要在与 **A** 相似的全体矩阵中，找出一个较简单的矩阵来作为这个相似类的标准形. 当然以对角矩阵作为标准形最好，可惜不是每一个矩阵都能与对角矩阵相似. 为了解决标准形问题，这里不加证明地给出如下的定理[4].

定理 1.28 设 T 是复数域 **C** 上的线性空间 V^n 的线性变换，任取 V^n 的一个基，T 在该基下的矩阵是 **A**，T(或 **A**) 的特征多项式可分解因式为

$$\varphi(\lambda)=(\lambda-\lambda_1)^{m_1}(\lambda-\lambda_2)^{m_2}\cdots(\lambda-\lambda_s)^{m_s}\quad(m_1+m_2+\cdots+m_s=n)\tag{1.2.32}$$

则 V^n 可分解成不变子空间的直和

$$V^n=V_1\oplus V_2\oplus\cdots\oplus V_s$$

其中 $V_i=\{\boldsymbol{x}\mid(T-\lambda_iT_e)^{m_i}\boldsymbol{x}=\boldsymbol{0},\ \boldsymbol{x}\in V^n\}$ 是线性变换 $(T-\lambda_iT_e)^{m_i}$ 的核子空间.

如果给每个子空间 V_i 选一适当的基，由定理 1.27 知，每个子空间的基合并起来即为 V^n 的基，且 T 在该基下的矩阵为以下形式的准对角矩阵

$$\boldsymbol{J}=\begin{bmatrix}\boldsymbol{J}_1(\lambda_1) & & & \\ & \boldsymbol{J}_2(\lambda_2) & & \\ & & \ddots & \\ & & & \boldsymbol{J}_s(\lambda_s)\end{bmatrix}\tag{1.2.33}$$

其中

$$\boldsymbol{J}_i(\lambda_i)=\begin{bmatrix}\lambda_i & 1 & & & \\ & \lambda_i & 1 & & \\ & & \lambda_i & \ddots & \\ & & & \ddots & 1 \\ & & & & \lambda_i\end{bmatrix}_{m_i\times m_i}\qquad (i=1,2,\cdots,s)$$

定义 1.21　由式(1.2.33)给出的矩阵 $\boldsymbol{J}$ 称为矩阵 $\boldsymbol{A}$ 的 **Jordan 标准形**，$\boldsymbol{J}_i(\lambda_i)$ 称为因式 $(\lambda-\lambda_i)^{m_i}$ 对应的 **Jordan 块**.

例如

$$\begin{bmatrix}2 & 1 & \\ & 2 & 1\\ & & 2\end{bmatrix},\quad \begin{bmatrix}0 & 1 & & \\ & 0 & 1 & \\ & & 0 & 1\\ & & & 0\end{bmatrix},\quad \begin{bmatrix}\mathrm{j} & 1\\ & \mathrm{j}\end{bmatrix}$$

都是不同阶的 Jordan 块；而

$$\mathrm{diag}\left(\begin{bmatrix}1 & 1\\ & 1\end{bmatrix},[2],\begin{bmatrix}-\mathrm{j} & 1 & \\ & -\mathrm{j} & 1\\ & & -\mathrm{j}\end{bmatrix}\right)$$

是某个 6 阶矩阵的 Jordan 标准形.

由相似矩阵的定义立刻可得如下定理.

定理 1.29　设 $\boldsymbol{A}$ 是 n 阶复矩阵，且其特征多项式的某种分解式是(1.2.32)，则存在 n 阶复可逆矩阵 $\boldsymbol{P}$，使

$$\boldsymbol{P}^{-1}\boldsymbol{A}\boldsymbol{P}=\boldsymbol{J}\qquad(1.2.34)$$

定理 1.29 改用线性变换来说，就是：设 T 是复数域 $\mathbf{C}$ 上线性空间 V^n 的线性变换，在 V^n 中必存在一个基，使 T 在该基下的矩阵是 Jordan 标准形 $\boldsymbol{J}$.

因为相似矩阵有相同的特征多项式，所以 Jordan 标准形 $\boldsymbol{J}$ 的对角元素 λ_1，λ_2，…，λ_s 就是 $\boldsymbol{A}$ 的特征值. 需要指出，在定理 1.29 涉及的分解式(1.2.32)中，当 $i\neq j$ 时，可能有 $\lambda_i=\lambda_j$，因此 λ_i 不一定就是 $\boldsymbol{A}$ 的 m_i 重特征值. 一般地，特征值 λ_i 的重数大于或等于 m_i.

例 1.24　设 6 阶矩阵 $\boldsymbol{A}$ 的特征多项式为

$$\varphi(\lambda)=\det(\lambda\boldsymbol{I}-\boldsymbol{A})=\lambda^2(\lambda+2)(\lambda-1)^3$$

则必有可逆矩阵 $\boldsymbol{P}$，使 $\boldsymbol{P}^{-1}\boldsymbol{A}\boldsymbol{P}$ 成为下列 6 个矩阵之一(只能是其中的一个)，它们是

$$\begin{bmatrix} 0 & 1 & & & & \\ 0 & 0 & & & & \\ & & -2 & & & \\ & & & 1 & 1 & 0 \\ & & & 0 & 1 & 1 \\ & & & 0 & 0 & 1 \end{bmatrix}, \quad \begin{bmatrix} 0 & 1 & & & & \\ 0 & 0 & & & & \\ & & -2 & & & \\ & & & 1 & & \\ & & & & 1 & 1 \\ & & & & 0 & 1 \end{bmatrix}$$

$$\begin{bmatrix} 0 & 1 & & & & \\ 0 & 0 & & & & \\ & & -2 & & & \\ & & & 1 & & \\ & & & & 1 & \\ & & & & & 1 \end{bmatrix}, \quad \begin{bmatrix} 0 & & & & & \\ & 0 & & & & \\ & & -2 & & & \\ & & & 1 & 1 & 0 \\ & & & 0 & 1 & 1 \\ & & & 0 & 0 & 1 \end{bmatrix}$$

$$\begin{bmatrix} 0 & & & & & \\ & 0 & & & & \\ & & -2 & & & \\ & & & 1 & & \\ & & & & 1 & 1 \\ & & & & 0 & 1 \end{bmatrix}, \quad \begin{bmatrix} 0 & & & & & \\ & 0 & & & & \\ & & -2 & & & \\ & & & 1 & & \\ & & & & 1 & \\ & & & & & 1 \end{bmatrix}$$

这是因为除 $\varphi(\lambda)$ 已有的表达式外，它还依次有以下 5 种表达式：

$$\lambda^2(\lambda+2)(\lambda-1)(\lambda-1)^2, \quad \lambda^2(\lambda+2)(\lambda-1)(\lambda-1)(\lambda-1)$$

$$\lambda\lambda(\lambda+2)(\lambda-1)^3, \quad \lambda\lambda(\lambda+2)(\lambda-1)(\lambda-1)^2,$$

$$\lambda\lambda(\lambda+2)(\lambda-1)(\lambda-1)(\lambda-1)$$

定理 1.29 虽然已经肯定了一般矩阵的 Jordan 标准形是存在的，但是仍旧无法准确地求出矩阵的 Jordan 标准形，如例 1.24 就是这样．讨论矩阵的 Jordan 标准形的求法，涉及以下形式的**多项式矩阵**或 **$\boldsymbol{\lambda}$ - 矩阵**

$$\boldsymbol{A}(\lambda)=\begin{bmatrix} a_{11}(\lambda) & a_{12}(\lambda) & \cdots & a_{1n}(\lambda) \\ a_{21}(\lambda) & a_{22}(\lambda) & \cdots & a_{2n}(\lambda) \\ \vdots & \vdots & & \vdots \\ a_{n1}(\lambda) & a_{n2}(\lambda) & \cdots & a_{nn}(\lambda) \end{bmatrix} \tag{1.2.35}$$

的理论，其中 $a_{ij}(\lambda)$ $(i, j=1, 2, \cdots, n)$ 为数域 K 上的纯量 λ 的多项式．如果 $\boldsymbol{A}=(a_{ij})_{n\times n}$ 是数域 K 上的 n 阶矩阵，则 $\boldsymbol{A}$ 的特征矩阵

$$\lambda\boldsymbol{I}-\boldsymbol{A}=\begin{bmatrix} \lambda-a_{11} & -a_{12} & \cdots & -a_{1n} \\ -a_{21} & \lambda-a_{22} & \cdots & -a_{2n} \\ \vdots & \vdots & & \vdots \\ -a_{n1} & -a_{n2} & \cdots & \lambda-a_{nn} \end{bmatrix} \tag{1.2.36}$$

就是一个特殊的多项式矩阵.

多项式矩阵 $\boldsymbol{A}(\lambda)$ 的标准形,是指使用矩阵的初等变换①将 $\boldsymbol{A}(\lambda)$ 化为多项式矩阵,有

$$\boldsymbol{A}(\lambda) \to \begin{bmatrix} d_1(\lambda) & & & & & & \\ & d_2(\lambda) & & & & & \\ & & \ddots & & & & \\ & & & d_s(\lambda) & & & \\ & & & & 0 & & \\ & & & & & \ddots & \\ & & & & & & 0 \end{bmatrix} \tag{1.2.37}$$

其中

$$d_1(\lambda) \mid d_2(\lambda),\ d_2(\lambda) \mid d_3(\lambda),\ \cdots,\ d_{s-1}(\lambda) \mid d_s(\lambda) \quad (s \leqslant n)$$

且 $d_i(\lambda)$ $(i=1, 2, \cdots, s)$ 是首 1 多项式(前面的几个 $d_i(\lambda)$ 可能是 1).

例 1.25　试用初等变换化多项式矩阵

$$\boldsymbol{A}(\lambda) = \begin{bmatrix} -\lambda+1 & 2\lambda-1 & \lambda \\ \lambda & \lambda^2 & -\lambda \\ \lambda^2+1 & \lambda^2+\lambda-1 & -\lambda^2 \end{bmatrix}$$

为标准形.

解　计算过程如下:

$$\boldsymbol{A}(\lambda) \xrightarrow{[3]+[1]} \begin{bmatrix} -\lambda+1 & 2\lambda-1 & 1 \\ \lambda & \lambda^2 & 0 \\ \lambda^2+1 & \lambda^2+\lambda-1 & 1 \end{bmatrix} \xrightarrow{[1]\leftrightarrow[3]}$$

$$\begin{bmatrix} 1 & 2\lambda-1 & -\lambda+1 \\ 0 & \lambda^2 & \lambda \\ 1 & \lambda^2+\lambda-1 & \lambda^2+1 \end{bmatrix} \xrightarrow{(3)-(1)}$$

$$\begin{bmatrix} 1 & 2\lambda-1 & -\lambda+1 \\ 0 & \lambda^2 & \lambda \\ 0 & \lambda^2-\lambda & \lambda^2+\lambda \end{bmatrix} \xrightarrow[{[3]+(\lambda-1)[1]}]{[2]-(2\lambda-1)[1]}$$

$$\begin{bmatrix} 1 & 0 & 0 \\ 0 & \lambda^2 & \lambda \\ 0 & \lambda^2-\lambda & \lambda^2+\lambda \end{bmatrix} \xrightarrow{[2]\leftrightarrow[3]} \begin{bmatrix} 1 & 0 & 0 \\ 0 & \lambda & \lambda^2 \\ 0 & \lambda^2+\lambda & \lambda^2-\lambda \end{bmatrix} \xrightarrow{[3]-\lambda[2]}$$

---

① 这里要把用数乘矩阵的某一行(列)加到另一行(列)对应元素上去的"数",一般地改成数域 K 上的 λ 多项式.

$$\begin{bmatrix}1 & 0 & 0\\0 & \lambda & 0\\0 & \lambda^2+\lambda & -\lambda^3-\lambda\end{bmatrix}\xrightarrow[(3)-(\lambda+1)(2)]{(-1)[3]}\begin{bmatrix}1 & 0 & 0\\0 & \lambda & 0\\0 & 0 & \lambda^3+\lambda\end{bmatrix}$$

最后所得矩阵是 $\boldsymbol{A}(\lambda)$ 的标准形，此时，$d_1(\lambda)=1$，$d_2(\lambda)=\lambda$，$d_3(\lambda)=\lambda^3+\lambda$.

可以证明，一个多项式矩阵 $\boldsymbol{A}(\lambda)$ 的标准形式(1.2.37) 的对角线上的非零元素 $d_i(\lambda)(i=1, 2, \cdots, s)$ 不随矩阵的初等变换而改变．因此，通常称 $d_i(\lambda)(i=1, 2, \cdots, s)$ 为 $\boldsymbol{A}(\lambda)$ 的**不变因子**或**不变因式**．

如果以 $D_i(\lambda)(i=1, 2, \cdots, s)$ 表示 $\boldsymbol{A}(\lambda)$ 的一切 i 阶子式的最大(高) 公因式(常称之为 $\boldsymbol{A}(\lambda)$ 的 i 阶**行列式因子**，由行列式性质知 $D_i(\lambda)$ 不随初等变换而改变)，则 $\boldsymbol{A}(\lambda)$ 的不变因子的计算公式为

$$d_i(\lambda)=\frac{D_i(\lambda)}{D_{i-1}(\lambda)},\quad D_0(\lambda)=1\quad (i=1, 2, \cdots, s) \tag{1.2.38}$$

式(1.2.38) 表明，$\boldsymbol{A}(\lambda)$ 的标准形式(1.2.37) 被 $D_i(\lambda)$ $(i=1, 2, \cdots, s)$ 唯一决定．

把 $\boldsymbol{A}(\lambda)$ 的每个次数大于零的不变因子 $d_i(\lambda)$ 分解为不可约因式的乘积，这样的不可约因式(连同它们的幂指数) 称为 $\boldsymbol{A}(\lambda)$ 的一个**初等因子**，初等因子的全体称为 $\boldsymbol{A}(\lambda)$ 的**初等因子组**．

确定 $\boldsymbol{A}(\lambda)$ 的初等因子组的一个简便方法是：用初等变换将 $\boldsymbol{A}(\lambda)$ 化为对角矩阵，若记对角线上的非零多项式为 $f_i(\lambda)$ $(i=1, 2, \cdots, s)$，那么诸次数大于零的 $f_i(\lambda)$ 的全体不可约因式，就是 $\boldsymbol{A}(\lambda)$ 的初等因子组．

要注意的是，初等因子组是随系数域不同而不同的．因为有些不变因子在有理数域上可能不可约，但在实数域 **R** 或复数域 **C** 上却是可约的．如在例 1.25 中，对有理数域和实数域而言，$\boldsymbol{A}(\lambda)$ 的初等因子组都是

$$\lambda,\ \lambda,\ \lambda^2+1$$

但在复数域上，它的初等因子组却是

$$\lambda,\ \lambda,\ \lambda-\mathrm{j},\ \lambda+\mathrm{j}$$

在复数域 **C** 上，求 n 阶矩阵 $\boldsymbol{A}$ 的 Jordan 标准形的步骤如下：

第一步：求特征矩阵的 $\lambda\boldsymbol{I}-\boldsymbol{A}$ 的初等因子组，设为

$$(\lambda-\lambda_1)^{m_1},\ (\lambda-\lambda_2)^{m_2},\ \cdots,\ (\lambda-\lambda_s)^{m_s}$$

其中 $\lambda_1, \lambda_2, \cdots, \lambda_s$ 可能有相同的，指数 $m_1, m_2, \cdots, m_s$ 也可能有相同的，且

$$m_1+m_2+\cdots+m_s=n$$

第二步：写出每个初等因子 $(\lambda-\lambda_i)^{m_i}$ $(i=1, 2, \cdots, s)$ 对应的 Jordan 块

$$\boldsymbol{J}_i(\lambda_i)=\begin{bmatrix}\lambda_i & 1 & & & \\ & \lambda_i & 1 & & \\ & & \lambda_i & \ddots & \\ & & & \ddots & 1\\ & & & & \lambda_i\end{bmatrix}_{m_i\times m_i}\quad (i=1, 2, \cdots, s)$$

第三步：写出以这些 Jordan 块构成的 Jordan 标准形

$$J=\begin{bmatrix} J_1(\lambda_1) & & & \\ & J_2(\lambda_2) & & \\ & & \ddots & \\ & & & J_s(\lambda_s) \end{bmatrix}$$

例 1.26　求矩阵 $\boldsymbol{A}$ 的 Jordan 标准形，其中

$$\boldsymbol{A}=\begin{bmatrix} -1 & 1 & 0 \\ -4 & 3 & 0 \\ 1 & 0 & 2 \end{bmatrix}$$

解　求 $\lambda\boldsymbol{I}-\boldsymbol{A}$ 的初等因子组．由于

$$\lambda\boldsymbol{I}-\boldsymbol{A}=\begin{bmatrix} \lambda+1 & -1 & 0 \\ 4 & \lambda-3 & 0 \\ -1 & 0 & \lambda-2 \end{bmatrix}\to$$

$$\begin{bmatrix} -1 & 0 & 0 \\ \lambda-3 & (\lambda+1)(\lambda-3)+4 & 0 \\ 0 & -1 & \lambda-2 \end{bmatrix}\to$$

$$\begin{bmatrix} 1 & 0 & 0 \\ 0 & (\lambda-1)^2 & 0 \\ 0 & -1 & \lambda-2 \end{bmatrix}\to$$

$$\begin{bmatrix} 1 & 0 & 0 \\ 0 & (\lambda-1)^2 & (\lambda-2)(\lambda-1)^2 \\ 0 & -1 & 0 \end{bmatrix}\to$$

$$\begin{bmatrix} 1 & 0 & 0 \\ 0 & 1 & 0 \\ 0 & 0 & (\lambda-2)(\lambda-1)^2 \end{bmatrix}$$

因此，所求的初等因子组为 $\lambda-2$, $(\lambda-1)^2$. 于是有

$$\boldsymbol{A}\sim\boldsymbol{J}=\begin{bmatrix} 2 & 0 & 0 \\ 0 & 1 & 1 \\ 0 & 0 & 1 \end{bmatrix}$$

例 1.27　求矩阵 $\boldsymbol{A}$ 的 Jordan 标准形，其中

$$\boldsymbol{A}=\begin{bmatrix} 1 & 2 & 3 & 4 \\ & 1 & 2 & 3 \\ & & 1 & 2 \\ & & & 1 \end{bmatrix}$$

解　为了求出 $\boldsymbol{A}$ 的特征矩阵 $\lambda\boldsymbol{I}-\boldsymbol{A}$ 的初等因子组，先用式(1.2.38) 求

$$\lambda\boldsymbol{I}-\boldsymbol{A}=\begin{bmatrix}\lambda-1 & -2 & -3 & -4\\ & \lambda-1 & -2 & -3\\ & & \lambda-1 & -2\\ & & & \lambda-1\end{bmatrix}$$

的不变因子．显然有

$$D_4(\lambda)=\begin{vmatrix}\lambda-1 & -2 & -3 & -4\\ & \lambda-1 & -2 & -3\\ & & \lambda-1 & -2\\ & & & \lambda-1\end{vmatrix}=(\lambda-1)^4$$

而 $\lambda\boldsymbol{I}-\boldsymbol{A}$ 的一个 3 阶子式为

$$\widetilde{D}_3(\lambda)=\begin{vmatrix}-2 & -3 & -4\\ \lambda-1 & -2 & -3\\ 0 & \lambda-1 & -2\end{vmatrix}=-4\lambda(\lambda+1)$$

因为 $D_3(\lambda)$ 整除每个 3 阶子式，所以 $\widetilde{D}_3(\lambda)\mid\widetilde{D}_3(\lambda)$．又因为 $D_3(\lambda)\mid D_4(\lambda)$，而 $\widetilde{D}_3(\lambda)$ 与 $D_4(\lambda)$ 互质，所以 $D_3(\lambda)=1$，从而 $D_2(\lambda)=D_1(\lambda)=1$，于是 $\lambda\boldsymbol{I}-\boldsymbol{A}$ 的不变因子为

$$d_1(\lambda)=d_2(\lambda)=d_3(\lambda)=1,\quad d_4(\lambda)=(\lambda-1)^4$$

即 $\lambda\boldsymbol{I}-\boldsymbol{A}$ 只有一个初等因子 $(\lambda-1)^4$，故

$$\boldsymbol{A}\sim\boldsymbol{J}=\begin{bmatrix}1 & 1 & & \\ & 1 & 1 & \\ & & 1 & 1\\ & & & 1\end{bmatrix}$$

综上所述，可得与定理 1.29 相应的如下定理．

定理 1.30　每个 n 阶复矩阵 $\boldsymbol{A}$ 都与一个 Jordan 标准形相似，这个 Jordan 标准形除去其中 Jordan 块的排列次序外，是被 $\boldsymbol{A}$ 唯一确定的．

上面给出了矩阵 $\boldsymbol{A}$ 的 Jordan 标准形的求法，但是没有给出求所需要的可逆矩阵 $\boldsymbol{P}$ 的方法．由于求 $\boldsymbol{P}$ 涉及比较复杂的计算问题，因此，为了简便起见，仅以例题的形式给出特殊情况下 $\boldsymbol{P}$ 的计算方法．

假如
$$\boldsymbol{P}^{-1}\boldsymbol{A}\boldsymbol{P}=\boldsymbol{J}=\begin{bmatrix}\lambda_1 & 0 & 0\\ & \lambda_2 & 1\\ & & \lambda_2\end{bmatrix}$$

其中 $\boldsymbol{P}=(\boldsymbol{x}_1,\boldsymbol{x}_2,\boldsymbol{x}_3)$，于是有

$$\boldsymbol{A}(\boldsymbol{x}_1,\boldsymbol{x}_2,\boldsymbol{x}_3)=(\boldsymbol{x}_1,\boldsymbol{x}_2,\boldsymbol{x}_3)\begin{bmatrix}\lambda_1 & 0 & 0\\ & \lambda_2 & 1\\ & & \lambda_2\end{bmatrix}$$

即

$$(\boldsymbol{A}\boldsymbol{x}_1,\ \boldsymbol{A}\boldsymbol{x}_2,\ \boldsymbol{A}\boldsymbol{x}_3)=(\lambda_1\boldsymbol{x}_1,\ \lambda_2\boldsymbol{x}_2,\ \boldsymbol{x}_2+\lambda_2\boldsymbol{x}_3)$$

由此可得

$$\left.\begin{aligned}(\lambda_1\boldsymbol{I}-\boldsymbol{A})\boldsymbol{x}_1&=\boldsymbol{0}\\(\lambda_2\boldsymbol{I}-\boldsymbol{A})\boldsymbol{x}_2&=\boldsymbol{0}\\(\lambda_2\boldsymbol{I}-\boldsymbol{A})\boldsymbol{x}_3&=-\boldsymbol{x}_2\end{aligned}\right\}\tag{1.2.39}$$

从而 $\boldsymbol{x}_1$，$\boldsymbol{x}_2$ 依次是 $\boldsymbol{A}$ 的属于 λ_1，λ_2 的特征向量．$\boldsymbol{x}_3$ 是式(1.2.39)最后一个非齐次线性方程组的解向量．求出这些解向量就得到了所需要的矩阵 $\boldsymbol{P}$.

又如

$$\boldsymbol{P}^{-1}\boldsymbol{A}\boldsymbol{P}=\begin{bmatrix}\lambda_1 & 1 & 0\\ & \lambda_1 & 1\\ & & \lambda_1\end{bmatrix},\quad \boldsymbol{P}=(\boldsymbol{x}_1,\ \boldsymbol{x}_2,\ \boldsymbol{x}_3)$$

则有

$$\boldsymbol{A}(\boldsymbol{x}_1,\ \boldsymbol{x}_2,\ \boldsymbol{x}_3)=(\boldsymbol{x}_1,\ \boldsymbol{x}_2,\ \boldsymbol{x}_3)\begin{bmatrix}\lambda_1 & 1 & 0\\ & \lambda_1 & 1\\ & & \lambda_1\end{bmatrix}$$

即

$$(\boldsymbol{A}\boldsymbol{x}_1,\ \boldsymbol{A}\boldsymbol{x}_2,\ \boldsymbol{A}\boldsymbol{x}_3)=(\lambda_1\boldsymbol{x}_1,\ \boldsymbol{x}_1+\lambda_1\boldsymbol{x}_2,\ \boldsymbol{x}_2+\lambda_1\boldsymbol{x}_3)$$

由此可得

$$\left.\begin{aligned}(\lambda_1\boldsymbol{I}-\boldsymbol{A})\boldsymbol{x}_1&=\boldsymbol{0}\\(\lambda_1\boldsymbol{I}-\boldsymbol{A})\boldsymbol{x}_2&=-\boldsymbol{x}_1\\(\lambda_1\boldsymbol{I}-\boldsymbol{A})\boldsymbol{x}_3&=-\boldsymbol{x}_2\end{aligned}\right\}\tag{1.2.40}$$

从而 $\boldsymbol{x}_1$ 是 $\boldsymbol{A}$ 的属于 λ_1 的特征向量．$\boldsymbol{x}_2$，$\boldsymbol{x}_3$ 是式(1.2.40)后两个非齐次线性方程组的解向量．这样，又得到了所需要的矩阵 $\boldsymbol{P}$.

因为定理 1.29 已经肯定矩阵 $\boldsymbol{P}$ 是存在的，所以上面的线性方程组式(1.2.39)和式(1.2.40)都一定有解 $\boldsymbol{x}_1$，$\boldsymbol{x}_2$，$\boldsymbol{x}_3$．要注意的是，任取上面线性方程组的解向量 $\boldsymbol{y}_1$，$\boldsymbol{y}_2$，$\boldsymbol{y}_3$，当然不一定恰好是 $\boldsymbol{x}_1$，$\boldsymbol{x}_2$，$\boldsymbol{x}_3$．这没有关系，只要 $\boldsymbol{y}_1$，$\boldsymbol{y}_2$，$\boldsymbol{y}_3$ 线性无关，它们就可以代替 $\boldsymbol{x}_1$，$\boldsymbol{x}_2$，$\boldsymbol{x}_3$．线性方程组解的不唯一性，正好说明所求 $\boldsymbol{P}$ 的不唯一性.

在一般情况下，如果 λ_1 是 $\boldsymbol{A}$ 的 k 重特征值，则 $\boldsymbol{x}_1$，$\boldsymbol{x}_2$，…，$\boldsymbol{x}_k$ 可由解下面各方程组

$$\left.\begin{aligned}&(\lambda_1\boldsymbol{I}-\boldsymbol{A})\boldsymbol{x}_1=\boldsymbol{0}\\&(\lambda_1\boldsymbol{I}-\boldsymbol{A})\boldsymbol{x}_i=-\boldsymbol{x}_{i-1}\quad(i=2,\ 3,\ \cdots,k)\end{aligned}\right\}\tag{1.2.41}$$

而获得．这样得到的 $\boldsymbol{x}_1$，$\boldsymbol{x}_2$，…，$\boldsymbol{x}_k$ 线性无关(其证明过程冗长，从略)，于是

$$\boldsymbol{P}=(\boldsymbol{x}_2,\ \boldsymbol{x}_3,\ \cdots,\ \boldsymbol{x}_k,\cdots)$$

称 $\boldsymbol{x}_2$, $\boldsymbol{x}_3$, …, $\boldsymbol{x}_k$ 为 $\boldsymbol{A}$ 的属于 λ_1 的**广义特征向量**.

例 1.28 试分别计算例 1.26 和例 1.27 中,使矩阵 $\boldsymbol{A}$ 相似于 Jordan 标准形时所用的可逆矩阵 $\boldsymbol{P}$.

解 因为 $\lambda_1=2$, $\lambda_2=1$ 分别是例 1.26 中矩阵的单特征值和二重特征值,所以可用式(1.2.39) 求 $\boldsymbol{P}=(p_{ij})_{3\times3}$,这里 $(p_{1i}, p_{2i}, p_{3i})^{\mathrm{T}}=\boldsymbol{x}_i (i=1, 2, 3)$. 解方程组

$$(2\boldsymbol{I}-\boldsymbol{A})\boldsymbol{x}_1=\boldsymbol{0},\quad (\boldsymbol{I}-\boldsymbol{A})\boldsymbol{x}_2=\boldsymbol{0},\quad (\boldsymbol{I}-\boldsymbol{A})\boldsymbol{x}_3=-\boldsymbol{x}_2$$

得特征向量 $\boldsymbol{x}_1$, $\boldsymbol{x}_2$ 及广义特征向量 $\boldsymbol{x}_3$ 依次为

$$\boldsymbol{x}_1=(0, 0, 1)^{\mathrm{T}},\quad \boldsymbol{x}_2=(1, 2, -1)^{\mathrm{T}},\quad \boldsymbol{x}_3=(0, 1, -1)^{\mathrm{T}}$$

故所求矩阵 $\boldsymbol{P}$ 为

$$\boldsymbol{P}=\begin{bmatrix}0 & 1 & 0\\ 0 & 2 & 1\\ 1 & -1 & -1\end{bmatrix}$$

因为 $\lambda_1=1$ 是例 1.27 的矩阵的四重特征值,所以可以使用式(1.2.41) 求矩阵 $\boldsymbol{P}$. 解方程组

$$(\lambda_1\boldsymbol{I}-\boldsymbol{A})\boldsymbol{x}_1=\boldsymbol{0}$$

便得属于 λ_1 的特征向量为 $\boldsymbol{x}_1=(8, 0, 0, 0)^{\mathrm{T}}$;然后解方程组

$$(\boldsymbol{I}-\boldsymbol{A})\boldsymbol{x}_2=-\boldsymbol{x}_1$$

得广义特征向量 $\boldsymbol{x}_2=(4, 4, 0, 0)^{\mathrm{T}}$,再依次解方程组

$$(\boldsymbol{I}-\boldsymbol{A})\boldsymbol{x}_3=-\boldsymbol{x}_2,\quad (\boldsymbol{I}-\boldsymbol{A})\boldsymbol{x}_4=-\boldsymbol{x}_3$$

便得广义特征向量

$$\boldsymbol{x}_3=(0, -1, 2, 0)^{\mathrm{T}},\quad \boldsymbol{x}_4=(0, 1, -2, 1)^{\mathrm{T}}$$

于是所求矩阵 $\boldsymbol{P}$ 为

$$\boldsymbol{P}=(\boldsymbol{x}_1, \boldsymbol{x}_2, \boldsymbol{x}_3, \boldsymbol{x}_4)=\begin{bmatrix}8 & 4 & 0 & 0\\ 0 & 4 & -1 & 1\\ 0 & 0 & 2 & -2\\ 0 & 0 & 0 & 1\end{bmatrix}$$

需要指出,例 1.28 中 $\boldsymbol{x}_1$ 的第一个分量取为 8,$\boldsymbol{x}_2$ 的第一个分量取为 4,可使 $\boldsymbol{x}_3$ 和 $\boldsymbol{x}_4$ 的分量都为整数.

定理 1.30 是非常重要的,在很多方面都得到应用. 现举两个例子来说明它的初步应用.

例 1.29 如果 λ_1, λ_2, …, λ_s 是 $\boldsymbol{A}$ 的特征值,证明 $\boldsymbol{A}^k$ 的特征值只能是 λ_1^k, λ_2^k, …, λ_s^k.

证 因为 $\boldsymbol{J}=\boldsymbol{P}^{-1}\boldsymbol{A}\boldsymbol{P}$,所以

$$\boldsymbol{J}^2=\boldsymbol{P}^{-1}\boldsymbol{A}\boldsymbol{P}\,\boldsymbol{P}^{-1}\boldsymbol{A}\boldsymbol{P}=\boldsymbol{P}^{-1}\boldsymbol{A}^2\boldsymbol{P}$$

一般地,有 $\boldsymbol{J}^k=\boldsymbol{P}^{-1}\boldsymbol{A}^k\boldsymbol{P}$. 由矩阵乘法不难验证

$$\boldsymbol{J}^k=\begin{bmatrix}\boldsymbol{J}_1(\lambda_1) & & & \\ & \boldsymbol{J}_2(\lambda_2) & & \\ & & \ddots & \\ & & & \boldsymbol{J}_s(\lambda_s)\end{bmatrix}^k=\begin{bmatrix}\boldsymbol{J}_1^k(\lambda_1) & & & \\ & \boldsymbol{J}_2^k(\lambda_2) & & \\ & & \ddots & \\ & & & \boldsymbol{J}_s^k(\lambda_s)\end{bmatrix}$$

并且

$$\boldsymbol{J}_i^k(\lambda_i)=\begin{bmatrix}\lambda_i & 1 & & \\ & \lambda_i & \ddots & \\ & & \ddots & 1 \\ & & & \lambda_i\end{bmatrix}^k=\begin{bmatrix}\lambda_i^k & * & \cdots & * \\ & \lambda_i^k & \ddots & \vdots \\ & & \ddots & * \\ & & & \lambda_i^k\end{bmatrix}$$

可见，$\boldsymbol{J}^k$ 的特征值是 $\boldsymbol{J}$ 的特征值的 k 次幂，即 $\lambda_1^k,\lambda_2^k,\cdots,\lambda_s^k$ 是 $\boldsymbol{A}^k$ 的特征值.

例 1.30　试用 Jordan 标准形理论求解线性微分方程组

$$\begin{cases}\dfrac{\mathrm{d}\xi_1}{\mathrm{d}t}=-\xi_1+\xi_2\\[2mm] \dfrac{\mathrm{d}\xi_2}{\mathrm{d}t}=-4\xi_1+3\xi_2\\[2mm] \dfrac{\mathrm{d}\xi_3}{\mathrm{d}t}=\xi_1+2\xi_3\end{cases}$$

解　把微分方程组改写为矩阵形式

$$\frac{\mathrm{d}\boldsymbol{x}}{\mathrm{d}t}=\boldsymbol{A}\boldsymbol{x}$$

其中

$$\boldsymbol{x}=\begin{bmatrix}\xi_1\\ \xi_2\\ \xi_3\end{bmatrix},\quad \frac{\mathrm{d}\boldsymbol{x}}{\mathrm{d}t}=\begin{bmatrix}\dfrac{\mathrm{d}\xi_1}{\mathrm{d}t}\\[2mm] \dfrac{\mathrm{d}\xi_2}{\mathrm{d}t}\\[2mm] \dfrac{\mathrm{d}\xi_3}{\mathrm{d}t}\end{bmatrix},\quad \boldsymbol{A}=\begin{bmatrix}-1 & 1 & 0\\ -4 & 3 & 0\\ 1 & 0 & 2\end{bmatrix}$$

再给微分方程组施行一个可逆线性变换，即 $\boldsymbol{x}=\boldsymbol{P}\boldsymbol{y}$ 其中(见例 1.28)

$$\boldsymbol{P}=\begin{bmatrix}0 & 1 & 0\\ 0 & 2 & 1\\ 1 & -1 & -1\end{bmatrix},\quad \boldsymbol{y}=\begin{bmatrix}\eta_1\\ \eta_2\\ \eta_3\end{bmatrix}$$

于是有

$$\frac{\mathrm{d}\boldsymbol{y}}{\mathrm{d}t}=\boldsymbol{P}^{-1}\frac{\mathrm{d}\boldsymbol{x}}{\mathrm{d}t}=\boldsymbol{P}^{-1}\boldsymbol{A}\boldsymbol{x}=\boldsymbol{P}^{-1}\boldsymbol{A}\boldsymbol{P}\boldsymbol{y}=\boldsymbol{J}\boldsymbol{y}$$

由于(见例 1.26)

$$J=\begin{bmatrix}2&0&0\\0&1&1\\0&0&1\end{bmatrix}$$

故得

$$\frac{\mathrm{d}\eta_1}{\mathrm{d}t}=2\eta_1,\quad \frac{\mathrm{d}\eta_2}{\mathrm{d}t}=\eta_2+\eta_3,\quad \frac{\mathrm{d}\eta_3}{\mathrm{d}t}=\eta_3$$

其一般解分别为

$$\eta_1=c_1\mathrm{e}^{2t},\quad \eta_2=c_2\mathrm{e}^t+c_3t\mathrm{e}^t,\quad \eta_3=c_3\mathrm{e}^t$$

再由 $\boldsymbol{x}=\boldsymbol{P}\boldsymbol{y}$,求得原微分方程组的一般解

$$\begin{cases}\xi_1=c_2\mathrm{e}^t+c_3t\mathrm{e}^t\\ \xi_2=2c_2\mathrm{e}^t+c_3(2t+1)\mathrm{e}^t\\ \xi_3=c_1\mathrm{e}^{2t}-c_2\mathrm{e}^t-c_3(t+1)\mathrm{e}^t\end{cases}$$

这里 c_1, c_2, c_3 是任意常数.

由例 1.30 的求解过程可以看出,化矩阵为 Jordan 标准形,实际上就是适当选择线性空间的基或坐标系,使得在新坐标系之下,问题的数学形式最为简单,从而便于研究.

需要指出,在许多实际问题中,需要在实数域 $\mathbf{R}$ 上来求标准形.

习 题 1.2

1. 判别下列变换中哪些是线性变换:

(1) 在 $\mathbf{R}^3$ 中,设 $\boldsymbol{x}=(\xi_1,\xi_2,\xi_3)$, $T\boldsymbol{x}=(\xi_1^2,\xi_1+\xi_2,\xi_3)$;

(2) 在矩阵空间 $\mathbf{R}^{n\times n}$ 中,$T\boldsymbol{X}=\boldsymbol{BXC}$, 这里 $\boldsymbol{B},\boldsymbol{C}$ 是给定矩阵;

(3) 在线性空间 P_n 中,$Tf(t)=f(t+1)$.

2. 在 $\mathbf{R}^2$ 中,设 $\boldsymbol{x}=(\xi_1,\xi_2)$,证明 $T_1\boldsymbol{x}=(\xi_2,-\xi_1)$ 与 $T_2\boldsymbol{x}=(\xi_1,-\xi_2)$ 是 $\mathbf{R}^2$ 的两个线性变换,并求 T_1+T_2, T_1T_2 及 T_2T_1.

3. 在 P_n 中,$T_1f(t)=f'(t)$, $T_2f(t)=tf(t)$. 证明 $T_1T_2-T_2T_1=T_e$.

4. 在 $\mathbf{R}^3$ 中,设 $\boldsymbol{x}=(\xi_1,\xi_2,\xi_3)$,定义 $T\boldsymbol{x}=(2\xi_1-\xi_2,\xi_2+\xi_3,\xi_1)$,试求 T 在基 $\boldsymbol{e}_1=(1,0,0)$, $\boldsymbol{e}_2=(0,1,0)$, $\boldsymbol{e}_3=(0,0,1)$ 下的矩阵.

5. 如果 $\boldsymbol{x}_1$, $\boldsymbol{x}_2$ 是二维线性空间 V^2 的基,T_1, T_2 是 V^2 的线性变换,$T_1\boldsymbol{x}_1=\boldsymbol{y}_1$,$T_1\boldsymbol{x}_2=\boldsymbol{y}_2$,且 $T_2(\boldsymbol{x}_1+\boldsymbol{x}_2)=\boldsymbol{y}_1+\boldsymbol{y}_2$, $T_2(\boldsymbol{x}_1-\boldsymbol{x}_2)=\boldsymbol{y}_1-\boldsymbol{y}_2$,试证明 $T_1=T_2$.

6. 6 个函数

$$\boldsymbol{x}_1=\mathrm{e}^{at}\cos bt,\quad \boldsymbol{x}_2=\mathrm{e}^{at}\sin bt,\quad \boldsymbol{x}_3=t\mathrm{e}^{at}\cos bt$$

$$\boldsymbol{x}_4=t\mathrm{e}^{at}\sin bt,\quad \boldsymbol{x}_5=\frac{1}{2}t^2\mathrm{e}^{at}\cos bt,\quad \boldsymbol{x}_6=\frac{1}{2}t^2\mathrm{e}^{at}\sin bt$$

的所有实系数线性组合构成实数域 $\mathbf{R}$ 上的一个 6 维线性空间 $V^6=L(\boldsymbol{x}_1,\boldsymbol{x}_2,\boldsymbol{x}_3,\boldsymbol{x}_4,\boldsymbol{x}_5,\boldsymbol{x}_6)$,求微分变换 D 在基 $\boldsymbol{x}_1,\boldsymbol{x}_2,\cdots,\boldsymbol{x}_6$ 下的矩阵.

7. 已知 $\mathbf{R}^3$ 的线性变换 T 在基 $\boldsymbol{x}_1=(-1,1,1)$, $\boldsymbol{x}_2=(1,0,-1)$, $\boldsymbol{x}_3=(0,1,1)$ 下的矩阵是

$$\begin{bmatrix} 1 & 0 & 1 \\ 1 & 1 & 0 \\ -1 & 2 & 1 \end{bmatrix}$$

求 T 在基 $\boldsymbol{e}_1=(1,0,0)$, $\boldsymbol{e}_2=(0,1,0)$, $\boldsymbol{e}_3=(0,0,1)$ 下的矩阵.

8. 在 $\mathbf{R}^{2\times 2}$ 中定义线性变换

$$T_1\boldsymbol{X}=\begin{bmatrix} a & b \\ c & d \end{bmatrix}\boldsymbol{X},\quad T_2\boldsymbol{X}=\boldsymbol{X}\begin{bmatrix} a & b \\ c & d \end{bmatrix},\quad T_3\boldsymbol{X}=\begin{bmatrix} a & b \\ c & d \end{bmatrix}\boldsymbol{X}\begin{bmatrix} a & b \\ c & d \end{bmatrix}$$

求 T_1, T_2, T_3 在基 $\boldsymbol{E}_{11}$, $\boldsymbol{E}_{12}$, $\boldsymbol{E}_{21}$, $\boldsymbol{E}_{22}$ 下的矩阵.

9. 设 T 是线性空间 V 的线性变换,且 $T^{k-1}\boldsymbol{x}\neq\boldsymbol{0}$,但 $T^k\boldsymbol{x}=\boldsymbol{0}$,证明 $\boldsymbol{x}$, $T\boldsymbol{x}$, $\cdots$, $T^{k-1}\boldsymbol{x}(k>0)$ 线性无关.

10. 假定 T 是 $\mathbf{R}^3$ 的线性变换,$\boldsymbol{x}=(\xi_1,\xi_2,\xi_3)\in\mathbf{R}^3$,而 $T\boldsymbol{x}=(0,\xi_1,\xi_2)$,求 T^2 的象子空间 $R(T^2)$ 和核子空间 $N(T^2)$ 的基与维数.

11. 给定 $\mathbf{R}^3$ 的两个基

$$\boldsymbol{x}_1=(1,0,1),\quad \boldsymbol{x}_2=(2,1,0),\quad \boldsymbol{x}_3=(1,1,1)$$
$$\boldsymbol{y}_1=(1,2,-1),\quad \boldsymbol{y}_2=(2,2,-1),\quad \boldsymbol{y}_3=(2,-1,-1)$$

定义线性变换

$$T\boldsymbol{x}_i=\boldsymbol{y}_i\quad(i=1,2,3)$$

(1) 写出由基 $\boldsymbol{x}_1$, $\boldsymbol{x}_2$, $\boldsymbol{x}_3$ 到基 $\boldsymbol{y}_1$, $\boldsymbol{y}_2$, $\boldsymbol{y}_3$ 的过渡矩阵;

(2) 写出 T 在基 $\boldsymbol{x}_1$, $\boldsymbol{x}_2$, $\boldsymbol{x}_3$ 下的矩阵;

(3) 写出 T 在基 $\boldsymbol{y}_1$, $\boldsymbol{y}_2$, $\boldsymbol{y}_3$ 下的矩阵.

12. 设 T 是数域 $\mathbf{C}$ 上线性空间 V^3 的线性变换,已知 T 在 V^3 的基 $\boldsymbol{x}_1$, $\boldsymbol{x}_2$, $\boldsymbol{x}_3$ 下的矩阵

$$\boldsymbol{A}=\begin{bmatrix} 3 & 1 & 0 \\ -4 & -1 & 0 \\ 4 & -8 & -2 \end{bmatrix}$$

求 T 的特征值与特征向量.

13. 将矩阵 $\boldsymbol{A}$ 相似的变换为上三角矩阵,其中

$$\boldsymbol{A}=\begin{bmatrix} -1 & 1 & 0 \\ -4 & 3 & 0 \\ 1 & 0 & 2 \end{bmatrix}$$

14. 利用定理 1.18 的结论,计算 $2\boldsymbol{A}^8-3\boldsymbol{A}^5+\boldsymbol{A}^4+\boldsymbol{A}^2-4\boldsymbol{I}$,其中

$$\boldsymbol{A}=\begin{bmatrix} 1 & 0 & 2 \\ 0 & -1 & 1 \\ 0 & 1 & 0 \end{bmatrix}$$

15. 给定线性空间 V^6 的基 $\boldsymbol{x}_1,\boldsymbol{x}_2,\cdots,\boldsymbol{x}_6$ 及线性变换 T:

$$T(\boldsymbol{x}_i)=\boldsymbol{x}_i+2\,\boldsymbol{x}_{7-i}\quad(i=1,2,\cdots,6)$$

求 T 的全体特征值与特征向量(利用已知基表示);判断是否存在另一个基,使 T 在该基下的矩阵为对角矩阵? 若存在,把它构造出来(利用已知基表示).

16. 求矩阵 $\boldsymbol{A}$ 的特征多项式和最小多项式,其中

$$\boldsymbol{A}=\begin{bmatrix} 7 & 4 & -4 \\ 4 & -8 & -1 \\ -4 & -1 & -8 \end{bmatrix}$$

17. 证明任意矩阵与它的转置矩阵有相同的特征多项式和最小多项式．

18. 设 T_1，T_2 是数域 **C** 上的线性空间 V^n 的线性变换，且 $T_1T_2 = T_2T_1$，证明：如果 λ_0 是 T_1 的特征值，那么 V_{λ_0} 是 T_2 的不变子空间．

19. 求下列各矩阵的 Jordan 标准形．

(1) $\begin{bmatrix} 3 & 7 & -3 \\ -2 & -5 & 2 \\ -4 & -10 & 3 \end{bmatrix}$；(2) $\begin{bmatrix} 3 & 1 & 0 & 0 \\ -4 & -1 & 0 & 0 \\ 7 & 1 & 2 & 1 \\ -7 & -6 & -1 & 0 \end{bmatrix}$．

20. 设有正整数 m，使 $\boldsymbol{A}^m = \boldsymbol{I}$，证明 $\boldsymbol{A}$ 与对角矩阵相似．

21. 利用 Jordan 标准形理论求解常微分方程组

$$\begin{cases} \dfrac{d\xi_1}{dt} = -\xi_1 + \xi_2 \\ \dfrac{d\xi_2}{dt} = -4\xi_1 + 3\xi_2 \\ \dfrac{d\xi_3}{dt} = -8\xi_1 + 8\xi_2 - \xi_3 \end{cases}$$

这里 ξ_1，ξ_2，ξ_3 都是 t 的未知函数．

1.3 两个特殊的线性空间

在线性空间中，向量的基本运算仅是线性运算．但是，若以解析几何中讨论过的通常三维向量空间 $\mathbf{R}^3$ 作为线性空间的一个模型，就会发现在 $\mathbf{R}^3$ 中诸如向量的长度、二向量的夹角等度量概念，在线性空间的理论中还未得到反映．这些度量性质在很多实际问题(包括几何问题)中有着特殊的地位．因此，有必要将它们引入线性空间，从而导入本节将要讨论的 Euclid 空间和酉空间这两个特殊的线性空间．

在解析几何中，通常 $\mathbf{R}^3$ 中的向量长度、夹角等度量性质，都可通过向量的数量积来表达．可见，数量积的概念蕴含着长度和夹角的概念．因此，为了给线性空间引进长度等概念，可先引入与数量积相类似的概念，这就是内积概念．

1.3.1 Euclid 空间的定义与性质

定义 1.22 设 V 是实数域 $\mathbf{R}$ 上的线性空间，对于 V 中任意两个向量 $\boldsymbol{x}$ 与 $\boldsymbol{y}$，按照某种规则定义一个实数，用 $(\boldsymbol{x}, \boldsymbol{y})$ 来表示，且它满足下述 4 个条件：

(1) 交换律：$(\boldsymbol{x}, \boldsymbol{y}) = (\boldsymbol{y}, \boldsymbol{x})$；

(2) 分配律：$(\boldsymbol{x}, \boldsymbol{y}+\boldsymbol{z}) = (\boldsymbol{x}, \boldsymbol{y}) + (\boldsymbol{x}, \boldsymbol{z})$；

(3) 齐次性：$(k\boldsymbol{x}, \boldsymbol{y}) = k(\boldsymbol{x}, \boldsymbol{y})$ $(\forall k \in \mathbf{R})$；

(4) 非负性：$(\boldsymbol{x}, \boldsymbol{x}) \geqslant 0$，当且仅当 $\boldsymbol{x} = \boldsymbol{0}$ 时，$(\boldsymbol{x}, \boldsymbol{x}) = 0$.

则称实数 $(\boldsymbol{x},\boldsymbol{y})$ 为向量 $\boldsymbol{x}$ 与 $\boldsymbol{y}$ 的内积，而称 V 为 **Euclid 空间**，简称**欧氏空间**或**实内**

积空间.

显然,欧氏空间是定义了内积的实线性空间.因此,又有内积空间之称.可见,欧氏空间是一个特殊的实线性空间.

因为向量的内积与向量的线性运算是彼此无关的运算,所以不论内积如何规定,都不会影响该实线性空间的维数.欧氏空间的子空间显然也是欧氏空间.

不难验证,通常三维向量空间 $\mathbf{R}^3$ 中的数量积满足内积的四个条件,故数量积是一种内积.

在 n 维向量空间 $\mathbf{R}^n$ 中,对于任意两个向量 $\boldsymbol{x}=(\xi_1, \xi_2, \cdots, \xi_n)$, $\boldsymbol{y}=(\eta_1, \eta_2, \cdots, \eta_n)$,规定

$$(\boldsymbol{x}, \boldsymbol{y})=\xi_1\eta_1+\xi_2\eta_2+\cdots+\xi_n\eta_n=\boldsymbol{x}\boldsymbol{y}^{\mathrm{T}} \tag{1.3.1}$$

则易验证它满足内积的四个条件.因此,式(1.3.1)是向量 $\boldsymbol{x}$ 与 $\boldsymbol{y}$ 的内积,$\mathbf{R}^n$ 是欧氏空间,仍以 $\mathbf{R}^n$ 表示之.

又如,例 1.12 的实线性空间 $C(a, b)$,对于它的任意两个连续函数 $f(t)$ 与 $g(t)$,规定

$$(f(t), g(t))=\int_a^b f(t)g(t)\mathrm{d}t \tag{1.3.2}$$

则由定积分的性质,不难验证它满足内积的四个条件,因此式(1.3.2)是函数 $f(t)$ 与 $g(t)$ 的内积,$C(a, b)$ 是欧氏空间,不过它是无限维的.

在 n^2 维线性空间 $\mathbf{R}^{n\times n}$ 中,对于它的任意两个矩阵 $\boldsymbol{A}=(a_{ij})_{n\times n}$ 与 $\boldsymbol{B}=(b_{ij})_{n\times n}$,规定

$$(\boldsymbol{A}, \boldsymbol{B})=\sum_{i,j=1}^{n}a_{ij}b_{ij}=\mathrm{tr}(\boldsymbol{A}\boldsymbol{B}^{\mathrm{T}})$$

则它也满足内积的四个条件,因此 $(\boldsymbol{A}, \boldsymbol{B})$ 是矩阵 $\boldsymbol{A}$ 与 $\boldsymbol{B}$ 的内积,从而矩阵空间 $\mathbf{R}^{n\times n}$ 是欧氏空间.

从内积的定义,容易得到以下内积的基本性质.

性质 1　$(\boldsymbol{x}, k\boldsymbol{y})=k(\boldsymbol{x}, \boldsymbol{y})$.

性质 2　$(\boldsymbol{x}, \boldsymbol{0})=(\boldsymbol{0}, \boldsymbol{x})=0$.

性质 3　$\left(\sum_{i=1}^{n}\xi_i\boldsymbol{x}_i, \sum_{j=1}^{n}\eta_j\boldsymbol{y}_j\right)=\sum_{i,j=1}^{n}\xi_i\eta_j(\boldsymbol{x}_i, \boldsymbol{y}_j)$.

事实上,使用定义 1.22 直接可得

$$(\boldsymbol{x}, k\boldsymbol{y})=(k\boldsymbol{y}, \boldsymbol{x})=k(\boldsymbol{y}, \boldsymbol{x})=k(\boldsymbol{x}, \boldsymbol{y}) \tag{1.3.3}$$

$$(\boldsymbol{x}, \boldsymbol{0})=(\boldsymbol{x}, 0\boldsymbol{y})=0(\boldsymbol{x}, \boldsymbol{y})=0$$

故性质 1 和性质 2 都成立.再用数学归纳法不难证明性质 3 也成立.

假定 $\boldsymbol{x}_1, \boldsymbol{x}_2, \cdots, \boldsymbol{x}_n$ 是 n 维欧氏空间 V^n 的基,对于 V^n 的任意两个向量

$$\boldsymbol{x}=\xi_1\boldsymbol{x}_1+\xi_2\boldsymbol{x}_2+\cdots+\xi_n\boldsymbol{x}_n, \quad \boldsymbol{y}=\eta_1\boldsymbol{x}_1+\eta_2\boldsymbol{x}_2+\cdots+\eta_n\boldsymbol{x}_n$$

由性质 3 可得

$$(\boldsymbol{x},\ \boldsymbol{y}) = \sum_{i,j=1}^{n} \xi_i \eta_j (\boldsymbol{x}_i,\ \boldsymbol{x}_j) = \sum_{i,j=1}^{n} a_{ij} \xi_i \eta_j \tag{1.3.4}$$

其中 $a_{ij} = (\boldsymbol{x}_i,\ \boldsymbol{x}_j)\ (i,\ j=1,\ 2,\ \cdots,\ n)$,用矩阵乘法表示,则有

$$(\boldsymbol{x},\ \boldsymbol{y}) = (\xi_1,\ \xi_2,\ \cdots,\ \xi_n)\boldsymbol{A}\begin{bmatrix}\eta_1\\ \eta_2\\ \vdots\\ \eta_n\end{bmatrix} \tag{1.3.5}$$

这里

$$\boldsymbol{A} = (a_{ij})_{n\times n} = \begin{bmatrix}(\boldsymbol{x}_1,\boldsymbol{x}_1) & \cdots & (\boldsymbol{x}_1,\ \boldsymbol{x}_n)\\ (\boldsymbol{x}_2,\ \boldsymbol{x}_1) & \cdots & (\boldsymbol{x}_2,\ \boldsymbol{x}_n)\\ \vdots & & \vdots\\ (\boldsymbol{x}_n,\ \boldsymbol{x}_1) & \cdots & (\boldsymbol{x}_n,\ \boldsymbol{x}_n)\end{bmatrix} \tag{1.3.6}$$

由式(1.3.6)可以看出,只要知道其中任意两个基向量的内积,也就知道了矩阵 $\boldsymbol{A}$,从而也就知道了任意两个向量的内积.因此,称式(1.3.6)中的 $\boldsymbol{A}$ 为 V^n 对于基 $\boldsymbol{x}_1,\ \boldsymbol{x}_2,\ \cdots,\ \boldsymbol{x}_n$ 的**度量矩阵**(或 **Gram 矩阵**).因为

$$(\boldsymbol{x}_i,\ \boldsymbol{x}_j) = (\boldsymbol{x}_j,\ \boldsymbol{x}_i)\ (i,j=1,\ 2,\ \cdots,\ n)$$

所以有 $a_{ij}=a_{ji}(i,\ j=1,\ 2,\ \cdots,\ n)$,即 $\boldsymbol{A}$ 是对称矩阵;又因为对任意向量 $\boldsymbol{x}\neq\boldsymbol{0}$,由式(1.3.4)或式(1.3.5)知 $(\boldsymbol{x},\ \boldsymbol{x})>0$,故 $\boldsymbol{A}$ 是正定矩阵.

显然,若矩阵 $\boldsymbol{A}$ 可逆,则 $\boldsymbol{A}^{\mathrm{T}}\boldsymbol{A}$ 必对称正定.这是因为 $\boldsymbol{A}$ 的列向量可视为 $\mathbf{R}^n$ 的一个基,而 $\mathbf{R}^n$ 对于该基的度量矩阵正是 $\boldsymbol{A}^{\mathrm{T}}\boldsymbol{A}$.

上面讨论表明,知道了基的度量矩阵式(1.3.6)后,任意两个向量的内积就可通过坐标按式(1.3.4)或式(1.3.5)来计算.因此,度量矩阵完全确定了内积.于是,可以用任意正定矩阵作为度量矩阵来规定内积.稍后将会明白,向量的长度与夹角等可度量的量能用内积来刻画,这就是名词"度量矩阵"的涵义.

例 1.31 设欧氏空间 V^n 的两个基分别是 $\boldsymbol{x}_1,\ \boldsymbol{x}_2,\ \cdots,\ \boldsymbol{x}_n$ 与 $\boldsymbol{y}_1,\ \boldsymbol{y}_2,\ \cdots,\ \boldsymbol{y}_n$,且这两个基的度量矩阵分别是 $\boldsymbol{A}$ 与 $\boldsymbol{B}$.证明 $\boldsymbol{A}$ 与 $\boldsymbol{B}$ 合同,即不同基的度量矩阵是合同的.

证 设 $(\boldsymbol{y}_1,\ \boldsymbol{y}_2,\ \cdots,\ \boldsymbol{y}_n)=(\boldsymbol{x}_1,\ \boldsymbol{x}_2,\ \cdots,\ \boldsymbol{x}_n)\boldsymbol{C}$,这里 $\boldsymbol{C}=(c_{ij})_{n\times n}$ 是过渡矩阵,则有

$$\boldsymbol{y}_i = c_{1i}\boldsymbol{x}_1 + c_{2i}\boldsymbol{x}_2 + \cdots + c_{ni}\boldsymbol{x}_n \quad (i=1,2,\cdots,\ n)$$

从而

$$(\boldsymbol{y}_i,\ \boldsymbol{y}_j) = \sum_{s=1}^{n}\sum_{t=1}^{n} c_{si}c_{tj}(\boldsymbol{x}_s,\ \boldsymbol{x}_t) =$$

$$(c_{1i},\ c_{2i},\cdots,\ c_{ni})\boldsymbol{A}\begin{bmatrix}c_{1j}\\ c_{2j}\\ \vdots\\ c_{nj}\end{bmatrix} \quad (i,j=1,2,\cdots,n)$$

即 $\boldsymbol{B}=\boldsymbol{C}^{\mathrm{T}}\boldsymbol{AC}$.

因为 $(\boldsymbol{x},\boldsymbol{x})\geqslant 0$，所以对任意向量 $\boldsymbol{x}$，$\sqrt{(\boldsymbol{x},\boldsymbol{x})}$ 有意义．在通常三维向量空间 $\mathbf{R}^3$ 中，向量 $\boldsymbol{x}$ 的长度是 $\sqrt{(\boldsymbol{x},\boldsymbol{x})}$．在一般的欧氏空间中，相仿地引入以下的定义．

定义 1.23　在欧氏空间 V 中，非负实数 $\sqrt{(\boldsymbol{x},\boldsymbol{x})}$ 称为 V 中向量 $\boldsymbol{x}$ 的**长度**（或**模，范数**），记为 $|\boldsymbol{x}|$（或 $\|\boldsymbol{x}\|_2$），即

$$|\boldsymbol{x}|=\sqrt{(\boldsymbol{x},\boldsymbol{x})} \tag{1.3.7}$$

由此定义可知，非零向量的长度是正数，只有零向量的长度才是零．这样定义的长度符合性质：

$$|k\boldsymbol{x}|=|k|\,|\boldsymbol{x}| \tag{1.3.8}$$

$$|\boldsymbol{x}+\boldsymbol{y}|\leqslant|\boldsymbol{x}|+|\boldsymbol{y}| \tag{1.3.9}$$

事实上，因为

$$|k\boldsymbol{x}|=\sqrt{(k\boldsymbol{x},k\boldsymbol{x})}=\sqrt{k^2(\boldsymbol{x},\boldsymbol{x})}=|k|\sqrt{(\boldsymbol{x},\boldsymbol{x})}=|k|\,|\boldsymbol{x}|$$

故式(1.3.8) 成立．至于式(1.3.9) 的证明留在后面给出．

例如，在 n 维欧氏空间 $\mathbf{R}^n$ 中，向量 $\boldsymbol{x}=(\xi_1,\xi_2,\cdots,\xi_n)$ 的长度为

$$|\boldsymbol{x}|=\sqrt{\xi_1^2+\xi_2^2+\cdots+\xi_n^2}$$

当然，这时的内积应由式(1.3.1) 来定义．对于欧氏空间 $C(a,b)$ 来说，向量 $f(t)$ 的长度由

$$|f(t)|=\sqrt{\int_a^b f^2(t)\mathrm{d}t}$$

给出．

长度为 1 的向量称为**单位向量**．如果 $\boldsymbol{x}\neq\boldsymbol{0}$，由式(1.3.8) 知

$$\boldsymbol{x}_0=\frac{1}{|\boldsymbol{x}|}\boldsymbol{x} \tag{1.3.10}$$

是一个单位向量．按照式(1.3.10) 由 $\boldsymbol{x}$ 构造 $\boldsymbol{x}_0$ 的过程称为对 $\boldsymbol{x}$ 进行**单位化**或**规范化**．

在解析几何中，两个非零向量 $\boldsymbol{x}$ 与 $\boldsymbol{y}$ 的夹角 $\langle\boldsymbol{x},\boldsymbol{y}\rangle$ 的余弦，可以通过数量积，即内积表示为

$$\cos\langle\boldsymbol{x},\boldsymbol{y}\rangle=\frac{(\boldsymbol{x},\boldsymbol{y})}{|\boldsymbol{x}|\,|\boldsymbol{y}|} \tag{1.3.11}$$

为了在欧氏空间中利用式(1.3.11) 引入向量夹角的概念，须要证明不等式

$$\left|\frac{(\boldsymbol{x},\boldsymbol{y})}{|\boldsymbol{x}|\,|\boldsymbol{y}|}\right|\leqslant 1$$

或

$$|(\boldsymbol{x},\boldsymbol{y})|\leqslant|\boldsymbol{x}|\,|\boldsymbol{y}| \tag{1.3.12}$$

对任意两个非零向量 $\boldsymbol{x}$，$\boldsymbol{y}$ 均成立，其中当且仅当 $\boldsymbol{x}$，$\boldsymbol{y}$ 线性相关时，等号才成立．式(1.3.12) 就是所谓的　　　　　　　　**不等式**．

为了证明式(1.3.12),可运用初等代数中的知识:实系数二次三项式

$$at^2+2bt+c \quad (a>0)$$

对于任意实数 t 都取非负值,则其系数之间必存在不等式

$$b^2-ac\leqslant 0$$

考虑任意两个非零向量 $\boldsymbol{x}$, $\boldsymbol{y}$. 令 t 为实数域中任一数,由内积条件知,对于向量 $\boldsymbol{x}-t\boldsymbol{y}$,有

$$(\boldsymbol{x}-t\boldsymbol{y},\ \boldsymbol{x}-t\boldsymbol{y})\geqslant 0$$

即
$$(\boldsymbol{y},\ \boldsymbol{y})t^2-2(\boldsymbol{x},\ \boldsymbol{y})t+(\boldsymbol{x},\ \boldsymbol{x})\geqslant 0$$

对此利用上面的不等式,可得

$$(\boldsymbol{x},\ \boldsymbol{y})^2\leqslant(\boldsymbol{x},\ \boldsymbol{x})(\boldsymbol{y},\ \boldsymbol{y})\leqslant|\boldsymbol{x}|^2|\boldsymbol{y}|^2$$

也就是
$$|(\boldsymbol{x},\ \boldsymbol{y})|\leqslant|\boldsymbol{x}||\boldsymbol{y}|$$

设 $\boldsymbol{x}$, $\boldsymbol{y}$ 线性相关. 且 $\boldsymbol{y}\neq\boldsymbol{0}$,则 $\boldsymbol{x}=k\boldsymbol{y}$($k$ 为常数). 于是有

$$|(\boldsymbol{x},\ \boldsymbol{y})|=|(k\boldsymbol{y},\ \boldsymbol{y})|=|k|(\boldsymbol{y},\ \boldsymbol{y})=|k||\boldsymbol{y}|^2=$$
$$|k\boldsymbol{y}||\boldsymbol{y}|=|\boldsymbol{x}||\boldsymbol{y}|$$

反之,设 $(\boldsymbol{x},\ \boldsymbol{y})^2=(\boldsymbol{x},\ \boldsymbol{x})(\boldsymbol{y},\ \boldsymbol{y})$. 且 $\boldsymbol{y}\neq\boldsymbol{0}$,取 $t=\dfrac{|\boldsymbol{x}|}{|\boldsymbol{y}|}$,可得

$$|\boldsymbol{x}-t\boldsymbol{y}|^2=(\boldsymbol{x}-t\boldsymbol{y},\ \boldsymbol{x}-t\boldsymbol{y})=$$
$$(\boldsymbol{x},\ \boldsymbol{x})-2t(\boldsymbol{x},\ \boldsymbol{y})+t^2(\boldsymbol{y},\ \boldsymbol{y})=0$$

即 $\boldsymbol{x}-t\boldsymbol{y}=\boldsymbol{0}$,从而 $\boldsymbol{x}$, $\boldsymbol{y}$ 也线性相关.

定义 1.24 非零向量 $\boldsymbol{x}$ 与 $\boldsymbol{y}$ 的夹角 $\langle\boldsymbol{x},\ \boldsymbol{y}\rangle$ 规定为

$$\langle\boldsymbol{x},\ \boldsymbol{y}\rangle=\arccos\frac{(\boldsymbol{x},\ \boldsymbol{y})}{|\boldsymbol{x}||\boldsymbol{y}|}\quad(0\leqslant\langle\boldsymbol{x},\ \boldsymbol{y}\rangle\leqslant\pi)\tag{1.3.13}$$

结合具体例子考察不等式(1.3.12)是很有意思的. 对于欧氏空间 $\mathbf{R}^n$, 不等式(1.3.12)即为

$$|\xi_1\eta_1+\xi_2\eta_2+\cdots+\xi_n\eta_n|\leqslant\sqrt{\xi_1^2+\xi_2^2+\cdots+\xi_n^2}\sqrt{\eta_1^2+\eta_2^2+\cdots+\eta_n^2}\tag{1.3.14}$$

其中 $\boldsymbol{x}=(\xi_1,\ \xi_2,\ \cdots,\ \xi_n)$, $\boldsymbol{y}=(\eta_1,\ \eta_2,\ \cdots,\ \eta_n)$.

对于欧氏空间 $C(a,\ b)$, 不等式(1.3.12) 就成为

$$\left|\int_a^b f(t)g(t)\mathrm{d}t\right|\leqslant\left[\int_a^b f^2(t)\mathrm{d}t\right]^{\frac{1}{2}}\left[\int_a^b g^2(t)\mathrm{d}t\right]^{\frac{1}{2}}\tag{1.3.15}$$

不等式(1.3.14) 和(1.3.15) 都是数学史上著名的不等式. 不等式(1.3.15) 又称为 **Schwarz** 不等式.

利用不等式(1.3.12),可以证明三角不等式(1.3.9). 因为

$$|\boldsymbol{x}+\boldsymbol{y}|^2=(\boldsymbol{x}+\boldsymbol{y},\ \boldsymbol{x}+\boldsymbol{y})=(\boldsymbol{x},\ \boldsymbol{x})+2(\boldsymbol{x},\ \boldsymbol{y})+(\boldsymbol{y},\ \boldsymbol{y})\leqslant$$
$$(\boldsymbol{x},\ \boldsymbol{x})+2\sqrt{(\boldsymbol{x},\ \boldsymbol{x})}\sqrt{(\boldsymbol{y},\ \boldsymbol{y})}+(\boldsymbol{y},\ \boldsymbol{y})=(|\boldsymbol{x}|+|\boldsymbol{y}|)^2$$

所以不等式(1.3.9) 成立.

不等式(1.3.9)之所以被称为三角不等式,是因为对于通常平面上的向量,它表明三角形任意两边之和不小于第三边的事实.

1.3.2　正交性

通常,两个向量垂直的充分必要条件是它们夹角的余弦为零,亦即它们的数量积为零.在一般的欧氏空间中,仍以内积定义二向量夹角的余弦.因而很自然地引入下面的定义.

定义 1.25　如果对于欧氏空间中的两个向量 $\boldsymbol{x}$ 与 $\boldsymbol{y}$,有 $(\boldsymbol{x}, \boldsymbol{y})=0$,则称 $\boldsymbol{x}$ 与 $\boldsymbol{y}$ **正交或垂直**,记为 $\boldsymbol{x} \perp \boldsymbol{y}$.

由定义 1.25 可知,当 $\boldsymbol{x}$ 与 $\boldsymbol{y}$ 正交时,$\boldsymbol{y}$ 与 $\boldsymbol{x}$ 也正交;零向量与任意向量均正交;如果 $\boldsymbol{x} \perp \boldsymbol{y}$,且 $\boldsymbol{x}$ 与 $\boldsymbol{y}$ 线性相关,则此二向量中至少有一个是零向量.

例 1.32　对定义在区间 $(-\pi, \pi)$ 上的三角函数组

$$1, \cos t, \sin t, \cos 2t, \sin 2t, \cdots, \cos kt, \sin kt, \cdots$$

利用正交条件

$$\int_{-\pi}^{\pi} f(t) g(t) \mathrm{d} t=0$$

不难验证其中任意两个函数互相正交.

定义 1.26　如果欧氏空间中一组非零向量两两正交,则称为**正交向量组**.

例如,例 1.32 中的三角函数组就是区间 $(-\pi, \pi)$ 上的正交向量组.

作为正交概念的应用,下面来证明欧氏空间中的商高定理(或勾股弦定理)和正交向量组的线性无关性质.

定理 1.31　在欧氏空间中,如果向量 $\boldsymbol{x}$ 与 $\boldsymbol{y}$ 正交,则有

$$|\boldsymbol{x}+\boldsymbol{y}|^2=|\boldsymbol{x}|^2+|\boldsymbol{y}|^2 \tag{1.3.16}$$

证　因为

$$|\boldsymbol{x}+\boldsymbol{y}|^2=(\boldsymbol{x}+\boldsymbol{y}, \boldsymbol{x}+\boldsymbol{y})=(\boldsymbol{x}, \boldsymbol{x})+2(\boldsymbol{x}, \boldsymbol{y})+(\boldsymbol{y}, \boldsymbol{y})$$

由于 $(\boldsymbol{x}, \boldsymbol{y})=0$,所以

$$|\boldsymbol{x}+\boldsymbol{y}|^2=(\boldsymbol{x}, \boldsymbol{x})+(\boldsymbol{y}, \boldsymbol{y})=|\boldsymbol{x}|^2+|\boldsymbol{y}|^2$$

证毕

不难把式(1.3.16)推广到多个向量的情形,即若向量组 $\boldsymbol{x}_1, \boldsymbol{x}_2, \cdots, \boldsymbol{x}_m$ 是正交向量组,则有

$$|\boldsymbol{x}_1+\boldsymbol{x}_2+\cdots+\boldsymbol{x}_m|^2=|\boldsymbol{x}_1|^2+|\boldsymbol{x}_2|^2+\cdots+|\boldsymbol{x}_m|^2$$

定理 1.32　在欧氏空间中,如果 $\boldsymbol{x}_1, \boldsymbol{x}_2, \cdots, \boldsymbol{x}_m$ 是正交向量组,则它们必线性无关.

证　假定它们之间有线性关系

$$k_1 \boldsymbol{x}_1+k_2 \boldsymbol{x}_2+\cdots+k_m \boldsymbol{x}_m=\mathbf{0}$$

欲证明一切 $k_i(i=1,2,\cdots, m)$ 都必须为零.为此,用 $\boldsymbol{x}_i(i=1,2, \cdots, m)$ 与上式两端作内积,得到

$$k_i(\boldsymbol{x}_i, \boldsymbol{x}_i)=0 \quad (i=1, 2, \cdots, m)$$

由于 $\boldsymbol{x}_i \neq \boldsymbol{0}$,故$(\boldsymbol{x}_i, \boldsymbol{x}_i) \neq 0$,从而 $k_i=0\ (i=1, 2, \cdots, m)$. 证毕

定理1.32表明,在 n 维欧氏空间中,两两正交的非零向量不能超过 n 个. 这个事实的几何意义很清楚. 例如,在平面上找不到三个两两正交的非零向量;在通常的三维空间 $\mathbf{R}^3$ 中,找不到四个两两正交的非零向量.

定义 1.27 在欧氏空间 V^n 中,由 n 个非零向量组成的正交向量组称为 V^n 的**正交基**;由单位向量组成的正交基称为**标准正交基**或**法正交基**.

显然,式(1.1.3)中的 $\boldsymbol{e}_1, \boldsymbol{e}_2, \cdots, \boldsymbol{e}_n$ 就是欧氏空间 $\mathbf{R}^n$ 的一个标准正交基,并称其基向量为**单位坐标向量**.

把一个正交基进行单位化,就得到一个标准正交基.

容易证明,一个基为标准正交基的充要条件是它的度量矩阵为单位矩阵. 事实上,设 $\boldsymbol{x}_1, \boldsymbol{x}_2, \cdots, \boldsymbol{x}_n$ 为标准正交基,则由定义1.27,有

$$(\boldsymbol{x}_i, \boldsymbol{x}_j)=\delta_{ij}=\begin{cases}1 & (i=j)\\ 0 & (i\neq j)\end{cases}$$

这里的 δ_{ij} 称为Kronecker记号. 于是由式(1.3.6)知,它的度量矩阵是单位矩阵. 反之,如果以单位矩阵为度量矩阵,则由矩阵相等可得$(\boldsymbol{x}_i, \boldsymbol{x}_j)=\delta_{ij}$,即 $\boldsymbol{x}_1, \boldsymbol{x}_2, \cdots, \boldsymbol{x}_n$ 为标准正交基.

标准正交基的存在是一件重要的事情. 因为当欧氏空间取基为标准正交基 $\boldsymbol{x}_1, \boldsymbol{x}_2, \cdots, \boldsymbol{x}_n$ 时,其内积不仅有式(1.3.1)的简单形式,即两个向量的内积(V^n 中)等于这两个向量在标准正交基下的坐标向量的内积($\mathbf{R}^n$ 中),而且向量 $\boldsymbol{x}$ 的坐标还可通过内积表达出来,即

$$\boldsymbol{x}=(\boldsymbol{x}_1, \boldsymbol{x})\boldsymbol{x}_1+(\boldsymbol{x}_2, \boldsymbol{x})\boldsymbol{x}_2+\cdots+(\boldsymbol{x}_n, \boldsymbol{x})\boldsymbol{x}_n \tag{1.3.17}$$

事实上,设

$$\boldsymbol{x}=\xi_1\boldsymbol{x}_1+\xi_2\boldsymbol{x}_2+\cdots+\xi_n\boldsymbol{x}_n$$

以 $\boldsymbol{x}_i(i=1, 2, \cdots, n)$ 与上式两端作内积,可得

$$\xi_i=(\boldsymbol{x}_i, \boldsymbol{x}) \quad (i=1, 2, \cdots, n)$$

因此,在研究欧氏空间时,总取标准正交基.

下面结合内积的特性,讨论 n 维欧氏空间的标准正交基的构造方法.

定理 1.33 对于欧氏空间 V^n 的任一基 $\boldsymbol{x}_1, \boldsymbol{x}_2, \cdots, \boldsymbol{x}_n$,都可找到一个标准正交基 $\boldsymbol{y}_1, \boldsymbol{y}_2, \cdots, \boldsymbol{y}_n$. 换言之,任一非零欧氏空间都有正交基和标准正交基.

证 应用下面论述的关于向量组的Schmidt正交化方法(或过程),给出定理的构造性证明. 为此取 $\boldsymbol{y}_1'=\boldsymbol{x}_1$,作为所求正交基中的第一个向量. 再令

$$\boldsymbol{y}_2'=\boldsymbol{x}_2+k\boldsymbol{y}_1'$$

由正交条件$(\boldsymbol{y}_2', \boldsymbol{y}_1')=0$ 来决定待定常数 k. 由

$$(\boldsymbol{x}_2+k\boldsymbol{y}_1', \boldsymbol{y}_1')=(\boldsymbol{x}_2, \boldsymbol{y}_1')+k(\boldsymbol{y}_1', \boldsymbol{y}_1')=0$$

得
$$k=-\frac{(\boldsymbol{x}_2,\ \boldsymbol{y}_1')}{(\boldsymbol{y}_1',\ \boldsymbol{y}_1')}$$
这样就得到两个正交的向量 $\boldsymbol{y}_1'$, $\boldsymbol{y}_2'$,且 $\boldsymbol{y}_2'\neq\boldsymbol{0}$. 又令
$$\boldsymbol{y}_3'=\boldsymbol{x}_3+k_2\boldsymbol{y}_2'+k_1\boldsymbol{y}_1'$$
再由正交条件$(\boldsymbol{y}_3',\ \boldsymbol{y}_2')=0$ 及$(\boldsymbol{y}_3',\ \boldsymbol{y}_1')=0$ 来决定出 k_1 和 k_2 为
$$k_2=-\frac{(\boldsymbol{x}_3,\ \boldsymbol{y}_2')}{(\boldsymbol{y}_2',\ \boldsymbol{y}_2')},\quad k_1=-\frac{(\boldsymbol{x}_3,\ \boldsymbol{y}_1')}{(\boldsymbol{y}_1',\ \boldsymbol{y}_1')}$$

到此,已经做出三个两两正交的向量 $\boldsymbol{y}_1'$, $\boldsymbol{y}_2'$, $\boldsymbol{y}_3'$, 且 $\boldsymbol{y}_3'\neq\boldsymbol{0}$. 继续这样进行下去,设已做出 m 个两两正交且不为零的向量 $\boldsymbol{y}_1'$, $\boldsymbol{y}_2'$, $\cdots$, $\boldsymbol{y}_m'$,为求出第 $m+1$ 个与之正交的向量,令
$$\boldsymbol{y}_{m+1}'=\boldsymbol{x}_{m+1}+l_m\boldsymbol{y}_m'+l_{m-1}\boldsymbol{y}_{m-1}'+\cdots+l_2\boldsymbol{y}_2'+l_1\boldsymbol{y}_1'$$
使用 m 个正交条件
$$(\boldsymbol{y}_{m+1}',\ \boldsymbol{y}_i')=0\quad(i=1,\ 2,\ \cdots,\ m)$$
来决定 l_m, l_{m-1}, $\cdots$, l_2, l_1. 根据 $\boldsymbol{y}_1'$, $\boldsymbol{y}_2'$, $\cdots$, $\boldsymbol{y}_m'$ 为两两正交的假定,可得
$$(\boldsymbol{x}_{m+1},\ \boldsymbol{y}_i')+l_i(\boldsymbol{y}_i',\ \boldsymbol{y}_i')=0$$
故
$$l_i=-\frac{(\boldsymbol{x}_{m+1},\ \boldsymbol{y}_i')}{(\boldsymbol{y}_i',\ \boldsymbol{y}_i')}\quad(i=1,2,\ \cdots,\ m)\tag{1.3.18}$$
于是 $\boldsymbol{y}_{m+1}'$ 就被确定出来了.

采用上述 Schmidt 正交化方法,可由已知基构造出 n 个两两正交的非零向量 $\boldsymbol{y}_1'$, $\boldsymbol{y}_2'$, $\cdots$, $\boldsymbol{y}_n'$. 根据定理 1.32, 知 $\boldsymbol{y}_1'$, $\boldsymbol{y}_2'$, $\cdots$, $\boldsymbol{y}_n'$ 线性无关,从而它们形成 V^n 的一个正交基. 再以 $|\ \boldsymbol{y}_i'\ |$ 除 $\boldsymbol{y}_i'$ $(i=1,\ 2,\ \cdots,\ n)$, 就得到定理所要求的标准正交基
$$\boldsymbol{y}_i=\frac{1}{|\ \boldsymbol{y}_i'\ |}\boldsymbol{y}_i'\quad(i=1,\ 2,\ \cdots,\ n)$$
证毕

上述是由基 $\boldsymbol{x}_1$, $\boldsymbol{x}_2$, $\cdots$, $\boldsymbol{x}_n$ 构造标准正交基 $\boldsymbol{y}_1$, $\boldsymbol{y}_2$, $\cdots$, $\boldsymbol{y}_n$ 的过程,有时也称为把基 $\boldsymbol{x}_1$, $\boldsymbol{x}_2$, $\cdots$, $\boldsymbol{x}_n$ **正交单位化或正交规范化**.

例 1.33　试把向量组 $\boldsymbol{x}_1=(1,\ 1,\ 0,\ 0)$, $\boldsymbol{x}_2=(1,\ 0,\ 1,\ 0)$, $\boldsymbol{x}_3=(-1,\ 0,\ 0,\ 1)$, $\boldsymbol{x}_4=(1,\ -1,\ -1,\ 1)$ 正交单位化.

解　先把它们正交化. 使用式(1.3.18),可得
$$\boldsymbol{y}_1'=\boldsymbol{x}_1=(1,\ 1,\ 0,\ 0)$$
$$\boldsymbol{y}_2'=\boldsymbol{x}_2-\frac{(\boldsymbol{x}_2,\ \boldsymbol{y}_1')}{(\boldsymbol{y}_1',\ \boldsymbol{y}_1')}\boldsymbol{y}_1'=\left(\frac{1}{2},\ -\frac{1}{2},\ 1,\ 0\right)$$
$$\boldsymbol{y}_3'=\boldsymbol{x}_3-\frac{(\boldsymbol{x}_3,\ \boldsymbol{y}_2')}{(\boldsymbol{y}_2',\ \boldsymbol{y}_2')}\boldsymbol{y}_2'-\frac{(\boldsymbol{x}_3,\ \boldsymbol{y}_1')}{(\boldsymbol{y}_1',\ \boldsymbol{y}_1')}\boldsymbol{y}_1'=\left(-\frac{1}{3},\ \frac{1}{3},\ \frac{1}{3},\ 1\right)$$
$$\boldsymbol{y}_4'=\boldsymbol{x}_4-\frac{(\boldsymbol{x}_4,\ \boldsymbol{y}_3')}{(\boldsymbol{y}_3',\ \boldsymbol{y}_3')}\boldsymbol{y}_3'-\frac{(\boldsymbol{x}_4,\ \boldsymbol{y}_2')}{(\boldsymbol{y}_2',\ \boldsymbol{y}_2')}\boldsymbol{y}_2'-\frac{(\boldsymbol{x}_4,\ \boldsymbol{y}_1')}{(\boldsymbol{y}_1',\ \boldsymbol{y}_1')}\boldsymbol{y}_1'=(1,\ -1,\ -1,\ 1)$$
再单位化,则有

$$y_1=\frac{1}{|y_1'|}y_1'=\left(\frac{1}{\sqrt{2}},\ \frac{1}{\sqrt{2}},\ 0,\ 0\right)$$

$$y_2=\frac{1}{|y_2'|}y_2'=\left(\frac{1}{\sqrt{6}},\ \frac{-1}{\sqrt{6}},\ \frac{2}{\sqrt{6}},\ 0\right)$$

$$y_3=\frac{1}{|y_3'|}y_3'=\left(-\frac{1}{\sqrt{12}},\ \frac{1}{\sqrt{12}},\ \frac{1}{\sqrt{12}},\ \frac{3}{\sqrt{12}}\right)$$

$$y_4=\frac{1}{|y_4'|}y_4'=\left(\frac{1}{2},\ -\frac{1}{2},\ -\frac{1}{2},\ \frac{1}{2}\right)$$

最后，讨论欧氏空间中子空间的正交性问题．为此，证明有关正交性的两个性质如下．

性质1 若向量组 $\boldsymbol{x}_1,\ \boldsymbol{x}_2,\ \cdots,\ \boldsymbol{x}_m$ 的每一个向量均与向量 $\boldsymbol{y}$ 正交，则 $\boldsymbol{x}_1,\ \boldsymbol{x}_2,\ \cdots,\ \boldsymbol{x}_m$ 的线性组合也与 $\boldsymbol{y}$ 正交．

证 对任意 m 个数 $k_1,\ k_2,\ \cdots,\ k_m$，有

$$(k_1\boldsymbol{x}_1+\cdots+k_m\boldsymbol{x}_m,\ \boldsymbol{y})=\sum_{i=1}^{m}k_i(\boldsymbol{x}_i,\ \boldsymbol{y})=0$$

故 $k_1\boldsymbol{x}_1+\cdots+k_m\boldsymbol{x}_m$ 与 $\boldsymbol{y}$ 正交． 证毕

性质2 设 V_1 为欧氏空间 V^n 的子空间，向量 $\boldsymbol{y}$ 与 V_1 正交(指 $\boldsymbol{y}$ 与 V_1 中每个向量正交)的充要条件是 $\boldsymbol{y}$ 与 V_1 的每一基向量正交．

事实上，因为 V_1 的每一个向量均为其基向量的线性组合，所以由性质1知性质2成立．

如果用 $V_1^{\perp}$ 表示欧氏空间 V^n 中所有与 V_1 正交的向量的集合，则 $V_1^{\perp}$ 为 V^n 的一个子空间．

事实上，若 $\boldsymbol{x}\in V_1^{\perp}$，$\boldsymbol{y}\in V_1^{\perp}$，$\boldsymbol{z}\in V_1$，$k$ 为 $\mathbf{R}$ 中任意数，则有

$$(\boldsymbol{x}+\boldsymbol{y},\ \boldsymbol{z})=(\boldsymbol{x},\ \boldsymbol{z})+(\boldsymbol{y},\ \boldsymbol{z})=0+0=0$$

$$(k\boldsymbol{x},\ \boldsymbol{z})=k(\boldsymbol{x},\ \boldsymbol{z})=k\times 0=0$$

即 $(\boldsymbol{x}+\boldsymbol{y})\in V_1^{\perp}$，$k\boldsymbol{x}\in V_1^{\perp}$．因此，$V_1^{\perp}$ 是一个子空间，称这个子空间为 V_1 的**正交补空间**或 V_1 的**正交补**．现在证明下面的定理．

定理1.34 任一欧氏空间 V^n 为其子空间 V_1 与它的正交补 $V_1^{\perp}$ 的直和，即

$$V^n=V_1\oplus V_1^{\perp}$$

证 若 $V_1=\{\mathbf{0}\}$，则 $V_1^{\perp}=V^n$，从而 $V_n=\{\mathbf{0}\}\oplus V^n=V_1\oplus V_1^{\perp}$，定理成立．

若 $V_1\neq\{\mathbf{0}\}$，设 $\dim V_1=m\ (1\leqslant m\leqslant n)$，且 V_1 的一个标准正交基为 $\boldsymbol{x}_1,\ \boldsymbol{x}_2,\ \cdots,\ \boldsymbol{x}_m$，下证 $V^n=V_1+V_1^{\perp}$：任取 $\boldsymbol{x}\in V^n$，令 $a_i=(\boldsymbol{x}_i,\ \boldsymbol{x})\ (i=1,\ 2,\ \cdots,\ m)$，那么

$$\boldsymbol{y}=a_1\boldsymbol{x}_1+a_2\boldsymbol{x}_2+\cdots+a_m\boldsymbol{x}_m\in V_1$$

再令 $\boldsymbol{z}=\boldsymbol{x}-\boldsymbol{y}$，由于

$$(\boldsymbol{z},\ \boldsymbol{x}_i)=(\boldsymbol{x}-\boldsymbol{y},\ \boldsymbol{x}_i)=(\boldsymbol{x},\ \boldsymbol{x}_i)-(\boldsymbol{y},\ \boldsymbol{x}_i)=0\quad(i=1,\ 2,\ \cdots,\ m)$$

所以 $z \in V_1^{\perp}$，于是有

$$x = y + z \quad (y \in V_1,\ z \in V_1^{\perp})$$

即 $x \in V_1 + V_1^{\perp}$，从而 $V^n \subset V_1 + V_1^{\perp}$，结合定理 1.5 可得 $V^n = V_1 + V_1^{\perp}$. 注意到 V_1 与 $V_1^{\perp}$ 的交为零子空间，根据定理 1.7，可得 $V^n = V_1 \oplus V_1^{\perp}$.　证毕

推论　设 V_1 是欧氏空间 V^n 的子空间，且 V_1 的维数为 m，则 $V_1^{\perp}$ 的维数为 $n-m$，即有 $\dim V_1 + \dim V_1^{\perp} = n$.

作为正交补空间的一个应用，考虑正交补空间与齐次线性方程组的解之间的关系.

对于系数矩阵的秩为 r 的齐次线性方程组

$$\left.\begin{aligned} a_{11}\xi_1 + a_{12}\xi_2 + \cdots + a_{1n}\xi_n = 0 \\ a_{21}\xi_1 + a_{22}\xi_2 + \cdots + a_{2n}\xi_n = 0 \\ \cdots\cdots \\ a_{m1}\xi_1 + a_{m2}\xi_2 + \cdots + a_{mn}\xi_n = 0 \end{aligned}\right\} \tag{1.3.19}$$

引入向量

$$x = (\xi_1,\ \xi_2,\ \cdots,\ \xi_n), \quad x_i = (a_{i1},\ a_{i2},\ \cdots,\ a_{in}) \quad (i = 1,\ 2,\ \cdots,\ m)$$

于是方程组(1.3.19) 可改写为

$$(x_1,\ x) = 0,\ (x_2,\ x) = 0,\ \cdots,\ (x_m,\ x) = 0$$

由此可见，求方程组(1.3.19) 的解向量，就是求所有与向量组 $x_1,\ x_2,\ \cdots,\ x_m$ 正交的向量. 设 $x_1,\ x_2,\ \cdots, x_m$ 生成的子空间为

$$V_1 = L(x_1,\ x_2,\ \cdots,\ x_m)$$

于是由前面的论述可知，所有与 V_1 正交的向量的集合也形成一个子空间，它就是方程组(1.3.19) 的解向量的集合形成的子空间，称其为齐次方程组(1.3.19) 的**解空间**. 按照定义，齐次方程组(1.3.19) 的解空间就是 V_1 的正交补空间. 换言之，求齐次方程组(1.3.19) 的解空间就是求 V_1 的正交补空间. 由于 V_1 的维数是齐次方程组(1.3.19) 系数矩阵的秩 r，由定理 1.34 的推论立刻可得：如果系数矩阵的秩是 r，则 n 个未知数的齐次线性方程组的解空间的维数是 $n-r$.

定理 1.35　对于任意矩阵 $A = (a_{ij})_{m\times n} \in \mathbf{R}^{m\times n}$，有

$$R^{\perp}(A) = N(A^{\mathrm{T}}), \quad R(A) \oplus N(A^{\mathrm{T}}) = \mathbf{R}^m \tag{1.3.20}$$

$$R^{\perp}(A^{\mathrm{T}}) = N(A), \quad R(A^{\mathrm{T}}) \oplus N(A) = \mathbf{R}^n \tag{1.3.21}$$

证　设 A 的第 j 个列向量为 $a_j(j = 1,\ 2,\ \cdots,\ n)$，并记 $V_1 = R(A) = L(a_1,\ a_2,\ \cdots, a_n) \subset \mathbf{R}^m$. 于是有

$$\begin{aligned} V_1^{\perp} = \{y \mid y \perp (k_1a_1 + \cdots + k_na_n),\ k_j \in \mathbf{R}\} = \\ \{y \mid y \perp a_j,\ j = 1,\ 2,\ \cdots,\ n\} = \\ \{y \mid a_j^{\mathrm{T}}y = 0,\ j = 1,\ 2,\ \cdots,\ n\} = \{y \mid A^{\mathrm{T}}y = \mathbf{0}\} = N(A^{\mathrm{T}}) \end{aligned}$$

根据定理 1.34，可得 $\mathbf{R}^m = V_1 \oplus V_1^{\perp} = R(A) \oplus N(A^{\mathrm{T}})$.

同理可证式(1.3.21) 成立.　证毕

需要指出，当 $\mathbf{A} \in \mathbf{C}^{m\times n}$ 时，若将 $\mathbf{A}^{\mathrm{T}}$ 改为 $\mathbf{A}^{\mathrm{H}}$，将 $\mathbf{R}^m$ 改为 $\mathbf{C}^m$，将 $\mathbf{R}^n$ 改为 $\mathbf{C}^n$，定理 1.35 中的相应结论仍然成立．

1.3.3 正交变换与正交矩阵

由解析几何知，在旋转变换之下，向量的长度保持不变．在线性空间中，能保持向量长度不变的线性变换，在实际中应用是很广泛的．在此，针对这种线性变换进行专门的讨论．

定义 1.28 设 V 为欧氏空间，T 是 V 的一个线性变换，如果 T 保持 V 中任意向量 $\boldsymbol{x}$ 的长度不变，则有

$$(T\boldsymbol{x}, T\boldsymbol{x}) = (\boldsymbol{x}, \boldsymbol{x}) \tag{1.3.22}$$

那么称 T 是 V 的一个**正交变换**．

例如，坐标平面上的旋转变换就是一个正交变换．下面讨论正交变换的一些性质．

定理 1.36 线性变换 T 为正交变换的充要条件是，对于欧氏空间 V 中任意向量 $\boldsymbol{x}, \boldsymbol{y}$，都有 $(T\boldsymbol{x}, T\boldsymbol{y}) = (\boldsymbol{x}, \boldsymbol{y})$.

证 只要令 $\boldsymbol{y}=\boldsymbol{x}$，便知充分性成立．为证明必要性，设 T 是正交变换，于是有

$$(\boldsymbol{x}-\boldsymbol{y}, \boldsymbol{x}-\boldsymbol{y}) = (T(\boldsymbol{x}-\boldsymbol{y}), T(\boldsymbol{x}-\boldsymbol{y}))$$

亦即

$$(\boldsymbol{x}, \boldsymbol{x}) - 2(\boldsymbol{x}, \boldsymbol{y}) + (\boldsymbol{y}, \boldsymbol{y}) = (T\boldsymbol{x} - T\boldsymbol{y}, T\boldsymbol{x} - T\boldsymbol{y}) =$$
$$(T\boldsymbol{x}, T\boldsymbol{x}) - 2(T\boldsymbol{x}, T\boldsymbol{y}) + (T\boldsymbol{y}, T\boldsymbol{y}) = (\boldsymbol{x}, \boldsymbol{x}) - 2(T\boldsymbol{x}, T\boldsymbol{y}) + (\boldsymbol{y}, \boldsymbol{y})$$

故 $(\boldsymbol{x}, \boldsymbol{y}) = (T\boldsymbol{x}, T\boldsymbol{y})$. 证毕

定义 1.29 如果实方阵 $\boldsymbol{Q}$ 满足 $\boldsymbol{Q}^{\mathrm{T}}\boldsymbol{Q} = \boldsymbol{I}$，则称 $\boldsymbol{Q}$ 为**正交矩阵**．

容易证明：$\boldsymbol{Q}$ 是正交矩阵的充要条件是它的列向量是两两正交的单位向量．此外，正交矩阵还有下面的性质.

(1) 正交矩阵是可逆的.

(2) 正交矩阵的逆矩阵仍是正交矩阵.

(3) 两个正交矩阵的乘积仍为正交矩阵.

定理 1.37 欧氏空间的线性变换是正交变换的充要条件是，它对于标准正交基的矩阵是正交矩阵．

证 设欧氏空间 V^n 的标准正交基为 $\boldsymbol{x}_1, \boldsymbol{x}_2, \cdots, \boldsymbol{x}_n$，线性变换 T 在该基下的矩阵为 $\boldsymbol{A} = (a_{ij})_{n\times n}$.

必要性．若 T 是正交变换，那么 $(T\boldsymbol{x}_i, T\boldsymbol{x}_j) = (\boldsymbol{x}_i, \boldsymbol{x}_j) = \delta_{ij}$．另一方面，由于

$$T\boldsymbol{x}_i = a_{1i}\boldsymbol{x}_1 + a_{2i}\boldsymbol{x}_2 + \cdots + a_{ni}\boldsymbol{x}_n$$
$$T\boldsymbol{x}_j = a_{1j}\boldsymbol{x}_1 + a_{2j}\boldsymbol{x}_2 + \cdots + a_{nj}\boldsymbol{x}_n$$

可得

$$(T\boldsymbol{x}_i,\ T\boldsymbol{x}_j)=\sum_{k=1}^{n}a_{ki}a_{kj}=\delta_{ij}$$

即 $\boldsymbol{A}$ 的 n 个列是两两正交的单位向量，也就是 $\boldsymbol{A}$ 为正交矩阵．

充分性．设 $\boldsymbol{A}^{\mathrm{T}}\boldsymbol{A}=\boldsymbol{I}$，对任意 $\boldsymbol{x}\in V^n$，有

$$\boldsymbol{x}=(\boldsymbol{x}_1,\ \cdots,\ \boldsymbol{x}_n)\begin{bmatrix}\xi_1\\ \vdots\\ \xi_n\end{bmatrix},\quad T\boldsymbol{x}=(\boldsymbol{x}_1,\ \cdots,\ \boldsymbol{x}_n)\boldsymbol{A}\begin{bmatrix}\xi_1\\ \vdots\\ \xi_n\end{bmatrix}$$

由于 V^n 中两个向量的内积，就等于这两个向量在 V^n 的标准正交基下的坐标向量的内积($\mathbf{R}^n$ 中)，所以

$$(T\boldsymbol{x},\ T\boldsymbol{x})=(\xi_1,\ \cdots,\ \xi_n)\boldsymbol{A}^{\mathrm{T}}\boldsymbol{A}\begin{bmatrix}\xi_1\\ \vdots\\ \xi_n\end{bmatrix}=(\xi_1,\ \cdots,\ \xi_n)\begin{bmatrix}\xi_1\\ \vdots\\ \xi_n\end{bmatrix}=(\boldsymbol{x},\ \boldsymbol{x})$$

即 T 是正交变换．

证毕

由正交矩阵的性质可知，欧氏空间的两个正交变换 T_1 与 T_2 的乘积 T_1T_2 还是正交变换；正交变换 T 的逆变换 T^{-1} 也是正交变换．事实上，由定义 1.28 可得

$$(T_1T_2\boldsymbol{x},\ T_1T_2\boldsymbol{x})=(T_1(T_2\boldsymbol{x}),\ T_1(T_2\boldsymbol{x}))=(T_2\boldsymbol{x},\ T_2\boldsymbol{x})=(\boldsymbol{x},\ \boldsymbol{x})$$

故 T_1T_2 是正交变换．又设 $T^{-1}\boldsymbol{x}=\boldsymbol{y}$，因为

$$(T^{-1}\boldsymbol{x},\ T^{-1}\boldsymbol{x})=(\boldsymbol{y},\ \boldsymbol{y})=(T\boldsymbol{y},\ T\boldsymbol{y})=(\boldsymbol{x},\ \boldsymbol{x})$$

所以 T^{-1} 是正交变换．

必须注意，正交变换在标准正交基下的矩阵是正交矩阵；但是，它在别的基下的矩阵可能是正交矩阵，也可能不是正交矩阵．

由于标准正交基在欧氏空间中占有特殊地位，因此，有必要讨论从一标准正交基改变到另一标准正交基的过渡矩阵的情况．其答案由下面的例题给出．

例 1.34　设 $\boldsymbol{x}_1,\ \boldsymbol{x}_2,\ \cdots,\ \boldsymbol{x}_n$ 及 $\boldsymbol{y}_1,\ \boldsymbol{y}_2,\ \cdots,\ \boldsymbol{y}_n$ 是欧氏空间 V^n 的两个标准正交基，它们之间的过渡矩阵为 $\boldsymbol{A}=(a_{ij})_{n\times n}$，即

$$(\boldsymbol{y}_1,\ \boldsymbol{y}_2,\ \cdots,\ \boldsymbol{y}_n)=(\boldsymbol{x}_1,\ \boldsymbol{x}_2,\ \cdots,\ \boldsymbol{x}_n)\boldsymbol{A}$$

则 $\boldsymbol{A}$ 为正交矩阵．

证　因为 $\boldsymbol{y}_1,\ \boldsymbol{y}_2,\ \cdots,\ \boldsymbol{y}_n$ 是标准正交基，所以

$$(\boldsymbol{y}_i,\ \boldsymbol{y}_j)=\delta_{ij}\quad(i,\ j=1,\ 2,\ \cdots,\ n)$$

又因矩阵 $\boldsymbol{A}$ 的各列是 $\boldsymbol{y}_1,\ \boldsymbol{y}_2,\ \cdots,\ \boldsymbol{y}_n$ 在标准正交基 $\boldsymbol{x}_1,\ \boldsymbol{x}_2,\ \cdots,\ \boldsymbol{x}_n$ 下的坐标，即

$$\boldsymbol{y}_i=a_{1i}\boldsymbol{x}_1+a_{2i}\boldsymbol{x}_2+\cdots+a_{ni}\boldsymbol{x}_n\quad(i=1,\ 2,\ \cdots,\ n)$$

则有

$$(\boldsymbol{y}_i,\ \boldsymbol{y}_j)=a_{1i}a_{1j}+a_{2i}a_{2j}+\cdots+a_{ni}a_{nj}=\delta_{ij}\quad(i,\ j=1,\ 2,\ \cdots,\ n)$$

这表明矩阵 $\boldsymbol{A}$ 的各列是两两相交的单位向量，从而 $\boldsymbol{A}$ 是正交矩阵．

1.3.4 对称变换与对称矩阵

定义 1.30 设 T 是欧氏空间 V 的一个线性变换，且对 V 中任意两个向量 $\boldsymbol{x}$，$\boldsymbol{y}$，都有

$$(T\boldsymbol{x},\ \boldsymbol{y})=(\boldsymbol{x},\ T\boldsymbol{y}) \tag{1.3.23}$$

则称 T 为 V 中的一个**对称变换**.

定理 1.38 欧氏空间的线性变换是实对称变换的充要条件是，它对于标准正交基的矩阵是实对称矩阵.

证 设欧氏空间 V^n 的标准正交基为 $\boldsymbol{x}_1,\ \boldsymbol{x}_2,\ \cdots,\ \boldsymbol{x}_n$，线性变换 T 在该基下的矩阵为 $\boldsymbol{A}=(a_{ij})_{n\times n}$，则有

$$T\boldsymbol{x}_i=a_{1i}\boldsymbol{x}_1+a_{2i}\boldsymbol{x}_2+\cdots+a_{ni}\boldsymbol{x}_n,\quad (T\boldsymbol{x}_i,\ \boldsymbol{x}_j)=a_{ji}$$
$$T\boldsymbol{x}_j=a_{1j}\boldsymbol{x}_1+a_{2j}\boldsymbol{x}_2+\cdots+a_{nj}\boldsymbol{x}_n,\quad (\boldsymbol{x}_i,T\boldsymbol{x}_j)=a_{ij}$$

必要性．设 T 是对称变换，那么 $(T\boldsymbol{x}_i,\ \boldsymbol{x}_j)=(\boldsymbol{x}_i,\ T\boldsymbol{x}_j)$，从而 $a_{ji}=a_{ij}$，即 $\boldsymbol{A}$ 是实对称矩阵.

充分性．设 $\boldsymbol{A}^{\mathrm{T}}=\boldsymbol{A}$，对任意 $\boldsymbol{x},\ \boldsymbol{y}\in V^n$，有

$$\boldsymbol{x}=(\boldsymbol{x}_1,\ \cdots,\ \boldsymbol{x}_n)\begin{bmatrix}\xi_1\\ \vdots\\ \xi_n\end{bmatrix},\quad T\boldsymbol{x}=(\boldsymbol{x}_1,\ \cdots,\ \boldsymbol{x}_n)\boldsymbol{A}\begin{bmatrix}\xi_1\\ \vdots\\ \xi_n\end{bmatrix}$$

$$\boldsymbol{y}=(\boldsymbol{x}_1,\ \cdots,\ \boldsymbol{x}_n)\begin{bmatrix}\eta_1\\ \vdots\\ \eta_n\end{bmatrix},\quad T\boldsymbol{y}=(\boldsymbol{x}_1,\ \cdots,\ \boldsymbol{x}_n)\boldsymbol{A}\begin{bmatrix}\eta_1\\ \vdots\\ \eta_n\end{bmatrix}$$

注意到 V^n 中两个向量的内积，就等于这两个向量在 V^n 的标准正交基下的坐标向量的内积($\mathbf{R}^n$ 中)，从而可得

$$(T\boldsymbol{x},\ \boldsymbol{y})=(\xi_1,\ \cdots,\ \xi_n)\boldsymbol{A}^{\mathrm{T}}\begin{bmatrix}\eta_1\\ \vdots\\ \eta_n\end{bmatrix}=(\xi_1,\ \cdots,\ \xi_n)\boldsymbol{A}\begin{bmatrix}\eta_1\\ \vdots\\ \eta_n\end{bmatrix}=(\boldsymbol{x},\ T\boldsymbol{y})$$

即 T 是对称变换. 证毕

实对称矩阵有下面的重要性质，现以定理形式给出.

定理 1.39 实对称矩阵的特征值都是实数.

证 假定 $\boldsymbol{A}$ 是实对称矩阵，λ 是它的特征值，$\boldsymbol{x}=(\xi_1,\ \xi_2,\ \cdots,\ \xi_n)^{\mathrm{T}}$ 是属于 λ 的特征向量，即 $\boldsymbol{A}\boldsymbol{x}=\lambda\boldsymbol{x}$. 两边取共轭，得 $\overline{\boldsymbol{A}\boldsymbol{x}}=\overline{\lambda\boldsymbol{x}}$，再取转置，并注意 $\overline{\boldsymbol{A}}=\boldsymbol{A}$，$\boldsymbol{A}^{\mathrm{T}}=\boldsymbol{A}$ 可得

$$\bar{\lambda}\,\bar{\boldsymbol{x}}^{\mathrm{T}}=\bar{\boldsymbol{x}}^{\mathrm{T}}\overline{\boldsymbol{A}}^{\mathrm{T}}=\bar{\boldsymbol{x}}^{\mathrm{T}}\boldsymbol{A}$$

用 $\boldsymbol{x}$ 右乘上式，可得

$$\bar{\lambda}\,\bar{\boldsymbol{x}}^{\mathrm{T}}\boldsymbol{x}=\bar{\boldsymbol{x}}^{\mathrm{T}}\boldsymbol{A}\boldsymbol{x}=\lambda\bar{\boldsymbol{x}}^{\mathrm{T}}\boldsymbol{x}$$

即 $(\lambda-\bar{\lambda})\bar{\boldsymbol{x}}^{\mathrm{T}}\boldsymbol{x}=0$. 因为

$$\bar{\boldsymbol{x}}^{\mathrm{T}}\boldsymbol{x}=\bar{\xi}_1\xi_1+\bar{\xi}_2\xi_2+\cdots+\bar{\xi}_n\xi_n\neq 0$$

所以有 $\bar{\lambda}=\lambda$，这就表明 λ 是实数．　证毕

定理 1.40　实对称矩阵的不同特征值所对应的特征向量是正交的．

证　设 λ_1，λ_2 是实对称矩阵 $\boldsymbol{A}$ 的两个不相同的特征值，且 $\boldsymbol{A}\boldsymbol{x}_1=\lambda_1\boldsymbol{x}_1$，$\boldsymbol{A}\boldsymbol{x}_2=\lambda_2\boldsymbol{x}_2$．由于 $\boldsymbol{x}_1^{\mathrm{T}}\boldsymbol{A}=\lambda_1\boldsymbol{x}_1^{\mathrm{T}}$，可得

$$\lambda_1\boldsymbol{x}_1^{\mathrm{T}}\boldsymbol{x}_2=\boldsymbol{x}_1^{\mathrm{T}}\boldsymbol{A}\boldsymbol{x}_2=\lambda_2\boldsymbol{x}_1^{\mathrm{T}}\boldsymbol{x}_2$$

即 $(\lambda_1-\lambda_2)\boldsymbol{x}_1^{\mathrm{T}}\boldsymbol{x}_2=0$．已知 $\lambda_1\neq\lambda_2$，即 $\lambda_1-\lambda_2\neq 0$，可得

$$(\boldsymbol{x}_1,\ \boldsymbol{x}_2)=\boldsymbol{x}_1^{\mathrm{T}}\boldsymbol{x}_2=0$$

就表明 $\boldsymbol{x}_1$ 与 $\boldsymbol{x}_2$ 正交．　证毕

应该注意，就实对称矩阵而言，属于同一特征值的线性无关的特征向量不一定是正交的．但是，可以使用 Schmidt 正交化方法将它们正交化．

1.3.5　酉空间介绍

欧氏空间是针对实数域 $\mathbf{R}$ 上的线性空间而言的．这里将要介绍的酉空间，是一个特殊的复线性空间．酉空间的理论与欧氏空间的理论很相近，有一套平行的理论．本段只简单列举出它的主要结论，而不给出详细的证明．

定义 1.31　设 V 是复数域 $\mathbf{C}$ 上的线性空间，对于 V 中任意两个向量 $\boldsymbol{x}$ 和 $\boldsymbol{y}$，按照某种规则定义一个复数，用 $(\boldsymbol{x},\ \boldsymbol{y})$ 来表示，它满足以下 4 个条件：

(1) 交换律　$(\boldsymbol{x},\ \boldsymbol{y})=\overline{(\boldsymbol{y},\ \boldsymbol{x})}$，这里 $\overline{(\boldsymbol{y},\ \boldsymbol{x})}$ 是 $(\boldsymbol{y},\ \boldsymbol{x})$ 的共轭复数；

(2) 分配律　$(\boldsymbol{x},\ \boldsymbol{y}+\boldsymbol{z})=(\boldsymbol{x},\ \boldsymbol{y})+(\boldsymbol{x},\ \boldsymbol{z})\ (\forall\,\boldsymbol{z}\in V)$；

(3) 齐次性　$(k\boldsymbol{x},\ \boldsymbol{y})=k(\boldsymbol{x},\ \boldsymbol{y})\ (\forall\,k\in\mathbf{C})$；

(4) 非负性　$(\boldsymbol{x},\ \boldsymbol{x})\geqslant 0$，当且仅当 $\boldsymbol{x}=\boldsymbol{0}$ 时，实数 $(\boldsymbol{x},\ \boldsymbol{x})=0$.

则称复数 $(\boldsymbol{x},\ \boldsymbol{y})$ 为向量 $\boldsymbol{x}$ 与 $\boldsymbol{y}$ 的**内积**，而称 V 为**酉空间**(**或复内积空间**).

例 1.35　在 n 维复向量空间 $\mathbf{C}^n$ 中，对于任意两个向量

$$\boldsymbol{x}=(\xi_1,\ \xi_2,\ \cdots,\ \xi_n),\qquad \boldsymbol{y}=(\eta_1,\ \eta_2,\ \cdots,\ \eta_n)$$

定义其内积为

$$(\boldsymbol{x},\ \boldsymbol{y})=\xi_1\bar{\eta}_1+\xi_2\bar{\eta}_2+\cdots+\xi_n\bar{\eta}_n=\boldsymbol{x}\boldsymbol{y}^{\mathrm{H}}\tag{1.3.24}$$

显然，式(1.3.24) 满足定义 1.31 中内积的四个条件，故 $\mathbf{C}^n$ 就是一个酉空间，仍以 $\mathbf{C}^n$ 表示之．

由式(1.3.24) 立刻可得

$$(\boldsymbol{x},\ \boldsymbol{x})=\xi_1\bar{\xi}_1+\xi_2\bar{\xi}_2+\cdots+\xi_n\bar{\xi}_n=\sum_{i=1}^{n}|\ \xi_i\ |^2\tag{1.3.25}$$

由内积定义，直接可以得出以下结果：

(1) $(\boldsymbol{x},\ k\boldsymbol{y})=\bar{k}(\boldsymbol{x},\ \boldsymbol{y})$.

(2) $(\boldsymbol{x},\ \boldsymbol{0})=(\boldsymbol{0},\ \boldsymbol{x})=0$.

(3) $\left(\sum_{i=1}^{n}\xi_i \boldsymbol{x}_i,\ \sum_{j=1}^{n}\eta_j \boldsymbol{y}_j\right)=\sum_{i,j=1}^{n}\xi_i\bar{\eta}_j(\boldsymbol{x}_i,\ \boldsymbol{y}_j)$.

(4) 称$\sqrt{(\boldsymbol{x},\ \boldsymbol{x})}$为向量 $\boldsymbol{x}$ 的**长度(模)**,仍记为 $|\boldsymbol{x}|$(或 $\|\boldsymbol{x}\|_2$).

(5) Cauchy-Буняковский 不等式仍成立,即对于任意两个向量 $\boldsymbol{x}$ 与 $\boldsymbol{y}$,有

$$(\boldsymbol{x},\ \boldsymbol{y})(\boldsymbol{y},\ \boldsymbol{x})\leqslant(\boldsymbol{x},\ \boldsymbol{x})(\boldsymbol{y},\ \boldsymbol{y})$$

当且仅当 $\boldsymbol{x}$ 与 $\boldsymbol{y}$ 线性相关时,等号成立.

应用这个不等式可以定义夹角的概念.

(6) 两个非零向量 $\boldsymbol{x}$ 与 $\boldsymbol{y}$ 的夹角$\langle\boldsymbol{x},\ \boldsymbol{y}\rangle$定义为

$$\cos^2\langle\boldsymbol{x},\ \boldsymbol{y}\rangle=\frac{(\boldsymbol{x},\ \boldsymbol{y})(\boldsymbol{y},\ \boldsymbol{x})}{(\boldsymbol{x},\ \boldsymbol{x})(\boldsymbol{y},\ \boldsymbol{y})}$$

当$(\boldsymbol{x},\ \boldsymbol{y})=0$时,称 $\boldsymbol{x}$ 与 $\boldsymbol{y}$ **正交**或**垂直**.

在 n 维酉空间中,同样可以定义正交基和标准正交基的概念.关于标准正交基还有下列性质.

(7) 任意线性无关的向量组可以用 Schmidt 正交化方法进行正交化.

(8) 任一非零酉空间都存在正交基和标准正交基.

(9) 任一 n 维酉空间 V^n 均为其子空间 V_1 与 $V_1^{\perp}$ 的直和.

(10) 酉空间 V 中的线性变换 T,如果满足

$$(T\boldsymbol{x},\ T\boldsymbol{x})=(\boldsymbol{x},\ \boldsymbol{x})\quad(\boldsymbol{x}\in V)$$

则称 T 为 V 的**酉变换**.

(11) 酉空间 V 的线性变换 T 为酉变换的充要条件是,对于 V 中任意两个向量 $\boldsymbol{x},\ \boldsymbol{y}$,都有$(T\boldsymbol{x},\ T\boldsymbol{y})=(\boldsymbol{x},\ \boldsymbol{y})$.

(12) 酉变换在酉空间的标准正交基下的矩阵 $\boldsymbol{A}$ 是**酉矩阵**,即

$$\boldsymbol{A}^{\mathrm{H}}\boldsymbol{A}=\boldsymbol{A}\boldsymbol{A}^{\mathrm{H}}=\boldsymbol{I}$$

(13) 酉矩阵的逆矩阵也是酉矩阵;两个酉矩阵的乘积还是酉矩阵.

(14) 酉空间 V 的线性变换 T,如果满足

$$(T\boldsymbol{x},\ \boldsymbol{y})=(\boldsymbol{x},\ T\boldsymbol{y})\quad(\boldsymbol{x},\ \boldsymbol{y}\in V)$$

则称 T 为 V 的 **Hermite 变换**或**酉对称变换**.

(15) Hermite 变换在酉空间的标准正交基下的矩阵 $\boldsymbol{A}$ 是 **Hermite 矩阵**,即

$$\boldsymbol{A}^{\mathrm{H}}=\boldsymbol{A}$$

(16) Hermite 矩阵的特征值都是实数.

(17) 属于 Hermite 矩阵的不同特征值的特征向量必定正交.

下面来加强定理 1.17 的结果,即 Schur 定理.

定理 1.41 (1) 设 $\boldsymbol{A}\in\mathbf{C}^{n\times n}$ 的特征值为 $\lambda_1,\lambda_2,\cdots,\lambda_n$,则存在酉矩阵 $\boldsymbol{P}$,使得

$$\boldsymbol{P}^{-1}\boldsymbol{A}\boldsymbol{P}=\boldsymbol{P}^{\mathrm{H}}\boldsymbol{A}\boldsymbol{P}=\begin{bmatrix}\lambda_1 & * & \cdots & * \\ & \lambda_2 & \ddots & \vdots \\ & & \ddots & * \\ & & & \lambda_n\end{bmatrix}\tag{1.3.26}$$

(2) 设 $\boldsymbol{A}\in\mathbf{R}^{n\times n}$ 的特征值为 $\lambda_1, \lambda_2, \cdots, \lambda_n$，且 $\lambda_i\in\mathbf{R}\ (i=1,2,\cdots,n)$，则存在正交矩阵 $\boldsymbol{Q}$，使得

$$\boldsymbol{Q}^{-1}\boldsymbol{A}\boldsymbol{Q}=\boldsymbol{Q}^{\mathrm{T}}\boldsymbol{A}\boldsymbol{Q}=\begin{bmatrix}\lambda_1 & * & \cdots & * \\ & \lambda_2 & \ddots & \vdots \\ & & \ddots & * \\ & & & \lambda_n\end{bmatrix} \tag{1.3.27}$$

证　在定理 1.17 的证明过程中将“扩充 $\boldsymbol{x}_1$ 为 $\mathbf{C}^k$ 的基”改为“扩充 $\boldsymbol{x}_1$ 为 $\mathbf{C}^k$ 的标准正交基”即可证明式(1.3.26)成立. 采用类似的方法，可以证明式(1.3.27)成立.

证毕

利用定理 1.41，可以研究 n 阶矩阵正交(酉)相似于对角矩阵的问题 .

定义 1.32　如果 $\boldsymbol{A}\in\mathbf{C}^{n\times n}$ 满足

$$\boldsymbol{A}^{\mathrm{H}}\boldsymbol{A}=\boldsymbol{A}\boldsymbol{A}^{\mathrm{H}} \tag{1.3.28}$$

则称 $\boldsymbol{A}$ 为**正规矩阵** .

容易验证，正交矩阵、酉矩阵、对角矩阵、实对称矩阵以及 Hermite 矩阵都满足式(1.3.28)，因此它们都是正规矩阵 . 此外，令 $\boldsymbol{U}$ 是一个酉矩阵，容易验证矩阵

$$\boldsymbol{B}=\boldsymbol{U}^{\mathrm{H}}\begin{bmatrix}3+5\mathrm{j} & 0 \\ 0 & 2-\mathrm{j}\end{bmatrix}\boldsymbol{U}$$

也是一个不同于上述 5 种类型的正规矩阵 .

定理 1.42　(1) 设 $\boldsymbol{A}\in\mathbf{C}^{n\times n}$，则 $\boldsymbol{A}$ 酉相似于对角矩阵的充要条件是 $\boldsymbol{A}$ 为正规矩阵；

(2) 设 $\boldsymbol{A}\in\mathbf{R}^{n\times n}$，且 $\boldsymbol{A}$ 的特征值都是实数，则 $\boldsymbol{A}$ 正交相似于对角矩阵的充要条件是 $\boldsymbol{A}$ 为正规矩阵 .

证　先证明第一个结论 .

必要性 . 设酉矩阵 $\boldsymbol{P}$ 使得 $\boldsymbol{P}^{\mathrm{H}}\boldsymbol{A}\boldsymbol{P}=\boldsymbol{\Lambda}$(对角矩阵)，则有

$$\boldsymbol{A}=\boldsymbol{P}\boldsymbol{\Lambda}\boldsymbol{P}^{\mathrm{H}},\quad \boldsymbol{A}^{\mathrm{H}}=\boldsymbol{P}\overline{\boldsymbol{\Lambda}}\boldsymbol{P}^{\mathrm{H}}$$

$$\boldsymbol{A}^{\mathrm{H}}\boldsymbol{A}=\boldsymbol{P}\overline{\boldsymbol{\Lambda}}\boldsymbol{P}^{\mathrm{H}}\boldsymbol{P}\boldsymbol{\Lambda}\boldsymbol{P}^{\mathrm{H}}=\boldsymbol{P}\overline{\boldsymbol{\Lambda}}\boldsymbol{\Lambda}\boldsymbol{P}^{\mathrm{H}}=\boldsymbol{P}\boldsymbol{\Lambda}\overline{\boldsymbol{\Lambda}}\boldsymbol{P}^{\mathrm{H}}=\boldsymbol{P}\boldsymbol{\Lambda}\boldsymbol{P}^{\mathrm{H}}\boldsymbol{P}\overline{\boldsymbol{\Lambda}}\boldsymbol{P}^{\mathrm{H}}=\boldsymbol{A}\boldsymbol{A}^{\mathrm{H}}$$

即 $\boldsymbol{A}$ 是正规矩阵 .

充分性 . 设 $\boldsymbol{A}$ 满足 $\boldsymbol{A}^{\mathrm{H}}\boldsymbol{A}=\boldsymbol{A}\boldsymbol{A}^{\mathrm{H}}$，由定理 1.41 之(1) 知，存在酉矩阵 $\boldsymbol{P}$，使得

$$\boldsymbol{P}^{\mathrm{H}}\boldsymbol{A}\boldsymbol{P}=\begin{bmatrix}b_{11} & b_{12} & \cdots & b_{1n} \\ & b_{22} & \cdots & b_{2n} \\ & & \ddots & \vdots \\ & & & b_{nn}\end{bmatrix}=\boldsymbol{B}$$

于是有

$$\boldsymbol{B}^{\mathrm{H}}\boldsymbol{B}=\boldsymbol{P}^{\mathrm{H}}\boldsymbol{A}^{\mathrm{H}}\boldsymbol{P}\boldsymbol{P}^{\mathrm{H}}\boldsymbol{A}\boldsymbol{P}=\boldsymbol{P}^{\mathrm{H}}\boldsymbol{A}^{\mathrm{H}}\boldsymbol{A}\boldsymbol{P}=\boldsymbol{P}^{\mathrm{H}}\boldsymbol{A}\boldsymbol{A}^{\mathrm{H}}\boldsymbol{P}=\boldsymbol{P}^{\mathrm{H}}\boldsymbol{A}\boldsymbol{P}\boldsymbol{P}^{\mathrm{H}}\boldsymbol{A}^{\mathrm{H}}\boldsymbol{P}=\boldsymbol{B}\boldsymbol{B}^{\mathrm{H}}$$

比较上式两端矩阵的主对角元素，可得

$$b_{12}=0,\quad b_{13}=0,\quad \cdots,\quad b_{1n}=0$$

$$b_{23}=0,\quad \cdots,\quad b_{2n}=0$$
$$\vdots$$
$$b_{n-1,n}=0$$

也就是 $\boldsymbol{B}=\operatorname{diag}(b_{11},b_{22},\cdots,b_{nn})$，即 $\boldsymbol{A}$ 酉相似于对角矩阵．

类似地，利用定理 1.41 之(2) 可证明第二个结论． 证毕

推论 1 实对称矩阵正交相似于对角矩阵．

推论 2 设 T 是欧氏空间 V^n 的对称变换，则在 V^n 中存在标准正交基 $\boldsymbol{y}_1$，$\boldsymbol{y}_2$，$\cdots$，$\boldsymbol{y}_n$，使 T 在该基下的矩阵为对角矩阵．

证 任取 V^n 的一个标准正交基 $\boldsymbol{x}_1,\boldsymbol{x}_2,\cdots,\boldsymbol{x}_n$，设 T 在该基下的矩阵为 $\boldsymbol{A}$，则有

$$T(\boldsymbol{x}_1,\boldsymbol{x}_2,\cdots,\boldsymbol{x}_n)=(\boldsymbol{x}_1,\boldsymbol{x}_2,\cdots,\boldsymbol{x}_n)\boldsymbol{A}$$

根据定理 1.38，$\boldsymbol{A}$ 是实对称矩阵．再由推论 1，存在正交矩阵 $\boldsymbol{Q}$，使得

$$\boldsymbol{Q}^{\mathrm{T}}\boldsymbol{A}\boldsymbol{Q}=\boldsymbol{\Lambda}=\operatorname{diag}(\lambda_1,\lambda_2,\cdots,\lambda_n)$$

构造 V^n 的标准正交基 $\boldsymbol{y}_1,\boldsymbol{y}_2,\cdots,\boldsymbol{y}_n$，使满足

$$(\boldsymbol{y}_1,\boldsymbol{y}_2,\cdots,\boldsymbol{y}_n)=(\boldsymbol{x}_1,\boldsymbol{x}_2,\cdots,\boldsymbol{x}_n)\boldsymbol{Q}$$

则有

$$T(\boldsymbol{y}_1,\boldsymbol{y}_2,\cdots,\boldsymbol{y}_n)=T(\boldsymbol{x}_1,\boldsymbol{x}_2,\cdots,\boldsymbol{x}_n)\boldsymbol{Q}=(\boldsymbol{x}_1,\boldsymbol{x}_2,\cdots,\boldsymbol{x}_n)\boldsymbol{A}\boldsymbol{Q}=$$
$$(\boldsymbol{y}_1,\boldsymbol{y}_2,\cdots,\boldsymbol{y}_n)\boldsymbol{Q}^{-1}\boldsymbol{A}\boldsymbol{Q}=(\boldsymbol{y}_1,\boldsymbol{y}_2,\cdots,\boldsymbol{y}_n)\boldsymbol{\Lambda}$$

即 T 在 V^n 的标准正交基 $\boldsymbol{y}_1,\boldsymbol{y}_2,\cdots,\boldsymbol{y}_n$ 下的矩阵为对角矩阵． 证毕

必须指出，对于 n 阶矩阵 $\boldsymbol{A}$，如果 $\boldsymbol{A}^{\mathrm{H}}\boldsymbol{A}\neq\boldsymbol{A}\boldsymbol{A}^{\mathrm{H}}$，则由定理 1.42 知，$\boldsymbol{A}$ 不能正交(酉) 相似于对角矩阵．但是，$\boldsymbol{A}$ 仍可能相似于对角矩阵．例如

$$\boldsymbol{A}=\begin{bmatrix}1&1\\0&2\end{bmatrix},\quad \boldsymbol{A}^{\mathrm{H}}\boldsymbol{A}=\begin{bmatrix}1&1\\1&5\end{bmatrix},\quad \boldsymbol{A}\boldsymbol{A}^{\mathrm{H}}=\begin{bmatrix}2&2\\2&4\end{bmatrix}$$

易见，$\boldsymbol{A}^{\mathrm{H}}\boldsymbol{A}\neq\boldsymbol{A}\boldsymbol{A}^{\mathrm{H}}$，所以 $\boldsymbol{A}$ 不能正交(酉) 相似于对角矩阵．但是，$\boldsymbol{A}$ 能够相似于对角矩阵(因为 $\boldsymbol{A}$ 有两个不同的特征值，从而 $\boldsymbol{A}$ 有两个线性无关的特征向量)．

例 1.36 在欧氏空间 $\mathbf{R}^{2\times2}$ 中，矩阵 $\boldsymbol{A}$ 与 $\boldsymbol{B}$ 的内积定义为 $(\boldsymbol{A},\boldsymbol{B})=\operatorname{tr}(\boldsymbol{A}^{\mathrm{T}}\boldsymbol{B})$，子空间

$$V=\left\{\boldsymbol{X}=\begin{bmatrix}x_1&x_2\\x_3&x_4\end{bmatrix}\,\middle|\,x_3-x_4=0\right\}$$

V 中的线性变换为

$$T(\boldsymbol{X})=\boldsymbol{X}\boldsymbol{B}_0\quad(\forall\,\boldsymbol{X}\in V),\quad \boldsymbol{B}_0=\begin{bmatrix}1&2\\2&1\end{bmatrix}$$

(1) 求 V 的一个标准正交基；

(2) 验证 T 是 V 中的对称变换；

(3) 求 V 的一个标准正交基，使 T 在该基下的矩阵为对角矩阵.

解 (1) 设 $\boldsymbol{X}\in V$，则

$$\boldsymbol{X}=\begin{bmatrix}x_1 & x_2\\ x_3 & x_3\end{bmatrix}=x_1\begin{bmatrix}1 & 0\\ 0 & 0\end{bmatrix}+x_2\begin{bmatrix}0 & 1\\ 0 & 0\end{bmatrix}+x_3\begin{bmatrix}0 & 0\\ 1 & 1\end{bmatrix}$$

故 V 的一个标准正交基为

$$\boldsymbol{X}_1=\begin{bmatrix}1 & 0\\ 0 & 0\end{bmatrix},\quad \boldsymbol{X}_2=\begin{bmatrix}0 & 1\\ 0 & 0\end{bmatrix},\quad \boldsymbol{X}_3=\frac{1}{\sqrt{2}}\begin{bmatrix}0 & 0\\ 1 & 1\end{bmatrix}$$

(2) 计算基象组：

$$T(\boldsymbol{X}_1)=\begin{bmatrix}1 & 2\\ 0 & 0\end{bmatrix}=1\,\boldsymbol{X}_1+2\,\boldsymbol{X}_2+0\,\boldsymbol{X}_3$$

$$T(\boldsymbol{X}_2)=\begin{bmatrix}2 & 1\\ 0 & 0\end{bmatrix}=2\,\boldsymbol{X}_1+1\,\boldsymbol{X}_2+0\,\boldsymbol{X}_3$$

$$T(\boldsymbol{X}_3)=\frac{1}{\sqrt{2}}\begin{bmatrix}0 & 0\\ 3 & 3\end{bmatrix}=0\,\boldsymbol{X}_1+0\,\boldsymbol{X}_2+3\,\boldsymbol{X}_3$$

设 $T(\boldsymbol{X}_1,\boldsymbol{X}_2,\boldsymbol{X}_3)=(\boldsymbol{X}_1,\boldsymbol{X}_2,\boldsymbol{X}_3)\boldsymbol{A}$,则

$$\boldsymbol{A}=\begin{bmatrix}1 & 2 & 0\\ 2 & 1 & 0\\ 0 & 0 & 3\end{bmatrix}$$

易见 $\boldsymbol{A}$ 是对称矩阵,由定理 1.38 知 T 是对称变换.

(3) 求正交矩阵 $\boldsymbol{Q}$ 使得$\boldsymbol{Q}^{-1}\boldsymbol{A}\boldsymbol{Q}=\boldsymbol{\Lambda}$:根据线性代数课程中介绍的算法,求得

$$\boldsymbol{\Lambda}=\begin{bmatrix}3 & & \\ & 3 & \\ & & -1\end{bmatrix},\quad \boldsymbol{Q}=\begin{bmatrix}0 & 1/\sqrt{2} & -1/\sqrt{2}\\ 0 & 1/\sqrt{2} & 1/\sqrt{2}\\ 1 & 0 & 0\end{bmatrix}$$

根据定理 1.42 的推论 2,令$(\boldsymbol{Y}_1,\boldsymbol{Y}_2,\boldsymbol{Y}_3)=(\boldsymbol{X}_1,\boldsymbol{X}_2,\boldsymbol{X}_3)Q$,求得标准正交基

$$\boldsymbol{Y}_1=\frac{1}{\sqrt{2}}\begin{bmatrix}0 & 0\\ 1 & 1\end{bmatrix},\quad \boldsymbol{Y}_2=\frac{1}{\sqrt{2}}\begin{bmatrix}1 & 1\\ 0 & 0\end{bmatrix},\quad \boldsymbol{Y}_3=\frac{1}{\sqrt{2}}\begin{bmatrix}-1 & 1\\ 0 & 0\end{bmatrix}$$

且有 $T(\boldsymbol{Y}_1,\boldsymbol{Y}_2,\boldsymbol{Y}_3)=(\boldsymbol{Y}_1,\boldsymbol{Y}_2,\boldsymbol{Y}_3)\boldsymbol{\Lambda}$.

根据定理 1.42,对于 n 阶 Hermite 矩阵 $\boldsymbol{A}$,存在 n 阶酉矩阵 $\boldsymbol{P}$,使得

$$\boldsymbol{P}^{\mathrm{H}}\boldsymbol{A}\boldsymbol{P}=\boldsymbol{\Lambda}=\mathrm{diag}(\lambda_1,\ \lambda_2,\ \cdots,\ \lambda_n)$$

其中 $\lambda_i(i=1,\ 2,\ \cdots,\ n)$ 是 $\boldsymbol{A}$ 的特征值. 划分

$$\boldsymbol{P}=(\boldsymbol{p}_1,\ \boldsymbol{p}_2,\ \cdots,\ \boldsymbol{p}_n)$$

则有

$$\boldsymbol{A}=\boldsymbol{P}\boldsymbol{\Lambda}\boldsymbol{P}^{\mathrm{H}}=(\boldsymbol{p}_1,\ \boldsymbol{p}_2,\ \cdots,\ \boldsymbol{p}_n)\begin{bmatrix}\lambda_1 & & & \\ & \lambda_2 & & \\ & & \ddots & \\ & & & \lambda_n\end{bmatrix}\begin{bmatrix}\boldsymbol{p}_1^{\mathrm{H}}\\ \boldsymbol{p}_2^{\mathrm{H}}\\ \vdots\\ \boldsymbol{p}_n^{\mathrm{H}}\end{bmatrix}=$$

$$\lambda_1(\boldsymbol{p}_1\boldsymbol{p}_1^{\mathrm{H}})+\lambda_2(\boldsymbol{p}_2\boldsymbol{p}_2^{\mathrm{H}})+\cdots+\lambda_n(\boldsymbol{p}_n\boldsymbol{p}_n^{\mathrm{H}}) \tag{1.3.29}$$

称式(1.3.29) 为 Hermite 矩阵 $\boldsymbol{A}$ 的**谱分解**. 若记

$$\boldsymbol{B}_i=\boldsymbol{p}_i\boldsymbol{p}_i^{\mathrm{H}}\quad (i=1,\ 2,\ \cdots,\ n) \tag{1.3.30}$$

则有 $\operatorname{rank}\boldsymbol{B}_i=1$，且 $\boldsymbol{B}_1,\boldsymbol{B}_2,\cdots,\boldsymbol{B}_n$ 线性无关(在矩阵空间 $\mathbf{C}^{n\times n}$ 中).

习 题 1.3

1. 设 $\boldsymbol{x}=(\xi_1,\xi_2,\cdots,\xi_n)$，$\boldsymbol{y}=(\eta_1,\eta_2,\cdots,\eta_n)$ 是 $\mathbf{R}^n$ 的任意两个向量，$\boldsymbol{A}=(a_{ij})_{n\times n}$ 是正定矩阵，定义实数 $(\boldsymbol{x},\boldsymbol{y})=\boldsymbol{x}\boldsymbol{A}\boldsymbol{y}^{\mathrm{T}}$.

(1) 证明在该定义下 $\mathbf{R}^n$ 形成欧氏空间；

(2) 按照指定的内积定义，求由单位坐标向量

$$\boldsymbol{e}_1=(1,0,\cdots,0),\ \boldsymbol{e}_2=(0,1,0,\cdots,0),\cdots,\boldsymbol{e}_n=(0,\cdots,0,1)$$

构成基的度量矩阵.

(3) 写出 $\mathbf{R}^n$ 中 Cauchy-Буняковский 不等式.

2. 设 $\boldsymbol{x}_1,\boldsymbol{x}_2,\cdots,\boldsymbol{x}_n$ 是实线性空间 V^n 的基，向量

$$\boldsymbol{x}=\xi_1\boldsymbol{x}_1+\xi_2\boldsymbol{x}_2+\cdots+\xi_n\boldsymbol{x}_n,\quad \boldsymbol{y}=\eta_1\boldsymbol{x}_1+\eta_2\boldsymbol{x}_2+\cdots+\eta_n\boldsymbol{x}_n$$

定义实数 $(\boldsymbol{x},\boldsymbol{y})=\sum\limits_{i=1}^{n}i\xi_i\eta_i$，问 V^n 是否形成欧氏空间.

3. 在 $\mathbf{R}^4$ 中，求二向量 $\boldsymbol{x}$ 与 $\boldsymbol{y}$ 的夹角 $\langle\boldsymbol{x},\boldsymbol{y}\rangle$，其内积定义由式(1.3.1)给出.

(1) $\boldsymbol{x}=(2,1,3,2)$，$\boldsymbol{y}=(1,2,-2,1)$；

(2) $\boldsymbol{x}=(1,2,2,3)$，$\boldsymbol{y}=(3,1,5,1)$.

4. 在 $\mathbf{R}^4$ 中，求正交于 $(1,1,-1,1)$，$(1,-1,-1,1)$ 及 $(2,1,1,3)$ 的单位向量.

5. 设 $\boldsymbol{x}_1,\boldsymbol{x}_2,\boldsymbol{x}_3,\boldsymbol{x}_4,\boldsymbol{x}_5$ 是欧氏空间 V^5 的一个标准正交基. $V_1=L(\boldsymbol{y}_1,\boldsymbol{y}_2,\boldsymbol{y}_3)$，其中 $\boldsymbol{y}_1=\boldsymbol{x}_1+\boldsymbol{x}_5$，$\boldsymbol{y}_2=\boldsymbol{x}_1-\boldsymbol{x}_2+\boldsymbol{x}_4$，$\boldsymbol{y}_3=2\boldsymbol{x}_1+\boldsymbol{x}_2+\boldsymbol{x}_3$，求 V_1 的一个标准正交基.

6. 在 P_3 中定义内积为 $(f(t),g(t))=\int_{-1}^{1}f(t)g(t)\mathrm{d}t$，求 P_3 的一个标准正交基(由基 $1,t,t^2,t^3$ 进行正交单位化).

7. 设 $\boldsymbol{x}_1,\boldsymbol{x}_2,\cdots,\boldsymbol{x}_m$ 是欧氏空间 V^n 中的一组向量($m\leqslant n$)，而

$$\boldsymbol{B}=\begin{bmatrix}(\boldsymbol{x}_1,\boldsymbol{x}_1) & (\boldsymbol{x}_1,\boldsymbol{x}_2) & \cdots & (\boldsymbol{x}_1,\boldsymbol{x}_m)\\ (\boldsymbol{x}_2,\boldsymbol{x}_1) & (\boldsymbol{x}_2,\boldsymbol{x}_2) & \cdots & (\boldsymbol{x}_2,\boldsymbol{x}_m)\\ \vdots & \vdots & & \vdots\\ (\boldsymbol{x}_m,\boldsymbol{x}_1) & (\boldsymbol{x}_m,\boldsymbol{x}_2) & \cdots & (\boldsymbol{x}_m,\boldsymbol{x}_m)\end{bmatrix}$$

证明 $\det\boldsymbol{B}\neq0$ 的充要条件是 $\boldsymbol{x}_1,\boldsymbol{x}_2,\cdots,\boldsymbol{x}_m$ 线性无关.

8. 设 $\boldsymbol{A}=(a_{ij})_{m\times n}\in\mathbf{C}^{m\times n}$，证明定理 1.35 仍旧成立(将 $\boldsymbol{A}^{\mathrm{T}}$ 改为 $\boldsymbol{A}^{\mathrm{H}}$，将 $\mathbf{R}^m$ 改为 $\mathbf{C}^m$，将 $\mathbf{R}^n$ 改为 $\mathbf{C}^n$).

9. 设 $\boldsymbol{y}$ 是欧氏空间 V 中的单位向量，$\boldsymbol{x}\in V$，定义变换

$$T\boldsymbol{x}=\boldsymbol{x}-2(\boldsymbol{y},\boldsymbol{x})\boldsymbol{y}$$

证明 T 是正交变换(称这种正交变换为**镜面反射**).

10. 设 T 是欧氏空间 V 中的线性变换，且对 $\boldsymbol{x},\boldsymbol{y}\in V$，有

$$(T\boldsymbol{x},\boldsymbol{y})=-(\boldsymbol{x},T\boldsymbol{y})$$

则称 T 为**反对称变换**. 证明 T 为反对称变换的充要条件是，T 在 V 的标准正交基下的矩阵 $\boldsymbol{A}$ 为**反对称矩阵**，即有 $\boldsymbol{A}^{\mathrm{T}}=-\boldsymbol{A}$.

11. 对于下列矩阵 $\boldsymbol{A}$，求正交(酉)矩阵 $\boldsymbol{P}$，使 $\boldsymbol{P}^{-1}\boldsymbol{A}\boldsymbol{P}$ 为对角矩阵：

(1) $\boldsymbol{A}=\begin{bmatrix}2&2&-2\\2&5&-4\\-2&-4&5\end{bmatrix}$；　(2) $\boldsymbol{A}=\begin{bmatrix}0&\mathrm{j}&1\\-\mathrm{j}&0&0\\1&0&0\end{bmatrix}$.

12. 证明实反对称矩阵的特征值是零或纯虚数.

13. 设 $\boldsymbol{A}$ 是 n 阶实对称矩阵，且 $\boldsymbol{A}^2=\boldsymbol{A}$（即 $\boldsymbol{A}$ 是**幂等矩阵**），证明存在正交矩阵 $\boldsymbol{Q}$，使得

$$\boldsymbol{Q}^{-1}\boldsymbol{A}\boldsymbol{Q}=\mathrm{diag}(1,\cdots,1,0,\cdots,0)$$

14. 设 V_1，V_2 是欧氏空间的两个子空间，证明

$$(V_1+V_2)^{\perp}=V_1^{\perp}\cap V_2^{\perp},\quad (V_1\cap V_2)^{\perp}=V_1^{\perp}+V_2^{\perp}$$

15. 在欧氏空间 $\mathbf{R}^{2\times2}$ 中，矩阵 $\boldsymbol{A}$ 与 $\boldsymbol{B}$ 的内积定义为 $(\boldsymbol{A},\boldsymbol{B})=\mathrm{tr}(\boldsymbol{A}^{\mathrm{T}}\boldsymbol{B})$，子空间

$$V=\left\{\boldsymbol{X}=\begin{bmatrix}x_1&x_2\\x_3&x_4\end{bmatrix}\middle|\begin{matrix}x_1-x_4=0\\x_2-x_3=0\end{matrix}\right\}$$

V 中的线性变换为

$$T(\boldsymbol{X})=\boldsymbol{X}\boldsymbol{P}+\boldsymbol{X}^{\mathrm{T}}\quad(\forall\boldsymbol{X}\in V),\quad \boldsymbol{P}=\begin{bmatrix}0&1\\1&0\end{bmatrix}$$

(1) 求 V 的一个标准正交基；

(2) 验证 T 是 V 中的对称变换；

(3) 求 V 的一个标准正交基，使 T 在该基下的矩阵为对角矩阵.

本章要点评述

不同线性空间中的线性运算是有区别的，元素本身也有很大的差异，能否采用统一的方式描述不同线性空间中的元素及其线性运算呢？这就产生了有限维线性空间中基的概念. 在给定基的条件下，线性空间中的元素与列向量之间可以建立一一对应关系，从而线性空间中的线性运算可以转化为向量的线性运算. 因此，线性空间中的元素可称为“向量”，线性空间也称为“向量空间”. 由此可见，线性空间是对向量空间的推广.

线性空间的基不是唯一的，指定元素在不同基下的坐标向量一般也是不同的. 借助于过渡矩阵，可以建立基变换与坐标变换的矩阵乘法公式.

运用子空间的加法运算，可将一个高维线性空间分解为多个低维子空间的和（或者直和），其应用背景是将一个大型问题分解为多个小型问题，特别是分解为多个独立的小型问题.

不同线性空间中的线性变换是有区别的，同一线性空间中的线性变换也会有很大的差异，能否采用统一的方式描述不同线性空间中各种各样的线性变换呢？在给定有限维线性空间的基的条件下，线性空间中的线性变换与方阵之间可以建立一一对应关系，从而线性空间中的线性变换及其运算问题可以转化为矩阵及其运算问题.

用矩阵描述线性变换时，自然希望该矩阵简单一些，这就导致以下问题：能否构造线性空间的一个基，使得线性变换在该基下的矩阵为某类特殊矩阵. 由于线性变换在不同基下的矩阵是相似关系，且相似变换矩阵为这两个基之间的过渡矩阵，

所以上述问题可转化为：线性变换的矩阵能否相似于某类特殊矩阵.

线性空间的基不是唯一的，指定线性变换在不同基下的矩阵是相似关系. 借助于矩阵的相似对角化理论，在 n 维线性空间中，线性变换能够在某个基下的矩阵为对角矩阵的充分必要条件是该线性变换有 n 个线性无关的特征向量，且对角矩阵主对角线上的元素为该线性变换的 n 个特征值；当线性变换没有 n 个线性无关的特征向量时，可以构造线性空间的一个基，使得线性变换在该基下的矩阵为准对角矩阵.

线性空间中的线性变换可以看做这个线性变换的不变子空间中的线性变换.

在 n 维线性空间中，当线性变换没有 n 个线性无关的特征向量时，可以构造线性空间的一个基，使得线性变换在该基下的矩阵为准对角矩阵，比如 Jordan 标准形矩阵. 线性变换在某个基下的矩阵为准对角矩阵的问题等价于将线性空间分解为若干个不变子空间的直和问题，当这些不变子空间的维数都是 1 时，线性变换能够在某个基下的矩阵为对角矩阵；否则，线性变换在某个基下的矩阵只能为准对角矩阵.

在不同的欧氏（酉）空间中，内积的定义方式一般是不同的. 借助于基的度量矩阵，可将不同的欧氏（酉）空间中的内积运算用统一的矩阵乘法形式来表示. 不同基的度量矩阵是合同关系，采用矩阵乘法形式计算两个元素的内积时，选取那一个基是没有关系的.

构造标准正交基有两种方法，其一是对一般基进行正交化、单位化；其二是将一般基的度量矩阵合同变换为单位矩阵. 借助于标准正交基，可以将元素的内积运算转化为元素的坐标向量的内积运算，也可以将判断线性变换是否为正交变换和对称变换的问题转化为判断矩阵是否为正交矩阵和对称矩阵的问题.

在欧氏空间中，对称变换一定能够在某个基下的矩阵为对角矩阵，而且还可以要求这个基是标准正交基；正交变换的矩阵的特征值都是实数时，该正交变换也是对称变换，当然能够在某个基下的矩阵为对角矩阵；正交变换的矩阵的特征值不全为实数时，该正交变换不能在某个基下的矩阵为对角矩阵. 在酉空间中，Hermite 变换和酉变换都能够在某个基下的矩阵为对角矩阵，也可以要求这个基是标准正交基.

第 2 章　范数理论及其应用

在计算数学中，特别是在数值代数中，研究数值方法的收敛性、稳定性及误差分析等问题时，范数理论显得十分重要．本章主要讨论 n 维向量空间 $\mathbf{C}^n$ 中的向量范数与矩阵空间 $\mathbf{C}^{m\times n}$ 中的矩阵范数的理论及其性质．

2.1　向量范数及其性质

把一个向量(或线性空间的元素）与一个非负实数相联系，在许多场合下，这个实数可以作为向量大小的一种度量. 向量范数就是这样的实数，它们在研究数值方法的收敛性和误差分析等方面有着重要的应用.

2.1.1　向量范数的概念及 l_p 范数

设给定了 n 维向量空间 $\mathbf{R}^n$ 中的向量序列 $\{\boldsymbol{x}^{(k)}\}$，其中 $\boldsymbol{x}^{(k)}=(\xi_1^{(k)}, \xi_2^{(k)}, \cdots, \xi_n^{(k)})$ $(k=1, 2, 3, \cdots)$. 如果每一个分量 $\xi_i^{(k)}$，当$k\to\infty$ 时都有极限 ξ_i，即

$$\lim_{k\to\infty}\xi_i^{(k)}=\xi_i\quad(i=1, 2, \cdots, n)$$

记 $\boldsymbol{x}=(\xi_1, \xi_2, \cdots, \xi_n)$，则称向量序列 $\{\boldsymbol{x}^{(k)}\}$ 有极限 $\boldsymbol{x}$，或称 $\boldsymbol{x}^{(k)}$ 收敛于 $\boldsymbol{x}$，简称 $\{\boldsymbol{x}^{(k)}\}$ **收敛**，记为

$$\lim_{k\to\infty}\boldsymbol{x}^{(k)}=\boldsymbol{x}\quad\text{或}\quad\boldsymbol{x}^{(k)}\to\boldsymbol{x}$$

不收敛的向量序列称为是**发散**的．例如向量序列

$$\boldsymbol{x}^{(k)}=\begin{bmatrix}\dfrac{1}{2^k}\\[2ex]\dfrac{\sin k}{k}\end{bmatrix}\qquad(k=1, 2, 3, \cdots)$$

是收敛的．因为当 $k\to\infty$ 时，$\dfrac{1}{2^k}\to 0$, $\dfrac{\sin k}{k}\to 0$，所以

$$\lim_{k\to\infty}\boldsymbol{x}^{(k)}=\begin{bmatrix}\lim\limits_{k\to\infty}\dfrac{1}{2^k}\\[2ex]\lim\limits_{k\to\infty}\dfrac{\sin k}{k}\end{bmatrix}=\begin{bmatrix}0\\0\end{bmatrix}$$

而向量序列

$$\boldsymbol{x}^{(k)}=\begin{bmatrix}\sum\limits_{i=1}^{k}\dfrac{1}{2^i}\\[2ex]\sum\limits_{i=1}^{k}\dfrac{1}{i}\end{bmatrix}\qquad(k=1, 2, 3, \cdots)$$

是发散的．因为$\sum_{i=1}^{k}\frac{1}{2^i}=\frac{1}{2}\frac{1-(1/2)^{k+1}}{1-1/2}\to 1$，而$\sum_{i=1}^{k}\frac{1}{i}\to\infty$.

显然，如果向量序列$\{\boldsymbol{x}^{(k)}\}$收敛到向量$\boldsymbol{x}$，则向量序列

$$\{\boldsymbol{x}^{(k)}-\boldsymbol{x}\}=\{(\xi_1^{(k)}-\xi_1,\ \xi_2^{(k)}-\xi_2,\ \cdots,\ \xi_n^{(k)}-\xi_n)\}$$

一定收敛到零向量(0, 0, …,0)；反之亦然．

当$\lim\limits_{k\to\infty}\boldsymbol{x}^{(k)}=\boldsymbol{x}$时，向量$\boldsymbol{x}^{(k)}-\boldsymbol{x}$的欧氏长度

$$|\boldsymbol{x}^{(k)}-\boldsymbol{x}|=\sqrt{(\xi_1^{(k)}-\xi_1)^2+(\xi_2^{(k)}-\xi_2)^2+\cdots+(\xi_n^{(k)}-\xi_n)^2}$$

收敛于零；反之，若有一向量序列的欧氏长度收敛于零，则它的每一个分量一定收敛于零，从而该向量序列收敛于零向量．

由上述可见，向量的长度可用来刻画收敛的性质．但是对于一般的线性空间，如何定义向量的长度呢？ 这就是所谓范数的概念．范数是比长度更为广泛的概念，现定义如下．

定义 2.1 如果V是数域K上的线性空间，对任意的$\boldsymbol{x}\in V$，定义一个实值函数$\|\boldsymbol{x}\|$，它满足以下三个条件：

(1) 非负性：当$\boldsymbol{x}\neq\boldsymbol{0}$时，$\|\boldsymbol{x}\|>0$；当$\boldsymbol{x}=\boldsymbol{0}$时，$\|\boldsymbol{x}\|=0$；

(2) 齐次性：$\|a\boldsymbol{x}\|=|a|\ \|\boldsymbol{x}\|$ $(a\in K,\ \boldsymbol{x}\in V)$；

(3) 三角不等式：$\|\boldsymbol{x}+\boldsymbol{y}\|\leqslant\|\boldsymbol{x}\|+\|\boldsymbol{y}\|$ $(\boldsymbol{x},\ \boldsymbol{y}\in V)$.

则称$\|\boldsymbol{x}\|$为V上向量$\boldsymbol{x}$的范数，简称**向量范数**．

例 2.1 在n维酉空间$\mathbf{C}^n$上，复向量$\boldsymbol{x}=(\xi_1,\ \xi_2,\ \cdots,\ \xi_n)$的长度

$$\|\boldsymbol{x}\|=\sqrt{|\xi_1|^2+|\xi_2|^2+\cdots+|\xi_n|^2} \tag{2.1.1}$$

就是一种范数．

为了说明这里的$\|\boldsymbol{x}\|$是范数，只需验证它满足范数的三个条件就行了．

(1) 根据式(2.1.1)，当$\boldsymbol{x}\neq\boldsymbol{0}$时，显然$\|\boldsymbol{x}\|>0$；当$\boldsymbol{x}=\boldsymbol{0}$时，有$\|\boldsymbol{x}\|=\sqrt{0^2+\cdots+0^2}=0$.

(2) 对任意的复数a，因为

$$a\boldsymbol{x}=(a\xi_1,\ a\xi_2,\ \cdots,\ a\xi_n)$$

所以

$$\|a\boldsymbol{x}\|=\sqrt{|a\xi_1|^2+|a\xi_2|^2+\cdots+|a\xi_n|^2}=|a|\sqrt{|\xi_1|^2+|\xi_2|^2+\cdots+|\xi_n|^2}=|a|\ \|\boldsymbol{x}\|$$

(3) 对于任意两个复向量$\boldsymbol{x}=(\xi_1,\ \xi_2,\ \cdots,\ \xi_n)$，$\boldsymbol{y}=(\eta_1,\ \eta_2,\ \cdots,\ \eta_n)$，有

$$\boldsymbol{x}+\boldsymbol{y}=(\xi_1+\eta_1,\ \xi_2+\eta_2,\ \cdots,\ \xi_n+\eta_n)$$

可得

$$\|\boldsymbol{x}+\boldsymbol{y}\|=\sqrt{|\xi_1+\eta_1|^2+|\xi_2+\eta_2|^2+\cdots+|\xi_n+\eta_n|^2}$$

$$\|\boldsymbol{x}\|=\sqrt{|\xi_1|^2+|\xi_2|^2+\cdots\ |\xi_n|^2}$$

$$\| \boldsymbol{y} \| = \sqrt{|\eta_1|^2 + |\eta_2|^2 + \cdots + |\eta_n|^2}$$

借助于 $\mathbf{C}^n$ 中内积式(1.3.24)及其性质,可得

$$\| \boldsymbol{x}+\boldsymbol{y} \|^2 = (\boldsymbol{x}+\boldsymbol{y}, \boldsymbol{x}+\boldsymbol{y}) = (\boldsymbol{x}, \boldsymbol{x}) + 2\mathrm{Re}(\boldsymbol{x}, \boldsymbol{y}) + (\boldsymbol{y}, \boldsymbol{y})$$

因为

$$\mathrm{Re}(\boldsymbol{x}, \boldsymbol{y}) \leqslant |(\boldsymbol{x}, \boldsymbol{y})| \leqslant \sqrt{(\boldsymbol{x}, \boldsymbol{x})(\boldsymbol{y}, \boldsymbol{y})} = \| \boldsymbol{x} \| \, \| \boldsymbol{y} \|$$

所以

$$\| \boldsymbol{x}+\boldsymbol{y} \|^2 \leqslant \| \boldsymbol{x} \|^2 + 2\| \boldsymbol{x} \| \, \| \boldsymbol{y} \| + \| \boldsymbol{y} \|^2 = (\| \boldsymbol{x} \| + \| \boldsymbol{y} \|)^2$$

即 $\| \boldsymbol{x}+\boldsymbol{y} \| \leqslant \| \boldsymbol{x} \| + \| \boldsymbol{y} \|$.

因此,式(2.1.1)是 $\mathbf{C}^n$ 上的一种范数. 通常称这种范数为向量的 2-范数,记作 $\| \boldsymbol{x} \|_2$. 式(2.1.1)也是欧氏空间 $\mathbf{R}^n$ 上的一种范数,这只要把复数域 $\mathbf{C}$ 改为实数域 $\mathbf{R}$ 即可.

可以证明范数 $\| \boldsymbol{x} \|_2$ 还满足不等式

$$\big| \| \boldsymbol{x} \| - \| \boldsymbol{y} \| \big| \leqslant \| \boldsymbol{x} - \boldsymbol{y} \| \tag{2.1.2}$$

这里 $\boldsymbol{x}$, $\boldsymbol{y}$ 是 $\mathbf{C}^n$ 的任意向量.

事实上,因为有

$$\| \boldsymbol{x} \| = \| \boldsymbol{x} - \boldsymbol{y} + \boldsymbol{y} \| \leqslant \| \boldsymbol{x} - \boldsymbol{y} \| + \| \boldsymbol{y} \|$$

所以 $\| \boldsymbol{x} \| - \| \boldsymbol{y} \| \leqslant \| \boldsymbol{x} - \boldsymbol{y} \|$. 同理可得

$$\| \boldsymbol{y} \| - \| \boldsymbol{x} \| \leqslant \| \boldsymbol{y} - \boldsymbol{x} \| = \| \boldsymbol{x} - \boldsymbol{y} \|$$

联合上面两个不等式,便得不等式(2.1.2).

如果用 $-\boldsymbol{y}$ 来替代不等式(2.1.2)中的 $\boldsymbol{y}$,就得

$$\big| \| \boldsymbol{x} \| - \| \boldsymbol{y} \| \big| \leqslant \| \boldsymbol{x} + \boldsymbol{y} \| \tag{2.1.3}$$

不等式(2.1.2)和(2.1.3)在 $\mathbf{R}^2$ 中有明确的几何意义,即它们表示任一三角形两边长度之差不大于第三边的长度(见图 2.1).

向量 $\boldsymbol{x}$ 和 $\boldsymbol{y}$ 的差 $\boldsymbol{x}-\boldsymbol{y}$,其范数就是 $\boldsymbol{x}$ 和 $\boldsymbol{y}$ 的两个终点的距离. 而 $\| \boldsymbol{x} \|$ 和 $\| \boldsymbol{y} \|$ 本身也表示 $\boldsymbol{x}$ 和 $\boldsymbol{y}$ 的终点到它们的始点(原点)的距离,因而也可以用距离来解释范数.

由不等式(2.1.2),可以证明向量范数是其分量的连续函数.

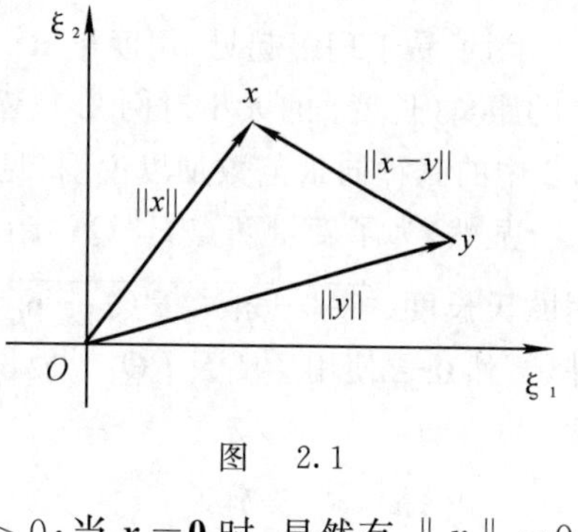

图　2.1

例 2.2　证明 $\| \boldsymbol{x} \| = \max\limits_i |\xi_i|$ 是 $\mathbf{C}^n$ 上的一种范数,这里 $\boldsymbol{x} = (\xi_1, \xi_2, \cdots, \xi_n) \in \mathbf{C}^n$.

证　当 $\boldsymbol{x} \neq \mathbf{0}$ 时,有 $\| \boldsymbol{x} \| = \max\limits_i |\xi_i| > 0$;当 $\boldsymbol{x} = \mathbf{0}$ 时,显然有 $\| \boldsymbol{x} \| = 0$.

又对任意的 $a \in \mathbf{C}$,有

$$\| a\boldsymbol{x} \| = \max_i |a\xi_i| = |a| \max_i |\xi_i| = |a| \, \| \boldsymbol{x} \|$$

对 $\mathbf{C}^n$ 的任意两个向量 $\boldsymbol{x} = (\xi_1, \xi_2, \cdots, \xi_n)$, $\boldsymbol{y} = (\eta_1, \eta_2, \cdots, \eta_n)$,有

$$\|x+y\|=\max_i|\xi_i+\eta_i|\leqslant \max_i|\xi_i|+\max_i|\eta_i|=\|x\|+\|y\|$$

因此，$\|x\|=\max_i|\xi_i|$ 是 $\mathbf{C}^n$ 上的一种范数．

称例 2.2 中的范数为向量的 ∞ -范数，记为 $\|x\|_\infty$，即

$$\|x\|_\infty=\max_i|\xi_i| \tag{2.1.4}$$

例 2.3　证明 $\|x\|=\sum_{i=1}^{n}|\xi_i|$ 也是 $\mathbf{C}^n$ 上的一种范数，其中 $x=(\xi_1,\xi_2,\cdots,\xi_n)\in\mathbf{C}^n$.

证　当 $x\neq\mathbf{0}$ 时，显然 $\|x\|=\sum_{i=1}^{n}|\xi_i|>0$；当 $x=\mathbf{0}$ 时，由于 x 的每一分量都是零，故 $\|x\|=0$.

又对于任意 $a\in\mathbf{C}$，有

$$\|ax\|=\sum_{i=1}^{n}|a\xi_i|=|a|\sum_{i=1}^{n}|\xi_i|=|a|\ \|x\|$$

对任意两个向量 $x,y\in\mathbf{C}^n$，有

$$\|x+y\|=\sum_{i=1}^{n}|\xi_i+\eta_i|\leqslant\sum_{i=1}^{n}(|\xi_i|+|\eta_i|)=\sum_{i=1}^{n}|\xi_i|+\sum_{i=1}^{n}|\eta_i|=\|x\|+\|y\|$$

于是由定义 2.1 知 $\|x\|=\sum_{i=1}^{n}|\xi_i|$ 是 $\mathbf{C}^n$ 上的一种范数．

称例 2.3 中的范数为向量的 1 -范数，记为 $\|x\|_1$，即

$$\|x\|_1=\sum_{i=1}^{n}|\xi_i| \tag{2.1.5}$$

为了易于理解起见，用度量 $\mathbf{R}^2$ 中两点 P，Q 的距离（长度）的大小对例 2.1、例 2.2 和例 2.3 中的三种向量范数加以说明（见图 2.2）.

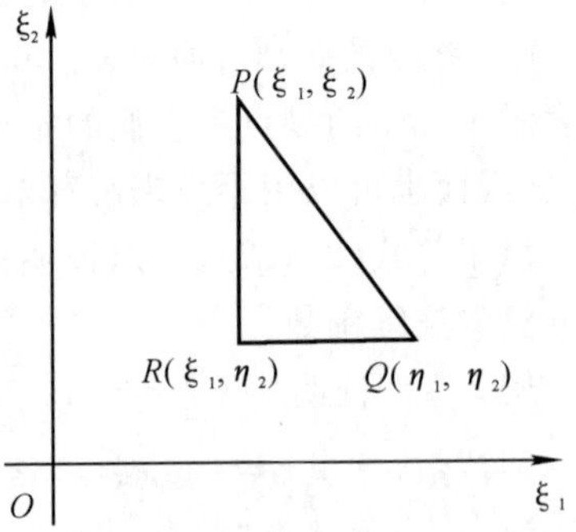

图　2.2

显然，为了度量两点 P，Q 的距离，除了使用欧氏长度 $\sqrt{(\xi_1-\eta_1)^2+(\xi_2-\eta_2)^2}$ 来度量外，当然还可使用 PR 及 RQ 中最长一边的长度

$$\max\{|\xi_1-\eta_1|,|\xi_2-\eta_2|\}$$

来度量它，或者以 PR 和 RQ 两边长度之和

$$|\xi_1-\eta_1|+|\xi_2-\eta_2|$$

来度量．这三种长度相当于平面情形的向量范数 $\|x\|_2$，$\|x\|_\infty$ 和 $\|x\|_1$.

由例 2.1 ～ 例 2.3 可知，在一个线性空间中，可以定义多种向量范数，实际上

可以定义无限多种范数．例如，对于不小于 1 的任意实数 p 及 $\boldsymbol{x}=(\xi_1, \xi_2, \cdots, \xi_n)\in \mathbf{C}^n$，可以证明实值函数

$$\left(\sum_{i=1}^{n} |\xi_i|^p\right)^{1/p} \quad (1\leqslant p<+\infty)$$

满足定义 2.1 的三个条件．事实上，该函数显然具有非负性与齐次性．为了证明它还满足三角不等式，只要证明不等式

$$\left(\sum_{i=1}^{n} |\xi_i+\eta_i|^p\right)^{1/p} \leqslant \left(\sum_{i=1}^{n} |\xi_i|^p\right)^{1/p} + \left(\sum_{i=1}^{n} |\eta_i|^p\right)^{1/p}$$

成立即可，其中 $\boldsymbol{y}=(\eta_1, \eta_2, \cdots, \eta_n)\in \mathbf{C}^n$.

当 $\boldsymbol{x}+\boldsymbol{y}=\mathbf{0}$ 时，上述不等式成立；当 $\boldsymbol{x}+\boldsymbol{y}\neq\mathbf{0}$ 时，因为

$$\sum_{i=1}^{n} |\xi_i+\eta_i|^p \leqslant \sum_{i=1}^{n} |\xi_i+\eta_i|^{p-1}|\xi_i| + \sum_{i=1}^{n} |\xi_i+\eta_i|^{p-1}|\eta_i|$$

再对它使用下面的 Hölder **不等式**

$$\sum_{i=1}^{n} |a_i b_i| \leqslant \left(\sum_{i=1}^{n} |a_i|^p\right)^{1/p} \left(\sum_{i=1}^{n} |b_i|^q\right)^{1/q} \tag{2.1.6}$$

其中$\dfrac{1}{p}+\dfrac{1}{q}=1$, $p>1$, $q>1$. 于是便有

$$\begin{aligned}\sum_{i=1}^{n} |\xi_i+\eta_i|^p &\leqslant \left(\sum_{i=1}^{n} |\xi_i|^p\right)^{1/p} \left(\sum_{i=1}^{n} |\xi_i+\eta_i|^{(p-1)\frac{p}{p-1}}\right)^{1-\frac{1}{p}} + \\ &\quad \left(\sum_{i=1}^{n} |\eta_i|^p\right)^{1/p} \left(\sum_{i=1}^{n} |\xi_i+\eta_i|^{(p-1)\frac{p}{p-1}}\right)^{1-\frac{1}{p}} = \\ &\quad \left[\left(\sum_{i=1}^{n} |\xi_i|^p\right)^{1/p} + \left(\sum_{i=1}^{n} |\eta_i|^p\right)^{1/p}\right] \times \left(\sum_{i=1}^{n} |\xi_i+\eta_i|^p\right)^{1-\frac{1}{p}}\end{aligned}$$

两端同除以$\left(\sum_{i=1}^{n} |\xi_i+\eta_i|\right)^{1-\frac{1}{p}}$，便得所要的不等式．

称$\left(\sum_{i=1}^{n} |\xi_i|^p\right)^{1/p}$ 为向量 $\boldsymbol{x}$ 的 **$\boldsymbol{p}$ -范数或 $\boldsymbol{l_p}$ 范数**，记为 $\|\boldsymbol{x}\|_p$，即

$$\|\boldsymbol{x}\|_p = \left(\sum_{i=1}^{n} |\xi_i|^p\right)^{1/p} \tag{2.1.7}$$

在式(2.1.7) 中，令 $p=1$，便得 $\|\boldsymbol{x}\|_1$；令 $p=2$，便得 $\|\boldsymbol{x}\|_2$；并且还有

$$\|\boldsymbol{x}\|_\infty = \lim_{p\to\infty} \|\boldsymbol{x}\|_p$$

事实上，如果 $|\xi_1|, |\xi_2|, \cdots, |\xi_n|$ 中最大的一个是 $|\xi_{i_0}|\neq 0$，那么有

$$\|\boldsymbol{x}\|_\infty = \max_i |\xi_i| = |\xi_{i_0}|$$

于是

$$\|\boldsymbol{x}\|_p = \left(\sum_{i=1}^{n} |\xi_{i_0}|^p \frac{|\xi_i|^p}{|\xi_{i_0}|^p}\right)^{1/p} = |\xi_{i_0}| \left(\sum_{i=1}^{n} \frac{|\xi_i|^p}{|\xi_{i_0}|^p}\right)^{1/p}$$

因为

$$|\xi_{i_0}|^p \leqslant \sum_{i=1}^{n} |\xi_i|^p \leqslant n|\xi_{i_0}|^p$$

所以有

$$1 \leqslant \left(\sum_{i=1}^{n} \frac{|\xi_i|^p}{|\xi_{i_0}|^p}\right)^{1/p} \leqslant n^{1/p}$$

再由$\lim\limits_{p\to\infty} n^{1/p}=1$,可得

$$\lim_{p\to\infty}\|\boldsymbol{x}\|_p = |\xi_{i_0}| = \|\boldsymbol{x}\|_\infty$$

例 2.4 设$\boldsymbol{A}$是任意一个n阶实对称正定矩阵,列向量$\boldsymbol{x}\in\mathbf{R}^n$,则函数

$$\|\boldsymbol{x}\|_{\boldsymbol{A}} = (\boldsymbol{x}^{\mathrm{T}}\boldsymbol{A}\boldsymbol{x})^{1/2} \tag{2.1.8}$$

是一种向量范数,称为**加权范数或椭圆范数**[①].

证 因为$\boldsymbol{A}$对称正定,所以当$\boldsymbol{x}=\boldsymbol{0}$时,$\|\boldsymbol{x}\|_{\boldsymbol{A}}=0$;当$\boldsymbol{x}\neq\boldsymbol{0}$时,$\|\boldsymbol{x}\|_{\boldsymbol{A}}>0$,即$\|\boldsymbol{x}\|_{\boldsymbol{A}}$具有非负性. 又因为对任意数$a\in\mathbf{R}$,有

$$\|a\boldsymbol{x}\|_{\boldsymbol{A}} = \sqrt{(a\boldsymbol{x})^{\mathrm{T}}\boldsymbol{A}a\boldsymbol{x}} = |a|\sqrt{\boldsymbol{x}^{\mathrm{T}}\boldsymbol{A}\boldsymbol{x}} = |a|\ \|\boldsymbol{x}\|_{\boldsymbol{A}}$$

所以$\|\boldsymbol{x}\|_{\boldsymbol{A}}$具有齐次性.

关于它的三角不等式可推证于下.

由于$\boldsymbol{A}$对称正定,所以存在可逆矩阵$\boldsymbol{P}$,使$\boldsymbol{P}^{\mathrm{T}}\boldsymbol{A}\boldsymbol{P}=\boldsymbol{I}$. 从而

$$\boldsymbol{A} = (\boldsymbol{P}^{\mathrm{T}})^{-1}\boldsymbol{P}^{-1} = (\boldsymbol{P}^{-1})^{\mathrm{T}}\boldsymbol{P}^{-1} = \boldsymbol{B}^{\mathrm{T}}\boldsymbol{B}$$

这里$\boldsymbol{B}=\boldsymbol{P}^{-1}$可逆. 于是

$$\|\boldsymbol{x}\|_{\boldsymbol{A}} = \sqrt{\boldsymbol{x}^{\mathrm{T}}\boldsymbol{A}\boldsymbol{x}} = \sqrt{\boldsymbol{x}^{\mathrm{T}}\boldsymbol{B}^{\mathrm{T}}\boldsymbol{B}\boldsymbol{x}} = \sqrt{(\boldsymbol{B}\boldsymbol{x})^{\mathrm{T}}\boldsymbol{B}\boldsymbol{x}} = \|\boldsymbol{B}\boldsymbol{x}\|_2$$

从而

$$\begin{aligned}\|\boldsymbol{x}+\boldsymbol{y}\|_{\boldsymbol{A}} &= \|\boldsymbol{B}(\boldsymbol{x}+\boldsymbol{y})\|_2 = \|\boldsymbol{B}\boldsymbol{x}+\boldsymbol{B}\boldsymbol{y}\|_2 \leqslant \\ &\|\boldsymbol{B}\boldsymbol{x}\|_2 + \|\boldsymbol{B}\boldsymbol{y}\|_2 = \|\boldsymbol{x}\|_{\boldsymbol{A}} + \|\boldsymbol{y}\|_{\boldsymbol{A}}\end{aligned}$$

例 2.5 在区间$[a, b]$上定义的实连续函数的集合,关于通常函数的加法及实数与函数的乘法而言,构成$\mathbf{R}$上的一个线性空间(见例 1.12). 可以验证

$$\|f(t)\|_p = \left[\int_a^b |f(t)|^p \mathrm{d}t\right]^{1/p} \quad (1\leqslant p<\infty)$$

$$\|f(t)\|_\infty = \max_{t\in[a,\, b]} |f(t)|$$

都满足范数定义的三个条件. 因此,它们都分别是该线性空间上的范数.

例 2.6 给定线性空间V^n的基$\boldsymbol{x}_1, \boldsymbol{x}_2, \cdots, \boldsymbol{x}_n$,设$\boldsymbol{x}\in V^n$在该基下的坐标向量为$\boldsymbol{\alpha}=(\xi_1, \xi_2, \cdots, \xi_n)^{\mathrm{T}}$,那么

$$\|\boldsymbol{x}\|_p = \|\boldsymbol{\alpha}\|_p \quad (1\leqslant p<+\infty)$$

满足范数定义的三个条件. 因此,它是V^n上的范数,也称为$\boldsymbol{x}$的**p-范数**.

按照例 2.6 的方式,可以在线性空间V^n上定义多种不同的向量范数. 这样的

---

① 若$\boldsymbol{A}$为 Hermite 正定矩阵,$\boldsymbol{x}\in\mathbf{C}^n$,该例也成立(需要将$\boldsymbol{x}^{\mathrm{T}}$改为$\boldsymbol{x}^{\mathrm{H}}$).

向量范数不仅依赖于 $\mathbf{C}^n(\mathbf{R}^n)$ 上的向量范数，而且与 V^n 中基的选取密切相关．

2.1.2　线性空间 V^n 上的向量范数的等价性

前面已经指出，在数域 K 上的线性空间 V，特别是在 $\mathbf{C}^n$ 上可以定义各种各样的向量范数，其数值大小一般不同．但是，在各种向量范数之间存在下述重要关系．

定理 2.1　设 $\|\boldsymbol{x}\|_\alpha$ 和 $\|\boldsymbol{x}\|_\beta$ 为有限维线性空间 V 上的任意两种向量范数（它们不限于 p-范数），则存在两个与向量 $\boldsymbol{x}$ 无关的正常数 c_1 和 c_2，使满足

$$c_1\|\boldsymbol{x}\|_\beta \leqslant \|\boldsymbol{x}\|_\alpha \leqslant c_2\|\boldsymbol{x}\|_\beta \quad (\forall \boldsymbol{x} \in V) \tag{2.1.9}$$

证　如果范数 $\|\boldsymbol{x}\|_\alpha$ 和 $\|\boldsymbol{x}\|_\beta$ 都与一固定范数，譬如例 2.6 的范数 $\|\boldsymbol{x}\|_2$，满足式(2.1.9)的关系，则这两种范数之间也存在式(2.1.9)的关系．这是因为若存在正常数 c_1', c_2' 和 c_1'', c_2''，使

$$c_1'\|\boldsymbol{x}\|_2 \leqslant \|\boldsymbol{x}\|_\alpha \leqslant c_2'\|\boldsymbol{x}\|_2$$

$$c_1''\|\boldsymbol{x}\|_\beta \leqslant \|\boldsymbol{x}\|_2 \leqslant c_2''\|\boldsymbol{x}\|_\beta$$

成立，则有

$$c_1'c_1''\|\boldsymbol{x}\|_\beta \leqslant \|\boldsymbol{x}\|_\alpha \leqslant c_2'c_2''\|\boldsymbol{x}\|_\beta$$

令 $c_1 = c_1'c_1''$, $c_2 = c_2'c_2''$，便得不等式(2.1.9)．因此，只要对 $\|\boldsymbol{x}\|_\beta = \|\boldsymbol{x}\|_2$ 证明不等式(2.1.9)成立就行了．

设 V 是 n 维的，它的一个基是 $\boldsymbol{x}_1, \boldsymbol{x}_2, \cdots, \boldsymbol{x}_n$，于是 V 中的任意向量 $\boldsymbol{x}$ 可表示为

$$\boldsymbol{x} = \xi_1\boldsymbol{x}_1 + \xi_2\boldsymbol{x}_2 + \cdots + \xi_n\boldsymbol{x}_n$$

由例 2.6 知

$$\|\boldsymbol{x}\|_2^2 = |\xi_1|^2 + |\xi_2|^2 + \cdots + |\xi_n|^2$$

注意

$$\|\boldsymbol{x}\|_\alpha = \|\xi_1\boldsymbol{x}_1 + \xi_2\boldsymbol{x}_2 + \cdots + \xi_n\boldsymbol{x}_n\|_\alpha$$

它可视为 n 个变量 $\xi_1, \xi_2, \cdots, \xi_n$ 的函数，记为

$$\varphi(\xi_1, \xi_2, \cdots, \xi_n) = \|\boldsymbol{x}\|_\alpha$$

容易证明 $\varphi(\xi_1, \xi_2, \cdots, \xi_n)$ 是连续函数．事实上，若令

$$\boldsymbol{x}' = \xi_1'\boldsymbol{x}_1 + \xi_2'\boldsymbol{x}_2 + \cdots + \xi_n'\boldsymbol{x}_n \in V^n$$

则有

$$\|\boldsymbol{x}'\|_\alpha = \varphi(\xi_1', \xi_2', \cdots, \xi_n')$$

$$\begin{aligned}|\varphi(\xi_1', \xi_2', \cdots, \xi_n') - \varphi(\xi_1, \xi_2, \cdots, \xi_n)| &= |\,\|\boldsymbol{x}'\|_\alpha - \|\boldsymbol{x}\|_\alpha| \leqslant \\ \|\boldsymbol{x}' - \boldsymbol{x}\|_\alpha &= \|(\xi_1' - \xi_1)\boldsymbol{x}_1 + \cdots + (\xi_n' - \xi_n)\boldsymbol{x}_n\|_\alpha \leqslant \\ &|\xi_1' - \xi_1|\,\|\boldsymbol{x}_1\|_\alpha + \cdots + |\xi_n' - \xi_n|\,\|\boldsymbol{x}_n\|_\alpha\end{aligned}$$

由于 $\|\boldsymbol{x}_i\|_\alpha (i = 1, 2, \cdots, n)$ 是常数，因此当 ξ_i' 与 ξ_i 充分接近时，$\varphi(\xi_1', \xi_2', \cdots, \xi_n')$ 就与 $\varphi(\xi_1, \xi_2, \cdots, \xi_n)$ 充分接近．这就说明了 $\varphi(\xi_1, \xi_2, \cdots, \xi_n)$ 是连续函数．

根据连续函数的性质可知,在有界闭集

$$S=\{(\xi_1,\xi_2,\cdots,\xi_n)\mid |\xi_1|^2+|\xi_2|^2+\cdots+|\xi_n|^2=1\}$$

上,函数 $\varphi(\xi_1,\xi_2,\cdots,\xi_n)$ 可达到最大值 c_2 及最小值 c_1. 因为在 S 中,ξ_i 不能全为零,所以 $c_1>0$. 当 $\boldsymbol{x}\neq\boldsymbol{0}$ 时,记向量

$$\boldsymbol{y}=\frac{\xi_1}{\|\boldsymbol{x}\|_2}\boldsymbol{x}_1+\frac{\xi_2}{\|\boldsymbol{x}\|_2}\boldsymbol{x}_2+\cdots+\frac{\xi_n}{\|\boldsymbol{x}\|_2}\boldsymbol{x}_n$$

则其坐标分量满足

$$\left|\frac{\xi_1}{\|\boldsymbol{x}\|_2}\right|^2+\left|\frac{\xi_2}{\|\boldsymbol{x}\|_2}\right|^2+\cdots+\left|\frac{\xi_n}{\|\boldsymbol{x}\|_2}\right|^2=1$$

因此$\left(\frac{\xi_1}{\|\boldsymbol{x}\|_2},\frac{\xi_2}{\|\boldsymbol{x}\|_2},\cdots,\frac{\xi_n}{\|\boldsymbol{x}\|_2}\right)\in S$. 从而有

$$0<c_1\leqslant\|\boldsymbol{y}\|_\alpha=\varphi\left(\frac{\xi_1}{\|\boldsymbol{x}\|_2},\frac{\xi_2}{\|\boldsymbol{x}\|_2},\cdots,\frac{\xi_n}{\|\boldsymbol{x}\|_2}\right)\leqslant c_2$$

但 $\boldsymbol{y}=\frac{\boldsymbol{x}}{\|\boldsymbol{x}\|_2}$,故 $c_1\leqslant\frac{\|\boldsymbol{x}\|_\alpha}{\|\boldsymbol{x}\|_2}\leqslant c_2$,即

$$c_1\|\boldsymbol{x}\|_2\leqslant\|\boldsymbol{x}\|_\alpha\leqslant c_2\|\boldsymbol{x}\|_2$$

当 $\boldsymbol{x}=\boldsymbol{0}$ 时,上式亦成立. 证毕

对于 $\mathbf{C}^n$ 上向量 $\boldsymbol{x}$ 的 p- 范数,容易验证不等式

$$1\|\boldsymbol{x}\|_\infty\leqslant\|\boldsymbol{x}\|_1\leqslant n\|\boldsymbol{x}\|_\infty,\quad 1\|\boldsymbol{x}\|_\infty\leqslant\|\boldsymbol{x}\|_2\leqslant\sqrt{n}\|\boldsymbol{x}\|_\infty$$

成立. 以上两式表明,对某一向量 $\boldsymbol{x}$ 而言,如果它的某一种范数小(或大),那么它的另两种范数也小(或大).

定义 2.2 满足不等式(2.1.9)的两种范数称为是**等价**的.

于是定理 2.1 可述为:有限维线性空间上的不同范数是等价的.

利用向量范数的等价性,容易证明下面的定理.

定理 2.2 $\mathbf{C}^n$ 中的向量序列

$$\boldsymbol{x}^{(k)}=(\xi_1^{(k)},\xi_2^{(k)},\cdots,\xi_n^{(k)})\quad(k=1,2,3,\cdots)$$

收敛到向量 $\boldsymbol{x}=(\xi_1,\xi_2,\cdots,\xi_n)$ 的充要条件是对任何一种向量范数 $\|\cdot\|$,数列 $\{\|\boldsymbol{x}^{(k)}-\boldsymbol{x}\|\}$ 收敛于零.

证 利用向量范数的等价性,只要对于一种向量范数进行了证明,则对任何一种向量范数也都成立. 因此取 $\|\cdot\|=\|\cdot\|_\infty$.

充分性. 设 $\|\boldsymbol{x}^{(k)}-\boldsymbol{x}\|_\infty\to 0$,即 $\max\limits_i|\xi_i^{(k)}-\xi_i|\to 0$. 因为

$$|\xi_j^{(k)}-\xi_j|\leq\max_i|\xi_i^{(k)}-\xi_i|=\|x^{(k)}-x\|_\infty\quad(j=1,2,\cdots,n)$$

所以

$$|\xi_j^{(k)}-\xi_j|\to 0\quad(j=1,2,\cdots,n)$$

即$x^{(k)}\to\boldsymbol{x}$.

必要性. 设$\boldsymbol{x}^{(k)}\to\boldsymbol{x}$,则$\boldsymbol{x}^{(k)}-\boldsymbol{x}\to\boldsymbol{0}$,即向量

$$(\xi_1^{(k)}-\xi_1,\xi_2^{(k)}-\xi_2,\cdots,\xi_n^{(k)}-\xi_n)$$

的每一个分量收敛于零,亦即

$$|\xi_j^{(k)}-\xi_j|\to 0 \quad (j=1,2,\cdots,n)$$

由此可得

$$\| \boldsymbol{x}^{(k)}-\boldsymbol{x} \|_\infty=\max_i |\xi_i^{(k)}-\xi_i|\to 0$$

也就是数列$\{\| \boldsymbol{x}^{(k)}-\boldsymbol{x} \|\}$收敛于零.　证毕

定理 2.2 表明,尽管不同的向量范数可能具有不同的大小,然而在各种向量范数下考虑向量序列的收敛性问题时,却表现出明显的一致性.这就是说,如果向量序列$\{\boldsymbol{x}^{(k)}\}$对某一种向量范数$\|\cdot\|$收敛,且极限为$\boldsymbol{x}$,则对其他向量范数这个序列仍然收敛,并且具有相同的极限$\boldsymbol{x}$.

习　题　2.1

1. 求向量$\boldsymbol{e}=(1,1,\cdots,1)$的$l_1$, l_2及l_∞范数.

2. 在$\mathbf{R}^2$中,将向量$\boldsymbol{x}=(\xi_1,\xi_2)$看作平面上直角坐标系中的点$(\xi_1,\xi_2)$,分别画出下列不等式决定的$\boldsymbol{x}$全体所对应的几何图形.

$$\|\boldsymbol{x}\|_1\leqslant 1,\quad \|\boldsymbol{x}\|_2\leqslant 1,\quad \|\boldsymbol{x}\|_\infty\leqslant 1$$

3. 证明例 2.5 所给各题.

4. 设$\|\boldsymbol{x}\|_\alpha$与$\|\boldsymbol{x}\|_\beta$是$\mathbf{C}^n$上的两种向量范数,$k_1$, k_2是正常数,证明下列函数是$\mathbf{C}^n$上的向量范数:

(1) $\max(\|\boldsymbol{x}\|_\alpha, \|\boldsymbol{x}\|_\beta)$;(2) $k_1\|\boldsymbol{x}\|_\alpha+k_2\|\boldsymbol{x}\|_\beta$.

5. 设矩阵$\boldsymbol{S}\in\mathbf{C}^{m\times n}$列满秩,给定$\mathbf{C}^m$上的一种向量范数$\|\cdot\|$,证明

$$\|\boldsymbol{x}\|_S=\|\boldsymbol{Sx}\| \quad (\forall\, \boldsymbol{x}\in\mathbf{C}^n)$$

是$\mathbf{C}^n$上的向量范数.

2.2　矩 阵 范 数

矩阵空间$\mathbf{C}^{m\times n}$是一个mn维的线性空间,将$m\times n$矩阵$\boldsymbol{A}$看做线性空间$\mathbf{C}^{m\times n}$中的"向量",可以按照例 2.6 的方式定义$\boldsymbol{A}$的范数.但是,矩阵之间还有乘法运算,它应该在定义矩阵范数时予以体现.

2.2.1　矩阵范数的定义与性质

定义 2.3　设$\boldsymbol{A}\in\mathbf{C}^{m\times n}$,定义一个实值函数$\|\boldsymbol{A}\|$,它满足以下三个条件:

(1) 非负性:当$\boldsymbol{A}\neq\boldsymbol{O}$时,$\|\boldsymbol{A}\|>0$;当$\boldsymbol{A}=\boldsymbol{O}$时,$\|\boldsymbol{A}\|=0$;

(2) 齐次性:$\|\alpha\boldsymbol{A}\|=|\alpha|\,\|\boldsymbol{A}\|$ $(\alpha\in\mathbf{C})$;

(3) 三角不等式:$\|\boldsymbol{A}+\boldsymbol{B}\|\leqslant\|\boldsymbol{A}\|+\|\boldsymbol{B}\|$ $(\boldsymbol{B}\in\mathbf{C}^{m\times n})$.

则称$\|\boldsymbol{A}\|$为$\boldsymbol{A}$的**广义矩阵范数**.若对$\mathbf{C}^{m\times n}$, $\mathbf{C}^{n\times l}$及$\mathbf{C}^{m\times l}$上的同类广义矩阵范数

$\|\cdot\|$①,还满足下面一个条件:

(4) 相容性:

$$\|\boldsymbol{AB}\| \leqslant \|\boldsymbol{A}\|\ \|\boldsymbol{B}\| \quad (\boldsymbol{B} \in \mathbf{C}^{n\times l}) \tag{2.2.1}$$

则称 $\|\boldsymbol{A}\|$ 为 $\boldsymbol{A}$ 的**矩阵范数**.

同向量的情况一样,对于矩阵序列也有极限的概念:设有一个矩阵序列 $\{\boldsymbol{A}^{(k)}\}$,其中 $\boldsymbol{A}^{(k)} \in \mathbf{C}^{m\times n}(k=1, 2, \cdots)$. 用 $a_{ij}^{(k)}$ 记 $\boldsymbol{A}^{(k)}$ 的第 i 行第 j 列的元素,且 $a_{ij}^{(k)}$ 都有极限 a_{ij},则称 $\{\boldsymbol{A}^{(k)}\}$ 有极限 $\boldsymbol{A}=(a_{ij})$,或称 $\boldsymbol{A}^{(k)}$ 收敛于矩阵 $\boldsymbol{A}$,记为

$$\lim_{k\to\infty}\boldsymbol{A}^{(k)}=\boldsymbol{A} \quad 或 \quad \boldsymbol{A}^{(k)} \to \boldsymbol{A}$$

不收敛的矩阵序列称为发散的. 于是可以证明:$\boldsymbol{A}^{(k)} \to \boldsymbol{A}$ 的充要条件是

$$\|\boldsymbol{A}^{(k)} - \boldsymbol{A}\| \to 0$$

由定义 2.3 的条件(3),并仿式(2.1.3)的证明方法可得不等式

$$|\ \|\boldsymbol{A}\| - \|\boldsymbol{B}\|\ | \leqslant \|\boldsymbol{A}-\boldsymbol{B}\|$$

由此可以证明矩阵范数的连续性,即由 $\boldsymbol{A}^{(k)} \to \boldsymbol{A}$,可以推出 $\|\boldsymbol{A}^{(k)}\| \to \|\boldsymbol{A}\|$. 事实上,由上面的论述知,当 $\boldsymbol{A}^{(k)} \to \boldsymbol{A}$ 时,$\|\boldsymbol{A}^{(k)} - \boldsymbol{A}\| \to 0$,但是

$$|\ \|\boldsymbol{A}^{(k)}\| - \|\boldsymbol{A}\|\ | \leqslant \|\boldsymbol{A}^{(k)} - \boldsymbol{A}\|$$

于是当 $\|\boldsymbol{A}^{(k)} - \boldsymbol{A}\| \to 0$ 时,便有 $\|\boldsymbol{A}^{(k)}\| \to \|\boldsymbol{A}\|$.

例 2.7 设 $\boldsymbol{A}=(a_{ij})_{m\times n} \in \mathbf{C}^{m\times n}$,证明以下两个函数

$$\|\boldsymbol{A}\|_{m_1} = \sum_{i=1}^{m}\sum_{j=1}^{n} |a_{ij}|, \quad \|\boldsymbol{A}\|_{m_\infty} = n \cdot \max_{i,j} |a_{ij}|$$

都是 $\mathbf{C}^{m\times n}$ 上的矩阵范数.

证 对于函数 $\|\boldsymbol{A}\|_{m_1}$ 而言,它显然具有非负性与齐次性,下面验证三角不等式与相容性. 设 $\boldsymbol{B}=(b_{ij})_{m\times n}$,则有

$$\|\boldsymbol{A}+\boldsymbol{B}\|_{m_1} = \sum_{i=1}^{m}\sum_{j=1}^{n} |a_{ij}+b_{ij}| \leqslant \sum_{i=1}^{m}\sum_{j=1}^{n}(|a_{ij}|+|b_{ij}|) =$$
$$\sum_{i=1}^{m}\sum_{j=1}^{n} |a_{ij}| + \sum_{i=1}^{m}\sum_{j=1}^{n} |b_{ij}| = \|\boldsymbol{A}\|_{m_1} + \|\boldsymbol{B}\|_{m_1}$$

再设 $\boldsymbol{B}=(b_{ij})_{n\times l}$,则有

$$\|\boldsymbol{AB}\|_{m_1} = \sum_{i=1}^{m}\sum_{j=1}^{l} |a_{i1}a_{1j} + a_{i2}b_{2j} + \cdots + a_{in}b_{nj}| \leqslant$$
$$\sum_{i=1}^{m}\sum_{j=1}^{l}(|a_{i1}|\,|b_{1j}| + \cdots + |a_{in}|\,|b_{nj}|) \leqslant$$
$$\sum_{i=1}^{m}(|a_{i1}| + \cdots + |a_{in}|)\sum_{j=1}^{l}(|b_{1j}| + \cdots + |b_{nj}|) =$$

① 这里的"同类"是指,实数 $\|\boldsymbol{A}\|$ 与 $\boldsymbol{A} \in \mathbf{C}^{m\times n}$、实数 $\|\boldsymbol{B}\|$ 与 $\boldsymbol{B} \in \mathbf{C}^{n\times l}$、实数 $\|\boldsymbol{AB}\|$ 与$(\boldsymbol{AB}) \in \mathbf{C}^{m\times l}$ 的对应规则是相同的.

$$(\sum_{i=1}^{m}\sum_{j=1}^{n}|a_{ij}|)(\sum_{i=1}^{n}\sum_{j=1}^{l})|b_{ij}|)=\|A\|_{m_1}\|B\|_{m_1}$$

因此，$\|A\|_{m_1}$ 是 A 的矩阵范数．

同理可证，$\|A\|_{m_\infty}$ 也是 A 的矩阵范数(请读者自己验证).

如同向量范数的情况一样，矩阵范数也是多种多样的．但是，在数值方法中进行某种估计时，遇到的多数情况是：矩阵范数常与向量范数混合在一起使用，而矩阵经常是作为两个线性空间上的线性映射(变换)出现的．因此，考虑一些矩阵范数时，应该使它能与向量范数联系起来．这可由矩阵范数与向量范数相容的概念来实现．下面引入这个概念．

定义 2.4　对于 $\mathbf{C}^{m\times n}$ 上的矩阵范数 $\|\cdot\|_M$ 和 $\mathbf{C}^m$ 与 $\mathbf{C}^n$ 上的同类向量范数 $\|\cdot\|_V$，如果

$$\|Ax\|_V\leqslant\|A\|_M\|x\|_V\quad(\forall A\in\mathbf{C}^{m\times n},\ \forall x\in\mathbf{C}^n)$$

则称矩阵范数 $\|\cdot\|_M$ 与向量范数 $\|\cdot\|_V$ 是相容的．

例 2.8　设 $A=(a_{ij})_{m\times n}\in\mathbf{C}^{m\times n}$，证明函数

$$\|A\|_F=(\sum_{i=1}^{m}\sum_{j=1}^{n}|a_{ij}|^2)^{1/2}=(\mathrm{tr}(A^{\mathrm{H}}A))^{1/2}\qquad(2.2.2)$$

是 $\mathbf{C}^{m\times n}$ 上的矩阵范数，且与向量范数 $\|\cdot\|_2$ 相容．

证　显然，$\|A\|_F$ 具有非负性与齐次性．设 $B\in\mathbf{C}^{m\times n}$，且 A 的第 j 列分别为 $a_j,b_j(j=1,2,\cdots,n)$，则有

$$\begin{aligned}\|A+B\|_F^2=&\|a_1+b_1\|_2^2+\cdots+\|a_n+b_n\|_2^2\leqslant\\&(\|a_1\|_2+\|b_1\|_2)^2+\cdots+(\|a_n\|_2+\|b_n\|_2)^2=\\&(\|a_1\|_2^2+\cdots+\|a_n\|_2^2)+\\&2(\|a_1\|_2\|b_1\|_2+\cdots+\|a_n\|_2\|b_n\|_2)+\\&(\|b_1\|_2^2+\cdots+\|b_n\|_2^2)\end{aligned}$$

对上式第二项应用式(1.3.12)，可得

$$\|A+B\|_F^2\leqslant\|A\|_F^2+2\|A\|_F\|B\|_F+\|B\|_F^2=(\|A\|_F+\|B\|_F)^2$$

即三角不等式成立．

再设 $B=(b_{ij})_{n\times l}\in\mathbf{C}^{n\times l}$，则 $AB=(\sum_{k=1}^{n}a_{ik}b_{kj})_{m\times l}\in\mathbf{C}^{m\times l}$，于是有

$$\|AB\|_F^2=\sum_{i=1}^{m}\sum_{j=1}^{l}\Big|\sum_{k=1}^{n}a_{ik}b_{kj}\Big|^2\leqslant\sum_{i=1}^{m}\sum_{j=1}^{l}(\sum_{k=1}^{n}|a_{ik}||b_{kj}|)^2$$

对上式括号内的项应用式(1.3.12)，可得

$$\begin{aligned}\|AB\|_F^2\leqslant&\sum_{i=1}^{m}\sum_{j=1}^{l}\Big[(\sum_{k=1}^{n}|a_{ik}|^2)(\sum_{k=1}^{n}|b_{kj}|^2)\Big]=\\&(\sum_{i=1}^{m}\sum_{k=1}^{n}|a_{ik}|^2)(\sum_{j=1}^{l}\sum_{k=1}^{n}|b_{kj}|^2)=\|A\|_F^2\|B\|_F^2\end{aligned}\qquad(2.2.3)$$

即 $\|A\|_F$ 是 A 的矩阵范数．

在式(2.2.3)中取 $\boldsymbol{B}=\boldsymbol{x}\in\mathbf{C}^{n\times 1}$,则有

$$\|\boldsymbol{Ax}\|_2=\|\boldsymbol{AB}\|_F\leqslant\|\boldsymbol{A}\|_F\|\boldsymbol{B}\|_F=\|\boldsymbol{A}\|_F\|\boldsymbol{x}\|_2$$

即矩阵范数 $\|\cdot\|_F$ 与向量范数 $\|\cdot\|_2$ 相容.

范数(2.2.2)又称为**Frobenius范数**,或简称为**F-范数**. 为了与例2.7的两种范数一致起见,这一范数亦可用 $\|\boldsymbol{A}\|_{m_2}$ 表示.

$\|\boldsymbol{A}\|_F$ 有一特点,现以定理给出于下.

定理 2.3 设 $\boldsymbol{A}\in\mathbf{C}^{m\times n}$, 且 $\boldsymbol{P}\in\mathbf{C}^{m\times m}$ 与 $\boldsymbol{Q}\in\mathbf{C}^{n\times n}$ 都是酉矩阵,则

$$\|\boldsymbol{PA}\|_F=\|\boldsymbol{A}\|_F=\|\boldsymbol{AQ}\|_F$$

即给 $\boldsymbol{A}$ 左乘或右乘以酉矩阵后,其 $\|\cdot\|_F$ 值不变(在 $\boldsymbol{A}\in\mathbf{R}^{m\times n}$ 时,$\boldsymbol{P}$ 和 $\boldsymbol{Q}$ 都是正交矩阵).

证 若记 $\boldsymbol{A}$ 的第 j 列为 $\boldsymbol{a}_j(j=1,2,\cdots,n)$,则有

$$\|\boldsymbol{PA}\|_F^2=\|\boldsymbol{P}(\boldsymbol{a}_1,\boldsymbol{a}_2,\cdots,\boldsymbol{a}_n)\|_F^2=\|(\boldsymbol{Pa}_1,\boldsymbol{Pa}_2,\cdots,\boldsymbol{Pa}_n)\|_F^2=$$

$$\sum_{j=1}^{n}\|\boldsymbol{Pa}_j\|_2^2=\sum_{j=1}^{n}\|\boldsymbol{a}_j\|_2^2=\|\boldsymbol{A}\|_F^2$$

即 $\|\boldsymbol{PA}\|_F=\|\boldsymbol{A}\|_F$. 于是

$$\|\boldsymbol{AQ}\|_F=\|(\boldsymbol{AQ})^{\mathrm{H}}\|_F=\|\boldsymbol{Q}^{\mathrm{H}}\boldsymbol{A}^{\mathrm{H}}\|_F=\|\boldsymbol{A}^{\mathrm{H}}\|_F=\|\boldsymbol{A}\|_F$$ 证毕

推论 和 $\boldsymbol{A}$ 酉(或正交)相似的矩阵的 F-范数是相同的,即若 $\boldsymbol{B}=\boldsymbol{Q}^{\mathrm{H}}\boldsymbol{AQ}$,则 $\|\boldsymbol{B}\|_F=\|\boldsymbol{A}\|_F$,其中 $\boldsymbol{Q}$ 是酉矩阵.

例 2.9 设 $\|\cdot\|_M$ 是 $\mathbf{C}^{n\times n}$ 上的矩阵范数,任取 $\mathbf{C}^n$ 中的非零列向量 $\boldsymbol{y}$, 则函数

$$\|\boldsymbol{x}\|_V=\|\boldsymbol{xy}^{\mathrm{H}}\|_M\quad(\forall\boldsymbol{x}\in\mathbf{C}^n)\tag{2.2.4}$$

是 $\mathbf{C}^n$ 上的向量范数,且矩阵范数 $\|\cdot\|_M$ 与向量范数 $\|\cdot\|_V$ 相容.

证 非负性. 当 $\boldsymbol{x}\neq\boldsymbol{0}$ 时,$\boldsymbol{xy}^{\mathrm{H}}\neq\boldsymbol{O}$,从而 $\|\boldsymbol{x}\|_V>0$;当$\boldsymbol{x}=\boldsymbol{0}$ 时, $\boldsymbol{xy}^{\mathrm{H}}=\boldsymbol{O}$,从而 $\|\boldsymbol{x}\|_V=0$.

齐次性. 对任意 $k\in\mathbf{C}$,有

$$\|k\boldsymbol{x}\|_V=\|k\boldsymbol{xy}^{\mathrm{H}}\|_M=|k|\,\|\boldsymbol{xy}^{\mathrm{H}}\|_M=|k|\,\|\boldsymbol{x}\|_V$$

三角不等式. 对任意 $\boldsymbol{x}_1,\boldsymbol{x}_2\in\mathbf{C}^n$,有

$$\|\boldsymbol{x}_1+\boldsymbol{x}_2\|_V=\|(\boldsymbol{x}_1+\boldsymbol{x}_2)\boldsymbol{y}^{\mathrm{H}}\|_M=\|\boldsymbol{x}_1\boldsymbol{y}^{\mathrm{H}}+\boldsymbol{x}_2\boldsymbol{y}^{\mathrm{H}}\|_M\leqslant$$

$$\|\boldsymbol{x}_1\boldsymbol{y}^{\mathrm{H}}\|_M+\|\boldsymbol{x}_2\boldsymbol{y}^{\mathrm{H}}\|_M=\|\boldsymbol{x}_1\|_V+\|\boldsymbol{x}_2\|_V$$

因此,$\|\boldsymbol{x}\|_V$ 是 $\mathbf{C}^n$ 上的向量范数. 当 $\boldsymbol{A}\in\mathbf{C}^{n\times n}$,$\boldsymbol{x}\in\mathbf{C}^n$ 时,有

$$\|\boldsymbol{Ax}\|_V=\|(\boldsymbol{Ax})\boldsymbol{y}^{\mathrm{H}}\|_M=\|\boldsymbol{A}(\boldsymbol{xy}^{\mathrm{H}})\|_M\leqslant$$

$$\|\boldsymbol{A}\|_M\|\boldsymbol{xy}^{\mathrm{H}}\|_M=\|\boldsymbol{A}\|_M\|\boldsymbol{x}\|_V$$

即矩阵范数 $\|\cdot\|_M$ 与向量范数 $\|\cdot\|_V$ 相容.

值得指出,例2.9的一般情形是:对 $\mathbf{C}^{m\times n}$ 上的矩阵范数 $\|\cdot\|_M$,任取非零列向量 $\boldsymbol{y}\in\mathbf{C}^n$,那么,$\|\boldsymbol{x}\|_V=\|\boldsymbol{x}\,\boldsymbol{y}^H\|_M(\forall\boldsymbol{x}\in\mathbf{C}^m)$ 是 $\mathbf{C}^m$ 上的向量范数,且 $\|\cdot\|_M$ 与 $\|\cdot\|_V$ 相容. 特别的,当 $\boldsymbol{y}=\boldsymbol{e}_i$ 时,有

$$\boldsymbol{x}\,\boldsymbol{y}^{\mathrm{H}}=\begin{bmatrix}0 & \cdots & 0 & \xi_1 & 0 & \cdots & 0\\ \vdots & & \vdots & \vdots & \vdots & & \vdots\\ 0 & \cdots & 0 & \xi_m & 0 & \cdots & 0\end{bmatrix}$$

若取 $\|\boldsymbol{A}\|_{\mathrm{M}}=\|\boldsymbol{A}\|_{m_1}$，则 $\|\boldsymbol{x}\|_{\mathrm{V}}=\|\boldsymbol{x}\|_1$；若取 $\|\boldsymbol{A}\|_{\mathrm{M}}=\|\boldsymbol{A}\|_{\mathrm{F}}$ 或者 $\|\boldsymbol{A}\|_{\mathrm{M}}=\|\boldsymbol{A}\|_2$，则 $\|\boldsymbol{x}\|_{\mathrm{V}}=\|\boldsymbol{x}\|_2$；若取 $\|\boldsymbol{A}\|_{\mathrm{M}}=\|\boldsymbol{A}\|_\infty$，则 $\|\boldsymbol{x}\|_{\mathrm{V}}=\|\boldsymbol{x}\|_\infty$（请读者自己验证）.

2.2.2　几种常用的矩阵范数

现在给出一种规定矩阵范数的具体方法，使矩阵范数与已知的向量范数相容.

定理 2.4　已知 $\mathbf{C}^m$ 和 $\mathbf{C}^n$ 上的同类向量范数 $\|\cdot\|$，设 $\boldsymbol{A}\in\mathbf{C}^{m\times n}$，则函数

$$\|\boldsymbol{A}\|=\max_{\|\boldsymbol{x}\|=1}\|\boldsymbol{A}\boldsymbol{x}\| \tag{2.2.5}$$

是 $\mathbf{C}^{m\times n}$ 上的矩阵范数，且与已知的向量范数相容.

证　由向量范数是其分量的连续函数的性质可知，对每一个矩阵 $\boldsymbol{A}$ 而言，这个最大值都是可以达到的，也就是说，能够找到这样的向量 $\boldsymbol{x}_0$，使得 $\|\boldsymbol{x}_0\|=1$，而 $\|\boldsymbol{A}\boldsymbol{x}_0\|=\|\boldsymbol{A}\|$.

非负性．当 $\boldsymbol{A}\neq\boldsymbol{O}$ 时，存在 $\boldsymbol{x}_0\in\mathbf{C}^n$ 满足 $\|\boldsymbol{x}_0\|=1$，使得 $\boldsymbol{A}\boldsymbol{x}_0\neq\boldsymbol{0}$，从而

$$\|\boldsymbol{A}\|\geqslant\|\boldsymbol{A}\boldsymbol{x}_0\|>0$$

当 $\boldsymbol{A}=\boldsymbol{O}$ 时，$\|\boldsymbol{A}\|=\max\limits_{\|\boldsymbol{x}\|=1}\|\boldsymbol{O}\boldsymbol{x}\|=0$.

齐次性．设 $\alpha\in\mathbf{C}$，则有

$$\|\alpha\boldsymbol{A}\|=\max_{\|\boldsymbol{x}\|=1}\|\alpha\boldsymbol{A}\boldsymbol{x}\|=|\alpha|\max_{\|\boldsymbol{x}\|=1}\|\boldsymbol{A}\boldsymbol{x}\|=|\alpha|\,\|\boldsymbol{A}\|$$

三角不等式．设 $\boldsymbol{B}\in\mathbf{C}^{m\times n}$，对于矩阵 $\boldsymbol{A}+\boldsymbol{B}$，存在 $\boldsymbol{x}_1\in\mathbf{C}^n$ 满足 $\|\boldsymbol{x}_1\|=1$，使得

$$\|\boldsymbol{A}+\boldsymbol{B}\|=\|(\boldsymbol{A}+\boldsymbol{B})\boldsymbol{x}_1\|$$

于是

$$\|\boldsymbol{A}+\boldsymbol{B}\|=\|\boldsymbol{A}\boldsymbol{x}_1+\boldsymbol{B}\boldsymbol{x}_1\|\leqslant\|\boldsymbol{A}\boldsymbol{x}_1\|+\|\boldsymbol{B}\boldsymbol{x}_1\|\leqslant\|\boldsymbol{A}\|+\|\boldsymbol{B}\|$$

下面证明，对于任意的 $\boldsymbol{y}\in\mathbf{C}^n$ 及 $\boldsymbol{A}\in\mathbf{C}^{m\times n}$，有

$$\|\boldsymbol{A}\boldsymbol{y}\|\leqslant\|\boldsymbol{A}\|\,\|\boldsymbol{y}\|$$

当 $\boldsymbol{y}=\boldsymbol{0}$ 时，结论显然成立；当 $\boldsymbol{y}\neq\boldsymbol{0}$ 时，令 $\boldsymbol{y}_0=\dfrac{1}{\|\boldsymbol{y}\|}\boldsymbol{y}$，则 $\|\boldsymbol{y}_0\|=1$，且有 $\|\boldsymbol{A}\boldsymbol{y}_0\|\leqslant\|\boldsymbol{A}\|$，于是

$$\|\boldsymbol{A}\boldsymbol{y}\|=\|\boldsymbol{A}(\|\boldsymbol{y}\|\boldsymbol{y}_0)\|=\|\boldsymbol{y}\|\,\|\boldsymbol{A}\boldsymbol{y}_0\|\leqslant\|\boldsymbol{y}\|\,\|\boldsymbol{A}\|$$

即结论亦成立.

最后证明，对于任意的 $\boldsymbol{A}\in\mathbf{C}^{m\times n}$ 及 $\boldsymbol{B}\in\mathbf{C}^{n\times l}$，有 $\|\boldsymbol{A}\boldsymbol{B}\|\leqslant\|\boldsymbol{A}\|\,\|\boldsymbol{B}\|$. 对于矩阵 $\boldsymbol{A}\boldsymbol{B}$，存在 $\boldsymbol{x}_2\in\mathbf{C}^l$ 满足 $\|\boldsymbol{x}_2\|=1$，使得

$$\|AB\| = \|(AB)x_2\|$$

利用 $\|Ay\| \leqslant \|A\| \|y\|$,可得

$$\|AB\| = \|A(Bx_2)\| \leqslant \|A\| \|Bx_2\| \leqslant \|A\| \|B\| \|x_2\| = \|A\| \|B\|$$

即 $\|A\|$ 是 A 的矩阵范数. 证毕

称由式(2.2.5)给出的矩阵范数为**由向量范数导出的矩阵范数**,简称为**从属范数**. 对于 $\mathbf{C}^{n\times n}$ 上的任何一种从属范数,有

$$\|I\| = \max_{\|x\|=1} \|Ix\| = 1$$

但对于一般的矩阵范数(设该矩阵范数与某向量范数相容,见例2.9),由于

$$\|x\| = \|Ix\| \leqslant \|I\| \|x\|$$

对任意的 $x \in \mathbf{C}^n$ 成立,所以 $\|I\| \geqslant 1$.

上面论述表明,矩阵范数是与向量范数密切相关的,有什么样的向量范数就有什么样的矩阵范数. 当在式(2.2.5)中取向量 x 的范数 $\|x\|$ 依次为 $\|x\|_1$, $\|x\|_2$, $\|x\|_\infty$ 时,就得到三种常用的矩阵范数,依次记为 $\|A\|_1$, $\|A\|_2$, $\|A\|_\infty$. 至于这三种矩阵范数的值,可以用矩阵 A 的元素及 A^HA 的特征值具体地表示出来.

定理 2.5 设 $A=(a_{ij})_{m\times n} \in \mathbf{C}^{m\times n}$, $x=(\xi_1, \xi_2, \cdots, \xi_n)^T \in \mathbf{C}^n$,则从属于向量 x 的三种范数 $\|x\|_1$, $\|x\|_2$, $\|x\|_\infty$ 的矩阵范数计算公式依次为

(1) $\|A\|_1 = \max\limits_j \sum\limits_{i=1}^m |a_{ij}|$; (2.2.6)

(2) $\|A\|_2 = \sqrt{\lambda_1}$, λ_1 为 A^HA 的最大特征值; (2.2.7)

(3) $\|A\|_\infty = \max\limits_i \sum\limits_{j=1}^n |a_{ij}|$. (2.2.8)

通常称 $\|A\|_1$, $\|A\|_2$ 及 $\|A\|_\infty$ 依次为**列和范数**、**谱范数**及**行和范数**.

证 (1) 设 $\|x\|_1 = 1$,则

$$\|Ax\|_1 = \sum_{i=1}^m \left|\sum_{j=1}^n a_{ij}\xi_j\right| \leqslant \sum_{i=1}^m \sum_{j=1}^n |a_{ij}| |\xi_j| = \sum_{j=1}^n |\xi_j| \left(\sum_{i=1}^m |a_{ij}|\right) \leqslant \left(\max_j \sum_{i=1}^m |a_{ij}|\right) \sum_{j=1}^n |\xi_j| = \max_j \sum_{i=1}^m |a_{ij}|$$

因此有

$$\|A\|_1 = \max_{\|x\|_1=1} \|Ax\|_1 \leqslant \max_j \sum_{i=1}^m |a_{ij}|$$

选取 k,使得

$$\sum_{i=1}^m |a_{ik}| = \max_j \sum_{i=1}^m |a_{ij}|$$

令 $\boldsymbol{x}_0$ 为第 k 个单位坐标向量，则有

$$\boldsymbol{A}\boldsymbol{x}_0=(a_{1k},\ a_{2k},\ \cdots,\ a_{mk})^{\mathrm{T}}$$

$$\|\boldsymbol{A}\|_1=\max_{\|\boldsymbol{x}\|_1=1}\|\boldsymbol{A}\boldsymbol{x}\|_1\geqslant\|\boldsymbol{A}\boldsymbol{x}_0\|_1=\sum_{i=1}^{m}|a_{ik}|=\max_j\sum_{i=1}^{m}|a_{ij}|$$

因此式(2.2.6)成立.

(2) 因为 $\boldsymbol{A}^{\mathrm{H}}\boldsymbol{A}$ 是 Hermite 矩阵，且由

$$\boldsymbol{x}^{\mathrm{H}}(\boldsymbol{A}^{\mathrm{H}}\boldsymbol{A})\boldsymbol{x}=(\boldsymbol{A}\boldsymbol{x})^{\mathrm{H}}(\boldsymbol{A}\boldsymbol{x})=\|\boldsymbol{A}\boldsymbol{x}\|_2^2\geqslant 0$$

知 $\boldsymbol{A}^{\mathrm{H}}\boldsymbol{A}$ 是半正定的，从而它的特征值都是非负实数，设为

$$\lambda_1\geqslant\lambda_2\geqslant\cdots\geqslant\lambda_n\geqslant 0$$

由于 $\boldsymbol{A}^{\mathrm{H}}\boldsymbol{A}$ 是 Hermite 矩阵，因此它具有 n 个互相正交的且 l_2 范数为 1 的特征向量 $\boldsymbol{x}_1,\ \boldsymbol{x}_2,\ \cdots,\ \boldsymbol{x}_n$，并设它们依次属于特征值 $\lambda_1,\ \lambda_2,\ \cdots,\ \lambda_n$. 于是，任何一个范数 $\|\boldsymbol{x}\|_2=1$ 的向量 $\boldsymbol{x}$，可以用这些特征向量线性表示为

$$\boldsymbol{x}=\xi_1\boldsymbol{x}_1+\xi_2\boldsymbol{x}_2+\cdots+\xi_n\boldsymbol{x}_n$$

由于

$$\boldsymbol{A}^{\mathrm{H}}\boldsymbol{A}\boldsymbol{x}=\sum_{i=1}^{n}\boldsymbol{A}^{\mathrm{H}}\boldsymbol{A}\xi_i\boldsymbol{x}_i=\sum_{i=1}^{n}\xi_i(\boldsymbol{A}^{\mathrm{H}}\boldsymbol{A}\boldsymbol{x}_i)=\sum_{i=1}^{n}\lambda_i\xi_i\boldsymbol{x}_i$$

借助于向量的内积运算，有

$$\begin{aligned}\|\boldsymbol{A}\boldsymbol{x}\|_2^2&=(\boldsymbol{x},\ \boldsymbol{A}^{\mathrm{H}}\boldsymbol{A}\boldsymbol{x})=\Big(\sum_{i=1}^{n}\xi_i\boldsymbol{x}_i,\ \sum_{i=1}^{n}\lambda_i\xi_i\boldsymbol{x}_i\Big)=\\&\lambda_1|\xi_1|^2+\lambda_2|\xi_2|^2+\cdots+\lambda_n|\xi_n|^2\leqslant\\&\lambda_1(|\xi_1|^2+|\xi_2|^2+\cdots+|\xi_n|^2)=\lambda_1\end{aligned}$$

从而有

$$\|\boldsymbol{A}\|_2=\max_{\|\boldsymbol{x}\|_2=1}\|\boldsymbol{A}\boldsymbol{x}\|_2\leqslant\sqrt{\lambda_1}$$

另一方面，由于 $\|\boldsymbol{x}_1\|_2=1$，而且

$$\|\boldsymbol{A}\boldsymbol{x}_1\|_2^2=(\boldsymbol{x}_1,\ \boldsymbol{A}^{\mathrm{H}}\boldsymbol{A}\boldsymbol{x}_1)=(\boldsymbol{x}_1,\ \lambda_1\boldsymbol{x}_1)=\lambda_1$$

所以

$$\|\boldsymbol{A}\|_2=\max_{\|\boldsymbol{x}\|_2=1}\|\boldsymbol{A}\boldsymbol{x}\|_2\geqslant\|\boldsymbol{A}\boldsymbol{x}_1\|_2=\sqrt{\lambda_1}$$

因此式(2.2.7)成立.

(3) 设 $\|\boldsymbol{x}\|_\infty=1$，则

$$\|\boldsymbol{A}\boldsymbol{x}\|_\infty=\max_i\Big|\sum_{j=1}^{n}a_{ij}\xi_j\Big|\leqslant\max_i\sum_{j=1}^{n}|a_{ij}||\xi_j|\leqslant\max_i\sum_{j=1}^{n}|a_{ij}|$$

从而有

$$\|\boldsymbol{A}\|_\infty=\max_{\|\boldsymbol{x}\|_\infty=1}\|\boldsymbol{A}\boldsymbol{x}\|_\infty\leqslant\max_i\sum_{j=1}^{n}|a_{ij}|$$

选取 k，使得

$$\sum_{j=1}^{n} |a_{kj}| = \max_{i} \sum_{j=1}^{n} |a_{ij}|$$

令

$$\boldsymbol{y} = \begin{bmatrix} \eta_1 \\ \vdots \\ \eta_n \end{bmatrix}, \quad \eta_j = \begin{cases} 1 & (a_{kj} = 0) \\ \dfrac{|a_{kj}|}{a_{kj}} & (a_{kj} \neq 0) \end{cases}$$

则有 $\|\boldsymbol{y}\|_\infty = 1$,且

$$\boldsymbol{Ay} = \left(*, \cdots, *, \sum_{j=1}^{n} |a_{kj}|, *, \cdots, *\right)^{\mathrm{T}}$$

从而

$$\|\boldsymbol{A}\|_\infty = \max_{\|\boldsymbol{x}\|_\infty = 1} \|\boldsymbol{Ax}\|_\infty \geqslant \|\boldsymbol{Ay}\|_\infty \geqslant \sum_{j=1}^{n} |a_{kj}| = \max_{i} \sum_{j=1}^{n} |a_{ij}|$$

因此式(2.2.8)成立. 证毕

根据计算公式(2.2.6)～(2.2.8),称 $\|\boldsymbol{A}\|_1$, $\|\boldsymbol{A}\|_2$ 及 $\|\boldsymbol{A}\|_\infty$ 依次为矩阵的**列和范数**、**谱范数**及**行和范数**.

必须指出,除定理 2.5 给出的三种常用矩阵范数外,Frobenius 范数也是一种常用的矩阵范数. 同时还可证明,在 $\mathbf{C}^{m\times n}$ 上,不仅从属范数,而且所有满足定义 2.3 的矩阵范数都是互相等价的.

习 题 2.2

1. 求矩阵 $\boldsymbol{A} = [-1 \quad 2 \quad 1]$ 和 $\boldsymbol{B} = \begin{bmatrix} -\mathrm{j} & 2 & 3 \\ 1 & 0 & \mathrm{j} \end{bmatrix}$ 的 $\|\cdot\|_1$, $\|\cdot\|_\infty$ 及 $\|\cdot\|_2$.

2. 设 λ 为矩阵 $\boldsymbol{A} \in \mathbf{C}^{m\times m}$ 的特征值,证明 $|\lambda| \leqslant \sqrt[m]{\|\boldsymbol{A}^m\|}$.

3. 对于定理 2.5 中的三种范数,请举出矩阵例子,使它的一种范数小于 1,而其他两种范数并不小于 1.

4. 设矩阵 $\boldsymbol{A}$ 可逆,λ 是它的任意一个特征值,证明 $|\lambda| \geqslant \dfrac{1}{\|\boldsymbol{A}^{-1}\|}$.

5. 设可逆方阵 $\boldsymbol{S} \in \mathbf{R}^{n\times n}$,且知 $\|\boldsymbol{x}\|_S = \|\boldsymbol{Sx}\|_2$ 是 $\mathbf{R}^n$ 上的向量范数. 若 $\|\boldsymbol{A}\|_S$ 表示 $\mathbf{R}^{n\times n}$ 上从属于向量范数 $\|\boldsymbol{x}\|_S$ 的矩阵范数,试导出 $\|\boldsymbol{A}\|_S$ 与 $\|\boldsymbol{A}\|_2$ 之间的关系式.

6. 设 $\boldsymbol{A} \in \mathbf{C}^{m\times n}$, $\boldsymbol{x} \in \mathbf{C}^n$,证明矩阵范数 $\|\boldsymbol{A}\|_{m_1}$ 与向量范数 $\|\boldsymbol{x}\|_p (1 \leqslant p < \infty)$ 相容.

7. 给定非零列向量 $\boldsymbol{y} \in \mathbf{C}^m$,对 $\mathbf{C}^{m\times n}$ 上的矩阵范数 $\|\boldsymbol{A}\|_{\mathrm{F}}$,定义 $\|\boldsymbol{x}\|_{\mathrm{V}} = \|\boldsymbol{y}\boldsymbol{x}^{\mathrm{T}}\|_{\mathrm{F}}$(任意列向量 $\boldsymbol{x} \in \mathbf{C}^n$),证明 $\|\boldsymbol{x}\|_{\mathrm{V}}$ 是 $\mathbf{C}^n$ 上的向量范数,且矩阵范数 $\|\boldsymbol{A}\|_{\mathrm{F}}$ 与向量范数 $\|\boldsymbol{x}\|_{\mathrm{V}}$ 相容.

8. 设可逆方阵 $\boldsymbol{S} \in \mathbf{C}^{n\times n}$,对 $\mathbf{C}^{n\times n}$ 上的矩阵范数 $\|\cdot\|_{\mathrm{M}}$,证明 $\|\boldsymbol{A}\| = \|\boldsymbol{S}^{-1}\boldsymbol{AS}\|_{\mathrm{M}}$(任意 $\boldsymbol{A} \in \mathbf{C}^{n\times n}$)也是 $\mathbf{C}^{n\times n}$ 上的矩阵范数.

2.3 范数的一些应用

在本章序言中已初步指出了范数的应用场合. 本节再列举几点应用.

2.3.1　矩阵的可逆性条件

设 $\boldsymbol{A}\in\mathbf{C}^{n\times n}$，可以根据范数 $\|\boldsymbol{A}\|$ 的大小来判断 $\boldsymbol{I}-\boldsymbol{A}$ 是否为可逆矩阵.

定理 2.6　设 $\boldsymbol{A}\in\mathbf{C}^{n\times n}$，且对 $\mathbf{C}^{n\times n}$ 上的某种矩阵范数 $\|\cdot\|$，有 $\|\boldsymbol{A}\|<1$，则矩阵 $\boldsymbol{I}-\boldsymbol{A}$ 可逆，且有

$$\|(\boldsymbol{I}-\boldsymbol{A})^{-1}\|\leqslant\frac{\|\boldsymbol{I}\|}{1-\|\boldsymbol{A}\|}\tag{2.3.1}$$

证　设矩阵范数 $\|\boldsymbol{A}\|$ 与向量范数 $\|\boldsymbol{x}\|_V$ 相容（见例 2.9），如果 $\det(\boldsymbol{I}-\boldsymbol{A})=0$，则齐次线性方程组 $(\boldsymbol{I}-\boldsymbol{A})\boldsymbol{x}=\boldsymbol{0}$ 有非零解 $\boldsymbol{x}_0$，即

$$(\boldsymbol{I}-\boldsymbol{A})\boldsymbol{x}_0=\boldsymbol{0}$$

从而有

$$\|\boldsymbol{x}_0\|_V=\|\boldsymbol{A}\boldsymbol{x}_0\|_V\leqslant\|\boldsymbol{A}\|\,\|\boldsymbol{x}_0\|_V<\|\boldsymbol{x}_0\|_V$$

这是一个矛盾，故 $\det(\boldsymbol{I}-\boldsymbol{A})\neq 0$，即 $\boldsymbol{I}-\boldsymbol{A}$ 可逆.

再由 $(\boldsymbol{I}-\boldsymbol{A})^{-1}(\boldsymbol{I}-\boldsymbol{A})=\boldsymbol{I}$，可得

$$(\boldsymbol{I}-\boldsymbol{A})^{-1}=\boldsymbol{I}+(\boldsymbol{I}-\boldsymbol{A})^{-1}\boldsymbol{A}$$

利用范数的三角不等式与相容性可得

$$\|(\boldsymbol{I}-\boldsymbol{A})^{-1}\|\leqslant\|I\|+\|(\boldsymbol{I}-\boldsymbol{A})^{-1}\|\,\|\boldsymbol{A}\|$$

解此不等式可得式(2.3.1).　　证毕

现在考虑这样一个问题：若矩阵 $\boldsymbol{A}$ 的范数 $\|\boldsymbol{A}\|$ 很小，且由于 $\|\boldsymbol{A}\|$ 是它的元素的连续函数，所以矩阵 $\boldsymbol{A}$ 接近于零矩阵 $\boldsymbol{O}$，而 $\boldsymbol{I}-\boldsymbol{O}$ 的逆矩阵为 $\boldsymbol{I}$，那么，$(\boldsymbol{I}-\boldsymbol{A})^{-1}$ 与单位矩阵 $\boldsymbol{I}$ 的逼近程度可由下面的定理给出.

定理 2.7　设 $\boldsymbol{A}\in\mathbf{C}^{n\times n}$，且对 $\mathbf{C}^{n\times n}$ 上的某种矩阵范数 $\|\cdot\|$，有 $\|\boldsymbol{A}\|<1$，则

$$\|\boldsymbol{I}-(\boldsymbol{I}-\boldsymbol{A})^{-1}\|\leqslant\frac{\|\boldsymbol{A}\|}{1-\|\boldsymbol{A}\|}\tag{2.3.2}$$

证　因为 $\|\boldsymbol{A}\|<1$，所以 $(\boldsymbol{I}-\boldsymbol{A})^{-1}$ 存在. 给 $(\boldsymbol{I}-\boldsymbol{A})-\boldsymbol{I}=-\boldsymbol{A}$ 右乘 $(\boldsymbol{I}-\boldsymbol{A})^{-1}$ 可得

$$\boldsymbol{I}-(\boldsymbol{I}-\boldsymbol{A})^{-1}=-\boldsymbol{A}(\boldsymbol{I}-\boldsymbol{A})^{-1}$$

利用范数的三角不等式与相容性可得

$$\|\boldsymbol{A}(\boldsymbol{I}-\boldsymbol{A})^{-1}\|\leqslant\|\boldsymbol{A}\|+\|\boldsymbol{A}\|\,\|\boldsymbol{A}(\boldsymbol{I}-\boldsymbol{A})^{-1}\|$$

即 $\|\boldsymbol{A}(\boldsymbol{I}-\boldsymbol{A})^{-1}\|\leqslant\dfrac{\|\boldsymbol{A}\|}{1-\|\boldsymbol{A}\|}$，故

$$\|\boldsymbol{I}-(\boldsymbol{I}-\boldsymbol{A})^{-1}\|=\|-\boldsymbol{A}(\boldsymbol{I}-\boldsymbol{A})^{-1}\|\leqslant\frac{\|\boldsymbol{A}\|}{1-\|\boldsymbol{A}\|}$$

证毕

2.3.2　近似逆矩阵的误差 —— 逆矩阵的摄动

设 $\boldsymbol{A}=(a_{ij})_{n\times n}\in\mathbf{C}^{n\times n}$ 的元素 a_{ij} 带有误差 $\delta a_{ij}\,(i,\ j=1,\ 2,\ \cdots,\ n)$，则准确矩

阵应为 $\boldsymbol{A}+\delta\boldsymbol{A}$，其中 $\delta\boldsymbol{A}=(\delta a_{ij})$[①]. 若 $\boldsymbol{A}$ 为可逆矩阵,其逆矩阵 $\boldsymbol{A}^{-1}$ 与 $(\boldsymbol{A}+\delta\boldsymbol{A})^{-1}$ 的近似程度(摄动) 如何呢? 关于这个问题,有如下的摄动定理.

定理 2.8 设 $\boldsymbol{A}\in\mathbf{C}^{n\times n}$ 可逆, $\boldsymbol{B}\in\mathbf{C}^{n\times n}$,且对 $\mathbf{C}^{n\times n}$ 上的某种矩阵范数 $\|\cdot\|$, 有 $\|\boldsymbol{A}^{-1}\boldsymbol{B}\|<1$,则有以下结论:

(1) $\boldsymbol{A}+\boldsymbol{B}$ 可逆;

(2) 记 $\boldsymbol{F}=\boldsymbol{I}-(\boldsymbol{I}+\boldsymbol{A}^{-1}\boldsymbol{B})^{-1}$, 则 $\|\boldsymbol{F}\|\leqslant\dfrac{\|\boldsymbol{A}^{-1}\boldsymbol{B}\|}{1-\|\boldsymbol{A}^{-1}\boldsymbol{B}\|}$;

(3) $\dfrac{\|\boldsymbol{A}^{-1}-(\boldsymbol{A}+\boldsymbol{B})^{-1}\|}{\|\boldsymbol{A}^{-1}\|}\leqslant\dfrac{\|\boldsymbol{A}^{-1}\boldsymbol{B}\|}{1-\|\boldsymbol{A}^{-1}\boldsymbol{B}\|}$.

证 由于 $\|\boldsymbol{A}^{-1}\boldsymbol{B}\|<1$, 所以 $\|-\boldsymbol{A}^{-1}\boldsymbol{B}\|<1$,根据定理2.6可得 $(\boldsymbol{I}+\boldsymbol{A}^{-1}\boldsymbol{B})$ 可逆,从而 $\boldsymbol{A}+\boldsymbol{B}=\boldsymbol{A}(\boldsymbol{I}+\boldsymbol{A}^{-1}\boldsymbol{B})$ 可逆.

在定理 2.7 中,将 $\boldsymbol{A}$ 换作 $-\boldsymbol{A}^{-1}\boldsymbol{B}$,即得结论(2). 再由

$$\boldsymbol{A}^{-1}-(\boldsymbol{A}+\boldsymbol{B})^{-1}=[\boldsymbol{I}-(\boldsymbol{I}+\boldsymbol{A}^{-1}\boldsymbol{B})^{-1}]\boldsymbol{A}^{-1}$$

取范数,并利用结论(2),可得

$$\|\boldsymbol{A}^{-1}-(\boldsymbol{A}+\boldsymbol{B})^{-1}\|\leqslant\frac{\|\boldsymbol{A}^{-1}\boldsymbol{B}\|}{1-\|\boldsymbol{A}^{-1}\boldsymbol{B}\|}\|\boldsymbol{A}^{-1}\|$$

即结论(3) 成立. 证毕

在定理 2.8 中,若令 $\mathrm{cond}(\boldsymbol{A})=\|\boldsymbol{A}\|\,\|\boldsymbol{A}^{-1}\|$, $d_A=\|\delta\boldsymbol{A}\|\ \|\boldsymbol{A}\|^{-1}$,则当 $\|\boldsymbol{A}^{-1}\|\,\|\delta\boldsymbol{A}\|<1$ 时,由结论(2) 与(3) 可得

$$\|\boldsymbol{I}-(\boldsymbol{I}+\boldsymbol{A}^{-1}\delta\boldsymbol{A})^{-1}\|\leqslant\frac{d_A\mathrm{cond}(\boldsymbol{A})}{1-d_A\mathrm{cond}(\boldsymbol{A})}$$

$$\frac{\|\boldsymbol{A}^{-1}-(\boldsymbol{A}+\delta\boldsymbol{A})^{-1}\|}{\|\boldsymbol{A}^{-1}\|}\leqslant\frac{d_A\mathrm{cond}(\boldsymbol{A})}{1-d_A\mathrm{cond}(\boldsymbol{A})}$$

称 $\mathrm{cond}(\boldsymbol{A})$ 为矩阵 $\boldsymbol{A}$ 的**条件数**,它是求矩阵逆的摄动的一个重要量. 一般说来,条件数愈大, $(\boldsymbol{A}+\delta\boldsymbol{A})^{-1}$ 与 $\boldsymbol{A}^{-1}$ 的相对误差就愈大.

2.3.3 矩阵的谱半径及其性质

矩阵 $\boldsymbol{A}\in\mathbf{C}^{n\times n}$ 的谱半径在特征值估计、广义逆矩阵、数值分析以及数值代数等理论的建树中,都占有极其重要的地位. 现论述如下.

定义 2.5 设 $\boldsymbol{A}\in\mathbf{C}^{n\times n}$ 的 n 个特征值为 $\lambda_1, \lambda_2, \cdots, \lambda_n$,称

$$\rho(\boldsymbol{A})=\max_i|\lambda_i| \tag{2.3.3}$$

为 $\boldsymbol{A}$ 的**谱半径**.

定理 2.9 设 $\boldsymbol{A}\in\mathbf{C}^{n\times n}$,则对 $\mathbf{C}^{n\times n}$ 上任何一种矩阵范数 $\|\cdot\|$, 都有

$$\rho(\boldsymbol{A})\leqslant\|\boldsymbol{A}\| \tag{2.3.4}$$

---

① 又称 δa_{ij} 为 $\boldsymbol{A}$ 的元素的扰动, $\delta\boldsymbol{A}$ 为 $\boldsymbol{A}$ 的摄动矩阵.

证　设 $\boldsymbol{A}$ 的属于特征值 λ 的特征向量为 $\boldsymbol{x}$，取与矩阵范数 $\|\cdot\|$ 相容的向量范数 $\|\cdot\|_V$（见例 2.9），则由 $\boldsymbol{Ax}=\lambda\boldsymbol{x}$，可得

$$|\lambda|\,\|\boldsymbol{x}\|_V=\|\lambda\boldsymbol{x}\|_V=\|\boldsymbol{Ax}\|_V\leqslant\|\boldsymbol{A}\|\,\|\boldsymbol{x}\|_V$$

因为 $\boldsymbol{x}\neq\boldsymbol{0}$，所以 $|\lambda|\leqslant\|\boldsymbol{A}\|$，从而 $\rho(\boldsymbol{A})\leqslant\|\boldsymbol{A}\|$.　证毕

例 2.10　试用矩阵

$$\boldsymbol{A}=\begin{bmatrix}1-\mathrm{j} & 3\\ 2 & 1+\mathrm{j}\end{bmatrix}\quad(\mathrm{j}=\sqrt{-1})$$

验证式(2.3.4)对三种常用范数的正确性.

解　因为 $\det(\lambda\boldsymbol{I}-\boldsymbol{A})=(\lambda-1)^2-5$，所以 $\lambda_1(\boldsymbol{A})=1+\sqrt{5}$，$\lambda_2(\boldsymbol{A})=1-\sqrt{5}$，从而

$$\rho(\boldsymbol{A})=1+\sqrt{5}$$

又 $\|\boldsymbol{A}\|_1=\|\boldsymbol{A}\|_\infty=3+\sqrt{2}$，而

$$\boldsymbol{A}^{\mathrm{H}}\boldsymbol{A}=\begin{bmatrix}6 & 5+5\mathrm{j}\\ 5-5\mathrm{j} & 11\end{bmatrix},\quad \det(\lambda\boldsymbol{I}-\boldsymbol{A}^{\mathrm{H}}\boldsymbol{A})=\lambda^2-17\lambda+16$$

由此得 $\lambda_1(\boldsymbol{A}^{\mathrm{H}}\boldsymbol{A})=16$，$\lambda_2(\boldsymbol{A}^{\mathrm{H}}\boldsymbol{A})=1$. 则有

$$\|\boldsymbol{A}\|_2=\sqrt{\lambda_1(\boldsymbol{A}^{\mathrm{H}}\boldsymbol{A})}=4$$

易见

$$\rho(\boldsymbol{A})<\|\boldsymbol{A}\|_1,\quad \rho(\boldsymbol{A})<\|\boldsymbol{A}\|_2,\quad \rho(\boldsymbol{A})<\|\boldsymbol{A}\|_\infty$$

例 2.11　设 $\boldsymbol{A}\in\mathbf{C}^{n\times n}$，则 $\rho(\boldsymbol{A}^k)=[\rho(\boldsymbol{A})]^k\ (k=1,2,\cdots)$.

证　设 $\boldsymbol{A}$ 的 n 个特征值为 $\lambda_1,\lambda_2,\cdots,\lambda_n$，根据定理 1.29 可得，$\boldsymbol{A}^k$ 的 n 个特征值为 $\lambda_1^k,\lambda_2^k,\cdots,\lambda_n^k$. 则有

$$\rho(\boldsymbol{A}^k)=\max_i|\lambda_i^k|=(\max_i|\lambda_i|)^k=[\rho(\boldsymbol{A})]^k$$

例 2.12　设 $\boldsymbol{A}\in\mathbf{C}^{n\times n}$，则 $\boldsymbol{A}$ 的谱范数为

$$\|\boldsymbol{A}\|_2=\rho^{1/2}(\boldsymbol{A}^{\mathrm{H}}\boldsymbol{A})=\rho^{1/2}(\boldsymbol{A}\boldsymbol{A}^{\mathrm{H}})\tag{2.3.5}$$

当 $\boldsymbol{A}$ 是 Hermite 矩阵时，则

$$\|\boldsymbol{A}\|_2=\rho(\boldsymbol{A})\tag{2.3.6}$$

证　根据定理 2.5 可得

$$\|\boldsymbol{A}\|_2=\sqrt{\boldsymbol{A}^{\mathrm{H}}\boldsymbol{A}\text{ 的模最大特征值}}=\sqrt{\max_i|\lambda_i(\boldsymbol{A}^{\mathrm{H}}\boldsymbol{A})|}=\sqrt{\rho(\boldsymbol{A}^{\mathrm{H}}\boldsymbol{A})}=\rho^{1/2}(\boldsymbol{A}^{\mathrm{H}}\boldsymbol{A})$$

根据定理 1.16，$\boldsymbol{A}\boldsymbol{A}^{\mathrm{H}}$ 与 $\boldsymbol{A}^{\mathrm{H}}\boldsymbol{A}$ 有相同的特征值，从而有

$$\|\boldsymbol{A}\|_2=\rho^{1/2}(\boldsymbol{A}^{\mathrm{H}}\boldsymbol{A})=\rho^{1/2}(\boldsymbol{A}\boldsymbol{A}^{\mathrm{H}})$$

当 $\boldsymbol{A}^{\mathrm{H}}=\boldsymbol{A}$ 时，有

$$\|\boldsymbol{A}\|_2^2=\rho(\boldsymbol{A}^{\mathrm{H}}\boldsymbol{A})=\rho(\boldsymbol{A}^2)=\rho^2(\boldsymbol{A})$$

故有 $\|\boldsymbol{A}\|_2=\rho(\boldsymbol{A})$.

一般说来,谱范数 $\|A\|_2$ 和谱半径 $\rho(A)$ 可能相差很大,读者试举例说明之.

定理 2.10 设 $A\in C^{n\times n}$,对任意的正数 ε,存在某种矩阵范数 $\|\cdot\|_M$,使得

$$\|A\|_M\leqslant\rho(A)+\varepsilon \tag{2.3.7}$$

证 根据定理 1.29,存在可逆矩阵 $P\in C^{n\times n}$,使得 $P^{-1}AP=J$. 记

$$\Lambda=\operatorname{diag}(\lambda_1,\lambda_2,\cdots,\lambda_n)$$

$$\tilde{I}=\begin{bmatrix}0&\delta_1&&&\\&0&\delta_2&&\\&&\ddots&\ddots&\\&&&0&\delta_{n-1}\\&&&&0\end{bmatrix}\quad(\delta_i=0\text{ 或 }1)$$

则有 $J=\Lambda+\tilde{I}$. 这里,$\lambda_1,\lambda_2,\cdots,\lambda_n$ 是 A 的 n 个特征值. 令

$$D=\operatorname{diag}(1,\varepsilon,\cdots,\varepsilon^{n-1})$$

则有

$$(PD)^{-1}A(PD)=D^{-1}JD=\Lambda+\varepsilon\tilde{I}$$

记 $S=PD$,那么 S 可逆,且有

$$\|S^{-1}AS\|_1=\|\Lambda+\varepsilon\tilde{I}\|_1\leqslant\rho(A)+\varepsilon$$

容易验证(见习题 2.2 第 8 题),$\|A\|_M=\|S^{-1}AS\|_1$ 是 $C^{n\times n}$ 上的矩阵范数,于是可得

$$\|A\|_M=\|S^{-1}AS\|_1\leqslant\rho(A)+\varepsilon$$

证毕

需要指出,定理 2.10 中构造的矩阵范数 $\|\cdot\|_M$ 与给定的矩阵 A 密切相关,因此式(2.3.7) 对另外的矩阵 $B\in C^{n\times n}$ 不一定成立.

习 题 2.3

1. 设 $A\in C^{n\times n}$ 可逆,$B\in C^{n\times n}$,若对某种矩阵范数有 $\|B\|<\dfrac{1}{\|A^{-1}\|}$,则 $A+B$ 可逆.

2. 已知 $A=\begin{bmatrix}2&1\\1&3\end{bmatrix}$,$\delta A=\begin{bmatrix}0&0.5\\0.2&0\end{bmatrix}$,试估计下式的值:

$$\frac{\|A^{-1}-(A+\delta A)^{-1}\|_\infty}{\|A^{-1}\|_\infty}$$

本章要点评述

把一个向量(线性空间的元素)或者矩阵与一个非负实数相联系,在许多场合下,这个实数可以作为向量或者矩阵大小的一种度量. 向量范数与矩阵范数就是这样的实数,它们在研究数值方法的收敛性和误差估计等方面有着重要的应用.

向量空间 C^n 中的向量范数是对三维空间中向量长度概念的推广,线性空间 V^n 中的向量范数是对向量空间 C^n 中向量范数概念的推广. 借助于线性空间 V^n 的

一个基，可以将 $\mathbf{C}^n$ 中的向量范数转换为 V^n 中的向量范数.

将矩阵看做矩阵空间的“向量”时，按照线性空间中“向量范数”的定义，也可以给出矩阵大小的一种度量(称为广义矩阵范数). 但是，这种度量不能描述乘积矩阵和参与乘法运算的矩阵之间的大小关系. 因此，矩阵范数是比向量范数要求更高的一种度量.

矩阵范数定义中的“乘法相容性”和“矩阵范数与向量范数的相容性”是不同的，前者要求涉及的三个矩阵范数是同类的，而后者只要求涉及的两个向量范数是同类的.

就方阵而言，矩阵范数是矩阵谱半径的上界. 对于任意给定的矩阵，可以构造一种矩阵范数，使得该矩阵的范数与谱半径充分接近. 因此，进行科学计算时，可以将某种矩阵范数看做矩阵谱半径的近似值. 由于计算矩阵的某些范数比计算矩阵的谱半径简单得多，所以矩阵范数的应用更为广泛.

第 3 章 矩阵分析及其应用

在线性代数课程中，主要讨论矩阵的代数运算，没有涉及本章将要介绍的矩阵分析理论．矩阵分析理论的建立，同数学分析一样，也是以极限理论为基础的，其内容丰富，是研究数值方法和其他数学分支以及许多工程问题的重要工具．本章首先讨论矩阵序列的极限运算；然后介绍矩阵序列和矩阵级数的收敛定理、矩阵幂级数和一些矩阵函数，诸如 e^A，$\sin\boldsymbol{A}$，$\cos\boldsymbol{A}$ 等；最后介绍矩阵的微分和积分的概念及其性质，同时介绍它们在求解线性微分方程组方面的应用．

3.1 矩阵序列

矩阵序列(向量序列可视为特殊的矩阵序列）及收敛性概念，已在第 2 章中提过了，现重述如下．

定义 3.1 设有矩阵序列 $\{\boldsymbol{A}^{(k)}\}$，其中 $\boldsymbol{A}^{(k)}=(a_{ij}^{(k)})_{m\times n}\in\mathbf{C}^{m\times n}$，当 $a_{ij}^{(k)}\to a_{ij}\ (k\to\infty)$ 时，称 $\{\boldsymbol{A}^{(k)}\}$ 收敛，或称矩阵 $\boldsymbol{A}=(a_{ij})_{m\times n}$ 为 $\{\boldsymbol{A}^{(k)}\}$ 的极限，或称 $\{\boldsymbol{A}^{(k)}\}$ 收敛于 $\boldsymbol{A}$，记为

$$\lim_{k\to\infty}\boldsymbol{A}^{(k)}=\boldsymbol{A}\quad 或\quad \boldsymbol{A}^{(k)}\to\boldsymbol{A}$$

不收敛的矩阵序列称为**发散**．

矩阵序列收敛的性质，有许多与数列收敛的性质相类似．

性质 1 设 $\boldsymbol{A}^{(k)}\to\boldsymbol{A}_{m\times n}$，$\boldsymbol{B}^{(k)}\to\boldsymbol{B}_{m\times n}$，则

$$\lim_{k\to\infty}(\alpha\boldsymbol{A}^{(k)}+\beta\boldsymbol{B}^{(k)})=\alpha\boldsymbol{A}+\beta\boldsymbol{B}\quad(\forall\alpha,\beta\in\mathbf{C})\tag{3.1.1}$$

性质 2 设 $\boldsymbol{A}^{(k)}\to\boldsymbol{A}_{m\times n}$，$\boldsymbol{B}^{(k)}\to\boldsymbol{B}_{n\times l}$，则

$$\lim_{k\to\infty}\boldsymbol{A}^{(k)}\boldsymbol{B}^{(k)}=\boldsymbol{AB}\tag{3.1.2}$$

证 由题设，有

$$a_{ij}^{(k)}\to a_{ij}\quad(i=1,2,\cdots,m;\ j=1,2,\cdots,n)$$
$$b_{ij}^{(k)}\to b_{ij}\quad(i=1,2,\cdots,n;\ j=1,2,\cdots,l)$$

于是矩阵 $\boldsymbol{A}^{(k)}\boldsymbol{B}^{(k)}$ 的第 i 行第 j 列的元素为

$$\sum_{t=1}^{n}a_{it}^{(k)}b_{tj}^{(k)}\to\sum_{t=1}^{n}a_{it}b_{tj}$$

故 $\boldsymbol{A}^{(k)}\boldsymbol{B}^{(k)}\to\boldsymbol{AB}$． 证毕

性质 3 设 $\boldsymbol{A}^{(k)}$ 与 $\boldsymbol{A}$ 都是可逆矩阵，且 $\boldsymbol{A}^{(k)}\to\boldsymbol{A}$，则

$$(\boldsymbol{A}^{(k)})^{-1}\to\boldsymbol{A}^{-1}\tag{3.1.3}$$

证　因为

$$(\boldsymbol{A}^{(k)})^{-1}=\frac{\mathrm{adj}\boldsymbol{A}^{(k)}}{\det\boldsymbol{A}^{(k)}}$$

这里，$\mathrm{adj}\boldsymbol{A}^{(k)}$ 是$\boldsymbol{A}^{(k)}$ 的伴随矩阵，它的元素与 $\det\boldsymbol{A}^{(k)}$ 的元素均为$\boldsymbol{A}^{(k)}$ 的元素的多项式，且有

$$\mathrm{adj}\boldsymbol{A}^{(k)}\rightarrow\mathrm{adj}\boldsymbol{A},\quad \det\boldsymbol{A}^{(k)}\rightarrow\det\boldsymbol{A}$$

所以有

$$(\boldsymbol{A}^{(k)})^{-1}=\frac{\mathrm{adj}\boldsymbol{A}^{(k)}}{\det\boldsymbol{A}^{(k)}}\rightarrow\frac{\mathrm{adj}\boldsymbol{A}}{\det\boldsymbol{A}}=\boldsymbol{A}^{-1}$$

证毕

定理 3.1　设 $\boldsymbol{A}^{(k)}\in\mathbf{C}^{m\times n}$，则

(1) $\boldsymbol{A}^{(k)}\rightarrow\boldsymbol{O}$ 的充要条件是 $\|\boldsymbol{A}^{(k)}\|\rightarrow 0$；

(2) $\boldsymbol{A}^{(k)}\rightarrow\boldsymbol{A}$ 的充要条件是 $\|\boldsymbol{A}^{(k)}-\boldsymbol{A}\|\rightarrow 0$.

这里，$\|\cdot\|$ 是 $\mathbf{C}^{m\times n}$ 上的任何一种矩阵范数．

证　(1) 由于$\mathbf{C}^{m\times n}$ 上的矩阵范数等价，所以只要对矩阵范数 $\|\cdot\|_{m_\infty}$ 证明结论成立即可．已知$\boldsymbol{A}^{(k)}\rightarrow\boldsymbol{O}$，由定义可得

$$a_{ij}^{(k)}\rightarrow 0\quad(i=1,\ 2,\ \cdots,\ m;\ j=1,\ 2,\ \cdots,\ n)$$

也就是$\max\limits_{i,j}|a_{ij}^{(k)}|\rightarrow 0$，即

$$\|\boldsymbol{A}^{(k)}\|_{m_\infty}=n\cdot\max_{i,j}|a_{ij}^{(k)}|\rightarrow 0$$

上述推导步步可逆，所以结论(1) 成立.

(2) 由于 $\boldsymbol{A}^{(k)}\rightarrow\boldsymbol{A}$ 等价于$(\boldsymbol{A}^{(k)}-\boldsymbol{A})\rightarrow\boldsymbol{O}$，所以利用结论(1) 即得结论(2).

证毕

定义 3.2　矩阵序列$\{\boldsymbol{A}^{(k)}\}$ 称为**有界**的，如果存在常数$M>0$，使得对一切 k 都有

$$|a_{ij}^{(k)}|<M\quad(i=1,\ 2,\ \cdots,\ m;\ j=1,\ 2,\ \cdots,\ n)$$

在数学分析中已经知道，有界数列必有收敛的子数列．对于矩阵序列也有：有界的矩阵序列$\{\boldsymbol{A}^{(k)}\}$，必有收敛的子序列$\{\boldsymbol{A}^{(k_s)}\}$.

这一结论可以由数列的相应结论推出．

在矩阵序列中，最常见的是由一个方阵的幂构成的序列．关于这样的矩阵序列，有以下的概念和收敛定理．

定义 3.3　设 $\boldsymbol{A}$ 为方阵，且 $\boldsymbol{A}^k\rightarrow\boldsymbol{O}$ $(k\rightarrow\infty)$，则称 $\boldsymbol{A}$ 为**收敛矩阵**．

定理 3.2　$\boldsymbol{A}$ 为收敛矩阵的充要条件是$\rho(\boldsymbol{A})<1$.

证　充分性．已知 $\rho(\boldsymbol{A})<1$，对于 $\varepsilon=\frac{1}{2}[1-\rho(\boldsymbol{A})]>0$，存在矩阵范数 $\|\cdot\|_M$，使得(定理 2.10)

$$\|\boldsymbol{A}\|_M\leqslant\rho(\boldsymbol{A})+\varepsilon=\frac{1}{2}[1+\rho(\boldsymbol{A})]<1$$

于是有 $\|A^k\|_M \leqslant \|A\|_M^k \to 0$,由定理 3.1 可得 $A^k \to O$.

必要性．已知 $A^k \to O$,设 λ 是 A 的任一特征值,对应的特征向量为 x,则有 $Ax = \lambda x\ (x \neq 0)$. 因为

$$\lambda^k x = A^k x \to 0$$

所以 $\lambda^k \to 0$,从而 $|\lambda| < 1$,故 $\rho(A) < 1$. 证毕

定理 3.3 A 为收敛矩阵的充分条件是只要有一种矩阵范数 $\|\cdot\|$,使得 $\|A\| < 1$.

证 由定理 2.9 知 $\rho(A) \leqslant \|A\| < 1$,再由定理 3.2 可得 A 为收敛矩阵．

证毕

例 3.1 判断 $A = \begin{bmatrix} 0.1 & 0.3 \\ 0.7 & 0.6 \end{bmatrix}$ 是否为收敛矩阵．

解 因为 $\|A\|_1 = 0.9 < 1$,所以 A 是收敛矩阵．

习 题 3.1

1. 证明式(3.1.1).
2. 设 $A = \begin{bmatrix} 0 & c & c \\ c & 0 & c \\ c & c & 0 \end{bmatrix}$ $(c \in \mathbf{R})$,讨论 c 取何值时 A 为收敛矩阵．

3.2 矩 阵 级 数

在数学分析中,级数(特别是幂级数)的理论占有重要地位．在建立矩阵分析的理论时,也特别着重讨论矩阵级数,特别是矩阵的幂级数,因为它是建立矩阵函数的理论基础．在讨论矩阵级数时,自然应该定义它的收敛、发散以及和的概念．这些都与数项级数的相应定义与性质完全类似．

定义 3.4 把定义 3.1 中的矩阵序列所形成的无穷和 $A^{(0)} + A^{(1)} + A^{(2)} + \cdots + A^{(k)} + \cdots$ 称为**矩阵级数**,记为 $\sum_{k=0}^{\infty} A^{(k)}$,则有

$$\sum_{k=0}^{\infty} A^{(k)} = A^{(0)} + A^{(1)} + A^{(2)} + \cdots + A^{(k)} + \cdots \tag{3.2.1}$$

定义 3.5 记 $S^{(N)} = \sum_{k=0}^{N} A^{(k)}$,称其为矩阵级数式(3.2.1)的**部分和**．如果矩阵序列 $\{S^{(N)}\}$ 收敛,且有极限 S,则有

$$\lim_{N \to \infty} S^{(N)} = S \tag{3.2.2}$$

那么就称矩阵级数式(3.2.1)**收敛**,而且有**和** S,记为

$$S = \sum_{k=0}^{\infty} A^{(k)} \tag{3.2.3}$$

不收敛的矩阵级数称为是**发散**的.

若用 s_{ij} 表示 $\boldsymbol{S}$ 的第 i 行第 j 列的元素,那么,和 $\sum_{k=0}^{\infty}\boldsymbol{A}^{(k)}=\boldsymbol{S}$ 的意义指的是

$$\sum_{k=0}^{\infty}a_{ij}^{(k)}=s_{ij}\quad(i=1,2,\cdots,m;\ j=1,2,\cdots,n)\tag{3.2.4}$$

例 3.2　研究矩阵级数 $\sum_{k=1}^{\infty}\boldsymbol{A}^{(k)}$ 的收敛性,其中

$$\boldsymbol{A}^{(k)}=\begin{bmatrix}\frac{1}{2^k} & \frac{\pi}{3\times 4^k}\\ 0 & \frac{1}{k(k+1)}\end{bmatrix}\quad(k=1,2,\cdots)$$

解　因为

$$\boldsymbol{S}^{(N)}=\sum_{k=1}^{N}\boldsymbol{A}^{(k)}=\begin{bmatrix}\sum_{k=1}^{N}\frac{1}{2^k} & \sum_{k=1}^{N}\frac{\pi}{3\times 4^k}\\ 0 & \sum_{k=1}^{N}\frac{1}{k(k+1)}\end{bmatrix}=\begin{bmatrix}1-\left(\frac{1}{2}\right)^N & \frac{\pi}{9}\left[1-\left(\frac{1}{4}\right)^N\right]\\ 0 & \frac{N}{N+1}\end{bmatrix}$$

所以

$$\boldsymbol{S}=\lim_{N\to\infty}\boldsymbol{S}^{(N)}=\begin{bmatrix}1 & \frac{\pi}{9}\\ 0 & 1\end{bmatrix}$$

于是由定义 3.5 知,所给级数收敛,且其和就是这里的二阶矩阵 $\boldsymbol{S}$.

定义 3.6　如果式(3.2.4)中左端 mn 个数项级数都是绝对收敛的,则称矩阵级数式(3.2.1)是**绝对收敛**的.

该定义表明矩阵级数式(3.2.1)绝对收敛与其元素形成的级数式(3.2.4)绝对收敛是等价的.

从绝对收敛的定义及数学分析中的相应结果,立刻得到下面关于判别矩阵级数收敛性的一些法则.

性质 1　若矩阵级数式(3.2.1)是绝对收敛的,则它也一定收敛,并且任意调换其项的顺序所得的级数还是收敛的,且其和不变.

证明可由数项级数的 Dirichlet 定理得出.

性质 2　矩阵级数 $\sum_{k=0}^{\infty}\boldsymbol{A}^{(k)}$ 为绝对收敛的充要条件是正项级数 $\sum_{k=0}^{\infty}\|\boldsymbol{A}^{(k)}\|$ 收敛.

证　若 $\sum_{k=0}^{\infty}\boldsymbol{A}^{(k)}$ 是绝对收敛的,则存在一个正数 M,它与 N,i,j 无关,使得

$$\sum_{k=0}^{N}|a_{ij}^{(k)}|<M\quad(N\geqslant 0;\ i=1,2,\cdots,m;\ j=1,2,\cdots,n)$$

从而有

$$\sum_{k=0}^{N} \| \boldsymbol{A}^{(k)} \|_{m_1} = \sum_{k=0}^{N} \left(\sum_{i=1}^{m} \sum_{j=1}^{n} | a_{ij}^{(k)} | \right) < mnM$$

故 $\sum\limits_{k=0}^{\infty} \| \boldsymbol{A}^{(k)} \|_{m_1}$ 为收敛级数．由矩阵范数的等价性和正项级数的比较判别法，知 $\sum\limits_{k=0}^{\infty} \| \boldsymbol{A}^{(k)} \|$ 为收敛级数．

反之，如果 $\sum\limits_{k=0}^{\infty} \| \boldsymbol{A}^{(k)} \|$ 收敛，则 $\sum\limits_{k=0}^{\infty} \| \boldsymbol{A}^{(k)} \|_{m_1}$ 收敛，那么由

$$| a_{ij}^{(k)} | \leqslant \| \boldsymbol{A}^{(k)} \|_{m_1} \quad (i=1,\ 2,\ \cdots,\ m;\ j=1,\ 2,\ \cdots,\ n)$$

可知在式(3.2.4)左边 mn 个数项级数中，每一个级数都是绝对收敛的．故根据定义 3.6 知，矩阵级数式(3.2.1)绝对收敛． 证毕

性质 3 如果 $\sum\limits_{k=0}^{\infty} \boldsymbol{A}^{(k)}$ 是收敛(或绝对收敛)的，那么 $\sum\limits_{k=0}^{\infty} \boldsymbol{P}\boldsymbol{A}^{(k)}\boldsymbol{Q}$ 也是收敛(或绝对收敛)的，并且有

$$\sum_{k=0}^{\infty} \boldsymbol{P}\boldsymbol{A}^{(k)}\boldsymbol{Q} = \boldsymbol{P}\left(\sum_{k=0}^{\infty} \boldsymbol{A}^{(k)} \right) \boldsymbol{Q} \tag{3.2.5}$$

证 设 $\sum\limits_{k=0}^{\infty} \boldsymbol{A}^{(k)}$ 收敛，其和为 $\boldsymbol{S}$．令 $\boldsymbol{S}^{(N)} = \sum\limits_{k=0}^{N} \boldsymbol{A}^{(k)}$，则有 $\lim\limits_{N\to\infty} \boldsymbol{S}^{(N)} = \boldsymbol{S}$．于是当 $N \to \infty$ 时，有

$$\boldsymbol{P}\boldsymbol{S}^{(N)}\boldsymbol{Q} \to \boldsymbol{P}\boldsymbol{S}\boldsymbol{Q}$$

这就表明 $\sum\limits_{k=0}^{\infty} \boldsymbol{P}\boldsymbol{A}^{(k)}\boldsymbol{Q}$ 是收敛的，并且有式(3.2.5)．

如果 $\sum\limits_{k=0}^{\infty} \boldsymbol{A}^{(k)}$ 又是绝对收敛的，则由性质 2 知级数 $\sum\limits_{k=0}^{\infty} \| \boldsymbol{A}^{(k)} \|$ 是收敛的．但

$$\| \boldsymbol{P}\boldsymbol{A}^{(k)}\boldsymbol{Q} \| \leqslant \| \boldsymbol{P} \| \, \| \boldsymbol{A}^{(k)} \| \, \| \boldsymbol{Q} \| \leqslant M \| \boldsymbol{A}^{(k)} \|$$

这里 M 是与 k 无关的正数．从而 $\sum\limits_{k=0}^{\infty} \| \boldsymbol{P}\boldsymbol{A}^{(k)}\boldsymbol{Q} \|$ 也收敛．故由性质 2 知，$\sum\limits_{k=0}^{\infty} \boldsymbol{P}\boldsymbol{A}^{(k)}\boldsymbol{Q}$ 是绝对收敛的． 证毕

性质 4 设 $\mathbf{C}^{n\times n}$ 中的两个矩阵级数

$$\boldsymbol{S}_1:\quad \boldsymbol{A}^{(1)} + \boldsymbol{A}^{(2)} + \cdots + \boldsymbol{A}^{(k)} + \cdots$$

$$\boldsymbol{S}_2:\quad \boldsymbol{B}^{(1)} + \boldsymbol{B}^{(2)} + \cdots + \boldsymbol{B}^{(k)} + \cdots$$

都绝对收敛，其和分别为 $\boldsymbol{A}$ 与 $\boldsymbol{B}$，则级数 $\boldsymbol{S}_1$ 与 $\boldsymbol{S}_2$ 按项相乘所得的矩阵级数

$$\begin{aligned}\boldsymbol{S}_3:\quad & \boldsymbol{A}^{(1)}\boldsymbol{B}^{(1)} + (\boldsymbol{A}^{(1)}\boldsymbol{B}^{(2)} + \boldsymbol{A}^{(2)}\boldsymbol{B}^{(1)}) + (\boldsymbol{A}^{(1)}\boldsymbol{B}^{(3)} + \boldsymbol{A}^{(2)}\boldsymbol{B}^{(2)} + \boldsymbol{A}^{(3)}\boldsymbol{B}^{(1)}) + \cdots + \\ & (\boldsymbol{A}^{(1)}\boldsymbol{B}^{(k)} + \boldsymbol{A}^{(2)}\boldsymbol{B}^{(k-1)} + \cdots + \boldsymbol{A}^{(k)}\boldsymbol{B}^{(1)}) + \cdots = \sum_{k=1}^{\infty} \left(\sum_{i=1}^{k} \boldsymbol{A}^{(i)}\boldsymbol{B}^{(k+1-i)} \right)\end{aligned} \tag{3.2.6}$$

绝对收敛，且有和 $\boldsymbol{A}\boldsymbol{B}$．

证　因为级数 $\sum_{k=1}^{\infty}\|A^{(k)}\|$ 与 $\sum_{k=1}^{\infty}\|B^{(k)}\|$ 都收敛,且对于绝对收敛的数项级数,按项相乘作成的级数也绝对收敛. 所以级数

$$\begin{aligned}\sum_{k=1}^{\infty}\left(\sum_{i=1}^{k}\|A^{(i)}\|\|B^{(k+1-i)}\|\right)=&(\|A^{(1)}\|\|B^{(1)}\|)+\\&(\|A^{(1)}\|\|B^{(2)}\|+\|A^{(2)}\|\|B^{(1)}\|)+\cdots+\\&\left(\sum_{i=1}^{k}\|A^{(i)}\|\|B^{(k+1-i)}\|\right)+\cdots\end{aligned}\tag{3.2.7}$$

收敛. 将级数式(3.2.7)与级数式(3.2.6)各项进行比较,再由性质 2 知 S_3 绝对收敛.

根据性质 1,取 S_3 的一个特殊排法

$$\begin{aligned}&A^{(1)}B^{(1)}+(A^{(1)}B^{(2)}+A^{(2)}B^{(2)}+A^{(2)}B^{(1)})+\cdots+\\&\left(\sum_{i=1}^{k}A^{(i)}\cdot\sum_{j=1}^{k}B^{(j)}-\sum_{i=1}^{k-1}A^{(i)}\cdot\sum_{j=1}^{k-1}B^{(j)}\right)+\cdots\end{aligned}\tag{3.2.8}$$

记 S_1 与 S_2 的 k 项部分和为 $S_1^{(k)}$ 与 $S_2^{(k)}$,则 S_3 的部分和可写为

$$S_1^{(1)}S_2^{(1)},\quad S_1^{(2)}S_2^{(2)},\quad \cdots,\quad S_1^{(k)}S_2^{(k)},\cdots$$

于是

$$\lim_{k\to\infty}S_1^{(k)}S_2^{(k)}=\lim_{k\to\infty}S_1^{(k)}\cdot\lim_{k\to\infty}S_2^{(k)}=AB$$

故矩阵级数 S_3 的和为 AB.　证毕

下面讨论矩阵幂级数,首先从一个比较简单的方阵幂级数谈起.

定理 3.4　方阵 A 的幂级数(Neumann 级数)

$$\sum_{k=0}^{\infty}A^k=I+A+A^2+\cdots+A^k+\cdots\tag{3.2.9}$$

收敛的充要条件是 A 为收敛矩阵,并且在收敛时,其和为 $(I-A)^{-1}$.

证　必要性. 采用记号 $(A)_{ij}$ 表示括号内矩阵 A 的第 i 行第 j 列的元素,矩阵级数(3.2.9)的第 i 行第 j 列的元素就是数项级数

$$\delta_{ij}+(A)_{ij}+(A^2)_{ij}+\cdots+(A^k)_{ij}+\cdots$$

级数式(3.2.9)收敛取决于上面每一个数项级数收敛,但后者收敛的必要条件是其一般项

$$(A^k)_{ij}\to 0$$

即级数式(3.2.9)收敛的必要条件是

$$A^k=((A^k)_{ij})_{n\times n}\to O$$

即 A 为收敛矩阵.

充分性. 由于 $A^k\to O$,再由定理 3.2 知 A 的特征值的模小于 1. 因此矩阵 $I-A$ 的特征值都不等于零,即 $I-A$ 可逆,从而 $(I-A)^{-1}$ 存在. 又因为

$$(I+A+A^2+\cdots+A^k)(I-A)=I-A^{k+1}$$

所以

$$\boldsymbol{I}+\boldsymbol{A}+\boldsymbol{A}^2+\cdots+\boldsymbol{A}^k=(\boldsymbol{I}-\boldsymbol{A})^{-1}-\boldsymbol{A}^{k+1}(\boldsymbol{I}-\boldsymbol{A})^{-1}$$

但当 $k\to\infty$ 时，$\boldsymbol{A}^{k+1}(\boldsymbol{I}-\boldsymbol{A})^{-1}\to\boldsymbol{O}$，故有

$$\boldsymbol{I}+\boldsymbol{A}+\boldsymbol{A}^2+\cdots+\boldsymbol{A}^k\to(\boldsymbol{I}-\boldsymbol{A})^{-1}$$

证毕

定理 3.5 设方阵 $\boldsymbol{A}$ 对某一矩阵范数 $\|\cdot\|$ 有 $\|\boldsymbol{A}\|<1$，则对任何非负整数 N，以 $(\boldsymbol{I}-\boldsymbol{A})^{-1}$ 为部分和 $\boldsymbol{I}+\boldsymbol{A}+\boldsymbol{A}^2+\cdots+\boldsymbol{A}^N$ 的近似矩阵时，其误差为

$$\|(\boldsymbol{I}-\boldsymbol{A})^{-1}-(\boldsymbol{I}+\boldsymbol{A}+\boldsymbol{A}^2+\cdots+\boldsymbol{A}^N)\|\leqslant\frac{\|\boldsymbol{A}\|^{N+1}}{1-\|\boldsymbol{A}\|}$$

证 因为 $\|\boldsymbol{A}\|<1$，所以 $\rho(\boldsymbol{A})<1$，于是 $\boldsymbol{I}-\boldsymbol{A}$ 可逆，且有

$$(\boldsymbol{I}+\boldsymbol{A}+\boldsymbol{A}^2+\cdots+\boldsymbol{A}^N)(\boldsymbol{I}-\boldsymbol{A})=\boldsymbol{I}-\boldsymbol{A}^{N+1}$$

右乘 $(\boldsymbol{I}-\boldsymbol{A})^{-1}$，并移项可得

$$(\boldsymbol{I}-\boldsymbol{A})^{-1}-\sum_{k=0}^{N}\boldsymbol{A}^k=\boldsymbol{A}^{N+1}(\boldsymbol{I}-\boldsymbol{A})^{-1}$$

利用恒等式

$$\boldsymbol{A}^{N+1}=\boldsymbol{A}^{N+1}(\boldsymbol{I}-\boldsymbol{A})^{-1}(\boldsymbol{I}-\boldsymbol{A})=\boldsymbol{A}^{N+1}(\boldsymbol{I}-\boldsymbol{A})^{-1}-\boldsymbol{A}^{N+1}(\boldsymbol{I}-\boldsymbol{A})^{-1}\boldsymbol{A}$$

可得

$$\boldsymbol{A}^{N+1}(\boldsymbol{I}-\boldsymbol{A})^{-1}=\boldsymbol{A}^{N+1}+\boldsymbol{A}^{N+1}(\boldsymbol{I}-\boldsymbol{A})^{-1}\boldsymbol{A}$$

取范数，有

$$\|\boldsymbol{A}^{N+1}(\boldsymbol{I}-\boldsymbol{A})^{-1}\|\leqslant\|\boldsymbol{A}^{N+1}\|+\|\boldsymbol{A}^{N+1}(\boldsymbol{I}-\boldsymbol{A})^{-1}\|\,\|\boldsymbol{A}\|$$

解此不等式，可得

$$\|\boldsymbol{A}^{N+1}(\boldsymbol{I}-\boldsymbol{A})^{-1}\|\leqslant\frac{\|\boldsymbol{A}^{N+1}\|}{1-\|\boldsymbol{A}\|}$$

也就是

$$\|(\boldsymbol{I}-\boldsymbol{A})^{-1}-\sum_{k=0}^{N}\boldsymbol{A}^k\|\leqslant\frac{\|\boldsymbol{A}\|^{N+1}}{1-\|\boldsymbol{A}\|}$$

证毕

现在研究矩阵幂级数 $\sum_{k=0}^{\infty}c_k\boldsymbol{A}^k$ 与对应的纯量幂级数 $\sum_{k=0}^{\infty}c_kz^k$ 之间的关系．

定理 3.6 设幂级数

$$f(z)=\sum_{k=0}^{\infty}c_kz^k \tag{3.2.10}$$

的收敛半径为 r，如果方阵 $\boldsymbol{A}$ 满足 $\rho(\boldsymbol{A})<r$，则矩阵幂级数

$$\sum_{k=0}^{\infty}c_k\boldsymbol{A}^k \tag{3.2.11}$$

是绝对收敛的；如果 $\rho(\boldsymbol{A})>r$，则矩阵幂级数式(3.2.11)是发散的．

证 (1) 当 $\rho(\boldsymbol{A})<r$ 时，选取正数 ε，使满足 $\rho(\boldsymbol{A})+\varepsilon<r$. 根据定理 2.10，存在矩阵范数 $\|\cdot\|$，使得 $\|\boldsymbol{A}\|\leqslant\rho(\boldsymbol{A})+\varepsilon$. 从而有

$$\|c_k\boldsymbol{A}^k\|\leqslant|c_k|\,\|\boldsymbol{A}\|^k\leqslant|c_k|\,(\rho(\boldsymbol{A})+\varepsilon)^k$$

因为 $\rho(\boldsymbol{A})+\varepsilon<r$，所以 $\sum\limits_{k=0}^{\infty}c_k(\rho(\boldsymbol{A})+\varepsilon)^k$ 绝对收敛，从而 $\sum\limits_{k=0}^{\infty}\|c_k\boldsymbol{A}^k\|$ 收敛．根据性质 2 知 $\sum\limits_{k=0}^{\infty}c_k\boldsymbol{A}^k$ 绝对收敛．

(2) 当 $\rho(\boldsymbol{A})>r$ 时，设 $\boldsymbol{A}$ 的 n 个特征值为 $\lambda_1,\lambda_2,\cdots,\lambda_n$，则有某个 λ_l 满足 $|\lambda_l|>r$. 根据定理 1.17，存在可逆矩阵 $\boldsymbol{P}$，使得

$$\boldsymbol{P}^{-1}\boldsymbol{AP}=\begin{bmatrix}\lambda_1 & * & \cdots & * \\ & \lambda_2 & \ddots & \vdots \\ & & \ddots & * \\ & & & \lambda_n\end{bmatrix}=\boldsymbol{B}$$

而 $\sum\limits_{k=0}^{\infty}c_k\boldsymbol{B}^k$ 的对角线元素为 $\sum\limits_{k=0}^{\infty}c_k\lambda_i^k(i=1,2,\cdots,n)$. 因为 $|\lambda_l|>r$，所以 $\sum\limits_{k=0}^{\infty}c_k\lambda_l^k$ 发散，从而 $\sum\limits_{k=0}^{\infty}c_k\boldsymbol{B}^k$ 发散．根据性质 3，$\sum\limits_{k=0}^{\infty}c_k\boldsymbol{A}^k=\sum\limits_{k=0}^{\infty}c_k\boldsymbol{PB}^k\boldsymbol{P}^{-1}$ 也发散．　　证毕

推论　如果幂级数式(3.2.10)在整个复平面上是收敛的，那么不论 $\boldsymbol{A}$ 是任何矩阵，矩阵幂级数式(3.2.11)总是绝对收敛的．

在定理 3.6 中，当 $\rho(\boldsymbol{A})=r$ 时，矩阵幂级数 $\sum\limits_{k=0}^{\infty}c_k\boldsymbol{A}^k$ 可能收敛，但不是绝对收敛. 当然，也可能发散. 例如，考察矩阵幂级数

$$\sum_{k=1}^{\infty}\frac{(-1)^k}{k^2}\begin{bmatrix}1 & 1\\0 & 1\end{bmatrix}^k \quad 和 \quad \sum_{k=1}^{\infty}\frac{1}{k^2}\begin{bmatrix}1 & 1\\0 & 1\end{bmatrix}^k$$

矩阵 $\boldsymbol{A}=\begin{bmatrix}1 & 1\\0 & 1\end{bmatrix}$ 的谱半径 $\rho(\boldsymbol{A})=1$，级数

$$\sum_{k=1}^{\infty}\frac{(-1)^k}{k^2}z^k \quad 和 \quad \sum_{k=1}^{\infty}\frac{1}{k^2}z^k$$

的收敛半径 $r=1$. 因为

$$\boldsymbol{A}^k=\begin{bmatrix}1 & k\\0 & 1\end{bmatrix},\quad \sum_{k=1}^{\infty}\frac{(-1)^k}{k^2}\begin{bmatrix}1 & 1\\0 & 1\end{bmatrix}^k=\sum_{k=1}^{\infty}\frac{(-1)^k}{k^2}\begin{bmatrix}1 & k\\0 & 1\end{bmatrix}$$

且 $\sum\limits_{k=1}^{\infty}\dfrac{(-1)^k}{k^2}$ 与 $\sum\limits_{k=1}^{\infty}\dfrac{(-1)^k}{k}$ 都收敛，所以 $\sum\limits_{k=1}^{\infty}\dfrac{(-1)^k}{k^2}\boldsymbol{A}^k$ 收敛；又因为

$$\sum_{k=1}^{\infty}\frac{1}{k^2}\begin{bmatrix}1 & 1\\0 & 1\end{bmatrix}^k=\sum_{k=1}^{\infty}\frac{1}{k^2}\begin{bmatrix}1 & k\\0 & 1\end{bmatrix}$$

且 $\sum\limits_{k=1}^{\infty}\dfrac{1}{k}$ 发散，所以 $\sum\limits_{k=1}^{\infty}\dfrac{1}{k^2}\boldsymbol{A}^k$ 发散.

习　题　3.2

1. 问矩阵幂级数 $\sum\limits_{k=1}^{\infty}\boldsymbol{A}^k$ 收敛还是发散，其原因是什么？其中

$$A=\begin{bmatrix}-1 & 0 & 1\\ 1 & 1 & 0\\ -4 & 0 & 3\end{bmatrix}$$

2. 设幂级数 $\sum_{k=1}^{\infty} c_k z^k$ 的收敛半径是 3,3 阶方阵 $\boldsymbol{A}$ 的谱半径也是 3,问矩阵幂级数 $\sum_{k=1}^{\infty} c_k \boldsymbol{A}^k$ 是否有可能收敛.

3. 讨论下列矩阵幂级数的收敛性.

(1) $\sum_{k=1}^{\infty} \frac{1}{k^2}\begin{bmatrix}1 & 7\\ -1 & -3\end{bmatrix}^k$; (2) $\sum_{k=0}^{\infty} \frac{k}{6^k}\begin{bmatrix}1 & -8\\ -2 & 1\end{bmatrix}^k$.

4. 设 $\boldsymbol{A}^{(k)} \in \mathbf{C}^{m\times n}$,且矩阵级数 $\sum_{k=0}^{\infty} \boldsymbol{A}^{(k)}$ 收敛,证明 $\lim_{k\to\infty} \boldsymbol{A}^{(k)} = \boldsymbol{O}$.

3.3 矩阵函数

矩阵函数的概念与通常的函数概念一样,它是以 n 阶矩阵为自变量和函数值(因变量)的一种函数. 本节将以定理 3.6 及矩阵级数和的概念为依据,给出矩阵函数的定义,并讨论有关性质与求和方法.

3.3.1 矩阵函数的定义与性质

定义 3.7 设一元函数 $f(z)$ 能够展开为 z 的幂级数

$$f(z)=\sum_{k=0}^{\infty} c_k z^k \quad (|z|<r) \tag{3.3.1}$$

其中 $r>0$ 表示该幂级数的收敛半径. 当 n 阶矩阵 $\boldsymbol{A}$ 的谱半径 $\rho(\boldsymbol{A})<r$ 时,把收敛的矩阵幂级数 $\sum_{k=0}^{\infty} c_k \boldsymbol{A}^k$ 的和称为**矩阵函数**,记为 $f(\boldsymbol{A})$,即

$$f(\boldsymbol{A})=\sum_{k=0}^{\infty} c_k \boldsymbol{A}^k \tag{3.3.2}$$

例如,函数

$$e^z = 1+\frac{z}{1!}+\frac{z^2}{2!}+\frac{z^3}{3!}+\cdots$$

$$\cos z = 1-\frac{z^2}{2!}+\frac{z^4}{4!}-\cdots$$

$$\sin z = z-\frac{1}{3!}z^3+\frac{1}{5!}z^5-\cdots$$

在整个复平面上都是收敛的. 于是根据定理 3.6 的推论可知,不论 $\boldsymbol{A}\in\mathbf{C}^{n\times n}$ 是任何矩阵,矩阵幂级数

$$\boldsymbol{I}+\frac{1}{1!}\boldsymbol{A}+\frac{1}{2!}\boldsymbol{A}^2+\frac{1}{3!}\boldsymbol{A}^3+\cdots$$

$$I-\frac{1}{2!}A^2+\frac{1}{4!}A^4-\cdots$$

$$A-\frac{1}{3!}A^3+\frac{1}{5!}A^5-\cdots$$

都是绝对收敛的，因此它们都有和，依次记作 e^A，$\cos A$，$\sin A$，即

$$e^A=I+A+\frac{1}{2!}A^2+\frac{1}{3!}A^3+\cdots \tag{3.3.3}$$

$$\cos A=I-\frac{1}{2!}A^2+\frac{1}{4!}A^4-\cdots \tag{3.3.4}$$

$$\sin A=A-\frac{1}{3!}A^3+\frac{1}{5!}A^5-\cdots \tag{3.3.5}$$

称式(3.3.3)为**矩阵指数函数**；式(3.3.4)和式(3.3.5)为**矩阵三角函数**．由此可以推得一组等式：

$$\left.\begin{aligned}&e^{jA}=\cos A+j\sin A\quad (j=\sqrt{-1})\\&\cos A=\frac{1}{2}(e^{jA}+e^{-jA}),\quad \sin A=\frac{1}{2j}(e^{jA}-e^{-jA})\\&\cos(-A)=\cos A,\quad \sin(-A)=-\sin A\end{aligned}\right\} \tag{3.3.6}$$

需要指出的是，在数学分析中，指数函数具有运算规则：$e^{z_1}e^{z_2}=e^{z_2}e^{z_1}=e^{z_1+z_2}$．但是在矩阵分析中，$e^Ae^B=e^Be^A=e^{A+B}$ 一般不再成立．若令

$$A=\begin{bmatrix}1&1\\0&0\end{bmatrix},\quad B=\begin{bmatrix}1&-1\\0&0\end{bmatrix}$$

容易验证 $A^2=A$，$B^2=B$. 从而有

$$A=A^2=A^3=\cdots,\quad B=B^2=B^3=\cdots$$

于是

$$e^A=I+(e-1)A=\begin{bmatrix}e&e-1\\0&1\end{bmatrix},\quad e^B=I+(e-1)B=\begin{bmatrix}e&1-e\\0&1\end{bmatrix}$$

因此

$$e^Ae^B=\begin{bmatrix}e^2&-(e-1)^2\\0&1\end{bmatrix},\quad e^Be^A=\begin{bmatrix}e^2&(e-1)^2\\0&1\end{bmatrix}$$

又由

$$A+B=\begin{bmatrix}2&0\\0&0\end{bmatrix}$$

可得 $(A+B)^2=2(A+B)$．于是

$$(A+B)^k=2^{k-1}(A+B)\quad (k=1,2,\cdots)$$

由此容易推出

$$e^{A+B}=I+\frac{1}{2}(e^2-1)(A+B)=\begin{bmatrix}e^2&0\\0&1\end{bmatrix}$$

可见 $e^{A}e^{B}$，$e^{B}e^{A}$ 以及 e^{A+B} 两两互不相等．

虽然如此，仍有以下定理．

定理 3.7 如果 $\boldsymbol{AB}=\boldsymbol{BA}$，则 $e^{A}e^{B}=e^{B}e^{A}=e^{A+B}$.

证 因为矩阵加法满足交换律，所以只需证明 $e^{A}e^{B}=e^{A+B}$ 就行了．根据式(3.3.3)，并应用 3.2 的性质 4，可得

$$e^{A}e^{B}=\left(\boldsymbol{I}+\boldsymbol{A}+\frac{1}{2!}\boldsymbol{A}^2+\cdots\right)\left(\boldsymbol{I}+\boldsymbol{B}+\frac{1}{2!}\boldsymbol{B}^2+\cdots\right)=$$

$$\boldsymbol{I}+(\boldsymbol{A}+\boldsymbol{B})+\frac{1}{2!}(\boldsymbol{A}^2+\boldsymbol{AB}+\boldsymbol{BA}+\boldsymbol{B}^2)+$$

$$\frac{1}{3!}(\boldsymbol{A}^3+3\boldsymbol{A}^2\boldsymbol{B}+3\boldsymbol{AB}^2+\boldsymbol{B}^3)+\cdots=$$

$$\boldsymbol{I}+(\boldsymbol{A}+\boldsymbol{B})+\frac{1}{2!}(\boldsymbol{A}+\boldsymbol{B})^2+\frac{1}{3!}(\boldsymbol{A}+\boldsymbol{B})^3+\cdots=e^{A+B}$$

证毕

推论 1 $e^{A}e^{-A}=e^{-A}e^{A}=\boldsymbol{I}$，$(e^{A})^{-1}=e^{-A}$.

推论 2 设 m 为整数，则

$$(e^{A})^{m}=e^{mA} \tag{3.3.7}$$

例 3.3 设 $\boldsymbol{AB}=\boldsymbol{BA}$，证明

$$\left.\begin{aligned}&\cos(\boldsymbol{A}+\boldsymbol{B})=\cos\boldsymbol{A}\cos\boldsymbol{B}-\sin\boldsymbol{A}\sin\boldsymbol{B}\\&\cos2\boldsymbol{A}=\cos^2\boldsymbol{A}-\sin^2\boldsymbol{A}\\&\sin(\boldsymbol{A}+\boldsymbol{B})=\sin\boldsymbol{A}\cos\boldsymbol{B}+\cos\boldsymbol{A}\sin\boldsymbol{B}\\&\sin2\boldsymbol{A}=2\sin\boldsymbol{A}\cos\boldsymbol{A}\end{aligned}\right\} \tag{3.3.8}$$

证 这里只证式(3.3.8)中第一个等式，其余证明留给读者．由式(3.3.6)可得

$$\cos(\boldsymbol{A}+\boldsymbol{B})=\frac{1}{2}(e^{j(A+B)}+e^{-j(A+B)})=\frac{1}{2}(e^{jA}e^{jB}+e^{-jA}e^{-jB})=$$

$$\frac{1}{2}\left(\frac{(e^{jA}+e^{-jA})(e^{jB}+e^{-jB})}{2}+\frac{(e^{jA}-e^{-jA})(e^{jB}-e^{-jB})}{2}\right)=$$

$$\frac{e^{jA}+e^{-jA}}{2}\,\frac{e^{jB}+e^{-jB}}{2}-\frac{e^{jA}-e^{-jA}}{2j}\,\frac{e^{jB}-e^{-jB}}{2j}=$$

$$\cos\boldsymbol{A}\cos\boldsymbol{B}-\sin\boldsymbol{A}\sin\boldsymbol{B}$$

例 3.4 设函数 $f(z)=\dfrac{1}{1-z}$ $(|z|<1)$，求矩阵函数 $f(\mathbf{A})$.

解 因为

$$f(z)=\frac{1}{1-z}=\sum_{k=0}^{\infty}z^k\quad(|z|<1)$$

根据定义 3.7，当方阵 $\mathbf{A}$ 的谱半径 $\rho(\mathbf{A})<1$ 时，有

$$f(\mathbf{A})=\sum_{k=0}^{\infty}\mathbf{A}^k$$

利用定理 3.4，可得 $f(\boldsymbol{A})=(\boldsymbol{I}-\boldsymbol{A})^{-1}$.

3.3.2　矩阵函数值的求法

下面介绍已知矩阵 $\boldsymbol{A}$，怎样计算矩阵函数值的问题．

1. 待定系数法

设 n 阶矩阵 $\boldsymbol{A}$ 的特征多项式为 $\varphi(\lambda)=\det(\lambda\boldsymbol{I}-\boldsymbol{A})$. 如果首 1 多项式

$$\psi(\lambda)=\lambda^m+b_1\lambda^{m-1}+\cdots+b_{m-1}\lambda+b_m\quad(1\leqslant m\leqslant n)\tag{3.3.9}$$

满足 $\psi(\boldsymbol{A})=\boldsymbol{O}$ 且 $\psi(\lambda)$ 整除 $\varphi(\lambda)$（矩阵 $\boldsymbol{A}$ 的最小多项式与特征多项式均满足这些条件）. 那么，$\psi(\lambda)$ 的零点都是 $\boldsymbol{A}$ 的特征值．记 $\psi(\lambda)$ 的互异零点为 $\lambda_1, \lambda_2, \cdots, \lambda_s$，相应的重数为 $r_1, r_2, \cdots, r_s r_1+r_2+\cdots+r_s=m$)，则有

$$\psi^{(l)}(\lambda_i)=0\quad(l=0, 1, \cdots, r_i-1;\ i=1, 2, \cdots, s)\tag{3.3.10}$$

这里，$\psi^{(l)}(\lambda)$ 表示 $\psi(\lambda)$ 的 l 阶导数（下同）. 设

$$f(z)=\sum_{k=0}^{\infty}c_kz^k=\psi(z)g(z)+r(z)$$

其中 $r(z)$ 是次数低于 m 的多项式，于是可由

$$f^{(l)}(\lambda_i)=r^{(l)}(\lambda_i)\quad(l=0, 1, \cdots, r_i-1;\ i=1, 2, \cdots, s)\tag{3.3.11}$$

确定出 $r(z)$. 利用 $\psi(\boldsymbol{A})=\boldsymbol{O}$，可得

$$f(\boldsymbol{A})=\sum_{k=0}^{\infty}c_k\boldsymbol{A}^k=r(\boldsymbol{A})\tag{3.3.12}$$

例 3.5　设 $\boldsymbol{A}=\begin{bmatrix}2&0&0\\1&1&1\\1&-1&3\end{bmatrix}$，求 $\mathrm{e}^{\boldsymbol{A}}$ 与 $\mathrm{e}^{t\boldsymbol{A}}(t\in\mathbf{R})$.

解　$\varphi(\lambda)=\det(\lambda\boldsymbol{I}-\boldsymbol{A})=(\lambda-2)^3$，容易求得 $\boldsymbol{A}$ 的最小多项式 $m(\lambda)=(\lambda-2)^2$，取 $\psi(\lambda)=(\lambda-2)^2$.

(1) 取 $f(\lambda)=\mathrm{e}^{\lambda}$，设 $f(\lambda)=\psi(\lambda)g(\lambda)+(a+b\lambda)$，则有

$$\begin{cases}f(2)=\mathrm{e}^2\\f'(2)=\mathrm{e}^2\end{cases}\quad\text{或者}\quad\begin{cases}a+2b=\mathrm{e}^2\\\qquad b=\mathrm{e}^2\end{cases}$$

解此方程组可得 $a=-\mathrm{e}^2$, $b=\mathrm{e}^2$. 于是 $r(\lambda)=\mathrm{e}^2(\lambda-1)$，从而

$$\mathrm{e}^{\boldsymbol{A}}=f(\boldsymbol{A})=r(\boldsymbol{A})=\mathrm{e}^2(\boldsymbol{A}-\boldsymbol{I})=\mathrm{e}^2\begin{bmatrix}1&0&0\\1&0&1\\1&-1&2\end{bmatrix}$$

(2) 取 $f(\lambda)=\mathrm{e}^{t\lambda}$，设 $f(\lambda)=\psi(\lambda)g(\lambda)+(a+b\lambda)$，则有

$$\begin{cases}f(2)=\mathrm{e}^{2t}\\f'(2)=t\mathrm{e}^{2t}\end{cases}\quad\text{或者}\quad\begin{cases}a+2b=\mathrm{e}^{2t}\\\qquad b=t\mathrm{e}^{2t}\end{cases}$$

解此方程组 可得 $a=(1-2t)\mathrm{e}^{2t}$, $b=t\mathrm{e}^{2t}$. 于是 $r(\lambda)=\mathrm{e}^{2t}[(1-2t)+t\lambda]$，从而

$$e^{tA}=f(A)=r(A)=e^{2t}[(1-2t)I+tA]=e^{2t}\begin{bmatrix}1 & 0 & 0\\ t & 1-t & t\\ t & -t & 1+t\end{bmatrix}$$

2. 数项级数求和法

设首1多项式 $\psi(\lambda)$ 形如式(3.3.9)，且满足 $\psi(A)=O$，即

$$A^m+b_1A^{m-1}+\cdots+b_{m-1}A+b_mI=O$$

或者

$$A^m=k_0I+k_1A+\cdots+k_{m-1}A^{m-1}\quad(k_i=-b_{m-i})\tag{3.3.13}$$

由此可以求出

$$\begin{cases}A^{m+1}=k_0^{(1)}I+k_1^{(1)}A+\cdots+k_{m-1}^{(1)}A^{m-1}\\ \qquad\cdots\cdots\\ A^{m+l}=k_0^{(l)}I+k_1^{(l)}A+\cdots+k_{m-1}^{(l)}A^{m-1}\\ \qquad\cdots\cdots\end{cases}$$

于是有

$$\begin{aligned}f(A)=\sum_{k=0}^{\infty}c_kA^k=&(c_0I+c_1A+\cdots+c_{m-1}A^{m-1})+\\ &c_m(k_0I+k_1A+\cdots+k_{m-1}A^{m-1})+\cdots+\\ &c_{m+l}(k_0^{(l)}I+k_1^{(l)}A+\cdots+k_{m-1}^{(l)}A^{m-1})+\cdots=\\ &\Big(c_0+\sum_{l=0}^{\infty}c_{m+l}k_0^{(l)}\Big)I+\Big(c_1+\sum_{l=0}^{\infty}c_{m+l}k_1^{(l)}\Big)A+\cdots+\\ &\Big(c_{m-1}+\sum_{l=0}^{\infty}c_{m+l}k_{m-1}^{(l)}\Big)A^{m-1}\end{aligned}\tag{3.3.14}$$

这表明，利用式(3.3.14)可以将一个矩阵幂级数的求和问题，转化为 m 个数项级数的求和问题．当式(3.3.13)中只有少数几个系数不为零时，式(3.3.14)中需要计算的数项级数也只有少数几个．

例 3.6 设 $A=\begin{bmatrix}\pi & 0 & 0 & 0\\ 0 & -\pi & 0 & 0\\ 0 & 0 & 0 & 1\\ 0 & 0 & 0 & 0\end{bmatrix}$，求 $\sin A$.

解 $\varphi(\lambda)=\det(\lambda I-A)=\lambda^4-\pi^2\lambda^2$．由于 $\varphi(A)=O$，所以 $A^4=\pi^2A^2$，$A^5=\pi^2A^3$，$A^7=\pi^4A^3$，…．于是有

$$\begin{aligned}\sin A=&A-\frac{1}{3!}A^3+\frac{1}{5!}A^5-\frac{1}{7!}A^7+\frac{1}{9!}A^9-\cdots=\\ &A-\frac{1}{3!}A^3+\frac{1}{5!}\pi^2A^3-\frac{1}{7!}\pi^4A^3+\frac{1}{9!}\pi^6A^3-\cdots=\\ &A+\Big(-\frac{1}{3!}+\frac{1}{5!}\pi^2-\frac{1}{7!}\pi^4+\frac{1}{9!}\pi^6-\cdots\Big)A^3=\end{aligned}$$

$$A+\frac{\sin\pi-\pi}{\pi^3}A^3=A-\pi^{-2}A^3=\begin{bmatrix}0&0&0&0\\0&0&0&0\\0&0&0&1\\0&0&0&0\end{bmatrix}$$

3. 对角形法

设 $\boldsymbol{A}$ 相似于对角矩阵 $\boldsymbol{\Lambda}$，即有可逆矩阵 $\boldsymbol{P}$，使得

$$\boldsymbol{P}^{-1}\boldsymbol{A}\boldsymbol{P}=\begin{bmatrix}\lambda_1&&\\&\ddots&\\&&\lambda_n\end{bmatrix}$$

则有 $\boldsymbol{A}=\boldsymbol{P}\boldsymbol{\Lambda}\boldsymbol{P}^{-1}$，$\boldsymbol{A}^2=\boldsymbol{P}\boldsymbol{\Lambda}^2\boldsymbol{P}^{-1}$，…，于是可得

$$\sum_{k=0}^{N}c_k\boldsymbol{A}^k=\sum_{k=0}^{N}c_k\boldsymbol{P}\boldsymbol{\Lambda}^k\boldsymbol{P}^{-1}=\boldsymbol{P}\cdot\sum_{k=0}^{N}c_k\boldsymbol{\Lambda}^k\boldsymbol{P}^{-1}=\boldsymbol{P}\begin{bmatrix}\sum_{k=0}^{N}c_k\lambda_1^k&&\\&\ddots&\\&&\sum_{k=0}^{N}c_k\lambda_n^k\end{bmatrix}\boldsymbol{P}^{-1}$$

从而

$$f(\boldsymbol{A})=\sum_{k=0}^{\infty}c_k\boldsymbol{A}^k=\boldsymbol{P}\begin{bmatrix}\sum_{k=0}^{\infty}c_k\lambda_1^k&&\\&\ddots&\\&&\sum_{k=0}^{\infty}c_k\lambda_n^k\end{bmatrix}\boldsymbol{P}^{-1}=\boldsymbol{P}\begin{bmatrix}f(\lambda_1)&&\\&\ddots&\\&&f(\lambda_n)\end{bmatrix}\boldsymbol{P}^{-1}$$

(3.3.15)

这表明，当 $\boldsymbol{A}$ 与对角矩阵相似时，可以将矩阵幂级数的求和问题转化为求相似变换矩阵的问题．

例 3.7　设 $\boldsymbol{A}=\begin{bmatrix}4&6&0\\-3&-5&0\\-3&-6&1\end{bmatrix}$，分别求 $e^{\boldsymbol{A}}$，$e^{t\boldsymbol{A}}\ (t\in\mathbf{R})$ 及 $\cos\boldsymbol{A}$.

解　$\varphi(\lambda)=\det(\lambda\boldsymbol{I}-\boldsymbol{A})=(\lambda+2)(\lambda-1)^2$. 对应 $\lambda_1=-2$ 的特征向量 $\boldsymbol{p}_1=(-1,1,1)^{\mathrm{T}}$；对应 $\lambda_2=\lambda_3=1$ 的两个线性无关的特征向量 $\boldsymbol{p}_2=(-2,1,0)^{\mathrm{T}}$，$\boldsymbol{p}_3=(0,0,1)^{\mathrm{T}}$. 构造矩阵

$$\boldsymbol{P}=(\boldsymbol{p}_1,\boldsymbol{p}_2,\boldsymbol{p}_3)=\begin{bmatrix}-1&-2&0\\1&1&0\\1&0&1\end{bmatrix}$$

则有

$$P^{-1}=\begin{bmatrix}1&2&0\\-1&-1&0\\-1&-2&1\end{bmatrix},\quad P^{-1}AP=\begin{bmatrix}-2&&\\&1&\\&&1\end{bmatrix}$$

利用式(3.3.15),求得

$$e^{A}=P\begin{bmatrix}e^{-2}&&\\&e&\\&&e\end{bmatrix}P^{-1}=\begin{bmatrix}2e-e^{-2}&2e-2e^{-2}&0\\e^{-2}-e&2e^{-2}-e&0\\e^{-2}-e&2e^{-2}-2e&e\end{bmatrix}$$

$$e^{tA}=P\begin{bmatrix}e^{-2t}&&\\&e^{t}&\\&&e^{t}\end{bmatrix}P^{-1}=\begin{bmatrix}2e^{t}-e^{-2t}&2e^{t}-2e^{-2t}&0\\e^{-2t}-e^{t}&2e^{-2t}-e^{t}&0\\e^{-2t}-e^{t}&2e^{-2t}-2e^{t}&e^{t}\end{bmatrix}$$

$$\cos A=P\begin{bmatrix}\cos(-2)&&\\&\cos1&\\&&\cos1\end{bmatrix}P^{-1}=$$

$$\begin{bmatrix}2\cos1-\cos2&2\cos1-2\cos2&0\\\cos2-\cos1&2\cos2-\cos1&0\\\cos2-\cos1&2\cos2-2\cos1&\cos1\end{bmatrix}$$

4. Jordan 标准形法

设 A 的 Jordan 标准形为 J,则有可逆矩阵 P,使得

$$P^{-1}AP=J=\begin{bmatrix}J_1&&\\&\ddots&\\&&J_s\end{bmatrix}$$

其中

$$J_i=\begin{bmatrix}\lambda_i&1&&\\&\ddots&\ddots&\\&&\lambda_i&1\\&&&\lambda_i\end{bmatrix}_{m_i\times m_i}$$

可求得

$$f(J_i)=\sum_{k=0}^{\infty}c_kJ_i^k=\sum_{k=0}^{\infty}c_k\begin{bmatrix}\lambda_i^k&C_k^1\lambda_i^{k-1}&\cdots&C_k^{m_i-1}\lambda_i^{k-m_i+1}\\&\lambda_i^k&\ddots&\vdots\\&&\ddots&C_k^1\lambda_i^{k-1}\\&&&\lambda_i^k\end{bmatrix}=$$

$$\begin{bmatrix} f(\lambda_i) & \frac{1}{1!}f'(\lambda_i) & \cdots & \frac{1}{(m_i-1)!}f^{(m_i-1)}(\lambda_i) \\ & f(\lambda_i) & \ddots & \vdots \\ & & \ddots & \frac{1}{1!}f'(\lambda_i) \\ & & & f(\lambda_i) \end{bmatrix} \tag{3.3.16}$$

$$f(\boldsymbol{A}) = \sum_{k=0}^{\infty} c_k \boldsymbol{A}^k = \sum_{k=0}^{\infty} c_k \boldsymbol{P}\boldsymbol{J}^k\boldsymbol{P}^{-1} = \boldsymbol{P}\left(\sum_{k=0}^{\infty} c_k \boldsymbol{J}^k\right)\boldsymbol{P}^{-1} =$$

$$\boldsymbol{P}\begin{bmatrix} \sum_{k=0}^{\infty} c_k \boldsymbol{J}_1^k & & \\ & \ddots & \\ & & \sum_{k=0}^{\infty} c_k \boldsymbol{J}_s^k \end{bmatrix}\boldsymbol{P}^{-1} = \boldsymbol{P}\begin{bmatrix} f(\boldsymbol{J}_1) & & \\ & \ddots & \\ & & f(\boldsymbol{J}_s) \end{bmatrix}\boldsymbol{P}^{-1} \tag{3.3.17}$$

这表明，矩阵幂级数的求和问题可以转化为求矩阵的 Jordan 标准形及相似变换矩阵的问题 .

例如，例 3.6 中的矩阵 $\boldsymbol{A}$ 是一个 Jordan 标准形，它的三个 Jordan 块为

$$\boldsymbol{J} = \pi, \quad \boldsymbol{J}_2 = -\pi, \quad \boldsymbol{J}_3 = \begin{bmatrix} 0 & 1 \\ 0 & 0 \end{bmatrix}$$

根据式(3.3.16)，求得

$$\sin\boldsymbol{J}_1 = \sin\pi = 0, \quad \sin\boldsymbol{J}_2 = \sin(-\pi) = 0$$

$$\sin\boldsymbol{J}_3 = \begin{bmatrix} \sin 0 & \frac{1}{1!}\cos 0 \\ 0 & \sin 0 \end{bmatrix} = \begin{bmatrix} 0 & 1 \\ 0 & 0 \end{bmatrix}$$

再由式(3.3.17)，可得(取 $\boldsymbol{P} = \boldsymbol{I}$)

$$\sin\boldsymbol{A} = \begin{bmatrix} \sin\boldsymbol{J}_1 & & \\ & \sin\boldsymbol{J}_2 & \\ & & \sin\boldsymbol{J}_3 \end{bmatrix} = \begin{bmatrix} 0 & 0 & 0 & 0 \\ 0 & 0 & 0 & 0 \\ 0 & 0 & 0 & 1 \\ 0 & 0 & 0 & 0 \end{bmatrix}$$

*3.3.3 矩阵函数的另一定义

上述利用定理 3.6 及其推论定义了矩阵函数，其实质就是先把纯量 z 的函数 $f(z)$ 展开为形如式(3.2.10)的收敛的幂级数，然后以矩阵 $\boldsymbol{A}$ 替代 z，就得到形如式(3.2.11)的矩阵幂级数 $f(\boldsymbol{A})$. 但是，对于任意给定的函数 $f(z)$ 要求能够展开成收敛的幂级数这个条件较强，一般不易满足，例如函数 $f(z) = \frac{1}{z}$ 就不满足 . 借助

于式(3.3.16)和式(3.3.17),拓宽矩阵函数的定义如下.

定义 3.8 设 $\boldsymbol{A} \in \mathbf{C}^{n\times n}$ 的 Jordan 标准形为 $\boldsymbol{J}$,即有可逆矩阵 $\boldsymbol{P}$,使得

$$\boldsymbol{P}^{-1}\boldsymbol{A}\boldsymbol{P} = \boldsymbol{J} = \begin{bmatrix} \boldsymbol{J}_1 & & \\ & \ddots & \\ & & \boldsymbol{J}_s \end{bmatrix}$$

$$\boldsymbol{J}_i = \begin{bmatrix} \lambda_i & 1 & & \\ & \ddots & \ddots & \\ & & \lambda_i & 1 \\ & & & \lambda_i \end{bmatrix}_{m_i \times m_i} \quad (i = 1, 2, \cdots, s)$$

如果函数 $f(z)$ 在 λ_i 处具有直到 $m_i - 1$ 阶导数($i = 1, 2, \cdots, s$),令

$$f(\boldsymbol{J}_i) = \begin{bmatrix} f(\lambda_i) & \frac{1}{1!}f'(\lambda_i) & \cdots & \frac{1}{(m_i-1)!}f^{(m_i-1)}(\lambda_i) \\ & f(\lambda_i) & \ddots & \vdots \\ & & \ddots & \frac{1}{1!}f'(\lambda_i) \\ & & & f(\lambda_i) \end{bmatrix} \tag{3.3.18}$$

$$f(\boldsymbol{A}) = \boldsymbol{P} \begin{bmatrix} f(\boldsymbol{J}_1) & & \\ & \ddots & \\ & & f(\boldsymbol{J}_s) \end{bmatrix} \boldsymbol{P}^{-1} \tag{3.3.19}$$

那么,称 $f(\boldsymbol{A})$ 为对应于 $f(z)$ 的**矩阵函数**.

由式(3.3.16)和式(3.3.17)知,当函数 $f(z)$ 能够展开为 z 的幂级数时,按照定义 3.8 得到矩阵函数 $f(\boldsymbol{A})$,与按照定义 3.7 得到的矩阵函数 $f(\boldsymbol{A})$ 是一致的.

例 3.8 设 $f(z) = \dfrac{1}{z}$, $\boldsymbol{A} = \begin{bmatrix} 2 & 1 & 0 & 0 \\ 0 & 2 & 1 & 0 \\ 0 & 0 & 2 & 1 \\ 0 & 0 & 0 & 2 \end{bmatrix}$,求 $f(\boldsymbol{A})$.

解 $\boldsymbol{A}$ 是一个 Jordan 块,其阶数为 4. 计算

$$f(2) = \frac{1}{2}, \quad f'(2) = -\frac{1}{4}, \quad f''(2) = \frac{1}{4}, \quad f'''(2) = -\frac{3}{8}$$

根据式(3.3.18),可得(取 $\boldsymbol{P} = \boldsymbol{I}$)

$$f(\boldsymbol{A}) = \begin{bmatrix} \frac{1}{2} & -\frac{1}{4} & \frac{1}{8} & -\frac{1}{16} \\ & \frac{1}{2} & -\frac{1}{4} & \frac{1}{8} \\ & & \frac{1}{2} & -\frac{1}{4} \\ & & & \frac{1}{2} \end{bmatrix}$$

实际上，这里的 $f(\boldsymbol{A})$ 就是$\boldsymbol{A}^{-1}$.

例 3.9 设 $f(z)=\sqrt{z}$，$\boldsymbol{A}=\begin{bmatrix}1&1&0\\0&1&0\\0&0&2\end{bmatrix}$，求 $f(\boldsymbol{A})$.

解 $\boldsymbol{A}$ 是 Jordan 标准形，它的两个 Jordan 块为 $\boldsymbol{J}_1=\begin{bmatrix}1&1\\0&1\end{bmatrix}$ 和 $\boldsymbol{J}_2=2$. 由式(3.3.18)求得

$$f(\boldsymbol{J}_1)=\begin{bmatrix}1&1/2\\0&1\end{bmatrix},\quad f(\boldsymbol{J}_2)=f(2)=\sqrt{2}$$

再由式(3.3.19)，可得(取 $\boldsymbol{P}=\boldsymbol{I}$)

$$\sqrt{\boldsymbol{A}}=f(\boldsymbol{A})=f(\boldsymbol{J})=\begin{bmatrix}f(\boldsymbol{J}_1)&\\&f(\boldsymbol{J}_2)\end{bmatrix}=\begin{bmatrix}1&1/2&0\\0&1&0\\0&0&\sqrt{2}\end{bmatrix}$$

关于矩阵函数，还有下面一些结论.

(1) 由定义 3.8 给出的矩阵函数 $f(\boldsymbol{A})$，与 $\boldsymbol{A}$ 的 Jordan 标准形 $\boldsymbol{J}$ 中的 Jordan 块的排列次序无关，与相似变换矩阵 $\boldsymbol{P}$ 的选取也无关. 也就是说，如果①

$$\boldsymbol{P}^{-1}\boldsymbol{A}\boldsymbol{P}=\boldsymbol{J},\quad \boldsymbol{Q}^{-1}\boldsymbol{A}\boldsymbol{Q}=\tilde{\boldsymbol{J}}$$

则有

$$\boldsymbol{P}\begin{bmatrix}f(\boldsymbol{J}_1)&&\\&\ddots&\\&&f(\boldsymbol{J}_s)\end{bmatrix}\boldsymbol{P}^{-1}=\boldsymbol{Q}\begin{bmatrix}f(\boldsymbol{J}_{t_1})&&\\&\ddots&\\&&f(\boldsymbol{J}_{t_s})\end{bmatrix}\boldsymbol{Q}^{-1}$$

(2) 如果 $f(z)=f_1(z)+f_2(z)$，且 $f_1(\boldsymbol{A})$，$f_2(\boldsymbol{A})$ 有意义，则

$$f(\boldsymbol{A})=f_1(\boldsymbol{A})+f_2(\boldsymbol{A})$$

(3) 如果 $f(z)=f_1(z)f_2(z)$，且 $f_1(\boldsymbol{A})$，$f_2(\boldsymbol{A})$ 有意义，则

$$f(\boldsymbol{A})=f_1(\boldsymbol{A})f_2(\boldsymbol{A})=f_2(\boldsymbol{A})f_1(\boldsymbol{A})$$

习 题 3.3

1. 证明 $e^{j\boldsymbol{A}}=\cos\boldsymbol{A}+j\sin\boldsymbol{A}$.
2. 证明 $e^{\boldsymbol{A}+2\pi j\boldsymbol{I}}=e^{\boldsymbol{A}}$，$\sin(\boldsymbol{A}+2\pi\boldsymbol{I})=\sin\boldsymbol{A}$.
3. 若 $\boldsymbol{A}$ 为实反对称矩阵($\boldsymbol{A}^{\mathrm{T}}=-\boldsymbol{A}$)，则 $e^{\boldsymbol{A}}$ 为正交矩阵.
4. 若 $\boldsymbol{A}$ 是 Hermite 矩阵，则 $e^{j\boldsymbol{A}}$ 是酉矩阵.
5. 设 $\boldsymbol{A}=\begin{bmatrix}2&1&0\\0&0&1\\0&1&0\end{bmatrix}$，求 $e^{\boldsymbol{A}}$，$e^{t\boldsymbol{A}}(t\in\mathbf{R})$，$\sin\boldsymbol{A}$.

① $\boldsymbol{J}$ 与 $\tilde{\boldsymbol{J}}$ 的 Jordan 块的次序不一定相同。

6. 设 $f(z)=\ln z$，求 $f(\boldsymbol{A})$，这里 $\boldsymbol{A}$ 为

(1) $\boldsymbol{A}=\begin{bmatrix}1&0&0&0\\1&1&0&0\\0&1&1&0\\0&0&1&1\end{bmatrix}$； (2) $\boldsymbol{A}=\begin{bmatrix}2&1&0&0\\0&2&0&0\\0&0&1&1\\0&0&0&1\end{bmatrix}$.

3.4 矩阵的微分和积分

在本节，先论述以变量 t 的函数 $a_{ij}(t)(i=1,2,\cdots,m;\ j=1,2,\cdots,n)$ 为元素的矩阵(称为**函数矩阵**)$\boldsymbol{A}(t)=(a_{ij}(t))_{m\times n}$ 对 t 的导数(微商)及 $\boldsymbol{A}(t)$ 的积分问题；然后论述一些实际中经常用到的其他微分概念.

3.4.1 函数矩阵的导数与积分

定义 3.9 如果函数矩阵 $\boldsymbol{A}(t)=(a_{ij}(t))_{m\times n}$ 的每一个元素 $a_{ij}(t)$ 是变量 t 的可导函数，则称 $\boldsymbol{A}(t)$ 可导，其**导数(微商)**定义为

$$\boldsymbol{A}'(t)=\frac{\mathrm{d}}{\mathrm{d}t}\boldsymbol{A}(t)=\left(\frac{\mathrm{d}}{\mathrm{d}t}a_{ij}(t)\right)_{m\times n} \tag{3.4.1}$$

从定义 3.9 不难证明下面的定理.

定理 3.8 设 $\boldsymbol{A}(t)$，$\boldsymbol{B}(t)$ 是能够进行下面运算的两个可导的函数矩阵，则有

$$\frac{\mathrm{d}}{\mathrm{d}t}(\boldsymbol{A}(t)+\boldsymbol{B}(t))=\frac{\mathrm{d}}{\mathrm{d}t}\boldsymbol{A}(t)+\frac{\mathrm{d}}{\mathrm{d}t}\boldsymbol{B}(t) \tag{3.4.2}$$

$$\frac{\mathrm{d}}{\mathrm{d}t}(\boldsymbol{A}(t)\boldsymbol{B}(t))=\frac{\mathrm{d}}{\mathrm{d}t}\boldsymbol{A}(t)\cdot\boldsymbol{B}(t)+\boldsymbol{A}(t)\cdot\frac{\mathrm{d}}{\mathrm{d}t}\boldsymbol{B}(t) \tag{3.4.3}$$

$$\frac{\mathrm{d}}{\mathrm{d}t}(a\boldsymbol{A}(t))=\frac{\mathrm{d}a}{\mathrm{d}t}\cdot\boldsymbol{A}(t)+a\,\frac{\mathrm{d}}{\mathrm{d}t}\boldsymbol{A}(t) \tag{3.4.4}$$

这里，$a=a(t)$ 为 t 的可导函数.

证 在此仅证明式(3.4.3)，至于式(3.4.2)和式(3.4.4)的证明留给读者.令

$$\boldsymbol{P}(t)=\boldsymbol{A}(t)\boldsymbol{B}(t)=(p_{ij}(t))_{m\times s}$$

则有

$$p_{ij}(t)=\sum_{k=1}^{n}a_{ik}(t)b_{kj}(t)\quad(i=1,2,\cdots,m;\ j=1,2,\cdots,s)$$

其中 $a_{ik}(t)$ 与 $b_{kj}(t)$ 依次是 $\boldsymbol{A}(t)$ 与 $\boldsymbol{B}(t)$ 的元素.求导数可得

$$\frac{\mathrm{d}}{\mathrm{d}t}p_{ij}(t)=\sum_{k=1}^{n}\left(\frac{\mathrm{d}}{\mathrm{d}t}a_{ik}(t)\right)b_{kj}(t)+\sum_{k=1}^{n}a_{ik}(t)\left(\frac{\mathrm{d}}{\mathrm{d}t}b_{kj}(t)\right)$$

从而有

$$\frac{\mathrm{d}}{\mathrm{d}t}\boldsymbol{P}(t)=\frac{\mathrm{d}}{\mathrm{d}t}\boldsymbol{A}(t)\cdot\boldsymbol{B}(t)+\boldsymbol{A}(t)\cdot\frac{\mathrm{d}}{\mathrm{d}t}\boldsymbol{B}(t)$$ 证毕

定理 3.9　设 n 阶矩阵 $\boldsymbol{A}$ 与 t 无关，则有

$$\frac{\mathrm{d}}{\mathrm{d}t}\mathrm{e}^{t\boldsymbol{A}}=\boldsymbol{A}\mathrm{e}^{t\boldsymbol{A}}=\mathrm{e}^{t\boldsymbol{A}}\boldsymbol{A} \tag{3.4.5}$$

$$\frac{\mathrm{d}}{\mathrm{d}t}\cos(t\boldsymbol{A})=-\boldsymbol{A}(\sin(t\boldsymbol{A}))=-(\sin(t\boldsymbol{A}))\boldsymbol{A} \tag{3.4.6}$$

$$\frac{\mathrm{d}}{\mathrm{d}t}\sin(t\boldsymbol{A})=\boldsymbol{A}(\cos(t\boldsymbol{A}))=(\cos(t\boldsymbol{A}))\boldsymbol{A} \tag{3.4.7}$$

证　这里只证明式(3.4.5)，而式(3.4.6)和式(3.4.7)的证明完全类似．为证明式(3.4.5)，首先注意

$$(\mathrm{e}^{t\boldsymbol{A}})_{ij}=\sum_{k=0}^{\infty}\frac{1}{k!}t^k(\boldsymbol{A}^k)_{ij}$$

上式右边是 t 的幂级数．不管 t 取何值，它总是收敛的．因此，可以逐项微分，有

$$\frac{\mathrm{d}}{\mathrm{d}t}(\mathrm{e}^{t\boldsymbol{A}})_{ij}=\sum_{k=1}^{\infty}\frac{1}{(k-1)!}t^{k-1}(\boldsymbol{A}^k)_{ij}$$

由 3.2 节中的性质 3 可得

$$\frac{\mathrm{d}}{\mathrm{d}t}\mathrm{e}^{t\boldsymbol{A}}=\sum_{k=1}^{\infty}\frac{1}{(k-1)!}t^{k-1}\boldsymbol{A}^k=\begin{cases}\boldsymbol{A}\displaystyle\sum_{k=1}^{\infty}\frac{1}{(k-1)!}t^{k-1}\boldsymbol{A}^{k-1}=\boldsymbol{A}\mathrm{e}^{t\boldsymbol{A}}\\ \left(\displaystyle\sum_{k=1}^{\infty}\frac{1}{(k-1)!}t^{k-1}\boldsymbol{A}^{k-1}\right)\boldsymbol{A}=\mathrm{e}^{t\boldsymbol{A}}\boldsymbol{A}\end{cases}$$

证毕

定义 3.10　如果函数矩阵 $\boldsymbol{A}(t)$ 的每个元素 $a_{ij}(t)$ 都是区间 $[t_0, t_1]$ 上的可积函数，则定义 $\boldsymbol{A}(t)$ 在 $[t_0, t_1]$ 上的积分为

$$\int_{t_0}^{t_1}\boldsymbol{A}(t)\mathrm{d}t=\left(\int_{t_0}^{t_1}a_{ij}(t)\mathrm{d}t\right)_{m\times n} \tag{3.4.8}$$

容易验证以下的运算规则成立：

$$\int_{t_0}^{t_1}(\boldsymbol{A}(t)+\boldsymbol{B}(t))\mathrm{d}t=\int_{t_0}^{t_1}\boldsymbol{A}(t)\mathrm{d}t+\int_{t_0}^{t_1}\boldsymbol{B}(t)\mathrm{d}t \tag{3.4.9}$$

$$\int_{t_0}^{t_1}\boldsymbol{A}(t)\boldsymbol{B}\mathrm{d}t=\left(\int_{t_0}^{t_1}\boldsymbol{A}(t)\mathrm{d}t\right)\boldsymbol{B}\quad(\boldsymbol{B}\text{ 与 }t\text{ 无关}) \tag{3.4.10}$$

$$\int_{t_0}^{t_1}\boldsymbol{A}\cdot\boldsymbol{B}(t)\mathrm{d}t=\boldsymbol{A}\left(\int_{t_0}^{t_1}\boldsymbol{B}(t)\mathrm{d}t\right)\quad(\boldsymbol{A}\text{ 与 }t\text{ 无关}) \tag{3.4.11}$$

当 $a_{ij}(t)$ 都在 $[t_0, t_1]$ 上连续时，就称 $\boldsymbol{A}(t)$ 在 $[t_0, t_1]$ 上连续，且有

$$\frac{\mathrm{d}}{\mathrm{d}t}\int_a^t\boldsymbol{A}(s)\mathrm{d}s=\boldsymbol{A}(t) \tag{3.4.12}$$

当 $a_{ij}'(t)$ 都在 $[a, b]$ 上连续时，则

$$\int_a^b\boldsymbol{A}'(t)\mathrm{d}t=\boldsymbol{A}(b)-\boldsymbol{A}(a) \tag{3.4.13}$$

* 3.4.2 其他微分概念

以上介绍了函数矩阵 $\boldsymbol{A}(t)$ 的微积分概念及其一些运算法则．由于 $\boldsymbol{A}'(t)$ 仍然

是一个函数矩阵,因此,当 $a_{ij}(t)$ 两次可导时,重复使用上面的定义,无疑可以定义二阶导数 $\boldsymbol{A}''(t)$,而且对于更高阶导数也是同样的定义．然而,在自动控制的理论以及其他科学领域中,还要讨论纯量对于向量,向量对于向量,矩阵对于向量以及矩阵对于矩阵的导数问题．现分述如下．

1. 函数对矩阵的导数

定义 3.11 设 $\boldsymbol{X}=(\xi_{ij})_{m\times n}$, mn 元函数 $f(\boldsymbol{X})=f(\xi_{11},\xi_{12},\cdots,\xi_{1n},\xi_{21},\cdots,\xi_{mn})$,定义 $f(\boldsymbol{X})$ 对矩阵 $\boldsymbol{X}$ 的导数为

$$\frac{\mathrm{d}f}{\mathrm{d}\boldsymbol{X}}=\left(\frac{\partial f}{\partial \xi_{ij}}\right)_{m\times n}=\begin{bmatrix}\dfrac{\partial f}{\partial \xi_{11}} & \cdots & \dfrac{\partial f}{\partial \xi_{1n}}\\ \vdots & & \vdots\\ \dfrac{\partial f}{\partial \xi_{m1}} & \cdots & \dfrac{\partial f}{\partial \xi_{mn}}\end{bmatrix} \tag{3.4.14}$$

例 3.10 设 $\boldsymbol{x}=(\xi_1,\xi_2,\cdots,\xi_n)^{\mathrm{T}}$,$n$ 元函数 $f(\boldsymbol{x})=f(\xi_1,\xi_2,\cdots,\xi_n)$,求 $\dfrac{\mathrm{d}f}{\mathrm{d}\boldsymbol{x}}$ 与 $\dfrac{\mathrm{d}f}{\mathrm{d}\boldsymbol{x}^{\mathrm{T}}}$.

解 根据定义 3.11,有

$$\frac{\mathrm{d}f}{\mathrm{d}\boldsymbol{x}}=\left(\frac{\partial f}{\partial \xi_1},\frac{\partial f}{\partial \xi_2},\cdots,\frac{\partial f}{\partial \xi_n}\right)^{\mathrm{T}},\quad \frac{\mathrm{d}f}{\mathrm{d}\boldsymbol{x}^{\mathrm{T}}}=\left(\frac{\partial f}{\partial \xi_1},\frac{\partial f}{\partial \xi_2},\cdots,\frac{\partial f}{\partial \xi_n}\right)$$

例 3.11 设 $\boldsymbol{x}=(\xi_1,\xi_2,\cdots,\xi_n)^{\mathrm{T}}$, $\boldsymbol{A}=(a_{ij})_{n\times n}$, n 元函数 $f(\boldsymbol{x})=\boldsymbol{x}^{\mathrm{T}}\boldsymbol{A}\boldsymbol{x}$,求 $\dfrac{\mathrm{d}f}{\mathrm{d}\boldsymbol{x}}$.

解 因为

$$f(\boldsymbol{x})=\sum_{i=1}^{n}\sum_{j=1}^{n}a_{ij}\xi_i\xi_j=\xi_1\sum_{j=1}^{n}a_{1j}\xi_j+\cdots+\xi_k\sum_{j=1}^{n}a_{kj}\xi_j+\cdots+\xi_n\sum_{j=1}^{n}a_{nj}\xi_j$$

且有

$$\begin{aligned}\frac{\partial f}{\partial \xi_k}&=\xi_1a_{1k}+\cdots+\xi_{k-1}a_{k-1,k}+\left(\sum_{j=1}^{n}a_{kj}\xi_j+\xi_ka_{kk}\right)+\\&\quad\ \xi_{k+1}a_{k+1,k}+\cdots+\xi_na_{nk}=\sum_{j=1}^{n}a_{kj}\xi_j+\sum_{i=1}^{n}a_{ik}\xi_i\end{aligned}$$

所以

$$\frac{\mathrm{d}f}{\mathrm{d}\boldsymbol{x}}=\begin{bmatrix}\dfrac{\partial f}{\partial \xi_1}\\ \vdots\\ \dfrac{\partial f}{\partial \xi_n}\end{bmatrix}=\begin{bmatrix}\sum\limits_{j=1}^{n}a_{1j}\xi_j\\ \vdots\\ \sum\limits_{j=1}^{n}a_{nj}\xi_j\end{bmatrix}+\begin{bmatrix}\sum\limits_{i=1}^{n}a_{i1}\xi_i\\ \vdots\\ \sum\limits_{i=1}^{n}a_{in}\xi_i\end{bmatrix}=\boldsymbol{A}\boldsymbol{x}+\boldsymbol{A}^{\mathrm{T}}\boldsymbol{x}=(\boldsymbol{A}+\boldsymbol{A}^{\mathrm{T}})\boldsymbol{x}$$

特别地,当 $\boldsymbol{A}$ 为对称矩阵时,有

$$\frac{\mathrm{d}f}{\mathrm{d}\boldsymbol{x}}=2\boldsymbol{A}\boldsymbol{x} \tag{3.4.15}$$

例 3.12　设 $\boldsymbol{x}(t)=(\xi_1(t),\cdots,\xi_n(t))^{\mathrm{T}}$，一元函数 $f(t)=f(\boldsymbol{x}(t))=f(\xi_1(t),\cdots,\xi_n(t))$，求$\dfrac{\mathrm{d}f}{\mathrm{d}t}$.

解　由偏导数及复合函数的求导法则，有

$$\frac{\mathrm{d}f}{\mathrm{d}t}=\frac{\partial f}{\partial \xi_1}\frac{\mathrm{d}\xi_1}{\mathrm{d}t}+\frac{\partial f}{\partial \xi_2}\frac{\mathrm{d}\xi_2}{\mathrm{d}t}+\cdots+\frac{\partial f}{\partial \xi_n}\frac{\mathrm{d}\xi_n}{\mathrm{d}t}=$$

$$\left(\frac{\partial f}{\partial \xi_1},\frac{\partial f}{\partial \xi_2},\cdots,\frac{\partial f}{\partial \xi_n}\right)\left(\frac{\mathrm{d}\xi_1}{\mathrm{d}t},\frac{\mathrm{d}\xi_2}{\mathrm{d}t},\cdots,\frac{\mathrm{d}\xi_n}{\mathrm{d}t}\right)^{\mathrm{T}}=\frac{\mathrm{d}f}{\mathrm{d}\boldsymbol{x}^{\mathrm{T}}}\frac{\mathrm{d}\boldsymbol{x}}{\mathrm{d}t} \tag{3.4.16}$$

2. 函数矩阵对矩阵的导数

定义 3.12　设 $\boldsymbol{X}=(\xi_{ij})_{m\times n}$，$mn$ 元函数 $f_{ij}(\boldsymbol{X})=f_{ij}(\xi_{11},\xi_{12},\cdots,\xi_{1n},\xi_{21},\cdots,\xi_{mn})(i=1,2,\cdots,r;\ j=1,2,\cdots,s)$. 定义函数矩阵

$$\boldsymbol{F}(\boldsymbol{X})=\begin{bmatrix} f_{11}(\boldsymbol{X}) & \cdots & f_{1s}(\boldsymbol{X}) \\ \vdots & & \vdots \\ f_{r1}(\boldsymbol{X}) & \cdots & f_{rs}(\boldsymbol{X}) \end{bmatrix}$$

对矩阵 $\boldsymbol{X}$ 的导数为

$$\frac{\mathrm{d}\boldsymbol{F}}{\mathrm{d}\boldsymbol{X}}=\begin{bmatrix} \dfrac{\partial \boldsymbol{F}}{\partial \xi_{11}} & \dfrac{\partial \boldsymbol{F}}{\partial \xi_{12}} & \cdots & \dfrac{\partial \boldsymbol{F}}{\partial \xi_{1n}} \\ \dfrac{\partial \boldsymbol{F}}{\partial \xi_{21}} & \dfrac{\partial \boldsymbol{F}}{\partial \xi_{22}} & \cdots & \dfrac{\partial \boldsymbol{F}}{\partial \xi_{2n}} \\ \vdots & \vdots & & \vdots \\ \dfrac{\partial \boldsymbol{F}}{\partial \xi_{m1}} & \dfrac{\partial \boldsymbol{F}}{\partial \xi_{m2}} & \cdots & \dfrac{\partial \boldsymbol{F}}{\partial \xi_{mn}} \end{bmatrix} \tag{3.4.17}$$

其中

$$\frac{\partial \boldsymbol{F}}{\partial \xi_{ij}}=\begin{bmatrix} \dfrac{\partial f_{11}}{\partial \xi_{ij}} & \dfrac{\partial f_{12}}{\partial \xi_{ij}} & \cdots & \dfrac{\partial f_{1s}}{\partial \xi_{ij}} \\ \dfrac{\partial f_{21}}{\partial \xi_{ij}} & \dfrac{\partial f_{22}}{\partial \xi_{ij}} & \cdots & \dfrac{\partial f_{2s}}{\partial \xi_{ij}} \\ \vdots & \vdots & & \vdots \\ \dfrac{\partial f_{r1}}{\partial \xi_{ij}} & \dfrac{\partial f_{r2}}{\partial \xi_{ij}} & \cdots & \dfrac{\partial f_{rs}}{\partial \xi_{ij}} \end{bmatrix}$$

例 3.13　设 $\boldsymbol{x}=(\xi_1,\xi_2,\cdots,\xi_n)^{\mathrm{T}}$，$n$ 元函数 $f(\boldsymbol{x})=f(\xi_1,\xi_2,\cdots,\xi_n)$，求 $\dfrac{\mathrm{d}}{\mathrm{d}\boldsymbol{x}^{\mathrm{T}}}\left(\dfrac{\mathrm{d}f}{\mathrm{d}\boldsymbol{x}}\right)$.

解　由例 3.10 知

$$\frac{\mathrm{d}f}{\mathrm{d}\boldsymbol{x}}=\left(\frac{\partial f}{\partial \xi_1},\frac{\partial f}{\partial \xi_2},\cdots,\frac{\partial f}{\partial \xi_n}\right)^{\mathrm{T}}$$

再由定义 3.12,可得

$$\frac{\mathrm{d}}{\mathrm{d}\boldsymbol{x}^{\mathrm{T}}}\left(\frac{\mathrm{d}f}{\mathrm{d}\boldsymbol{x}}\right)=\begin{bmatrix}\dfrac{\partial^2 f}{\partial\xi_1^2} & \dfrac{\partial^2 f}{\partial\xi_1\partial\xi_2} & \cdots & \dfrac{\partial^2 f}{\partial\xi_1\partial\xi_n}\\ \dfrac{\partial^2 f}{\partial\xi_2\partial\xi_1} & \dfrac{\partial^2 f}{\partial\xi_2^2} & \cdots & \dfrac{\partial^2 f}{\partial\xi_2\partial\xi_n}\\ \vdots & \vdots & & \vdots\\ \dfrac{\partial^2 f}{\partial\xi_n\partial\xi_1} & \dfrac{\partial^2 f}{\partial\xi_n\partial\xi_2} & \cdots & \dfrac{\partial^2 f}{\partial\xi_n^2}\end{bmatrix} \tag{3.4.18}$$

例 3.14 设 $\boldsymbol{x}=(\xi_1, \xi_2, \cdots, \xi_n)$, n 元函数

$$f_j(\boldsymbol{x})=f_j(\xi_1, \xi_2, \cdots, \xi_n) \quad (j=1, 2, \cdots, n)$$

令 $\boldsymbol{F}(\boldsymbol{x})=(f_1(\boldsymbol{x}), f_2(\boldsymbol{x}), \cdots, f_n(\boldsymbol{x}))^{\mathrm{T}}$,求$\dfrac{\mathrm{d}\boldsymbol{F}}{\mathrm{d}\boldsymbol{x}}$.

解 根据定义 3.12,有

$$\frac{\mathrm{d}\boldsymbol{F}}{\mathrm{d}\boldsymbol{x}}=\left(\frac{\partial\boldsymbol{F}}{\partial\xi_1}, \frac{\partial\boldsymbol{F}}{\partial\xi_2}, \cdots, \frac{\partial\boldsymbol{F}}{\partial\xi_n}\right)=\begin{bmatrix}\dfrac{\partial f_1}{\partial\xi_1} & \dfrac{\partial f_1}{\partial\xi_2} & \cdots & \dfrac{\partial f_1}{\partial\xi_n}\\ \dfrac{\partial f_2}{\partial\xi_1} & \dfrac{\partial f_2}{\partial\xi_2} & \cdots & \dfrac{\partial f_2}{\partial\xi_n}\\ \vdots & \vdots & & \vdots\\ \dfrac{\partial f_n}{\partial\xi_1} & \dfrac{\partial f_n}{\partial\xi_2} & \cdots & \dfrac{\partial f_n}{\partial\xi_n}\end{bmatrix} \tag{3.4.19}$$

称矩阵式(3.4.19)为函数 $f_1(\boldsymbol{x}), f_2(\boldsymbol{x}), \cdots, f_n(\boldsymbol{x})$ 的 Jacobi 矩阵,它在求解非线性方程组的 Newton 方法中有重要应用.

例 3.15 设 $f(\boldsymbol{x})$ 是向量 $\boldsymbol{x}=(\xi_1, \xi_2, \cdots, \xi_n)^{\mathrm{T}}$ 的函数,而$\xi_i=\xi_i(\boldsymbol{u})$ $(i=1, 2, \cdots, n)$, $\boldsymbol{u}=(\zeta_1, \zeta_2, \cdots, \zeta_m)^{\mathrm{T}}$,证明:$\dfrac{\mathrm{d}f}{\mathrm{d}\boldsymbol{u}}=\dfrac{\mathrm{d}\boldsymbol{x}^{\mathrm{T}}}{\mathrm{d}\boldsymbol{u}}\dfrac{\mathrm{d}f}{\mathrm{d}\boldsymbol{x}}$.

证 利用例 3.10 的结果,并根据复合函数的求导法则可得

$$\frac{\mathrm{d}f}{\mathrm{d}\boldsymbol{u}}=\begin{bmatrix}\dfrac{\partial f}{\partial\zeta_1}\\ \dfrac{\partial f}{\partial\zeta_2}\\ \vdots\\ \dfrac{\partial f}{\partial\zeta_m}\end{bmatrix}=\begin{bmatrix}\dfrac{\partial f}{\partial\xi_1}\dfrac{\partial\xi_1}{\partial\zeta_1}+\dfrac{\partial f}{\partial\xi_2}\dfrac{\partial\xi_2}{\partial\zeta_1}+\cdots+\dfrac{\partial f}{\partial\xi_n}\dfrac{\partial\xi_n}{\partial\zeta_1}\\ \dfrac{\partial f}{\partial\xi_1}\dfrac{\partial\xi_1}{\partial\zeta_2}+\dfrac{\partial f}{\partial\xi_2}\dfrac{\partial\xi_2}{\partial\zeta_2}+\cdots+\dfrac{\partial f}{\partial\xi_n}\dfrac{\partial\xi_n}{\partial\zeta_2}\\ \vdots\\ \dfrac{\partial f}{\partial\xi_1}\dfrac{\partial\xi_1}{\partial\zeta_m}+\dfrac{\partial f}{\partial\xi_2}\dfrac{\partial\xi_2}{\partial\zeta_m}+\cdots+\dfrac{\partial f}{\partial\xi_n}\dfrac{\partial\xi_n}{\partial\zeta_m}\end{bmatrix}=$$

$$\begin{bmatrix} \frac{\partial \xi_1}{\partial \zeta_1} & \frac{\partial \xi_2}{\partial \zeta_1} & \cdots & \frac{\partial \xi_n}{\partial \zeta_1} \\ \frac{\partial \xi_1}{\partial \zeta_2} & \frac{\partial \xi_2}{\partial \zeta_2} & \cdots & \frac{\partial \xi_n}{\partial \zeta_2} \\ \vdots & \vdots & & \vdots \\ \frac{\partial \xi_1}{\partial \zeta_m} & \frac{\partial \xi_2}{\partial \zeta_m} & \cdots & \frac{\partial \xi_n}{\partial \zeta_m} \end{bmatrix} \begin{bmatrix} \frac{\partial f}{\partial \xi_1} \\ \frac{\partial f}{\partial \xi_2} \\ \vdots \\ \frac{\partial f}{\partial \xi_n} \end{bmatrix} = \frac{\mathrm{d}\boldsymbol{x}^{\mathrm{T}}}{\mathrm{d}\boldsymbol{u}} \frac{\mathrm{d}f}{\mathrm{d}\boldsymbol{x}}$$

习　题　3.4

1. 证明式(3.4.11).

2. 设 $\sin \boldsymbol{A}t = \begin{bmatrix} \sin 2t + \sin t & 2\sin 2t + \sin t & 3\sin 2t + \sin t \\ \sin 2t + 2\sin t & 2\sin 2t + 2\sin t & 3\sin 2t + 2\sin t \\ \sin 2t + 3\sin t & 2\sin 2t + 3\sin t & 3\sin 2t + 3\sin t \end{bmatrix}$，求矩阵 $\boldsymbol{A}$.

3. 设 $\boldsymbol{A}$ 为可逆矩阵，求 $\int_0^1 \sin \boldsymbol{A}t \, \mathrm{d}t$.

4. 设 $\boldsymbol{x} = (\xi_1, \xi_2, \cdots, \xi_n)^{\mathrm{T}}$，$\boldsymbol{A}$ 是 n 阶对称矩阵，$\boldsymbol{b} = (\beta_1, \beta_2, \cdots, \beta_n)^{\mathrm{T}}$，$c$ 为常数，试求 $f(\boldsymbol{x}) = \boldsymbol{x}^{\mathrm{T}}\boldsymbol{A}\boldsymbol{x} - \boldsymbol{b}^{\mathrm{T}}\boldsymbol{x} + c$ 对于 $\boldsymbol{x}$ 的导数.

5. 若 $\boldsymbol{A} = \boldsymbol{A}(t) = (a_{ij}(t))_{n\times n}$ 可逆，证明 $\frac{\mathrm{d}}{\mathrm{d}t}\boldsymbol{A}^{-1} = -\boldsymbol{A}^{-1}\frac{\mathrm{d}\boldsymbol{A}}{\mathrm{d}t}\boldsymbol{A}^{-1}$.

6. 设 $\boldsymbol{X}$ 为 $n\times m$ 矩阵，$\boldsymbol{A}$，$\boldsymbol{B}$ 依次为 $n\times n$ 和 $m\times n$ 的常数矩阵，证明：

(1) $\frac{\mathrm{d}}{\mathrm{d}\boldsymbol{X}}(\mathrm{tr}(\boldsymbol{B}\boldsymbol{X})) = \frac{\mathrm{d}}{\mathrm{d}\boldsymbol{X}}(\mathrm{tr}(\boldsymbol{X}^{\mathrm{T}}\boldsymbol{B}^{\mathrm{T}})) = \boldsymbol{B}^{\mathrm{T}}$；

(2) $\frac{\mathrm{d}}{\mathrm{d}\boldsymbol{X}}(\mathrm{tr}(\boldsymbol{X}^{\mathrm{T}}\boldsymbol{A}\boldsymbol{X})) = (\boldsymbol{A} + \boldsymbol{A}^{\mathrm{T}})\boldsymbol{X}$.

7. 设 $\boldsymbol{x}$ 为 n 维列向量，$\boldsymbol{u}$ 为 n 维常数列向量，$\boldsymbol{A}$ 为 n 阶常数对称矩阵，则

$$\frac{\mathrm{d}}{\mathrm{d}\boldsymbol{x}}((\boldsymbol{x}-\boldsymbol{u})^{\mathrm{T}}\boldsymbol{A}(\boldsymbol{x}-\boldsymbol{u})) = 2\boldsymbol{A}(\boldsymbol{x}-\boldsymbol{u})$$

8. 设 $\boldsymbol{x} = (\xi_1, \xi_2, \cdots, \xi_n)^{\mathrm{T}}$，$f(\boldsymbol{x}) = (f_1(\boldsymbol{x}), f_2(\boldsymbol{x}), \cdots, f_n(\boldsymbol{x}))^{\mathrm{T}}$，其中 $f_i(\boldsymbol{x}) = \sum_{j=1}^{n} a_{ij}\xi_j + \delta_i \quad (i = 1, 2, \cdots, n)$，求 $f'(\boldsymbol{x})$.

9. 设 $\boldsymbol{A}(t) = (a_{ij}(t))_{n\times n}$ 可导，举例说明关系式

$$\frac{\mathrm{d}}{\mathrm{d}t}(\boldsymbol{A}(t))^m = m(\boldsymbol{A}(t))^{m-1}\frac{\mathrm{d}}{\mathrm{d}t}\boldsymbol{A}(t)$$

一般不成立；又在什么条件下，它才能够成立？

3.5　矩阵函数的一些应用

本节介绍矩阵函数及其微积分运算在求解一阶线性常系数微分方程组中的应用.

3.5.1　一阶线性常系数齐次微分方程组

设一阶线性常系数齐次微分方程组为

$$\left.\begin{aligned}\frac{\mathrm{d}\xi_1}{\mathrm{d}t}&=a_{11}\xi_1+a_{12}\xi_2+\cdots+a_{1n}\xi_n\\ \frac{\mathrm{d}\xi_2}{\mathrm{d}t}&=a_{21}\xi_1+a_{22}\xi_2+\cdots+a_{2n}\xi_n\\ &\cdots\cdots\\ \frac{\mathrm{d}\xi_n}{\mathrm{d}t}&=a_{n1}\xi+a_{n2}\xi_2+\cdots+a_{nn}\xi_n\end{aligned}\right\}\tag{3.5.1}$$

其中 t 为自变量，$\xi_i=\xi_i(t)$ $(i=1, 2, \cdots, n)$ 是 t 的函数，a_{ij} $(i, j=1, 2, \cdots, n)$ 是复数．令 $\boldsymbol{x}=\boldsymbol{x}(t)=(\xi_1, \xi_2, \cdots, \xi_n)^{\mathrm{T}}$，$\boldsymbol{A}=(a_{ij})_{n\times n}$，则齐次微分方程组(3.5.1)可改写为矩阵方程为

$$\boldsymbol{x}'(t)=\frac{\mathrm{d}\boldsymbol{x}(t)}{\mathrm{d}t}=\boldsymbol{A}\boldsymbol{x}(t)\tag{3.5.2}$$

关于齐次微分方程组的求解问题，有下述定理．

定理 3.10 齐次微分方程组(3.5.2)满足初始条件 $\boldsymbol{x}(t_0)=\boldsymbol{x}_0$ 的解存在且唯一.

证 存在性. 设 $\boldsymbol{x}(t)=\mathrm{e}^{(t-t_0)\boldsymbol{A}}\boldsymbol{x}_0$，则有

$$\boldsymbol{x}'(t)=\boldsymbol{A}\mathrm{e}^{(t-t_0)\boldsymbol{A}}\boldsymbol{x}_0=\boldsymbol{A}\boldsymbol{x}(t),\quad \boldsymbol{x}(t_0)=\mathrm{e}^{\boldsymbol{O}}\boldsymbol{x}_0=\boldsymbol{x}_0$$

即满足初始条件 $\boldsymbol{x}(t_0)=\boldsymbol{x}_0$ 的解存在.

唯一性. 设 $\boldsymbol{x}(t)$ 满足 $\boldsymbol{x}'(t)=\boldsymbol{A}\boldsymbol{x}(t)$，$\boldsymbol{x}(t_0)=\boldsymbol{x}_0$，则有

$$\boldsymbol{x}'(t)-\boldsymbol{A}\boldsymbol{x}(t)=\boldsymbol{0}$$

左乘 $\mathrm{e}^{-t\boldsymbol{A}}$，可得

$$\mathrm{e}^{-t\boldsymbol{A}}\boldsymbol{x}'(t)+\mathrm{e}^{-t\boldsymbol{A}}(-\boldsymbol{A})\boldsymbol{x}(t)=\boldsymbol{0}$$

即 $[\mathrm{e}^{-t\boldsymbol{A}}\boldsymbol{x}(t)]'=\boldsymbol{0}$，也就是 $\mathrm{e}^{-t\boldsymbol{A}}\boldsymbol{x}(t)=\boldsymbol{c}$（$\boldsymbol{c}$ 表示任意的常数列向量），或者

$$\boldsymbol{x}(t)=\mathrm{e}^{t\boldsymbol{A}}\boldsymbol{c}\tag{3.5.3}$$

因为 $\boldsymbol{x}(t_0)=\boldsymbol{x}_0$，所以 $\boldsymbol{x}_0=\mathrm{e}^{t_0\boldsymbol{A}}\boldsymbol{c}$，即 $\boldsymbol{c}=\mathrm{e}^{-t_0\boldsymbol{A}}\boldsymbol{x}_0$，因此

$$\boldsymbol{x}(t)=\mathrm{e}^{t\boldsymbol{A}}\mathrm{e}^{-t_0\boldsymbol{A}}\boldsymbol{x}_0=\mathrm{e}^{(t-t_0)\boldsymbol{A}}\boldsymbol{x}_0\tag{3.5.4}$$

即满足初始条件 $\boldsymbol{x}(t_0)=\boldsymbol{x}_0$ 的解唯一. 证毕

称式(3.5.3)为齐次微分方程组(3.5.2)的**一般解(通解)**，而式(3.5.4)为齐次微分方程组(3.5.2)的**特解**.

特别的，当 $t_0=0$ 时，式(3.5.4)为 $\boldsymbol{x}(t)=\mathrm{e}^{t\boldsymbol{A}}\boldsymbol{x}_0$. 在数学分析中已经知道，微分方程 $\frac{\mathrm{d}}{\mathrm{d}t}x(t)=ax(t)$ 满足初始条件 $x(0)=c$ 的解是 $x(t)=c\mathrm{e}^{at}$，这里 a 是常数．因此，定理 3.10 正好是它的推广．

设 $\boldsymbol{A}=(a_{ij})_{n\times n}$，考虑向量集合

$$S=\{\boldsymbol{x}(t)\mid \boldsymbol{x}'(t)=\boldsymbol{A}\boldsymbol{x}(t)\}\tag{3.5.5}$$

按照向量加法和数与向量乘法的运算规则，S 构成一个向量空间，称为齐次微分方程 $\boldsymbol{x}'(t)=\boldsymbol{A}\boldsymbol{x}(t)$ 的**解空间**．由于矩阵函数 $\mathrm{e}^{t\boldsymbol{A}}$ 可逆，所以它的 n 个列向量 $\boldsymbol{x}_1(t)$，

$\boldsymbol{x}_2(t)$, …, $\boldsymbol{x}_n(t)$ 线性无关．对于任意的 $\boldsymbol{x}(t) \in S$，根据定理 3.10，存在向量 $\boldsymbol{c} = (\gamma_1, \gamma_2, \cdots, \gamma_n)^{\mathrm{T}}$，使得

$$\boldsymbol{x}(t) = \mathrm{e}^{t\boldsymbol{A}}\boldsymbol{c} = \gamma_1 \boldsymbol{x}_1(t) + \gamma_2 \boldsymbol{x}_2(t) + \cdots + \gamma_n \boldsymbol{x}_n(t) \tag{3.5.6}$$

易见 $\boldsymbol{x}_i(t) \in S(i=1, 2, \cdots, n)$，故 $\boldsymbol{x}_1(t)$, $\boldsymbol{x}_2(t)$, …, $\boldsymbol{x}_n(t)$ 是 S 的一个基，称为齐次微分方程组 $\boldsymbol{x}'(t) = \boldsymbol{A}\boldsymbol{x}(t)$ 的**基础解系**，并且称式(3.5.6) 为其**一般解**(或**通解**).

例 3.16　设

$$\boldsymbol{A} = \begin{bmatrix} 2 & 0 & 0 \\ 1 & 1 & 1 \\ 1 & -1 & 3 \end{bmatrix}, \quad \boldsymbol{x}(0) = \begin{bmatrix} 1 \\ 1 \\ 1 \end{bmatrix}$$

求齐次微分方程组 $\boldsymbol{x}'(t) = \boldsymbol{A}\boldsymbol{x}(t)$ 的基础解系及满足初始条件 $\boldsymbol{x}(0) = (1, 1, 1)^{\mathrm{T}}$ 的解．

解　在例 3.5 中已经求出

$$\mathrm{e}^{t\boldsymbol{A}} = \mathrm{e}^{2t} \begin{bmatrix} 1 & 0 & 0 \\ t & 1-t & t \\ t & -t & 1+t \end{bmatrix}$$

基础解系为

$$\boldsymbol{x}_1(t) = \begin{bmatrix} \mathrm{e}^{2t} \\ t\mathrm{e}^{2t} \\ t\mathrm{e}^{2t} \end{bmatrix}, \quad \boldsymbol{x}_2(t) = \begin{bmatrix} 0 \\ (1-t)\mathrm{e}^{2t} \\ -t\mathrm{e}^{2t} \end{bmatrix}, \quad \boldsymbol{x}_3(t) = \begin{bmatrix} 0 \\ t\mathrm{e}^{2t} \\ (1+t)\mathrm{e}^{2t} \end{bmatrix}$$

当 $\boldsymbol{x}(0) = (1, 1, 1)^{\mathrm{T}}$ 时，有

$$\boldsymbol{x}(t) = \mathrm{e}^{t\boldsymbol{A}}\boldsymbol{x}(0) = (\mathrm{e}^{2t}, (1+t)\mathrm{e}^{2t}, (1+t)\mathrm{e}^{2t})^{\mathrm{T}}$$

设 $\boldsymbol{x}_i = (\xi_{1i}(t), \xi_{2i}(t), \cdots, \xi_{ni}(t))^{\mathrm{T}} (i = 1, 2, \cdots, n)$ 为齐次微分方程组(3.5.2) 的 n 个线性无关的解向量，将其按列排成如下的矩阵

$$\boldsymbol{X} = \begin{bmatrix} \xi_{11} & \xi_{12} & \cdots & \xi_{1n} \\ \xi_{21} & \xi_{22} & \cdots & \xi_{2n} \\ \vdots & \vdots & & \vdots \\ \xi_{n1} & \xi_{n2} & \cdots & \xi_{nn} \end{bmatrix}$$

其中 $\xi_{ij} = \xi_{ij}(t)$ $(i, j = 1, 2, \cdots, n)$，称 $\boldsymbol{X}$ 为齐次微分方程(3.5.2) 的**积分矩阵**．由齐次微分方程(3.5.2) 容易推出

$$\frac{\mathrm{d}\boldsymbol{X}}{\mathrm{d}t} = \boldsymbol{A}\boldsymbol{X} \tag{3.5.7}$$

于是解齐次微分方程组(3.5.2) 就相当于解微分矩阵方程(3.5.7)．由行列式的微分法及微分矩阵方程(3.5.7) 可以证明，积分矩阵的行列式为

$$\det\boldsymbol{X} = c\mathrm{e}^{\int_{t_0}^{t} \mathrm{tr}\boldsymbol{A}\mathrm{d}t} \tag{3.5.8}$$

当 $\boldsymbol{A} = \boldsymbol{A}(t) = (a_{ij}(t))_{n\times n}$ 时，即齐次微分方程组(3.5.2) 是变系数微分方程组时，式

(3.5.8) 仍成立．称式(3.5.8) 为 **Jacobi 恒等式**．

3.5.2 一阶线性常系数非齐次微分方程组

考虑一阶线性常系数非齐次微分方程组

$$\begin{cases}\dfrac{d\xi_1}{dt}=a_{11}\xi_1+a_{12}\xi_2+\cdots+a_{1n}\xi_n+\beta_1(t)\\ \dfrac{d\xi_2}{dt}=a_{21}\xi_1+a_{22}\xi_2+\cdots+a_{2n}\xi_n+\beta_2(t)\\ \quad\cdots\cdots\\ \dfrac{d\xi_n}{dt}=a_{n1}\xi_1+a_{n2}\xi_2+\cdots+a_{nn}\xi_n+\beta_n(t)\end{cases}\tag{3.5.9}$$

其中 $a_{ij}(i, j=1, 2, \cdots, n)$ 都是复数，$\beta_i(t)(i=1, 2, \cdots, n)$ 是 t 的已知函数，$\xi_i=\xi_i(t)(i=1, 2, \cdots, n)$ 是 t 的未知函数．

方程组(3.5.9) 可以改写为如下的矩阵方程

$$\frac{d\boldsymbol{x}}{dt}=\boldsymbol{A}\boldsymbol{x}+\boldsymbol{b}(t)\tag{3.5.10}$$

这里 $\boldsymbol{A}=(a_{ij})_{n\times n}$，$\boldsymbol{x}=\boldsymbol{x}(t)=(\xi_1, \xi_2, \cdots, \xi_n)^{\mathrm{T}}$，$\boldsymbol{b}(t)=(\beta_1(t), \beta_2(t), \cdots, \beta_n(t))^{\mathrm{T}}$.

设 $\tilde{\boldsymbol{x}}=\tilde{\boldsymbol{x}}(t)$ 是方程(3.5.10) 的一个特解，$\boldsymbol{x}=\boldsymbol{x}(t)$ 是方程(3.5.10) 的一般解(或通解)，那么

$$\frac{d}{dt}(\boldsymbol{x}-\tilde{\boldsymbol{x}})=\boldsymbol{A}(\boldsymbol{x}-\tilde{\boldsymbol{x}})$$

即 $\boldsymbol{x}-\tilde{\boldsymbol{x}}$ 是方程(3.5.2) 的解．根据式(3.5.6)，可得 $\boldsymbol{x}-\tilde{\boldsymbol{x}}=e^{t\boldsymbol{A}}\boldsymbol{c}$，也就是

$$\boldsymbol{x}=e^{t\boldsymbol{A}}\boldsymbol{c}+\tilde{\boldsymbol{x}}\tag{3.5.11}$$

为了确定方程(3.5.10) 的特解 $\tilde{\boldsymbol{x}}$，采取常向量变易法．设 $\tilde{\boldsymbol{x}}=e^{t\boldsymbol{A}}\boldsymbol{c}(t)$，其中 $\boldsymbol{c}(t)$ 为待定向量，代入方程(3.5.10)，可得

$$\frac{d}{dt}\tilde{\boldsymbol{x}}=\boldsymbol{A}e^{t\boldsymbol{A}}\boldsymbol{c}(t)+e^{t\boldsymbol{A}}\frac{d}{dt}\boldsymbol{c}(t)=\boldsymbol{A}\tilde{\boldsymbol{x}}+e^{t\boldsymbol{A}}\frac{d}{dt}\boldsymbol{c}(t)=\boldsymbol{A}\tilde{\boldsymbol{x}}+\boldsymbol{b}(t)$$

从而

$$e^{t\boldsymbol{A}}\frac{d}{dt}\boldsymbol{c}(t)=\boldsymbol{b}(t)$$

由此解得 $\boldsymbol{c}(t)=\int_{t_0}^{t}e^{-s\boldsymbol{A}}\boldsymbol{b}(s)ds$，故得方程(3.5.10) 的一个特解为

$$\tilde{\boldsymbol{x}}=e^{t\boldsymbol{A}}\int_{t_0}^{t}e^{-s\boldsymbol{A}}\boldsymbol{b}(s)ds$$

代入式(3.5.11)，可得非齐次微分方程组(3.5.10) 的一般解为

$$\boldsymbol{x}(t)=e^{t\boldsymbol{A}}\boldsymbol{c}+e^{t\boldsymbol{A}}\int_{t_0}^{t}e^{-s\boldsymbol{A}}\boldsymbol{b}(s)ds\tag{3.5.12}$$

这里，$\boldsymbol{c}=(\gamma_1, \gamma_2, \cdots, \gamma_n)^{\mathrm{T}}$ 是任意常数向量．满足初始条件 $\boldsymbol{x}(t_0)=\boldsymbol{x}_0$ 的解为

$$\boldsymbol{x}(t)=\mathrm{e}^{(t-t_0)\boldsymbol{A}}\boldsymbol{x}_0+\mathrm{e}^{t\boldsymbol{A}}\int_{t_0}^{t}\mathrm{e}^{-s\boldsymbol{A}}\boldsymbol{b}(s)\mathrm{d}s \tag{3.5.13}$$

或写成

$$\boldsymbol{x}(t)=\mathrm{e}^{t\boldsymbol{A}}\left(\mathrm{e}^{-t_0\boldsymbol{A}}\boldsymbol{x}_0+\int_{t_0}^{t}\mathrm{e}^{-s\boldsymbol{A}}\boldsymbol{b}(s)\mathrm{d}s\right)$$

例 3.17　设

$$\boldsymbol{A}=\begin{bmatrix}2&0&0\\1&1&1\\1&-1&3\end{bmatrix},\ \boldsymbol{b}(t)=\begin{bmatrix}\mathrm{e}^{2t}\\\mathrm{e}^{2t}\\0\end{bmatrix},\ \boldsymbol{x}(0)=\begin{bmatrix}-1\\1\\0\end{bmatrix}$$

求非齐次微分方程组 $\boldsymbol{x}'(t)=\boldsymbol{A}\boldsymbol{x}(t)+\boldsymbol{b}(t)$ 满足初始条件 $\boldsymbol{x}(0)$ 的解．

解　在例 3.5 中已经求出

$$\mathrm{e}^{t\boldsymbol{A}}=\mathrm{e}^{2t}\begin{bmatrix}1&0&0\\t&1-t&t\\t&-t&1+t\end{bmatrix}$$

计算

$$\mathrm{e}^{-s\boldsymbol{A}}\boldsymbol{b}(s)=\mathrm{e}^{-2s}\begin{bmatrix}1&0&0\\-s&1+s&-s\\-s&s&1-s\end{bmatrix}\begin{bmatrix}\mathrm{e}^{2s}\\\mathrm{e}^{2s}\\0\end{bmatrix}=\begin{bmatrix}1\\1\\0\end{bmatrix},\quad \int_0^t\mathrm{e}^{-s\boldsymbol{A}}\boldsymbol{b}(s)\mathrm{d}s=\begin{bmatrix}t\\t\\0\end{bmatrix}$$

根据式(3.5.13)，可得

$$\boldsymbol{x}(t)=\mathrm{e}^{t\boldsymbol{A}}\left\{\begin{bmatrix}-1\\1\\0\end{bmatrix}+\begin{bmatrix}t\\t\\0\end{bmatrix}\right\}=\mathrm{e}^{2t}\begin{bmatrix}1&0&0\\t&1-t&t\\t&-t&1+t\end{bmatrix}\begin{bmatrix}t-1\\t+1\\0\end{bmatrix}=\begin{bmatrix}(t-1)\mathrm{e}^{2t}\\(1-t)\mathrm{e}^{2t}\\-2t\mathrm{e}^{2t}\end{bmatrix}$$

习　题　3.5

1. 证明 Jacobi 恒等式(3.5.8)．

2. 求非齐次微分方程组

$$\begin{cases}\dfrac{\mathrm{d}\xi_1}{\mathrm{d}t}=3\xi_1+8\xi_3\\[2mm]\dfrac{\mathrm{d}\xi_2}{\mathrm{d}t}=3\xi_1-\xi_2+6\xi_3\\[2mm]\dfrac{\mathrm{d}\xi_3}{\mathrm{d}t}=-2\xi_1-5\xi_3\end{cases}$$

满足初始条件 $\xi_1(0)=1,\ \xi_2(0)=1,\ \xi_3(0)=1$ 的解．

3. 求非齐次微分方程组

$$\begin{cases}\dfrac{\mathrm{d}\xi_1}{\mathrm{d}t}=-2\xi_1+\xi_2+1\\[2mm]\dfrac{\mathrm{d}\xi_2}{\mathrm{d}t}=-4\xi_1+2\xi_2+2\\[2mm]\dfrac{\mathrm{d}\xi_3}{\mathrm{d}t}=\xi_1+\xi_3+\mathrm{e}^t-1\end{cases}$$

满足初始条件 $\xi_1(0)=1$，$\xi_2(0)=1$，$\xi_3(0)=-1$ 的解．

4. 设 $\boldsymbol{A}=(a_{ij})_{n\times n}$ 为常数矩阵，$\boldsymbol{X}=(\xi_{ij}(t))_{n\times n}$，$a$ 为常数，证明：Cauchy 微分方程组 $\dfrac{\mathrm{d}\boldsymbol{X}}{\mathrm{d}t}=\dfrac{\boldsymbol{A}}{t-a}\boldsymbol{X}$ 可简化为 $\dfrac{\mathrm{d}\boldsymbol{X}}{\mathrm{d}u}=\boldsymbol{AX}$，其中 $u=\ln(t-a)$，且其通解为

$$\boldsymbol{X}=(t-a)^{\boldsymbol{A}}\boldsymbol{C}$$

其中 $\boldsymbol{C}$ 为 n 阶常数矩阵．

本章要点评述

矩阵序列是对数列概念的推广，矩阵序列收敛等价于多个数列收敛．借助于矩阵范数，可以将矩阵序列的收敛性问题转化为正项数列的收敛性问题．

矩阵级数是对常数项级数概念的推广，矩阵级数收敛等价于多个常数项级数收敛，矩阵级数绝对收敛等价于多个常数项级数绝对收敛．借助于矩阵范数，可以将矩阵级数的绝对收敛性问题转化为正项级数的收敛性问题．

方阵幂级数是矩阵级数的特例，Neumann 级数是方阵幂级数的特例．方阵幂级数的绝对收敛性问题可以转化为复变量幂级数的绝对收敛性问题．

矩阵函数是以矩阵为自变量且取值为矩阵的一类函数，它是对一元函数概念的推广．起先，矩阵函数是由一个收敛的矩阵幂级数的和来定义．之后，根据计算矩阵函数值的 Jordan 标准形方法，对矩阵函数的概念进行了拓宽．因此，矩阵函数的基础是矩阵序列与矩阵级数．

借助于 Hamilton－Cayley 定理，可以将矩阵函数的求值问题（即矩阵幂级数的求和问题）转化为矩阵多项式的计算问题；借助于矩阵的 Jordan 标准形理论，可以将矩阵函数的求值问题转化为矩阵的乘法运算问题．特别地，当自变量矩阵可对角化时，涉及的矩阵乘法运算将会非常简单．

函数矩阵的导数与积分是将通常函数的导数与积分等概念形式上推广到矩阵的情形．当一个矩阵的元素都是变量 t 的函数时，可以建立矩阵对变量 t 的导数与积分概念；当一个多元函数的自变量都是矩阵 $\boldsymbol{X}$ 的元素时，可以建立多元函数对矩阵 $\boldsymbol{X}$ 的导数概念；当一个矩阵的元素都是矩阵 $\boldsymbol{X}$ 的元素的多元函数时，可以建立矩阵对矩阵 $\boldsymbol{X}$ 的导数概念．

函数矩阵与矩阵函数是两个不同的概念．但是，在一些情形下，矩阵函数在其定义域内的值可以看做函数矩阵．比如，矩阵 $\boldsymbol{A}$ 的指数函数 $\mathrm{e}^{\boldsymbol{A}t}$ 可以看做变量 t 的函数矩阵．借助于矩阵的指数函数，可以给出某些线性微分方程组和线性矩阵方程一般解的解析表达式．

第4章　矩阵分解

本章首先讨论以 Gauss 消去法为基础导出的矩阵的三角(或 LU)分解,然后论述 20 世纪 60 年代后根据 Givens 变换与 Householder 变换发展起来的矩阵的 QR 分解.这些分解方法在计算数学领域扮演着十分重要的角色,尤其是以 QR 分解所建立的 QR 方法,已对数值线性代数理论的近代发展起了关键作用.最后介绍在广义逆矩阵等理论中,经常遇到的矩阵的满秩分解和奇异值分解,它与 QR 方法都是求解各类最小二乘问题和最优化问题的重要数学工具.

4.1　Gauss 消去法与矩阵的三角分解

三角矩阵的计算,如求行列式、求逆矩阵、求解线性方程组等,都是很方便的.本节介绍如何将矩阵分解为一些三角矩阵乘积的常用方法,以及矩阵能够进行三角分解的条件.

4.1.1　Gauss 消去法的矩阵形式

读者已经学过解 n 元线性方程组

$$\left.\begin{aligned} a_{11}\xi_1 + a_{12}\xi_2 + \cdots + a_{1n}\xi_n &= b_1 \\ a_{21}\xi_1 + a_{22}\xi_2 + \cdots + a_{2n}\xi_n &= b_2 \\ \cdots\cdots & \\ a_{n1}\xi_1 + a_{n2}\xi_2 + \cdots + a_{nn}\xi_n &= b_n \end{aligned}\right\} \tag{4.1.1}$$

的 Gauss 主元素消去法.将式(4.1.1)写成矩阵形式为

$$\boldsymbol{Ax} = \boldsymbol{b} \tag{4.1.2}$$

其中,$\boldsymbol{A}=(a_{ij})_{n\times n}$, $\boldsymbol{x}=(\xi_1, \xi_2, \cdots, \xi_n)^{\mathrm{T}}$, $\boldsymbol{b}=(b_1, b_2, \cdots, b_n)^{\mathrm{T}}$.这种方法的基本思想是化系数矩阵 $\boldsymbol{A}$ 为上三角矩阵,或化增广矩阵 $[\boldsymbol{A} \vdots \boldsymbol{b}]$ 为上阶梯形矩阵以求其解.这种消去法有三种形式,即按自然顺序(按主对角元的顺序)选主元素法,按列选主元素法以及总体选主元素法.这些消去法各有千秋,不可偏废.

为了建立矩阵的三角分解理论,使用矩阵理论描写以上所说的消去法的消元过程,并假定化 $\boldsymbol{A}$ 为上三角矩阵的过程未用行、列交换,即采用按自然顺序选主元素进行消元.

设 $\boldsymbol{A}^{(0)}=\boldsymbol{A}$,其元素 $a_{ij}^{(0)}=a_{ij}\,(i, j=1, 2, \cdots, n)$.记 $\boldsymbol{A}$ 的 k 阶顺序主子式为 Δ_k $(k=1, 2, \cdots, n)$.如果 $\Delta_1=a_{11}^{(0)}\neq 0$,令 $c_{i1}=\dfrac{a_{i1}^{(0)}}{a_{11}^{(0)}}$ $(i=2, 3, \cdots, n)$,并构造

Frobenius 矩阵

$$\boldsymbol{L}_1=\begin{bmatrix}1 & & & \\ c_{21} & 1 & & \\ \vdots & & \ddots & \\ c_{n1} & & & 1\end{bmatrix},\quad \boldsymbol{L}_1^{-1}=\begin{bmatrix}1 & & & \\ -c_{21} & 1 & & \\ \vdots & & \ddots & \\ -c_{n1} & & & 1\end{bmatrix}$$

计算

$$\boldsymbol{L}_1^{-1}\boldsymbol{A}^{(0)}=\begin{bmatrix}a_{11}^{(0)} & a_{12}^{(0)} & \cdots & a_{1n}^{(0)} \\ & a_{22}^{(1)} & \cdots & a_{2n}^{(1)} \\ & \vdots & & \vdots \\ & a_{n2}^{(1)} & \cdots & a_{nn}^{(1)}\end{bmatrix}=\boldsymbol{A}^{(1)} \tag{4.1.3}$$

由此可见,$\boldsymbol{A}^{(0)}=\boldsymbol{A}$ 的第一列除主元 $a_{11}^{(0)}$ 外,其余元素全被化为零. 式(4.1.3) 还可写为

$$\boldsymbol{A}^{(0)}=\boldsymbol{L}_1\boldsymbol{A}^{(1)} \tag{4.1.4}$$

因为倍加初等变换不改变矩阵的行列式的值,所以由 $\boldsymbol{A}^{(1)}$ 得 $\boldsymbol{A}$ 的二阶顺序主子式为

$$\Delta_2=a_{11}^{(0)}a_{22}^{(1)} \tag{4.1.5}$$

如果 $\Delta_2\neq 0$, 则 $a_{22}^{(1)}\neq 0$. 令 $c_{i2}=\dfrac{a_{i2}^{(1)}}{a_{22}^{(1)}}$ $(i=3,\ 4,\ \cdots,\ n)$,并构造 Frobenius 矩阵

$$\boldsymbol{L}_2=\begin{bmatrix}1 & & & & \\ & 1 & & & \\ & c_{32} & 1 & & \\ & \vdots & & \ddots & \\ & c_{n2} & & & 1\end{bmatrix},\quad \boldsymbol{L}_2^{-1}=\begin{bmatrix}1 & & & & \\ & 1 & & & \\ & -c_{32} & 1 & & \\ & \vdots & & \ddots & \\ & -c_{n2} & & & 1\end{bmatrix}$$

计算

$$\boldsymbol{L}_2^{-1}\boldsymbol{A}^{(1)}=\begin{bmatrix}a_{11}^{(0)} & a_{12}^{(0)} & a_{13}^{(0)} & \cdots & a_{1n}^{(0)} \\ & a_{22}^{(1)} & a_{23}^{(1)} & \cdots & a_{2n}^{(1)} \\ & & a_{33}^{(2)} & \cdots & a_{3n}^{(2)} \\ & & \vdots & & \vdots \\ & & a_{n3}^{(2)} & \cdots & a_{nn}^{(2)}\end{bmatrix}=\boldsymbol{A}^{(2)} \tag{4.1.6}$$

由此可见,$\boldsymbol{A}^{(2)}$ 的前两列中主元以下的元素全为零. 式(4.1.6) 还可写为

$$\boldsymbol{A}^{(1)}=\boldsymbol{L}_2\boldsymbol{A}^{(2)} \tag{4.1.7}$$

因为倍加初等变换不改变矩阵的行列式的值,所以由 $\boldsymbol{A}^{(2)}$ 得 $\boldsymbol{A}$ 的三阶顺序主子式为

$$\Delta_3 = a_{11}^{(0)} a_{22}^{(1)} a_{33}^{(2)} \tag{4.1.8}$$

如此继续下去，直到第 $r-1$ 步，得到

$$\boldsymbol{A}^{(r-1)} = \begin{bmatrix} a_{11}^{(0)} & \cdots & a_{1,r-1}^{(0)} & a_{1r}^{(0)} & \cdots & a_{1n}^{(0)} \\ & \ddots & \vdots & \vdots & & \vdots \\ & & a_{r-1,r-1}^{(r-2)} & a_{r-1,r}^{(r-2)} & \cdots & a_{r-1,n}^{(r-2)} \\ & & & a_{rr}^{(r-1)} & \cdots & a_{rn}^{(r-1)} \\ & & & \vdots & & \vdots \\ & & & a_{nr}^{(r-1)} & \cdots & a_{nn}^{(r-1)} \end{bmatrix} \tag{4.1.9}$$

$$\Delta_r = a_{11}^{(0)} a_{22}^{(1)} \cdots a_{r-1,r-1}^{(r-2)} a_{rr}^{(r-1)}$$

如果 $\Delta_r \neq 0$，则 $a_{rr}^{(r-1)} \neq 0$. 令 $c_{ir} = \dfrac{a_{ir}^{(r-1)}}{a_{rr}^{(r-1)}} \quad (i = r+1,\ r+2,\ \cdots,\ n)$，并构造 Frobenius 矩阵

$$\boldsymbol{L}_r = \begin{bmatrix} 1 & & & & \\ & \ddots & & & \\ & & 1 & & \\ & & c_{r+1,r} & 1 & \\ & & \vdots & & \ddots \\ & & c_{nr} & & & 1 \end{bmatrix}, \quad \boldsymbol{L}_r^{-1} = \begin{bmatrix} 1 & & & & \\ & \ddots & & & \\ & & 1 & & \\ & & -c_{r+1,r} & 1 & \\ & & \vdots & & \ddots \\ & & -c_{nr} & & & 1 \end{bmatrix}$$

计算

$$\boldsymbol{L}_r^{-1}\boldsymbol{A}^{(r-1)} = \begin{bmatrix} a_{11}^{(0)} & \cdots & a_{1r}^{(0)} & a_{1,r+1}^{(0)} & \cdots & a_{1n}^{(0)} \\ & \ddots & \vdots & \vdots & & \vdots \\ & & a_{rr}^{(r-1)} & a_{r,r+1}^{(r-1)} & \cdots & a_{rn}^{(r-1)} \\ & & & a_{r+1,r+1}^{(r)} & \cdots & a_{r+1,n}^{(r)} \\ & & & \vdots & & \vdots \\ & & & a_{n,r+1}^{(r)} & \cdots & a_{nn}^{(r)} \end{bmatrix} = \boldsymbol{A}^{(r)} \tag{4.1.10}$$

易见，$\boldsymbol{A}^{(r)}$ 的前 r 列中主元以下的元素全为零. 式(4.1.10) 还可写为

$$\boldsymbol{A}^{(r-1)} = \boldsymbol{L}_r \boldsymbol{A}^{(r)} \tag{4.1.11}$$

且由 $\boldsymbol{A}^{(r)}$ 易得 $\boldsymbol{A}$ 的 $r+1$ 阶顺序主子式为

$$\Delta_{r+1} = a_{11}^{(0)} a_{22}^{(1)} \cdots a_{rr}^{(r-1)} a_{r+1,r+1}^{(r)} \tag{4.1.12}$$

如果可以一直进行下去，则在第 $n-1$ 步之后便有

$$A^{(n-1)}=\begin{bmatrix} a_{11}^{(0)} & a_{12}^{(0)} & \cdots & a_{1,n-1}^{(0)} & a_{1n}^{(0)} \\ & a_{22}^{(1)} & \cdots & a_{2,n-1}^{(1)} & a_{2n}^{(1)} \\ & & \ddots & \vdots & \vdots \\ & & & a_{n-1,n-1}^{(n-2)} & a_{n-1,n}^{(n-2)} \\ & & & & a_{nn}^{(n-1)} \end{bmatrix} \quad (4.1.13)$$

这种对A的元素进行的消元过程叫做**Gauss 消元过程**. Gauss 消元过程能够进行到底的条件是当且仅当 $a_{11}^{(0)}$, $a_{22}^{(1)}$, …, $a_{n-1,n-1}^{(n-2)}$ 都不为零,即

$$\Delta_r \neq 0 \quad (r=1, 2, \cdots, n-1) \quad (4.1.14)$$

由于 Gauss 顺序消元过程的特点是未用行、列的交换,因此附加条件式(4.1.14) 是合理的.

4.1.2 矩阵的三角(LU) 分解

当条件式(4.1.14) 满足时,由式(4.1.11) 有

$$A=A^{(0)}=L_1A^{(1)}=L_1L_2A^{(2)}=\cdots=L_1L_2\cdots L_{n-1}A^{(n-1)}$$

容易求出

$$L=L_1L_2\cdots L_{n-1}=\begin{bmatrix} 1 & & & & \\ c_{21} & 1 & & & \\ \vdots & \vdots & \ddots & & \\ c_{n-1,1} & c_{n-1,2} & \cdots & 1 & \\ c_{n1} & c_{n2} & \cdots & c_{n,n-1} & 1 \end{bmatrix} \quad (4.1.15)$$

这是一个对角元素都是 1 的下三角矩阵,称为**单位下三角矩阵**. 若令 $A^{(n-1)}=U$(或 R),则得

$$A=LU$$

这样 A 就分解成一个单位下三角矩阵与一个上三角矩阵的乘积,一般地有如下的定义.

定义 4.1 如果方阵 A 可分解成一个下三角矩阵 L 和一个上三角矩阵 U 的乘积,则称 A 可作**三角分解**或**LU(LR) 分解**. 如果方阵 A 可分解成 $A=LDU$,其中 L 是单位下三角矩阵,D 是对角矩阵,U 是单位上三角矩阵,则称 A 可作 **LDU 分解**.

现在介绍方阵的三角分解的存在性和唯一性问题.

首先指出,一个方阵的 LU 分解并不唯一. 这是因为如果 $A=LU$ 是 A 的一个三角分解,令 D 是对角元素都不为零的对角矩阵,则 $A=LU=LDD^{-1}U=\hat{L}\hat{U}$. 由于上(下) 三角矩阵的乘积仍是上(下) 三角矩阵,因此 $LD=\hat{L}$, $D^{-1}U=\hat{U}$ 也分别是下、上三角矩阵. 从而 $\hat{L}\hat{U}$ 也是 A 的一个三角分解. 一般来说,矩阵的三角分解不是唯一的. 但是尚有下面的定理.

定理 4.1 设 $A=(a_{ij})_{n\times n}$ 是 n 阶矩阵,则当且仅当 A 的顺序主子式 $\Delta_k\neq 0$ $(k=1, 2, \cdots, n-1)$ 时,A 可唯一地分解为 $A=LDU$,其中 L 是单位下三角矩阵,

$\boldsymbol{U}$ 是单位上三角矩阵,且

$$\boldsymbol{D}=\operatorname{diag}(d_1,\ d_2,\ \cdots,\ d_n)$$

其中 $d_k=\dfrac{\Delta_k}{\Delta_{k-1}}\ (k=1,\ 2,\ \cdots,\ n;\ \Delta_0=1)$.

*证　必要性. 若 $\boldsymbol{A}$ 有唯一的 LDU 分解 $\boldsymbol{A}=\boldsymbol{LDU}$,将其写成分块矩阵的形式为

$$\begin{bmatrix}\boldsymbol{A}_{n-1} & \boldsymbol{\nu}\\ \boldsymbol{\mu}^{\mathrm{T}} & a_{nn}\end{bmatrix}=\begin{bmatrix}\boldsymbol{L}_{n-1} & \boldsymbol{0}\\ \boldsymbol{\sigma}^{\mathrm{T}} & 1\end{bmatrix}\begin{bmatrix}\boldsymbol{D}_{n-1} & \boldsymbol{0}\\ \boldsymbol{0}^{\mathrm{T}} & d_n\end{bmatrix}\begin{bmatrix}\boldsymbol{U}_{n-1} & \boldsymbol{\tau}\\ \boldsymbol{0}^{\mathrm{T}} & 1\end{bmatrix}\tag{4.1.16}$$

其中 $\boldsymbol{L}_{n-1}$, $\boldsymbol{D}_{n-1}$, $\boldsymbol{U}_{n-1}$, $\boldsymbol{A}_{n-1}$ 分别是 $\boldsymbol{L}$, $\boldsymbol{D}$, $\boldsymbol{U}$,$\boldsymbol{A}$ 的 $n-1$ 阶顺序主子矩阵. 由式(4.1.16) 得矩阵方程为

$$\boldsymbol{A}_{n-1}=\boldsymbol{L}_{n-1}\boldsymbol{D}_{n-1}\boldsymbol{U}_{n-1}\tag{4.1.17}$$

$$\boldsymbol{\mu}^{\mathrm{T}}=\boldsymbol{\sigma}^{\mathrm{T}}\boldsymbol{D}_{n-1}\boldsymbol{U}_{n-1}\tag{4.1.18}$$

$$\boldsymbol{\nu}=\boldsymbol{L}_{n-1}\boldsymbol{D}_{n-1}\boldsymbol{\tau}\tag{4.1.19}$$

$$a_{nn}=\boldsymbol{\sigma}^{\mathrm{T}}\boldsymbol{D}_{n-1}\boldsymbol{\tau}+d_n\tag{4.1.20}$$

如果 $\Delta_{n-1}=\det\boldsymbol{A}_{n-1}=0$, 则由式(4.1.17) 及行列式乘法定理知 $\det\boldsymbol{D}_{n-1}=\det\boldsymbol{A}_{n-1}=0$. 于是

$$\det(\boldsymbol{L}_{n-1}\boldsymbol{D}_{n-1})=\det\boldsymbol{D}_{n-1}=0$$

即 $\boldsymbol{L}_{n-1}\boldsymbol{D}_{n-1}$ 不可逆. 对于方程组(4.1.19),存在$(n-1)\times 1$ 矩阵 $\tilde{\boldsymbol{\tau}}$ 使 $\boldsymbol{L}_{n-1}\boldsymbol{D}_{n-1}\tilde{\boldsymbol{\tau}}=\boldsymbol{\nu}$,而 $\boldsymbol{\tau}\neq\tilde{\boldsymbol{\tau}}$(因为当 $\det\boldsymbol{B}=0$ 时,线性方程组 $\boldsymbol{Bx}=\boldsymbol{0}$ 有非零解,并且当线性方程组 $\boldsymbol{Bx}=\boldsymbol{b}$ 有解时,其解不唯一). 同理,因 $\boldsymbol{D}_{n-1}\boldsymbol{U}_{n-1}$ 不可逆,故 $\boldsymbol{U}_{n-1}^{\mathrm{T}}\boldsymbol{D}_{n-1}^{\mathrm{T}}=(\boldsymbol{D}_{n-1}\boldsymbol{U}_{n-1})^{\mathrm{T}}$ 不可逆,存在 $\tilde{\boldsymbol{\sigma}}\neq\boldsymbol{\sigma}$ 使 $\boldsymbol{U}_{n-1}^{\mathrm{T}}\boldsymbol{D}_{n-1}^{\mathrm{T}}\tilde{\boldsymbol{\sigma}}=\boldsymbol{\mu}$,或 $\tilde{\boldsymbol{\sigma}}^{\mathrm{T}}\boldsymbol{D}_{n-1}\boldsymbol{U}_{n-1}=\boldsymbol{\mu}^{\mathrm{T}}$. 取 $\tilde{d}_n=a_{nn}-\tilde{\boldsymbol{\sigma}}\boldsymbol{D}_{n-1}\tilde{\boldsymbol{\tau}}$,则有

$$\begin{bmatrix}\boldsymbol{A}_{n-1} & \boldsymbol{\nu}\\ \boldsymbol{\mu}^{\mathrm{T}} & a_{nn}\end{bmatrix}=\begin{bmatrix}\boldsymbol{L}_{n-1} & \boldsymbol{0}\\ \tilde{\boldsymbol{\sigma}}^{\mathrm{T}} & 1\end{bmatrix}\begin{bmatrix}\boldsymbol{D}_{n-1} & \boldsymbol{0}\\ \boldsymbol{0}^{\mathrm{T}} & \tilde{d}_n\end{bmatrix}\begin{bmatrix}\boldsymbol{U}_{n-1} & \tilde{\boldsymbol{\tau}}\\ \boldsymbol{0}^{\mathrm{T}} & 1\end{bmatrix}$$

这与 $\boldsymbol{A}$ 的 LDU 分解的唯一性假定矛盾,因此 $\Delta_{n-1}\neq 0$.

考察 $n-1$ 阶顺序主子矩阵 $\boldsymbol{A}_{n-1}$,同样有 $\boldsymbol{A}_{n-2}=\boldsymbol{L}_{n-2}\boldsymbol{D}_{n-2}\boldsymbol{U}_{n-2}$,其中 $\boldsymbol{L}_{n-2}$, $\boldsymbol{D}_{n-2}$, $\boldsymbol{U}_{n-2}$ 分别是 $\boldsymbol{L}$, $\boldsymbol{D}$, $\boldsymbol{U}$ 的 $n-2$ 阶顺序主子矩阵. 于是由 $\boldsymbol{D}_{n-1}$ 和 $\boldsymbol{D}_{n-2}$ 可逆得 $\det\boldsymbol{A}_{n-2}=\det\boldsymbol{D}_{n-2}\neq 0$, 或 $\Delta_{n-2}\neq 0$. 依此类推,可得 $\Delta_{n-1}\neq 0$, $\Delta_{n-2}\neq 0$, $\cdots$, $\Delta_2\neq 0$, $\Delta_1\neq 0$. 必要性得证.

充分性. 若 $\Delta_k\neq 0\ (k=1,\ 2,\ \cdots,\ n-1)$,则由 Gauss 消元过程和前面的推导可知 $\boldsymbol{A}$ 有三角分解 $\boldsymbol{A}=\boldsymbol{L}\boldsymbol{A}^{(n-1)}$. 在式(4.1.13) 中令 $d_k=a_{kk}^{(k-1)}$,则由式(4.1.12) 得

$$d_k=a_{kk}^{(k-1)}=\frac{\Delta_k}{\Delta_{k-1}}\quad(k=1,\ 2,\ \cdots,\ n;\ \Delta_0=1)$$

于是有

$$A^{(n-1)}=\begin{bmatrix} d_1 & & & \\ & d_2 & & \\ & & \ddots & \\ & & & d_n \end{bmatrix}\begin{bmatrix} 1 & \frac{a_{12}^{(0)}}{d_1} & \cdots & \frac{a_{1n}^{(0)}}{d_1} \\ & 1 & \ddots & \vdots \\ & & \ddots & \frac{a_{n-1,n}^{(n-2)}}{d_{n-1}} \\ & & & 1 \end{bmatrix}=\boldsymbol{DU}$$

即 $\boldsymbol{A}$ 有 LDU 分解 $\boldsymbol{A}=\boldsymbol{LA}^{(n-1)}=\boldsymbol{LDU}$. 下面证明这种分解的唯一性.

设这个分解为式(4.1.16). 因 $\Delta_{n-1}\neq 0$,故从式(4.1.17) 得 $\det\boldsymbol{D}_{n-1}\neq 0$, 即 $\boldsymbol{D}_{n-1}$ 可逆. 假定 $\boldsymbol{A}$ 还有另一种分解方式,则必分别有 $n-1$ 阶下、上三角矩阵 $\widetilde{\boldsymbol{L}}_{n-1}$, $\widetilde{\boldsymbol{U}}_{n-1}$ 和对角矩阵 $\widetilde{\boldsymbol{D}}_{n-1}$ 满足式(4.1.17),且 $\widetilde{\boldsymbol{D}}_{n-1}$ 可逆. 于是有

$$\boldsymbol{L}_{n-1}\boldsymbol{D}_{n-1}\boldsymbol{U}_{n-1}=\boldsymbol{A}_{n-1}=\widetilde{\boldsymbol{L}}_{n-1}\widetilde{\boldsymbol{D}}_{n-1}\widetilde{\boldsymbol{U}}_{n-1}$$

从而

$$\widetilde{\boldsymbol{L}}_{n-1}^{-1}\boldsymbol{L}_{n-1}=\widetilde{\boldsymbol{D}}_{n-1}\widetilde{\boldsymbol{U}}_{n-1}\boldsymbol{U}_{n-1}^{-1}\boldsymbol{D}_{n-1}^{-1}$$

由于上式左边是单位下三角矩阵,右边是上三角矩阵,因此 $\widetilde{\boldsymbol{L}}_{n-1}^{-1}\boldsymbol{L}_{n-1}$ 是单位矩阵,即 $\boldsymbol{L}_{n-1}=\widetilde{\boldsymbol{L}}_{n-1}$. 同理,由

$$\widetilde{\boldsymbol{D}}_{n-1}^{-1}\widetilde{\boldsymbol{L}}_{n-1}^{-1}\boldsymbol{L}_{n-1}\boldsymbol{D}_{n-1}=\widetilde{\boldsymbol{U}}_{n-1}\boldsymbol{U}_{n-1}^{-1}$$

可得 $\widetilde{\boldsymbol{U}}_{n-1}\boldsymbol{U}_{n-1}^{-1}$ 和 $\widetilde{\boldsymbol{D}}_{n-1}^{-1}\boldsymbol{D}_{n-1}$ 也都是单位矩阵,故 $\widetilde{\boldsymbol{U}}_{n-1}=\boldsymbol{U}_{n-1}$, $\boldsymbol{D}_{n-1}=\boldsymbol{D}'_{n-1}$.

以上分析说明,若 $\boldsymbol{A}$ 有分解式(4.1.16),则 $\boldsymbol{L}_{n-1},\boldsymbol{D}_{n-1},\boldsymbol{U}_{n-1}$ 都是唯一确定的. 由于 $\boldsymbol{D}_{n-1}$ 的可逆性,从式(4.1.18) 和式(4.1.19) 知 $\boldsymbol{\sigma}^{\mathrm{T}}$ 和 $\boldsymbol{\tau}$ 也是唯一确定的. 于是由式(4.1.20) 知 d_n 也是唯一确定的. 到此 $\boldsymbol{A}$ 的 LDU 分解的唯一性得证. 证毕

对于可逆矩阵,可作三角分解与可唯一地作 LDU 分解是等价的,因为有以下推论.

推论 n 阶可逆矩阵 $\boldsymbol{A}$ 有三角分解 $\boldsymbol{A}=\boldsymbol{LU}$ 的充要条件是 $\boldsymbol{A}$ 的顺序主子式 $\Delta_k\neq 0\ (k=1,2,\cdots,n-1)$.

证 由定理 4.1 的结论,充分性是显然的. 现在证明必要性如下.

因为 $\boldsymbol{A}$ 可逆,且 $0\neq\det\boldsymbol{A}=\det\boldsymbol{L}\cdot\det\boldsymbol{U}$,故 $\boldsymbol{L},\boldsymbol{U}$ 可逆. 设 $\boldsymbol{L}=(l_{ij})_{n\times n}$, $\boldsymbol{U}=(u_{ij})_{n\times n}$, 则 $l_{ii}\neq 0$, $u_{ii}\neq 0\ (i=1,2,\cdots,n)$. 于是

$$\boldsymbol{A}=\begin{bmatrix} l_{11} & & & \\ l_{21} & l_{22} & & \\ \vdots & \vdots & \ddots & \\ l_{n1} & l_{n2} & \cdots & l_{nn} \end{bmatrix}\begin{bmatrix} u_{11} & u_{12} & \cdots & u_{1n} \\ & u_{22} & \cdots & u_{2n} \\ & & \ddots & \vdots \\ & & & u_{nn} \end{bmatrix}=$$

$$\begin{bmatrix} 1 & & & \\ \frac{l_{21}}{l_{11}} & 1 & & \\ \vdots & \vdots & \ddots & \\ \frac{l_{n1}}{l_{11}} & \frac{l_{n2}}{l_{22}} & \cdots & 1 \end{bmatrix}\begin{bmatrix} l_{11} & & & \\ & l_{22} & & \\ & & \ddots & \\ & & & l_{nn} \end{bmatrix}\times$$

$$\begin{bmatrix} u_{11} & & & \\ & u_{22} & & \\ & & \ddots & \\ & & & u_{nn} \end{bmatrix} \begin{bmatrix} 1 & \frac{u_{12}}{u_{11}} & \cdots & \frac{u_{1n}}{u_{11}} \\ & 1 & \cdots & \frac{u_{2n}}{u_{22}} \\ & & \ddots & \vdots \\ & & & 1 \end{bmatrix} =$$

$$\hat{L} \begin{bmatrix} l_{11}u_{11} & & & \\ & l_{22}u_{22} & & \\ & & \ddots & \\ & & & l_{nn}u_{nn} \end{bmatrix} \hat{U}$$

采用定理 4.1 中证明式(4.1.17) 唯一性的同样方法可知,$\boldsymbol{A}$ 的上述分解是唯一的. 于是由定理 4.1 的结论,便得 $\Delta_k \neq 0$ $(k=1, 2, \cdots, n-1)$. 证毕

例 4.1 求矩阵 $\boldsymbol{A}$ 的 LDU 分解,其中

$$\boldsymbol{A} = \begin{bmatrix} 2 & -1 & 3 \\ 1 & 2 & 1 \\ 2 & 4 & 2 \end{bmatrix}$$

解 因为 $\Delta_1 = 2$, $\Delta_2 = 5$,所以 $\boldsymbol{A}$ 有唯一的 LDU 分解. 构造矩阵

$$\boldsymbol{L}_1 = \begin{bmatrix} 1 & & \\ \frac{1}{2} & 1 & \\ 1 & 0 & 1 \end{bmatrix}, \quad \boldsymbol{L}_1^{-1} = \begin{bmatrix} 1 & & \\ -\frac{1}{2} & 1 & \\ -1 & 0 & 1 \end{bmatrix}$$

计算,得

$$\boldsymbol{L}_1^{-1}\boldsymbol{A}^{(0)} = \begin{bmatrix} 2 & -1 & 3 \\ 0 & \frac{5}{2} & -\frac{1}{2} \\ 0 & 5 & -1 \end{bmatrix} = \boldsymbol{A}^{(1)}$$

对 $\boldsymbol{A}^{(1)}$ 构造矩阵,有

$$\boldsymbol{L}_2 = \begin{bmatrix} 1 & & \\ 0 & 1 & \\ 0 & 2 & 1 \end{bmatrix}, \quad \boldsymbol{L}_2^{-1} = \begin{bmatrix} 1 & & \\ 0 & 1 & \\ 0 & -2 & 1 \end{bmatrix}$$

计算,得

$$\boldsymbol{L}_2^{-1}\boldsymbol{A}^{(1)} = \begin{bmatrix} 2 & -1 & 3 \\ 0 & \frac{5}{2} & -\frac{1}{2} \\ 0 & 0 & 0 \end{bmatrix} = \begin{bmatrix} 2 & 0 & 0 \\ 0 & \frac{5}{2} & 0 \\ 0 & 0 & 0 \end{bmatrix} \begin{bmatrix} 1 & -\frac{1}{2} & \frac{3}{2} \\ 0 & 1 & -\frac{1}{5} \\ 0 & 0 & 1 \end{bmatrix} = \boldsymbol{A}^{(2)}$$

由式(4.1.15)可求出

$$L = L_1 L_2 = \begin{bmatrix} 1 & & \\ \frac{1}{2} & 1 & \\ 1 & 2 & 1 \end{bmatrix}$$

于是得 $A^{(0)} = A$ 的 LDU 分解为

$$A = L_1 L_2 A^{(2)} = \begin{bmatrix} 1 & 0 & 0 \\ \frac{1}{2} & 1 & 0 \\ 1 & 2 & 1 \end{bmatrix} \begin{bmatrix} 2 & 0 & 0 \\ 0 & \frac{5}{2} & 0 \\ 0 & 0 & 0 \end{bmatrix} \begin{bmatrix} 1 & -\frac{1}{2} & \frac{3}{2} \\ 0 & 1 & -\frac{1}{5} \\ 0 & 0 & 1 \end{bmatrix}$$

矩阵 A 的 LDU 与 LU 两种分解都需要假设 A 的前 $n-1$ 阶顺序主子式非零. 如果这个条件不满足,可以给 A 左(或右)乘以置换矩阵 P(以 n 阶单位矩阵的 n 个列向量为列构成的 n 阶矩阵),就把 A 的行(或列)的次序重新排列,使之满足这个条件. 从而就有如下的带行交换的矩阵分解定理.

定理 4.2 设 A 是 n 阶可逆矩阵,则存在置换矩阵 P 使 PA 的 n 个顺序主子式非零.

该定理的证明可在计算方法教材中找到.

推论 设 A 是 n 阶可逆矩阵,则存在置换矩阵 P,使

$$PA = L\hat{U} = LDU \tag{4.1.21}$$

其中 L 是单位下三角矩阵,$\hat{U}$ 是上三角矩阵,U 是单位上三角矩阵,D 是对角矩阵.

如果方程组(4.1.2)的系数矩阵 A 可逆,且 $\Delta_k \neq 0$ $(k=1, 2, \cdots, n-1)$,则存在三角分解 $A = LU$. 于是便得与方程组(4.1.2)同解的、具有以三角矩阵为系数矩阵的两个方程组为

$$\left.\begin{array}{r} Ly = b \\ Ux = y \end{array}\right\} \tag{4.1.22}$$

由联立方程组(4.1.22)的第一个方程组先解出 y,再代入其第二个方程组解出 x,这就是解线性方程组(4.1.2)的三角分解法.

如果方程组(4.1.2)的系数矩阵 A 的某个顺序主子式 $\Delta_k = 0$ $(k < n)$,可按定理 4.2 的推论考虑与其同解的方程组 $PAx = Pb$,于是,仍可用三角分解法(或 Gauss 消去法)求其解.

4.1.3 其他三角分解及其算法

现在阐述直接计算可逆矩阵 A 的三角分解的方法.

定义 4.2 设矩阵 A 有唯一的 LDU 分解. 若把 $A = LDU$ 中的 D 与 U 结合起来,并且用 $\hat{U}$ 来表示,就得到唯一的分解为

$$A = L(DU) = L\hat{U} \tag{4.1.23}$$

称为 $\boldsymbol{A}$ 的 **Doolittle 分解**；若把 $\boldsymbol{A}=\boldsymbol{LDU}$ 中的 $\boldsymbol{L}$ 与 $\boldsymbol{D}$ 结合起来，并且用 $\hat{\boldsymbol{L}}$ 来表示，就得到唯一的分解为

$$\boldsymbol{A}=(\boldsymbol{LD})\boldsymbol{U}=\hat{\boldsymbol{L}}\boldsymbol{U} \tag{4.1.24}$$

称为 $\boldsymbol{A}$ 的 **Crout 分解.**

下面讨论 Crout 分解的实用算法. 设

$$\hat{\boldsymbol{L}}=\begin{bmatrix} l_{11} & & & \\ l_{21} & l_{22} & & \\ \vdots & \vdots & \ddots & \\ l_{n1} & l_{n2} & \cdots & l_{nn} \end{bmatrix},\quad \boldsymbol{U}=\begin{bmatrix} 1 & u_{12} & \cdots & u_{1n} \\ & 1 & \cdots & u_{2n} \\ & & \ddots & \vdots \\ & & & 1 \end{bmatrix} \tag{4.1.25}$$

根据 $\boldsymbol{A}=\hat{\boldsymbol{L}}\boldsymbol{U}$，可得

$$a_{i1}=l_{i1} \text{ 或 } l_{i1}=a_{i1} \quad (i=1,\ 2,\ \cdots,\ n) \tag{4.1.26}$$

$$a_{1j}=l_{11}\,u_{1j} \text{ 或 } u_{1j}=\frac{a_{1j}}{l_{11}} \quad (j=2,\ 3,\ \cdots,\ n) \tag{4.1.27}$$

对于 $k=2,\ 3,\ \cdots,\ n$，当 $i\geqslant k$ 时，有

$$a_{ik}=l_{i1}u_{1k}+\cdots+l_{i,k-1}u_{k-1,k}+l_{ik}$$

于是

$$l_{ik}=a_{ik}-(l_{i1}u_{1k}+\cdots+l_{i,k-1}u_{k-1,k}) \tag{4.1.28}$$

而当 $j>k$ 时，有

$$a_{kj}=l_{k1}u_{1j}+\cdots+l_{k,k-1}u_{k-1,j}+l_{kk}u_{kj}$$

于是

$$u_{kj}=\frac{1}{l_{kk}}[a_{kj}-(l_{k1}u_{1j}+\cdots+l_{k,k-1}u_{k-1,j})] \tag{4.1.29}$$

现在以 6 阶矩阵为例，给出 Crout 分解的计算顺序. 由式(4.1.26)，式(4.1.27)，式(4.1.28) 及式(4.1.29) 可以看出，计算 $\hat{\boldsymbol{L}}$ 诸列及 $\boldsymbol{U}$ 诸行的顺序如下框图所示(框图中 ① 为计算的第 1 步，式(26) 表示式(4.1.26)，其余类同).

<table>
<tr><td rowspan="6">①
用式(26)计算 $\hat{\boldsymbol{L}}$ 的第一列</td><td colspan="5">② 用式(27) 计算 $\boldsymbol{U}$ 的第一行</td></tr>
<tr><td rowspan="5">③
用式(28)计算 $\hat{\boldsymbol{L}}$ 的第二列</td><td colspan="4">④ 用式(29) 计算 $\boldsymbol{U}$ 的第二行</td></tr>
<tr><td rowspan="4">⑤
用式(28)计算 $\hat{\boldsymbol{L}}$ 的第三列</td><td colspan="3">⑥ 用式(29) 计算 $\hat{\boldsymbol{U}}$ 的第三行</td></tr>
<tr><td rowspan="3">⑦
用式(28)计算 $\hat{\boldsymbol{L}}$ 的第四列</td><td colspan="2">⑧ 用式(29) 计算 $\boldsymbol{U}$ 的第三行</td></tr>
<tr><td rowspan="2">⑨
用式(28)计算 $\hat{\boldsymbol{L}}$ 的第五列</td><td>⑩ 用式(29)…</td></tr>
<tr><td>⑪
用式(28) 计算 $\hat{\boldsymbol{L}}$ 的第六列</td></tr>
</table>

关于 $\hat{\boldsymbol{L}}$ 和 $\boldsymbol{U}$ 的元素的存储安排，因为在利用 a_{ij} 计算出 l_{ij} 和 u_{ij} 以后就不再使用了，所以 $\hat{\boldsymbol{L}}$ 的非零元素和 $\boldsymbol{U}$ 的严格上三角元素可以存放在 $\boldsymbol{A}$ 中相应元素的位置上. 最后，$\boldsymbol{A}$ 的位置上所存放的元素就成为

$$\begin{bmatrix} l_{11} & u_{12} & u_{13} & \cdots & u_{1n} \\ l_{21} & l_{22} & u_{23} & \cdots & u_{2n} \\ \vdots & \vdots & \vdots & & \vdots \\ l_{n1} & l_{n2} & l_{n3} & \cdots & l_{nn} \end{bmatrix}$$

由式(4.1.28) 和式(4.1.29) 可以看出，第 k 步计算 l_{ik} 和 u_{kj} 分别需用 $(n-k)k+2k-n+1$ 次加减法和乘法，故 n 步共需完成约 $2\sum(n-k)k \approx \frac{1}{3}n^3 + O(n^2)$ 次加减法和乘法. 因此，Crout 分解与 Gauss 消去法的计算量基本相同.

完全类似地，可由定义 4.2 得到 n 阶矩阵 $\boldsymbol{A}=(a_{ij})_{n\times n}$ 的 Doolittle 分解的计算公式为

$$\left.\begin{aligned} u_{ik} &= a_{ik} - \sum_{r=1}^{i-1} l_{ir}u_{rk} \quad (k=i,\ i+1,\ \cdots,\ n) \\ l_{ki} &= \frac{1}{u_{ii}}\Big(a_{ki} - \sum_{r=1}^{i-1} l_{kr}u_{ri}\Big) \quad (k=i+1,\ \cdots,\ n) \end{aligned}\right\} \tag{4.1.30}$$

当 $\boldsymbol{A}$ 为实对称正定矩阵时，$\Delta_k > 0\ (k=1,\ 2,\ \cdots,\ n)$. 于是 $\boldsymbol{A}$ 有唯一的 LDU 分解，即 $\boldsymbol{A}=\boldsymbol{LDU}$，其中 $\boldsymbol{D}=\mathrm{diag}(d_1,\ d_2,\ \cdots,\ d_n)$，且 $d_i>0\ (i=1,\ 2,\ \cdots,\ n)$. 令

$$\widetilde{\boldsymbol{D}} = \mathrm{diag}(\sqrt{d_1},\ \sqrt{d_2},\ \cdots,\ \sqrt{d_n})$$

则有 $\boldsymbol{A}=\boldsymbol{L}\widetilde{\boldsymbol{D}}^2\boldsymbol{U}$. 由 $\boldsymbol{A}^{\mathrm{T}}=\boldsymbol{A}$ 得到 $\boldsymbol{L}\widetilde{\boldsymbol{D}}^2\boldsymbol{U}=\boldsymbol{U}^{\mathrm{T}}\widetilde{\boldsymbol{D}}^2\boldsymbol{L}^{\mathrm{T}}$，再由分解的唯一性有 $\boldsymbol{L}=\boldsymbol{U}^{\mathrm{T}}$，$\boldsymbol{U}=\boldsymbol{L}^{\mathrm{T}}$，因而有

$$\boldsymbol{A}=\boldsymbol{L}\widetilde{\boldsymbol{D}}^2\boldsymbol{L}^{\mathrm{T}}=\boldsymbol{LDL}^{\mathrm{T}} \tag{4.1.31}$$

或者

$$\boldsymbol{A}=\boldsymbol{L}\widetilde{\boldsymbol{D}}^2\boldsymbol{L}^{\mathrm{T}}=(\boldsymbol{L}\widetilde{\boldsymbol{D}})(\boldsymbol{L}\widetilde{\boldsymbol{D}})^{\mathrm{T}}=\boldsymbol{GG}^{\mathrm{T}} \tag{4.1.32}$$

这里 $\boldsymbol{G}=\boldsymbol{L}\widetilde{\boldsymbol{D}}$ 是下三角矩阵.

定义 4.3 称式(4.1.32) 为实对称正定矩阵的 **Cholesky 分解(平方根分解、对称三角分解)**.

令 $\boldsymbol{G}=(g_{ij})$，则由式(4.1.32) 两端相应元素相等可得

$$a_{ij}=g_{i1}g_{j1}+g_{i2}g_{j2}+\cdots+g_{ij}g_{jj} \quad (i>j), \quad a_{ii}=g_{i1}^2+g_{i2}^2+\cdots+g_{ii}^2$$

从而得到计算 g_{ij} 的递推公式为

$$g_{ij}=\begin{cases} \Big(a_{ii}-\sum\limits_{k=1}^{i-1} g_{ik}^2\Big)^{1/2} & (i=j) \\ \dfrac{1}{g_{jj}}\Big(a_{ij}-\sum\limits_{k=1}^{j-1} g_{ik}g_{jk}\Big) & (i>j) \\ 0 & (i<j) \end{cases} \tag{4.1.33}$$

因为实对称正定矩阵 $\boldsymbol{A}$ 的对角元素 $a_{ii}=\sum_{j=1}^{i}g_{ij}^{2}$，所以有

$$|g_{ij}|\leqslant\sqrt{a_{ii}}\quad(j\leqslant i)\tag{4.1.34}$$

这表明 Cholesky 分解中的中间量 g_{ij} 完全得以控制，从而计算过程是稳定的.

为了避免式(4.1.33)中的开方运算，也可采用式(4.1.31)构造对称正定矩阵的 Gholesky 分解.

例 4.2 求矩阵 $\boldsymbol{A}$ 的 Gholesky 分解，其中

$$\boldsymbol{A}=\begin{bmatrix}5&-2&0\\-2&3&-1\\0&-1&1\end{bmatrix}$$

解 容易验证 $\boldsymbol{A}$ 是对称正定矩阵. 由式(4.1.33)有

$$g_{11}=\sqrt{a_{11}}=\sqrt{5}$$

$$g_{21}=\frac{a_{21}}{g_{11}}=-\frac{2}{\sqrt{5}},\quad g_{22}=(a_{22}-g_{21}^{2})^{1/2}=\sqrt{\frac{11}{5}}$$

$$g_{31}=\frac{a_{31}}{g_{11}}=0,\quad g_{32}=\frac{a_{32}-g_{31}g_{21}}{g_{22}}=-\sqrt{\frac{5}{11}}$$

$$g_{33}=(a_{33}-g_{31}^{2}-g_{32}^{2})^{1/2}=\left(1-\frac{5}{11}\right)^{1/2}=\sqrt{\frac{6}{11}}$$

从而

$$\boldsymbol{A}=\begin{bmatrix}\sqrt{5}&0&0\\-\frac{2}{\sqrt{5}}&\sqrt{\frac{11}{5}}&0\\0&-\sqrt{\frac{5}{11}}&\sqrt{\frac{6}{11}}\end{bmatrix}\begin{bmatrix}\sqrt{5}&-\frac{2}{\sqrt{5}}&0\\0&\sqrt{\frac{11}{5}}&-\sqrt{\frac{5}{11}}\\0&0&\sqrt{\frac{6}{11}}\end{bmatrix}$$

4.1.4 分块矩阵的拟 LU 分解与拟 LDU 分解

现在讨论如何将方阵 $\boldsymbol{A}$ 分解成两个拟三角矩阵的乘积问题. 在此基础上给出将 $\boldsymbol{A}$ 分解成两个拟三角矩阵和一个拟对角矩阵的乘积. 这种分解式无疑对处理高阶方阵分解问题带来方便，并能减少计算工作量. 这里只限于参加运算的矩阵在纵向及横向裂分(分割)成 2 块的情况. 但是反复使用所得结果，很易推出在纵向及横向裂分成 3 块或更多块情况下的公式.

设 $\boldsymbol{A}\in\mathbf{R}^{n\times n}$，将 $\boldsymbol{A}$ 裂分成

$$\boldsymbol{A}=\begin{bmatrix}\boldsymbol{A}_{11}&\boldsymbol{A}_{12}\\\boldsymbol{A}_{21}&\boldsymbol{A}_{22}\end{bmatrix}\tag{4.1.35}$$

其中 $\boldsymbol{A}_{11}$ 是 n_1 阶矩阵，$\boldsymbol{A}_{22}$ 是 n_2 阶矩阵($n_1+n_2=n$).

如果 $\boldsymbol{A}_{11}$ 可逆，构造拟下三角矩阵为

$$\begin{bmatrix} \boldsymbol{I}_{n_1} & \boldsymbol{O} \\ -\boldsymbol{A}_{21}\boldsymbol{A}_{11}^{-1} & \boldsymbol{I}_{n_2} \end{bmatrix}$$

并左乘 $\boldsymbol{A}$ 得

$$\begin{bmatrix} \boldsymbol{I}_{n_1} & \boldsymbol{O} \\ -\boldsymbol{A}_{21}\boldsymbol{A}_{11}^{-1} & \boldsymbol{I}_{n_2} \end{bmatrix} \begin{bmatrix} \boldsymbol{A}_{11} & \boldsymbol{A}_{12} \\ \boldsymbol{A}_{21} & \boldsymbol{A}_{22} \end{bmatrix} = \begin{bmatrix} \boldsymbol{A}_{11} & \boldsymbol{A}_{12} \\ \boldsymbol{O} & \boldsymbol{A}_{22} - \boldsymbol{A}_{21}\boldsymbol{A}_{11}^{-1}\boldsymbol{A}_{12} \end{bmatrix} \tag{4.1.36}$$

这相当于对 $\boldsymbol{A}$ 进行 n_1 个倍加的初等变换. 再由式(4.1.36) 便得分块矩阵(4.1.35) 的拟 LU 分解，即

$$\begin{bmatrix} \boldsymbol{A}_{11} & \boldsymbol{A}_{12} \\ \boldsymbol{A}_{21} & \boldsymbol{A}_{22} \end{bmatrix} = \begin{bmatrix} \boldsymbol{I}_{n_1} & \boldsymbol{O} \\ \boldsymbol{A}_{21}\boldsymbol{A}_{11}^{-1} & \boldsymbol{I}_{n_2} \end{bmatrix} \begin{bmatrix} \boldsymbol{A}_{11} & \boldsymbol{A}_{12} \\ \boldsymbol{O} & \boldsymbol{A}_{22} - \boldsymbol{A}_{21}\boldsymbol{A}_{11}^{-1}\boldsymbol{A}_{12} \end{bmatrix} \tag{4.1.37}$$

式(4.1.37) 右边第二个矩阵还可再分解成一个拟对角矩阵和一个拟上三角矩阵的乘积，即

$$\begin{bmatrix} \boldsymbol{A}_{11} & \boldsymbol{A}_{12} \\ \boldsymbol{A}_{21} & \boldsymbol{A}_{22} \end{bmatrix} = \begin{bmatrix} \boldsymbol{I}_{n_1} & \boldsymbol{O} \\ \boldsymbol{A}_{21}\boldsymbol{A}_{11}^{-1} & \boldsymbol{I}_{n_2} \end{bmatrix} \begin{bmatrix} \boldsymbol{A}_{11} & \boldsymbol{O} \\ \boldsymbol{O} & \boldsymbol{A}_{22} - \boldsymbol{A}_{21}\boldsymbol{A}_{11}^{-1}\boldsymbol{A}_{12} \end{bmatrix} \begin{bmatrix} \boldsymbol{I}_{n_1} & \boldsymbol{A}_{11}^{-1}\boldsymbol{A}_{12} \\ \boldsymbol{O} & \boldsymbol{I}_{n_2} \end{bmatrix} \tag{4.1.38}$$

这就是分块矩阵(4.1.35) 的拟 **LDU** 分解.

如果 $\boldsymbol{A}_{22}$ 可逆，类似于式(4.1.38) 的推导，可得分块矩阵(4.1.35) 的另一个拟 LDU 分解

$$\begin{bmatrix} \boldsymbol{A}_{11} & \boldsymbol{A}_{12} \\ \boldsymbol{A}_{21} & \boldsymbol{A}_{22} \end{bmatrix} = \begin{bmatrix} \boldsymbol{I}_{n_1} & \boldsymbol{A}_{12}\boldsymbol{A}_{22}^{-1} \\ \boldsymbol{O} & \boldsymbol{I}_{n_2} \end{bmatrix} \begin{bmatrix} \boldsymbol{A}_{11} - \boldsymbol{A}_{12}\boldsymbol{A}_{22}^{-1}\boldsymbol{A}_{21} & \boldsymbol{O} \\ \boldsymbol{O} & \boldsymbol{A}_{22} \end{bmatrix} \begin{bmatrix} \boldsymbol{I}_{n_1} & \boldsymbol{O} \\ \boldsymbol{A}_{22}^{-1}\boldsymbol{A}_{21} & \boldsymbol{I}_{n_2} \end{bmatrix} \tag{4.1.39}$$

分解式(4.1.38) 表明，当 $\boldsymbol{A}_{11}$ 可逆时，有

$$\det\boldsymbol{A} = \det\boldsymbol{A}_{11} \cdot \det(\boldsymbol{A}_{22} - \boldsymbol{A}_{21}\boldsymbol{A}_{11}^{-1}\boldsymbol{A}_{12}) \tag{4.1.40}$$

从而有 $\det\boldsymbol{A} \neq 0$ 的充要条件是 $\det(\boldsymbol{A}_{22} - \boldsymbol{A}_{21}\boldsymbol{A}_{11}^{-1}\boldsymbol{A}_{12}) \neq 0$；分解式(4.1.39) 表明，当 $\boldsymbol{A}_{22}$ 可逆时，有

$$\det\boldsymbol{A} = \det\boldsymbol{A}_{22} \cdot \det(\boldsymbol{A}_{11} - \boldsymbol{A}_{12}\boldsymbol{A}_{22}^{-1}\boldsymbol{A}_{21}) \tag{4.1.41}$$

从而有 $\det\boldsymbol{A} \neq 0$ 的充要条件是 $\det(\boldsymbol{A}_{11} - \boldsymbol{A}_{12}\boldsymbol{A}_{22}^{-1}\boldsymbol{A}_{21}) \neq 0$.

例 4.3 设 $\boldsymbol{A} \in \mathbf{R}^{m\times n}$，$\boldsymbol{B} \in \mathbf{R}^{n\times m}$，则有

$$\det(\boldsymbol{I}_m + \boldsymbol{AB}) = \det(\boldsymbol{I}_n + \boldsymbol{BA}) \tag{4.1.42}$$

特别地，对于 $\boldsymbol{a} \in \mathbf{R}^{n\times 1}$，$\boldsymbol{b} \in \mathbf{R}^{n\times 1}$，有 $\det(\boldsymbol{I}_n + \boldsymbol{b}\boldsymbol{a}^{\mathrm{T}}) = 1 + \boldsymbol{a}^{\mathrm{T}}\boldsymbol{b}$.

证 分别使用式(4.1.40) 和式(4.1.41) 来计算下面的分块矩阵

$$\begin{bmatrix} \boldsymbol{I}_n & \boldsymbol{B} \\ -\boldsymbol{A} & \boldsymbol{I}_m \end{bmatrix}$$

的行列式，便有

$$\det\begin{bmatrix} \boldsymbol{I}_n & \boldsymbol{B} \\ -\boldsymbol{A} & \boldsymbol{I}_m \end{bmatrix} = \det(\boldsymbol{I}_n + \boldsymbol{BA}) = \det(\boldsymbol{I}_m + \boldsymbol{AB})$$

类似地又有

$$\det\begin{bmatrix} \boldsymbol{I}_n & \boldsymbol{b} \\ -\boldsymbol{a}^{\mathrm{T}} & 1 \end{bmatrix} = \det(\boldsymbol{I}_n + \boldsymbol{b}\boldsymbol{a}^{\mathrm{T}}) = \det(1 + \boldsymbol{a}^{\mathrm{T}}\boldsymbol{b}) = 1 + \boldsymbol{a}^{\mathrm{T}}\boldsymbol{b}$$

例 4.3 的结果在系统理论中经常碰到.

习 题 4.1

1. 求矩阵 $\boldsymbol{A}$ 的 LDU 分解和 Doolittle 分解,其中

$$\boldsymbol{A} = \begin{bmatrix} 5 & 2 & -4 & 0 \\ 2 & 1 & -2 & 1 \\ -4 & -2 & 5 & 0 \\ 0 & 1 & 0 & 2 \end{bmatrix}$$

2. 证明式(4.1.30).

3. 设 $\boldsymbol{A}$ 为实对称正定矩阵,且 Gauss 消去法第一步得到的矩阵为

$$\boldsymbol{A}^{(1)} = \left[\begin{array}{c|ccc} a_{11} & a_{12} & \cdots & a_{1n} \\ \hline 0 & & & \\ \vdots & & \boldsymbol{B} & \\ 0 & & & \end{array}\right]$$

证明:$\boldsymbol{B}$ 仍是实对称正定矩阵,且对角元素不增加.

4. 求对称正定矩阵 $\boldsymbol{A}$ 的 Cholesky 分解,其中

$$\boldsymbol{A} = \begin{bmatrix} 5 & 2 & -4 \\ 2 & 1 & -2 \\ -4 & -2 & 5 \end{bmatrix}$$

4.2 矩阵的 QR 分解

首先介绍 Givens 矩阵和 Householder 矩阵的基本性质,然后讨论矩阵的 QR 分解及矩阵与 Hessen berg 矩阵的正交相似问题.

4.2.1 Givens 变换与 Householder 变换

1. Givens 矩阵和 Givens 变换

在平面解析几何中,已知使向量 $\boldsymbol{x}$ 顺时针旋转角度 θ 后变为向量 $\boldsymbol{y}$(见图 4.1) 的旋转变换为

$$\boldsymbol{y} = \begin{bmatrix} \cos\theta & \sin\theta \\ -\sin\theta & \cos\theta \end{bmatrix}\boldsymbol{x} = \boldsymbol{T}\boldsymbol{x}$$

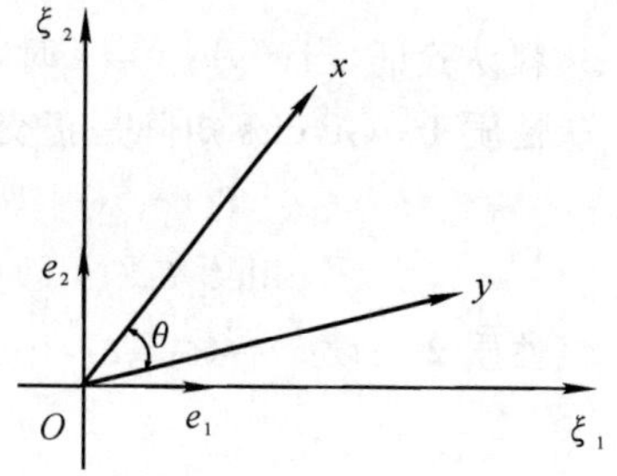

图 4.1

因为旋转变换不改变向量的模,所以它是正交变换,从而 $\boldsymbol{T}$ 是正交矩阵,且 $\det\boldsymbol{T} = 1$.

一般地,在 n 维 Euclid 空间 $\mathbf{R}^n$ 中,令 $\boldsymbol{e}_1, \boldsymbol{e}_2, \cdots, \boldsymbol{e}_n$ 是它的一个标准正交基. 于是在平面 $[\boldsymbol{e}_i, \boldsymbol{e}_j]$ 中的旋转变换定义如下.

定义 4.4 设实数 c 与 s 满足 $c^2+s^2=1$,称

$$\boldsymbol{T}_{ij}=\begin{bmatrix} 1 &&&&&&&&& \\ & \ddots &&&&&&&& \\ && 1 &&&&&&& \\ &&& c &&&& s && \\ &&&& 1 &&&&& \\ &&&&& \ddots &&&& \\ &&&&&& 1 &&& \\ &&& -s &&&& c && \\ &&&&&&&& 1 & \\ &&&&&&&&& \ddots & \\ &&&&&&&&&& 1 \end{bmatrix}\begin{matrix} \\ \\ \\ (i) \\ \\ \\ \\ (j) \\ \\ \\ \\ \end{matrix} \quad (i<j) \qquad (4.2.1)$$

为 **Givens 矩阵(初等旋转矩阵)**,也可记作 $\boldsymbol{T}_{ij}=\boldsymbol{T}_{ij}(c, s)$. 由 Givens 矩阵确定的线性变换称为 **Givens 变换(初等旋转变换)**. 若用 $\boldsymbol{I}$ 表示适当阶数的单位矩阵,式(4.2.1) 中的 Givens 矩阵可表示为

$$\boldsymbol{T}_{ij}=\begin{bmatrix} \boldsymbol{I} &&&& \\ & c && s & \\ && \boldsymbol{I} && \\ & -s && c & \\ &&&& \boldsymbol{I} \end{bmatrix}\begin{matrix} \\ (i) \\ \\ (j) \\ \\ \end{matrix} \quad (i<j)$$

特别地,当 $i=1$,或 $j=i+1$,或 $j=n$ 时,上式依次为

$$\boldsymbol{T}_{1j}=\begin{bmatrix} c && s & \\ & \boldsymbol{I} && \\ -s && c & \\ &&& \boldsymbol{I} \end{bmatrix}, \quad \boldsymbol{T}_{ij}=\begin{bmatrix} \boldsymbol{I} &&& \\ & c & s & \\ & -s & c & \\ &&& \boldsymbol{I} \end{bmatrix}, \quad \boldsymbol{T}_{in}=\begin{bmatrix} \boldsymbol{I} &&& \\ & c && s \\ && \boldsymbol{I} & \\ & -s && c \end{bmatrix}$$

容易验证,当 $c^2+s^2=1$ 时,存在角度 θ,使得 $c=\cos\theta$, $s=\sin\theta$.

性质 1 Givens 矩阵是正交矩阵,且有

$$[\boldsymbol{T}_{ij}(c, s)]^{-1}=[\boldsymbol{T}_{ij}(c, s)]^{\mathrm{T}}=\boldsymbol{T}_{ij}(c, -s) \qquad (4.2.2)$$

$$\det[\boldsymbol{T}_{ij}(c, s)]=1$$

性质 2 设 $\boldsymbol{x}=(\xi_1, \xi_2, \cdots, \xi_n)^{\mathrm{T}}$, $\boldsymbol{y}=\boldsymbol{T}_{ij}\boldsymbol{x}=(\eta_1, \eta_2, \cdots, \eta_n)^{\mathrm{T}}$,则有

$$\left.\begin{aligned} \eta_i &= c\xi_i+s\xi_j \\ \eta_j &= -s\xi_i+c\xi_j \\ \eta_k &= \xi_k \quad (k\neq i, j) \end{aligned}\right\} \qquad (4.2.3)$$

式(4.2.3) 表明,当 $\xi_i^2+\xi_j^2\neq 0$(这里约定:所涉及的矩阵与向量都是实的)时,选取

$$c=\frac{\xi_i}{\sqrt{\xi_i^2+\xi_j^2}},\quad s=\frac{\xi_j}{\sqrt{\xi_i^2+\xi_j^2}} \tag{4.2.4}$$

就可使 $\eta_i=\sqrt{\xi_i^2+\xi_j^2}>0$, $\eta_j=0$.

定理 4.3 设 $\boldsymbol{x}=(\xi_1, \xi_2, \cdots, \xi_n)^{\mathrm{T}}\neq\boldsymbol{0}$, 则存在有限个 Givens 矩阵的乘积，记作 $\boldsymbol{T}$,使得 $\boldsymbol{Tx}=|\boldsymbol{x}|\boldsymbol{e}_1$.

证 先考虑 $\xi_1\neq 0$ 的情形. 对 $\boldsymbol{x}$ 构造 Givens 矩阵 $\boldsymbol{T}_{12}(c, s)$,有

$$c=\frac{\xi_1}{\sqrt{\xi_1^2+\xi_2^2}},\quad s=\frac{\xi_2}{\sqrt{\xi_1^2+\xi_2^2}}$$

$$\boldsymbol{T}_{12}\boldsymbol{x}=\left(\sqrt{\xi_1^2+\xi_2^2}, 0, \xi_3, \cdots, \xi_n\right)^{\mathrm{T}}$$

再对 $\boldsymbol{T}_{12}\boldsymbol{x}$ 构造 Givens 矩阵 $\boldsymbol{T}_{13}(c, s)$,有

$$c=\frac{\sqrt{\xi_1^2+\xi_2^2}}{\sqrt{\xi_1^2+\xi_2^2+\xi_3^2}},\quad s=\frac{\xi_3}{\sqrt{\xi_1^2+\xi_2^2+\xi_3^2}}$$

$$\boldsymbol{T}_{13}(\boldsymbol{T}_{12}\boldsymbol{x})=\left(\sqrt{\xi_1^2+\xi_2^2+\xi_3^2}, 0, 0, \xi_4, \cdots, \xi_n\right)^{\mathrm{T}}$$

如此继续下去,最后对 $\boldsymbol{T}_{1,n-1}\cdots\boldsymbol{T}_{12}\boldsymbol{x}$ 构造 Givens 矩阵 $\boldsymbol{T}_{1n}(c, s)$,有

$$c=\frac{\sqrt{\xi_1^2+\cdots+\xi_{n-1}^2}}{\sqrt{\xi_1^2+\cdots+\xi_{n-1}^2+\xi_n^2}},\quad s=\frac{\xi_n}{\sqrt{\xi_1^2+\cdots+\xi_{n-1}^2+\xi_n^2}}$$

$$\boldsymbol{T}_{1n}(\boldsymbol{T}_{1,n-1}\cdots\boldsymbol{T}_{12}\boldsymbol{x})=\left(\sqrt{\xi_1^2+\cdots+\xi_{n-1}^2+\xi_n^2}, 0, \cdots, 0\right)^{\mathrm{T}}$$

令 $\boldsymbol{T}=\boldsymbol{T}_{1n}\boldsymbol{T}_{1,n-1}\cdots\boldsymbol{T}_{12}$, 可得 $\boldsymbol{Tx}=|\boldsymbol{x}|\boldsymbol{e}_1$.

如果 $\xi_1=0$,考虑 $\xi_1=\cdots=\xi_{k-1}=0, \xi_k\neq 0\ (1<k\leqslant n)$ 的情形. 此时 $|\boldsymbol{x}|=\sqrt{\xi_k^2+\cdots+\xi_n^2}$,上面的步骤由 $\boldsymbol{T}_{1k}$ 开始进行即得结论亦成立. 证毕

推论 设非零列向量 $\boldsymbol{x}\in\mathbf{R}^n$ 及单位列向量 $\boldsymbol{z}\in\mathbf{R}^n$,则存在有限个 Givens 矩阵的乘积,记作 $\boldsymbol{T}$,使得 $\boldsymbol{Tx}=|\boldsymbol{x}|\boldsymbol{z}$.

证 根据定理 4.3,对于向量 $\boldsymbol{x}$,存在

$$\boldsymbol{T}^{(1)}=\boldsymbol{T}_{1n}^{(1)}\cdots\boldsymbol{T}_{13}^{(1)}\boldsymbol{T}_{12}^{(1)}\quad(\boldsymbol{T}_{1j}^{(1)}\text{ 是 Givens 矩阵})$$

使得 $\boldsymbol{T}^{(1)}\boldsymbol{x}=|\boldsymbol{x}|\boldsymbol{e}_1$; 对于向量 $\boldsymbol{z}$,存在

$$\boldsymbol{T}^{(2)}=\boldsymbol{T}_{1n}^{(2)}\cdots\boldsymbol{T}_{13}^{(2)}\boldsymbol{T}_{12}^{(2)}\quad(\boldsymbol{T}_{1j}^{(2)}\text{ 是 Givens 矩阵})$$

使得 $\boldsymbol{T}^{(2)}\boldsymbol{z}=|\boldsymbol{z}|\boldsymbol{e}_1=\boldsymbol{e}_1$. 于是有

$$\boldsymbol{T}^{(1)}\boldsymbol{x}=|\boldsymbol{x}|\boldsymbol{e}_1=|\boldsymbol{x}|\boldsymbol{T}^{(2)}\boldsymbol{z}$$

或者

$$[\boldsymbol{T}^{(2)}]^{-1}\boldsymbol{T}^{(1)}\boldsymbol{x}=|\boldsymbol{x}|\boldsymbol{z}$$

再由式(4.2.2) 可得

$$\boldsymbol{T}=[\boldsymbol{T}^{(2)}]^{-1}\boldsymbol{T}^{(1)}=[\boldsymbol{T}_{1n}^{(2)}\cdots\boldsymbol{T}_{13}^{(2)}\boldsymbol{T}_{12}^{(2)}]^{-1}\boldsymbol{T}^{(1)}=$$
$$[(\boldsymbol{T}_{12}^{(2)})^{\mathrm{T}}(\boldsymbol{T}_{13}^{(2)})^{\mathrm{T}}\cdots(\boldsymbol{T}_{1n}^{(2)})^{\mathrm{T}}][\boldsymbol{T}_{1n}^{(1)}\cdots\boldsymbol{T}_{13}^{(1)}\boldsymbol{T}_{12}^{(1)}]$$

是有限个 Givens 矩阵的乘积.

证毕

例 4.4 设 $\boldsymbol{x}=(3, 4, 5)^{\mathrm{T}}$,用 Givens 变换化 $\boldsymbol{x}$ 为与 $\boldsymbol{e}_1$ 同方向的向量.

解 对 $\boldsymbol{x}$ 构造 $\boldsymbol{T}_{12}(c, s)$： $c=\frac{3}{5}$， $s=\frac{4}{5}$，则

$$\boldsymbol{T}_{12}\boldsymbol{x}=(5, 0, 5)^{\mathrm{T}}$$

对 $\boldsymbol{T}_{12}\boldsymbol{x}$ 构造 $\boldsymbol{T}_{13}(c, s)$： $c=\frac{1}{\sqrt{2}}$， $s=\frac{1}{\sqrt{2}}$，则

$$\boldsymbol{T}_{13}(\boldsymbol{T}_{12}\boldsymbol{x})=(5\sqrt{2}, 0, 0)^{\mathrm{T}}$$

于是

$$\boldsymbol{T}=\boldsymbol{T}_{13}\boldsymbol{T}_{12}=\begin{bmatrix}\frac{1}{\sqrt{2}} & 0 & \frac{1}{\sqrt{2}}\\ 0 & 1 & 0\\ -\frac{1}{\sqrt{2}} & 0 & \frac{1}{\sqrt{2}}\end{bmatrix}\begin{bmatrix}\frac{3}{5} & \frac{4}{5} & 0\\ -\frac{4}{5} & \frac{3}{5} & 0\\ 0 & 0 & 1\end{bmatrix}=\frac{1}{5\sqrt{2}}\begin{bmatrix}3 & 4 & 5\\ -4\sqrt{2} & 3\sqrt{2} & 0\\ -3 & -4 & 5\end{bmatrix}$$

$$\boldsymbol{T}\boldsymbol{x}=5\sqrt{2}\,\boldsymbol{e}_1$$

2. Householder 矩阵和 Householder 变换

在平面 $\mathbf{R}^2$ 中，将向量 $\boldsymbol{x}$ 映射为关于 $\boldsymbol{e}_1$ 轴对称（或者关于"与 $\boldsymbol{e}_2$ 轴正交的直线"对称）的向量 $\boldsymbol{y}$ 的变换，称为关于 $\boldsymbol{e}_1$ 轴的镜象（反射）变换（见图 4.2）. 设 $\boldsymbol{x}=(\xi_1,\xi_2)^{\mathrm{T}}$，则有

$$\boldsymbol{y}=\begin{bmatrix}\xi_1\\ -\xi_2\end{bmatrix}=\begin{bmatrix}1 & 0\\ 0 & -1\end{bmatrix}\begin{bmatrix}\xi_1\\ \xi_2\end{bmatrix}=(\boldsymbol{I}-2\boldsymbol{e}_2\boldsymbol{e}_2^{\mathrm{T}})\boldsymbol{x}=\boldsymbol{H}\boldsymbol{x}$$

其中 $\boldsymbol{e}_2=(0,1)^{\mathrm{T}}$，$\boldsymbol{H}$ 是正交矩阵，且 $\det\boldsymbol{H}=-1$.

将向量 $\boldsymbol{x}$ 映射为关于"与单位向量 $\boldsymbol{u}$ 正交的直线"对称的向量 $\boldsymbol{y}$ 的变换（见图 4.3）可描述如下：

$$\boldsymbol{x}-\boldsymbol{y}=2\boldsymbol{u}(\boldsymbol{u}^{\mathrm{T}}\boldsymbol{x})$$

$$\boldsymbol{y}=\boldsymbol{x}-2\boldsymbol{u}(\boldsymbol{u}^{\mathrm{T}}\boldsymbol{x})=(\boldsymbol{I}-2\boldsymbol{u}\boldsymbol{u}^{\mathrm{T}})\boldsymbol{x}=\boldsymbol{H}\boldsymbol{x}$$

容易验证，$\boldsymbol{H}$ 是正交矩阵，且由例 4.3 知 $\det\boldsymbol{H}=-1$.

一般地，在 $\mathbf{R}^n$ 中，将向量 $\boldsymbol{x}$ 映射为关于"与单位向量 $\boldsymbol{u}$ 正交的 $n-1$ 维子空间"对称的向量 $\boldsymbol{y}$ 的镜象变换定义如下.

定义 4.5 设单位列向量 $\boldsymbol{u}\in\mathbf{R}^n$，称

$$\boldsymbol{H}=\boldsymbol{I}-2\boldsymbol{u}\boldsymbol{u}^{\mathrm{T}} \tag{4.2.5}$$

为 **Householder 矩阵（初等反射矩阵）**，由 Householder 矩阵确定的线性变换称为 **Householder 变换（初等反射变换）**.

Householder 矩阵具有下列性质：

(1) $\boldsymbol{H}^{\mathrm{T}}=\boldsymbol{H}$（对称矩阵）；

(2) $\boldsymbol{H}^{\mathrm{T}}\boldsymbol{H}=\boldsymbol{I}$（正交矩阵）；

(3) $\boldsymbol{H}^2=\boldsymbol{I}$（对合矩阵）；

(4) $\boldsymbol{H}^{-1}=\boldsymbol{H}$（自逆矩阵）；

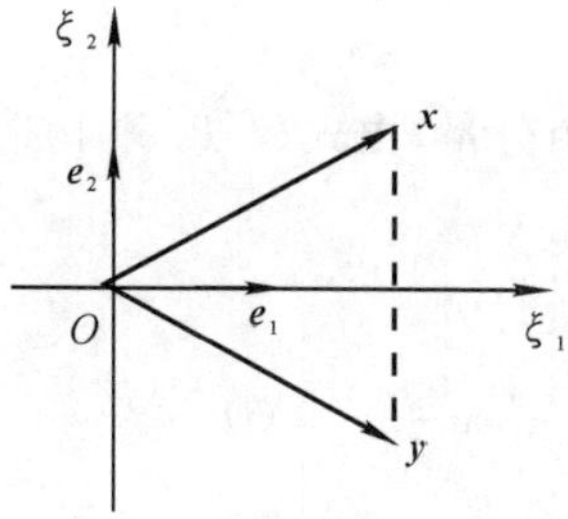

图 4.2

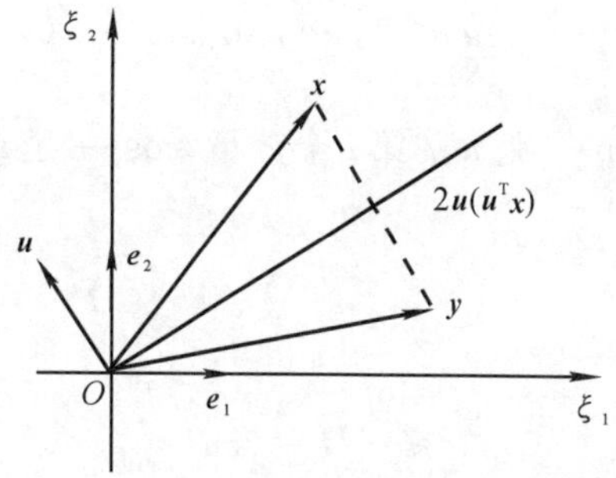

图 4.3

(5) $\det \boldsymbol{H} = -1$.

直接验证可得性质(1) ~ (4)，利用例 4.3 的结果可得性质(5).

定理 4.4 任意给定非零列向量 $\boldsymbol{x} \in \mathbf{R}^n (n > 1)$ 及单位列向量 $\boldsymbol{z} \in \mathbf{R}^n$，则存在 Householder 矩阵 $\boldsymbol{H}$，使得 $\boldsymbol{Hx} = |\boldsymbol{x}|\boldsymbol{z}$.

证 当 $\boldsymbol{x} = |\boldsymbol{x}|\boldsymbol{z}$ 时，取单位列向量 $\boldsymbol{u}$ 满足 $\boldsymbol{u}^{\mathrm{T}}\boldsymbol{x} = 0$，则有

$$\boldsymbol{Hx} = (\boldsymbol{I} - 2\boldsymbol{uu}^{\mathrm{T}})\boldsymbol{x} = \boldsymbol{x} - 2\boldsymbol{u}(\boldsymbol{u}^{\mathrm{T}}\boldsymbol{x}) = \boldsymbol{x} = |\boldsymbol{x}|\boldsymbol{z}$$

当 $\boldsymbol{x} \neq |\boldsymbol{x}|\boldsymbol{z}$ 时，取

$$\boldsymbol{u} = \frac{\boldsymbol{x} - |\boldsymbol{x}|\boldsymbol{z}}{|\boldsymbol{x} - |\boldsymbol{x}|\boldsymbol{z}|} \tag{4.2.6}$$

则有

$$\boldsymbol{Hx} = \left[\boldsymbol{I} - 2\frac{(\boldsymbol{x} - |\boldsymbol{x}|\boldsymbol{z})(\boldsymbol{x} - |\boldsymbol{x}|\boldsymbol{z})^{\mathrm{T}}}{|\boldsymbol{x} - |\boldsymbol{x}|\boldsymbol{z}|^2}\right]\boldsymbol{x} =$$

$$\boldsymbol{x} - 2(\boldsymbol{x} - |\boldsymbol{x}|\boldsymbol{z}, \boldsymbol{x})\frac{\boldsymbol{x} - |\boldsymbol{x}|\boldsymbol{z}}{|\boldsymbol{x} - |\boldsymbol{x}|\boldsymbol{z}|^2} = \boldsymbol{x} - (\boldsymbol{x} - |\boldsymbol{x}|\boldsymbol{z}) = |\boldsymbol{x}|\boldsymbol{z}$$

这里利用了等式 $|\boldsymbol{x} - |\boldsymbol{x}|\boldsymbol{z}|^2 = 2(\boldsymbol{x} - |\boldsymbol{x}|\boldsymbol{z}, \boldsymbol{x})$. 证毕

例 4.5 设 $\boldsymbol{x} = (1, 2, 2)^{\mathrm{T}}$，用 Householder 变换化 $\boldsymbol{x}$ 为与 $\boldsymbol{e}_1$ 同方向的向量.

解 计算 $|\boldsymbol{x}| = 3$，$\boldsymbol{x} - |\boldsymbol{x}|\boldsymbol{e}_1 = 2(-1, 1, 1)^{\mathrm{T}}$. 根据式(4.2.6)，取 $\boldsymbol{u} = \frac{1}{\sqrt{3}}(-1, 1, 1)^{\mathrm{T}}$，构造 Householder 矩阵，有

$$\boldsymbol{H} = \begin{bmatrix} 1 & & \\ & 1 & \\ & & 1 \end{bmatrix} - \frac{2}{3}\begin{bmatrix} -1 \\ 1 \\ 1 \end{bmatrix}(-1, 1, 1) = \frac{1}{3}\begin{bmatrix} 1 & 2 & 2 \\ 2 & 1 & -2 \\ 2 & -2 & 1 \end{bmatrix}$$

则 $\boldsymbol{Hx} = 3\boldsymbol{e}_1$.

下面的定理给出了 Givens 变换与 Householder 变换之间的联系.

定理 4.5 初等旋转矩阵是两个初等反射矩阵的乘积.

证 对于式(4.2.1) 的初等旋转矩阵 $\boldsymbol{T}_{ij}$，如果取单位向量

$$\boldsymbol{u}=\left(0,\ \cdots,\ 0,\ \sin\frac{\theta}{4},\ 0,\ \cdots,\ 0,\ \cos\frac{\theta}{4},\ 0,\ \cdots,\ 0\right)^{\mathrm{T}}$$

其中 $\sin\frac{\theta}{4}$ 是 $\boldsymbol{u}$ 的第 i 个分量，$\cos\frac{\theta}{4}$ 是 $\boldsymbol{u}$ 的第 j 个分量，由式(4.2.5) 构造初等反射矩阵，有

$$\boldsymbol{H}_u=\boldsymbol{I}-2\boldsymbol{u}\boldsymbol{u}^{\mathrm{T}}=\begin{bmatrix}\boldsymbol{I} & & & & \\ & \cos\frac{\theta}{2} & & -\sin\frac{\theta}{2} & \\ & & \boldsymbol{I} & & \\ & -\sin\frac{\theta}{2} & & -\cos\frac{\theta}{2} & \\ & & & & \boldsymbol{I}\end{bmatrix}\begin{matrix}\\ (i)\\ \\ (j)\\ \\ \end{matrix}$$

再取单位向量

$$\boldsymbol{v}=\left(0,\ \cdots,\ 0,\ \sin\frac{3\theta}{4},\ 0,\ \cdots,\ 0,\ \cos\frac{3\theta}{4},\ 0,\ \cdots,\ 0\right)^{\mathrm{T}}$$

其中 $\sin\frac{3\theta}{4}$ 是 $\boldsymbol{v}$ 的第 i 个分量，$\cos\frac{3\theta}{4}$ 是 $\boldsymbol{v}$ 的第 j 个分量，由式(4.2.5) 构造初等反射矩阵，有

$$\boldsymbol{H}_v=\boldsymbol{I}-2\boldsymbol{v}\boldsymbol{v}^{\mathrm{T}}=\begin{bmatrix}\boldsymbol{I} & & & & \\ & \cos\frac{3\theta}{2} & & -\sin\frac{3\theta}{2} & \\ & & \boldsymbol{I} & & \\ & -\sin\frac{3\theta}{2} & & -\cos\frac{3\theta}{2} & \\ & & & & \boldsymbol{I}\end{bmatrix}\begin{matrix}\\ (i)\\ \\ (j)\\ \\ \end{matrix}$$

直接计算可得 $\boldsymbol{T}_{ij}=\boldsymbol{H}_v\boldsymbol{H}_u$. 证毕

需要指出，初等反射矩阵不能由若干个初等旋转矩阵的乘积表示，其原因是 $\det\boldsymbol{H}=-1$，而 $\det\boldsymbol{T}_{ij}=1$.

4.2.2 矩阵的 QR(正交三角) 分解

利用正交(酉) 矩阵，可以导出类似于定理 4.1 所论述的关于实(复) 矩阵的三角分解定理. 首先给出下述定义.

定义 4.6 如果实(复) 可逆矩阵 $\boldsymbol{A}$ 能够化成正交(酉) 矩阵 $\boldsymbol{Q}$ 与实(复) 可逆上三角矩阵 $\boldsymbol{R}$ 的乘积，即

$$\boldsymbol{A}=\boldsymbol{Q}\boldsymbol{R} \tag{4.2.7}$$

则称式(4.2.7) 为 $\boldsymbol{A}$ 的 **QR 分解**.

定理 4.6 设 $\boldsymbol{A}$ 是 n 阶实(复) 可逆矩阵，则存在正交(酉) 矩阵 $\boldsymbol{Q}$ 和实(复) 可逆上三角矩阵 $\boldsymbol{R}$，使 $\boldsymbol{A}$ 有 QR 分解式(4.2.7). 除去相差一个对角元素的绝对值(模) 全等于 1 的对角矩阵因子外，分解式(4.2.7) 是唯一的.

证 记矩阵 $\boldsymbol{A}$ 的 n 个列向量依次为 $\boldsymbol{a}_1, \boldsymbol{a}_2, \cdots, \boldsymbol{a}_n$. 因为 $\boldsymbol{A}$ 可逆,所以这 n 个列向量线性无关. 将它们按 Schmidt 正交化方法正交化之,可得到 n 个标准正交列向量 $\boldsymbol{q}_1, \boldsymbol{q}_2, \cdots, \boldsymbol{q}_n$.

对 $\boldsymbol{a}_1, \boldsymbol{a}_2, \cdots, \boldsymbol{a}_n$ 正交化,可得

$$\begin{cases} \boldsymbol{b}_1 = \boldsymbol{a}_1 \\ \boldsymbol{b}_2 = \boldsymbol{a}_2 - k_{21}\boldsymbol{b}_1 \\ \quad \cdots\cdots \\ \boldsymbol{b}_n = \boldsymbol{a}_n - k_{n,n-1}\boldsymbol{b}_{n-1} - \cdots - k_{n1}\boldsymbol{b}_1 \end{cases}$$

其中 $k_{ij} = \dfrac{(\boldsymbol{a}_i, \boldsymbol{b}_j)}{(\boldsymbol{b}_j, \boldsymbol{b}_j)} \quad (j < i)$. 将上式改写为

$$\begin{cases} \boldsymbol{a}_1 = \boldsymbol{b}_1 \\ \boldsymbol{a}_2 = k_{21}\boldsymbol{b}_1 + \boldsymbol{b}_2 \\ \quad \cdots\cdots \\ \boldsymbol{a}_n = k_{n1}\boldsymbol{b}_1 + k_{n2}\boldsymbol{b}_2 + \cdots + k_{n,n-1}\boldsymbol{b}_{n-1} + \boldsymbol{b}_n \end{cases}$$

用矩阵形式表示为

$$(\boldsymbol{a}_1, \boldsymbol{a}_2, \cdots, \boldsymbol{a}_n) = (\boldsymbol{b}_1, \boldsymbol{b}_2, \cdots, \boldsymbol{b}_n)\boldsymbol{C}$$

其中

$$\boldsymbol{C} = \begin{bmatrix} 1 & k_{21} & \cdots & k_{n1} \\ & 1 & \cdots & k_{n2} \\ & & \ddots & \vdots \\ & & & 1 \end{bmatrix}$$

再对 $\boldsymbol{b}_1, \boldsymbol{b}_2, \cdots, \boldsymbol{b}_n$ 单位化,可得

$$\boldsymbol{q}_i = \frac{1}{|\boldsymbol{b}_i|}\boldsymbol{b}_i \quad (i = 1, 2, \cdots, n)$$

于是有

$$(\boldsymbol{a}_1, \boldsymbol{a}_2, \cdots, \boldsymbol{a}_n) = (\boldsymbol{b}_1, \boldsymbol{b}_2, \cdots, \boldsymbol{b}_n)\boldsymbol{C} =$$

$$(\boldsymbol{q}_1, \boldsymbol{q}_2, \cdots, \boldsymbol{q}_n)\begin{bmatrix} |\boldsymbol{b}_1| & & & \\ & |\boldsymbol{b}_2| & & \\ & & \ddots & \\ & & & |\boldsymbol{b}_n| \end{bmatrix}\boldsymbol{C}$$

令

$$\left.\begin{aligned} \boldsymbol{Q} &= (\boldsymbol{q}_1, \boldsymbol{q}_2, \cdots, \boldsymbol{q}_n) \\ \boldsymbol{R} &= \operatorname{diag}(|\boldsymbol{b}_1|, |\boldsymbol{b}_2|, \cdots, |\boldsymbol{b}_n|) \cdot \boldsymbol{C} \end{aligned}\right\} \tag{4.2.8}$$

则 $\boldsymbol{Q}$ 是正交(酉)矩阵,$\boldsymbol{R}$ 是可逆上三角矩阵,且有 $\boldsymbol{A} = \boldsymbol{QR}$.

为了证明唯一性,设 $\boldsymbol{A}$ 有两个分解式 $\boldsymbol{A} = \boldsymbol{QR} = \boldsymbol{Q}_1\boldsymbol{R}_1$,由此可得

$$\boldsymbol{Q} = \boldsymbol{Q}_1\boldsymbol{R}_1\boldsymbol{R}^{-1} = \boldsymbol{Q}_1\boldsymbol{D}$$

其中 $\boldsymbol{D}=\boldsymbol{R}_1\boldsymbol{R}^{-1}$ 仍为可逆上三角矩阵. 于是

$$\boldsymbol{I}=\boldsymbol{Q}^{\mathrm{H}}\boldsymbol{Q}=(\boldsymbol{Q}_1\boldsymbol{D})^{\mathrm{H}}(\boldsymbol{Q}_1\boldsymbol{D})=\boldsymbol{D}^{\mathrm{H}}\boldsymbol{D}$$

这表明 $\boldsymbol{D}$ 不仅为正交(酉)矩阵,而且还是对角元素的绝对值(模)全为 1 的对角矩阵. 从而 $\boldsymbol{R}_1=\boldsymbol{D}\boldsymbol{R}$, $\boldsymbol{Q}_1=\boldsymbol{Q}\boldsymbol{D}^{-1}$. 证毕

例 4.6 用 Schmidt 正交化方法求矩阵 $\boldsymbol{A}$ 的 QR 分解,其中

$$\boldsymbol{A}=\begin{bmatrix}1&2&2\\2&1&2\\1&2&1\end{bmatrix}$$

解 令 $\boldsymbol{a}_1=(1,2,1)^{\mathrm{T}}$, $\boldsymbol{a}_2=(2,1,2)^{\mathrm{T}}$, $\boldsymbol{a}_3=(2,2,1)^{\mathrm{T}}$,正交化可得

$$\boldsymbol{b}_1=\boldsymbol{a}_1=(1,2,1)^{\mathrm{T}}$$

$$\boldsymbol{b}_2=\boldsymbol{a}_2-\boldsymbol{b}_1=(1,-1,1)^{\mathrm{T}}$$

$$\boldsymbol{b}_3=\boldsymbol{a}_3-\frac{1}{3}\boldsymbol{b}_2-\frac{7}{6}\boldsymbol{b}_1=\left(\frac{1}{2},0,-\frac{1}{2}\right)^{\mathrm{T}}$$

根据式(4.2.8)构造矩阵

$$\boldsymbol{Q}=\begin{bmatrix}\frac{1}{\sqrt6}&\frac{1}{\sqrt3}&\frac{1}{\sqrt2}\\\frac{2}{\sqrt6}&-\frac{1}{\sqrt3}&0\\\frac{1}{\sqrt6}&\frac{1}{\sqrt3}&-\frac{1}{\sqrt2}\end{bmatrix}$$

$$\boldsymbol{R}=\begin{bmatrix}\sqrt6&&\\&\sqrt3&\\&&\frac{1}{\sqrt2}\end{bmatrix}\begin{bmatrix}1&1&\frac{7}{6}\\&1&\frac{1}{3}\\&&1\end{bmatrix}=\begin{bmatrix}\sqrt6&\sqrt6&\frac{7}{\sqrt6}\\&\sqrt3&\frac{1}{\sqrt3}\\&&\frac{1}{\sqrt2}\end{bmatrix}$$

则有 $\boldsymbol{A}=\boldsymbol{Q}\boldsymbol{R}$.

定理 4.6 还可做如下推广.

定理 4.7 设 $\boldsymbol{A}$ 是 $m\times n$ 实(复)矩阵,且其 n 个列线性无关,则 $\boldsymbol{A}$ 有分解

$$\boldsymbol{A}=\boldsymbol{Q}\boldsymbol{R}$$

其中 $\boldsymbol{Q}$ 是 $m\times n$ 实(复)矩阵,且满足 $\boldsymbol{Q}^{\mathrm{T}}\boldsymbol{Q}=\boldsymbol{I}$ ($\boldsymbol{Q}^{\mathrm{H}}\boldsymbol{Q}=\boldsymbol{I}$),$\boldsymbol{R}$ 是 n 阶实(复)可逆上三角矩阵. 该分解除去相差一个对角元素的绝对值(模)全等于 1 的对角矩阵因子外是唯一的.

现在直接用 Givens 变换和 Householder 变换,把满足式(4.2.7)的正交矩阵 $\boldsymbol{Q}$ 具体构造出来.

定理 4.8 任何 n 阶实可逆矩阵 $\boldsymbol{A}=(a_{ij})_{n\times n}$ 可通过左连乘初等旋转矩阵化为可逆上三角矩阵.

证 第1步：由 $\det\boldsymbol{A}\neq 0$ 知，$\boldsymbol{A}$ 的第1列 $\boldsymbol{b}^{(1)}=(a_{11}, a_{21}, \cdots, a_{n1})^{\mathrm{T}}\neq\boldsymbol{0}$. 根据定理4.3，存在有限个 Givens 矩阵的乘积，记作 $\boldsymbol{T}_1$，使得

$$\boldsymbol{T}_1\boldsymbol{b}^{(1)}=|\boldsymbol{b}^{(1)}|\boldsymbol{e}_1 \quad (\boldsymbol{e}_1\in\mathbf{R}^n)$$

令 $a_{11}^{(1)}=|\boldsymbol{b}^{(1)}|$，则有

$$\boldsymbol{T}_1\boldsymbol{A}=\left[\begin{array}{c:ccc} a_{11}^{(1)} & a_{12}^{(1)} & \cdots & a_{1n}^{(1)} \\ \hdashline 0 & & & \\ \vdots & & \boldsymbol{A}^{(1)} & \\ 0 & & & \end{array}\right]$$

第2步：由 $\det\boldsymbol{A}^{(1)}\neq 0$ 知，$\boldsymbol{A}^{(1)}$ 的第1列 $\boldsymbol{b}^{(2)}=(a_{22}^{(1)}, a_{32}^{(1)}, \cdots, a_{n2}^{(1)})^{\mathrm{T}}\neq\boldsymbol{0}$. 根据定理4.3，存在有限个 Givens 矩阵的乘积，记作 $\boldsymbol{T}_2$，使得

$$\boldsymbol{T}_2\boldsymbol{b}^{(2)}=|\boldsymbol{b}^{(2)}|\boldsymbol{e}_1 \quad (\boldsymbol{e}_1\in\mathbf{R}^{n-1})$$

令 $a_{22}^{(2)}=|\boldsymbol{b}^{(2)}|$，则有

$$\boldsymbol{T}_2\boldsymbol{A}^{(1)}=\left[\begin{array}{c:ccc} a_{22}^{(2)} & a_{23}^{(2)} & \cdots & a_{2n}^{(2)} \\ \hdashline 0 & & & \\ \vdots & & \boldsymbol{A}^{(2)} & \\ 0 & & & \end{array}\right]$$

……

第 $n-1$ 步：由 $\det\boldsymbol{A}^{(n-2)}\neq 0$ 知，$\boldsymbol{A}^{(n-2)}$ 的第1列 $\boldsymbol{b}^{(n-1)}=(a_{n-1,n-1}^{(n-2)}, a_{n,n-1}^{(n-2)})^{\mathrm{T}}\neq\boldsymbol{0}$. 根据定理4.3，存在 Givens 矩阵 $\boldsymbol{T}_{n-1}$，使得

$$\boldsymbol{T}_{n-1}\boldsymbol{b}^{(n-1)}=|\boldsymbol{b}^{(n-1)}|\boldsymbol{e}_1 \quad (\boldsymbol{e}_1\in\mathbf{R}^2)$$

令 $a_{n-1,n-1}^{(n-1)}=|\boldsymbol{b}^{(n-1)}|$，则有

$$\boldsymbol{T}_{n-1}\boldsymbol{A}^{(n-2)}=\begin{bmatrix} a_{n-1,n-1}^{(n-1)} & a_{n-1,n}^{(n-1)} \\ 0 & a_{nn}^{(n-1)} \end{bmatrix}$$

最后，令

$$\boldsymbol{T}=\begin{bmatrix} \boldsymbol{I}_{n-2} & \boldsymbol{O} \\ \boldsymbol{O} & \boldsymbol{T}_{n-1} \end{bmatrix}\cdots\begin{bmatrix} \boldsymbol{I}_2 & \boldsymbol{O} \\ \boldsymbol{O} & \boldsymbol{T}_3 \end{bmatrix}\begin{bmatrix} 1 & \boldsymbol{O} \\ \boldsymbol{O} & \boldsymbol{T}_2 \end{bmatrix}\boldsymbol{T}_1$$

则 $\boldsymbol{T}$ 是有限个 Givens 矩阵的乘积（请读者自己验证），使得

$$\boldsymbol{T}\boldsymbol{A}=\begin{bmatrix} a_{11}^{(1)} & a_{12}^{(1)} & \cdots & a_{1,n-1}^{(1)} & a_{1n}^{(1)} \\ & a_{22}^{(2)} & \cdots & a_{2,n-1}^{(2)} & a_{2n}^{(2)} \\ & & \ddots & \vdots & \vdots \\ & & & a_{n-1,n-1}^{(n-1)} & a_{n-1,n}^{(n-1)} \\ & & & & a_{nn}^{(n-1)} \end{bmatrix}$$

证毕

如果将定理4.8最后得到的上三角矩阵记为 $\boldsymbol{R}$，那么就有 $\boldsymbol{A}=\boldsymbol{Q}\boldsymbol{R}$，其中 $\boldsymbol{Q}=\boldsymbol{T}^{-1}$. 因为 $\boldsymbol{T}$ 是有限个 Givens 矩阵的乘积，而 Givens 矩阵都是正交矩阵，所以 $\boldsymbol{T}$ 是

正交矩阵，于是 $Q=T^{-1}=T^{\mathrm{T}}$ 也是正交矩阵.

在定理4.8中，当 A 不可逆时，仍可得 $TA=R$，但 R 是不可逆上三角矩阵. 其原因是，在证明过程中遇到某个 $b^{(k)}=0$ 时，就跳过这一步，直接转入下一步即可(见本节习题第7题). 比如，当 A 的第1列 $b^{(1)}=0$ 时(此时 A 不可逆)，就跳过第一步，直接转入第二步，最后计算 T 时，乘积中去掉 T_1 即可.

例 4.7 用初等旋转变换求矩阵 A 的QR分解，其中

$$A=\begin{bmatrix}0&1&1\\1&1&0\\1&0&1\end{bmatrix}$$

解 第1步：对 A 的第1列 $b^{(1)}=(0,\ 1,\ 1)^{\mathrm{T}}$ 构造 T_1，使 $T_1b^{(1)}=|\ b^{(1)}\ |\,e_1$.

$$T_{12}=\begin{bmatrix}0&1&0\\-1&0&0\\0&0&1\end{bmatrix},\quad T_{12}b^{(1)}=\begin{bmatrix}1\\0\\1\end{bmatrix}$$

$$T_{13}=\begin{bmatrix}\frac{1}{\sqrt{2}}&0&\frac{1}{\sqrt{2}}\\0&1&0\\-\frac{1}{\sqrt{2}}&0&\frac{1}{\sqrt{2}}\end{bmatrix},\quad T_{13}(T_{12}b^{(1)})=\begin{bmatrix}\sqrt{2}\\0\\0\end{bmatrix}$$

$$T_1=T_{13}T_{12}=\begin{bmatrix}0&\frac{1}{\sqrt{2}}&\frac{1}{\sqrt{2}}\\-1&0&0\\0&-\frac{1}{\sqrt{2}}&\frac{1}{\sqrt{2}}\end{bmatrix},\quad T_1A=\begin{bmatrix}\sqrt{2}&\frac{1}{\sqrt{2}}&\frac{1}{\sqrt{2}}\\0&-1&-1\\0&-\frac{1}{\sqrt{2}}&\frac{1}{\sqrt{2}}\end{bmatrix}$$

第2步：对 $A^{(1)}=\begin{bmatrix}-1&-1\\-\frac{1}{\sqrt{2}}&\frac{1}{\sqrt{2}}\end{bmatrix}$ 的第1列 $b^{(2)}=\begin{bmatrix}-1\\-\frac{1}{\sqrt{2}}\end{bmatrix}$ 构造 T_2，使 $T_2b^{(2)}=|\ b^{(2)}\ |\,e_1$.

$$T_{12}=\begin{bmatrix}-\sqrt{\frac{2}{3}}&-\frac{1}{\sqrt{3}}\\\frac{1}{\sqrt{3}}&-\sqrt{\frac{2}{3}}\end{bmatrix},\quad T_{12}b^{(2)}=\begin{bmatrix}\sqrt{\frac{3}{2}}\\0\end{bmatrix}$$

$$\boldsymbol{T}_2=\boldsymbol{T}_{12},\quad \boldsymbol{T}_2\boldsymbol{A}^{(1)}=\begin{bmatrix}\sqrt{\dfrac{3}{2}} & \dfrac{1}{\sqrt{6}}\\ 0 & -\dfrac{2}{\sqrt{3}}\end{bmatrix}$$

最后,令

$$\boldsymbol{T}=\begin{bmatrix}1 & \\ & \boldsymbol{T}_2\end{bmatrix}\boldsymbol{T}_1=\begin{bmatrix}0 & \dfrac{1}{\sqrt{2}} & \dfrac{1}{\sqrt{2}}\\ \dfrac{2}{\sqrt{6}} & \dfrac{1}{\sqrt{6}} & -\dfrac{1}{\sqrt{6}}\\ -\dfrac{1}{\sqrt{3}} & \dfrac{1}{\sqrt{3}} & -\dfrac{1}{\sqrt{3}}\end{bmatrix}$$

则有 $\boldsymbol{A}=\boldsymbol{QR}$,其中

$$\boldsymbol{Q}=\boldsymbol{T}^{\mathrm{T}}=\begin{bmatrix}0 & \dfrac{2}{\sqrt{6}} & -\dfrac{1}{\sqrt{3}}\\ \dfrac{1}{\sqrt{2}} & \dfrac{1}{\sqrt{6}} & \dfrac{1}{\sqrt{3}}\\ \dfrac{1}{\sqrt{2}} & -\dfrac{1}{\sqrt{6}} & -\dfrac{1}{\sqrt{3}}\end{bmatrix},\quad \boldsymbol{R}=\begin{bmatrix}\sqrt{2} & \dfrac{1}{\sqrt{2}} & \dfrac{1}{\sqrt{2}}\\ & \dfrac{3}{\sqrt{6}} & \dfrac{1}{\sqrt{6}}\\ & & -\dfrac{2}{\sqrt{3}}\end{bmatrix}$$

$$\boldsymbol{A}=\boldsymbol{QR}$$

需要指出,使用 Givens 变换求 n 阶矩阵 $\boldsymbol{A}$ 的 QR 分解时,上三角矩阵 $\boldsymbol{R}$ 的第 1 行元素与 $\boldsymbol{T}_1\boldsymbol{A}$ 的第 1 行元素相同,$\boldsymbol{R}$ 的第 2 行后 $n-1$ 个元素与 $\boldsymbol{T}_2\boldsymbol{A}^{(1)}$ 的第 1 行元素相同,……,$\boldsymbol{R}$ 的第 $n-1$ 行后两个元素与 $\boldsymbol{T}_{n-1}\boldsymbol{A}^{(n-2)}$ 的第 1 行元素相同,而 $\boldsymbol{R}$ 的第 n 行最后一个元素与 $\boldsymbol{T}_{n-1}\boldsymbol{A}^{(n-2)}$ 的第 2 行最后一个元素相同. 此外,$\boldsymbol{T}_1\boldsymbol{A}$ 的第 1 列一定是 $(|\boldsymbol{b}^{(1)}|,0,\cdots,0)^{\mathrm{T}}$,作矩阵乘法时应避免重复计算. 其余也是如此.

定理 4.8 还可以推广到复矩阵的情况. 为此作复初等旋转矩阵($\boldsymbol{I}$ 表示适当阶数的单位矩阵)

$$\boldsymbol{U}_{ik}=\begin{bmatrix}\boldsymbol{I} & & & & \\ & c\mathrm{e}^{j\theta_1} & & s\mathrm{e}^{j\theta_2} & \\ & & \boldsymbol{I} & & \\ & -s\mathrm{e}^{j\theta_3} & & c\mathrm{e}^{j\theta_4} & \\ & & & & \boldsymbol{I}\end{bmatrix}\begin{matrix}\\ (i)\\ \\ (k)\\ \\ \end{matrix}\qquad (i<k)$$

其中 $c=\cos\theta>0$, $s=\sin\theta>0$,θ 为旋转角,且 $c^2+s^2=1$, $\theta_1+\theta_4=\theta_2+\theta_3$. $\boldsymbol{U}_{ik}$ 的行列式等于 $\mathrm{e}^{\mathrm{j}(\theta_1+\theta_4)}$,只有当 $\theta_4=-\theta_1+2n\pi$ 时,它才等于 1,这时 $\theta_3=-\theta_2+2n\pi$,这里 n 为整数.

容易验证 $\boldsymbol{U}_{ik}^{\mathrm{H}}\boldsymbol{U}_{ik}=\boldsymbol{I}$,即 $\boldsymbol{U}_{ik}$ 是酉矩阵. 当取 $n=0$ 时,则 $\boldsymbol{U}_{ik}$ 成为

$$U_{ik}=\begin{bmatrix} I & & & & \\ & ce^{j\theta_1} & & se^{j\theta_2} & \\ & & I & & \\ & -se^{-j\theta_2} & & ce^{-j\theta_1} & \\ & & & & I \end{bmatrix} \tag{4.2.9}$$

如果给定两个不同时为零的复数 α,β,则总可以选取 c,s,θ_1,θ_2,使得

$$\alpha c e^{j\theta_1}+\beta s e^{j\theta_2}>0,\quad -\alpha s e^{-j\theta_2}+\beta c e^{-j\theta_1}=0$$

为此,可取

$$\left.\begin{aligned} c&=\frac{|\alpha|}{\sqrt{|\alpha|^2+|\beta|^2}}, & s&=\frac{|\beta|}{\sqrt{|\alpha|^2+|\beta|^2}} \\ \theta_1&=-\arg\alpha, & \theta_2&=-\arg\beta \end{aligned}\right\} \tag{4.2.10}$$

利用这个方法,可以像证明定理 4.8 一样证明下面的定理.

定理 4.9 任意可逆矩阵都可以通过左连乘以若干个行列式值为 1 的复初等旋转矩阵化为上三角矩阵,且其对角线元素除最后一个外都是正的.

下面论述将矩阵进行 QR 分解的所谓 Householder 方法.

定理 4.10 任何实可逆矩阵 $\boldsymbol{A}=(a_{ij})_{n\times n}$ 可通过左连乘 Householder 矩阵化为可逆上三角矩阵.

证 第 1 步:由 $\det\boldsymbol{A}\neq 0$ 知,$\boldsymbol{A}$ 的第 1 列 $\boldsymbol{b}^{(1)}=(a_{11},a_{21},\cdots,a_{n1})^{\mathrm{T}}\neq\boldsymbol{0}$. 根据定理 4.4,存在 Householder 矩阵 $\boldsymbol{H}_1$,使得

$$\boldsymbol{H}_1\boldsymbol{b}^{(1)}=|\boldsymbol{b}^{(1)}|\boldsymbol{e}_1\quad(\boldsymbol{e}_1\in\mathbf{R}^n)$$

令 $a_{11}^{(1)}=|\boldsymbol{b}^{(1)}|$,则有

$$\boldsymbol{H}_1\boldsymbol{A}=\left[\begin{array}{c|ccc} a_{11}^{(1)} & a_{12}^{(1)} & \cdots & a_{1n}^{(1)} \\ \hline 0 & & & \\ \vdots & & \boldsymbol{A}^{(1)} & \\ 0 & & & \end{array}\right]$$

第 2 步:由 $\det\boldsymbol{A}^{(1)}\neq 0$ 知,$\boldsymbol{A}^{(1)}$ 的第 1 列 $\boldsymbol{b}^{(2)}=(a_{22}^{(1)},a_{32}^{(1)},\cdots,a_{n2}^{(1)})^{\mathrm{T}}\neq\boldsymbol{0}$. 根据定理 4.4,存在 Householder 矩阵 $\boldsymbol{H}_2$,使得

$$\boldsymbol{H}_2\boldsymbol{b}^{(2)}=|\boldsymbol{b}^{(2)}|\boldsymbol{e}_1\quad(\boldsymbol{e}_1\in\mathbf{R}^{n-1})$$

令 $a_{22}^{(2)}=|\boldsymbol{b}^{(2)}|$,则有

$$\boldsymbol{H}_2\boldsymbol{A}^{(1)}=\left[\begin{array}{c|ccc} a_{22}^{(2)} & a_{23}^{(2)} & \cdots & a_{2n}^{(2)} \\ \hline 0 & & & \\ \vdots & & \boldsymbol{A}^{(2)} & \\ 0 & & & \end{array}\right]$$

……

第 $n-1$ 步:由 $\det\boldsymbol{A}^{(n-2)}\neq 0$ 知,$\boldsymbol{A}^{(n-2)}$ 的第 1 列 $\boldsymbol{b}^{(n-1)}=(a_{n-1,n-1}^{(n-2)},a_{n,n-1}^{(n-2)})^{\mathrm{T}}\neq\boldsymbol{0}$. 根据定理 4.4,存在 Householder 矩阵 $\boldsymbol{H}_{n-1}$,使得

$$H_{n-1}b^{(n-1)} = |b^{(n-1)}| e_1 \quad (e_1 \in \mathbf{R}^2)$$

令 $a_{n-1,n-1}^{(n-1)} = |b^{(n-1)}|$，则有

$$H_{n-1}A^{(n-2)} = \begin{bmatrix} a_{n-1,n-1}^{(n-1)} & a_{n-1,n}^{(n-1)} \\ 0 & a_{nn}^{(n-1)} \end{bmatrix}$$

最后，令

$$S = \begin{bmatrix} I_{n-2} & O \\ O & H_{n-1} \end{bmatrix} \cdots \begin{bmatrix} I_2 & O \\ O & H_3 \end{bmatrix} \begin{bmatrix} 1 & O \\ O & H_2 \end{bmatrix} H_1$$

并注意到，若 H_u 是 $n-l$ 阶 Householder 矩阵，即

$$H_u = I_{n-l} - 2uu^{\mathrm{T}} \quad (u \in \mathbf{R}^{n-l}, \quad u^{\mathrm{T}}u = 1)$$

令 $v = \begin{bmatrix} 0 \\ u \end{bmatrix} \in \mathbf{R}^n$，则 $v^{\mathrm{T}}v = u^{\mathrm{T}}u = 1$，且

$$\begin{bmatrix} I_l & O \\ O & H_u \end{bmatrix} = \begin{bmatrix} I_l & O \\ O & I_{n-l} \end{bmatrix} - 2\begin{bmatrix} O & O \\ O & uu^{\mathrm{T}} \end{bmatrix} =$$

$$I_n - 2\begin{bmatrix} \mathbf{0} \\ u \end{bmatrix} [\mathbf{0}^{\mathrm{T}} \ \vdots \ u^{\mathrm{T}}] = I_n - 2vv^{\mathrm{T}}$$

是 n 阶 Householder 矩阵. 因此，S 是有限个 Householder 矩阵的乘积，且使得

$$SA = \begin{bmatrix} a_{11}^{(1)} & a_{12}^{(1)} & \cdots & a_{1,n-1}^{(1)} & a_{1n}^{(1)} \\ & a_{22}^{(2)} & \cdots & a_{2,n-1}^{(2)} & a_{2n}^{(2)} \\ & & \ddots & \vdots & \vdots \\ & & & a_{n-1,n-1}^{(n-1)} & a_{n-1,n}^{(n-1)} \\ & & & & a_{nn}^{(n-1)} \end{bmatrix}$$

证毕

如果将定理 4.10 最后得到的上三角矩阵记为 R，那么就有 $A = QR$，其中 $Q = S^{-1}$. 因为 S 是有限个 Householder 矩阵的乘积，而 Householder 矩阵都是正交矩阵，所以 S 是正交矩阵，于是 $Q = S^{-1} = S^{\mathrm{T}}$ 也是正交矩阵. 这里，R 的构成规律与 Givens 变换中 R 的构成规律相同. 此外，在定理 4.10 中，当 A 不可逆时，仍可得 $SA = R$，但 R 是不可逆上三角矩阵. 其原因是，在证明过程中遇到某个 $b^{(k)} = \mathbf{0}$ 时，就跳过这一步，直接转入下一步即可.

例 4.8　用 Householder 变换求矩阵 A 的 QR 分解，其中

$$A = \begin{bmatrix} 3 & 14 & 9 \\ 6 & 43 & 3 \\ 6 & 22 & 15 \end{bmatrix}$$

解　对 A 的第 1 列，构造 Householder 矩阵，有

$$b^{(1)} = \begin{bmatrix} 3 \\ 6 \\ 6 \end{bmatrix}, \ b^{(1)} - |b^{(1)}| e_1 = 6\begin{bmatrix} -1 \\ 1 \\ 1 \end{bmatrix}, \ u = \frac{1}{\sqrt{3}}\begin{bmatrix} -1 \\ 1 \\ 1 \end{bmatrix}$$

$$\boldsymbol{H}_1=\boldsymbol{I}-2\boldsymbol{u}\boldsymbol{u}^{\mathrm{T}}=\frac{1}{3}\begin{bmatrix}1&2&2\\2&1&-2\\2&-2&1\end{bmatrix},\quad \boldsymbol{H}_1\boldsymbol{A}=\begin{bmatrix}9&48&15\\0&9&-3\\0&-12&9\end{bmatrix}$$

对 $\boldsymbol{A}^{(1)}=\begin{bmatrix}9&-3\\-12&9\end{bmatrix}$ 的第 1 列，构造 Householder 矩阵，有

$$\boldsymbol{b}^{(2)}=\begin{bmatrix}9\\-12\end{bmatrix},\ \boldsymbol{b}^{(2)}-|\boldsymbol{b}^{(2)}|\boldsymbol{e}_1=6\begin{bmatrix}-1\\-2\end{bmatrix},\ \boldsymbol{u}=\frac{1}{\sqrt{5}}\begin{bmatrix}-1\\-2\end{bmatrix}$$

$$\boldsymbol{H}_2=\boldsymbol{I}-2\boldsymbol{u}\boldsymbol{u}^{\mathrm{T}}=\frac{1}{5}\begin{bmatrix}3&-4\\-4&-3\end{bmatrix},\quad \boldsymbol{H}_2\boldsymbol{A}^{(1)}=\begin{bmatrix}15&-9\\0&-3\end{bmatrix}$$

最后，令

$$\boldsymbol{S}=\begin{bmatrix}1&\\&\boldsymbol{H}_2\end{bmatrix}\boldsymbol{H}_1=\frac{1}{15}\begin{bmatrix}5&10&10\\-2&11&-10\\-14&2&5\end{bmatrix}$$

则有

$$\boldsymbol{Q}=\boldsymbol{S}^{\mathrm{T}}=\frac{1}{15}\begin{bmatrix}5&-2&-14\\10&11&2\\10&-10&5\end{bmatrix},\quad \boldsymbol{R}=\begin{bmatrix}9&48&15\\&15&-9\\&&-3\end{bmatrix},\quad \boldsymbol{A}=\boldsymbol{QR}$$

* 4.2.3 矩阵与 Hessenberg 矩阵的正交相似问题

矩阵与 Hessenberg 矩阵的相似问题，在矩阵特征值问题研究中有重要应用.

定义 4.7 如果矩阵 $\boldsymbol{A}=(a_{ij})_{n\times n}$ 的元素满足 $a_{ij}=0\ (i>j+1)$，即

$$\boldsymbol{A}=\begin{bmatrix}a_{11}&a_{12}&a_{13}&\cdots&a_{1,n-1}&a_{1n}\\a_{21}&a_{22}&a_{23}&\cdots&a_{2,n-1}&a_{2n}\\&a_{32}&a_{33}&\cdots&a_{3,n-1}&a_{3n}\\&&\ddots&\ddots&\vdots&\vdots\\&&&a_{n-1,n-2}&a_{n-1,n-1}&a_{n-1,n}\\&&&&a_{n,n-1}&a_{nn}\end{bmatrix}\tag{4.2.11}$$

则称 $\boldsymbol{A}$ 为**上 Hessenberg 矩阵**；如果 $\boldsymbol{A}$ 的元素满足 $a_{ij}=0\ (j>i+1)$，即

$$\boldsymbol{A}=\begin{bmatrix}a_{11}&a_{12}&&&\\a_{21}&a_{22}&a_{23}&&\\\vdots&\vdots&\ddots&\ddots&\\a_{n-1,1}&a_{n-1,2}&\cdots&a_{n-1,n-1}&a_{n-1,n}\\a_{n1}&a_{n2}&\cdots&a_{n,n-1}&a_{nn}\end{bmatrix}\tag{4.2.12}$$

则称 $\boldsymbol{A}$ 为下 **Hessenberg 矩阵.**

如果 $\boldsymbol{A}$ 既是上 Hessenberg 矩阵，又是下 Hessenberg 矩阵，那么 $\boldsymbol{A}$ 是三对角矩阵.

若能使矩阵 $\boldsymbol{A}$ 相似于上 Hessenberg 矩阵，那么，通过使 $\boldsymbol{A}^{\mathrm{T}}$ 相似于上 Hessenberg 矩阵，就可使 $\boldsymbol{A}$ 相似于下 Hessenberg 阵. 因此，下面仅讨论矩阵与上 Hessenberg 矩阵的正交相似问题（也就是化矩阵与上 Hessenberg 矩阵的正交相似问题）.

定理 4.11　任何实方阵 $\boldsymbol{A}$ 都可通过初等旋转变换正交相似于上 Hessenberg 矩阵.

证　第 1 步：对于 $\boldsymbol{A}=(a_{ij})_{n\times n}$，记第 1 列的后 $n-1$ 个元素构成的向量为 $\boldsymbol{b}^{(1)}$，即

$$\boldsymbol{b}^{(1)}=(a_{21},\ a_{31},\ \cdots,\ a_{n1})^{\mathrm{T}}$$

当 $\boldsymbol{b}^{(1)}=\boldsymbol{0}$ 时，不必进行变换；当 $\boldsymbol{b}^{(1)}\neq\boldsymbol{0}$ 时，根据定理 4.3，存在有限个 Givens 矩阵的乘积，记作 $\boldsymbol{T}_1$，使得

$$\boldsymbol{T}_1\boldsymbol{b}^{(1)}=|\ \boldsymbol{b}^{(1)}\ |\ \boldsymbol{e}_1\quad(\boldsymbol{e}_1\in\mathbf{R}^{n-1})$$

令 $a_{21}^{(1)}=|\ \boldsymbol{b}^{(1)}\ |$，则有

$$\begin{bmatrix}1 & \boldsymbol{0}^{\mathrm{T}}\\ \boldsymbol{0} & \boldsymbol{T}_1\end{bmatrix}\boldsymbol{A}\begin{bmatrix}1 & \boldsymbol{0}^{\mathrm{T}}\\ \boldsymbol{0} & \boldsymbol{T}_1\end{bmatrix}^{\mathrm{T}}=\left[\begin{array}{c:cccc}a_{11} & a_{12}^{(1)} & a_{13}^{(1)} & \cdots & a_{1n}^{(1)}\\ \hdashline a_{21}^{(1)} & & & & \\ 0 & & & & \\ \vdots & & & \boldsymbol{A}^{(1)} & \\ 0 & & & & \end{array}\right]$$

第 2 步：对于 $\boldsymbol{A}^{(1)}$，记第 1 列的后 $n-2$ 个元素构成的向量为 $\boldsymbol{b}^{(2)}$，即

$$\boldsymbol{b}^{(2)}=(a_{32}^{(1)},\ a_{42}^{(1)},\ \cdots,\ a_{n2}^{(1)})^{\mathrm{T}}$$

当 $\boldsymbol{b}^{(2)}=\boldsymbol{0}$ 时，不必进行变换；当 $\boldsymbol{b}^{(2)}\neq\boldsymbol{0}$ 时，根据定理 4.3，存在有限个 Givens 矩阵的乘积，记作 $\boldsymbol{T}_2$，使得

$$\boldsymbol{T}_2\boldsymbol{b}^{(2)}=|\ \boldsymbol{b}^{(2)}\ |\ \boldsymbol{e}_1\quad(\boldsymbol{e}_1\in\mathbf{R}^{n-2})$$

令 $a_{32}^{(2)}=|\ \boldsymbol{b}^{(2)}\ |$，则有

$$\begin{bmatrix}1 & \boldsymbol{0}^{\mathrm{T}}\\ \boldsymbol{0} & \boldsymbol{T}_2\end{bmatrix}\boldsymbol{A}^{(1)}\begin{bmatrix}1 & \boldsymbol{0}^{\mathrm{T}}\\ \boldsymbol{0} & \boldsymbol{T}_2\end{bmatrix}^{\mathrm{T}}=\left[\begin{array}{c:cccc}a_{22}^{(1)} & a_{23}^{(2)} & a_{24}^{(2)} & \cdots & a_{2n}^{(2)}\\ \hdashline a_{32}^{(2)} & & & & \\ 0 & & & & \\ \vdots & & & \boldsymbol{A}^{(2)} & \\ 0 & & & & \end{array}\right]$$

如此继续下去，直到第 $n-2$ 步：对于 $\boldsymbol{A}^{(n-3)}$，记第 1 列的后两个元素构成的向量为 $\boldsymbol{b}^{(n-2)}$，即

$$\boldsymbol{b}^{(n-2)}=(a_{n-1,n-2}^{(n-3)},\ a_{n,n-2}^{(n-3)})^{\mathrm{T}}$$

当 $\boldsymbol{b}^{(n-2)}=\boldsymbol{0}$ 时,不必进行变换;当 $\boldsymbol{b}^{(n-2)}\neq\boldsymbol{0}$ 时,根据定理 4.3,存在 Givens 矩阵,记作 $\boldsymbol{T}_{n-2}$,使得

$$\boldsymbol{T}_{n-2}\boldsymbol{b}^{(n-2)}=|\boldsymbol{b}^{(n-2)}|\boldsymbol{e}_1\quad(\boldsymbol{e}_1\in\mathbf{R}^2)$$

令 $a_{n-1,n-2}^{(n-2)}=|\boldsymbol{b}^{(n-2)}|$,则有

$$\begin{bmatrix}1 & \boldsymbol{0}^{\mathrm{T}}\\ \boldsymbol{0} & \boldsymbol{T}_{n-2}\end{bmatrix}\boldsymbol{A}^{(n-3)}\begin{bmatrix}1 & \boldsymbol{0}^{\mathrm{T}}\\ \boldsymbol{0} & \boldsymbol{T}_{n-2}\end{bmatrix}^{\mathrm{T}}=\begin{bmatrix}a_{n-2,n-2}^{(n-3)} & a_{n-2,n-1}^{(n-2)} & a_{n-2,n}^{(n-2)}\\ a_{n-1,n-2}^{(n-2)} & a_{n-1,n-1}^{(n-2)} & a_{n-1,n}^{(n-2)}\\ 0 & a_{n,n-1}^{(n-2)} & a_{nn}^{(n-2)}\end{bmatrix}$$

最后,令

$$\boldsymbol{Q}=\begin{bmatrix}\boldsymbol{I}_{n-2} & \boldsymbol{O}\\ \boldsymbol{O} & \boldsymbol{T}_{n-2}\end{bmatrix}\cdots\begin{bmatrix}\boldsymbol{I}_2 & \boldsymbol{O}\\ \boldsymbol{O} & \boldsymbol{T}_2\end{bmatrix}\begin{bmatrix}1 & \boldsymbol{O}\\ \boldsymbol{O} & \boldsymbol{T}_1\end{bmatrix}$$

则 $\boldsymbol{Q}$ 是有限个 Givens 矩阵的乘积,从而是正交矩阵. 根据分块矩阵的乘法规则,可得

$$\boldsymbol{QAQ}^{\mathrm{T}}=\begin{bmatrix}a_{11} & a_{12}^{(1)} & * & \cdots & * & *\\ a_{21}^{(1)} & a_{22}^{(1)} & a_{23}^{(2)} & \cdots & * & *\\ & a_{32}^{(2)} & a_{33}^{(2)} & \cdots & * & *\\ & & \ddots & \ddots & \vdots & \vdots\\ & & & a_{n-1,n-2}^{(n-2)} & a_{n-1,n-1}^{(n-2)} & a_{n-1,n}^{(n-2)}\\ & & & & a_{n,n-1}^{(n-2)} & a_{nn}^{(n-2)}\end{bmatrix}$$

上式右端矩阵中的第 i 行第 j 列 $(j>i+1)$ 的元素需要通过矩阵乘法运算来确定.

证毕

定理 4.12 任何实方阵 $\boldsymbol{A}$ 都可通过初等反射变换正交相似于上 Hessenberg 矩阵.

证明过程与定理 4.11 相仿,这里略去.

推论 任何实对称矩阵 $\boldsymbol{A}$ 都可通过初等旋转变换(或初等反射变换)正交相似于实对称三对角矩阵.

证 由定理 4.11(或定理 4.12)知,存在正交矩阵 $\boldsymbol{Q}$(有限个 Givens 矩阵的乘积,或有限个 Householder 矩阵的乘积),使得

$$\boldsymbol{QAQ}^{\mathrm{T}}=\boldsymbol{B}\quad(\text{上 Hessenberg 矩阵})$$

上式两端取转置,并注意 $\boldsymbol{A}^{\mathrm{T}}=\boldsymbol{A}$,便有

$$\boldsymbol{QAQ}^{\mathrm{T}}=\boldsymbol{B}^{\mathrm{T}}$$

因此 $\boldsymbol{B}^{\mathrm{T}}=\boldsymbol{B}$,从而 $\boldsymbol{B}$ 的第 i 行第 j 列 $(j>i+1)$ 的元素都为零,即 $\boldsymbol{B}$ 是三对角矩阵. 再由 $\boldsymbol{B}^{\mathrm{T}}=\boldsymbol{B}$ 知,$\boldsymbol{B}$ 是对称的三对角矩阵. 证毕

例 4.9 用 Householder 变换化实对称矩阵 $\boldsymbol{A}$ 正交相似于三对角矩阵,其中

$$A = \begin{bmatrix} 1 & 0 & 1 \\ 0 & 1 & 2 \\ 1 & 2 & 1 \end{bmatrix}$$

解　对 $b^{(1)} = \begin{bmatrix} 0 \\ 1 \end{bmatrix}$,计算

$$b^{(1)} - | b^{(1)} | e_1 = \begin{bmatrix} -1 \\ 1 \end{bmatrix}, \quad u = \frac{1}{\sqrt{2}}\begin{bmatrix} -1 \\ 1 \end{bmatrix}, \quad H_1 = I - 2uu^{\mathrm{T}} = \begin{bmatrix} 0 & 1 \\ 1 & 0 \end{bmatrix}$$

$$Q = \begin{bmatrix} 1 & O \\ O & H_1 \end{bmatrix} = \begin{bmatrix} 1 & 0 & 0 \\ 0 & 0 & 1 \\ 0 & 1 & 0 \end{bmatrix}, \quad QAQ^{\mathrm{T}} = \begin{bmatrix} 1 & 1 & 0 \\ 1 & 1 & 2 \\ 0 & 2 & 1 \end{bmatrix}$$

习　题　4.2

1. 用 Schmidt 正交化方法求矩阵 A 的 QR 分解,其中

$$A = \begin{bmatrix} 0 & 1 & 1 \\ 1 & 1 & 0 \\ 1 & 0 & 1 \end{bmatrix}$$

2. 用 Givens 变换将向量 $x = (2, 3, 0, 5)^{\mathrm{T}}$ 变换为与 e_1 同方向.

3. 写出 $\mathbf{R}^2$ 中的向量 x 关于 e_1 正交的轴的反射变换.

4. 设变换 $Hx = x - a(x, w)w \ (\forall x \in \mathbf{R}^n)$,其中 w 是欧氏长度为 1 的向量.问:a 取何值时,H 是正交矩阵?

5. 已知向量 $x = (\xi_1, \xi_2, \cdots, \xi_n)^{\mathrm{T}} \in \mathbf{R}^n$,且 $x - \xi_1 e_1 - \xi_2 e_2 \neq \mathbf{0}$,证明:存在正交矩阵 Q(初等旋转矩阵之积),使 $Qx = (\xi_1, c_2, 0, \cdots, 0)^{\mathrm{T}}$.

6. 用 Givens 变换求矩阵 A 的 QR 分解,其中

$$A = \begin{bmatrix} 2 & 2 & 1 \\ 0 & 2 & 2 \\ 2 & 1 & 2 \end{bmatrix}$$

7. 用 Givens 变换求矩阵 A 的 QR 分解,其中

$$A = \begin{bmatrix} 0 & 1 & 1 & 0 \\ 1 & 0 & 0 & 1 \\ 1 & 0 & 0 & 1 \\ 0 & 1 & 1 & 0 \end{bmatrix}$$

8. 用 Householder 变换求矩阵 A 的 QR 分解,其中

$$A = \begin{bmatrix} 0 & 4 & 1 \\ 1 & 1 & 1 \\ 0 & 3 & 2 \end{bmatrix}$$

9. 用 Householder 变换化矩阵 A 正交于相似于三对角矩阵,其中

$$A = \begin{bmatrix} 0 & 12 & 16 \\ 12 & 288 & 309 \\ 16 & 309 & 312 \end{bmatrix}$$

4.3 矩阵的满秩分解

本节介绍将非零矩阵分解为列满秩矩阵与行满秩矩阵的乘积问题. 这种分解理论在广义逆矩阵的研究中有重要的应用.

4.3.1 基本原理

定义 4.8 设 $\boldsymbol{A} \in \mathbf{C}_r^{m\times n}(r>0)$,如果存在矩阵 $\boldsymbol{F} \in \mathbf{C}_r^{m\times r}$ 和$\boldsymbol{G} \in \mathbf{C}_r^{r\times n}$,使得

$$\boldsymbol{A}=\boldsymbol{F}\boldsymbol{G} \tag{4.3.1}$$

则称式(4.3.1)为矩阵 $\boldsymbol{A}$ 的**满秩分解**.

当 $\boldsymbol{A}$ 是满秩(列满秩或行满秩)矩阵时,$\boldsymbol{A}$ 可分解为一个因子是单位矩阵,另一个因子是 $\boldsymbol{A}$ 本身,称此满秩分解为**平凡分解**.

定理 4.13 设 $\boldsymbol{A} \in \mathbf{C}_r^{m\times n}(r>0)$,则 $\boldsymbol{A}$ 有满秩分解式(4.3.1).

证 $\operatorname{rank}\boldsymbol{A}=r$ 时,根据矩阵的初等变换理论,对 $\boldsymbol{A}$ 进行初等行变换,可将 $\boldsymbol{A}$ 化为阶梯形矩阵 $\boldsymbol{B}$,即

$$\boldsymbol{A}\xrightarrow{\text{行}}\boldsymbol{B}=\begin{bmatrix}\boldsymbol{G}\\\boldsymbol{O}\end{bmatrix},\quad \boldsymbol{G}\in\mathbf{C}_r^{r\times n} \tag{4.3.2}$$

于是存在有限个 m 阶初等矩阵的乘积,记作 $\boldsymbol{P}$,使得 $\boldsymbol{P}\boldsymbol{A}=\boldsymbol{B}$,或者 $\boldsymbol{A}=\boldsymbol{P}^{-1}\boldsymbol{B}$. 将 $\boldsymbol{P}^{-1}$ 分块为

$$\boldsymbol{P}^{-1}=[\boldsymbol{F}\ \vdots\ \boldsymbol{S}]\quad (\boldsymbol{F}\in\mathbf{C}_r^{m\times r},\quad \boldsymbol{S}\in\mathbf{C}_{m-r}^{m\times(m-r)})$$

则有

$$\boldsymbol{A}=\boldsymbol{P}^{-1}\boldsymbol{B}=[\boldsymbol{F}\ \vdots\ \boldsymbol{S}]\begin{bmatrix}\boldsymbol{G}\\\boldsymbol{O}\end{bmatrix}=\boldsymbol{F}\boldsymbol{G}$$

其中 $\boldsymbol{F}$ 是列满秩矩阵,$\boldsymbol{G}$ 是行满秩矩阵. 证毕

需要指出,矩阵 $\boldsymbol{A}$ 的满秩分解式(4.3.1)不是唯一的. 这是因为若取 $\boldsymbol{D}$ 是任一个 r 阶可逆矩阵,则式(4.3.1)可改写为

$$\boldsymbol{A}=(\boldsymbol{F}\boldsymbol{D})(\boldsymbol{D}^{-1}\boldsymbol{G})=\widetilde{\boldsymbol{F}}\widetilde{\boldsymbol{G}}$$

这是 $\boldsymbol{A}$ 的另一个满秩分解.

按照定理 4.13,可以使用矩阵的初等行变换方法求矩阵的满秩分解.

例 4.10 求矩阵 $\boldsymbol{A}$ 的满秩分解,其中

$$\boldsymbol{A}=\begin{bmatrix}-1&0&1&2\\1&2&-1&1\\2&2&-2&-1\end{bmatrix}$$

解 根据定理4.13的证明过程提供的算法,需要求出阶梯形矩阵 $\boldsymbol{B}$ 及诸初等矩阵的乘积 $\boldsymbol{P}$. 为此,对矩阵 $[\boldsymbol{A}\ \vdots\ \boldsymbol{I}]$ 进行初等行变换,当 $\boldsymbol{A}$ 所在的位置成为阶梯形矩阵 $\boldsymbol{B}$ 时,$\boldsymbol{I}$ 所在的位置就是进行初等行变换对应的初等矩阵的乘积 $\boldsymbol{P}$,即

$$[\boldsymbol{A} \vdots \boldsymbol{I}]=\left[\begin{array}{cccc:ccc}-1 & 0 & 1 & 2 & 1 & 0 & 0 \\ 1 & 2 & -1 & 1 & 0 & 1 & 0 \\ 2 & 2 & -2 & -1 & 0 & 0 & 1\end{array}\right] \xrightarrow{\text{行}}$$

$$\left[\begin{array}{cccc:ccc}-1 & 0 & 1 & 2 & 1 & 0 & 0 \\ 0 & 2 & 0 & 3 & 1 & 1 & 0 \\ 0 & 0 & 0 & 0 & 1 & -1 & 1\end{array}\right]$$

则有

$$\boldsymbol{B}=\begin{bmatrix}-1 & 0 & 1 & 2 \\ 0 & 2 & 0 & 3 \\ 0 & 0 & 0 & 0\end{bmatrix}, \quad \boldsymbol{P}=\begin{bmatrix}1 & 0 & 0 \\ 1 & 1 & 0 \\ 1 & -1 & 1\end{bmatrix}$$

可求得

$$\boldsymbol{P}^{-1}=\begin{bmatrix}1 & 0 & 0 \\ -1 & 1 & 0 \\ -2 & 1 & 1\end{bmatrix}$$

于是有

$$\boldsymbol{A}=\begin{bmatrix}1 & 0 \\ -1 & 1 \\ -2 & 1\end{bmatrix}\begin{bmatrix}-1 & 0 & 1 & 2 \\ 0 & 2 & 0 & 3\end{bmatrix}$$

4.3.2 Hermite 标准形方法

在例 4.10 中,求列满秩矩阵 $\boldsymbol{F}$ 时,需要求出矩阵 $\boldsymbol{P}$ 及其逆矩阵 $\boldsymbol{P}^{-1}$,这是十分麻烦的. 为了避免这些运算,引入下面的定义.

定义 4.9 设 $\boldsymbol{B} \in \mathbf{C}_r^{m\times n}(r>0)$,且满足:

(1) $\boldsymbol{B}$ 的前 r 行中每一行至少含一个非零元素,且第一个非零元素是 1,而后 $m-r$ 行元素均为零;

(2) 若 $\boldsymbol{B}$ 中第 i 行的第一个非零元素 1 在第 j_i 列 $(i=1, 2, \cdots, r)$,则 $j_1 < j_2 < \cdots < j_r$;

(3) $\boldsymbol{B}$ 中的 $j_1, j_2, \cdots, j_r$ 列为单位矩阵 $\boldsymbol{I}_m$ 的前 r 列;

那么就称 $\boldsymbol{B}$ 为 **Hermite 标准形.**

显然,Hermite 标准形就是初等变换意义下的行最简形. 任意非零矩阵都可通过初等行变换化为 Hermite 标准形 $\boldsymbol{B}$,且 $\boldsymbol{B}$ 的前 r 行线性无关.

定义 4.10 设 $\boldsymbol{B} \in \mathbf{C}_r^{m\times n}(r>0)$,且满足:

(1) $\boldsymbol{B}$ 的后 $m-r$ 行元素均为零;

(2) $\boldsymbol{B}$ 中的 $j_1, j_2, \cdots, j_r$ 列为单位矩阵 $\boldsymbol{I}_m$ 的前 r 列;

那么就称 $\boldsymbol{B}$ 为**拟 Hermite 标准形.**

显然,Hermite 标准形一定是拟 Hermite 标准形. 例如,下面两个矩阵

$$\begin{bmatrix} 2 & 1 & 0 & 2 \\ 0 & 0 & 1 & 2 \\ 0 & 0 & 0 & 0 \end{bmatrix}, \quad \begin{bmatrix} 0 & 0 & 1 & 2 \\ 2 & 1 & 0 & 2 \\ 0 & 0 & 0 & 0 \end{bmatrix}$$

都是拟 Hermite 标准形,但它们不是 Hermite 标准形. 当然,任意非零矩阵也可通过初等行变换化为拟 Hermite 标准形.

定理 4.14 设 $\boldsymbol{A} \in \mathbf{C}_r^{m\times n}$ $(r > 0)$ 的(拟)Hermite 标准形为 $\boldsymbol{B}$(如定义 4.9),那么,在 $\boldsymbol{A}$ 的满秩分解式(4.3.1)中,可取 $\boldsymbol{F}$ 为 $\boldsymbol{A}$ 的 $j_1, j_2, \cdots, j_r$ 列构成的 $m \times r$ 矩阵,$\boldsymbol{G}$ 为 $\boldsymbol{B}$ 的前 r 行构成的 $r \times n$ 矩阵.

证 由 $\boldsymbol{A} \xrightarrow{\text{行}} \boldsymbol{B}$ 知,存在 m 阶可逆矩阵 $\boldsymbol{P}$,使得 $\boldsymbol{PA} = \boldsymbol{B}$,或者 $\boldsymbol{A} = \boldsymbol{P}^{-1}\boldsymbol{B}$. 根据定理 4.13,将 $\boldsymbol{P}^{-1}$ 分块为

$$\boldsymbol{P}^{-1} = [\boldsymbol{F} \mid \boldsymbol{S}], \quad (\boldsymbol{F} \in \mathbf{C}_r^{m\times r}, \quad \boldsymbol{S} \in \mathbf{C}_{m-r}^{m\times(m-r)})$$

可得满秩分解 $\boldsymbol{A} = \boldsymbol{FG}$,其中 $\boldsymbol{G}$ 为 $\boldsymbol{B}$ 的前 r 行构成的 $r \times n$ 矩阵.

下面确定列满秩矩阵 $\boldsymbol{F}$. 参照 $\boldsymbol{A}$ 的(拟)Hermite 标准形 $\boldsymbol{B}$,构造 $n \times r$ 矩阵,有

$$\boldsymbol{P}_1 = (\boldsymbol{e}_{j_1}, \cdots, \boldsymbol{e}_{j_r})$$

其中 $\boldsymbol{e}_j$ 表示单位矩阵 $\boldsymbol{I}_n$ 的第 j 个列向量,则有

$$\boldsymbol{GP}_1 = \boldsymbol{I}_r, \quad \boldsymbol{AP}_1 = (\boldsymbol{FG})\boldsymbol{P}_1 = \boldsymbol{F}(\boldsymbol{GP}_1) = \boldsymbol{F}$$

即 $\boldsymbol{F}$ 为 $\boldsymbol{A}$ 的 $j_1, j_2, \cdots, j_r$ 列构成的矩阵. 证毕

例 4.11 求矩阵 $\boldsymbol{A} = \begin{bmatrix} 0 & 0 & 1 \\ 2 & 1 & 1 \\ 2\mathrm{j} & \mathrm{j} & 0 \end{bmatrix}$ $(\mathrm{j} = \sqrt{-1})$ 的满秩分解.

解 对 $\boldsymbol{A}$ 进行初等行变换,可得

$$\boldsymbol{A} \xrightarrow{\text{行}} \begin{bmatrix} 1 & 1/2 & 0 \\ 0 & 0 & 1 \\ 0 & 0 & 0 \end{bmatrix} = \boldsymbol{B}$$

其中 $\boldsymbol{B}$ 是 Hermite 标准形. 因为 $\boldsymbol{B}$ 的第 1 列和第 3 列构成 $\boldsymbol{I}_3$ 的前两列,所以 $\boldsymbol{F}$ 为 $\boldsymbol{A}$ 的第 1 列和第 3 列构成的 3×2 矩阵,从而有

$$\boldsymbol{A} = \begin{bmatrix} 0 & 1 \\ 2 & 1 \\ 2\mathrm{j} & 0 \end{bmatrix} \begin{bmatrix} 1 & 1/2 & 0 \\ 0 & 0 & 1 \end{bmatrix}$$

上例中,如果对 $\boldsymbol{A}$ 进行初等行变换,可得

$$\boldsymbol{A} \xrightarrow{\text{行}} \begin{bmatrix} 0 & 0 & 1 \\ 2 & 1 & 0 \\ 0 & 0 & 0 \end{bmatrix} = \boldsymbol{B}$$

那么,$\boldsymbol{B}$ 是拟 Hermite 标准形. 因为 $\boldsymbol{B}$ 的第 3 列和第 2 列构成 $\boldsymbol{I}_3$ 的前两列,所以 $\boldsymbol{F}$ 为 $\boldsymbol{A}$ 的第 3 列和第 2 列构成的 3×2 矩阵,从而得到 $\boldsymbol{A}$ 的另外一个满秩分解为

$$A=\begin{bmatrix}1&0\\1&1\\0&\mathrm{j}\end{bmatrix}\begin{bmatrix}0&0&1\\2&1&0\end{bmatrix}$$

利用矩阵的满秩分解处理一些矩阵问题时，有时会十分方便.

例 4.12 设 A_1 与 A_2 都是 $m\times n$ 矩阵，证明

$$\operatorname{rank}(A_1+A_2)\leqslant\operatorname{rank}A_1+\operatorname{rank}A_2$$

证 如果 $A_1=O$，或者 $A_2=O$，则结论显然成立. 如果 $A_1\neq O$ 且 $A_2\neq O$，设 A_1 与 A_2 的满秩分解分别为

$$A_1=F_1G_1,\quad A_2=F_2G_2$$

则有

$$A_1+A_2=F_1G_1+F_2G_2=[F_1\ \vdots\ F_2]\begin{bmatrix}G_1\\G_2\end{bmatrix}$$

从而有

$$\operatorname{rank}(A_1+A_2)\leqslant\operatorname{rank}[F_1\ \vdots\ F_2]\leqslant\operatorname{rank}F_1+\operatorname{rank}F_2=\operatorname{rank}A_1+\operatorname{rank}A_2$$

例 4.13 设 $A\in C_r^{m\times n}(r>0)$，则必有分解式 $A=QR$，其中 Q 是 $m\times r$ 矩阵，且满足 $Q^{\mathrm{H}}Q=I$，而 R 是 $r\times n$ 矩阵，它的 r 个行线性无关.

证 构造 A 的满秩分解 $A=FG$，其中 $F\in C_r^{m\times r}$，$G\in C_r^{r\times n}$. 由定理 4.7，可将 F 分解成 $F=QR_1$，其中 R_1 为 r 阶可逆上三角矩阵，Q 为 $m\times r$ 矩阵，且满足 $Q^{\mathrm{H}}Q=I$. 于是有

$$A=QR_1G=QR$$

这里 $R=R_1G$，它的 r 个行线性无关.

习 题 4.3

1. 求下列各矩阵的满秩分解.

(1) $\begin{bmatrix}1&2&3&0\\0&2&1&-1\\1&0&2&1\end{bmatrix}$；(2) $\begin{bmatrix}1&-1&1&1\\-1&1&-1&-1\\-1&-1&1&1\\1&1&-1&-1\end{bmatrix}$.

2. 设 $B\in R_r^{m\times r}(r>0)$，证明 $B^{\mathrm{T}}B$ 可逆.

3. 设 B 和 A 依次是 $m\times n$ 和 $n\times m$ 矩阵. 若 $BA=I$，则称 B 为 A 的**左逆矩阵**，A 为 B 的**右逆矩阵**. 证明 A 有左逆矩阵的充要条件是 A 为列满秩矩阵.

4. 设矩阵 $F\in C_r^{m\times r}$，$G\in C_r^{r\times n}$，证明 $\operatorname{rank}(FG)=r$.

5. 设 $A\in R_r^{m\times r}$，证明 $\operatorname{rank}A=\operatorname{rank}(A^{\mathrm{T}}A)=\operatorname{rank}(AA^{\mathrm{T}})$.

4.4 矩阵的奇异值分解

矩阵的奇异值分解在最优化问题、特征值问题、最小二乘方问题、广义逆矩阵

问题及统计学等方面都有重要应用.

4.4.1 矩阵的正交对角分解

由定理 1.42 的推论 1 知,若 $\boldsymbol{A}$ 是 n 阶实对称矩阵,则存在正交矩阵 $\boldsymbol{Q}$,使得

$$\boldsymbol{Q}^{\mathrm{T}}\boldsymbol{A}\boldsymbol{Q}=\mathrm{diag}(\lambda_1, \lambda_2, \cdots, \lambda_n) \tag{4.4.1}$$

其中 $\lambda_i(i=1, 2, \cdots, n)$ 为矩阵 $\boldsymbol{A}$ 的特征值,而 $\boldsymbol{Q}$ 的 n 个列向量组成 $\boldsymbol{A}$ 的一个完备的标准正交特征向量系.

对于实的非对称矩阵 $\boldsymbol{A}$,不再有像式(4.4.1) 的分解.但却存在两个正交矩阵 $\boldsymbol{P}$ 和 $\boldsymbol{Q}$,使 $\boldsymbol{P}^{\mathrm{T}}\boldsymbol{A}\boldsymbol{Q}$ 为对角矩阵,即有下面的正交对角分解定理.

定理 4.15 设 $\boldsymbol{A}\in\mathbf{R}^{n\times n}$ 可逆,则存在正交矩阵 $\boldsymbol{P}$ 和 $\boldsymbol{Q}$,使得

$$\boldsymbol{P}^{\mathrm{T}}\boldsymbol{A}\boldsymbol{Q}=\mathrm{diag}(\sigma_1, \sigma_2, \cdots, \sigma_n) \tag{4.4.2}$$

其中 $\sigma_i>0\ (i=1, 2, \cdots, n)$.

证 因为 $\boldsymbol{A}$ 可逆,所以 $\boldsymbol{A}^{\mathrm{T}}\boldsymbol{A}$ 为实对称正定矩阵.于是存在正交矩阵 $\boldsymbol{Q}$,使得

$$\boldsymbol{Q}^{\mathrm{T}}(\boldsymbol{A}^{\mathrm{T}}\boldsymbol{A})\boldsymbol{Q}=\mathrm{diag}(\lambda_1, \lambda_2, \cdots, \lambda_n)$$

其中 $\lambda_i>0\ (i=1, 2, \cdots, n)$ 为 $\boldsymbol{A}^{\mathrm{T}}\boldsymbol{A}$ 的特征值.令

$$\sigma_i=\sqrt{\lambda_i}\quad (i=1, 2, \cdots, n),\quad \boldsymbol{\Lambda}=\mathrm{diag}(\sigma_1, \sigma_2, \cdots, \sigma_n)$$

则有 $\boldsymbol{Q}^{\mathrm{T}}(\boldsymbol{A}^{\mathrm{T}}\boldsymbol{A})\boldsymbol{Q}=\boldsymbol{\Lambda}^2$,或者$(\boldsymbol{A}\boldsymbol{Q}\boldsymbol{\Lambda}^{-1})^{\mathrm{T}}\boldsymbol{A}\boldsymbol{Q}=\boldsymbol{\Lambda}$.

再令 $\boldsymbol{P}=\boldsymbol{A}\boldsymbol{Q}\boldsymbol{\Lambda}^{-1}$,则有

$$\boldsymbol{P}^{\mathrm{T}}\boldsymbol{P}=(\boldsymbol{A}\boldsymbol{Q}\boldsymbol{\Lambda}^{-1})^{\mathrm{T}}(\boldsymbol{A}\boldsymbol{Q}\boldsymbol{\Lambda}^{-1})=\boldsymbol{I}$$

即 $\boldsymbol{P}$ 为正交矩阵,且使

$$\boldsymbol{P}^{\mathrm{T}}\boldsymbol{A}\boldsymbol{Q}=\boldsymbol{\Lambda}=\mathrm{diag}(\sigma_1, \sigma_2, \cdots, \sigma_n)$$

证毕

改写式(4.4.2) 为

$$\boldsymbol{A}=\boldsymbol{P}\cdot\mathrm{diag}(\sigma_1, \sigma_2, \cdots, \sigma_n)\cdot\boldsymbol{Q}^{\mathrm{T}} \tag{4.4.3}$$

称式(4.4.3) 为矩阵 $\boldsymbol{A}$ 的**正交对角分解**.

4.4.2 矩阵的奇异值与奇异值分解

为了介绍矩阵的奇异值与奇异值分解,需要下面的结论:

(1) 设 $\boldsymbol{A}\in\mathbf{C}_r^{m\times n}(r>0)$,则 $\boldsymbol{A}^{\mathrm{H}}\boldsymbol{A}$ 是 Hermite 矩阵,且其特征值均是非负实数;

(2) $\mathrm{rank}(\boldsymbol{A}^{\mathrm{H}}\boldsymbol{A})=\mathrm{rank}\boldsymbol{A}$;

(3) 设 $\boldsymbol{A}\in\mathbf{C}^{m\times n}$,则 $\boldsymbol{A}=\boldsymbol{O}$ 的充要条件是 $\boldsymbol{A}^{\mathrm{H}}\boldsymbol{A}=\boldsymbol{O}$.

这些结论请读者证明.

定义 4.11 设 $\boldsymbol{A}\in\mathbf{C}_r^{m\times n}(r>0)$, $\boldsymbol{A}^{\mathrm{H}}\boldsymbol{A}$ 的特征值为

$$\lambda_1\geqslant\lambda_2\geqslant\cdots\geqslant\lambda_r>\lambda_{r+1}=\cdots=\lambda_n=0$$

则称 $\sigma_i=\sqrt{\lambda_i}\ (i=1, 2, \cdots, n)$ 为 $\boldsymbol{A}$ 的**奇异值**;当 $\boldsymbol{A}$ 为零矩阵时,它的奇异值都是 0.

易见,矩阵 $\boldsymbol{A}$ 的奇异值的个数等于 $\boldsymbol{A}$ 的列数,$\boldsymbol{A}$ 的非零奇异值的个数等于

rank$\boldsymbol{A}$.

定理 4.16 设 $\boldsymbol{A} \in \mathbf{C}_r^{m\times n}(r>0)$,则存在 m 阶酉矩阵 $\boldsymbol{U}$ 和 n 阶酉矩阵 $\boldsymbol{V}$,使得

$$\boldsymbol{U}^{\mathrm{H}}\boldsymbol{A}\boldsymbol{V}=\begin{bmatrix}\boldsymbol{\Sigma} & \boldsymbol{O}\\ \boldsymbol{O} & \boldsymbol{O}\end{bmatrix} \tag{4.4.4}$$

其中 $\boldsymbol{\Sigma}=\mathrm{diag}(\sigma_1,\sigma_2,\cdots,\sigma_r)$,而 $\sigma_i(i=1,2,\cdots,r)$ 为矩阵 $\boldsymbol{A}$ 的全部非零奇异值.

证 记 Hermite 矩阵 $\boldsymbol{A}^{\mathrm{H}}\boldsymbol{A}$ 的特征值为

$$\lambda_1\geqslant\lambda_2\geqslant\cdots\geqslant\lambda_r>\lambda_{r+1}=\cdots=\lambda_n=0$$

根据定理 1.42,存在 n 阶酉矩阵 $\boldsymbol{V}$,使得

$$\boldsymbol{V}^{\mathrm{H}}(\boldsymbol{A}^{\mathrm{H}}\boldsymbol{A})\boldsymbol{V}=\begin{bmatrix}\lambda_1 & & \\ & \ddots & \\ & & \lambda_n\end{bmatrix}=\begin{bmatrix}\boldsymbol{\Sigma}^2 & \boldsymbol{O}\\ \boldsymbol{O} & \boldsymbol{O}\end{bmatrix} \tag{4.4.5}$$

将 $\boldsymbol{V}$ 分块为

$$\boldsymbol{V}=[\boldsymbol{V}_1 \vdots \boldsymbol{V}_2],\quad \boldsymbol{V}_1\in\mathbf{C}_r^{n\times r},\ \boldsymbol{V}_2\in\mathbf{C}_{n-r}^{n\times(n-r)}$$

并改写式(4.4.5)为

$$\boldsymbol{A}^{\mathrm{H}}\boldsymbol{A}\boldsymbol{V}=\boldsymbol{V}\begin{bmatrix}\boldsymbol{\Sigma}^2 & \boldsymbol{O}\\ \boldsymbol{O} & \boldsymbol{O}\end{bmatrix}$$

则有

$$\boldsymbol{A}^{\mathrm{H}}\boldsymbol{A}\boldsymbol{V}_1=\boldsymbol{V}_1\boldsymbol{\Sigma}^2,\quad \boldsymbol{A}^{\mathrm{H}}\boldsymbol{A}\boldsymbol{V}_2=\boldsymbol{O} \tag{4.4.6}$$

由式(4.4.6)的第一式可得 $\boldsymbol{V}_1{}^{\mathrm{H}}\boldsymbol{A}^{\mathrm{H}}\boldsymbol{A}\boldsymbol{V}_1=\boldsymbol{\Sigma}^2$,或者

$$(\boldsymbol{A}\boldsymbol{V}_1\boldsymbol{\Sigma}^{-1})^{\mathrm{H}}(\boldsymbol{A}\boldsymbol{V}_1\boldsymbol{\Sigma}^{-1})=\boldsymbol{I}_r$$

由式(4.4.6)的第二式可得$(\boldsymbol{A}\boldsymbol{V}_2)^{\mathrm{H}}(\boldsymbol{A}\boldsymbol{V}_2)=\boldsymbol{O}$,或者 $\boldsymbol{A}\boldsymbol{V}_2=\boldsymbol{O}$.

令 $\boldsymbol{U}_1=\boldsymbol{A}\boldsymbol{V}_1\boldsymbol{\Sigma}^{-1}$,则 $\boldsymbol{U}_1{}^{\mathrm{H}}\boldsymbol{U}_1=\boldsymbol{I}_r$,即 $\boldsymbol{U}_1$ 的 r 个列是两两正交的单位向量,记作 $\boldsymbol{U}_1=(\boldsymbol{u}_1,\boldsymbol{u}_2,\cdots,\boldsymbol{u}_r)$. 根据定理 1.3,可将 $\boldsymbol{u}_1,\boldsymbol{u}_2,\cdots,\boldsymbol{u}_r$ 扩充为 $\mathbf{C}^m$ 的标准正交基,记增添的向量为 $\boldsymbol{u}_{r+1},\cdots,\boldsymbol{u}_m$,并构造矩阵 $\boldsymbol{U}_2=(\boldsymbol{u}_{r+1},\cdots,\boldsymbol{u}_m)$,则

$$\boldsymbol{U}=[\boldsymbol{U}_1 \vdots \boldsymbol{U}_2]=(\boldsymbol{u}_1,\boldsymbol{u}_2,\cdots,\boldsymbol{u}_r,\boldsymbol{u}_{r+1},\cdots,\boldsymbol{u}_m)$$

是 m 阶酉矩阵,且有

$$\boldsymbol{U}_1{}^{\mathrm{H}}\boldsymbol{U}_1=\boldsymbol{I}_r,\quad \boldsymbol{U}_2{}^{\mathrm{H}}\boldsymbol{U}_1=\boldsymbol{O}$$

于是可得

$$\boldsymbol{U}^{\mathrm{H}}\boldsymbol{A}\boldsymbol{V}=\boldsymbol{U}^{\mathrm{H}}[\boldsymbol{A}\boldsymbol{V}_1 \vdots \boldsymbol{A}\boldsymbol{V}_2]=\begin{bmatrix}\boldsymbol{U}_1^{\mathrm{H}}\\ \boldsymbol{U}_2^{\mathrm{H}}\end{bmatrix}[\boldsymbol{U}_1\boldsymbol{\Sigma} \vdots \boldsymbol{O}]=\begin{bmatrix}\boldsymbol{U}_1^{\mathrm{H}}\boldsymbol{U}_1\boldsymbol{\Sigma} & \boldsymbol{O}\\ \boldsymbol{U}_2^{\mathrm{H}}\boldsymbol{U}_1\boldsymbol{\Sigma} & \boldsymbol{O}\end{bmatrix}=\begin{bmatrix}\boldsymbol{\Sigma} & \boldsymbol{O}\\ \boldsymbol{O} & \boldsymbol{O}\end{bmatrix}$$

证毕

改写式(4.4.4)为

$$\boldsymbol{A}=\boldsymbol{U}\begin{bmatrix}\boldsymbol{\Sigma} & \boldsymbol{O}\\ \boldsymbol{O} & \boldsymbol{O}\end{bmatrix}\boldsymbol{V}^{\mathrm{H}} \tag{4.4.7}$$

称式(4.4.7)为矩阵 $\boldsymbol{A}$ 的**奇异值分解**.

从定理4.16的证明过程可以看出,$\boldsymbol{A}$ 的奇异值由 $\boldsymbol{A}$ 唯一确定,但是酉矩阵 $\boldsymbol{U}$ 和 $\boldsymbol{V}$ 一般是不唯一的.因此,矩阵 $\boldsymbol{A}$ 的奇异值分解式(4.4.7)一般也是不唯一的.

例 4.14 求矩阵 $\boldsymbol{A}=\begin{bmatrix}1&0&1\\0&1&1\\0&0&0\end{bmatrix}$ 的奇异值分解.

解 计算

$$\boldsymbol{B}=\boldsymbol{A}^{\mathrm{T}}\boldsymbol{A}=\begin{bmatrix}1&0&1\\0&1&1\\1&1&2\end{bmatrix}$$

求得 $\boldsymbol{B}$ 的特征值为 $\lambda_1=3,\ \lambda_2=1,\lambda_3=0$,对应的特征向量依次为

$$\boldsymbol{\xi}_1=\begin{bmatrix}1\\1\\2\end{bmatrix},\quad \boldsymbol{\xi}_2=\begin{bmatrix}1\\-1\\0\end{bmatrix},\quad \boldsymbol{\xi}_3=\begin{bmatrix}1\\1\\-1\end{bmatrix}$$

于是可得

$$\mathrm{rank}\boldsymbol{A}=2,\quad \boldsymbol{\Sigma}=\begin{bmatrix}\sqrt{3}&0\\0&1\end{bmatrix}$$

且使得式(4.4.5)成立的正交矩阵为

$$\boldsymbol{V}=\begin{bmatrix}\frac{1}{\sqrt{6}}&\frac{1}{\sqrt{2}}&\frac{1}{\sqrt{3}}\\\frac{1}{\sqrt{6}}&-\frac{1}{\sqrt{2}}&\frac{1}{\sqrt{3}}\\\frac{2}{\sqrt{6}}&0&-\frac{1}{\sqrt{3}}\end{bmatrix}$$

计算

$$\boldsymbol{U}_1=\boldsymbol{A}\boldsymbol{V}_1\boldsymbol{\Sigma}^{-1}=\begin{bmatrix}\frac{1}{\sqrt{2}}&\frac{1}{\sqrt{2}}\\\frac{1}{\sqrt{2}}&-\frac{1}{\sqrt{2}}\\0&0\end{bmatrix}$$

构造

$$U_2=\begin{bmatrix}0\\0\\1\end{bmatrix},\quad U=[U_1\ \vdots\ U_2]=\begin{bmatrix}\frac{1}{\sqrt{2}} & \frac{1}{\sqrt{2}} & 0\\ \frac{1}{\sqrt{2}} & -\frac{1}{\sqrt{2}} & 0\\ 0 & 0 & 1\end{bmatrix}$$

则 A 的奇异值分解为

$$A=U\begin{bmatrix}\sqrt{3} & 0 & 0\\ 0 & 1 & 0\\ 0 & 0 & 0\end{bmatrix}V^{\mathrm{T}}$$

例4.15　设矩阵 A 的奇异值分解为式(4.4.7),证明: U 的列向量是 AA^{H} 的特征向量, V 的列向量是 $A^{\mathrm{H}}A$ 的特征向量.

证　根据式(4.4.7) 可以求得

$$AA^{\mathrm{H}}=U\begin{bmatrix}\Sigma^2 & O\\ O & O\end{bmatrix}U^{\mathrm{H}}$$

即
$$(AA^{\mathrm{H}})U=U\cdot\mathrm{diag}(\lambda_1,\lambda_2,\cdots,\lambda_r,0,\cdots,0)$$

记 $U=(u_1,u_2,\cdots,u_m)$,则上式可写为

$$(AA^{\mathrm{H}})u_i=\lambda_i u_i\quad (i=1,2,\cdots,m)$$

这表明 u_i 是 AA^{H} 的属于特征值 λ_i 的特征向量(当 $i>r$ 时, $\lambda_i=0$).

同理可证另一结论.

需要指出,在奇异值分解式(4.4.7)中,虽然 U 的列向量是 AA^{H} 的特征向量, V 的列向量是 $A^{\mathrm{H}}A$ 的特征向量,而且 AA^{H} 与 $A^{\mathrm{H}}A$ 的非零特征值完全相同(定理1.16),但是依此分别确定的酉矩阵 U 和 V 不一定能够形成 A 的奇异值分解.例如

$$A=\begin{bmatrix}-1 & 0\\ 0 & 1\\ 2 & 0\end{bmatrix},\quad A^{\mathrm{T}}A=\begin{bmatrix}5 & 0\\ 0 & 1\end{bmatrix},\quad AA^{\mathrm{T}}=\begin{bmatrix}1 & 0 & -2\\ 0 & 1 & 0\\ -2 & 0 & 4\end{bmatrix}$$

可求得 $A^{\mathrm{T}}A$ 的特征值为 $\lambda_1=5$, $\lambda_2=1$,由两两正交的单位特征向量构成的正交矩阵可取为

$$V=\begin{bmatrix}1 & 0\\ 0 & 1\end{bmatrix}$$

可求得 AA^{T} 的特征值为 $\lambda_1=5$, $\lambda_2=1$, $\lambda_3=0$,当由两两正交的单位特征向量构成的正交矩阵取为

$$U=\frac{1}{\sqrt{5}}\begin{bmatrix}1 & 0 & 2\\ 0 & \sqrt{5} & 0\\ -2 & 0 & 1\end{bmatrix}$$

时,有

$$U\begin{bmatrix}\sqrt{5} & 0\\ 0 & 1\\ 0 & 0\end{bmatrix}V^{\mathrm{T}}=\begin{bmatrix}1 & 0\\ 0 & 1\\ -2 & 0\end{bmatrix}\neq A$$

而取为

$$U=\frac{1}{\sqrt{5}}\begin{bmatrix}-1 & 0 & 2\\ 0 & \sqrt{5} & 0\\ 2 & 0 & 1\end{bmatrix}$$

时,有

$$U\begin{bmatrix}\sqrt{5} & 0\\ 0 & 1\\ 0 & 0\end{bmatrix}V^{\mathrm{T}}=\begin{bmatrix}-1 & 0\\ 0 & 1\\ 2 & 0\end{bmatrix}=A$$

定理 4.17 在奇异值分解式(4.4.7)中,记 U 和 V 的列向量分别为 $u_1, u_2, \cdots, u_m$ 和 $v_1, v_2, \cdots, v_n$,则有

$$N(A)=L(v_{r+1}, v_{r+2}, \cdots, v_n) \tag{4.4.8}$$

$$R(A)=L(u_1, u_2, \cdots, u_r) \tag{4.4.9}$$

$$A=\sigma_1 u_1 v_1^{\mathrm{H}}+\sigma_2 u_2 v_2^{\mathrm{H}}+\cdots+\sigma_r u_r v_r^{\mathrm{H}} \tag{4.4.10}$$

证 沿用定理 4.16 的证明过程中引进的记号,可将式(4.4.7)写为

$$A=[U_1 \vdots U_2]\begin{bmatrix}\Sigma & O\\ O & O\end{bmatrix}\begin{bmatrix}V_1^{\mathrm{H}}\\ V_2^{\mathrm{H}}\end{bmatrix}=U_1\Sigma V_1^{\mathrm{H}} \tag{4.4.11}$$

于是有

$$\begin{aligned}N(A)&=\{x \mid Ax=0\}=\{x \mid U_1\Sigma V_1^{\mathrm{H}}x=0\}=\{x \mid V_1^{\mathrm{H}}x=0\}=\\ &\{x \mid x=k_{r+1}v_{r+1}+k_{r+2}v_{r+2}+\cdots+k_n v_n,\ k_i\in \mathbf{C}\}=\\ &L(v_{r+1}, v_{r+2}, \cdots, v_n)\end{aligned}$$

即式(4.4.8)成立.又由式(4.4.11)有

$$R(A)=\{y \mid y=Ax\}=\{y \mid y=U_1(\Sigma V_1^{\mathrm{H}}x)\}\subset \mathbf{R}(U_1)$$

$$R(U_1)=\{y \mid y=U_1 z\}=\{y \mid y=A(V_1\Sigma^{-1}z)\}\subset \mathbf{R}(A)$$

故

$$R(A)=R(U_1)=L(u_1, u_2, \cdots, u_r)$$

即式(4.4.9)成立.再由式(4.4.11)直接计算,可得

$$A=(u_1, \cdots, u_r)\begin{bmatrix}\sigma_1 & & \\ & \ddots & \\ & & \sigma_r\end{bmatrix}V_1^{\mathrm{H}}=$$

$$(\sigma_1 u_1, \cdots, \sigma_r u_r)\begin{bmatrix}v_1^{\mathrm{H}}\\ \vdots\\ v_r^{\mathrm{H}}\end{bmatrix}=\sigma_1 u_1 v_1^{\mathrm{H}}+\cdots+\sigma_r u_r v_r^{\mathrm{H}}$$

即式(4.4.10)成立. 证毕

表达式(4.4.10)是对 Hermite 矩阵的谱分解式(1.3.29)的推广.

4.4.3 矩阵正交相抵的概念

定义 4.12 设 $\boldsymbol{A},\boldsymbol{B}\in\mathbf{R}^{m\times n}$,如果存在 m 阶正交矩阵 $\boldsymbol{U}$ 和 n 阶正交矩阵 $\boldsymbol{V}$,使 $\boldsymbol{B}=\boldsymbol{U}^{-1}\boldsymbol{A}\boldsymbol{V}$,则称 $\boldsymbol{A}$ 和 $\boldsymbol{B}$ **正交相抵**.

在定义 4.12 中,如果取 $\boldsymbol{A},\boldsymbol{B}\in\mathbf{R}^{n\times n}$, $\boldsymbol{U}=\boldsymbol{V}$,则 $\boldsymbol{B}=\boldsymbol{U}^{-1}\boldsymbol{A}\boldsymbol{U}$. 于是正交相抵就成为正交相似,即正交相抵可视为正交相似概念的推广.

不难验证,正交相抵具有自反性、对称性和传递性,因此正交相抵是等价关系. 它所形成的等价类称为**正交相抵等价类**.

定理 4.18 正交相抵矩阵有相同的奇异值.

证 设 $\boldsymbol{B}=\boldsymbol{U}^{-1}\boldsymbol{A}\boldsymbol{V}$,因为

$$\boldsymbol{B}^{\mathrm{T}}\boldsymbol{B}=(\boldsymbol{U}^{-1}\boldsymbol{A}\boldsymbol{V})^{\mathrm{T}}(\boldsymbol{U}^{-1}\boldsymbol{A}\boldsymbol{V})=\boldsymbol{V}^{\mathrm{T}}\boldsymbol{A}^{\mathrm{T}}(\boldsymbol{U}^{-1})^{\mathrm{T}}\boldsymbol{U}^{-1}\boldsymbol{A}\boldsymbol{V}=$$
$$\boldsymbol{V}^{\mathrm{T}}(\boldsymbol{A}^{\mathrm{T}}\boldsymbol{A})\boldsymbol{V}=\boldsymbol{V}^{-1}(\boldsymbol{A}^{\mathrm{T}}\boldsymbol{A})\boldsymbol{V}$$

所以 $\boldsymbol{B}^{\mathrm{T}}\boldsymbol{B}$ 与 $\boldsymbol{A}^{\mathrm{T}}\boldsymbol{A}$ 相似,从而它们有相同的特征值. 于是 $\boldsymbol{A}$ 与 $\boldsymbol{B}$ 有相同的奇异值.

证毕

由定理 4.18 知,正交相抵等价类中的矩阵都有相同的奇异值,所以对此类中任一矩阵 $\boldsymbol{A}$,所作的奇异值分解 $\boldsymbol{A}=\boldsymbol{U}\boldsymbol{D}\boldsymbol{V}^{\mathrm{T}}$ 中的矩阵 $\boldsymbol{D}$ 相同,即 $\boldsymbol{D}$ 是该矩阵类中的标准形矩阵.

习 题 4.4

1. 设 σ_1 和 σ_n 是矩阵 $\boldsymbol{A}$ 的最大奇异值和最小奇异值. 证明 $\sigma_1=\|\boldsymbol{A}\|_2$;当 $\boldsymbol{A}$ 是可逆矩阵时,证明 $\|\boldsymbol{A}^{-1}\|_2=\dfrac{1}{\sigma_n}$.

2. 给出应用奇异值分解式(4.4.7)求解齐次线性方程组 $\boldsymbol{A}\boldsymbol{x}=\boldsymbol{0}$ 的方法.

3. 设 $\boldsymbol{A}\in\mathbf{R}_r^{m\times n}(r>0,\ m\geqslant n)$, $\sigma_i(i=1,2,\cdots,r)$ 是 $\boldsymbol{A}$ 的全体非零奇异值,证明 $\|\boldsymbol{A}\|_F^2=\sum\limits_{i=1}^{r}\sigma_i^2$.

4. 求 $\boldsymbol{A}=\begin{bmatrix}1&0\\0&1\\1&1\end{bmatrix}$ 的奇异值分解.

5. 设 $\boldsymbol{A}\in\mathbf{C}_r^{m\times n}(r>0)$ 的奇异值分解为式(4.4.7),试求矩阵 $\boldsymbol{B}=\begin{bmatrix}\boldsymbol{A}\\\boldsymbol{A}\end{bmatrix}$ 的一个奇异值分解.

本章要点评述

对于一般的 n 阶方阵而言,前 $n-1$ 个顺序主子式不等于零是可进行三角分解的充要条件. 在此条件下,n 阶方阵的 LDU 分解、Crout 分解以及 Doolittle 分解都

是唯一的.

矩阵的 LDU 分解可以通过它的 Crout 分解或者 Doolittle 分解构造出来,矩阵的 Doolittle 分解也可以通过它的 Crout 分解构造出来,反之亦然.

借助于矩阵的三角分解,可以将一般方阵的求逆计算转化为上三角矩阵和下三角矩阵的求逆计算,也可以将一般线性代数方程组的求解问题转化为两个三角方程组的求解问题,也就是求解线性代数方程组的追赶法.

Givens 矩阵和 Householder 矩阵是两类不同的特殊矩阵. 一个 Givens 矩阵能够表示为两个 Householder 矩阵的乘积;但是,一个 Householder 矩阵不能表示为多个 Givens 矩阵的乘积.

任何矩阵都可以进行 QR 分解. 方阵可以分解为正交矩阵与上三角矩阵的乘积;当 $m>n$ 时,$m\times n$ 矩阵可以分解为列向量组标准正交的矩阵与上三角矩阵的乘积;当 $m<n$ 时,$m\times n$ 矩阵可以分解为行向量组标准正交的矩阵与上三角矩阵的乘积.

借助于矩阵的 QR 分解,可以将一般方阵的求逆计算转化为三角矩阵的求逆计算,也可以将一般线性代数方程组的求解问题转化为三角方程组的求解问题.

任何矩阵都可以进行满秩分解和奇异值分解. 相对而言,求矩阵的满秩分解要比求矩阵的奇异值分解容易一些,特别是采用 Hermite 标准形方法求矩阵的满秩分解更为简单. 因此,在后面计算矩阵的 Moore-Penrose 逆时,大多使用矩阵的满秩分解方法.

矩阵的奇异值概念是对矩阵的特征值概念的推广,矩阵的奇异值分解是对矩阵的正交相似对角化问题的推广. 矩阵的奇异值分解可以给出该矩阵的值域和零空间的基,也可以给出以该矩阵为系数矩阵的线性代数方程组的最小二乘解和具有最小 2-范数的最小二乘解.

第5章　特征值的估计及对称矩阵的极性

本章主要讨论数值代数中的三个特殊理论，即特征值的估计、广义特征值问题以及实对称矩阵（一般是 Hermite 矩阵）特征值的极小极大原理. 其次也涉及一些特征值和奇异值的扰动问题. 最后简要地介绍矩阵直积的一些性质及其在线性矩阵方程求解方面的应用. 这几方面的内容，在矩阵的理论研究与实际应用中都有着相当重要的作用.

5.1　特征值的估计

复数域上 $n\times n$ 矩阵 $\boldsymbol{A}$ 的 n 个特征值的几何意义是复平面上的 n 个点，要计算这些特征值一般比较困难. 因此，对于它们所在的位置给出一个范围，就是特征值的估计问题. 所给出的范围越小，则估计的精度就越高. 另外，在大量的应用当中，也往往不需要精确地算出矩阵的特征值，而只需估计出它们所在的范围就够了. 例如，和自动控制有关的 Routh-Hurwitz 问题，就是要估计 $\boldsymbol{A}$ 的特征值是否都有负的实部，即是否都位于复平面的左半平面之中；和差分方法稳定性有关的问题，是要估计一个矩阵的特征值是否都在复平面的单位圆上；和求解线性代数方程组的迭代法有关的问题，是要估计一个矩阵的特征值是否都在复平面的单位圆内；等等. 由此可见，从矩阵的元素出发，若能用较简便的运算给出矩阵特征值的所在范围，将有着十分重要的意义.

5.1.1　特征值的界

首先给出直接估计矩阵特征值模的上界的一些方法.

定理 5.1　设 $\boldsymbol{A}=(a_{rs})_{n\times n}\in \mathbf{R}^{n\times n}$，令 $M=\max\limits_{1\leqslant r,\,s\leqslant n}\frac{1}{2}\mid a_{rs}-a_{sr}\mid$. 若 λ 表示 $\boldsymbol{A}$ 的任一特征值，则 λ 的虚部 $\mathrm{Im}(\lambda)$ 满足不等式

$$\mid \mathrm{Im}(\lambda)\mid \leqslant M\sqrt{\frac{n(n-1)}{2}} \tag{5.1.1}$$

证　设 $\boldsymbol{x}=(\xi_1,\,\xi_2,\,\cdots,\,\xi_n)^{\mathrm{T}}$ 为 $\boldsymbol{A}$ 的属于特征值 λ 的一个特征向量，即 $\boldsymbol{Ax}=\lambda\boldsymbol{x}$. 不失一般性，可假定 $\boldsymbol{x}^{\mathrm{H}}\boldsymbol{x}=\sum\limits_{r=1}^{n}\bar{\xi}_r\xi_r=1$，于是由

$$\boldsymbol{x}^{\mathrm{H}}\boldsymbol{Ax}=\lambda\boldsymbol{x}^{\mathrm{H}}\boldsymbol{x}=\lambda$$

两端取共轭转置，可得

$$\bar{\lambda}=(\boldsymbol{x}^{\mathrm{H}}\boldsymbol{A}\boldsymbol{x})^{\mathrm{H}}=\boldsymbol{x}^{\mathrm{H}}\boldsymbol{A}^{\mathrm{H}}\boldsymbol{x}=\boldsymbol{x}^{\mathrm{H}}\boldsymbol{A}^{\mathrm{T}}\boldsymbol{x}$$

用 $\mathrm{j}=\sqrt{-1}$ 表示虚数单位，则有

$$\begin{aligned}
2\mathrm{j}\,\mathrm{Im}(\lambda)=\lambda-\bar{\lambda}=\boldsymbol{x}^{\mathrm{H}}(\boldsymbol{A}-\boldsymbol{A}^{\mathrm{T}})\boldsymbol{x}= \\
\frac{1}{2}[\boldsymbol{x}^{\mathrm{H}}(\boldsymbol{A}-\boldsymbol{A}^{\mathrm{T}})\boldsymbol{x}+\boldsymbol{x}^{\mathrm{H}}(\boldsymbol{A}-\boldsymbol{A}^{\mathrm{T}})\boldsymbol{x}]= \\
\frac{1}{2}[\boldsymbol{x}^{\mathrm{H}}(\boldsymbol{A}-\boldsymbol{A}^{\mathrm{T}})\boldsymbol{x}+\boldsymbol{x}^{\mathrm{T}}(\boldsymbol{A}^{\mathrm{T}}-\boldsymbol{A})\bar{\boldsymbol{x}}]= \\
\frac{1}{2}\Big[\sum_{r,s=1}^{n}(a_{rs}-a_{sr})\bar{\xi}_r\xi_s+\sum_{r,s=1}^{n}(a_{sr}-a_{rs})\xi_r\bar{\xi}_s\Big]= \\
\sum_{r,s=1}^{n}(a_{rs}-a_{sr})\frac{\bar{\xi}_r\xi_s-\xi_r\bar{\xi}_s}{2}
\end{aligned}$$

注意到 $(a_{rs}-a_{sr})\dfrac{\bar{\xi}_r\xi_s-\xi_r\bar{\xi}_s}{2}$ 是纯虚数，上式两端取模即得

$$\begin{aligned}
2\,|\,\mathrm{Im}(\lambda)\,|\leqslant\sum_{r,s=1}^{n}\Big(\frac{1}{2}\,|\,a_{rs}-a_{sr}\,|\Big)\,|\,\bar{\xi}_r\xi_s-\xi_r\bar{\xi}_s\,|\leqslant \\
M\sum_{r,s=1}^{n}|\,\bar{\xi}_r\xi_s-\xi_r\bar{\xi}_s\,|=M\sum_{\substack{r\neq s\\ r,s=1}}^{n}|\,\bar{\xi}_r\xi_s-\xi_r\bar{\xi}_s\,|
\end{aligned}$$

由于任意 m 个实数 $\eta_1,\eta_2,\cdots,\eta_m$ 恒满足

$$m(\eta_1^2+\cdots+\eta_m^2)-(\eta_1+\cdots+\eta_m)^2=\sum_{1\leqslant i<k\leqslant m}(\eta_i-\eta_k)^2\geqslant 0$$

则有

$$(\eta_1+\cdots+\eta_m)^2\leqslant m(\eta_1^2+\cdots+\eta_m^2) \tag{5.1.2}$$

利用不等式(5.1.2)，可得

$$4[\mathrm{Im}(\lambda)]^2\leqslant M^2\Big[\sum_{\substack{r\neq s\\ r,s=1}}^{n}|\,\bar{\xi}_r\xi_s-\xi_r\bar{\xi}_s\,|\Big]^2\leqslant n(n-1)M^2\sum_{\substack{r\neq s\\ r,s=1}}^{n}|\,\bar{\xi}_r\xi_s-\xi_r\bar{\xi}_s\,|^2$$

又由

$$|\,\bar{\xi}_r\xi_s-\xi_r\bar{\xi}_s\,|^2=(\bar{\xi}_r\xi_s-\xi_r\bar{\xi}_s)\,\overline{(\bar{\xi}_r\xi_s-\xi_r\bar{\xi}_s)}=2\,|\,\xi_r\,|^2\,|\,\xi_s\,|^2-\xi_r^2\bar{\xi}_s^2-\bar{\xi}_r^2\xi_s^2$$

可得

$$\begin{aligned}
\sum_{\substack{r\neq s\\ r,s=1}}^{n}|\,\bar{\xi}_r\xi_s-\xi_r\bar{\xi}_s\,|^2=\sum_{r,s=1}^{n}|\,\bar{\xi}_r\xi_s-\xi_r\bar{\xi}_s\,|^2= \\
2\sum_{r,s=1}^{n}|\,\xi_r\,|^2\,|\,\xi_s\,|^2-\sum_{r,s=1}^{n}(\xi_r^2\bar{\xi}_s^2+\bar{\xi}_r^2\xi_s^2)= \\
2\sum_{r=1}^{n}|\,\xi_r\,|^2\cdot\sum_{s=1}^{n}|\,\xi_s\,|^2-2\sum_{r=1}^{n}\bar{\xi}_r^2\cdot\sum_{s=1}^{n}\xi_s^2= \\
2-2\Big|\sum_{r=1}^{n}\xi_r^2\Big|^2\leqslant 2
\end{aligned}$$

因此 $4[\mathrm{Im}(\lambda)]^2\leqslant 2n(n-1)M^2$，也就是

$$|\operatorname{Im}(\lambda)| \leqslant M\sqrt{\frac{n(n-1)}{2}}$$ 证毕

推论　实对称矩阵的特征值都是实数.

事实上,当 $\boldsymbol{A}$ 为实对称矩阵时,$M=0$. 由定理 5.1,可得 $\operatorname{Im}(\lambda)=0$,即 λ 为实数.

引理 5.1　设 $\boldsymbol{B}\in\mathbf{C}^{n\times n}$,列向量 $\boldsymbol{y}\in\mathbf{C}^{n}$ 满足 $\|\boldsymbol{y}\|_2=1$,则 $|\boldsymbol{y}^{\mathrm{H}}\boldsymbol{B}\boldsymbol{y}|\leqslant\|\boldsymbol{B}\|_{m_\infty}$.

证　设 $\boldsymbol{B}=(b_{ij})_{n\times n}$,$\boldsymbol{y}=(\eta_1,\eta_2,\cdots,\eta_n)^{\mathrm{T}}$,于是有

$$\begin{aligned}|\boldsymbol{y}^{\mathrm{H}}\boldsymbol{B}\boldsymbol{y}|&=\left|\sum_{i,j=1}^{n}b_{ij}\bar{\eta}_i\eta_j\right|\leqslant\max_{i,j}|b_{ij}|\cdot\sum_{i,j=1}^{n}|\eta_i||\eta_j|\leqslant\\&\max_{i,j}|b_{ij}|\cdot\frac{1}{2}\sum_{i,j=1}^{n}(|\eta_i|^2+|\eta_j|^2)=\\&\max_{i,j}|b_{ij}|\cdot\frac{1}{2}(n+n)=\|\boldsymbol{B}\|_{m_\infty}\end{aligned}$$ 证毕

定理 5.2　设 $\boldsymbol{A}\in\mathbf{C}^{n\times n}$,则 $\boldsymbol{A}$ 的任一特征值 λ 满足 $|\lambda|\leqslant\|\boldsymbol{A}\|_{m_\infty}$ 及

$$|\operatorname{Re}(\lambda)|\leqslant\frac{1}{2}\|\boldsymbol{A}+\boldsymbol{A}^{\mathrm{H}}\|_{m_\infty}\tag{5.1.3}$$

$$|\operatorname{Im}(\lambda)|\leqslant\frac{1}{2}\|\boldsymbol{A}-\boldsymbol{A}^{\mathrm{H}}\|_{m_\infty}\tag{5.1.4}$$

证　设 $\boldsymbol{x}=(\xi_1,\xi_2,\cdots,\xi_n)^{\mathrm{T}}$ 是 $\boldsymbol{A}$ 的属于特征值 λ 的单位特征向量,则有 $\boldsymbol{A}\boldsymbol{x}=\lambda\boldsymbol{x}$. 两端左乘以 $\boldsymbol{x}^{\mathrm{H}}$,可得 $\lambda=\boldsymbol{x}^{\mathrm{H}}\boldsymbol{A}\boldsymbol{x}$,再取共轭转置,即得 $\bar{\lambda}=\boldsymbol{x}^{\mathrm{H}}\boldsymbol{A}^{\mathrm{H}}\boldsymbol{x}$. 根据引理 5.1,有

$$|\lambda|=|\boldsymbol{x}^{\mathrm{H}}\boldsymbol{A}\boldsymbol{x}|\leqslant\|\boldsymbol{A}\|_{m_\infty}$$

$$|\operatorname{Re}(\lambda)|=\frac{1}{2}|\lambda+\bar{\lambda}|=\frac{1}{2}|\boldsymbol{x}^{\mathrm{H}}(\boldsymbol{A}+\boldsymbol{A}^{\mathrm{H}})\boldsymbol{x}|\leqslant\frac{1}{2}\|\boldsymbol{A}+\boldsymbol{A}^{\mathrm{H}}\|_{m_\infty}$$

$$|\operatorname{Im}(\lambda)|=\frac{1}{2}|\lambda-\bar{\lambda}|=\frac{1}{2}|\boldsymbol{x}^{\mathrm{H}}(\boldsymbol{A}-\boldsymbol{A}^{\mathrm{H}})\boldsymbol{x}|\leqslant\frac{1}{2}\|\boldsymbol{A}-\boldsymbol{A}^{\mathrm{H}}\|_{m_\infty}$$ 证毕

推论　Hermite 矩阵的特征值都是实数,反 Hermite 矩阵的特征值为零或纯虚数.

事实上,当 $\boldsymbol{A}$ 为 Hermite 矩阵时,由式(5.1.4)知 $\operatorname{Im}(\lambda)=0$,即 λ 为实数;当 $\boldsymbol{A}$ 为反 Hermite 矩阵时,由式(5.1.3)知 $\operatorname{Re}(\lambda)=0$,即 λ 为零或纯虚数.

例 5.1　估计矩阵 $\boldsymbol{A}=\begin{bmatrix}1&-0.8\\0.5&0\end{bmatrix}$ 的特征值的上界.

解　应用定理 5.2,可得 $|\lambda|\leqslant 2$,$|\operatorname{Re}(\lambda)|\leqslant 2$,$|\operatorname{Im}(\lambda)|\leqslant 1.3$. 应用定理 5.1 估计 $\operatorname{Im}(\lambda)$,有

$$M=0.65,\quad |\operatorname{Im}(\lambda)|\leqslant M\sqrt{\frac{2(2-1)}{2}}=0.65$$

实际上，$\boldsymbol{A}$ 的两个特征值是 $\lambda_{1,2}=\frac{1}{2}(1\pm \mathrm{j}\sqrt{0.6})$，从而

$$|\lambda_{1,2}|=0.632\ 456,\quad |\mathrm{Re}(\lambda_{1,2})|=0.5,\quad |\mathrm{Im}(\lambda_{1,2})|=0.387\ 298$$

例 5.1 表明，在估计实矩阵的特征值的虚部上界时，定理 5.1 的结果优于定理 5.2 的结果.

为了方便以后的讨论，在此引进以下两个定义.

定义 5.1 设 $\boldsymbol{A}=(a_{rs})_{n\times n}\in \mathbf{C}^{n\times n}$，记

$$R_r(\boldsymbol{A})=\sum_{\substack{s=1\\ s\neq r}}^{n}|a_{rs}|\quad (r=1,\ 2,\cdots,\ n)$$

(1) 如果 $|a_{rr}|>R_r(r=1,\ 2,\ \cdots,\ n)$，则称矩阵 **A 按行严格对角占优**；

(2) 如果 $|a_{rr}|\geqslant R_r(r=1,\ 2,\ \cdots,\ n)$，且有 $1\leqslant r_0\leqslant n$，使得 $|a_{r_0r_0}|>R_{r_0}$ 成立，则称矩阵 **A 按行(弱) 对角占优**.

定义 5.2 设 $\boldsymbol{A}\in \mathbf{C}^{n\times n}$，如果 $\boldsymbol{A}^{\mathrm{T}}$ 按行严格对角占优，则称 **A 按列严格对角占优**；如果 $\boldsymbol{A}^{\mathrm{T}}$ 按行(弱) 对角占优，则称 **A 按列(弱) 对角占优**.

对直接估计矩阵特征值之乘积的模的界，再给出以下两种方法.

定理 5.3 设 $\boldsymbol{A}=(a_{rs})_{n\times n}\in \mathbf{C}^{n\times n}$，令

$$M_r=|a_{rr}|+\sum_{s=r+1}^{n}|a_{rs}|$$

$$m_r=|a_{rr}|-\sum_{s=r+1}^{n}|a_{rs}|$$

如果 $\boldsymbol{A}$ 按行严格对角占优，则

$$0<\prod_{r=1}^{n}m_r\leqslant|\det\boldsymbol{A}|=\prod_{r=1}^{n}|\lambda_r(\boldsymbol{A})|\leqslant\prod_{r=1}^{n}M_r \tag{5.1.5}$$

且当 $a_{rs}=0\ (s>r)$ 时，式(5.1.5) 中等号成立.

证 由于 $\boldsymbol{A}$ 按行严格对角占优，所以 $\det\boldsymbol{A}\neq 0$①，考虑方程组

$$\begin{bmatrix}a_{21}\\ \vdots\\ a_{n1}\end{bmatrix}+\boldsymbol{A}_1\begin{bmatrix}\xi_2\\ \vdots\\ \xi_n\end{bmatrix}=\mathbf{0},\quad \boldsymbol{A}_1=\begin{bmatrix}a_{22}&\cdots&a_{2n}\\ \vdots&&\vdots\\ a_{n2}&\cdots&a_{nn}\end{bmatrix}$$

因为 $\boldsymbol{A}$ 按行严格对角占优，所以 $\boldsymbol{A}_1$ 亦按行严格对角占优，故$\det\boldsymbol{A}_1\neq 0$，从而上述方程组有唯一解，记作

$$\boldsymbol{x}^{(1)}=(\xi_2^{(1)},\ \cdots,\ \xi_n^{(1)})^{\mathrm{T}}$$

并且 $|\xi_k^{(1)}|=\max\{|\xi_2^{(1)}|,\cdots,|\xi_n^{(1)}|\}<1$.

事实上，当 $\xi_k^{(1)}\neq 0$ 时(否则结论显然成立)，由于

$$a_{k1}+\sum_{s=2}^{n}a_{ks}\xi_s^{(1)}=0\quad (2\leqslant k\leqslant n)$$

---

① 参阅本章例 5.8 的结论.

所以
$$-a_{kk}=\frac{1}{\xi_k^{(1)}}a_{k1}+\sum_{\substack{s=2\\s\neq k}}^{n}a_{ks}\frac{\xi_s^{(1)}}{\xi_k^{(1)}}\quad(2\leqslant k\leqslant n)$$
如果 $|\xi_k^{(1)}|\geqslant 1$,则得
$$|a_{kk}|\leqslant|a_{k1}|+\sum_{\substack{s=2\\s\neq k}}^{n}|a_{ks}|=R_k\quad(2\leqslant k\leqslant n)$$
这和 $\boldsymbol{A}$ 按行严格对角占优的条件相矛盾,故 $|\xi_k^{(1)}|<1$ 成立.

利用分块矩阵的性质以及 $\boldsymbol{x}^{(1)}$ 的定义,有
$$\det\boldsymbol{A}=\det\left(\boldsymbol{A}\begin{bmatrix}1 & \boldsymbol{0}^{\mathrm{T}}\\ \boldsymbol{x}^{(1)} & \boldsymbol{I}\end{bmatrix}\right)=\det\left[\begin{array}{c|ccc}b_{11} & a_{12} & \cdots & a_{1n}\\ \hline \boldsymbol{0} & & \boldsymbol{A}_1 & \end{array}\right]=b_{11}\det\boldsymbol{A}_1$$
其中 $b_{11}=a_{11}+\sum_{s=2}^{n}a_{1s}\xi_s^{(1)}$, $|\xi_s^{(1)}|<1\ (s=2,3,\cdots,n)$.

对 $\boldsymbol{A}_1$ 继续上述过程,可得
$$\det\boldsymbol{A}_1=b_{22}\det\boldsymbol{A}_2$$
其中 $b_{22}=a_{22}+\sum_{s=3}^{n}a_{2s}\xi_s^{(2)}$, $|\xi_s^{(2)}|<1\ (s=3,4,\cdots,n)$,而
$$\boldsymbol{A}_2=\begin{bmatrix}a_{33} & \cdots & a_{3n}\\ \vdots & & \vdots\\ a_{n3} & \cdots & a_{nn}\end{bmatrix}$$
于是 $\det\boldsymbol{A}=b_{11}b_{22}\det\boldsymbol{A}_2$.

重复上述过程,最终可得
$$\det\boldsymbol{A}=\prod_{r=1}^{n}\left(a_{rr}+\sum_{s=r+1}^{n}a_{rs}\xi_s^{(r)}\right)$$
其中
$$\sum_{s=n+1}^{n}a_{rs}\xi_s^{(r)}=0,\ |\xi_s^{(r)}|<1\ (r=1,2,\cdots,n-1;\ s>r)$$
再由不等式
$$|a|-|b|\leqslant|a+b|\leqslant|a|+|b|\tag{5.1.6}$$
可得
$$\begin{aligned}0<\prod_{r=1}^{n}\left(|a_{rr}|-\sum_{s=r+1}^{n}|a_{rs}|\right)\leqslant\prod_{r=1}^{n}\left(|a_{rr}|-\sum_{s=r+1}^{n}|a_{rs}||\xi_s^{(r)}|\right)\leqslant\\ \prod_{s=1}^{n}\left|a_{rr}+\sum_{s=r+1}^{n}a_{rs}\xi_s^{(r)}\right|=|\det\boldsymbol{A}|=\prod_{r=1}^{n}|\lambda_r(\boldsymbol{A})|\leqslant\\ \prod_{r=1}^{n}\left(|a_{rr}|+\sum_{s=r+1}^{n}|a_{rs}||\xi_s^{(r)}|\right)\leqslant\prod_{r=1}^{n}\left(|a_{rr}|+\sum_{s=r+1}^{n}|a_{rs}|\right)\end{aligned}$$
也就是式(5.1.5)成立.

特别地,当 $a_{rs}=0\ (s>r)$ 时,恒有 $m_r=M_r(r=1,2,\cdots,n)$,故得
$$0<\prod_{r=1}^{n}|a_{rr}|=\prod_{r=1}^{n}m_r=|\det\boldsymbol{A}|=\prod_{r=1}^{n}|\lambda_r(\boldsymbol{A})|=\prod_{r=1}^{n}M_r$$
证毕

例 5.2 估计矩阵 $\boldsymbol{A}=\begin{bmatrix}1 & -0.8\\ 0.5 & 1\end{bmatrix}$ 按模最小特征值的上界.

解 由定理 5.3,$\boldsymbol{A}$ 按行严格对角占优,且有 $M_1=1.8$, $M_2=1$. 利用式(5.1.5),可得

$$|\lambda(\boldsymbol{A})|_{\min}\leqslant\Big[\prod_{r=1}^{2}|\lambda_r(\boldsymbol{A})|\Big]^{\frac{1}{2}}\leqslant\Big[\prod_{r=1}^{2}M_r\Big]^{\frac{1}{2}}=\sqrt{1.8}$$

实际上,$\boldsymbol{A}$ 的两个特征值是 $\lambda_{1,2}=1\pm\mathrm{j}\sqrt{0.4}$,从而 $|\lambda_{1,2}|=\sqrt{1.4}$.

定理 5.4(Hadamard's inequality) 设 $\boldsymbol{A}=(a_{rs})_{n\times n}\in\mathbf{C}^{n\times n}$,则有

$$\prod_{r=1}^{n}|\lambda_r(\boldsymbol{A})|=|\det\boldsymbol{A}|\leqslant\Big[\prod_{s=1}^{n}\Big(\sum_{r=1}^{n}|a_{rs}|^2\Big)\Big]^{\frac{1}{2}} \tag{5.1.7}$$

且式(5.1.7)中等号成立的充要条件是某 $\boldsymbol{a}_{s_0}=\boldsymbol{0}$ 或者 $(\boldsymbol{a}_r,\boldsymbol{a}_s)=0\ (r\neq s)$. 这里 $\boldsymbol{a}_1$, $\boldsymbol{a}_2$, …, $\boldsymbol{a}_n$ 表示 $\boldsymbol{A}$ 的 n 个列向量.

证 如果向量组 $\boldsymbol{a}_1$, $\boldsymbol{a}_2$, …, $\boldsymbol{a}_n$ 线性相关,则 $\det\boldsymbol{A}=0$,式(5.1.7)显然成立. 下面假定它们线性无关. 根据定理 1.33,从 $\boldsymbol{a}_1$, $\boldsymbol{a}_2$, …, $\boldsymbol{a}_n$ 出发,可以构造非零向量组 $\boldsymbol{b}_1$, $\boldsymbol{b}_2$, …, $\boldsymbol{b}_n$ 两两正交,且满足

$$\left.\begin{aligned}&\boldsymbol{a}_1=\boldsymbol{b}_1\\&\boldsymbol{a}_2=\boldsymbol{b}_2+\lambda_{21}\boldsymbol{b}_1\\&\boldsymbol{a}_3=\boldsymbol{b}_3+\lambda_{31}\boldsymbol{b}_1+\lambda_{32}\boldsymbol{b}_2\\&\quad\cdots\cdots\\&\boldsymbol{a}_n=\boldsymbol{b}_n+\lambda_{n1}\boldsymbol{b}_1+\cdots+\lambda_{n,n-1}\boldsymbol{b}_{n-1}\end{aligned}\right\} \tag{5.1.8}$$

其中 $\lambda_{sr}=(\boldsymbol{a}_s,\boldsymbol{b}_r)/\|\boldsymbol{b}_r\|^2\quad(r<s)$,这里的向量范数为 2- 范数(下同).

划分 $\boldsymbol{B}=[\boldsymbol{b}_1\ \vdots\ \boldsymbol{b}_2\ \vdots\ \cdots\ \vdots\ \boldsymbol{b}_n]$,则由式(5.1.8)可得

$$\boldsymbol{A}=\boldsymbol{B}\begin{bmatrix}1 & \lambda_{21} & \cdots & \lambda_{n1}\\ & 1 & \ddots & \vdots\\ & & \ddots & \lambda_{n,n-1}\\ & & & 1\end{bmatrix}$$

于是 $\det\boldsymbol{A}=\det\boldsymbol{B}$. 又由 $\boldsymbol{b}_1$, $\boldsymbol{b}_2$, …, $\boldsymbol{b}_n$ 的两两正交性及式(5.1.8)可得

$$\begin{aligned}\|\boldsymbol{a}_s\|^2&=\|\boldsymbol{b}_s+\lambda_{s1}\boldsymbol{b}_1+\cdots+\lambda_{s,s-1}\boldsymbol{b}_{s-1}\|^2=\\&\|\boldsymbol{b}_s\|^2+|\lambda_{s1}|^2\|\boldsymbol{b}_1\|^2+\cdots+|\lambda_{s,s-1}|^2\|\boldsymbol{b}_{s-1}\|^2\geqslant\|\boldsymbol{b}_s\|^2\end{aligned}$$

$$|\det\boldsymbol{B}|^2=\det\boldsymbol{B}^{\mathrm{H}}\det\boldsymbol{B}=\prod_{s=1}^{n}\|\boldsymbol{b}_s\|^2=\Big(\prod_{s=1}^{n}\|\boldsymbol{b}_s\|\Big)^2$$

因此

$$|\det\boldsymbol{A}|=|\det\boldsymbol{B}|=\prod_{s=1}^{n}\|\boldsymbol{b}_s\|\leqslant\prod_{s=1}^{n}\|\boldsymbol{a}_s\|=\Big[\prod_{s=1}^{n}\Big(\sum_{r=1}^{n}|a_{rs}|^2\Big)\Big]^{\frac{1}{2}}$$

即式(5.1.7)成立.

特别地,若某 $\boldsymbol{a}_{s_0}=\boldsymbol{0}$, 则式(5.1.7)两端均为零,从而等号成立;若$(\boldsymbol{a}_r,\boldsymbol{a}_s)=0$

$(r \neq s)$,则有

$$|\det\boldsymbol{A}|^2 = \det\boldsymbol{A}^{\mathrm{H}}\det\boldsymbol{A} = \prod_{s=1}^{n}\|\boldsymbol{a}_s\|^2 = \prod_{s=1}^{n}\left(\sum_{r=1}^{n}|a_{rs}|^2\right)$$

也就是式(5.1.7)中等号成立.

反之,若 $\boldsymbol{a}_s \neq \boldsymbol{0}$ $(s=1, 2, \cdots, n)$ 且存在最小指标 s_0,使满足 $(\boldsymbol{a}_{s_0}, \boldsymbol{a}_{r_0}) \neq 0$ $(r_0 < s_0)$,则式(5.1.8)可写为

$$\begin{cases} \boldsymbol{a}_1 = \boldsymbol{b}_1 \\ \quad \cdots\cdots \\ \boldsymbol{a}_{s_0-1} = \boldsymbol{b}_{s_0-1} \\ \boldsymbol{a}_{s_0} = \boldsymbol{b}_{s_0} + \cdots + \lambda_{s_0,r_0}\boldsymbol{b}_{r_0} + \cdots \\ \quad \cdots\cdots \end{cases}$$

且 $\lambda_{s_0,r_0} = (\boldsymbol{a}_{s_0}, \boldsymbol{b}_{r_0})/\|\boldsymbol{b}_{r_0}\|^2 = (\boldsymbol{a}_{s_0}, \boldsymbol{a}_{r_0})/\|\boldsymbol{a}_{r_0}\|^2 \neq 0$. 于是

$$\begin{aligned} \|\boldsymbol{a}_{s_0}\|^2 = \|\boldsymbol{b}_{s_0} + \cdots + \lambda_{s_0,r_0}\boldsymbol{b}_{r_0} + \cdots\|^2 = \\ \|\boldsymbol{b}_{s_0}\|^2 + \cdots + |\lambda_{s_0,r_0}|^2\|\boldsymbol{b}_{r_0}\|^2 + \cdots = \\ \|\boldsymbol{b}_{s_0}\|^2 + \cdots + |\lambda_{s_0,r_0}|^2\|\boldsymbol{a}_{r_0}\|^2 + \cdots > \|\boldsymbol{b}_{s_0}\|^2 \end{aligned}$$

类似于前面的推导,可得

$$|\det\boldsymbol{A}| = |\det\boldsymbol{B}| = \prod_{s=1}^{n}\|\boldsymbol{b}_s\| < \prod_{s=1}^{n}\|\boldsymbol{a}_s\| = \left[\prod_{s=1}^{n}\left(\sum_{r=1}^{n}|a_{rs}|^2\right)\right]^{\frac{1}{2}}$$

这表明,式(5.1.7)中等号成立时,必须有某 $\boldsymbol{a}_{s_0} = \boldsymbol{0}$ 或者 $(\boldsymbol{a}_r, \boldsymbol{a}_s) = 0 (r \neq s)$.

证毕

下述定理将给出矩阵特征值模之平方和的上界估计方法.

定理 5.5 (Schur's inequality)　设 $\boldsymbol{A} = (a_{rs})_{n\times n} \in \mathbf{C}^{n\times n}$ 的特征值为 $\lambda_1, \lambda_2, \cdots, \lambda_n$,则有

$$\sum_{r=1}^{n}|\lambda_r|^2 \leqslant \sum_{r,s=1}^{n}|a_{rs}|^2 = \|\boldsymbol{A}\|_{\mathrm{F}}^2 \tag{5.1.9}$$

证　根据定理 1.41,存在酉矩阵 $\boldsymbol{U}$,使得 $\boldsymbol{A} = \boldsymbol{UTU}^{\mathrm{H}}$,其中 $\boldsymbol{T}$ 是上三角矩阵. 于是 $\boldsymbol{T}$ 的对角线上的元素 t_{kk} 都是 $\boldsymbol{A}$ 的特征值,且有

$$\sum_{r=1}^{n}|\lambda_r|^2 = \sum_{k=1}^{n}|t_{kk}|^2 \leqslant \sum_{r,s=1}^{n}|t_{rs}|^2 = \mathrm{tr}(\boldsymbol{T}^{\mathrm{H}}\boldsymbol{T})$$

由于酉相似矩阵具有相同的迹,而这里 $\boldsymbol{A}^{\mathrm{H}}\boldsymbol{A} = \boldsymbol{U}(\boldsymbol{T}^{\mathrm{H}}\boldsymbol{T})\boldsymbol{U}^{\mathrm{H}}$,所以

$$\sum_{r=1}^{n}|\lambda_r|^2 \leqslant \mathrm{tr}(\boldsymbol{T}^{\mathrm{H}}\boldsymbol{T}) = \mathrm{tr}(\boldsymbol{A}^{\mathrm{H}}\boldsymbol{A}) = \sum_{r,s=1}^{n}|a_{rs}|^2$$

证毕

例 5.3　在定理 5.5 中,不等式(5.1.9)的等号成立的充要条件是 $\boldsymbol{A}^{\mathrm{H}}\boldsymbol{A} = \boldsymbol{A}\boldsymbol{A}^{\mathrm{H}}$,即 $\boldsymbol{A}$ 是正规矩阵.

证　因为存在酉矩阵 $\boldsymbol{U}$,使得 $\boldsymbol{A} = \boldsymbol{UTU}^{\mathrm{H}}$ ($\boldsymbol{T}$ 是上三角矩阵),所以 $\boldsymbol{A}^{\mathrm{H}}\boldsymbol{A} = \boldsymbol{A}\boldsymbol{A}^{\mathrm{H}}$ 等价于

$$UT^{\mathrm{H}}TU^{\mathrm{H}} = UTT^{\mathrm{H}}U^{\mathrm{H}}$$

也就是 $T^{\mathrm{H}}T = TT^{\mathrm{H}}$. 但 $T^{\mathrm{H}}T = TT^{\mathrm{H}}$ 成立的充要条件为 $T = \mathrm{diag}(t_{11}, t_{22}, \cdots, t_{nn})$，此时

$$\sum_{r,s=1}^{n} |t_{rs}|^2 = \sum_{r=1}^{n} |t_{rr}|^2$$

也就是

$$\sum_{r=1}^{n} |\lambda_r|^2 = \sum_{r=1}^{n} |t_{rr}|^2 = \mathrm{tr}(T^{\mathrm{H}}T) = \mathrm{tr}(A^{\mathrm{H}}A) = \sum_{r,s=1}^{n} |a_{rs}|^2$$

例 5.3 再一次给出了定理 1.42，即 A 为正规矩阵的充要条件是 A 酉相似于对角矩阵.

例 5.4 已知矩阵 $A = \begin{bmatrix} 3+\mathrm{j} & -2-3\mathrm{j} & 2\mathrm{j} \\ 1 & 0 & 0 \\ 0 & 1 & 0 \end{bmatrix}$ 的一个特征值是 2，估计另外两个特征值的上界.

解 记 $\lambda_1 = 2$，λ_2 与 λ_3 表示 A 的另外两个未知特征值. 根据定理 5.5，有

$$|\lambda_2|^2 \leqslant |\lambda_2|^2 + |\lambda_3|^2 = \sum_{r=1}^{3} |\lambda_r|^2 - |\lambda_1|^2 \leqslant \sum_{r,s=1}^{3} |a_{rs}|^2 - |\lambda_1|^2 = 25$$

故 $|\lambda_2| \leqslant 5$. 同理可得 $|\lambda_3| \leqslant 5$.

实际上，A 的另外两个特征值分别是 1 和 j，可见这里的估计是正确的.

5.1.2 特征值的包含区域

本段讨论在特征值估计方面的一些基本包含性定理.

定义 5.3 设 $A = (a_{ij})_{n\times n} \in \mathbf{C}^{n\times n}$，称由不等式

$$|z - a_{ii}| \leqslant R_i \tag{5.1.10}$$

在复平面上确定的区域为矩阵 A 的第 i 个 **Gerschgorin 圆(盖尔圆)**，并用记号 G_i 来表示. 这里

$$R_i = R_i(A) = \sum_{\substack{j=1 \\ j\neq i}}^{n} |a_{ij}| \tag{5.1.11}$$

称为**盖尔圆 G_i 的半径**$(i = 1, 2, \cdots, n)$.

定理 5.6(Gerschgorin theorem 1) 矩阵 $A = (a_{ij})_{n\times n} \in \mathbf{C}^{n\times n}$ 的一切特征值都在它的 n 个盖尔圆的并集之内.

证 设 λ 为 A 的任一特征值，$x = (\xi_1, \xi_2, \cdots, \xi_n)^{\mathrm{T}}$ 为属于 λ 的特征向量. 令 $|\xi_{i_0}| = \max\limits_{i} |\xi_i|$，则 $\xi_{i_0} \neq 0$. 由于 $Ax = \lambda x$，所以

$$\sum_{j=1}^{n} a_{i_0 j}\xi_j = \lambda\xi_{i_0}, \quad (\lambda - a_{i_0, i_0})\xi_{i_0} = \sum_{j\neq i_0} a_{i_0 j}\xi_j$$

由此可得

$$|\lambda - a_{i_0 i_0}| = \left|\sum_{j\neq i_0} a_{i_0 j}\frac{\xi_j}{\xi_{i_0}}\right| \leqslant \sum_{j\neq i_0} |a_{i_0 j}| \frac{|\xi_j|}{|\xi_{i_0}|} \leqslant R_{i_0}$$

也就是 $\lambda \in G_{i_0}$，当然 λ 也在 $\boldsymbol{A}$ 的 n 个盖尔圆 $G_i(i=1, 2, \cdots, n)$ 的并集之内.

证毕

例 5.5　估计矩阵 $\boldsymbol{A}$ 的特征值范围，其中

$$\boldsymbol{A} = \begin{bmatrix} 1 & 0.1 & 0.2 & 0.3 \\ 0.5 & 3 & 0.1 & 0.2 \\ 1 & 0.3 & -1 & 0.5 \\ 0.2 & -0.3 & -0.1 & -4 \end{bmatrix}$$

解　$\boldsymbol{A}$ 的 4 个盖尔圆为

$G_1: |z-10| \leqslant 1+2+3=6$;　$G_2: |z-30| \leqslant 5+1+2=8$

$G_3: |z+10| \leqslant 10+3+5=18$;　$G_4: |z+40| \leqslant 2+3+1=6$

它的全部特征值就在这 4 个盖尔圆的并集之内，画在复平面上如图 5.1 所示.

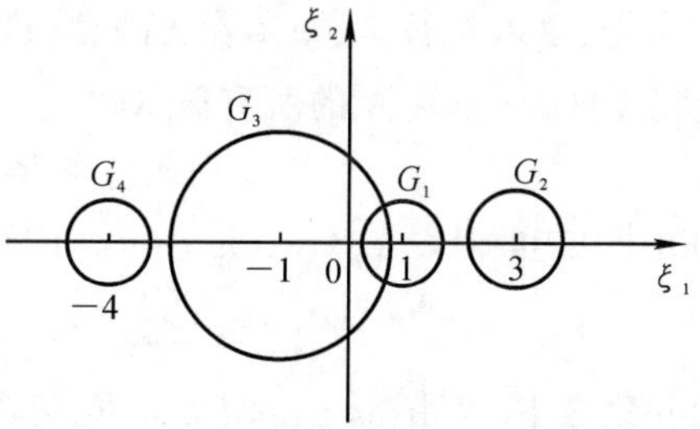

图　5.1

在例 5.5 中，G_1 和 G_3 是交结在一起的，它们的并集是一个连通区域(所谓连通区域，是指其中的任意两点都可以用位于该区域内的一条折线连接起来)；交结在一起的盖尔圆所构成的最大连通区域称为一个**连通部分**. 孤立的一个盖尔圆就是一个连通部分. 例 5.5 中有 3 个连通部分，即 G_1 和 G_3 的并集是一个连通部分，G_2 与 G_4 各是一个连通部分.

定理 5.6 仅仅说明了矩阵 $\boldsymbol{A}$ 的一切特征值都在它的全部盖尔圆的并集之内，而没有说明在那个盖尔圆中有几个特征值. 为解决这一问题，需要下面的定理.

定理 5.7(Gerschgorin theorem 2)　由矩阵 $\boldsymbol{A}$ 的所有盖尔圆组成的连通部分中任取一个，如果它是由 k 个盖尔圆构成的，则在这个连通部分中有且仅有 $\boldsymbol{A}$ 的 k 个特征值(盖尔圆相重时重复计数，特征值相同时也重复计数).

证　考虑带参数 u 的矩阵

$$\boldsymbol{A}(u) = \begin{bmatrix} a_{11} & ua_{12} & \cdots & ua_{1n} \\ ua_{21} & a_{22} & \cdots & ua_{2n} \\ \vdots & \vdots & & \vdots \\ ua_{n1} & ua_{n2} & \cdots & a_{nn} \end{bmatrix}$$

显然，$\boldsymbol{A}(1) = \boldsymbol{A}$，而

$$A(0)=\begin{bmatrix} a_{11} & 0 & \cdots & 0 \\ 0 & a_{22} & \cdots & 0 \\ \vdots & \vdots & & \vdots \\ 0 & 0 & \cdots & a_{nn} \end{bmatrix}$$

是对角阵，且 $\boldsymbol{A}(0)$ 的特征值就是 $a_{11}, a_{22}, \cdots, a_{nn}$，也就是盖尔圆 $G_i(i=1, 2, \cdots, n)$ 的圆心.

矩阵的特征值是连续依赖于矩阵元素的(由根与系数的连续依赖定理：首项系数不为零的 n 次多项式的 n 个根都是其系数的连续函数)，因此，$\boldsymbol{A}(u)$ 的特征值 $\lambda_i(u)\ (i=1, 2, \cdots, n)$ 是连续依赖于 u 的. 考虑 $u\in[0, 1]$ 的情形，此时 $\lambda_i(0)=a_{ii}$ 是 $\boldsymbol{A}(0)$ 的特征值，$\lambda_i(1)$ 是 $\boldsymbol{A}$ 的特征值. 因此，$\lambda_i(u)$ 在复平面上画出的连续曲线必以 $\lambda_i(0)$ 为起点，以 $\lambda_i(1)$ 为终点.

现在设 $\boldsymbol{A}(1)=\boldsymbol{A}$ 的一个连通部分是由它的 k 个盖尔圆构成的，记作 D. 因此，$\boldsymbol{A}(0)$ 的 k 个特征值必在其中，如果 D 中没有 $\boldsymbol{A}(1)=\boldsymbol{A}$ 的 k 个特征值，则至少有一个 i_0，使得点 $\lambda_{i_0}(0)$ 连续地变动到点 $\lambda_{i_0}(1)$，且 $\lambda_{i_0}(1)$ 在 D 之外. 根据定理 5.6，$\lambda_{i_0}(1)$ 是 $\boldsymbol{A}$ 的特征值，因而必在 $\boldsymbol{A}$ 的另外一个连通区域 $\widetilde{D}$ 之中. 如图 5.2 所示. 一条连续曲线 $\lambda_{i_0}(u)$ 的起点在 D 中，而终点在 $\widetilde{D}$ 中. 因此，这条曲线必定有一部分既不在 D 中，又不在 $\widetilde{D}$ 中，也不在 $\boldsymbol{A}$ 的其他连通部分之中. 也就是说，存在 $u_0\in(0, 1)$，使得 $\lambda_{i_0}(u_0)$ 不在 $\boldsymbol{A}$ 的所有盖尔圆

$$|z-a_{ii}|\leqslant R_i \quad (i=1, 2, \cdots, n)$$

的并集之中. 但因 $\lambda_{i_0}(u_0)$ 是 $\boldsymbol{A}(u_0)$ 的特征值，由定理 5.6，它必在盖尔圆

$$|z-a_{ii}|\leqslant \sum_{j\neq i}|u_0 a_{ij}|=u_0 R_i \quad (i=1, 2, \cdots, n)$$

的并集之中. 又由 $|z-a_{ii}|\leqslant u_0 R_i$ 包含于 $|z-a_{ii}|\leqslant R_i$，所以产生矛盾. 此表明：$\boldsymbol{A}$ 在 D 中的特征值个数不可能少于 k. 同样可证，$\boldsymbol{A}$ 在 D 中的特征值个数也不能多于 k. 因此，$\boldsymbol{A}$ 在 D 中的特征值个数恰好等于 k. 证毕

由定理 5.7 可知，例 5.5 中 G_2 与 G_4 中各有一个特征值，而 G_1 和 G_3 构成的连通部分中有两个特征值.

值得指出，由两个或两个以上的盖尔圆构成的连通部分，可能在其中的一个盖尔圆中有两个或两个以上的特征值，而在另外的一个或几个盖尔圆中没有特征值.

例 5.6 讨论矩阵 $\boldsymbol{A}=\begin{bmatrix} 10 & -8 \\ 5 & 0 \end{bmatrix}$ 的特征值分布情况.

解 $\boldsymbol{A}$ 的两个特征值为 $\lambda_{1,2}=5\pm \mathrm{i}\sqrt{15}$. $\boldsymbol{A}$ 的两个盖尔圆为

$$G_1: |z-10|\leqslant 8, \quad G_2: |z|\leqslant 5$$

它们构成 $\boldsymbol{A}$ 的一个连通部分. 由于 $|\lambda_{1,2}|=\sqrt{40}>0.5$，所以 $\boldsymbol{A}$ 的两个特征值都不在盖尔圆 G_2 之中(见图 5.3).

下面应用盖尔圆定理研究矩阵特征值的隔离问题. 设 $\boldsymbol{A}=(a_{ij})_{n\times n}$，构造对角矩

阵

$$D = \mathrm{diag}(d_1, d_2, \cdots, d_n)$$

其中 $d_1, d_2, \cdots, d_n$ 都是正数. 由于

$$B = DAD^{-1} = \left(\frac{d_i}{d_j}a_{ij}\right)_{n\times n} \tag{5.1.12}$$

相似于 A,所以 B 与 A 的特征值集合相同. 注意到 B 与 A 的主对角线元素对应相等，于是有下述推论.

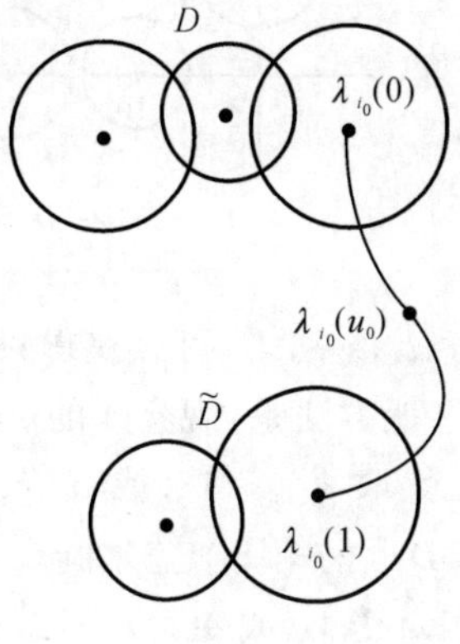

图　5.2

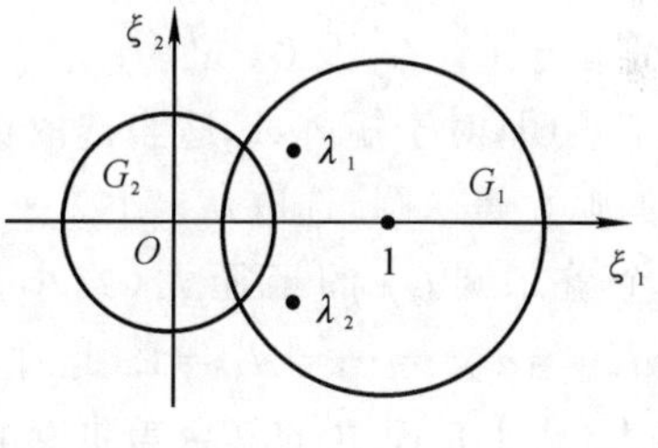

图　5.3

推论　若将式(5.1.10) 中的 R_i 改为

$$r_i = \sum_{\substack{j=1\\ j\neq i}}^{n} |a_{ij}| \frac{d_i}{d_j} \tag{5.1.13}$$

则定理 5.6 与定理 5.7 的结论仍然成立.

利用推论,有时能够得到更精确的特征值的包含区域.

例 5.7　隔离矩阵 $A = \begin{bmatrix} 20 & 5 & 0.8 \\ 4 & 10 & 1 \\ 1 & 2 & 10\mathrm{j} \end{bmatrix}$ 的特征值.

解　A 的 3 个盖尔圆为

G_1: $|z - 20| \leqslant 5.8$

G_2: $|z - 10| \leqslant 5$

G_3: $|z - 10\mathrm{j}| \leqslant 3$

易见,G_1 与 G_2 相交;而 G_3 孤立,其中恰好有 A 的一个特征值,记作 λ_3(见图 5.4). 根据式(5.1.12),选取

$$D = \mathrm{diag}(1, 1, 2)$$

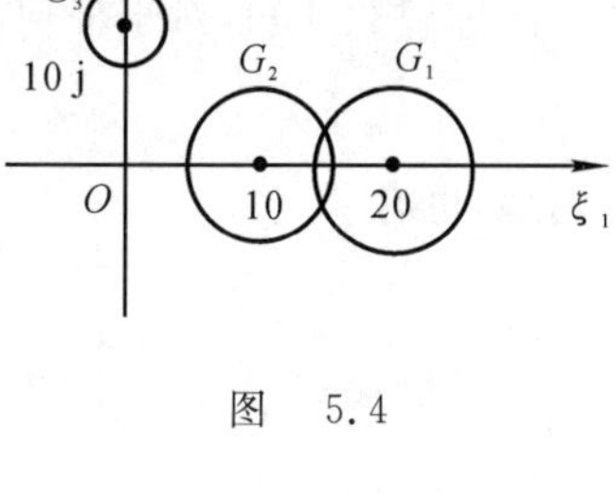

图　5.4

则

$$B = DAD^{-1} = \begin{bmatrix} 20 & 5 & 0.4 \\ 4 & 10 & 0.5 \\ 2 & 4 & 10\mathrm{j} \end{bmatrix}$$

的 3 个盖尔圆为

G_1'：$|z-20| \leqslant 5.4$

G_2'：$|z-10| \leqslant 4.5$

G_3'：$|z-10\mathrm{j}| \leqslant 6$

易见，这是 3 个孤立的盖尔圆，每个盖尔圆中恰好有 $\boldsymbol{B}$ 的(也是 $\boldsymbol{A}$ 的)一个特征值(见图 5.5). 注意G_3'中的特征值就是 G_3 中的特征值 λ_3，所以 $\boldsymbol{A}$ 的 3 个特征值分别位于 G_1', G_2' 及 G_3 之中.

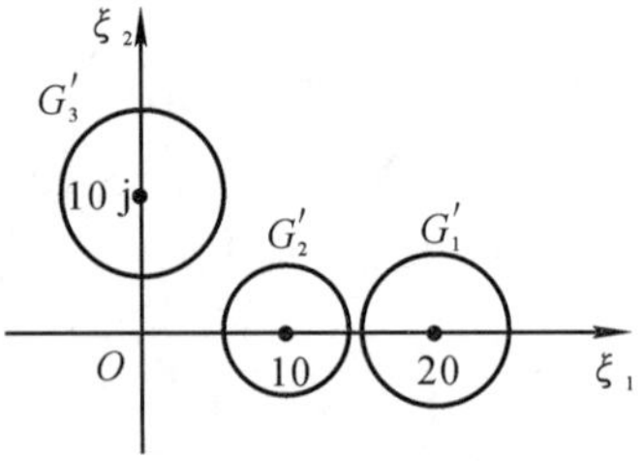

图　5.5

例 5.7 表明，对于矩阵 $\boldsymbol{A}$，适当选取正数 $d_1, d_2, \cdots, d_n$，可以获得只含 $\boldsymbol{A}$ 的一个特征值的孤立盖尔圆. 选取 $d_1, d_2, \cdots, d_n$ 的一般方法是：观察 $\boldsymbol{A}$ 的 n 个盖尔圆，欲使第 i 个盖尔圆 G_i 的半径大(或小)一些，就取 $d_i > 1$ (或 $d_i < 1$)，而取 $d_1 = \cdots = d_{i-1} = d_{i+1} = \cdots = d_n = 1$. 此时，$\boldsymbol{B} = \boldsymbol{DAD}^{-1}$ 的第 i 个盖尔圆 G_i' 的半径比 G_i 的半径大(或小)，而 $\boldsymbol{B}$ 的其余盖尔圆的半径相对变小(或变大). 但是，这种隔离矩阵特征值的方法还不能用于任意的具有互异特征值的矩阵，比如主对角线上有相同元素的矩阵.

利用定理 5.6 可以证明下述熟知的结论.

例 5.8　如果矩阵 $\boldsymbol{A} = (a_{ij})_{n\times n}$ 按行(列) 严格对角占优，则 $\det\boldsymbol{A} \neq 0$.

证　由于 $\det\boldsymbol{A}=0$ 的充要条件是 $\boldsymbol{A}$ 以零为其一个特征值，所以只需证明：当 $\boldsymbol{A}$ 满足按行(列) 严格对角占优的条件时，它无零特征值(这里仅就行的情形予以证明).

设 λ 是 $\boldsymbol{A}$ 的任一特征值，则存在 i，使 $\lambda \in G_i$，于是可得

$$|\lambda - a_{ii}| \leqslant R_i = \sum_{j\neq i} |a_{ij}|$$

如果 $\lambda=0$，则有 $|a_{ii}| \leqslant \sum\limits_{j\neq i} |a_{ij}|$，这与 $\boldsymbol{A}$ 按行严格对角占优的前提冲突，故应有 $\lambda \neq 0$，再由 λ 的任意性，即得 $\det\boldsymbol{A} \neq 0$.

由定理 2.9 知，对于任何一种矩阵范数 $\|\cdot\|$，矩阵 $\boldsymbol{A}$ 的谱半径 $\rho(\boldsymbol{A})$ 满足

$$\rho(\boldsymbol{A}) \leqslant \|\boldsymbol{A}\| \tag{5.1.14}$$

特别地，也有

$$\rho(\boldsymbol{A}) \leqslant \|\boldsymbol{A}\|_\infty \tag{5.1.15}$$

为了加强式(5.1.15) 的结果，在此不加证明地引入下述定理：

定理 5.8　设不可约矩阵①$\boldsymbol{A}=(a_{ij})_{n\times n}$ 的一个特征值 λ 在其 n 个盖尔圆 $|z-a_{ii}|\leqslant R_i(i=1,2,\cdots,n)$ 并集的边界上，则所有的 n 个圆周

$$|z-a_{ii}|=R_i \quad (i=1,2,\cdots,n) \tag{5.1.16}$$

都通过点 λ.

利用定理 5.8，加强式(5.1.15)的结果如下定理所述.

定理 5.9　如果 $\boldsymbol{A}=(a_{ij})_{n\times n}$ 不可约，且存在 i_0，使得

$$\sum_{j=1}^{n}|a_{i_0 j}|<\|\boldsymbol{A}\|_\infty$$

则有 $\rho(\boldsymbol{A})<\|\boldsymbol{A}\|_\infty$.

证　由式(5.1.15)知 $\rho(\boldsymbol{A})\leqslant\|\boldsymbol{A}\|_\infty$，所以只需证明 $\rho(\boldsymbol{A})\neq\|\boldsymbol{A}\|_\infty$ 即可.

对于任意 $z\in\bigcup\limits_{i=1}^{n}G_i$，存在 i_1，使 $|z-a_{i_1 i_1}|\leqslant R_{i_1}$，根据三角不等式，可得

$$|z|\leqslant R_{i_1}+|a_{i_1 i_1}|=\sum_{j=1}^{n}|a_{i_1 j}|\leqslant\|\boldsymbol{A}\|_\infty$$

即 $z\in\{z\mid |z|\leqslant\|\boldsymbol{A}\|_\infty\}=\overline{S}(0;\|\boldsymbol{A}\|_\infty)$②，因此并集 $\bigcup\limits_{i=1}^{n}G_i\subset\overline{S}(0;\|\boldsymbol{A}\|_\infty)$.

假设在定理条件下，成立 $\rho(\boldsymbol{A})=\|\boldsymbol{A}\|_\infty$，则 $\boldsymbol{A}$ 至少有一个特征值 λ_0 满足

$$|\lambda_0|=\rho(\boldsymbol{A})=\|\boldsymbol{A}\|_\infty$$

这表明，λ_0 在 $\overline{S}(0;\|\boldsymbol{A}\|_\infty)$ 的边界上. 从而 λ_0 亦在 $\boldsymbol{A}$ 的 n 个盖尔圆并集的边界上. 根据定理 5.8，可得

$$|\lambda_0-a_{ii}|=R_i \quad (i=1,2,\cdots,n)$$

特别地，也有 $|\lambda_0-a_{i_0 i_0}|=R_{i_0}$. 于是

$$|\lambda_0|\leqslant R_{i_0}+|a_{i_0 i_0}|=\sum_{j=1}^{n}|a_{i_0 j}|<\|\boldsymbol{A}\|_\infty$$

这与假设相冲突，故应有 $\rho(\boldsymbol{A})\neq\|\boldsymbol{A}\|_\infty$.　　证毕

利用定理 5.6，可以证明下面的定理.

定理 5.10(Ky Fan)　设 $\boldsymbol{A}=(a_{ij})_{n\times n}\in\mathbf{C}^{n\times n}$，$\boldsymbol{B}=(b_{ij})_{n\times n}\in\mathbf{R}^{n\times n}$，如果 $b_{ij}\geqslant|a_{ij}|\ (i,j=1,2,\cdots,n)$，则对 $\boldsymbol{A}$ 的任一特征值 λ，必有 i，使

$$|\lambda-a_{ii}|\leqslant\rho(\boldsymbol{B})-b_{ii} \tag{5.1.17}$$

证　在已知条件下，有 $b_{ij}\geqslant|a_{ij}|\ (i,j=1,2,\cdots,n)$.

先假定 $b_{ij}>0\ (i,j=1,2,\cdots,n)$. 根据定理 7.1 可得，存在 $\boldsymbol{x}=(\xi_1,\xi_2,\cdots,\xi_n)^{\mathrm{T}}$，满足 $\xi_i>0\ (i=1,2,\cdots,n)$，使得 $\boldsymbol{Bx}=\rho(\boldsymbol{B})\boldsymbol{x}$. 令

$$\boldsymbol{D}=\mathrm{diag}(\xi_1,\xi_2,\cdots,\xi_n),\quad \boldsymbol{C}=\boldsymbol{D}^{-1}\boldsymbol{AD}=(c_{ij})_{n\times n}$$

根据定理 5.6 可知，对于 $\boldsymbol{C}$ 的任一特征值 λ（它也是 $\boldsymbol{A}$ 的特征值），必有 i，使得

---

① 不可约矩阵的概念见第 7 章.

② 用 $\overline{S}(0;\rho)$ 表示以 0 为中心，以 ρ 为半径的闭圆.

$$|\lambda - c_{ii}| \leqslant \sum_{j \neq i} |c_{ij}|$$

由于 $c_{ii} = a_{ii}$ 及 $\sum_{j=1}^{n} b_{ij}\xi_j = \rho(\boldsymbol{B})\xi_i$（$\boldsymbol{Bx} = \rho(\boldsymbol{B})\boldsymbol{x}$ 的第 i 个分量），则有

$$|\lambda - a_{ii}| \leqslant \sum_{j \neq i} |\xi_i^{-1} a_{ij} \xi_j| \leqslant \xi_i^{-1} \sum_{j \neq i} b_{ij}\xi_j =$$

$$\xi_i^{-1}\left(\sum_{j=1}^{n} b_{ij}\xi_j - b_{ii}\xi_i\right) = \xi_i^{-1}(\rho(\boldsymbol{B})\xi_i - b_{ii}\xi_i) = \rho(\boldsymbol{B}) - b_{ii}$$

再考虑 $b_{ij} \geqslant 0$ $(i, j = 1, 2, \cdots, n)$ 的一般情形. 令

$$\boldsymbol{B}_k = (b_{ij}^{(k)})_{n \times n}, \quad b_{ij}^{(k)} = b_{ij} + \frac{1}{k}$$

其中 k 是正整数，则 $b_{ij}^{(k)} > 0$ 且有 $b_{ij}^{(k)} > |a_{ij}|$ $(i, j = 1, 2, \cdots, n)$ 成立. 根据前面的结论，对于 $\boldsymbol{A}$ 的任一特征值 λ，必有 i_k，使

$$|\lambda - a_{i_k i_k}| \leqslant \rho(\boldsymbol{B}_k) - b_{i_k i_k}^{(k)}$$

由于 $i_k \in \{1, 2, \cdots, n\}$，所以无穷序列 $\{i_k\}$ 中必有一个无穷子列 $\{i_{k_m}\}$ 满足

$$i_{k_m} = i \in \{1, 2, \cdots, n\} \quad (m = 1, 2, 3, \cdots)$$

于是

$$|\lambda - a_{ii}| = |\lambda - a_{i_{k_m} i_{k_m}}| \leqslant \rho(\boldsymbol{B}_{k_m}) - b_{i_{k_m} i_{k_m}}^{(k_m)} = \rho(\boldsymbol{B}_{k_m}) - b_{ii}^{(k_m)}$$

因为 $\lim\limits_{k \to \infty} \boldsymbol{B}_k = \boldsymbol{B}$，所以 $\lim\limits_{k_m \to \infty} \boldsymbol{B}_{k_m} = \boldsymbol{B}$，从而 $\lim\limits_{k_m \to \infty} b_{ii}^{(k_m)} = b_{ii}$，$\lim\limits_{k_m \to \infty} \rho(\boldsymbol{B}_{k_m}) = \rho(\boldsymbol{B})$. 故得

$$|\lambda - a_{ii}| \leqslant \rho(\boldsymbol{B}) - b_{ii}$$

证毕

例 5.9 估计矩阵 $\boldsymbol{A} = \begin{bmatrix} 1 & -0.8 \\ 0.5 & 0 \end{bmatrix}$ 的特征值范围.

解 取 $\boldsymbol{B} = \begin{bmatrix} 1 & 1 \\ 1 & 1 \end{bmatrix}$，则 $b_{ij} \geqslant |a_{ij}|$ $(i, j = 1, 2)$. 容易算出 $\rho(\boldsymbol{B}) = 2$，所以 $\boldsymbol{A}$ 的特征值 λ 至少满足下面二不等式之一

$$|\lambda - 1| \leqslant 2 - 1 = 1, \quad |\lambda| \leqslant 2 - 1 = 1$$

作为定理 5.6 的推广，下面论述 Ostrowski 定理. 为此，先引入下面的引理.

引理 5.2 设 σ 和 τ 是两个非负实数，$0 \leqslant \alpha \leqslant 1$，则有

$$\tau^{\alpha}\sigma^{1-\alpha} \leqslant \alpha\tau + (1-\alpha)\sigma \tag{5.1.18}$$

定理 5.11（Ostrowski theorem 1） 设 $\boldsymbol{A} = (a_{ij})_{n \times n} \in \mathbf{C}^{n \times n}$，$0 \leqslant \alpha \leqslant 1$，$\lambda$ 是 $\boldsymbol{A}$ 的任一特征值. 则存在 i，使得

$$|\lambda - a_{ii}| \leqslant [R_i(\boldsymbol{A})]^{\alpha}[R_i(\boldsymbol{A}^{\mathrm{T}})]^{1-\alpha} \tag{5.1.19}$$

证 当 $\alpha = 0$ 或 $\alpha = 1$ 时，不等式(5.1.19) 恰好是定理 5.6 的结果. 因此，只需对 $0 < \alpha < 1$ 证明不等式(5.1.19) 成立即可.

设 $\boldsymbol{x} = (\xi_1, \xi_2, \cdots, \xi_n)^{\mathrm{T}}$ 是 $\boldsymbol{A}$ 的属于特征值 λ 的特征向量，即有 $\boldsymbol{Ax} = \lambda\boldsymbol{x}$. 于是

$$|\lambda - a_{ii}||\xi_i| = \left|\sum_{j \neq i} a_{ij}\xi_j\right| \leqslant \sum_{j \neq i} |a_{ij}||\xi_j| \quad (i = 1, 2, \cdots, n)$$

采用反证法.假设不等式(5.1.19) 对于 $0<\alpha<1$ 不成立,则对任意 $i\in\{1,2,\cdots,n\}$,有

$$|\lambda-a_{ii}|>[R_i(\mathbf{A})]^\alpha[R_i(\mathbf{A}^{\mathrm{T}})]^{1-\alpha}$$

此时必有 $R_i(\mathbf{A})\neq 0$(否则,a_{ii} 是 $\mathbf{A}$ 的一个特征值,从而不等式(5.1.19) 一定成立).由于 $\boldsymbol{x}\neq\mathbf{0}$,所以存在 i_0,使得 $\xi_{i_0}\neq 0$.利用 Hölder 不等式(见 2.1 节,这里选取 $p=\dfrac{1}{\alpha},q=\dfrac{1}{1-\alpha}$),可得

$$\begin{aligned}
&[R_{i_0}(\mathbf{A})]^\alpha[R_{i_0}(\mathbf{A}^{\mathrm{T}})]^{1-\alpha}|\xi_{i_0}|<|\lambda-a_{i_0i_0}||\xi_{i_0}|\leqslant\\
&\qquad\sum_{j\neq i_0}|a_{i_0j}||\xi_j|=\sum_{j\neq i_0}|a_{i_0j}|^\alpha|a_{i_0j}|^{1-\alpha}|\xi_j|\leqslant\\
&\qquad\Big(\sum_{j\neq i_0}|a_{i_0j}|\Big)^\alpha\Big(\sum_{j\neq i_0}|a_{i_0j}||\xi_j|^{\frac{1}{1-\alpha}}\Big)^{1-\alpha}=\\
&\qquad[R_{i_0}(\mathbf{A})]^\alpha\Big(\sum_{j\neq i_0}|a_{i_0j}||\xi_j|^{\frac{1}{1-\alpha}}\Big)^{1-\alpha}
\end{aligned}$$

注意到$[R_{i_0}(\mathbf{A})]^\alpha>0$,可得

$$[R_{i_0}(\mathbf{A}^{\mathrm{T}})]^{1-\alpha}|\xi_{i_0}|<\Big(\sum_{j\neq i_0}|a_{i_0j}||\xi_j|^{\frac{1}{1-\alpha}}\Big)^{1-\alpha}$$

即

$$R_{i_0}(\mathbf{A}^{\mathrm{T}})|\xi_{i_0}|^{\frac{1}{1-\alpha}}<\sum_{j\neq i_0}|a_{i_0j}||\xi_j|^{\frac{1}{1-\alpha}}\tag{5.1.20}$$

因为当 $\xi_i=0$ 时,恒有

$$R_i(\mathbf{A}^{\mathrm{T}})|\xi_i|^{\frac{1}{1-\alpha}}\leqslant\sum_{j\neq i}|a_{ij}||\xi_j|^{\frac{1}{1-\alpha}}\tag{5.1.21}$$

结合式(5.1.20) 和式(5.1.21) 可得

$$\sum_{i=1}^n R_i(\mathbf{A}^{\mathrm{T}})|\xi_i|^{\frac{1}{1-\alpha}}<\sum_{i=1}^n\sum_{j\neq i}|a_{ij}||\xi_j|^{\frac{1}{1-\alpha}}\tag{5.1.22}$$

另一方面,由 $R_i(\mathbf{A}^{\mathrm{T}})$ 的定义可得

$$\begin{aligned}
\sum_{i=1}^n R_i(\mathbf{A}^{\mathrm{T}})|\xi_i|^{\frac{1}{1-\alpha}}&=\sum_{i=1}^n\sum_{j\neq i}|a_{ji}||\xi_i|^{\frac{1}{1-\alpha}}=\sum_{j=1}^n\sum_{i\neq j}|a_{ij}||\xi_j|^{\frac{1}{1-\alpha}}=\\
&\sum_{j=1}^n\sum_{i=1}^n|a_{ij}||\xi_j|^{\frac{1}{1-\alpha}}-\sum_{j=1}^n|a_{jj}||\xi_j|^{\frac{1}{1-\alpha}}=\\
&\sum_{i=1}^n\sum_{j=1}^n|a_{ij}||\xi_j|^{\frac{1}{1-\alpha}}-\sum_{i=1}^n|a_{ii}||\xi_i|^{\frac{1}{1-\alpha}}=\\
&\sum_{i=1}^n\sum_{j\neq i}|a_{ij}||\xi_j|^{\frac{1}{1-\alpha}}
\end{aligned}\tag{5.1.23}$$

比较式(5.1.22) 与式(5.1.23),得出矛盾,故假设错误,而不等式(5.1.19) 对于 $0<\alpha<1$ 亦成立.　证毕

例 5.10　估计矩阵 $\mathbf{A}=\begin{bmatrix}1&-0.8\\0.5&1\end{bmatrix}$ 的特征值范围.

解 $R_1(\boldsymbol{A})=0.8$, $R_2(\boldsymbol{A})=0.5$, $R_1(\boldsymbol{A}^{\mathrm{T}})=0.5$, $R_2(\boldsymbol{A}^{\mathrm{T}})=0.8$, 取 $\alpha=\dfrac{1}{2}$,则由定理 5.11 可得,$\boldsymbol{A}$ 的特征值 λ 满足不等式

$$|\lambda-1|\leqslant[R_1(\boldsymbol{A})]^{\frac{1}{2}}[R_1(\boldsymbol{A}^{\mathrm{T}})]^{1-\frac{1}{2}}=[R_2(\boldsymbol{A})]^{\frac{1}{2}}[R_2(\boldsymbol{A}^{\mathrm{T}})]^{1-\frac{1}{2}}=\sqrt{0.4}$$

实际上,$\boldsymbol{A}$ 的两个特征值 $\lambda_{1,2}=1\pm \mathrm{j}\sqrt{0.4}$, 所以有 $|\lambda_{1,2}-1|=\sqrt{0.4}$.

利用式(5.1.18),可得下面的推论.

推论 1 在定理 5.11 的条件下,存在 i,使得

$$|\lambda-a_{ii}|\leqslant\alpha R_i(\boldsymbol{A})+(1-\alpha)R_i(\boldsymbol{A}^{\mathrm{T}}) \tag{5.1.24}$$

关于定理 5.11,还有以下的推论.

推论 2 如果 $\boldsymbol{A}$ 奇异,取 $0\leqslant\alpha\leqslant1$,则存在 i,使得

(1) $|a_{ii}|\leqslant[R_i(\boldsymbol{A})]^{\alpha}[R_i(\boldsymbol{A}^{\mathrm{T}})]^{1-\alpha}$;

(2) $|a_{ii}|\leqslant\alpha R_i(\boldsymbol{A})+(1-\alpha)R_i(\boldsymbol{A}^{\mathrm{T}})$.

推论 3 对于 $0\leqslant\alpha\leqslant1$,恒成立

(1) $\rho(\boldsymbol{A})\leqslant\max\limits_i\{|a_{ii}|+[R_i(\boldsymbol{A})]^{\alpha}[R_i(\boldsymbol{A}^{\mathrm{T}})]^{1-\alpha}\}$;

(2) $\rho(\boldsymbol{A})\leqslant\max\limits_i\{|a_{ii}|+\alpha R_i(\boldsymbol{A})+(1-\alpha)R_i(\boldsymbol{A}^{\mathrm{T}})\}$.

推论 4 记 $\rho_i(\boldsymbol{A})=\sum\limits_{j=1}^{n}|a_{ij}|$, 取 $0\leqslant\alpha\leqslant1$,则有

$$\rho(\boldsymbol{A})\leqslant\max_i\{[\rho_i(\boldsymbol{A})]^{\alpha}[\rho_i(\boldsymbol{A}^{\mathrm{T}})]^{1-\alpha}\} \tag{5.1.25}$$

证 当 $\alpha=0$ 或 $\alpha=1$ 时,式(5.1.25)显然成立.当 $0<\alpha<1$ 时,由推论 3 之(1)及 Hölder 不等式,可得

$$\begin{aligned}\rho(\boldsymbol{A})\leqslant&\max_i\{|a_{ii}|^{\alpha}|a_{ii}|^{1-\alpha}+[R_i(\boldsymbol{A})]^{\alpha}[R_i(\boldsymbol{A}^{\mathrm{T}})]^{1-\alpha}\}\leqslant\\&\max_i\{[|a_{ii}|+R_i(\boldsymbol{A})]^{\alpha}[|a_{ii}|+R_i(\boldsymbol{A}^{\mathrm{T}})]^{1-\alpha}\}=\\&\max_i\{[\rho_i(\boldsymbol{A})]^{\alpha}[\rho_i(\boldsymbol{A}^{\mathrm{T}})]^{1-\alpha}\}\end{aligned}$$

证毕

推论 5(Farnell A B) $\rho(\boldsymbol{A})\leqslant\max\limits_i[\rho_i(\boldsymbol{A})\rho_i(\boldsymbol{A}^{\mathrm{T}})]^{\frac{1}{2}}$.

推论 6(Brauer A) $\rho(\boldsymbol{A})\leqslant\min\{\max\limits_i\rho_i(\boldsymbol{A}),\ \max\limits_i\rho_i(\boldsymbol{A}^{\mathrm{T}})\}$.

推论 7(Parker W V) $\rho(\boldsymbol{A})\leqslant\dfrac{1}{2}\max\limits_i\{\rho_i(\boldsymbol{A})+\rho_i(\boldsymbol{A}^{\mathrm{T}})\}$.

推论 8(Browne E T) $\rho(\boldsymbol{A})\leqslant\dfrac{1}{2}[\max\limits_i\rho_i(\boldsymbol{A})+\max\limits_i\rho_i(\boldsymbol{A}^{\mathrm{T}})]$.

定理 5.12(Ostrowski theorem 2) 设 $\boldsymbol{A}=(a_{ij})_{n\times n}\in\mathbf{C}^{n\times n}(n\geqslant2)$,则对 $\boldsymbol{A}$ 的任一特征值 λ,存在 $i,j(i\neq j)$,使 λ 属于

$$\Omega_{ij}(\boldsymbol{A})=\{z\mid z\in\mathbf{C},\ |z-a_{ii}||z-a_{jj}|\leqslant R_i(\boldsymbol{A})R_j(\boldsymbol{A})\}$$

证 设 $\boldsymbol{x}=(\xi_1,\xi_2,\cdots,\xi_n)^{\mathrm{T}}$ 是 $\boldsymbol{A}$ 的属于特征值 λ 的特征向量,即有 $\boldsymbol{A}\boldsymbol{x}=\lambda\boldsymbol{x}$. 选择 $r,t\ (r\neq t)$,使满足 $|\xi_r|\geqslant|\xi_t|\geqslant|\xi_j|\ (j\neq r)$.

如果 $\xi_t=0$,则 $\xi_j=0\ (j\neq r)$,此时 $\xi_r\neq0$(因为 $\boldsymbol{x}\neq\boldsymbol{0}$). 于是有

$$\lambda\xi_r=\sum_{j=1}^{n}a_{rj}\xi_j=a_{rr}\xi_r$$

即 $\lambda=a_{rr}$. 因此

$$|\lambda-a_{rr}||\lambda-a_{tt}|=0\leqslant R_r(\boldsymbol{A})R_t(\boldsymbol{A})$$

如果 $\xi_t\neq 0$,则有

$$(\lambda-a_{ii})\xi_i=\sum_{j\neq i}a_{ij}\xi_j\quad(i=1,2,\cdots,n)$$

由此可得

$$|\lambda-a_{rr}||\xi_r|\leqslant\sum_{j\neq r}|a_{rj}||\xi_j|\leqslant|\xi_t|R_r(\boldsymbol{A})$$

$$|\lambda-a_{tt}||\xi_t|\leqslant\sum_{j\neq t}|a_{tj}||\xi_j|\leqslant|\xi_r|R_t(\boldsymbol{A})$$

于是

$$|\lambda-a_{rr}||\lambda-a_{tt}||\xi_r||\xi_t|\leqslant|\xi_t||\xi_r|R_r(\boldsymbol{A})R_t(\boldsymbol{A})$$

由于 $|\xi_r|\geqslant|\xi_t|>0$,故得

$$|\lambda-a_{rr}||\lambda-a_{tt}|\leqslant R_r(\boldsymbol{A})R_t(\boldsymbol{A})$$

总之,无论 ξ_t 是否为零,必存在 r 和 t $(r\neq t)$,使得 $\lambda\in\Omega_{rt}(\boldsymbol{A})$.　　证毕

值得指出,定理 5.12 的证明未涉及定理 5.6 的任何结论.

推论　设 $\boldsymbol{A}=(a_{ij})_{n\times n}\in\mathbf{C}^{n\times n}(n\geqslant 2)$,如果对于所有的 $i\neq j$,恒有 $|a_{ii}||a_{jj}|>R_i(\boldsymbol{A})R_j(\boldsymbol{A})$,则 $\det\boldsymbol{A}\neq 0$.

例 5.11　讨论矩阵 $\boldsymbol{A}=\begin{bmatrix}2&1.1&1\\-0.8&3&2\\1.5&1.1&3\end{bmatrix}$ 的可逆性.

解　$R_1(\boldsymbol{A})=2.1,\quad R_2(\boldsymbol{A})=2.8,\quad R_3(\boldsymbol{A})=2.6$

$$|a_{11}||a_{22}|=6>2.1\times 2.8=R_1(\boldsymbol{A})R_2(\boldsymbol{A})$$

$$|a_{11}||a_{33}|=6>2.1\times 2.6=R_1(\boldsymbol{A})R_3(\boldsymbol{A})$$

$$|a_{22}||a_{33}|=9>2.8\times 2.6=R_2(\boldsymbol{A})R_3(\boldsymbol{A})$$

根据推论可得 $\det\boldsymbol{A}\neq 0$,即 $\boldsymbol{A}$ 可逆.

*5.1.3　扰动理论中的特征值估计

本段论述矩阵 $\boldsymbol{A}+\boldsymbol{Q}$ 的特征值和矩阵 $\boldsymbol{A}$ 的特征值之差的一些基本定理.

定理 5.13　设 $\boldsymbol{A}=\boldsymbol{PDP}^{-1}\in\mathbf{C}^{n\times n}$,$\boldsymbol{D}=\mathrm{diag}(\lambda_1,\lambda_2,\cdots,\lambda_n)$,$\boldsymbol{Q}\in\mathbf{C}^{n\times n}$,且 $\boldsymbol{A}+\boldsymbol{Q}$ 的特征值为 $\mu_1,\mu_2,\cdots,\mu_n$,则对任一 μ_j 存在着 λ_i,使得

$$|\lambda_i-\mu_j|\leqslant\|\boldsymbol{P}^{-1}\boldsymbol{QP}\|_\infty\tag{5.1.26}$$

此外,如果 λ_i 是一个重数为 m 的特征值,且圆盘

$$S_i=\{z\,|\,|z-\lambda_i|\leqslant\|\boldsymbol{P}^{-1}\boldsymbol{QP}\|_\infty\}$$

和

$$S_k=\{z\,|\,|z-\lambda_k|\leqslant\|\boldsymbol{P}^{-1}\boldsymbol{QP}\|_\infty\}\ (\lambda_k\neq\lambda_i)$$

不相交,则 S_i 正好包含着 $\boldsymbol{A}+\boldsymbol{Q}$ 的 m 个特征值.

证 令 $\boldsymbol{C}=\boldsymbol{P}^{-1}(\boldsymbol{A}+\boldsymbol{Q})\boldsymbol{P}=(c_{ij})_{n\times n}$,则 $\boldsymbol{C}$ 有特征值 $\mu_1, \mu_2, \cdots, \mu_n$. 若记 $\boldsymbol{P}^{-1}\boldsymbol{QP}=(b_{ij})_{n\times n}$,则 $\boldsymbol{C}$ 的对角元素可写为 $\lambda_k+b_{kk}(k=1, 2, \cdots, n)$,且由定理 5.6 知,存在 i,使得

$$|\mu_j-(\lambda_i+b_{ii})|\leqslant\sum_{k\neq i}|c_{ik}|=\sum_{k\neq i}|b_{ik}|$$

于是

$$|\lambda_i-\mu_j|=|\mu_j-\lambda_i|\leqslant\sum_{k\neq i}|b_{ik}|+|b_{ii}|\leqslant\|\boldsymbol{P}^{-1}\boldsymbol{QP}\|_\infty$$

下面用 $G_k(\boldsymbol{C})$ 表示矩阵 $\boldsymbol{C}$ 的第 k 个盖尔圆. 由于 $\sum\limits_{j\neq k}|c_{kj}|=\sum\limits_{j\neq k}|b_{kj}|$,则有

$$G_k(\boldsymbol{C})=\left\{z\,\Big|\,|z-(\lambda_k+b_{kk})|\leqslant\sum_{j\neq k}|b_{kj}|\right\}\subset S_k$$

设 $\boldsymbol{A}$ 的 m 重特征值 λ_i 在 $\boldsymbol{D}$ 的对角线上的序号为 $i_1, i_2, \cdots, i_m$,即 $\lambda_{i_1}=\cdots=\lambda_{i_m}=\lambda_i$,可得

$$G_{i_t}(\boldsymbol{C})=\left\{z\,\Big|\,|z-(\lambda_i+b_{i_ti_t})|\leqslant\sum_{j\neq i_t}|b_{i_tj}|\right\}\subset S_i$$

这表明 S_i 中包含着矩阵 $\boldsymbol{C}$ 的 m 个盖尔圆.

由条件 $S_i\cap S_k=\varnothing$(空集) $(\lambda_k\neq\lambda_i)$,可得 $S_i\cap G_k(\boldsymbol{C})=\varnothing(\lambda_k\neq\lambda_i)$,则 S_i 与矩阵 $\boldsymbol{C}$ 的其余 $n-m$ 个盖尔圆不相交.

综上所述,利用定理 5.7 得: S_i 中正好包含着 $\boldsymbol{C}$ 的 m 个特征值. 又因为 $\boldsymbol{C}$ 相似于 $\boldsymbol{A}+\boldsymbol{Q}$ 所以,S_i 中正好包含着 $\boldsymbol{A}+\boldsymbol{Q}$ 的 m 个特征值. 证毕

为了推广定理 5.13,需要引入下述定义.

定义 5.4 $\mathbf{C}^{n\times n}$ 上的矩阵范数 $\|\cdot\|$,如果对任一对角矩阵 $\boldsymbol{D}=\mathrm{diag}(\lambda_1, \lambda_2, \cdots, \lambda_n)$ 满足

$$\|\boldsymbol{D}\|=\max_i|\lambda_i| \tag{5.1.27}$$

则称它是**单调**(或**绝对**)的.

定理 5.14(Bauer-Fike) 设 $\boldsymbol{A}=\boldsymbol{PDP}^{-1}\in\mathbf{C}^{n\times n}$,$\boldsymbol{D}=\mathrm{diag}(\lambda_1, \lambda_2, \cdots, \lambda_n)$,则对 $\boldsymbol{A}+\boldsymbol{Q}$ 的任一特征值 μ,恒有

$$\min_i|\lambda_i-\mu|\leqslant\|\boldsymbol{P}^{-1}\boldsymbol{QP}\| \tag{5.1.28}$$

这里,矩阵范数 $\|\cdot\|$ 是单调的.

证 令 $\boldsymbol{B}=\boldsymbol{P}^{-1}\boldsymbol{QP}$,则 $\boldsymbol{C}=\boldsymbol{P}^{-1}(\boldsymbol{A}+\boldsymbol{Q})\boldsymbol{P}=\boldsymbol{D}+\boldsymbol{B}$. 考虑 $\boldsymbol{C}$ 的任一特征值 μ(它也是 $\boldsymbol{A}+\boldsymbol{Q}$ 的特征值).

若 $\boldsymbol{D}-\mu\boldsymbol{I}$ 是不可逆矩阵,则必存在 i,使 $\mu=\lambda_i$. 于是式(5.1.28) 成立.

若 $\boldsymbol{D}-\mu\boldsymbol{I}$ 可逆,由于

$$\boldsymbol{C}-\mu\boldsymbol{I}=(\boldsymbol{D}-\mu\boldsymbol{I})[\boldsymbol{I}+(\boldsymbol{D}-\mu\boldsymbol{I})^{-1}\boldsymbol{B}]$$

是不可逆的,所以 $\boldsymbol{I}+(\boldsymbol{D}-\mu\boldsymbol{I})^{-1}\boldsymbol{B}$ 必为不可逆矩阵,从而 $(\boldsymbol{D}-\mu\boldsymbol{I})^{-1}\boldsymbol{B}$ 以 -1 为其一个特征值. 故有

$$\|(\boldsymbol{D}-\mu\boldsymbol{I})^{-1}\|\,\|\boldsymbol{B}\|\geqslant\|(\boldsymbol{D}-\mu\boldsymbol{I})^{-1}\boldsymbol{B}\|\geqslant 1$$

因为范数 $\|\cdot\|$ 是单调的，所以

$$\|(\boldsymbol{D}-\mu\boldsymbol{I})^{-1}\|=\max_i\frac{1}{|\lambda_i-\mu|}=\frac{1}{\min\limits_i|\lambda_i-\mu|}$$

于是可得

$$\min_i|\lambda_i-\mu|\leqslant\|\boldsymbol{B}\|=\|\boldsymbol{P}^{-1}\boldsymbol{QP}\|$$

证毕

由于矩阵的 p-范数都是单调的，所以定理 5.14 的结论对于矩阵的 p-范数都成立.

假定 $\boldsymbol{x}$ 是 $\boldsymbol{A}\in\mathbf{C}^{n\times n}$ 的属于近似特征值 λ 的近似特征向量，为了描述这些近似量的精确度，通常构造残向量 $\boldsymbol{r}=\boldsymbol{Ax}-\lambda\boldsymbol{x}$. 如果 $\boldsymbol{r}=\boldsymbol{0}$，则 λ 和 $\boldsymbol{x}$ 是精确的；如果 $\boldsymbol{r}\neq\boldsymbol{0}$，即使 $\|\boldsymbol{r}\|$ 很小，λ 的差异也可能很大. 若取

$$\boldsymbol{A}=\begin{bmatrix}2 & -10^{10}\\ 0 & 2\end{bmatrix},\quad \boldsymbol{x}=\begin{bmatrix}1\\ 10^{-10}\end{bmatrix}$$

则 $\|\boldsymbol{Ax}-\boldsymbol{x}\|_\infty=10^{-10}$. 若由此断定“1 是 $\boldsymbol{A}$ 的近似特征值”，显然是极不合理的. 关于这一问题，有下面的定理.

定理 5.15　设 $\boldsymbol{A}=\boldsymbol{PDP}^{-1}\in\mathbf{C}^{n\times n}$，$\boldsymbol{D}=\mathrm{diag}(\lambda_1,\lambda_2,\cdots,\lambda_n)$，则对任何单调范数 $\|\cdot\|$，若 λ 和 $\boldsymbol{x}$（$\|\boldsymbol{x}\|_v=1$）满足 $\|\boldsymbol{Ax}-\lambda\boldsymbol{x}\|_v\leqslant\varepsilon$，那么必有

$$\min|\lambda_i-\lambda|\leqslant\varepsilon\|\boldsymbol{P}^{-1}\|\,\|\boldsymbol{P}\| \tag{5.1.29}$$

其中 $\|\cdot\|_v$ 表示与 $\|\cdot\|$ 相容的一种向量范数，ε 是任意给定的正数.

证　不妨假定 $\boldsymbol{D}-\lambda\boldsymbol{I}$ 可逆（否则式(5.1.29) 总是成立的）. 于是

$$\boldsymbol{r}=\boldsymbol{Ax}-\lambda\boldsymbol{x}=\boldsymbol{P}(\boldsymbol{D}-\lambda\boldsymbol{I})\boldsymbol{P}^{-1}\boldsymbol{x}$$

或者 $\boldsymbol{x}=\boldsymbol{P}(\boldsymbol{D}-\lambda\boldsymbol{I})^{-1}\boldsymbol{P}^{-1}\boldsymbol{r}$，从而有

$$\begin{aligned}1=\|\boldsymbol{x}\|_v=&\|\boldsymbol{P}(\boldsymbol{D}-\lambda\boldsymbol{I})^{-1}\boldsymbol{P}^{-1}\boldsymbol{r}\|_v\leqslant\\ &\|\boldsymbol{P}\|\,\|(\boldsymbol{D}-\lambda\boldsymbol{I})^{-1}\|\,\|\boldsymbol{P}^{-1}\|\,\|\boldsymbol{r}\|_v\leqslant\\ &\|\boldsymbol{P}\|\,\frac{1}{\min\limits_i|\lambda_i-\lambda|}\|\boldsymbol{P}^{-1}\|\varepsilon\end{aligned}$$

也就是式(5.1.29) 成立.

证毕

习　题　5.1

1. 设 $\boldsymbol{A}=(a_{ij})_{n\times n}$，$\alpha_i>0\quad(i=1,2,\cdots,n)$，证明

$$\prod_{i=1}^n|\lambda_i(\boldsymbol{A})|\leqslant\Big[\prod_{j=1}^n\alpha_j^{-2}\Big(\sum_{i=1}^n\alpha_i^2|a_{ij}|^2\Big)\Big]^{1/2}$$

在什么条件下，式中的等号成立？

2. 设 $\boldsymbol{A}=(a_{ij})_{n\times n}\in\mathbf{C}^{n\times n}$，证明下面的 Schur 不等式：

(1)　$\displaystyle\sum_{r=1}^n[\mathrm{Re}(\lambda_r(\boldsymbol{A}))]^2\leqslant\sum_{r,s=1}^n\left|\frac{a_{rs}+\bar{a}_{rs}}{2}\right|^2$；

(2) $\sum_{r=1}^{n}[\mathrm{Im}(\lambda_r(\mathbf{A}))]^2 \leqslant \sum_{r,s=1}^{n}\left|\frac{a_{rs}-\bar{a}_{rs}}{2}\right|^2$.

3. 应用盖尔圆定理,隔离矩阵

$$\mathbf{A}=\begin{bmatrix}20 & 3 & 1\\ 2 & 10 & 2\\ 8 & 1 & 0\end{bmatrix}$$

的特征值;再应用实矩阵特征值的性质,改进得出的结果.

4. 证明矩阵

$$\mathbf{A}=\begin{bmatrix}2 & \frac{2}{n} & \frac{1}{n} & \cdots & \frac{1}{n}\\ \frac{1}{n} & 4 & \frac{1}{n} & \cdots & \frac{1}{n}\\ \vdots & \vdots & \vdots & & \vdots\\ \frac{1}{n} & \frac{1}{n} & \frac{1}{n} & \cdots & 2n\end{bmatrix}$$

能够相似于对角矩阵,且 $\mathbf{A}$ 的特征值都是实数.

5. 设 $\mathbf{A}\in\mathbf{R}^{n\times n}$,如果 $\mathbf{A}$ 的 n 个盖尔圆互不相交,则 $\lambda(\mathbf{A})$ 是实数.

6. 设 $\mathbf{A}\in\mathbf{C}^{n\times n}$ 严格对角占优(或弱对角占优且不可约),且对角元素均为正数,则 $\mathrm{Re}(\lambda(\mathbf{A}))>0$.

7. 设 $\mathbf{A}=(a_{ij})_{n\times n}\in\mathbf{C}^{n\times n}$,证明:

(1) 若 $a_{ii}(i=1,2,\cdots,n)$ 是实数,则 $|\mathrm{Im}(\lambda(\mathbf{A}))|\leqslant \max_i\sum_{j\neq i}|a_{ij}|$;

(2) 若 $a_{ii}(i=1,2,\cdots,n)$ 是纯虚数,则 $|\mathrm{Re}(\lambda(\mathbf{A}))|\leqslant \max_i\sum_{j\neq i}|a_{ij}|$.

8. 已知矩阵

$$\mathbf{A}=\begin{bmatrix}1/4 & 1/4 & 1/4 & 1/4\\ 1/5 & 2/5 & 1/5 & 1/5\\ 1/6 & 1/6 & 3/6 & 1/6\\ 1/7 & 1/7 & 1/7 & 3/7\end{bmatrix}$$

(1) 证明 $\mathbf{A}$ 的谱半径 $\rho(\mathbf{A})<1$;

(2) 将 $\mathbf{A}$ 的元素“a_{44}”改为“4/7”,证明 $\rho(\mathbf{A})=1$.

9. 在盖尔圆定理中,如果一个连通部分是由两个盖尔圆构成的,那么:

(1) 何时每个盖尔圆上可能都有两个特征值?

(2) 何时每个盖尔圆上不可能都有两个特征值?

10. 应用盖尔圆定理证明矩阵 $\mathbf{A}$ 至少有两个实特征值,其中

$$\mathbf{A}=\begin{bmatrix}9 & 1 & -2 & 1\\ 0 & 8 & 1 & 1\\ -1 & 0 & 4 & 0\\ 1 & 0 & 0 & 1\end{bmatrix}$$

11. 应用 Ostrowski 定理(或推论),证明矩阵 $\mathbf{A}$ 的谱半径 $\rho(\mathbf{A})<13$,其中

$$\mathbf{A}=\begin{bmatrix}6 & 5 & 1 & 2\\ 1 & 7 & 0 & 2\\ 0 & 4 & 7 & 5\\ 2 & 0 & 1 & 5\end{bmatrix}$$

5.2　广义特征值问题

在振动理论中，常常碰到形式如下的特征值问题，求数 λ，使方程

$$\boldsymbol{A}\boldsymbol{x}=\lambda\boldsymbol{B}\boldsymbol{x} \tag{5.2.1}$$

有非零解 $\boldsymbol{x}$. 这里 $\boldsymbol{A}$ 为 n 阶实对称矩阵，$\boldsymbol{B}$ 为 n 阶实对称正定矩阵，$\boldsymbol{x}$ 为 n 维列向量.

当 $\boldsymbol{B}=\boldsymbol{I}$ 时，式(5.2.1) 就成为普通的特征值问题，因此式(5.2.1) 可以看做是对普通特征值问题的推广.

定义 5.5　称形如式(5.2.1) 的特征值问题为**矩阵 $\boldsymbol{A}$ 相对于矩阵 $\boldsymbol{B}$ 的广义特征值问题**，简称为**广义特征值问题**；称满足式(5.2.1) 要求的数 λ 为**矩阵 $\boldsymbol{A}$ 相对于矩阵 $\boldsymbol{B}$ 的特征值**；而与 λ 相对应的非零解 $\boldsymbol{x}$ 称为属于 $\boldsymbol{\lambda}$ 的**特征向量**.

5.2.1　广义特征值问题的等价形式

由于 $\boldsymbol{B}$ 正定，所以广义特征值问题式(5.2.1) 可以转化为下述的两种等价形式.

第一种等价形式：用 $\boldsymbol{B}^{-1}$ 左乘式(5.2.1) 两端，得

$$\boldsymbol{B}^{-1}\boldsymbol{A}\boldsymbol{x}=\lambda\boldsymbol{x} \tag{5.2.2}$$

这样就把广义特征值问题式(5.2.1) 等价地化为矩阵 $\boldsymbol{B}^{-1}\boldsymbol{A}$ 的普通特征值问题式(5.2.2)，虽然 $\boldsymbol{A}$ 和 $\boldsymbol{B}^{-1}$ 都是对称矩阵，但 $\boldsymbol{B}^{-1}\boldsymbol{A}$ 一般不再是对称矩阵.

第二种等价形式：对正定矩阵 $\boldsymbol{B}$ 进行 Cholesky 分解(见 4.1 节)，可得 $\boldsymbol{B}=\boldsymbol{G}\boldsymbol{G}^{\mathrm{T}}$，其中 $\boldsymbol{G}$ 是下三角矩阵. 于是式(5.2.1) 可写为

$$\boldsymbol{A}\boldsymbol{x}=\lambda\boldsymbol{G}\boldsymbol{G}^{\mathrm{T}}\boldsymbol{x} \tag{5.2.3}$$

令 $\boldsymbol{y}=\boldsymbol{G}^{\mathrm{T}}\boldsymbol{x}$，则有 $\boldsymbol{x}=(\boldsymbol{G}^{-1})^{\mathrm{T}}\boldsymbol{y}$，代入式(5.2.3) 并整理，得

$$\boldsymbol{S}\boldsymbol{y}=\lambda\boldsymbol{y} \tag{5.2.4}$$

其中 $\boldsymbol{S}=\boldsymbol{G}^{-1}\boldsymbol{A}(\boldsymbol{G}^{-1})^{\mathrm{T}}$ 是对称矩阵. 于是广义特征值问题式(5.2.1) 等价地转化为对称矩阵 $\boldsymbol{S}$ 的普通特征值问题式(5.2.4).

5.2.2　特征向量的正交性

由于特征值问题式(5.2.4) 中的 $\boldsymbol{S}$ 是实对称矩阵，所以它的特征值 $\lambda_1, \lambda_2, \cdots, \lambda_n$ 均为实数，且存在着完备的标准正交特征向量系 $\boldsymbol{y}_1, \boldsymbol{y}_2, \cdots, \boldsymbol{y}_n$，则有

$$\boldsymbol{y}_i^{\mathrm{T}}\boldsymbol{y}_j=\begin{cases}0 & (i\neq j)\\ 1 & (i=j)\end{cases}$$

令 $\boldsymbol{x}_i=(\boldsymbol{G}^{-1})^{\mathrm{T}}\boldsymbol{y}_i\quad(i=1, 2, \cdots, n)$，则有

$$\boldsymbol{x}_i^{\mathrm{T}}\boldsymbol{B}\boldsymbol{x}_j=\boldsymbol{x}_i^{\mathrm{T}}\boldsymbol{G}\boldsymbol{G}^{\mathrm{T}}\boldsymbol{x}_j=(\boldsymbol{G}^{\mathrm{T}}\boldsymbol{x}_i)^{\mathrm{T}}(\boldsymbol{G}^{\mathrm{T}}\boldsymbol{x}_j)=\boldsymbol{y}_i^{\mathrm{T}}\boldsymbol{y}_j$$

也就是

$$x_i^{\mathrm{T}}\boldsymbol{B}x_j=\begin{cases}0 & (i\neq j)\\ 1 & (i=j)\end{cases} \tag{5.2.5}$$

定义 5.6 满足式(5.2.5)的向量系 $x_1, x_2, \cdots, x_n$ 称为**按 $\boldsymbol{B}$ 标准正交化向量系**;式(5.2.5)的第一式称作按 $\boldsymbol{B}$ 正交条件.

按 $\boldsymbol{B}$ 标准正交化向量系 $x_1, x_2, \cdots, x_n$ 具有以下的性质.

性质 1 $x_i\neq \boldsymbol{0}$ $(i=1, 2, \cdots, n)$.

性质 2 $x_1, x_2, \cdots, x_n$ 线性无关.

事实上,若有 $c_1x_1+c_2x_2+\cdots+c_nx_n=\boldsymbol{0}$,用 $x_i^{\mathrm{T}}\boldsymbol{B}$ 左乘等式两端即得 $\sum_{j=1}^{n}c_jx_i^{\mathrm{T}}\boldsymbol{B}x_j=0$. 根据式(5.2.5)得出 $c_i=0$ $(i=1, 2, \cdots, n)$,故 $x_1, x_2, \cdots, x_n$ 线性无关.

容易验证,由特征值问题式(5.2.4),即 $\boldsymbol{S}y=\lambda y$ 所确定的 λ_i 及由 $y_i=\boldsymbol{G}^{\mathrm{T}}x_i$ 所确定的 x_i 满足方程

$$\boldsymbol{A}x_i=\lambda_i\boldsymbol{B}x_i \quad (i=1, 2, \cdots, n) \tag{5.2.6}$$

因此,诸 λ_i 就是广义特征值问题式(5.2.1)的特征值,而 x_i 为属于 λ_i 的特征向量. 由于 $x_1, x_2, \cdots, x_n$ 线性无关,所以它们构成一个完备的特征向量系.

习 题 5.2

1. 设 $\lambda_1, \lambda_2, \cdots, \lambda_n$ 为实对称矩阵 $\boldsymbol{A}$ 相对于实对称正定矩阵 $\boldsymbol{B}$ 的特征值,相应的特征向量 $x_1, x_2, \cdots, x_n$ 为按 $\boldsymbol{B}$ 标准正交化向量系. 令 $\boldsymbol{Q}=(x_1, x_2, \cdots, x_n)$,试证 $\boldsymbol{Q}^{\mathrm{T}}\boldsymbol{A}\boldsymbol{Q}=\boldsymbol{\Lambda}$, $\boldsymbol{Q}^{\mathrm{T}}\boldsymbol{B}\boldsymbol{Q}=\boldsymbol{I}$,其中 $\boldsymbol{\Lambda}=\mathrm{diag}(\lambda_1, \lambda_2, \cdots, \lambda_n)$.

2. 试用两种方法求解广义特征值问题 $\boldsymbol{A}x=\lambda\boldsymbol{B}x$(转化成普通的特征值问题即可),其中

$$\boldsymbol{A}=\begin{bmatrix}1 & -1 & 1\\ -1 & 2 & 0\\ 1 & 0 & 3\end{bmatrix},\quad \boldsymbol{B}=\begin{bmatrix}5 & 2 & -4\\ 2 & 1 & -2\\ -4 & -2 & 5\end{bmatrix}$$

5.3 对称矩阵特征值的极性

在许多实际问题中,所产生的矩阵往往都具有对称性. 如用等距的差分格式求解调和方程的第一类边值问题时导出的矩阵,以及用有限元法求解某些结构问题时所产生的刚度矩阵,一般都是对称的. 特别是,实对称矩阵在理论研究与实际应用当中占有比较重要的地位. 因此,本节将着重讨论实对称矩阵的一些性质.

5.3.1 实对称矩阵的 Rayleigh 商的极性

先引入下述定义.

定义 5.7 设 $\boldsymbol{A}$ 是 n 阶实对称矩阵, $x\in\mathbf{R}^n$. 称

$$R(\boldsymbol{x})=\frac{\boldsymbol{x}^{\mathrm{T}}\boldsymbol{A}\boldsymbol{x}}{\boldsymbol{x}^{\mathrm{T}}\boldsymbol{x}}\quad(\boldsymbol{x}\neq\boldsymbol{0})\tag{5.3.1}$$

为矩阵 A 的 Rayleigh 商.

Rayleigh 商式(5.3.1)具有以下的特殊性质.

性质 1　$R(\boldsymbol{x})$ 是 $\boldsymbol{x}$ 的连续函数.

性质 2　$R(\boldsymbol{x})$ 是 $\boldsymbol{x}$ 的零次齐次函数.

事实上,对任意的实数 $\lambda\neq 0$,有

$$R(\lambda\boldsymbol{x})=\frac{(\lambda\boldsymbol{x})^{\mathrm{T}}\boldsymbol{A}(\lambda\boldsymbol{x})}{(\lambda\boldsymbol{x})^{\mathrm{T}}(\lambda\boldsymbol{x})}=\frac{\boldsymbol{x}^{\mathrm{T}}\boldsymbol{A}\boldsymbol{x}}{\boldsymbol{x}^{\mathrm{T}}\boldsymbol{x}}=R(\boldsymbol{x})=\lambda^0R(\boldsymbol{x})$$

性质 3　设 $\boldsymbol{x}_0\neq\boldsymbol{0}$,当 $\boldsymbol{0}\neq\boldsymbol{x}(\boldsymbol{x}\in L(\boldsymbol{x}_0))$ 时,$R(\boldsymbol{x})$ 是一常数.

性质 4　$R(\boldsymbol{x})$ 的最大值和最小值存在,且能够在单位球面 $S=\{\boldsymbol{x}\mid\boldsymbol{x}\in\mathbf{R}^n,\ \|\boldsymbol{x}\|_2=1\}$ 上达到.

事实上,S 是闭集,而 $R(\boldsymbol{x})$ 在 S 上连续,于是有 $\boldsymbol{x}_1,\ \boldsymbol{x}_2\in S$,使

$$\min_{x\in S}R(\boldsymbol{x})=R(\boldsymbol{x}_1),\quad \max_{x\in S}R(\boldsymbol{x})=R(\boldsymbol{x}_2)$$

任取 $\boldsymbol{0}\neq\boldsymbol{y}\in\mathbf{R}^n$,令 $\boldsymbol{y}_0=\dfrac{1}{\|\boldsymbol{y}\|_2}\boldsymbol{y}$,则 $\boldsymbol{y}_0\in S$. 根据性质 3,有 $R(\boldsymbol{y})=R(\boldsymbol{y}_0)$,从而 $R(\boldsymbol{x}_1)\leqslant R(\boldsymbol{y})\leqslant R(\boldsymbol{x}_2)$.

基于性质 4,在考虑 $R(\boldsymbol{x})$ 的极性时,可以只在单位球面 $\|\boldsymbol{x}\|_2=1$ 上讨论. 将实对称矩阵 $\boldsymbol{A}$ 的特征值(都是实数)按其大小顺序排列为

$$\lambda_1\leqslant\lambda_2\leqslant\cdots\leqslant\lambda_n\tag{5.3.2}$$

对应的标准正交特征向量系设为

$$\boldsymbol{p}_1,\ \boldsymbol{p}_2,\ \cdots,\ \boldsymbol{p}_n$$

则有下面的结论.

定理 5.16　设 $\boldsymbol{A}$ 为实对称矩阵,则

$$\min_{x\neq 0}R(\boldsymbol{x})=\lambda_1,\quad \max_{x\neq 0}R(\boldsymbol{x})=\lambda_n\tag{5.3.3}$$

证　任取 $\boldsymbol{0}\neq\boldsymbol{x}\in\mathbf{R}^n$,则

$$\boldsymbol{x}=c_1\boldsymbol{p}_1+c_2\boldsymbol{p}_2+\cdots+c_n\boldsymbol{p}_n\quad(c_1^2+c_2^2+\cdots+c_n^2\neq 0)$$

于是有

$$\boldsymbol{A}\boldsymbol{x}=c_1\lambda_1\boldsymbol{p}_1+c_2\lambda_2\boldsymbol{p}_2+\cdots+c_n\lambda_n\boldsymbol{p}_n$$

$$\boldsymbol{x}^{\mathrm{T}}\boldsymbol{A}\boldsymbol{x}=c_1^2\lambda_1+c_2^2\lambda_2+\cdots+c_n^2\lambda_n,\quad \boldsymbol{x}^{\mathrm{T}}\boldsymbol{x}=c_1^2+c_2^2+\cdots+c_n^2$$

令

$$k_i=\frac{c_i^2}{c_1^2+c_2^2+\cdots+c_n^2}\quad(i=1,\ 2,\ \cdots,\ n)$$

则有 $k_1+k_2+\cdots+k_n=1$,且

$$R(\boldsymbol{x})=k_1\lambda_1+k_2\lambda_2+\cdots+k_n\lambda_n\tag{5.3.4}$$

由此可得 $\lambda_1\leqslant R(\boldsymbol{x})\leqslant\lambda_n$. 容易验证 $R(\boldsymbol{p}_1)=\lambda_1$,$R(\boldsymbol{p}_n)=\lambda_n$. 故式(5.3.3)成立.

证毕

推论 1 在单位球面 $\|x\|_2=1$ 上，p_1 和 p_n 分别是 $R(x)$ 的一个极小点和极大点，即有

$$R(p_1)=\lambda_1, \quad R(p_n)=\lambda_n \tag{5.3.5}$$

推论 2 如果 $\lambda_1=\cdots=\lambda_k<\lambda_{k+1}\leqslant\cdots\leqslant\lambda_n(1\leqslant k\leqslant n)$，则在单位球面 $\|x\|_2=1$ 上，$R(x)$ 的所有极小点为

$$c_1p_1+c_2p_2+\cdots+c_kp_k \tag{5.3.6}$$

其中 $c_i\in\mathbf{R}\ (i=1,2,\cdots,k)$，且满足 $c_1^2+c_2^2+\cdots+c_k^2=1$.

下面对定理 5.16 的结果进行推广.

由于 $p_1, p_2, \cdots, p_n$ 构成 $\mathbf{R}^n$ 的一组标准正交基，所以 $L^{\perp}(p_1, p_n)=L(p_2,\cdots,p_{n-1})$. 当 $x\in L^{\perp}(p_1,p_n)$ 且 $x\neq\mathbf{0}$ 时，下面的表示式

$$x=c_2p_2+c_3p_3+\cdots+c_{n-1}p_{n-1} \quad (c_2^2+c_3^2+\cdots+c_{n-1}^2\neq 0)$$

是唯一的. 于是有

$$R(x)=k_2\lambda_2+k_3\lambda_3+\cdots+k_{n-1}\lambda_{n-1}$$

其中

$$k_i=\frac{c_i^2}{c_2^2+c_3^2+\cdots+c_{n-1}^2} \quad (i=2,3,\cdots,n-1)$$

且有 $k_2+k_3+\cdots+k_{n-1}=1$.

仿定理 5.16 的证明可得：$\lambda_2\leqslant R(x)\leqslant\lambda_{n-1}$ 及 $R(p_2)=\lambda_2$，$R(p_{n-1})=\lambda_{n-1}$，故有

$$\min_{x\neq\mathbf{0}}R(x)=\lambda_2, \quad \max_{x\neq\mathbf{0}}R(x)=\lambda_{n-1}$$

其中 $x\in L^{\perp}(p_1,p_n)$.

一般地，有下述定理.

定理 5.17 设 $1\leqslant r\leqslant s\leqslant n$，且 $x\in L(p_r,p_{r+1},\cdots,p_s)$，则有

$$\min_{x\neq\mathbf{0}}R(x)=\lambda_r, \quad \max_{x\neq\mathbf{0}}R(x)=\lambda_s \tag{5.3.7}$$

如果直接使用式(5.3.7)来求对称矩阵 $\mathbf{A}$ 的第 $k\ (1<k<n)$ 个特征值，将会遇到这样的困难，即 $\mathbf{A}$ 的标准正交特征向量系 $p_1,p_2,\cdots,p_n$ 是事先未知的. 为此，进一步讨论下面的定理.

定理 5.18(Courant-Fischer) 设实对称矩阵 $\mathbf{A}$ 的特征值按式(5.3.2)的次序排列，则 $\mathbf{A}$ 的第 $k(1\leqslant k\leqslant n)$ 个特征值：

$$\lambda_k=\min_{V_k}\max\{x^{\mathrm{T}}\mathbf{A}x \mid x\in V_k,\ \|x\|_2=1\} \tag{5.3.8}$$

其中 V_k 是 $\mathbf{R}^n$ 的任意一个 k 维子空间，$1\leqslant k\leqslant n$.

证 构造 $\mathbf{R}^n$ 的子空间 $W_k=L(p_k,p_{k+1},\cdots,p_n)$，则 $\dim W_k=n-k+1$. 由于 $V_k+W_k\subset\mathbf{R}^n$，则有

$$\begin{aligned} n\geqslant\dim(V_k+W_k)&=\dim V_k+\dim W_k-\dim(V_k\cap W_k)= \\ &n+1-\dim(V_k\cap W_k) \end{aligned}$$

即 $\dim(V_k\cap W_k)\geqslant 1$. 于是存在 $x_0\in V_k\cap W_k$，满足 $\|x_0\|_2=1$，且有

$$\boldsymbol{x}_0=c_k\boldsymbol{p}_k+\cdots+c_n\boldsymbol{p}_n\quad(c_k^2+\cdots+c_n^2=1)$$

由此可得 $\boldsymbol{x}_0^{\mathrm{T}}\boldsymbol{A}\boldsymbol{x}_0=c_k^2\lambda_k+\cdots+c_n^2\lambda_n\geqslant\lambda_k$,从而

$$\max\{\boldsymbol{x}^{\mathrm{T}}\boldsymbol{A}\boldsymbol{x}\mid\boldsymbol{x}\in V_k,\ \|\boldsymbol{x}\|_2=1\}\geqslant\boldsymbol{x}_0^{\mathrm{T}}\boldsymbol{A}\boldsymbol{x}_0\geqslant\lambda_k$$

根据 V_k 的任意性,可得

$$\min_{V_k}\max\{\boldsymbol{x}^{\mathrm{T}}\boldsymbol{A}\boldsymbol{x}\mid\boldsymbol{x}\in V_k,\ \|\boldsymbol{x}\|_2=1\}\geqslant\lambda_k\tag{5.3.9}$$

为了证明相反的不等式,令 $V_k^0=L(\boldsymbol{p}_1,\ \boldsymbol{p}_2,\ \cdots,\ \boldsymbol{p}_k)$,取 $\boldsymbol{x}\in V_k^0$ 满足 $\|\boldsymbol{x}\|_2=1$,则有

$$\boldsymbol{x}=\sum_{i=1}^{k}\gamma_i\boldsymbol{p}_i,\quad\sum_{i=1}^{k}\gamma_i^2=1$$

因为

$$\boldsymbol{x}^{\mathrm{T}}\boldsymbol{A}\boldsymbol{x}=\sum_{i=1}^{k}\lambda_i\gamma_i^2\leqslant\lambda_k\sum_{i=1}^{k}\gamma_i^2=\lambda_k$$

所以

$$\max\{\boldsymbol{x}^{\mathrm{T}}\boldsymbol{A}\boldsymbol{x}\mid\boldsymbol{x}\in V_k^0,\ \|\boldsymbol{x}\|_2=1\}\leqslant\lambda_k\tag{5.3.10}$$

结合式(5.3.9)与式(5.3.10),即得式(5.3.8).　　证毕

应用定理 5.18 的结果,再给出以下的扰动定理.

* **定理 5.19**　设实对称矩阵 $\boldsymbol{A}$ 和 $\boldsymbol{A}+\boldsymbol{Q}$ 的特征值分别为 $\lambda_1\leqslant\lambda_2\leqslant\cdots\leqslant\lambda_n$ 和 $\mu_1\leqslant\mu_2\leqslant\cdots\leqslant\mu_n$,则有

$$|\lambda_i-\mu_i|\leqslant\|\boldsymbol{Q}\|_2\quad(i=1,\ 2,\ \cdots,\ n)\tag{5.3.11}$$

证　令 $\gamma=\|\boldsymbol{Q}\|_2$,则 $\boldsymbol{Q}+\gamma\boldsymbol{I}$ 半正定. 因为 $\boldsymbol{A}+\boldsymbol{Q}+\gamma\boldsymbol{I}$ 的特征值为 $\mu_1+\gamma\leqslant\mu_2+\gamma\leqslant\cdots\leqslant\mu_n+\gamma$,所以由定理 5.18 可得

$$\begin{aligned}\mu_i+\gamma&=\min_{V_i}\max\{\boldsymbol{x}^{\mathrm{T}}(\boldsymbol{A}+\boldsymbol{Q}+\gamma\boldsymbol{I})\boldsymbol{x}\mid\boldsymbol{x}\in V_i,\ \|\boldsymbol{x}\|_2=1\}\geqslant\\&\min_{V_i}\max\{\boldsymbol{x}^{\mathrm{T}}\boldsymbol{A}\boldsymbol{x}\mid\boldsymbol{x}\in \boldsymbol{V}_i,\ \|\boldsymbol{x}\|_2=1\}=\lambda_i\quad(i=1,\ 2,\ \cdots,\ n)\end{aligned}$$

因此 $\lambda_i-\mu_i\leqslant\gamma$. 类似地,因为 $\boldsymbol{Q}-\gamma\boldsymbol{I}$ 是半负定矩阵,所以 $\boldsymbol{A}+\boldsymbol{Q}-\gamma\boldsymbol{I}$ 的特征值为 $\mu_1-\gamma\leqslant\mu_2-\gamma\leqslant\cdots\leqslant\mu_n-\gamma$,于是可得

$$\begin{aligned}\mu_i-\gamma&=\min_{V_i}\max\{\boldsymbol{x}^{\mathrm{T}}(\boldsymbol{A}+\boldsymbol{Q}-\gamma\boldsymbol{I})\boldsymbol{x}\mid\boldsymbol{x}\in V_i,\ \|\boldsymbol{x}\|_2=1\}\leqslant\\&\min_{V_i}\max\{\boldsymbol{x}^{\mathrm{T}}\boldsymbol{A}\boldsymbol{x}\mid\boldsymbol{x}\in \boldsymbol{V}_i,\ \|\boldsymbol{x}\|_2=1\}=\lambda_i\quad(i=1,\ 2,\ \cdots,\ n)\end{aligned}$$

因此 $\lambda_i-\mu_i\geqslant-\gamma$.

综上所述,即得式(5.3.11).　　证毕

为了补充和完善定理 5.19,下面不加证明地陈述两个著名的定理.

* **定理 5.20**(Hoffman-Wielandt)　设实对称矩阵 $\boldsymbol{A}$,$\boldsymbol{A}+\boldsymbol{Q}$ 和 $\boldsymbol{Q}$ 的特征值分别是 $\lambda_1\leqslant\lambda_2\leqslant\cdots\leqslant\lambda_n$,$\mu_1\leqslant\mu_2\leqslant\cdots\leqslant\mu_n$ 和 $\gamma_1\leqslant\gamma_2\leqslant\cdots\leqslant\gamma_n$,并定义向量 $\boldsymbol{u}=(\lambda_1,\ \lambda_2,\ \cdots,\ \lambda_n)^{\mathrm{T}}$,$\boldsymbol{v}=(\mu_1,\ \mu_2,\ \cdots,\ \mu_n)^{\mathrm{T}}$,$\boldsymbol{w}=(\gamma_1,\ \gamma_2,\ \cdots,\gamma_n)^{\mathrm{T}}$,则 $\|\boldsymbol{u}-\boldsymbol{v}\|_2\leqslant\|\boldsymbol{w}\|_2$.

* **定理 5.21**(Lidskii-Wielandt)　在定理 5.20 的条件下,$\boldsymbol{u}$ 落在形为 $\boldsymbol{v}+\boldsymbol{P}\boldsymbol{w}$ 向

量集的凸包(即包含该向量的最小凸集)中,其中 $\boldsymbol{P}$ 取遍所有可能的排列矩阵.

5.3.2 广义特征值的极小极大原理

定义 5.8 设 $\boldsymbol{A},\boldsymbol{B}$ 为 n 阶实对称矩阵,且 $\boldsymbol{B}$ 正定,$\boldsymbol{x}\in\mathbf{R}^n$. 称

$$R(\boldsymbol{x})=\frac{\boldsymbol{x}^{\mathrm{T}}\boldsymbol{A}\boldsymbol{x}}{\boldsymbol{x}^{\mathrm{T}}\boldsymbol{B}\boldsymbol{x}}\quad(\boldsymbol{x}\neq\boldsymbol{0})\tag{5.3.12}$$

为矩阵 $\boldsymbol{A}$ 相对于矩阵 $\boldsymbol{B}$ 的广义 Rayleigh 商.

广义 Rayleigh 商式(5.3.12)有着和普通 Rayleigh 商式(5.3.1)相同的特殊性质(性质 1 ~ 4),因此在考虑它的极性时,可以只在椭球面 $S_B=\{\boldsymbol{x}\mid\boldsymbol{x}\in\mathbf{R}^n,\ \boldsymbol{x}^{\mathrm{T}}\boldsymbol{B}\boldsymbol{x}=1\}$ 上讨论.

定理 5.22 非零向量 $\boldsymbol{x}_0$ 是 $R(\boldsymbol{x})$ 的驻点的充要条件是 $\boldsymbol{x}_0$ 为 $\boldsymbol{A}\boldsymbol{x}=\lambda\boldsymbol{B}\boldsymbol{x}$ 的属于特征值 λ 的特征向量. 这里 $\boldsymbol{A}$ 和 $\boldsymbol{B}$ 的意义同式(5.3.12).

证 改写式(5.3.12)为 $(\boldsymbol{x}^{\mathrm{T}}\boldsymbol{B}\boldsymbol{x})R(\boldsymbol{x})=(\boldsymbol{x}^{\mathrm{T}}\boldsymbol{A}\boldsymbol{x})$,两端关于向量 $\boldsymbol{x}$ 求导数,可得

$$(2\boldsymbol{B}\boldsymbol{x})R(\boldsymbol{x})+(\boldsymbol{x}^{\mathrm{T}}\boldsymbol{B}\boldsymbol{x})\frac{\mathrm{d}R}{\mathrm{d}\boldsymbol{x}}=2\boldsymbol{A}\boldsymbol{x}$$

也就是

$$\frac{\mathrm{d}R}{\mathrm{d}\boldsymbol{x}}=\frac{2}{\boldsymbol{x}^{\mathrm{T}}\boldsymbol{B}\boldsymbol{x}}[\boldsymbol{A}\boldsymbol{x}-R(\boldsymbol{x})\boldsymbol{B}\boldsymbol{x}]\tag{5.3.13}$$

必要性. 设 $\boldsymbol{x}_0$ 是 $R(\boldsymbol{x})$ 的驻点,则有 $\left.\frac{\mathrm{d}R}{\mathrm{d}\boldsymbol{x}}\right|_{\boldsymbol{x}=\boldsymbol{x}_0}=\boldsymbol{0}$,由式(5.3.13)可得 $\boldsymbol{A}\boldsymbol{x}_0=R(\boldsymbol{x}_0)\boldsymbol{B}\boldsymbol{x}_0$,即 $\boldsymbol{x}_0$ 为 $\boldsymbol{A}\boldsymbol{x}=\lambda\boldsymbol{B}\boldsymbol{x}$ 的属于特征值 $\lambda=R(\boldsymbol{x}_0)$ 的特征向量.

充分性. 设 $\boldsymbol{x}_0$ 满足 $\boldsymbol{A}\boldsymbol{x}_0=\lambda\boldsymbol{B}\boldsymbol{x}_0$,则有 $\lambda=R(\boldsymbol{x}_0)$,且由式(5.3.13)可得 $\left.\frac{\mathrm{d}R}{\mathrm{d}\boldsymbol{x}}\right|_{\boldsymbol{x}=\boldsymbol{x}_0}=\boldsymbol{0}$,即 $\boldsymbol{x}_0$ 为 $R(\boldsymbol{x})$ 的驻点. 证毕

由定理 5.22 的证明过程,可得下面的推论.

推论 若 $\tilde{\boldsymbol{x}}$ 是 $\boldsymbol{A}\boldsymbol{x}=\lambda\boldsymbol{B}\boldsymbol{x}$ 的特征向量,则 $R(\tilde{\boldsymbol{x}})$ 是与之对应的特征值.

下面论述广义特征值的极小极大原理. 为此,将广义特征值问题式(5.2.1)的特征值(都是实数)按其大小顺序排列为

$$\lambda_1\leqslant\lambda_2\leqslant\cdots\leqslant\lambda_n$$

与之对应的按 $\boldsymbol{B}$ 标准正交特征向量系设为

$$\boldsymbol{p}_1,\ \boldsymbol{p}_2,\ \cdots,\ \boldsymbol{p}_n$$

于是有下述定理.

定理 5.23 设 V_k 为 $\mathbf{R}^n$ 中的任意一个 k 维子空间,则广义特征值问题式(5.2.1)的第 k 个特征值和第 $n-k+1$ 个特征值具有下列的极小极大性质:

$$\lambda_k=\min_{V_k}[\max_{\boldsymbol{0}\neq\boldsymbol{x}\in V_k}R(\boldsymbol{x})]\tag{5.3.14}$$

$$\lambda_{n-k+1}=\max_{V_k}[\min_{\boldsymbol{0}\neq\boldsymbol{x}\in V_k}R(\boldsymbol{x})]\tag{5.3.15}$$

证　构造 $\mathbf{R}^n$ 的子空间 $W_k=L(\boldsymbol{p}_k,\ \boldsymbol{p}_{k+1},\ \cdots,\ \boldsymbol{p}_n)$，则 $\dim W_k=n-k+1$. 由于 $V_k+W_k\subset\mathbf{R}^n$，则有

$$n\geqslant\dim(V_k+W_k)=\dim V_k+\dim W_k-\dim(V_k\cap W_k)=$$
$$n+1-\dim(V_k\cap W_k)$$

即 $\dim(V_k\cap W_k)\geqslant 1$. 于是存在 $\mathbf{0}\neq\boldsymbol{x}_0\in V_k\cap W_k$，使

$$\boldsymbol{x}_0=c_k\boldsymbol{p}_k+c_{k+1}\boldsymbol{p}_{k+1}+\cdots+c_n\boldsymbol{p}_n\quad(c_k^2+c_{k+1}^2+\cdots+c_n^2\neq 0)$$

于是有

$$\boldsymbol{A}\boldsymbol{x}_0=c_k\lambda_k\boldsymbol{B}\boldsymbol{p}_k+\cdots+c_n\lambda_n\boldsymbol{B}\boldsymbol{p}_n$$
$$\boldsymbol{x}_0^{\mathrm{T}}\boldsymbol{A}\boldsymbol{x}_0=c_k^2\lambda_k+\cdots+c_n^2\lambda_n,\quad \boldsymbol{x}_0^{\mathrm{T}}\boldsymbol{B}\boldsymbol{x}_0=c_k^2+\cdots+c_n^2$$
$$R(\boldsymbol{x}_0)=\frac{\boldsymbol{x}_0^{\mathrm{T}}\boldsymbol{A}\boldsymbol{x}_0}{\boldsymbol{x}_0^{\mathrm{T}}\boldsymbol{B}\boldsymbol{x}_0}=\frac{c_k^2\lambda_k+\cdots+c_n^2\lambda_n}{c_k^2+\cdots+c_n^2}\geqslant\lambda_k$$

即

$$\max_{\mathbf{0}\neq\boldsymbol{x}\in V_k}R(\boldsymbol{x})\geqslant R(\boldsymbol{x}_0)\geqslant\lambda_k$$

根据 V_k 的任意性，可得

$$\min_{V_k}\left[\max_{\mathbf{0}\neq\boldsymbol{x}\in V_k}R(\boldsymbol{x})\right]\geqslant\lambda_k\tag{5.3.16}$$

为了证明相反的不等式，令 $V_k^0=L(\boldsymbol{p}_1,\ \boldsymbol{p}_2,\ \cdots,\ \boldsymbol{p}_k)$，任取 $\mathbf{0}\neq\boldsymbol{x}\in V_k^0$，则有

$$\boldsymbol{x}=l_1\boldsymbol{p}_1+l_2\boldsymbol{p}_2+\cdots+l_k\boldsymbol{p}_k\quad(l_1^2+l_2^2+\cdots+l_k^2\neq 0)$$

因为

$$R(\boldsymbol{x})=\frac{\boldsymbol{x}^{\mathrm{T}}\boldsymbol{A}\boldsymbol{x}}{\boldsymbol{x}^{\mathrm{T}}\boldsymbol{B}\boldsymbol{x}}=\frac{l_1^2\lambda_1+\cdots+l_k^2\lambda_k}{l_1^2+\cdots+l_k^2}\leqslant\lambda_k$$

所以 $\max\limits_{\mathbf{0}\neq\boldsymbol{x}\in V_k^0}R(\boldsymbol{x})\leqslant\lambda_k$，从而可得

$$\min_{V_k}\left[\max_{\mathbf{0}\neq\boldsymbol{x}\in V_k}R(\boldsymbol{x})\right]\leqslant\lambda_k\tag{5.3.17}$$

综合式(5.3.16)与式(5.3.17)，可得式(5.3.14).

注意到广义特征值问题 $(-\boldsymbol{A})\boldsymbol{x}=(-\lambda)\boldsymbol{B}\boldsymbol{x}$ 的第 k 个特征值(由小到大排序)为 $(-\lambda_{n-k+1})$，应用式(5.3.14)可得

$$-\lambda_{n-k+1}=\min_{V_k}\left[\max_{\mathbf{0}\neq\boldsymbol{x}\in V_k}\frac{\boldsymbol{x}^{\mathrm{T}}(-\boldsymbol{A})\boldsymbol{x}}{\boldsymbol{x}^{\mathrm{T}}\boldsymbol{B}\boldsymbol{x}}\right]=$$
$$\operatorname{mim}_{V_k}\left[(-1)\min_{\mathbf{0}\neq\boldsymbol{x}\in V_k}R(\boldsymbol{x})\right]=(-1)\max_{V_k}\left[\min_{\mathbf{0}\neq\boldsymbol{x}\in V_k}R(\boldsymbol{x})\right]$$

即式(5.3.15)成立.

证毕

推论 1　设 V_k 为 $\mathbf{R}^n$ 中的任意一个 k 维子空间，则实对称矩阵 $\boldsymbol{A}$ 的第 k 个特征值和第 $n-k+1$ 个特征值(特征值的排序方式同式(5.3.2))具有以下的极值性质：

$$\lambda_k=\min_{V_k}\left[\max_{\mathbf{0}\neq\boldsymbol{x}\in V_k}R(\boldsymbol{x})\right],\quad \lambda_{n-k+1}=\max_{V_k}\left[\min_{\mathbf{0}\neq\boldsymbol{x}\in V_k}R(\boldsymbol{x})\right]$$

其中 $R(\boldsymbol{x})$ 由式(5.3.1)定义.

对于 $R(\boldsymbol{x})=\dfrac{\boldsymbol{x}^{\mathrm{T}}\boldsymbol{A}\boldsymbol{x}}{\boldsymbol{x}^{\mathrm{T}}\boldsymbol{x}}$ $(\boldsymbol{x}\neq\mathbf{0})$，根据性质 3，有

$$\max\{R(\boldsymbol{x}) \mid \boldsymbol{x} \in V_k,\ \boldsymbol{x} \neq \boldsymbol{0}\} = \max\{R(\boldsymbol{x}) \mid \boldsymbol{x} \in V_k,\ \|\boldsymbol{x}\|_2 = 1\} = \max\{\boldsymbol{x}^{\mathrm{T}}\boldsymbol{A}\boldsymbol{x} \mid \boldsymbol{x} \in V_k,\ \|\boldsymbol{x}\|_2 = 1\}$$

因此,推论 1 的第一个结论就是式(5.3.8),定理 5.18 可以看做定理 5.23 中 $\boldsymbol{B}=\boldsymbol{I}$ 时 的特殊情形.

称式(5.3.14) 为**特征值的极小极大原理**,称式(5.3.15) 为**特征值的极大极小原理**.

推论 2 设 V_{n-k+1} 是 $\mathbf{R}^n$ 的任意一个 $n-k+1$ 维子空间,则定理 5.23 或推论 1 的结论可写成以下形式:

$$\lambda_k = \max_{V_{n-k+1}}\left[\min_{\boldsymbol{0}\neq\boldsymbol{x}\in V_{n-k+1}} R(\boldsymbol{x})\right] \tag{5.3.18}$$

$$\lambda_{n-k+1} = \min_{V_{n-k+1}}\left[\max_{\boldsymbol{0}\neq\boldsymbol{x}\in V_{n-k+1}} R(\boldsymbol{x})\right] \tag{5.3.19}$$

证 在式(5.3.15) 或式(5.3.15)′ 中,令 $n-k+1=k'$,则有 $k=n-k'+1$,于是

$$\lambda_{k'} = \lambda_{n-k+1} = \max_{V_k}\left[\min_{\boldsymbol{0}\neq\boldsymbol{x}\in V_k} R(\boldsymbol{x})\right] = \max_{V_{n-k'+1}}\left[\min_{\boldsymbol{0}\neq\boldsymbol{x}\in V_{n-k'+1}} R(\boldsymbol{x})\right]$$

上式两端换 k' 为 k,即得式(5.3.18).

同理可得式(5.3.19). 证毕

* 5.3.3 矩阵奇异值的极小极大性质

实矩阵 $\mathbf{A}$ 的奇异值 $\sigma(\mathbf{A})$ 和实对称半正定矩阵 $\mathbf{A}^{\mathrm{T}}\mathbf{A}$ 的特征值 $\lambda(\mathbf{A}^{\mathrm{T}}\mathbf{A})$ 有下述关系:

$$\sigma(\mathbf{A}) = \sqrt{\lambda(\mathbf{A}^{\mathrm{T}}\mathbf{A})} \tag{5.3.20}$$

所以,利用实对称矩阵特征值的极小极大原理,可以研究实矩阵奇异值的极小极大性质.

定理 5.24 设 $\boldsymbol{A} \in \mathbf{R}_r^{m\times n}$ 的奇异值排序为

$$0 = \sigma_1 = \sigma_2 = \cdots = \sigma_{n-r} < \sigma_{n-r+1} \leqslant \cdots \leqslant \sigma_n \tag{5.3.21}$$

则 $\boldsymbol{A}$ 的第 k 个奇异值和第 $n-k+1$ 个奇异值具有以下极值性质:

$$\sigma_k = \min_{V_k}\left(\max_{\boldsymbol{0}\neq\boldsymbol{x}\in V_k} \frac{\|\boldsymbol{A}\boldsymbol{x}\|_2}{\|\boldsymbol{x}\|_2}\right) \tag{5.3.22}$$

$$\sigma_{n-k+1} = \max_{V_k}\left(\min_{\boldsymbol{0}\neq\boldsymbol{x}\in V_k} \frac{\|\boldsymbol{A}\boldsymbol{x}\|_2}{\|\boldsymbol{x}\|_2}\right) \tag{5.3.23}$$

其中 V_k 是 $\mathbf{R}^n$ 的任一 k 维子空间.

证 设 $\boldsymbol{A}^{\mathrm{T}}\boldsymbol{A}$ 的特征值排序为

$$0 = \lambda_1 = \lambda_2 = \cdots = \lambda_{n-r} < \lambda_{n-r+1} \leqslant \cdots \leqslant \lambda_n \tag{5.3.24}$$

于是有 $\sigma_i = \sqrt{\lambda_i}\quad (i=1,\ 2,\ \cdots,\ n)$. 对于矩阵 $\boldsymbol{A}^{\mathrm{T}}\boldsymbol{A}$,应用定理 5.23 的推论 1,可得

$$\sigma_k = \sqrt{\lambda_k} = \left[\min_{V_k}\left(\max_{\boldsymbol{0}\neq\boldsymbol{x}\in V_k} \frac{\boldsymbol{x}^{\mathrm{T}}\boldsymbol{A}^{\mathrm{T}}\boldsymbol{A}\boldsymbol{x}}{\boldsymbol{x}^{\mathrm{T}}\boldsymbol{x}}\right)\right]^{\frac{1}{2}} =$$

$$\left[\min_{V_k}\left(\max_{0\neq x\in V_k}\frac{\|Ax\|_2^2}{\|x\|_2^2}\right)\right]^{\frac{1}{2}}=\min_{V_k}\left(\max_{0\neq x\in V_k}\frac{\|Ax\|_2}{\|x\|_2}\right)$$

即式(5.3.22)成立.同理可得式(5.3.23).　　证毕

定理 5.25　设 $A\in \mathbf{R}_r^{m\times n}$ 的奇异值排序同式(5.3.21)，$(A+Q)\in \mathbf{R}_{r'}^{m\times n}$ 的奇异值排序为

$$0=\tau_1=\tau_2=\cdots=\tau_{n-r'}<\tau_{n-r'+1}\leqslant\cdots\leqslant\tau_n \tag{5.3.25}$$

则有

$$|\sigma_i-\tau_i|\leqslant\|Q\|_2\quad(i=1,2,\cdots,n) \tag{5.3.26}$$

证　设 $A^{\mathrm{T}}A$ 的特征值排序同式(5.3.24)，与之相应的标准正交特征向量系为 $x_1, x_2, \cdots, x_n$. 记

$$V_i^0(x)=L(x_1,x_2,\cdots,x_i)\quad(i=1,2,\cdots,n)$$

则有

$$\max_{0\neq x\in V_i^0(x)}\frac{\|Ax\|_2}{\|x\|_2}=\left[\max_{0\neq x\in V_i^0(x)}\frac{x^{\mathrm{T}}(A^{\mathrm{T}}A)x}{x^{\mathrm{T}}x}\right]^{\frac{1}{2}}=\sqrt{\lambda_i}$$

对于矩阵 $A+Q$ 应用式(5.3.22)，可得

$$\begin{aligned}\tau_i&\leqslant\max_{0\neq x\in V_i^0(x)}\frac{\|(A+Q)x\|_2}{\|x\|_2}\leqslant\max_{0\neq x\in V_i^0(x)}\left(\frac{\|Ax\|_2}{\|x\|_2}+\frac{\|Qx\|_2}{\|x\|_2}\right)\leqslant\\&\max_{0\neq x\in V_i^0(x)}\frac{\|Ax\|_2}{\|x\|_2}+\max_{x\neq 0}\frac{\|Qx\|_2}{\|x\|_2}=\sigma_i+\|Q\|_2\quad(i=1,2,\cdots,n)\end{aligned} \tag{5.3.27}$$

再设 $(A+Q)^{\mathrm{T}}(A+Q)$ 的特征值排序为

$$0=\mu_1=\mu_2=\cdots=\mu_{n-r'}<\mu_{n-r'+1}\leqslant\cdots\leqslant\mu_n$$

与之相应的标准正交特征向量系为 $y_1, y_2, \cdots, y_n$. 记

$$V_i^0(y)=L(y_1,y_2,\cdots,y_i)\quad(i=1,2,\cdots,n)$$

则有

$$\max_{0\neq x\in V_i^0(y)}\frac{\|(A+Q)x\|_2}{\|x\|_2}=\left[\max_{0\neq x\in V_i^0(y)}\frac{x^{\mathrm{T}}(A+Q)^{\mathrm{T}}(A+Q)x}{x^{\mathrm{T}}x}\right]^{\frac{1}{2}}=\sqrt{\mu_i}$$

对于矩阵 A 应用式(5.3.22)，可得

$$\begin{aligned}\sigma_i&\leqslant\max_{0\neq x\in V_i^0(y)}\frac{\|Ax\|_2}{\|x\|_2}\leqslant\max_{0\neq x\in V_i^0(y)}\left(\frac{\|(A+Q)x\|_2}{\|x\|_2}+\frac{\|Qx\|_2}{\|x\|_2}\right)\leqslant\\&\max_{0\neq x\in V_i^0(y)}\frac{\|(A+Q)x\|_2}{\|x\|_2}+\max_{x\neq 0}\frac{\|Qx\|_2}{\|x\|_2}=\\&\tau_i+\|Q\|_2\quad(i=1,2,\cdots,n)\end{aligned} \tag{5.3.28}$$

结合式(5.3.27)与式(5.3.28)，即得式(5.3.26).　　证毕

定理 5.25 表明，在矩阵 A 有一个扰动 Q 的情况下，它的奇异值的变化量不超过 $\|Q\|_2$. 因此，矩阵奇异值的计算具有良好的数值稳定性. 进一步，还有如下

定理.

定理 5.26 设 $\mathbf{A} \in \mathbf{R}_r^{m\times n}$ 和 $(\mathbf{A}+\mathbf{Q}) \in \mathbf{R}_{r'}^{m\times n}$ 的奇异值排序分别同式(5.3.21)和式(5.3.25)，$\mathbf{Q} \in \mathbf{R}_{r''}^{m\times n}$ 的奇异值排序为

$$0=\delta_1=\delta_2=\cdots=\delta_{n-r''}<\delta_{n-r''+1}\leqslant\cdots\leqslant\delta_n \tag{5.3.29}$$

定义向量

$$\boldsymbol{u}=(\sigma_1, \sigma_2, \cdots, \sigma_n)^{\mathrm{T}}, \quad \boldsymbol{v}=(\tau_1, \tau_2, \cdots, \tau_n)^{\mathrm{T}}, \quad \boldsymbol{w}=(\delta_1, \delta_2, \cdots, \delta_n)^{\mathrm{T}}$$

则有 $\|\boldsymbol{u}-\boldsymbol{v}\|_2 \leqslant \|\boldsymbol{w}\|_2$.

习 题 5.3

1. 设实对称矩阵 $\mathbf{A}$ 和 $\mathbf{B}$ 的特征值分别是 $\lambda_1\leqslant\lambda_2\leqslant\cdots\leqslant\lambda_n$ 和 $\mu_1\leqslant\mu_2\leqslant\cdots\leqslant\mu_n$，如果对于任何单位向量 $\boldsymbol{x}$，恒有

$$|\boldsymbol{x}^{\mathrm{T}}(\mathbf{B}-\mathbf{A})\boldsymbol{x}|\leqslant\varepsilon \quad (\varepsilon>0)$$

证明 $|\mu_k-\lambda_k|\leqslant\varepsilon\ (k=1, 2, \cdots, n)$.

2. (Weyl 定理) 设实对称矩阵 $\mathbf{A}$，$\mathbf{A}+\mathbf{Q}$ 和 $\mathbf{Q}$ 的特征值分别是 $\lambda_1\leqslant\lambda_2\leqslant\cdots\lambda_n$，$\mu_1\leqslant\mu_2\leqslant\cdots\leqslant\mu_n$ 和 $\gamma_1\leqslant\gamma_2\leqslant\cdots\leqslant\gamma_n$. 证明 $\lambda_i+\gamma_1\leqslant\mu_i\leqslant\lambda_i+\gamma_n\ (i=1, 2, \cdots, n)$.

3. 在第 2 题的条件下，再设 $\mathbf{Q}$ 正定，证明 $\mu_i>\lambda_i (i=1, 2, \cdots, n)$.

5.4 矩阵的直积及其应用

矩阵的直积(Kronecker 积) 在矩阵的理论研究和计算方法中都有十分重要的应用. 特别地，运用矩阵的直积运算，能够将线性矩阵方程转化为线性代数方程组进行讨论或计算.

5.4.1 直积的概念

为直观起见，首先从简单的例子开始. 设有二元向量 $(\xi_1, \xi_2)^{\mathrm{T}}$ 和三元向量 $(\eta_1, \eta_2, \eta_3)^{\mathrm{T}}$，它们分别经过二阶矩阵和三阶矩阵

$$\mathbf{A}=\begin{bmatrix} a_{11} & a_{12} \\ a_{21} & a_{22} \end{bmatrix}, \quad \mathbf{B}=\begin{bmatrix} b_{11} & b_{12} & b_{13} \\ b_{21} & b_{22} & b_{23} \\ b_{31} & b_{32} & b_{33} \end{bmatrix}$$

的变换，变成向量 $(\xi_1', \xi_2')^{\mathrm{T}}$ 和 $(\eta_1', \eta_2', \eta_3')^{\mathrm{T}}$，则有

$$\begin{bmatrix} \xi_1' \\ \xi_2' \end{bmatrix}=\mathbf{A}\begin{bmatrix} \xi_1 \\ \xi_2 \end{bmatrix}, \quad \begin{bmatrix} \eta_1' \\ \eta_2' \\ \eta_3' \end{bmatrix}=\mathbf{B}\begin{bmatrix} \eta_1 \\ \eta_2 \\ \eta_3 \end{bmatrix}$$

现在考察以这两个向量的分量乘积为分量的六元向量

$$\boldsymbol{u}=(\xi_1\eta_1, \xi_1\eta_2, \xi_1\eta_3, \xi_2\eta_1, \xi_2\eta_2, \xi_2\eta_3)^{\mathrm{T}}$$

经过怎样的线性变换可以变成六元向量

$$v=(\xi_1'\eta_1',\ \xi_1'\eta_2',\ \xi_1'\eta_3',\ \xi_2'\eta_1',\ \xi_2'\eta_2',\ \xi_2'\eta_2')^{\mathrm{T}}$$

由假设

$$\xi_i'=a_{i1}\xi_1+a_{i2}\xi_2\quad(i=1,\ 2)$$
$$\eta_j'=b_{j1}\eta_1+b_{j2}\eta_2+b_{j3}\eta_3\quad(j=1,\ 2,\ 3)$$

故有

$$\begin{aligned}\xi_i'\eta_j'=&a_{i1}b_{j1}\xi_1\eta_1+a_{i1}b_{j2}\xi_1\eta_2+a_{i1}b_{j3}\xi_1\eta_3+\\&a_{i2}b_{j1}\xi_2\eta_1+a_{i2}b_{j2}\xi_2\eta_2+a_{i2}b_{j3}\xi_2\eta_3\quad(i=1,\ 2;\ j=1,\ 2,\ 3)\end{aligned}$$

于是所求变换的矩阵为六阶矩阵

$$\begin{bmatrix}a_{11}\boldsymbol{B} & a_{12}\boldsymbol{B}\\ a_{21}\boldsymbol{B} & a_{22}\boldsymbol{B}\end{bmatrix}$$

一般地,引进以下的定义.

定义 5.9　设 $\boldsymbol{A}=(a_{ij})_{m\times n}\in\mathbf{C}^{m\times n}$, $\boldsymbol{B}=(b_{ij})_{p\times q}\in\mathbf{C}^{p\times q}$,则称如下的分块矩阵

$$\boldsymbol{A}\otimes\boldsymbol{B}=\begin{bmatrix}a_{11}\boldsymbol{B} & a_{12}\boldsymbol{B} & \cdots & a_{1n}\boldsymbol{B}\\ a_{21}\boldsymbol{B} & a_{22}\boldsymbol{B} & \cdots & a_{2n}\boldsymbol{B}\\ \vdots & \vdots & & \vdots\\ a_{m1}\boldsymbol{B} & a_{m2}\boldsymbol{B} & \cdots & a_{mn}\boldsymbol{B}\end{bmatrix}\in\mathbf{C}^{mp\times nq}\tag{5.4.1}$$

为 $\boldsymbol{A}$ 与 $\boldsymbol{B}$ 的直积(**Kronecker 积**).

由于 $\boldsymbol{A}\otimes\boldsymbol{B}$ 是一个 $m\times n$ 块的分块矩阵,所以式(5.4.1)可简写为

$$\boldsymbol{A}\otimes\boldsymbol{B}=(a_{ij}\boldsymbol{B})_{m\times n\text{块}}\tag{5.4.2}$$

并用$[\boldsymbol{A}\otimes\boldsymbol{B}]_{ij\text{块}}$ 表示 $\boldsymbol{A}\otimes\boldsymbol{B}$ 的第 i 行第 j 列子矩阵 $a_{ij}\boldsymbol{B}$,即

$$[\boldsymbol{A}\otimes\boldsymbol{B}]_{ij\text{块}}=a_{ij}\boldsymbol{B}$$

例 5.12　设 $\boldsymbol{A}=\begin{bmatrix}1 & 2 & 3\\ 3 & 2 & 1\end{bmatrix}$, $\boldsymbol{B}=\begin{bmatrix}2 & 1\\ 1 & 2\end{bmatrix}$,求 $\boldsymbol{A}\otimes\boldsymbol{B}$ 和$\boldsymbol{B}\otimes\boldsymbol{A}$.

解　根据定义式(5.4.1),有

$$\boldsymbol{A}\otimes\boldsymbol{B}=\begin{bmatrix}1\boldsymbol{B} & 2\boldsymbol{B} & 3\boldsymbol{B}\\ 3\boldsymbol{B} & 2\boldsymbol{B} & 1\boldsymbol{B}\end{bmatrix}=\left[\begin{array}{cc:cc:cc}2 & 1 & 4 & 2 & 6 & 3\\ 1 & 2 & 2 & 4 & 3 & 6\\ \hdashline 6 & 3 & 4 & 2 & 2 & 1\\ 3 & 6 & 2 & 4 & 1 & 2\end{array}\right].$$

$$\boldsymbol{B}\otimes\boldsymbol{A}=\begin{bmatrix}2\boldsymbol{A} & 1\boldsymbol{A}\\ 1\boldsymbol{A} & 2\boldsymbol{A}\end{bmatrix}=\left[\begin{array}{ccc:ccc}2 & 4 & 6 & 1 & 2 & 3\\ 6 & 4 & 2 & 3 & 2 & 1\\ \hdashline 1 & 2 & 3 & 2 & 4 & 6\\ 3 & 2 & 1 & 6 & 4 & 2\end{array}\right]$$

这个例子表明: $\boldsymbol{A}\otimes\boldsymbol{B}\neq\boldsymbol{B}\otimes\boldsymbol{A}$.

矩阵的直积具有以下性质.

(1) 设 k 为常数,则 $k(\boldsymbol{A}\otimes\boldsymbol{B})=(k\boldsymbol{A})\otimes\boldsymbol{B}=\boldsymbol{A}\otimes(k\boldsymbol{B})$.

(2) 设 $\boldsymbol{A}_1$ 与 $\boldsymbol{A}_2$ 为同阶矩阵,则

$$(\boldsymbol{A}_1+\boldsymbol{A}_2)\otimes\boldsymbol{B}=\boldsymbol{A}_1\otimes\boldsymbol{B}+\boldsymbol{A}_2\otimes\boldsymbol{B},\quad \boldsymbol{B}\otimes(\boldsymbol{A}_1+\boldsymbol{A}_2)=\boldsymbol{B}\otimes\boldsymbol{A}_1+\boldsymbol{B}\otimes\boldsymbol{A}_2$$

(3) 结合律成立,即$(\boldsymbol{A}\otimes\boldsymbol{B})\otimes\boldsymbol{C}=\boldsymbol{A}\otimes(\boldsymbol{B}\otimes\boldsymbol{C})$.

事实上,由于

$$[\boldsymbol{A}\otimes\boldsymbol{B}]_{ij块}=a_{ij}\boldsymbol{B}=\begin{bmatrix}a_{ij}b_{11} & \cdots & a_{ij}b_{1q}\\ \vdots & & \vdots\\ a_{ij}b_{p1} & \cdots & a_{ij}b_{pq}\end{bmatrix}$$

$$[\boldsymbol{A}\otimes\boldsymbol{B}]_{ij块}\otimes\boldsymbol{C}=\begin{bmatrix}a_{ij}b_{11}\boldsymbol{C} & \cdots & a_{ij}b_{1q}\boldsymbol{C}\\ \vdots & & \vdots\\ a_{ij}b_{p1}\boldsymbol{C} & \cdots & a_{ij}b_{pq}\boldsymbol{C}\end{bmatrix}=a_{ij}(\boldsymbol{B}\otimes\boldsymbol{C})$$

可得

$$(\boldsymbol{A}\otimes\boldsymbol{B})\otimes\boldsymbol{C}=\begin{bmatrix}[\boldsymbol{A}\otimes\boldsymbol{B}]_{11块}\otimes\boldsymbol{C} & \cdots & [\boldsymbol{A}\otimes\boldsymbol{B}]_{1n块}\otimes\boldsymbol{C}\\ \vdots & & \vdots\\ [\boldsymbol{A}\otimes\boldsymbol{B}]_{m1块}\otimes\boldsymbol{C} & \cdots & [\boldsymbol{A}\otimes\boldsymbol{B}]_{mn块}\otimes\boldsymbol{C}\end{bmatrix}=$$

$$\begin{bmatrix}a_{11}(\boldsymbol{B}\otimes\boldsymbol{C}) & \cdots & a_{1n}(\boldsymbol{B}\otimes\boldsymbol{C})\\ \vdots & & \vdots\\ a_{m1}(\boldsymbol{B}\otimes\boldsymbol{C}) & \cdots & a_{mn}(\boldsymbol{B}\otimes\boldsymbol{C})\end{bmatrix}=\boldsymbol{A}\otimes(\boldsymbol{B}\otimes\boldsymbol{C})$$

(4) 设$\boldsymbol{A}_1=(a_{ij}^{(1)})_{m_1\times n_1}$, $\boldsymbol{A}_2=(a_{ij}^{(2)})_{m_2\times n_2}$, $\boldsymbol{B}_1=(b_{ij}^{(1)})_{p_1\times q_1}$, $\boldsymbol{B}_2=(b_{ij}^{(2)})_{p_2\times q_2}$ 且 $n_1=m_2$, $q_1=p_2$,则

$$(\boldsymbol{A}_1\otimes\boldsymbol{B}_1)(\boldsymbol{A}_2\otimes\boldsymbol{B}_2)=(\boldsymbol{A}_1\boldsymbol{A}_2)\otimes(\boldsymbol{B}_1\boldsymbol{B}_2)$$

事实上,由于

$$[左端]_{ij块}=(a_{i1}^{(1)}\boldsymbol{B}_1,\ \cdots,\ a_{in_1}^{(1)}\boldsymbol{B}_1)\begin{bmatrix}a_{1j}^{(2)}\boldsymbol{B}_2\\ \vdots\\ a_{m_2j}\boldsymbol{B}_2\end{bmatrix}=\sum_{k=1}^{n_1}a_{ik}^{(1)}\boldsymbol{B}_1a_{kj}^{(2)}\boldsymbol{B}_2=$$

$$\left(\sum_{k=1}^{n_1}a_{ik}^{(1)}a_{kj}^{(2)}\right)(\boldsymbol{B}_1\boldsymbol{B}_2)=(\boldsymbol{A}_1\boldsymbol{A}_2)_{ij}(\boldsymbol{B}_1\boldsymbol{B}_2)=[右端]_{ij块}$$

其中$(\boldsymbol{A}_1\boldsymbol{A}_2)_{ij}$ 表示$\boldsymbol{A}_1\boldsymbol{A}_2$ 的第 i 行第 j 列元素,所以等式成立.

(5) 设$\boldsymbol{A}_{m\times m}$ 与$\boldsymbol{B}_{n\times n}$ 都可逆,则$(\boldsymbol{A}\otimes\boldsymbol{B})^{-1}=\boldsymbol{A}^{-1}\otimes\boldsymbol{B}^{-1}$.

(6) 设$\boldsymbol{A}_{m\times m}$ 与$\boldsymbol{B}_{n\times n}$ 都是上三角(下三角)矩阵,则$\boldsymbol{A}\otimes\boldsymbol{B}$ 也是上三角(下三角)矩阵.

(7) $(\boldsymbol{A}\otimes\boldsymbol{B})^{\mathrm{H}}=\boldsymbol{A}^{\mathrm{H}}\otimes\boldsymbol{B}^{\mathrm{H}}$.

(8) 设$\boldsymbol{A}_{m\times m}$ 与$\boldsymbol{B}_{n\times n}$ 都是正交(酉)矩阵,则$\boldsymbol{A}\otimes\boldsymbol{B}$ 也是正交(酉)矩阵.

对于二元多项式

$$f(x,\ y)=\sum_{i=0}^{l_1}\sum_{j=0}^{l_2}c_{ij}x^iy^j \tag{5.4.3}$$

及矩阵$\boldsymbol{A}_{m\times m}$ 与$\boldsymbol{B}_{n\times n}$,定义 mn 阶矩阵为

$$f(\boldsymbol{A},\ \boldsymbol{B})=\sum_{i=0}^{l_1}\sum_{j=0}^{l_2}c_{ij}\boldsymbol{A}^i\otimes\boldsymbol{B}^j \tag{5.4.4}$$

其中 $\boldsymbol{A}^0=\boldsymbol{I}_m,\ \boldsymbol{B}^0=\boldsymbol{I}_n$.

矩阵 $f(\boldsymbol{A},\boldsymbol{B})$ 的特征值与 $\boldsymbol{A}$ 和 $\boldsymbol{B}$ 的特征值之间的关系,由下面的定理给出.

定理 5.27　设 $\boldsymbol{A}_{m\times m}$ 的特征值为 $\lambda_1,\ \lambda_2,\ \cdots,\ \lambda_m$, $\boldsymbol{B}_{n\times n}$ 的特征值为 $\mu_1,\ \mu_2,\ \cdots,\ \mu_n$,则 $f(\boldsymbol{A},\ \boldsymbol{B})$ 的全体特征值为 $f(\lambda_i,\ \mu_j)$ $(i=1,\ 2,\ \cdots,\ m;j=1,\ 2,\ \cdots,\ n)$.

证　对于矩阵 $\boldsymbol{A}$ 和 $\boldsymbol{B}$,根据定理 1.17,存在可逆矩阵 $\boldsymbol{P}_{m\times m}$ 和 $\boldsymbol{Q}_{n\times n}$,使得

$$\boldsymbol{P}^{-1}\boldsymbol{AP}=\begin{bmatrix}\lambda_1 & & *\\ & \ddots & \\ & & \lambda_m\end{bmatrix}=\boldsymbol{T}_1,\quad \boldsymbol{Q}^{-1}\boldsymbol{BQ}=\begin{bmatrix}\mu_1 & & *\\ & \ddots & \\ & & \mu_n\end{bmatrix}=\boldsymbol{T}_2$$

由性质(5) 与(6) 知,$\boldsymbol{P}\otimes\boldsymbol{Q}$ 可逆,$\boldsymbol{T}_1^i\otimes\boldsymbol{T}_2^j$ 是上三角矩阵. 因为

$$(\boldsymbol{P}\otimes\boldsymbol{Q})^{-1}(\boldsymbol{A}^i\otimes\boldsymbol{B}^j)(\boldsymbol{P}\otimes\boldsymbol{Q})=(\boldsymbol{P}^{-1}\boldsymbol{A}^i\boldsymbol{P})\otimes(\boldsymbol{Q}^{-1}\boldsymbol{B}^j\boldsymbol{Q})=\boldsymbol{T}_1^i\otimes\boldsymbol{T}_2^j$$

所以

$$(\boldsymbol{P}\otimes\boldsymbol{Q})^{-1}f(\boldsymbol{A},\ \boldsymbol{B})(\boldsymbol{P}\otimes\boldsymbol{Q})=f(\boldsymbol{T}_1,\ \boldsymbol{T}_2)$$

也是上三角矩阵,注意到

$$\boldsymbol{T}_1^i\otimes\boldsymbol{T}_2^j=\begin{bmatrix}\lambda_1^i\boldsymbol{T}_2^j & & *\\ & \ddots & \\ & & \lambda_m^i\boldsymbol{T}_2^j\end{bmatrix},\quad \lambda_k^i\boldsymbol{T}_2^j=\begin{bmatrix}\lambda_k^i\mu_1^j & & *\\ & \ddots & \\ & & \lambda_k^i\mu_n^j\end{bmatrix}$$

故 $f(\boldsymbol{T}_1,\ \boldsymbol{T}_2)$ 的对角线元素,即 $f(\boldsymbol{A},\ \boldsymbol{B})$ 的特征值为

$$f(\lambda_k,\ \mu_s)\ (k=1,\ 2,\ \cdots,\ m;s=1,\ 2,\ \cdots,\ n)$$

证毕

推论 1　设 $\boldsymbol{A}_{m\times m}$ 的特征值为 $\lambda_1,\ \lambda_2,\ \cdots,\ \lambda_m$, $\boldsymbol{B}_{n\times n}$ 的特征值为 $\mu_1,\ \mu_2,\ \cdots,\ \mu_n$,则 $\boldsymbol{A}\otimes\boldsymbol{B}$ 的全体特征值为 $\lambda_i\mu_j$ $(i=1,\ 2,\ \cdots,\ m;j=1,\ 2,\ \cdots,\ n)$.

推论 2　设 $\boldsymbol{A}\in\mathbf{C}^{m\times m}$,$\boldsymbol{B}\in\mathbf{C}^{n\times n}$,则有 $\det(\boldsymbol{A}\otimes\boldsymbol{B})=(\det\boldsymbol{A})^n(\det\boldsymbol{B})^m$.

证　由推论 1 可得

$$\det(\boldsymbol{A}\otimes\boldsymbol{B})=\prod_{i=1}^{m}\Big(\prod_{j=1}^{n}\lambda_i\mu_i\Big)=\prod_{i=1}^{m}\Big(\lambda_i^n\prod_{i=1}^{n}\mu_j\Big)=$$

$$\Big(\prod_{i=1}^{m}\lambda_i^n\Big)\Big(\prod_{j=1}^{n}\mu_j\Big)^m=(\det\boldsymbol{A})^n(\det\boldsymbol{B})^m$$

证毕

推论 3　设 $\boldsymbol{A}\in\mathbf{C}^{m\times m}$, $\boldsymbol{B}\in\mathbf{C}^{n\times n}$,则有 $\mathrm{tr}(\boldsymbol{A}\otimes\boldsymbol{B})=(\mathrm{tr}\boldsymbol{A})(\mathrm{tr}\boldsymbol{B})$.

证　由推论 1 可得

$$\mathrm{tr}(\boldsymbol{A}\otimes\boldsymbol{B})=\sum_{i=1}^{m}\sum_{j=1}^{n}\lambda_i\mu_j=\Big(\sum_{i=1}^{m}\lambda_i\Big)\Big(\sum_{j=1}^{n}\mu_j\Big)=(\mathrm{tr}\boldsymbol{A})(\mathrm{tr}\boldsymbol{B})$$

证毕

关于矩阵直积的秩和相似性,还有下列性质.

(9) $\mathrm{rank}(\boldsymbol{A}\otimes\boldsymbol{B})=(\mathrm{rank}\boldsymbol{A})(\mathrm{rank}\boldsymbol{B})$.

证　设 $\mathrm{rank}\boldsymbol{A}=r_1$, $\mathrm{rank}\boldsymbol{B}=r_2$. 根据矩阵的初等变换理论,对矩阵 $\boldsymbol{A}$,存在满秩矩阵 $\boldsymbol{P}_1$ 和 $\boldsymbol{Q}_1$,使

$$\boldsymbol{A}=\boldsymbol{P}_1\boldsymbol{A}_1\boldsymbol{Q}_1,\quad \boldsymbol{A}_1=\begin{bmatrix}\boldsymbol{I}_{r_1} & \boldsymbol{O}\\ \boldsymbol{O} & \boldsymbol{O}\end{bmatrix}$$

对矩阵 $\boldsymbol{B}$,存在满秩矩阵 $\boldsymbol{P}_2$ 和 $\boldsymbol{Q}_2$,使

$$\boldsymbol{B}=\boldsymbol{P}_2\boldsymbol{B}_1\boldsymbol{Q}_2,\quad \boldsymbol{B}_1=\begin{bmatrix}\boldsymbol{I}_{r_2} & \boldsymbol{O}\\ \boldsymbol{O} & \boldsymbol{O}\end{bmatrix}$$

由性质(4),有

$$\boldsymbol{A}\otimes\boldsymbol{B}=(\boldsymbol{P}_1\boldsymbol{A}_1\boldsymbol{Q}_1)\otimes(\boldsymbol{P}_2\boldsymbol{B}_1\boldsymbol{Q}_2)=(\boldsymbol{P}_1\otimes\boldsymbol{P}_2)(\boldsymbol{A}_1\otimes\boldsymbol{B}_1)(\boldsymbol{Q}_1\otimes\boldsymbol{Q}_2)$$

再由性质(5)知,$\boldsymbol{P}_1\otimes\boldsymbol{P}_2$ 与 $\boldsymbol{Q}_1\otimes\boldsymbol{Q}_2$ 都是满秩矩阵,而矩阵乘以满秩矩阵后,其秩不变,故有

$$\operatorname{rank}(\boldsymbol{A}\otimes\boldsymbol{B})=\operatorname{rank}(\boldsymbol{A}_1\otimes\boldsymbol{B}_1)$$

注意到

$$\boldsymbol{A}_1\otimes\boldsymbol{B}_1=\left[\begin{array}{ccc|c}\boldsymbol{B}_1 & & & \boldsymbol{O}\\ & \ddots & & \vdots\\ & & \boldsymbol{B}_1 & \boldsymbol{O}\\ \hline \boldsymbol{O} & \cdots & \boldsymbol{O} & \boldsymbol{O}\end{array}\right]$$

可得 $\operatorname{rank}(\boldsymbol{A}\otimes\boldsymbol{B})=\operatorname{rank}(\boldsymbol{A}_1\otimes\boldsymbol{B}_1)=r_1r_2$. 证毕

(10) 设 $\boldsymbol{A}\in\mathbf{C}^{m\times m}$, $\boldsymbol{B}\in\mathbf{C}^{n\times n}$, 则有 $\boldsymbol{A}\otimes\boldsymbol{B}$ 相似于 $\boldsymbol{B}\otimes\boldsymbol{A}$.

证 由性质 4 可知 $\boldsymbol{A}\otimes\boldsymbol{B}=(\boldsymbol{A}\otimes\boldsymbol{I}_n)(\boldsymbol{I}_m\otimes\boldsymbol{B})$. 对 mn 阶矩阵

$$\boldsymbol{A}\otimes\boldsymbol{I}_n=(a_{ij}\boldsymbol{I}_n)=\left[\begin{array}{ccc|c|ccc}a_{11} & & & & a_{1m} & & \\ & \ddots & & \cdots & & \ddots & \\ & & a_{11} & & & & a_{1m}\\ \hline & \vdots & & \ddots & & \vdots & \\ \hline a_{m1} & & & & a_{mm} & & \\ & \ddots & & \cdots & & \ddots & \\ & & a_{m1} & & & & a_{mm}\end{array}\right]$$

调换它的行,且同时调换它的同序号的列,可使之变为

$$\begin{bmatrix}\begin{matrix}a_{11} & \cdots & a_{1m}\\ \vdots & & \vdots\\ a_{m1} & \cdots & a_{mm}\end{matrix} & & \\ & \ddots & \\ & & \begin{matrix}a_{11} & \cdots & a_{1m}\\ \vdots & & \vdots\\ a_{m1} & \cdots & a_{mm}\end{matrix}\end{bmatrix}=\boldsymbol{I}_n\otimes\boldsymbol{A}$$

这样的调换过程可描述为:存在满秩矩阵 $\boldsymbol{P}$,使得

$$\boldsymbol{P}^{-1}(\boldsymbol{A}\otimes\boldsymbol{I}_n)\boldsymbol{P}=\boldsymbol{I}_n\otimes\boldsymbol{A}$$

同样，把从 $\boldsymbol{A}\otimes\boldsymbol{I}_n$ 变为 $\boldsymbol{I}_n\otimes\boldsymbol{A}$ 时所使用的行与列的调换方式施用于 $\boldsymbol{I}_m\otimes\boldsymbol{B}$，就使得 $\boldsymbol{I}_m\otimes\boldsymbol{B}$ 变为 $\boldsymbol{B}\otimes\boldsymbol{I}_m$，即

$$\boldsymbol{P}^{-1}(\boldsymbol{I}_m\otimes\boldsymbol{B})\boldsymbol{P}=\boldsymbol{B}\otimes\boldsymbol{I}_m$$

于是

$$\begin{aligned}\boldsymbol{A}\otimes\boldsymbol{B}=(\boldsymbol{A}\otimes\boldsymbol{I}_n)(\boldsymbol{I}_m\otimes\boldsymbol{B})=\boldsymbol{P}(\boldsymbol{I}_n\otimes\boldsymbol{A})\boldsymbol{P}^{-1}\boldsymbol{P}(\boldsymbol{B}\otimes\boldsymbol{I}_m)\boldsymbol{P}^{-1}=\\ \boldsymbol{P}(\boldsymbol{I}_n\otimes\boldsymbol{A})(\boldsymbol{B}\otimes\boldsymbol{I}_m)\boldsymbol{P}^{-1}=\boldsymbol{P}(\boldsymbol{B}\otimes\boldsymbol{A})\boldsymbol{P}^{-1}\end{aligned}$$

即 $\boldsymbol{A}\otimes\boldsymbol{B}$ 相似于 $\boldsymbol{B}\otimes\boldsymbol{A}$.　　证毕

5.4.2　线性矩阵方程的可解性

在系统控制等工程领域，经常遇到矩阵方程

$$\boldsymbol{AX}+\boldsymbol{XB}=\boldsymbol{F}\tag{5.4.5}$$

的求解问题，其中 $\boldsymbol{A}\in\mathbf{C}^{m\times m}$，$\boldsymbol{B}\in\mathbf{C}^{n\times n}$，$\boldsymbol{F}\in\mathbf{C}^{m\times n}$ 为已知矩阵，而 $\boldsymbol{X}\in\mathbf{C}^{m\times n}$ 为未知矩阵. 一般的线性矩阵方程可表示为

$$\sum_{i=1}^{l}\boldsymbol{A}_i\boldsymbol{X}\boldsymbol{B}_i=\boldsymbol{F}\tag{5.4.6}$$

其中 $\boldsymbol{A}_i\in\mathbf{C}^{m\times p}$，$\boldsymbol{B}_i\in\mathbf{C}^{q\times n}$，$\boldsymbol{F}\in\mathbf{C}^{m\times n}$ 为已知矩阵，而 $\boldsymbol{X}\in\mathbf{C}^{p\times q}$ 为未知矩阵.

下面利用矩阵直积的性质，研究矩阵方程(5.4.6)的可解性问题.

设 $\boldsymbol{A}=(a_{ij})_{m\times p}$，$\boldsymbol{B}\in\mathbf{C}^{q\times n}$，并记 $\boldsymbol{X}\in\mathbf{C}^{p\times q}$ 的第 i 行为 $\boldsymbol{x}_i^{\mathrm{T}}(i=1,2,\cdots,p)$，则 $\boldsymbol{X}^{\mathrm{T}}=(\boldsymbol{x}_1,\boldsymbol{x}_2,\cdots,\boldsymbol{x}_p)$. 令

$$\overline{\mathrm{vec}}(\boldsymbol{X})=(\boldsymbol{x}_1^{\mathrm{T}},\boldsymbol{x}_2^{\mathrm{T}},\cdots,\boldsymbol{x}_p^{\mathrm{T}})^{\mathrm{T}}$$

称之为矩阵 $\boldsymbol{X}$ 的行拉直向量，则有

$$\boldsymbol{AXB}=\begin{bmatrix}a_{11}&\cdots&a_{1p}\\ \vdots&&\vdots\\ a_{m1}&\cdots&a_{mp}\end{bmatrix}\begin{bmatrix}\boldsymbol{x}_1^T\\ \vdots\\ \boldsymbol{x}_p^T\end{bmatrix}\boldsymbol{B}=\begin{bmatrix}(a_{11}\boldsymbol{x}_1^T+\cdots+a_{1p}\boldsymbol{x}_p^T)\boldsymbol{B}\\ \vdots\\ (a_{m1}\boldsymbol{x}_1^T+\cdots+a_{mp}\boldsymbol{x}_p^T)\boldsymbol{B}\end{bmatrix}$$

从而

$$\begin{aligned}\overline{\mathrm{vec}}(\boldsymbol{AXB})&=\begin{bmatrix}\boldsymbol{B}^{\mathrm{T}}(a_{11}\boldsymbol{x}_1+\cdots+a_{1p}\boldsymbol{x}_p)\\ \vdots\\ \boldsymbol{B}^{\mathrm{T}}(a_{m1}\boldsymbol{x}_1+\cdots+a_{mp}\boldsymbol{x}_p)\end{bmatrix}\\ &=\begin{bmatrix}a_{11}\boldsymbol{B}^{\mathrm{T}}&\cdots&a_{1p}\boldsymbol{B}^{\mathrm{T}}\\ \vdots&&\vdots\\ a_{m1}\boldsymbol{B}^{\mathrm{T}}&\cdots&a_{mp}\boldsymbol{B}^{\mathrm{T}}\end{bmatrix}\begin{bmatrix}\boldsymbol{x}_1\\ \vdots\\ \boldsymbol{x}_p\end{bmatrix}=(\boldsymbol{A}\otimes\boldsymbol{B}^{\mathrm{T}})\,\overline{\mathrm{vec}}(\boldsymbol{X})\end{aligned}$$

定理 5.28　方程式(5.4.6)有解的充要条件是 $\overline{\mathrm{vec}}(\boldsymbol{F})\in R\left(\sum_{i=1}^{l}\boldsymbol{A}_i\otimes\boldsymbol{B}_i^{\mathrm{T}}\right)$. 这里，$R(\boldsymbol{A})$ 表示矩阵 $\boldsymbol{A}$ 的列空间.

证　方程式(5.4.6)有解 $\boldsymbol{X}$，等价于方程

$$\overline{\text{vec}}\left(\sum_{i=1}^{l}\boldsymbol{A}_i\boldsymbol{X}\boldsymbol{B}_i\right)=\overline{\text{vec}}(\boldsymbol{F})$$

有解 $\boldsymbol{X}$,而后者等价于方程

$$\left(\sum_{i=1}^{l}\boldsymbol{A}_i\otimes\boldsymbol{B}_i^{\mathrm{T}}\right)\overline{\text{vec}}(\boldsymbol{X})=\overline{\text{vec}}(\boldsymbol{F})$$

有解$\overline{\text{vec}}(\boldsymbol{X})$,故

$$\overline{\text{vec}}(\boldsymbol{F})\in R\left(\sum_{i=1}^{l}\boldsymbol{A}_i\otimes\boldsymbol{B}_i^{\mathrm{T}}\right)$$ 证毕

定理5.29 设 $\boldsymbol{A}_{m\times m}$ 的特征值为$\lambda_1,\lambda_2,\cdots,\lambda_m$,$\boldsymbol{B}_{n\times n}$ 的特征值为$\mu_1,\mu_2,\cdots,\mu_n$,则方程(5.4.5)有唯一解的充要条件是$\lambda_i+\mu_j\neq0$ $(i=1,2,\cdots,m;j=1,2,\cdots,n)$.

证 方程 $\boldsymbol{AX}+\boldsymbol{XB}=\boldsymbol{F}$ 有唯一解 $\boldsymbol{X}$,等价于方程

$$\overline{\text{vec}}(\boldsymbol{AX}+\boldsymbol{XB})=\overline{\text{vec}}(\boldsymbol{F})$$

有唯一解 $\boldsymbol{X}$,而后者等价于方程

$$(\boldsymbol{A}\otimes\boldsymbol{I}_n+\boldsymbol{I}_m\otimes\boldsymbol{B}^{\mathrm{T}})\overline{\text{vec}}(\boldsymbol{X})=\overline{\text{vec}}(\boldsymbol{F})$$

有唯一解$\overline{\text{vec}}(\boldsymbol{X})$,故 $\det(\boldsymbol{A}\otimes\boldsymbol{I}_n+\boldsymbol{I}_m\otimes\boldsymbol{B}^{\mathrm{T}})\neq0$.

令 $f(x,y)=x^1y^0+x^0y^1$,并注意 $\boldsymbol{B}^{\mathrm{T}}$ 与 $\boldsymbol{B}$ 的特征值完全相同,根据定理5.27可得

$$f(\boldsymbol{A},\boldsymbol{B}^{\mathrm{T}})=\boldsymbol{A}\otimes\boldsymbol{I}_n+\boldsymbol{I}_m\otimes\boldsymbol{B}^{\mathrm{T}}$$

的特征值为 $f(\lambda_i,\mu_j)=\lambda_i+\mu_j$.故 $\det(\boldsymbol{A}\otimes\boldsymbol{I}_n+\boldsymbol{I}_m\otimes\boldsymbol{B}^{\mathrm{T}})\neq0$ 的充要条件是

$$\lambda_i+\mu_j\neq0\quad(i=1,2,\cdots,m;\quad j=1,2,\cdots,n)$$ 证毕

推论1 设 $\boldsymbol{A}_{m\times m}$ 的特征值为$\lambda_1,\lambda_2,\cdots,\lambda_m$,$\boldsymbol{B}_{n\times n}$ 的特征值为$\mu_1,\mu_2,\cdots,\mu_n$,则齐次方程 $\boldsymbol{AX}+\boldsymbol{XB}=\boldsymbol{O}$ 有非零解的充要条件是存在i_0 与 j_0,使$\lambda_{i_0}+\mu_{j_0}=0$.

推论2 设 $\boldsymbol{A}$ 是 m 阶矩阵,则齐次方程 $\boldsymbol{AX}-\boldsymbol{XA}=\boldsymbol{O}$ 一定有非零解.

例5.13 设 $\boldsymbol{A}\in\mathbf{C}^{m\times m}$,$\boldsymbol{B}\in\mathbf{C}^{n\times n}$,$\boldsymbol{F}\in\mathbf{C}^{m\times n}$.如果 $\boldsymbol{A}$ 与 $\boldsymbol{B}$ 无公共特征值,则 $\begin{bmatrix}\boldsymbol{A}&\boldsymbol{F}\\\boldsymbol{O}&\boldsymbol{B}\end{bmatrix}$ 相似于 $\begin{bmatrix}\boldsymbol{A}&\boldsymbol{O}\\\boldsymbol{O}&\boldsymbol{B}\end{bmatrix}$.

证 设 $\boldsymbol{P}=\begin{bmatrix}\boldsymbol{I}_m&\boldsymbol{X}\\\boldsymbol{O}&\boldsymbol{I}_n\end{bmatrix}$(请读者思考为什么),$\boldsymbol{X}\in\mathbf{C}^{m\times n}$ 待定,则

$$\boldsymbol{P}^{-1}=\begin{bmatrix}\boldsymbol{I}_m&-\boldsymbol{X}\\\boldsymbol{O}&\boldsymbol{I}_n\end{bmatrix},\quad\boldsymbol{P}^{-1}\begin{bmatrix}\boldsymbol{A}&\boldsymbol{F}\\\boldsymbol{O}&\boldsymbol{B}\end{bmatrix}\boldsymbol{P}=\begin{bmatrix}\boldsymbol{A}&\boldsymbol{F}+\boldsymbol{XB}-\boldsymbol{AX}\\\boldsymbol{O}&\boldsymbol{B}\end{bmatrix}$$

因为 $\boldsymbol{A}$ 与 $\boldsymbol{B}$ 无公共特征值,所以 $\lambda_i(\boldsymbol{A})+\mu_j(-\boldsymbol{B})\neq0$.由定理5.29知,方程 $\boldsymbol{AX}+\boldsymbol{X}(-\boldsymbol{B})=\boldsymbol{F}$ 有唯一解 $\boldsymbol{X}\in\mathbf{C}^{m\times n}$.于是有

$$\boldsymbol{P}=\begin{bmatrix}\boldsymbol{I}_m&\boldsymbol{X}\\\boldsymbol{O}&\boldsymbol{I}_n\end{bmatrix},\quad\boldsymbol{P}^{-1}\begin{bmatrix}\boldsymbol{A}&\boldsymbol{F}\\\boldsymbol{O}&\boldsymbol{B}\end{bmatrix}\boldsymbol{P}=\begin{bmatrix}\boldsymbol{A}&\boldsymbol{O}\\\boldsymbol{O}&\boldsymbol{B}\end{bmatrix}$$ 证毕

类似于定理5.29的证明,还可以得到下述定理.

定理 5.30　设 $\boldsymbol{A}_{m\times m}$ 的特征值为 $\lambda_1, \lambda_2, \cdots, \lambda_m$，$\boldsymbol{B}_{n\times n}$ 的特征值为 $\mu_1, \mu_2, \cdots, \mu_n$，则有

(1) 方程 $\sum_{k=0}^{l}\boldsymbol{A}^k\boldsymbol{X}\boldsymbol{B}^k = \boldsymbol{F}$ 有唯一解的充要条件是 $1+(\lambda_i\mu_j)+\cdots+(\lambda_i\mu_j)^l \neq 0 (i=1, 2, \cdots, m; j=1, 2, \cdots, n)$；

(2) 齐次方程 $\sum_{k=0}^{l}\boldsymbol{A}^k\boldsymbol{X}\boldsymbol{B}^k = \boldsymbol{O}$ 有非零解的充要条件是存在 i_0 与 j_0，使 $1+(\lambda_{i_0}\mu_{j_0})+\cdots+(\lambda_{i_0}\mu_{j_0})^l=0$.

最后，利用矩阵函数来描述方程(5.4.5)的唯一解.

引理 5.3　设 $\boldsymbol{A}\in\mathbf{C}^{m\times m}$，$\boldsymbol{B}\in\mathbf{C}^{n\times n}$，$\boldsymbol{F}\in\mathbf{C}^{m\times n}$，如果 $\boldsymbol{A}$ 与 $\boldsymbol{B}$ 的特征值的实部都小于零，则积分 $\int_0^{+\infty}\mathrm{e}^{\boldsymbol{A}t}\boldsymbol{F}\mathrm{e}^{\boldsymbol{B}t}\mathrm{d}t$ 存在.

证　设 $\boldsymbol{A}$ 的特征值为 $\lambda_1, \lambda_2, \cdots, \lambda_m$，根据矩阵的 Jordan 标准形理论，存在可逆矩阵 $\boldsymbol{P}\in\mathbf{C}^{m\times m}$，使得

$$\boldsymbol{P}^{-1}\boldsymbol{A}\boldsymbol{P}=\begin{bmatrix}\lambda_1 & \delta_1 & & \\ & \ddots & \ddots & \\ & & \lambda_{m-1} & \delta_{m-1} \\ & & & \lambda_m\end{bmatrix}$$

其中 $\delta_i=0$ 或 1. 按照式(3.3.17)可写出

$$\mathrm{e}^{\boldsymbol{A}t}=\boldsymbol{P}\begin{bmatrix}\mathrm{e}^{\lambda_1 t} & & \\ & \ddots & \\ & & \mathrm{e}^{\lambda_m t}\end{bmatrix}\boldsymbol{T}_{\boldsymbol{A}}\boldsymbol{P}^{-1} \tag{5.4.7}$$

其中 $\boldsymbol{T}_{\boldsymbol{A}}$ 表示单位上三角矩阵，它的非零元素的形式为 $at^k (0\leqslant k\leqslant m, a\in\mathbf{R})$.

设 $\boldsymbol{B}$ 的特征值为 $\mu_1, \mu_2, \cdots, \mu_n$，类似于式(5.4.7)可写出

$$\mathrm{e}^{\boldsymbol{B}t}=\boldsymbol{Q}\begin{bmatrix}\mathrm{e}^{\mu_1 t} & & \\ & \ddots & \\ & & \mathrm{e}^{\mu_n t}\end{bmatrix}\boldsymbol{T}_{\boldsymbol{B}}\boldsymbol{Q}^{-1} \tag{5.4.8}$$

其中矩阵 $\boldsymbol{Q}\in\mathbf{C}^{n\times n}$ 可逆，$\boldsymbol{T}_{\boldsymbol{B}}$ 也表示单位上三角矩阵，它的非零元素的形式为 $bt^k (0\leqslant k\leqslant n, b\in\mathbf{R})$.

注意到

$$\mathrm{e}^{\boldsymbol{A}t}\boldsymbol{F}\mathrm{e}^{\boldsymbol{B}t}=\boldsymbol{P}\begin{bmatrix}\mathrm{e}^{\lambda_1 t} & & \\ & \ddots & \\ & & \mathrm{e}^{\lambda_m t}\end{bmatrix}\boldsymbol{T}_{\boldsymbol{A}}\boldsymbol{P}^{-1}\boldsymbol{F}\boldsymbol{Q}\begin{bmatrix}\mathrm{e}^{\mu_1 t} & & \\ & \ddots & \\ & & \mathrm{e}^{\mu_n t}\end{bmatrix}\boldsymbol{T}_{\boldsymbol{B}}\boldsymbol{Q}^{-1}$$

的右端乘积矩阵的元素都是因子 $\mathrm{e}^{(\lambda_i+\mu_j)t}$ 的关于 t 的多项式倍数的组合，且积分 $\int_0^{+\infty}t^k\mathrm{e}^{(\lambda_i+\mu_j)t}\mathrm{d}t\ (k\geqslant 0)$ 都存在，所以积分 $\int_0^{+\infty}\mathrm{e}^{\boldsymbol{A}t}\boldsymbol{F}\mathrm{e}^{\boldsymbol{B}t}\mathrm{d}t$ 存在.　证毕

定理 5.31　设 $\boldsymbol{A}\in\mathbf{C}^{m\times m}$，$\boldsymbol{B}\in\mathbf{C}^{n\times n}$，$\boldsymbol{F}\in\mathbf{C}^{m\times n}$，且 $\boldsymbol{A}$ 与 $\boldsymbol{B}$ 的特征值之和不等

于零，那么，如果积分 $\int_0^{+\infty} e^{At}\boldsymbol{F}e^{Bt}\,dt$ 存在，则方程(5.4.5)的唯一解 $\boldsymbol{X}=-\int_0^{+\infty} e^{At}\boldsymbol{F}e^{Bt}\,dt$.

证 令 $\boldsymbol{Y}(t)=e^{At}\boldsymbol{F}e^{Bt}$，则有

$$\frac{d\boldsymbol{Y}(t)}{dt}=\boldsymbol{AY}(t)+\boldsymbol{Y}(t)\boldsymbol{B},\quad \boldsymbol{Y}(t)\big|_{t=0}=\boldsymbol{F}$$

由积分 $\int_0^{+\infty}\boldsymbol{Y}(t)\,dt$ 存在知，$\lim\limits_{t\to+\infty}\boldsymbol{Y}(t)=\boldsymbol{O}$. 上式两端求积分，可得

$$\boldsymbol{Y}(t)\big|_0^{+\infty}=\boldsymbol{A}\left(\int_0^{+\infty}\boldsymbol{Y}(t)\,dt\right)+\left(\int_0^{+\infty}\boldsymbol{Y}(t)\,dt\right)\boldsymbol{B}$$

即

$$-\boldsymbol{F}=\boldsymbol{A}(-\boldsymbol{X})+(-\boldsymbol{X})\boldsymbol{B}$$

也就是 $\boldsymbol{AX}+\boldsymbol{XB}=\boldsymbol{F}$. 证毕

推论 1 设 $\boldsymbol{A}\in\mathbf{C}^{m\times m}$ 与 $\boldsymbol{B}\in\mathbf{C}^{n\times n}$ 的特征值满足

$$\mathrm{Re}(\lambda_i)<0\ (i=1,2,\cdots,m),\quad \mathrm{Re}(\mu_j)<0\ (j=1,2,\cdots,n)$$

则方程(5.4.5)的唯一解为 $\boldsymbol{X}=-\int_0^{+\infty}e^{At}\boldsymbol{F}e^{Bt}\,dt$.

证 由引理 5.3 知，在题设条件下，积分 $\int_0^{+\infty}e^{At}\boldsymbol{F}e^{Bt}\,dt$ 存在. 再由定理 5.31 即得结论. 证毕

推论 2 设 $\boldsymbol{A}\in\mathbf{C}^{m\times m}$ 的特征值满足 $\mathrm{Re}(\lambda_i)<0\ (i=1,2,\cdots,m)$，则方程 $\boldsymbol{A}^{\mathrm{T}}\boldsymbol{X}+\boldsymbol{XA}=-\boldsymbol{F}$ 的唯一解为 $\boldsymbol{X}=\int_0^{+\infty}e^{\boldsymbol{A}^{\mathrm{T}}t}\boldsymbol{F}e^{At}\,dt$. 如果 $\boldsymbol{F}\in\mathbf{C}^{m\times m}$ 是正定矩阵，则解矩阵 $\boldsymbol{X}$ 也是正定的.

证 只需证明后一结论即可. 设 $\boldsymbol{0}\neq\boldsymbol{x}\in\mathbf{C}^n$，由于矩阵 e^{At} 可逆，所以 $e^{At}\boldsymbol{x}\neq\boldsymbol{0}$，于是可得

$$(e^{At}\boldsymbol{x})^{\mathrm{T}}\boldsymbol{F}(e^{At}\boldsymbol{x})>0$$

从而有

$$\boldsymbol{x}^{\mathrm{T}}\boldsymbol{Xx}=\int_0^{+\infty}(e^{At}\boldsymbol{x})^{\mathrm{T}}\boldsymbol{F}(e^{At}\boldsymbol{x})\,dt>0$$

故 $\boldsymbol{X}$ 是正定矩阵. 证毕

5.4.3 线性矩阵微分方程的矩阵函数解法

借助于矩阵的直积运算，可以将线性矩阵微分方程转化为线性微分方程组，然后利用求解一阶线性常系数微分方程组的矩阵函数方法(见 3.5 节)，给出求解线性矩阵微分方程的矩阵函数方法. 为了叙述简单，这里仅介绍齐次线性矩阵微分方程的情形，而非齐次线性矩阵微分方程的情形可类似处理.

容易验证，矩阵的指数函数及其直积运算有以下两个性质(本节习题第 9,10

题).

性质 1　设 $\boldsymbol{A} \in \mathbf{C}^{n\times n}$，则 $\mathrm{e}^{\boldsymbol{I}\otimes\boldsymbol{A}} = \boldsymbol{I} \otimes \mathrm{e}^{\boldsymbol{A}}$，$\mathrm{e}^{\boldsymbol{A}\otimes\boldsymbol{I}} = \mathrm{e}^{\boldsymbol{A}} \otimes \boldsymbol{I}$.

性质 2　设 $\boldsymbol{A} \in \mathbf{C}^{m\times m}$，$\boldsymbol{B} \in \mathbf{C}^{n\times n}$，则 $\mathrm{e}^{(\boldsymbol{A}\otimes\boldsymbol{I}_n+\boldsymbol{I}_m\otimes\boldsymbol{B})} = \mathrm{e}^{\boldsymbol{A}} \otimes \mathrm{e}^{\boldsymbol{B}}$.

定理 5.32　设 $\boldsymbol{A} \in \mathbf{C}^{m\times m}$，$\boldsymbol{B} \in \mathbf{C}^{n\times n}$，$\boldsymbol{X}(t) \in \mathbf{C}^{m\times n}$，则线性矩阵微分方程初值问题

$$\frac{\mathrm{d}}{\mathrm{d}t}\boldsymbol{X}(t) = \boldsymbol{A}\boldsymbol{X}(t) + \boldsymbol{X}(t)\boldsymbol{B}, \quad \boldsymbol{X}(0) = \boldsymbol{X}_0 \tag{5.4.9}$$

的唯一解为 $\boldsymbol{X}(t) = \mathrm{e}^{\boldsymbol{A}t}\boldsymbol{X}_0\mathrm{e}^{\boldsymbol{B}t}$.

证　将线性矩阵微分方程初值问题式(5.4.9)按行拉直，可得线性微分方程组初值问题

$$\frac{\mathrm{d}}{\mathrm{d}t}\overline{\mathrm{vec}}(\boldsymbol{X}(t)) = (\boldsymbol{A} \otimes \boldsymbol{I}_n + I_m \otimes \boldsymbol{B}^T)\,\overline{\mathrm{vec}}(\boldsymbol{X}(t))$$

$$\overline{\mathrm{vec}}(\boldsymbol{X}(0)) = \overline{\mathrm{vec}}(\boldsymbol{X}_0)$$

利用 3.5 节的结论可得后者的唯一解为

$$\overline{\mathrm{vec}}(\boldsymbol{X}(t)) = \mathrm{e}^{(\boldsymbol{A}\otimes\boldsymbol{I}_n+\boldsymbol{I}_m\otimes\boldsymbol{B}^{\mathrm{T}})t}\,\overline{\mathrm{vec}}(\boldsymbol{X}_0) = (\mathrm{e}^{\boldsymbol{A}t} \otimes \mathrm{e}^{\boldsymbol{B}^{\mathrm{T}}t})\,\overline{\mathrm{vec}}(\boldsymbol{X}_0)$$

也就是

$$\boldsymbol{X}(t) = \mathrm{e}^{\boldsymbol{A}t}\boldsymbol{X}_0\,(\mathrm{e}^{\boldsymbol{B}^{\mathrm{T}}t})^{\mathrm{T}} = \mathrm{e}^{\boldsymbol{A}t}\boldsymbol{X}_0\mathrm{e}^{\boldsymbol{B}t}$$

证毕

习　题　5.4

1. 设 $\boldsymbol{A}^2 = \boldsymbol{A}$，$\boldsymbol{B}^2 = \boldsymbol{B}$，证明 $(\boldsymbol{A} \otimes \boldsymbol{B})^2 = \boldsymbol{A} \otimes \boldsymbol{B}$.

2. 设 $\boldsymbol{A}$ 和 $\boldsymbol{B}$ 都是(半)正定矩阵，证明 $\boldsymbol{A} \otimes \boldsymbol{B}$ 也是(半)正定矩阵.

3. 设 $\boldsymbol{A} \in \mathbf{C}^{m\times m}$，$\boldsymbol{B} \in \mathbf{C}^{n\times n}$，它们的特征向量分别为 $\boldsymbol{\xi}$ 和 $\boldsymbol{\eta}$，证明 $\boldsymbol{\xi} \otimes \boldsymbol{\eta}$ 是 $\boldsymbol{A} \otimes \boldsymbol{B}$ 的特征向量.

4. 设 $\boldsymbol{A} \in \mathbf{C}^{m\times m}$ 的特征值为 $\lambda_1, \lambda_2, \cdots, \lambda_m$，证明 $\boldsymbol{B} = (\boldsymbol{u}_n\boldsymbol{u}_n^{\mathrm{T}}) \otimes \boldsymbol{A}$ 的特征值是 $n\lambda_1, n\lambda_2, \cdots, n\lambda_m$ 和 $m(n-1)$ 重零. 这里 $\boldsymbol{u}_n = (1, \cdots, 1)^{\mathrm{T}} \in \mathbf{R}^n$.

5. 证明：两个反 Hermite 矩阵的直积是 Hermite 矩阵.

6. 设 $\boldsymbol{A} \in \mathbf{C}^{m\times m}$ 与 $\boldsymbol{B} \in \mathbf{C}^{n\times n}$ 都是半正定矩阵，证明方程 $\sum_{k=0}^{l}\boldsymbol{A}^k\boldsymbol{X}\boldsymbol{B}^k = \boldsymbol{F}$ 存在唯一解.

7. 设 $\boldsymbol{A} \in \mathbf{C}^{m\times m}$ 与 $\boldsymbol{B} \in \mathbf{C}^{n\times n}$ 的特征值都是实数，证明方程 $\boldsymbol{X} + \boldsymbol{AXB} + \boldsymbol{A}^2\boldsymbol{X}\boldsymbol{B}^2 = \boldsymbol{F}$ 存在唯一解.

8. 使用矩阵函数方法求解矩阵方程 $\boldsymbol{AX} + \boldsymbol{XA} = \boldsymbol{I}$，其中

$$\boldsymbol{A} = \begin{bmatrix} -1 & 0 & 0 \\ 0 & -1 & 0 \\ -1 & 2 & -2 \end{bmatrix}$$

9. 设 $\boldsymbol{A} \in \mathrm{C}^{n\times n}$，证明 $\mathrm{e}^{\boldsymbol{I}\otimes\boldsymbol{A}} = I \otimes \mathrm{e}^{\boldsymbol{A}}$，$\mathrm{e}^{\boldsymbol{A}\otimes\boldsymbol{I}} = \mathrm{e}^{\boldsymbol{A}} \otimes \boldsymbol{I}$.

10. 设 $\boldsymbol{A} \in \mathrm{C}^{m\times m}$，$\boldsymbol{B} \in \mathrm{C}^{n\times n}$，证明 $\mathrm{e}^{(\boldsymbol{A}\otimes\boldsymbol{I}_n+\boldsymbol{I}_m\otimes\boldsymbol{B})} = \mathrm{e}^{\boldsymbol{A}} \otimes \mathrm{e}^{\boldsymbol{B}}$.

本章要点评述

矩阵的特征值是矩阵的重要参数之一，它可以用复平面上的点来表示. 当矩阵

的阶数较高时，计算矩阵的特征值一般比较困难，而对矩阵的特征值给出一个适当的范围就是特征值的估计问题.估计矩阵的特征值的基本原则是寻找一些包含全体特征值的较小区域，并使每一个区域中包含尽可能少的互异特征值.

Gerschgorin 提出用复平面上的一组圆盘覆盖矩阵的全体特征值，由于圆盘的几何图形简单，所以在工程设计中被广泛应用. Ostrowski 提出用复平面上的一组 Cassini 卵形覆盖矩阵的全体特征值，由于这组图形的几何面积较小，所以具有重要的理论价值.

矩阵的孤立盖尔圆中恰好包含着该矩阵的一个特征值.当矩阵的盖尔圆相交时，可对该矩阵进行相似变换，使得变换后的矩阵的盖尔圆都是孤立的，这就是矩阵的特征值的隔离问题.

矩阵的广义特征值问题是对常义特征值问题的推广.广义特征值问题的计算方法类似于常义特征值问题.在一定条件下，广义特征值问题可以转化为常义特征值问题.

将求 Hermite 矩阵的常义特征值问题，或者广义特征值问题转化为求多元函数的局部极值问题，既能给出矩阵特征值的显示表达式，又能开辟计算矩阵特征值的新途径. Hermite 矩阵的 Rayleigh 商的“极小极大原理”和“极大极小原理”在特征值扰动分析方面有着重要的应用.

矩阵的直积不仅在矩阵理论的研究中有着广泛的应用，而且在工程领域中也是一种基本的数学工具.矩阵的直积运算一般不满足交换律，而且许多性质也与通常矩阵乘积的性质不同.比如，直积矩阵的转置等于转置矩阵的直积，直积矩阵的逆等于逆矩阵的直积，等等.对于方阵而言，二元多项式函数对应的二元矩阵函数的特征值可以由变量矩阵的特征值来表示.

借助于矩阵的直积运算，可以将线性矩阵方程转化为线性代数方程组，并通过研究有关矩阵的特征值分布情况来讨论线性矩阵方程的可解性等问题；也可以将线性矩阵微分方程转化为线性微分方程组，然后采用矩阵函数方法求解线性矩阵微分方程初值问题.

对于特殊的 Lyapunov 矩阵方程以及一般的线性矩阵微分方程初值问题，可以采用矩阵函数方法求其唯一解.

第 6 章　广义逆矩阵

逆矩阵的概念只是对可逆矩阵才有意义.但是在实际问题中,遇到的矩阵不一定是方阵,即便是方阵也不一定可逆,这就需要考虑,可否将逆矩阵概念进一步推广.为此,引进下列条件:

(1) 该矩阵对于不可逆矩阵甚至长方矩阵都存在;

(2) 它具有通常逆矩阵的一些性质;

(3) 当矩阵可逆时,它还原到通常的逆矩阵.

称满足以上三个条件的矩阵为**广义逆矩阵**.

早在 1920 年,E. H. Moore 就提出了广义逆矩阵的概念. 但在其后的 30 年中,他的理论几乎未被注意.直到 1955 年,R. Penrose 以更明确的形式给出了 Moore 的广义逆矩阵的定义之后,广义逆矩阵的研究才进入了一个新的时期.由于广义逆矩阵在数理统计、系统理论、优化计算和控制论等许多领域中的重要应用逐渐为人们所认识,因而大大推动了对广义逆矩阵的理论与应用的研究,使得这一学科得到迅速的发展,已成为矩阵论的一个重要分枝.

本章着重介绍 $m\times n$ 矩阵的 Penrose 广义逆矩阵的概念、性质及计算方法,对其他类型的广义逆矩阵只进行简单介绍.

6.1　广义逆矩阵的概念与性质

本节介绍 Penrose 广义逆矩阵的概念、性质以及构造方法,并讨论常用广义逆矩阵之间的相互关系.

6.1.1　Penrose 的广义逆矩阵定义

定义 6.1　设矩阵 $\boldsymbol{A}\in\mathbf{C}^{m\times n}$,若矩阵 $\boldsymbol{X}\in\mathbf{C}^{n\times m}$ 满足以下 4 个 Penrose 方程

(1) $\boldsymbol{AXA}=\boldsymbol{A}$;　　(2) $\boldsymbol{XAX}=\boldsymbol{X}$

(3) $(\boldsymbol{AX})^{\mathrm{H}}=\boldsymbol{AX}$;　　(4) $(\boldsymbol{XA})^{\mathrm{H}}=\boldsymbol{XA}$

则称 $\boldsymbol{X}$ 为 $\boldsymbol{A}$ 的 **Moore-Penrose 逆**,记为 $\boldsymbol{A}^{+}$.

由定义容易验证以下特例:

若 $\boldsymbol{A}$ 是可逆矩阵,则 $\boldsymbol{A}^{+}=\boldsymbol{A}^{-1}$;

若 $\boldsymbol{A}=\boldsymbol{O}_{m\times n}$,则 $\boldsymbol{A}^{+}=\boldsymbol{O}_{n\times m}$;

若 $\boldsymbol{A}=\begin{bmatrix}1\\1\end{bmatrix}$,则 $\boldsymbol{A}^{+}=\begin{bmatrix}\frac{1}{2} & \frac{1}{2}\end{bmatrix}$.

上面的例子表明，Moore-Penrose 逆拓宽了逆矩阵的概念，而且零矩阵的 Moore-Penrose 逆是存在的. 下述例子说明行满秩矩阵与列满秩矩阵的 Moore-Penrose 逆也是存在的，并且给出一种简单的计算方法.

例 6.1 设 $\boldsymbol{F} \in \mathbf{C}_r^{m\times r}(r \geqslant 1)$，$\boldsymbol{G} \in \mathbf{C}_r^{r\times n}(r \geqslant 1)$，则有

$$\boldsymbol{F}^+ = (\boldsymbol{F}^{\mathrm{H}}\boldsymbol{F})^{-1}\boldsymbol{F}^{\mathrm{H}}, \boldsymbol{F}^+\boldsymbol{F} = \boldsymbol{I}_r \tag{6.1.1}$$

$$\boldsymbol{G}^+ = \boldsymbol{G}^{\mathrm{H}}(\boldsymbol{G}\boldsymbol{G}^{\mathrm{H}})^{-1}, \boldsymbol{G}\boldsymbol{G}^+ = \boldsymbol{I}_r \tag{6.1.2}$$

证 验证式(6.1.1). 令 $\boldsymbol{X} = (\boldsymbol{F}^{\mathrm{H}}\boldsymbol{F})^{-1}\boldsymbol{F}^{\mathrm{H}}$，则有

$$\boldsymbol{FXF} = \boldsymbol{F}(\boldsymbol{F}^{\mathrm{H}}\boldsymbol{F})^{-1}\boldsymbol{F}^{\mathrm{H}}\boldsymbol{F} = \boldsymbol{F}$$

$$\boldsymbol{XFX} = (\boldsymbol{F}^{\mathrm{H}}\boldsymbol{F})^{-1}\boldsymbol{F}^{\mathrm{H}}\boldsymbol{FX} = \boldsymbol{X}$$

$$(\boldsymbol{FX})^{\mathrm{H}} = \boldsymbol{X}^{\mathrm{H}}\boldsymbol{F}^{\mathrm{H}} = \boldsymbol{F}(\boldsymbol{F}^{\mathrm{H}}\boldsymbol{F})^{-1}\boldsymbol{F}^{\mathrm{H}} = \boldsymbol{FX}$$

$$(\boldsymbol{XF})^{\mathrm{H}} = \boldsymbol{I}_r^{\mathrm{H}} = \boldsymbol{I}_r = \boldsymbol{XF}$$

由定义可得$\boldsymbol{F}^+ = \boldsymbol{X} = (\boldsymbol{F}^{\mathrm{H}}\boldsymbol{F})^{-1}\boldsymbol{F}^{\mathrm{H}}$，且有$\boldsymbol{F}^+ F = \boldsymbol{I}_r$.

同理可得式(6.1.2).

下面的两个定理说明任意矩阵的 Moore-Penrose 逆是存在的，并且给出求 Moore-Penrose 逆的一般方法.

定理 6.1 对任意 $\boldsymbol{A} \in \mathbf{C}^{m\times n}$，$\boldsymbol{A}^+$ 存在并且唯一.

证 先证存在性. 设 $\mathrm{rank}\boldsymbol{A} = r$. 若 $r = 0$，则 $\boldsymbol{A} = \boldsymbol{O}_{m\times n}$，由定义知$\boldsymbol{A}^+ = \boldsymbol{O}_{n\times m}$；若 $r > 0$，由定理 4.16 知，$\boldsymbol{A}$ 可进行满秩分解：

$$\boldsymbol{A} = \boldsymbol{FG} \quad (\boldsymbol{F} \in \mathbf{C}_r^{m\times r}, \boldsymbol{G} \in \mathbf{C}_r^{r\times n})$$

令 $\boldsymbol{X} = \boldsymbol{G}^+\boldsymbol{F}^+$，则有

$$\boldsymbol{AXA} = \boldsymbol{FG}\cdot\boldsymbol{G}^+\boldsymbol{F}^+\cdot\boldsymbol{FG} = \boldsymbol{FG} = \boldsymbol{A}$$

$$\boldsymbol{XAX} = \boldsymbol{G}^+\boldsymbol{F}^+\cdot\boldsymbol{FG}\cdot\boldsymbol{G}^+\boldsymbol{F}^+ = \boldsymbol{G}^+\boldsymbol{F}^+ = X$$

$$(\boldsymbol{AX})^{\mathrm{H}} = (\boldsymbol{FG}\cdot\boldsymbol{G}^+\boldsymbol{F}^+)^{\mathrm{H}} = (\boldsymbol{F}\boldsymbol{F}^+)^{\mathrm{H}} = \boldsymbol{F}\boldsymbol{F}^+ = \boldsymbol{F}\cdot\boldsymbol{G}\boldsymbol{G}^+\cdot\boldsymbol{F}^+ = \boldsymbol{AX}$$

$$(\boldsymbol{XA})^{\mathrm{H}} = (\boldsymbol{G}^+\boldsymbol{F}^+\cdot\boldsymbol{FG})^{\mathrm{H}} = (\boldsymbol{G}^+\boldsymbol{G})^{\mathrm{H}} = \boldsymbol{G}^+\boldsymbol{G} = \boldsymbol{G}^+\cdot\boldsymbol{F}^+\boldsymbol{F}\cdot\boldsymbol{G} = \boldsymbol{XA}$$

故

$$\boldsymbol{A}^+ = \boldsymbol{G}^+\boldsymbol{F}^+ = \boldsymbol{G}^{\mathrm{H}}(\boldsymbol{F}^{\mathrm{H}}\boldsymbol{A}\boldsymbol{G}^{\mathrm{H}})^{-1}\boldsymbol{F}^{\mathrm{H}} \tag{6.1.3}$$

再证唯一性. 如果 $\boldsymbol{X}_{n\times m}$ 与 $\boldsymbol{Y}_{n\times m}$ 都是 $\boldsymbol{A}$ 的 Moore-Penrose 逆，即都满足 4 个 Penrose 方程，则有

$$\begin{aligned}\boldsymbol{X} &= \boldsymbol{XAX} = \boldsymbol{X}\cdot\boldsymbol{AYA}\cdot\boldsymbol{X} = \boldsymbol{X}(\boldsymbol{AY})^{\mathrm{H}}(\boldsymbol{AX})^{\mathrm{H}} = \\ &\boldsymbol{X}(\boldsymbol{AXAY})^{\mathrm{H}} = \boldsymbol{X}(\boldsymbol{AY})^{\mathrm{H}} = \boldsymbol{XAY} = \boldsymbol{X}\cdot\boldsymbol{AYA}\cdot\boldsymbol{Y} = \\ &(\boldsymbol{XA})^{\mathrm{H}}(\boldsymbol{YA})^{\mathrm{H}}\boldsymbol{Y} = (\boldsymbol{YAXA})^{\mathrm{H}}\boldsymbol{Y} = (\boldsymbol{YA})^{\mathrm{H}}\boldsymbol{Y} = \boldsymbol{YAY} = \boldsymbol{Y}\end{aligned}$$

故 $\boldsymbol{A}$ 的 Moore-Penrose 逆是唯一的. 证毕

式(6.1.3) 给出了求矩阵的 Moore-Penrose 逆的满秩分解方法.

定理 6.2 设 $\boldsymbol{A} \in \mathbf{C}_r^{m\times n}$ 的奇异值分解为

$$\boldsymbol{A} = \boldsymbol{U}\begin{bmatrix}\boldsymbol{\Sigma}_r & \boldsymbol{O} \\ \boldsymbol{O} & \boldsymbol{O}\end{bmatrix}_{m\times n}\boldsymbol{V}^{\mathrm{H}}$$

那么

$$A^{+}=V\begin{bmatrix}\Sigma_r^{-1} & O\\ O & O\end{bmatrix}_{n\times m}U^{\mathrm{H}} \tag{6.1.4}$$

这里 U,V,Σ_r 的意义同定理 4.16.

证　直接验证 $X=V\begin{bmatrix}\Sigma_r^{-1} & O\\ O & O\end{bmatrix}_{n\times m}U^{\mathrm{H}}$ 满足 4 个 Penrose 方程即可.　证毕

式(6.1.4) 给出了求矩阵的 Moore-Penrose 逆的奇异值分解方法.

矩阵的 Moore-Penrose 逆是一种广义逆矩阵,它满足 4 个 Penrose 方程. 下面介绍满足一个或几个 Penrose 方程的广义逆矩阵.

定义 6.2　设矩阵 $A\in \mathbf{C}^{m\times n}$,矩阵 $X\in \mathbf{C}^{n\times m}$.

(1) 若 X 满足 Penrose 方程中的第(i) 个方程,则称 X 为 A 的$\{i\}$- 逆,记作 $A^{(i)}$,全体$\{i\}$- 逆的集合记作 $A\{i\}$. 这种广义逆矩阵共有 4 类;

(2) 若 X 满足 Penrose 方程中的第(i),(j) 个方程$(i\neq j)$,则称 X 为 A 的$\{i,j\}$- 逆,记作 $A^{(i,j)}$,全体$\{i,j\}$- 逆的集合记作 $A\{i,j\}$. 这种广义逆矩阵共有 6 类;

(3) 若 X 满足 Penrose 方程中的第(i),(j),(k) 个方程(i,j,k 互异),则称 X 为 A 的$\{i,j,k\}$- 逆,记作 $A^{(i,j,k)}$,全体$\{i,j,k\}$- 逆的集合记作 $A\{i,j,k\}$. 这种广义逆矩阵共有 4 类;

(4) 若 X 满足 Penrose 方程(1) ～ (4),则称 X 为 A 的 Moore-Penrose 逆 A^{+},这种广义逆矩阵是唯一的.

由定理 6.1 知,4 个 Penrose 方程的公共解存在,所以其中每一个方程的解存在,几个方程的公共解也存在. 因此,定义 6.2 给出了 15 类广义逆矩阵,除了 Moore-Penrose 逆,其它的广义逆矩阵一般都不唯一. 应用较为广泛的广义逆矩阵有以下 5 类:

$$A\{1\},A\{1,2\},A\{1,3\},A\{1,4\},A^{+}$$

后面主要对这 5 类广义逆矩阵进行讨论.

矩阵 A 的 Moore-Penrose 逆 A^{+} 属于 A 的另外 14 类广义逆矩阵的集合,它当然能够作为矩阵的一个$\{1\}$- 逆或者一个$\{1,2\}$- 逆来使用. 此外,还可以采用初等变换的方法求得矩阵的一个(有时多个)$\{1\}$- 逆或者一个$\{1,2\}$- 逆.

由 4.3 节知,任意矩阵 $A\in \mathbf{C}_r^{m\times n}(r>0)$ 都可通过初等行变换化为(拟) Hermite 标准形 B,即存在有限个初等矩阵的乘积,记作 Q,使得 $QA=B$. 根据矩阵 B,构造置换矩阵(交换单位矩阵的列向量构成的矩阵)P,使得

$$QAP=\begin{bmatrix}I_r & K\\ O & O\end{bmatrix} \tag{6.1.5}$$

其中 K 是 $r\times(n-r)$ 子矩阵.

利用矩阵的(拟) Hermite 标准形,容易求得矩阵的$\{1\}$- 逆和$\{1,2\}$- 逆.

定理 6.3　设 $A\in \mathbf{C}_r^{m\times n}(r>0)$,且可逆矩阵 $Q_{m\times m}$ 和 $P_{n\times n}$ 使得式(6.1.5) 成立,

则对任意 $\boldsymbol{L}\in\mathbf{C}^{(n-r)\times(m-r)}$，$n\times m$ 矩阵

$$\boldsymbol{X}=\boldsymbol{P}\begin{bmatrix}\boldsymbol{I}_r & \boldsymbol{O}\\ \boldsymbol{O} & \boldsymbol{L}\end{bmatrix}\boldsymbol{Q} \tag{6.1.6}$$

是 $\boldsymbol{A}$ 的{1}-逆；特别的，$n\times m$ 矩阵

$$\boldsymbol{X}=\boldsymbol{P}\begin{bmatrix}\boldsymbol{I}_r & \boldsymbol{O}\\ \boldsymbol{O} & \boldsymbol{O}\end{bmatrix}\boldsymbol{Q} \tag{6.1.7}$$

是 $\boldsymbol{A}$ 的{1,2}-逆.

证 将式(6.1.5)改写为

$$\boldsymbol{A}=\boldsymbol{Q}^{-1}\begin{bmatrix}\boldsymbol{I}_r & \boldsymbol{K}\\ \boldsymbol{O} & \boldsymbol{O}\end{bmatrix}\boldsymbol{P}^{-1}$$

容易验证：由式(6.1.6)给出的 $\boldsymbol{X}$ 满足 $\boldsymbol{AXA}=\boldsymbol{A}$，即 $\boldsymbol{X}\in A\{1\}$；由式(6.1.7)给出的 $\boldsymbol{X}$ 满足 $\boldsymbol{AXA}=\boldsymbol{A}$ 和 $\boldsymbol{XAX}=\boldsymbol{X}$，即 $\boldsymbol{X}\in A\{1,2\}$. 证毕

例 6.2 设 $\mathbf{A}=\begin{bmatrix}2&1&0&2\\0&0&1&2\\2&1&1&4\end{bmatrix}$，分别求 $\mathbf{A}^{(1)}$，$\mathbf{A}^{(1,2)}$ 及 $\mathbf{A}^{+}$.

解 对 $[\boldsymbol{A}\ \vdots\ \boldsymbol{I}]$ 进行初等行变换可得

$$[\boldsymbol{A}\ \vdots\ \boldsymbol{I}]\rightarrow\left[\begin{array}{cccc:ccc}2&1&0&2&1&0&0\\0&0&1&2&0&1&0\\0&0&0&0&-1&-1&1\end{array}\right]$$

所以 $\boldsymbol{A}$ 的拟 Hermite 标准形(见定义 4.10)为

$$\boldsymbol{B}=\begin{bmatrix}2&1&0&2\\0&0&1&2\\0&0&0&0\end{bmatrix}$$

可逆矩阵

$$\boldsymbol{Q}=\begin{bmatrix}1&0&0\\0&1&0\\-1&-1&1\end{bmatrix},\quad \boldsymbol{P}=(\boldsymbol{e}_2,\boldsymbol{e}_3,\boldsymbol{e}_1,\boldsymbol{e}_4)=\begin{bmatrix}0&0&1&0\\1&0&0&0\\0&1&0&0\\0&0&0&1\end{bmatrix}$$

由式(6.1.6)求得

$$\boldsymbol{A}^{(1)}=\boldsymbol{P}\left[\begin{array}{cc:c}1&0&0\\0&1&0\\ \hdashline 0&0&a\\0&0&b\end{array}\right]\boldsymbol{Q}=\begin{bmatrix}-a&-a&a\\1&0&0\\0&1&0\\-b&-b&b\end{bmatrix}$$

其中 a,b 为任意常数；由式(6.1.7)求得

$$A^{(1,2)}=\begin{bmatrix}0&0&0\\1&0&0\\0&1&0\\0&0&0\end{bmatrix}$$

因为拟 Hermite 标准形 $\boldsymbol{B}$ 的第 2 列和第 3 列构成 $\boldsymbol{I}_3$ 的前两列，所以 $\mathbf{F}$ 为 $\boldsymbol{A}$ 的第 2 列和第 3 列构成的 3×2 矩阵，从而得到 $\boldsymbol{A}$ 的一个满秩分解为

$$A=\begin{bmatrix}1&0\\0&1\\1&1\end{bmatrix}\begin{bmatrix}2&1&0&2\\0&0&1&2\end{bmatrix}=FG$$

根据例 6.1 和定理 6.1 中的公式求得

$$F^{+}=(F^{\mathrm{T}}F)^{-1}\mathbf{F}^{\mathrm{T}}=\frac{1}{3}\begin{bmatrix}2&-1&1\\-1&2&1\end{bmatrix}$$

$$G^{+}=G^{\mathrm{T}}(GG^{\mathrm{T}})^{-1}=\frac{1}{29}\begin{bmatrix}10&-8\\5&-4\\-4&9\\2&10\end{bmatrix}$$

$$A^{+}=G^{+}F^{+}=\frac{1}{87}\begin{bmatrix}28&-26&2\\14&-13&1\\-17&22&5\\-6&18&12\end{bmatrix}$$

例 6.3　设 $A_{m\times n}\neq O$，且 A^{+} 已知，记 $B=\begin{bmatrix}A\\A\end{bmatrix}$，求 B^{+}.

解　设 $\boldsymbol{A}$ 的一个满秩分解为

$$A=FG\quad(F\in \mathbf{C}_r^{m\times r},G\in \mathbf{C}_r^{r\times n})$$

则 $A^{+}=G^{+}F^{+}$，且有

$$B=\begin{bmatrix}FG\\FG\end{bmatrix}=\begin{bmatrix}F\\F\end{bmatrix}G\quad\left(\begin{bmatrix}F\\F\end{bmatrix}\in \mathbf{C}_r^{2m\times r},G\in \mathbf{C}_r^{r\times n}\right)$$

上式给出矩阵 $\boldsymbol{B}$ 的一个满秩分解，由此可得

$$B^{+}=G^{+}\begin{bmatrix}F\\F\end{bmatrix}^{+}=G^{+}\cdot\left(\left[F^{\mathrm{H}}\ \vdots\ F^{\mathrm{H}}\right]\begin{bmatrix}F\\F\end{bmatrix}\right)^{-1}\left[F^{\mathrm{H}}\ \vdots\ F^{\mathrm{H}}\right]=$$

$$G^{+}\cdot\frac{1}{2}(F^{\mathrm{H}}F)^{-1}\left[F^{\mathrm{H}}\ \vdots\ F^{\mathrm{H}}\right]=G^{+}\cdot\frac{1}{2}\left[F^{+}\ \vdots\ F^{+}\right]=\frac{1}{2}\left[A^{+}\ \vdots\ A^{+}\right]$$

6.1.2　广义逆矩阵的性质及构造方法

首先指出，对任意矩阵 $A\in\mathbf{C}^{m\times n}$，它的$\{1\}$- 逆 $A^{(1)}$ 一般不是唯一的.

定理 6.4　矩阵 $A\in\mathbf{C}^{m\times n}$ 有唯一$\{1\}$- 逆的充要条件是 $\boldsymbol{A}$ 为可逆矩阵，而且这

个{1}-逆与$\boldsymbol{A}^{-1}$一致.

证 将$\boldsymbol{X}\in A\{1\}$按列分块为$\boldsymbol{X}=(\boldsymbol{x}_1,\boldsymbol{x}_2,\cdots,\boldsymbol{x}_m)$. 设$\boldsymbol{x}\in N(\boldsymbol{A})$,把$\boldsymbol{x}$加到$\boldsymbol{X}$的任意一列(如第$i$列),可得

$$\boldsymbol{Y}=(\boldsymbol{x}_1,\cdots,\boldsymbol{x}_i+\boldsymbol{x},\cdots,\boldsymbol{x}_m)$$

容易验证$\boldsymbol{Y}\in A\{1\}$,同样,将$\boldsymbol{y}\in N(\boldsymbol{A}^{\mathrm{H}})$的共轭转置$\boldsymbol{y}^{\mathrm{H}}$加到$\boldsymbol{X}$的任意一行,即得$\boldsymbol{A}$的另一个{1}-逆. 因此,$\boldsymbol{A}$的{1}-逆的唯一等价于

$$N(\boldsymbol{A})=\{\boldsymbol{0}\},\ N(\boldsymbol{A}^{\mathrm{H}})=\{\boldsymbol{0}\}$$

即

$$\mathrm{rank}\boldsymbol{A}=n,\ \mathrm{rank}\boldsymbol{A}=m$$

也就是$\boldsymbol{A}$为可逆矩阵. 此时,由$\boldsymbol{A}\boldsymbol{A}^{-1}\boldsymbol{A}=\boldsymbol{A}$可得$\boldsymbol{A}^{(1)}=\boldsymbol{A}^{-1}$ 证毕

为了后面的讨论方便,引入下面关于矩阵值域和零空间的两个引理.

引理 6.1 设$\boldsymbol{A}\in\mathbf{C}^{m\times n}$,$\boldsymbol{B}\in\mathbf{C}^{n\times p}$,则

$$R(\boldsymbol{AB})\subset R(\boldsymbol{A}),\quad N(\boldsymbol{B})\subset N(\boldsymbol{AB})\tag{6.1.8}$$

证 对任意$\boldsymbol{y}\in R(\boldsymbol{AB})$,有$\boldsymbol{y}=\boldsymbol{ABx}\ (\boldsymbol{x}\in\mathbf{C}^p)$,于是

$$\boldsymbol{y}=\boldsymbol{A}(\boldsymbol{Bx})\in R(\boldsymbol{A})$$

故$R(\boldsymbol{AB})\subset R(\boldsymbol{A})$;对任意$\boldsymbol{x}\in N(\boldsymbol{B})$,有$\boldsymbol{Bx}=\boldsymbol{0}$,从而$\boldsymbol{ABx}=\boldsymbol{0}$,于是$\boldsymbol{x}\in N(\boldsymbol{AB})$,故$N(\boldsymbol{B})\subset N(\boldsymbol{AB})$. 证毕

引理 6.2 设$\boldsymbol{A}\in\mathbf{C}^{m\times n}$,$\boldsymbol{B}\in\mathbf{C}^{n\times p}$,且$R(\boldsymbol{AB})=R(\boldsymbol{A})$,则存在矩阵$\boldsymbol{C}\in\mathbf{C}^{p\times n}$,使得$\boldsymbol{A}=\boldsymbol{ABC}$.

证 划分$\boldsymbol{A}=(\boldsymbol{a}_1,\cdots,\boldsymbol{a}_n)$,则$\boldsymbol{a}_i\in R(\boldsymbol{A})=R(\boldsymbol{AB})$,从而有

$$\boldsymbol{a}_i=\boldsymbol{AB}\,\boldsymbol{x}_i\ (\boldsymbol{x}_i\in\mathbf{C}^p)$$

令$\boldsymbol{C}=(\boldsymbol{x}_1,\cdots,\boldsymbol{x}_n)$,则有

$$\boldsymbol{A}=(\boldsymbol{a}_1,\cdots,\boldsymbol{a}_n)=\boldsymbol{AB}(\boldsymbol{x}_1,\cdots,\boldsymbol{x}_n)=\boldsymbol{ABC}$$ 证毕

将数λ看做1×1矩阵时,有

$$\lambda^{+}=\begin{cases}\lambda^{-1} & (\lambda\neq0)\\ 0 & (\lambda=0)\end{cases}\tag{6.1.9}$$

下述定理给出了{1}-逆的一些性质.

定理 6.5 设$\boldsymbol{A}\in\mathbf{C}^{m\times n}$,$\boldsymbol{B}\in\mathbf{C}^{n\times p}$,$\lambda\in\mathbf{C}$,则有以下结论:

(1) $(\boldsymbol{A}^{(1)})^{\mathrm{H}}\in A^{\mathrm{H}}\{1\}$;

(2) $\lambda^{+}\boldsymbol{A}^{(1)}\in(\lambda A)\{1\}$;

(3) 若$\boldsymbol{S}$和$\boldsymbol{T}$可逆,则$\boldsymbol{T}^{-1}\boldsymbol{A}^{(1)}\boldsymbol{S}^{-1}\in(SAT)\{1\}$;

(4) $\mathrm{rank}\boldsymbol{A}^{(1)}\geqslant\mathrm{rank}\boldsymbol{A}$;

(5) $\boldsymbol{AA}^{(1)}$和$\boldsymbol{A}^{(1)}\boldsymbol{A}$均为幂等矩阵,且与$\boldsymbol{A}$同秩;

(6) $R(\boldsymbol{AA}^{(1)})=R(\boldsymbol{A})$,$N(\boldsymbol{A}^{(1)}\boldsymbol{A})=N(\boldsymbol{A})$;

(7) $\boldsymbol{A}^{(1)}\boldsymbol{A}=\boldsymbol{I}_n$的充要条件是$\mathrm{rank}\boldsymbol{A}=n$,

$\boldsymbol{AA}^{(1)}=\boldsymbol{I}_m$的充要条件是$\mathrm{rank}\boldsymbol{A}=m$;

(8) $\boldsymbol{AB}(\boldsymbol{AB})^{(1)}\boldsymbol{A}=\boldsymbol{A}$的充要条件是$\mathrm{rank}(\boldsymbol{AB})=\mathrm{rank}\boldsymbol{A}$,

$B(AB)^{(1)}AB = B$ 的充要条件是 $\text{rank}(AB) = \text{rank}B$.

证　(1) 因为 $AA^{(1)}A = A$，两边取共轭转置得

$$A^{\mathrm{H}}(A^{(1)})^{\mathrm{H}}A^{\mathrm{H}} = A^{\mathrm{H}}$$

由定义知 $(A^{(1)})^{\mathrm{H}} \in A^{\mathrm{H}}\{1\}$

(2) ~ (5) 直接由{1}-逆的定义和矩阵乘积的秩不超过参与乘法运算的每一个阵的秩即可证明.

(6) 根据引理 6.1，有

$$R(A) \supset R(AA^{(1)}) \supset R(AA^{(1)}A) = R(A)$$

$$N(A) \subset N(A^{(1)}A) \subset N(AA^{(1)}A) = N(A)$$

故 $R(AA^{(1)}) = R(A), N(A)^{(1)}A) = N(A)$.

(7) 充分性. 因为 $\text{rank}A = n$，由(5) 知 $A^{(1)}A$ 是幂等矩阵，且可逆. 在

$$(A^{(1)}A)^2 = A^{(1)}A$$

两边乘 $(A^{(1)}A)^{-1}$ 可得 $A^{(1)}A = I_n$.

必要性. 由 $A^{(1)}A = I_n$ 知 $\text{rank}A^{(1)}A = n$，从而由(5) 得 $\text{rank}A = n$.

类似地，可以证明另一结论.

(8) 必要性. 显然成立.

充分性. 已知 $\text{rank}(AB) = \text{rank}A$，由引理 6.1 知 $R(AB) \subset R(A)$，所以

$$R(AB) = R(A)$$

再由引理 6.2 存在 $C \in \mathbf{C}^{p\times n}$，使得 $A = ABC$. 由此可得

$$(AB)(AB)^{(1)}A = (AB)(AB)^{(1)}ABC = (AB)C = A$$

类似地，可以证明另一结论.　　证毕

利用{1}-逆可以构造出矩阵的其他广逆. 以下均假定 A 是 $m \times n$ 矩阵.

定理 6.6　设矩阵 $Y, Z \in A\{1\}$，则 $YAZ = A\{1,2\}$.

证　由定义直接验证即可.　　证毕

特别的，若 $Y \in A\{1\}$，则 $YAY \in A\{1,2\}$.

在 Penrose 方程(1) 和(2) 中，A 和 X 的位置是对称的，所以 $X \in A\{1,2\}$ 与 $A \in X\{1,2\}$ 是等价的，即 A 和 X 总是互为{1,2}-逆. 这与通常的逆矩阵所具有的性质 $(A^{-1})^{-1} = A$ 类似，因此，也称矩阵的{1,2}-逆为 **自反广义逆**. 矩阵的{1,2}-逆有如下重要性质.

定理 6.7　给定矩阵 A 和 $X \in A\{1\}$，则 $X \in A\{1,2\}$ 的充要条件是 $\text{rank}X = \text{rank}A$.

证　充分性. 由引理 6.1 知 $R(XA) \subset R(X)$，由定理 6.5 之(5) 可得

$$\text{rank}(XA) = \text{rank}A = \text{rank}X$$

所以 $R(XA) = R(X)$，再由引理 6.2，存在矩阵 Y，使得 $X = XAY$. 从而

$$XAX = XA(XAY) = XAY = X$$

故 $x \in A\{1,2\}$.

必要性. 已知 $\boldsymbol{X} \in A\{1,2\}$,即 $\boldsymbol{AXA}=\boldsymbol{A}, \boldsymbol{XAX}=\boldsymbol{X}$,于是有

$$\operatorname{rank}\boldsymbol{A}=\operatorname{rank}(\boldsymbol{AXA}) \leqslant \operatorname{rank}\boldsymbol{X}, \quad \operatorname{rank}\boldsymbol{X}=\operatorname{rank}(\boldsymbol{XAX}) \leqslant \operatorname{rank}\boldsymbol{A}$$

故 $\operatorname{rank}\boldsymbol{X}=\operatorname{rank}\boldsymbol{A}$ 证毕

为了构造矩阵的{1,2,3}-逆和{1,2,4}-逆,需要用到 $\boldsymbol{A}^{\mathrm{H}}\boldsymbol{A}$ 与 $\boldsymbol{AA}^{\mathrm{H}}$ 的{1}-逆. 下面给出矩阵 $\boldsymbol{A}, \boldsymbol{A}^{\mathrm{H}}\boldsymbol{A}$ 及 $\boldsymbol{A}\boldsymbol{A}^{\mathrm{H}}$ 的秩之间的关系.

引理 6.3 对任意矩阵 $\boldsymbol{A}$,都有 $\operatorname{rank}(\boldsymbol{A}^{\mathrm{H}}\boldsymbol{A})=\operatorname{rank}\boldsymbol{A}=\operatorname{rank}(\boldsymbol{AA}^{\mathrm{H}})$.

证 由 $\boldsymbol{Ax}=\boldsymbol{0}$ 可得 $\boldsymbol{A}^{\mathrm{H}}\boldsymbol{Ax}=\boldsymbol{0}$;反之,由 $\boldsymbol{A}^{\mathrm{H}}\boldsymbol{Ax}=\boldsymbol{0}$,可得 $\boldsymbol{x}^{\mathrm{H}}\boldsymbol{A}^{\mathrm{H}}\boldsymbol{Ax}=0$,即 $(\boldsymbol{Ax})^{\mathrm{H}}\boldsymbol{Ax}=\boldsymbol{0}$,从而 $\boldsymbol{Ax}=\boldsymbol{0}$. 这表明 $\boldsymbol{Ax}=\boldsymbol{0}$ 和 $\boldsymbol{A}^{\mathrm{H}}\boldsymbol{Ax}=\boldsymbol{0}$ 是同解的齐次方程组. 因为 $\boldsymbol{A}$ 和 $\boldsymbol{A}^{\mathrm{H}}\boldsymbol{A}$ 的列都是 n,所以

$$\operatorname{rank}(\boldsymbol{A}^{\mathrm{H}}\boldsymbol{A})=\operatorname{rank}\boldsymbol{A}$$

交换 $\boldsymbol{A}$ 和 $\boldsymbol{A}^{\mathrm{H}}$ 的位置得

$$\operatorname{rank}(\boldsymbol{AA}^{\mathrm{H}})=\operatorname{rank}\boldsymbol{A}^{\mathrm{H}}=\operatorname{rank}\boldsymbol{A}$$ 证毕

定理 6.8 给定矩阵 $\boldsymbol{A}$,则

$$\boldsymbol{Y}=(\boldsymbol{A}^{\mathrm{H}}\boldsymbol{A})^{(1)}\boldsymbol{A}^{\mathrm{H}} \in A\{1,2,3\}, \quad \boldsymbol{Z}=\boldsymbol{A}^{\mathrm{H}}(\boldsymbol{AA}^{\mathrm{H}})^{(1)} \in A\{1,2,4\}$$

证 先证第一式. 由引理 6.1 知 $R(\boldsymbol{A}^{\mathrm{H}}\boldsymbol{A}) \subset R(\boldsymbol{A}^{\mathrm{H}})$,由引理 6.3 知

$$\operatorname{rank}(\boldsymbol{A}^{\mathrm{H}}\boldsymbol{A})=\operatorname{rank}\boldsymbol{A}^{\mathrm{H}}$$

故 $R(\boldsymbol{A}^{\mathrm{H}}\boldsymbol{A})=R(\boldsymbol{A}^{\mathrm{H}})$. 再由引理 6.2,存在矩阵 $\boldsymbol{B}$,使得

$$\boldsymbol{A}^{\mathrm{H}}=\boldsymbol{A}^{\mathrm{H}}\boldsymbol{AB}, \quad \boldsymbol{A}=\boldsymbol{B}^{\mathrm{H}}\boldsymbol{A}^{\mathrm{H}}\boldsymbol{A}$$

于是有

$$\boldsymbol{AYA}=\boldsymbol{B}^{\mathrm{H}}\boldsymbol{A}^{\mathrm{H}}\boldsymbol{A}\cdot(\boldsymbol{A}^{\mathrm{H}}\boldsymbol{A})^{(1)}\boldsymbol{A}^{\mathrm{H}}\cdot\boldsymbol{A}=\boldsymbol{B}^{\mathrm{H}}\cdot\boldsymbol{A}^{\mathrm{H}}\boldsymbol{A}=\boldsymbol{A}$$

$$\begin{aligned}\boldsymbol{YAY}=&(\boldsymbol{A}^{\mathrm{H}}\boldsymbol{A})^{(1)}\boldsymbol{A}^{\mathrm{H}}\cdot\boldsymbol{A}\cdot(\boldsymbol{A}^{\mathrm{H}}\boldsymbol{A})^{(1)}\boldsymbol{A}^{\mathrm{H}}=\\&(\boldsymbol{A}^{\mathrm{H}}\boldsymbol{A})^{(1)}\cdot(\boldsymbol{A}^{\mathrm{H}}\boldsymbol{A})(\boldsymbol{A}^{\mathrm{H}}\boldsymbol{A})^{(1)}\cdot\boldsymbol{A}^{\mathrm{H}}\boldsymbol{AB}=\\&(\boldsymbol{A}^{\mathrm{H}}\boldsymbol{A})^{(1)}\cdot\boldsymbol{A}^{\mathrm{H}}\boldsymbol{A}\cdot\boldsymbol{B}=(\boldsymbol{A}^{\mathrm{H}}\boldsymbol{A})^{(1)}\boldsymbol{A}^{\mathrm{H}}=\boldsymbol{Y}\end{aligned}$$

$$\boldsymbol{AY}=\boldsymbol{A}\cdot(\boldsymbol{A}^{\mathrm{H}}\boldsymbol{A})^{(1)}\boldsymbol{A}^{\mathrm{H}}=\boldsymbol{B}^{\mathrm{H}}\boldsymbol{A}^{\mathrm{H}}\boldsymbol{A}\cdot(\boldsymbol{A}^{\mathrm{H}}\boldsymbol{A})^{(1)}\cdot\boldsymbol{A}^{\mathrm{H}}\boldsymbol{AB}=\boldsymbol{B}^{\mathrm{H}}(\boldsymbol{A}^{\mathrm{H}}\boldsymbol{A})\boldsymbol{B}$$

由此可得 $(\boldsymbol{AY})^{\mathrm{H}}=\boldsymbol{AY}$. 因此 $\boldsymbol{Y} \in A\{1,2,3\}$.

类似地,可证第二式. 证毕

定理 6.9 给定矩阵 $\boldsymbol{A}$,则 $\boldsymbol{A}^{+}=\boldsymbol{A}^{(1,4)}\boldsymbol{AA}^{(1,3)}$.

证 记 $\boldsymbol{X}=\boldsymbol{A}^{(1,4)}\boldsymbol{AA}^{(1,3)}$. 由定理 6.6 知,$\boldsymbol{X} \in A\{1,2\}$,又因为

$$\boldsymbol{AX}=\boldsymbol{AA}^{(1,4)}\boldsymbol{AA}^{(1,3)}=\boldsymbol{AA}^{(1,3)}, \quad \boldsymbol{XA}=\boldsymbol{A}^{(1,4)}\boldsymbol{AA}^{(1,3)}\boldsymbol{A}=\boldsymbol{A}^{(1,4)}\boldsymbol{A}$$

由定义知 $\boldsymbol{AA}^{(1,3)}$ 和 $\boldsymbol{A}^{(1,4)}\boldsymbol{A}$ 均为 Hermite 矩阵,所以 $\boldsymbol{X} \in A\{1,2,3,4\}$,即

$$\boldsymbol{A}^{+}=\boldsymbol{X}=\boldsymbol{A}^{(1,4)}\boldsymbol{A}\boldsymbol{A}^{(1,3)}$$ 证毕

下述定理给出了 $\boldsymbol{A}^{+}$ 的一些性质.

定理 6.10 给定矩阵 $\boldsymbol{A}$,则有以下结论:

(1) $\operatorname{rank}\boldsymbol{A}^{+}=\operatorname{rank}\boldsymbol{A}$;

(2) $(\boldsymbol{A}^{+})^{+}=\boldsymbol{A}$;

(3) $(\boldsymbol{A}^{\mathrm{H}})^{+}=(\boldsymbol{A}^{+})^{\mathrm{H}}, \quad (\boldsymbol{A}^{\mathrm{T}})^{+}=(\boldsymbol{A}^{+})^{\mathrm{T}}$;

(4) $(\boldsymbol{A}^{\mathrm{H}}\boldsymbol{A})^{+}=\boldsymbol{A}^{+}(\boldsymbol{A}^{\mathrm{H}})^{+}$, $(\boldsymbol{A}\boldsymbol{A}^{\mathrm{H}})^{+}=(\boldsymbol{A}^{\mathrm{H}})^{+}\boldsymbol{A}^{+}$;

(5) $\boldsymbol{A}^{+}=(\boldsymbol{A}^{\mathrm{H}}\boldsymbol{A})^{+}\boldsymbol{A}^{\mathrm{H}}=\boldsymbol{A}^{\mathrm{H}}(\boldsymbol{A}\boldsymbol{A}^{\mathrm{H}})^{+}$;

(6) $R(\boldsymbol{A}^{+})=R(\boldsymbol{A}^{\mathrm{H}})$, $N(\boldsymbol{A}^{+})=N(\boldsymbol{A}^{\mathrm{H}})$.

证 (1) 由定理 6.7 即得.

(2) 因为在 Penrose 方程(1) ~ (4) 中,$\boldsymbol{A}$ 和 $\boldsymbol{A}^{+}$ 的位置对称,所以$(\boldsymbol{A}^{+})^{+}=\boldsymbol{A}$.

(3) 针对矩阵$\boldsymbol{A}^{\mathrm{H}}$,验证 $\boldsymbol{X}=(\boldsymbol{A}^{+})^{\mathrm{H}}$ 满足 Penrose 方程(1) ~ (4) 即可;针对矩阵 $\boldsymbol{A}^{\mathrm{T}}$,验证 $\boldsymbol{X}=(\boldsymbol{A}^{+})^{\mathrm{T}}$ 满足 Penrose 方程(1) ~ (4) 即可.

(4) 针对矩阵$\boldsymbol{A}^{\mathrm{H}}\boldsymbol{A}$,验证 $\boldsymbol{X}=\boldsymbol{A}^{+}(\boldsymbol{A}^{\mathrm{H}})^{+}$ 满足 Penrose 方程(1) ~ (4) 即可;针对矩阵 $\boldsymbol{A}\boldsymbol{A}^{\mathrm{H}}$,验证 $\boldsymbol{X}=(\boldsymbol{A}^{\mathrm{H}})^{+}\boldsymbol{A}^{+}$ 满足 Penrose 方程(1) ~ (4) 即可.

(5) 根据(3) 和(4) 的结论,可得

$$\boldsymbol{A}^{+}=\boldsymbol{A}^{+}\boldsymbol{A}\boldsymbol{A}^{+}=\boldsymbol{A}^{+}(\boldsymbol{A}\boldsymbol{A}^{+})^{\mathrm{H}}=\boldsymbol{A}^{+}(\boldsymbol{A}^{+})^{\mathrm{H}}\boldsymbol{A}^{\mathrm{H}}=(\boldsymbol{A}^{\mathrm{H}}\boldsymbol{A})^{+}\boldsymbol{A}^{\mathrm{H}}$$
$$\boldsymbol{A}^{+}=\boldsymbol{A}^{+}\boldsymbol{A}\boldsymbol{A}^{+}=(\boldsymbol{A}^{+}\boldsymbol{A})^{\mathrm{H}}\boldsymbol{A}^{+}=\boldsymbol{A}^{\mathrm{H}}(\boldsymbol{A}^{+})^{\mathrm{H}}\boldsymbol{A}^{+}=\boldsymbol{A}^{\mathrm{H}}(\boldsymbol{A}\boldsymbol{A}^{\mathrm{H}})^{+}$$

(6) 根据(5) 的结论和引理 6.1,可得

$$R(\boldsymbol{A}^{+})=R(\boldsymbol{A}^{\mathrm{H}}(\boldsymbol{A}\boldsymbol{A}^{\mathrm{H}})^{+})\subset R(\boldsymbol{A}^{\mathrm{H}})$$
$$N(\boldsymbol{A}^{+})=N(\boldsymbol{A}^{\mathrm{H}}\boldsymbol{A})^{+}\boldsymbol{A}^{\mathrm{H}})\supset N(\boldsymbol{A}^{\mathrm{H}})$$

再由(1) 的结论,可得 $\operatorname{rank}\boldsymbol{A}^{+}=\operatorname{rank}\boldsymbol{A}=\operatorname{rank}\boldsymbol{A}^{\mathrm{H}}$,则有

$$R(\boldsymbol{A}^{+})=R(\boldsymbol{A}^{\mathrm{H}}),\quad N(\boldsymbol{A}^{+})=N(\boldsymbol{A}^{\mathrm{H}})$$

证毕

由定理 6.10 之(5),可得以下推论.

推论 1 若 $\boldsymbol{A}\in\mathbf{C}_{n}^{m\times n}$,则

$$\boldsymbol{A}^{+}=(\boldsymbol{A}^{\mathrm{H}}\boldsymbol{A})^{-1}\boldsymbol{A}^{\mathrm{H}} \tag{6.1.10}$$

若 $\boldsymbol{A}\in\mathbf{C}_{m}^{m\times n}$,则

$$\boldsymbol{A}^{+}=\boldsymbol{A}^{\mathrm{H}}(\boldsymbol{A}\boldsymbol{A}^{\mathrm{H}})^{-1} \tag{6.1.11}$$

推论 1 就是例 6.1 的结果,作为该推论的特例有以下结论.

推论 2 设 $\boldsymbol{\alpha}$ 为 n 维非零列向量,且 $\boldsymbol{\alpha}\neq\boldsymbol{0}$,则

$$\boldsymbol{\alpha}^{+}=(\boldsymbol{\alpha}^{\mathrm{H}}\boldsymbol{\alpha})^{-1}\boldsymbol{\alpha}^{\mathrm{H}} \tag{6.1.12}$$

而

$$(\boldsymbol{\alpha}^{\mathrm{H}})^{+}=(\boldsymbol{\alpha}^{+})^{\mathrm{H}}=\boldsymbol{\alpha}(\boldsymbol{\alpha}^{\mathrm{H}}\boldsymbol{\alpha})^{-1} \tag{6.1.13}$$

推论 1 与推论 2 的结果常用于计算矩阵的 Moore-Penrose 逆的数值计算之中.

需要指出:对于同阶可逆矩阵 $\boldsymbol{A},\boldsymbol{B}$,有$(\boldsymbol{A}\boldsymbol{B})^{-1}=\boldsymbol{B}^{-1}\boldsymbol{A}^{-1}$;定理6.10 之(4) 表明对于特殊的矩阵 $\boldsymbol{A}$ 和 $\boldsymbol{A}^{\mathrm{H}}$,Moore-Penrose 逆有类似的性质. 但是,对于任意两个矩阵 $\boldsymbol{A}$ 和 $\boldsymbol{B}$,这个性质不成立. 例如,设 $\boldsymbol{A}=[1\quad 0]$,$\boldsymbol{B}=\begin{bmatrix}1\\1\end{bmatrix}$,则 $\boldsymbol{A}\boldsymbol{B}=[1]$,且有

$$(\boldsymbol{A}\boldsymbol{B})^{+}=(\boldsymbol{A}\boldsymbol{B})^{-1}=[1]$$

但由式(6.1.12) 和式(6.1.13) 求得

$$\boldsymbol{A}^{+}=\begin{bmatrix}1\\0\end{bmatrix},\quad \boldsymbol{B}^{+}=\begin{bmatrix}\frac{1}{2} & \frac{1}{2}\end{bmatrix}$$

从而 $\boldsymbol{B}^{+}\boldsymbol{A}^{+}=\left[\frac{1}{2}\right]$. 可见$(\boldsymbol{AB})^{+}\neq\boldsymbol{B}^{+}\boldsymbol{A}^{+}$.

判定$(\boldsymbol{AB})^{+}=\boldsymbol{B}^{+}\boldsymbol{A}^{+}$ 成立似乎没有较为简单的方法,列举几条如下.

对于矩阵 $\boldsymbol{A},\boldsymbol{B}$,使得$(\boldsymbol{AB})^{+}=\boldsymbol{B}^{+}\boldsymbol{A}^{+}$ 成立的充要条件是下列之一:

(1) $\boldsymbol{A}^{+}\boldsymbol{ABB}^{\mathrm{H}}\boldsymbol{A}^{\mathrm{H}}=\boldsymbol{BB}^{\mathrm{H}}\boldsymbol{A}^{\mathrm{H}}$, $\boldsymbol{BB}^{+}\boldsymbol{A}^{\mathrm{H}}\boldsymbol{AB}=\boldsymbol{A}^{\mathrm{H}}\boldsymbol{AB}$.

(2) $R(\boldsymbol{A}^{\mathrm{H}}\boldsymbol{AB})\subset R(\boldsymbol{B})$, $R(\boldsymbol{BB}^{\mathrm{H}}\boldsymbol{A}^{\mathrm{H}})\subset R(\boldsymbol{A}^{\mathrm{H}})$.

(3) $\boldsymbol{A}^{+}\boldsymbol{ABB}^{\mathrm{H}}$ 和 $\boldsymbol{A}^{\mathrm{H}}\boldsymbol{ABB}^{+}$ 都是 Hermite 矩阵.

(4) $\boldsymbol{A}^{+}\boldsymbol{ABB}^{\mathrm{H}}\boldsymbol{A}^{\mathrm{H}}\boldsymbol{ABB}^{+}=\boldsymbol{BB}^{\mathrm{H}}\boldsymbol{A}^{\mathrm{H}}\boldsymbol{A}$.

(5) $\boldsymbol{A}^{+}\boldsymbol{AB}=\boldsymbol{B}(\boldsymbol{AB})^{+}\boldsymbol{AB}$, $\boldsymbol{BB}^{+}\boldsymbol{A}^{\mathrm{H}}=\boldsymbol{A}^{\mathrm{H}}\boldsymbol{AB}(\boldsymbol{AB})^{+}$.

习 题 6.1

1. 设 $\boldsymbol{A}$ 是 $m\times n$ 零矩阵,哪一类矩阵 $\boldsymbol{X}$ 是 $\boldsymbol{A}$ 的{1}-逆?

2. 设 $m\times n$ 矩阵 $\boldsymbol{A}$ 除第 i 行第 j 列的元素为 1 外,其余元素均为 0,哪一类矩阵 $\boldsymbol{X}$ 是 $\boldsymbol{A}$ 的{1}-逆?

3. 设 $\boldsymbol{I}$ 是 n 阶单位矩阵,$\boldsymbol{J}$ 是所有元素均为 1 的 n 阶矩阵,记 $\boldsymbol{A}=(a-b)\boldsymbol{I}+b\boldsymbol{J}$. 证明:若 $a+(n-1)b=0$,则 $\boldsymbol{X}=(a-b)^{-1}\boldsymbol{I}$ 是 $\boldsymbol{A}$ 的{1}-逆.

4. 已知

$$\boldsymbol{A}=\begin{bmatrix}0&-a_3&a_2\\a_3&0&-a_1\\-a_2&a_1&0\end{bmatrix}$$

证明 $\boldsymbol{X}=-(a_1^2+a_2^2+a_3^2)^{-1}\boldsymbol{A}$ 是 $\boldsymbol{A}$ 的{1}-逆.

5. 证明定理 6.5 之(2) ~ (5).

6. 证明定理 6.10 之(3) ~ (4).

7. 设 $\boldsymbol{D}=\mathrm{diag}(d_1,d_2,\cdots,d_n)$,证明 $\boldsymbol{D}^{+}=\mathrm{diag}(d_1^{+},d_2^{+},\cdots,d_n^{+})$.

8. 证明 $\begin{bmatrix}\boldsymbol{A}\\\boldsymbol{O}\end{bmatrix}^{+}=[\boldsymbol{A}^{+}\ \vdots\ \boldsymbol{O}]$.

9. 设 $\boldsymbol{A}\in\mathbf{C}^{m\times n}$,且 $\boldsymbol{U}\in\mathbf{C}^{m\times m}$ 和 $\boldsymbol{V}\in\mathbf{C}^{n\times n}$ 均为酉矩阵,证明$(\boldsymbol{UAV})^{+}=\boldsymbol{V}^{\mathrm{H}}\boldsymbol{A}^{+}\boldsymbol{U}^{\mathrm{H}}$.

10. 证明:

(1) $\boldsymbol{X}\in A\{i\}$ 的充要条件是 $\boldsymbol{X}^{\mathrm{H}}\in A^{\mathrm{H}}\{i\}$ $(i=1,2)$;

(2) $\boldsymbol{X}\in A\{3\}$ 的充要条件是 $\boldsymbol{X}^{\mathrm{H}}\in A^{\mathrm{H}}\{4\}$;

(3) $\boldsymbol{X}\in A\{4\}$ 的充要条件是 $\boldsymbol{X}^{\mathrm{H}}\in A^{\mathrm{H}}\{3\}$.

11. 设 $\boldsymbol{H}$ 是幂等 Hermite 矩阵,证明 $\boldsymbol{H}^{+}=\boldsymbol{H}$.

12. 证明:$\boldsymbol{H}^{+}=\boldsymbol{H}$ 的充要条件是 $\boldsymbol{H}^2$ 为幂等 Hermite 矩阵,且 $\mathrm{rank}\boldsymbol{H}^2=\mathrm{rank}\boldsymbol{H}$.

13. 证明:若 $\boldsymbol{A}$ 是正规矩阵(即 $\boldsymbol{A}^{\mathrm{H}}\boldsymbol{A}=\boldsymbol{AA}^{\mathrm{H}}$),则 $\boldsymbol{A}^{+}\boldsymbol{A}=\boldsymbol{AA}^{+}$,且$(\boldsymbol{A}^n)^{+}=(\boldsymbol{A}^{+})^n$,其中 n 是正整数.

14. 证明$(\boldsymbol{A}\otimes\boldsymbol{B})^{+}=\boldsymbol{A}^{+}\otimes\boldsymbol{B}^{+}$.

15. 举例说明:$\boldsymbol{P}$ 和 $\boldsymbol{Q}$ 为可逆矩阵,$(\boldsymbol{PAQ})^{+}=\boldsymbol{Q}^{-1}\boldsymbol{A}^{+}\boldsymbol{P}^{-1}$ 不成立,并与第 9 题进行比较.

16. 设 $\boldsymbol{A}_i\in\mathbf{C}^{m\times n}$,$\boldsymbol{A}_i\boldsymbol{A}_j^{\mathrm{H}}=\boldsymbol{O}$,$\boldsymbol{A}_i^{\mathrm{H}}\boldsymbol{A}_j=\boldsymbol{O}$ $(i\neq j;\ i,j=1,\cdots,r)$,证明

$$\left(\sum_{i=1}^{r}\boldsymbol{A}_i\right)^+=\sum_{i=1}^{r}\boldsymbol{A}_i^+$$

*6.2　投影矩阵与 Moore 逆

为了介绍早期 Moore 建立的广义逆矩阵理论,需要引入投影变换与投影矩阵的概念.此外,投影变换与投影矩阵在线性系统理论等科学领域也有重要的应用.本节首先介绍投影变换与投影矩阵的概念及性质,并给出投影矩阵的计算方法;然后介绍 Moore 借助于投影矩阵建立的广义逆矩阵概念,以及 Moore 逆与 Penrose 逆的等价性问题.

6.2.1　投影变换与投影矩阵

设 L 和 M 都是 $\mathbf{C}^n$ 的子空间,且 $\mathbf{C}^n=L\oplus M$. 于是由第 1 章知,任意 $\boldsymbol{x}\in\mathbf{C}^n$ 都可唯一分解为

$$\boldsymbol{x}=\boldsymbol{y}+\boldsymbol{z}\quad(\boldsymbol{y}\in L,\boldsymbol{z}\in M)\tag{6.2.1}$$

称 $\boldsymbol{y}$ 是 $\boldsymbol{x}$ 沿着 M 到 L 的**投影**.

定义 6.3　将任意 $\boldsymbol{x}\in\mathbf{C}^n$ 变为沿着 M 到 L 的投影的变换称为沿着 M 到 L 的**投影变换(投影算子)**,记为 $T_{L,M}$,即 $T_{L,M}(\boldsymbol{x})=\boldsymbol{y}$.

由定义 6.3 知,投影变换 $T_{L,M}$ 将整个向量空间 $\mathbf{C}^n$ 变到子空间 L. 容易证明,投影变换 $T_{L,M}$ 是一个线性变换,特别地,还有下述性质.

性质 1　若 $\boldsymbol{x}\in L$,则 $T_{L,M}(\boldsymbol{x})=\boldsymbol{x}$;若 $\boldsymbol{x}\in M$,则 $T_{L,M}(\boldsymbol{x})=\mathbf{0}$.

性质 2　$T_{L,M}$ 的值域为 $R(T_{L,M})=L$,零空间为 $N(T_{L,M})=M$.

根据第 1 章,取定 $\mathbf{C}^n$ 的一个基,投影变换 $L_{L,M}$ 可由 n 阶矩阵表示.

定义 6.4　投影变换 $L_{L,M}$ 在 $\mathbf{C}^n$ 的基 $\boldsymbol{e}_1,\boldsymbol{e}_2,\cdots,\boldsymbol{e}_n$ 下的矩阵称为**投影矩阵**,记作 $\boldsymbol{P}_{L,M}$.

一般地,投影变换 $T_{L,M}$ 在 $\mathbf{C}^n$ 的任何一个基下的矩阵都可称为投影矩阵. 但是,这里的 $\boldsymbol{P}_{L,M}$ 是指 $T_{L,M}$ 在基 $\boldsymbol{e}_1,\boldsymbol{e}_2,\cdots,\boldsymbol{e}_n$ 下的矩阵. 约定 $\mathbf{C}^n$ 为 n 维列向量空间,选取单位坐标向量组 $\boldsymbol{e}_1,\boldsymbol{e}_2,\cdots,\boldsymbol{e}_n$ 为基时,$\mathbf{C}^n$ 中的向量

$$\boldsymbol{x}=(\xi_1,\xi_2,\cdots,\xi_n)^{\mathrm{T}}$$

在该基下的坐标向量为 $\boldsymbol{\alpha}=(\xi_1,\xi_2,\cdots,\xi_n)^{\mathrm{T}}$,因此可将 $\boldsymbol{\alpha}$ 用 $\boldsymbol{x}$ 来表示. 同样,设 $\boldsymbol{y}$ 在该基下的坐标向量为 $\boldsymbol{\beta}$,那么 $T_{L,M}(\boldsymbol{x})=\boldsymbol{y}$ 的坐标形式 $\boldsymbol{P}_{L,M}\boldsymbol{\alpha}=\boldsymbol{\beta}$ 可表示为 $\boldsymbol{P}_{L,M}\boldsymbol{x}=\boldsymbol{y}$. 于是,性质 1 可等价的叙述如下.

性质 3　若 $\boldsymbol{x}\in L$,则 $\boldsymbol{P}_{L,M}\boldsymbol{x}=\boldsymbol{x}$;若 $\boldsymbol{x}\in M$,则 $\boldsymbol{P}_{L,M}\boldsymbol{x}=\mathbf{0}$.

投影矩阵与幂等矩阵(指满足 $\boldsymbol{A}^2=\boldsymbol{A}$ 的矩阵 $\boldsymbol{A}$)有着密切的关系. 首先给出幂等矩阵的一个重要性质.

引理 6.4　设 $\boldsymbol{A}\in\mathbf{C}^{n\times n}$ 是幂等矩阵,则 $N(\boldsymbol{A})=R(\boldsymbol{I}-\boldsymbol{A})$.

证 因为 $\boldsymbol{A}^2=\boldsymbol{A}$，即 $\boldsymbol{A}(\boldsymbol{I}-\boldsymbol{A})=\boldsymbol{O}$，所以对任意 $\boldsymbol{x}\in R(\boldsymbol{I}-\boldsymbol{A})$，有

$$\boldsymbol{x}=(\boldsymbol{I}-\boldsymbol{A})\boldsymbol{y}\quad(\boldsymbol{y}\in\mathbf{C}^n)$$

从而 $\boldsymbol{Ax}=\boldsymbol{0}$，即 $\boldsymbol{x}\in N(\boldsymbol{A})$. 故

$$R(\boldsymbol{I}-\boldsymbol{A})\subset N(\boldsymbol{A})\tag{6.2.2}$$

对任意 $\boldsymbol{x}\in N(\boldsymbol{A})$，有 $\boldsymbol{Ax}=\boldsymbol{0}$，于是

$$\boldsymbol{\alpha}=\boldsymbol{\alpha}-\boldsymbol{A\alpha}=(\boldsymbol{I}-\boldsymbol{A})\boldsymbol{\alpha}\in R(\boldsymbol{I}-\boldsymbol{A})$$

故 $N(\boldsymbol{A})\subset R(\boldsymbol{I}-\boldsymbol{A})$.

综上所述，可得 $N(\boldsymbol{A})=R(\boldsymbol{I}-\boldsymbol{A})$. 证毕

定理 6.11 矩阵 $\boldsymbol{P}$ 为投影矩阵的充要条件是 $\boldsymbol{P}$ 为幂等矩阵.

证 必要性. 设 $\boldsymbol{P}=\boldsymbol{P}_{L,M}$ 是投影矩阵，于是对任意 $\boldsymbol{x}\in\mathbf{C}^n$（$\boldsymbol{x}$ 有如式(6.2.1)的分解），根据性质 3 可得

$$\boldsymbol{P}_{L,M}^2\boldsymbol{x}=\boldsymbol{P}_{L,M}(\boldsymbol{P}_{L,M}\boldsymbol{x})=\boldsymbol{P}_{L,M}\boldsymbol{y}=\boldsymbol{y}=\boldsymbol{P}_{L,M}\boldsymbol{x}$$

所以 $\boldsymbol{P}^2=\boldsymbol{P}_{L,M}^2=\boldsymbol{P}_{L,M}=\boldsymbol{P}$.

充分性. 设 $\boldsymbol{P}$ 是幂等矩阵. 由于 $R(\boldsymbol{P})$ 和 $N(\boldsymbol{P})$ 均是 $\mathbf{C}^n$ 的子空间，且对任意 $\boldsymbol{x}\in\mathbf{C}^n$，有

$$\boldsymbol{x}=\boldsymbol{Px}+(\boldsymbol{I}-\boldsymbol{P})\boldsymbol{x}\tag{6.2.3}$$

其中 $\boldsymbol{Px}\in R(\boldsymbol{P})$，$(\boldsymbol{I}-\boldsymbol{P})\boldsymbol{x}\in N(\boldsymbol{P})$（由引理 6.4），因而

$$\mathbf{C}^n=R(\boldsymbol{P})+N(\boldsymbol{P})$$

下面证明 $R(\boldsymbol{P})+N(\boldsymbol{P})$ 是直和.

设 $\boldsymbol{z}\in R(\boldsymbol{P})\cap N(\boldsymbol{P})$，即 $\boldsymbol{z}\in R(\boldsymbol{P})$，$\boldsymbol{z}\in N(\boldsymbol{P})$，则存在 $\boldsymbol{u}\in\mathbf{C}^n$，使得 $\boldsymbol{z}=\boldsymbol{Pu}$. 于是

$$\boldsymbol{z}=\boldsymbol{Pu}=\boldsymbol{P}^2\boldsymbol{u}=\boldsymbol{Pz}=\boldsymbol{0}$$

即 $R(\boldsymbol{P})\cap N(\boldsymbol{P})=\{\boldsymbol{0}\}$，因此 $\mathbf{C}^n=R(\boldsymbol{P})\oplus N(\boldsymbol{P})$. 由式(6.2.3)知，对任意 $\boldsymbol{x}\in\mathbf{C}^n$，$\boldsymbol{Px}$ 是 $\boldsymbol{x}$ 沿着 $N(\boldsymbol{P})$ 到 $R(\boldsymbol{P})$ 的投影，故 $\boldsymbol{P}=\boldsymbol{P}_{R(P),N(P)}$. 证毕

该定理表明，n 阶幂等矩阵和 n 阶投影矩阵是一一对应的.

下面介绍投影矩阵 $\boldsymbol{P}_{L,M}$ 的计算方法.

假定 $\dim L=r$，则 $\dim M=n-r$. 在子空间 L 和 M 中分别取基依次为

$$\boldsymbol{x}_1,\boldsymbol{x}_2,\cdots,\boldsymbol{x}_r;\quad \boldsymbol{y}_1,\boldsymbol{y}_2,\cdots,\boldsymbol{y}_{n-r}$$

这两组向量联合起来便构成 $\mathbf{C}^n$ 的基. 根据性质 3，可得

$$\left.\begin{aligned}&\boldsymbol{P}_{L,M}\boldsymbol{x}_i=\boldsymbol{x}_i\quad(i=1,2,\cdots,r)\\&\boldsymbol{P}_{L,M}\boldsymbol{y}_j=\boldsymbol{0}\quad(j=1,2,\cdots,n-r)\end{aligned}\right\}\tag{6.2.4}$$

构造分块矩阵

$$\boldsymbol{X}=(\boldsymbol{x}_1,\boldsymbol{x}_2,\cdots,\boldsymbol{x}_r),\quad \boldsymbol{Y}=(\boldsymbol{y}_1,\boldsymbol{y}_2,\cdots,\boldsymbol{y}_{n-r})$$

那么，式(6.2.4)等价于

$$\boldsymbol{P}_{L,M}[\boldsymbol{X}\mid\boldsymbol{Y}]=[\boldsymbol{X}\mid\boldsymbol{O}]$$

由于 $[\boldsymbol{X}\mid\boldsymbol{Y}]$ 是 n 阶可逆矩阵，因此投影矩阵为

$$P_{L,M} = [X \vdots O][X \vdots Y]^{-1} \tag{6.2.5}$$

例 6.4　在 $\mathbf{R}^2$ 中给定向量 $\boldsymbol{\alpha}_1 = \begin{bmatrix}1\\0\end{bmatrix}\boldsymbol{\alpha}_2 = \begin{bmatrix}1\\-1\end{bmatrix}$，子空间 $L = L(\boldsymbol{\alpha}_1)$，$M = L(\boldsymbol{\alpha}_2)$，求投影矩阵 $\boldsymbol{P}_{L,M}$.

解　由式(6.2.5)求得

$$\boldsymbol{P}_{L,M} = \begin{bmatrix}1 & 0\\0 & 0\end{bmatrix}\begin{bmatrix}1 & 1\\0 & -1\end{bmatrix}^{-1} = \begin{bmatrix}1 & 0\\0 & 0\end{bmatrix}\begin{bmatrix}1 & 1\\0 & -1\end{bmatrix} = \begin{bmatrix}1 & 1\\0 & 0\end{bmatrix}$$

6.2.2　正交投影变换与正交投影矩阵

投影变换的一个子类 —— 正交投影变换，具有更为良好的性质.

定义 6.5　设 L 是 $\mathbf{C}^n$ 的子空间，则称沿着 $L^{\perp}$ 到 L 的投影变换 $T_{L,L^{\perp}}$ 为**正交投影变换**，简记为 T_L. 正交投影算子在 $\mathbf{C}^n$ 的基 $\boldsymbol{e}_1, \boldsymbol{e}_2, \cdots, \boldsymbol{e}_n$ 下的矩阵称为**正交投影矩阵**，记为 $\boldsymbol{P}_L$.

正交投影矩阵不仅是幂等矩阵，而且还是 Hermite 矩阵.

定理 6.12　矩阵 $\boldsymbol{P}$ 为正交投影矩阵的充要条件是 $\boldsymbol{P}$ 为幂等 Hermite 矩阵.

证　必要性. 若 $\boldsymbol{P} = \boldsymbol{P}_L$ 是正交投影矩阵，由定理 6.11 的证明知，它是幂等矩阵. 将任意 $\boldsymbol{x} \in \mathbf{C}^n$ 分解为

$$\boldsymbol{x}_1 = \boldsymbol{y}_1 + \boldsymbol{z}_1, \quad \boldsymbol{y}_1 \in L, \boldsymbol{z}_1 \in L^{\perp}$$
$$\boldsymbol{x}_2 = \boldsymbol{y}_2 + \boldsymbol{z}_2, \quad \boldsymbol{y}_2 \in L, \boldsymbol{z}_2 \in L^{\perp}$$

则 $\boldsymbol{y}_1 = \boldsymbol{P}\boldsymbol{x}_1, \boldsymbol{y}_2 = \boldsymbol{P}\boldsymbol{x}_2$，且有

$$\boldsymbol{x}_1^{\mathrm{H}}\boldsymbol{P}\boldsymbol{x}_2 = (\boldsymbol{y}_1 + \boldsymbol{z}_1)^{\mathrm{H}}\boldsymbol{y}_2 = \boldsymbol{y}_1^{\mathrm{H}}\boldsymbol{y}_2 + \boldsymbol{z}_1^{\mathrm{H}}\boldsymbol{y}_2 = \boldsymbol{y}_1^{\mathrm{H}}\boldsymbol{y}_2 =$$
$$\boldsymbol{y}_1^{\mathrm{H}}\boldsymbol{y}_2 + \boldsymbol{y}_1^{\mathrm{H}}\boldsymbol{z}_2 = \boldsymbol{y}_1^{\mathrm{H}}(\boldsymbol{y}_2 + \boldsymbol{z}_2) = (\boldsymbol{P}\boldsymbol{x}_1)^{\mathrm{H}}\boldsymbol{x}_2 = \boldsymbol{x}_1^{\mathrm{H}}\boldsymbol{P}^{\mathrm{H}}\boldsymbol{x}_2$$

由此可得 $\boldsymbol{P}^{\mathrm{H}} = \boldsymbol{P}$，从而 $\boldsymbol{P}$ 是幂等 Hermite 矩阵.

充分性. 设 $\boldsymbol{P}$ 是幂等 Hermite 矩阵，由定理 6.11 和定理 1.35 可得

$$\boldsymbol{P} = \boldsymbol{P}_{R(\boldsymbol{P}),N(\boldsymbol{P})} = \boldsymbol{P}_{R(\boldsymbol{P}),N(\boldsymbol{P}^{\mathrm{H}})} = \boldsymbol{P}_{R(\boldsymbol{P}),R^{\perp}(\boldsymbol{P})} = \boldsymbol{P}_{R(\boldsymbol{P})}$$ 证毕

该定理表明，n 阶幂等 Hermite 矩阵与 n 阶正交投影矩阵是一一对应的.

下面介绍正交投影矩阵 $\boldsymbol{P}_L$ 的计算方法.

设 $\dim L = r$，则 $\dim L^{\perp} = n - r$. 取 L 的基为 $\boldsymbol{x}_1, \boldsymbol{x}_2, \cdots, \boldsymbol{x}_r$，设 $L^{\perp}$ 的基为 $\boldsymbol{y}_1, \boldsymbol{y}_2, \cdots, \boldsymbol{y}_{n-r}$，构造分块矩阵

$$\boldsymbol{X} = (\boldsymbol{x}_1, \boldsymbol{x}_2, \cdots, \boldsymbol{x}_r), \quad \boldsymbol{Y} = (\boldsymbol{y}_1, \boldsymbol{y}_2, \cdots, \boldsymbol{y}_{n-r})$$

则有 $\boldsymbol{X}^{\mathrm{H}}\boldsymbol{Y} = \boldsymbol{O}$. 由式(6.2.5)得

$$\boldsymbol{P}_L = \boldsymbol{P}_{L,L^{\perp}} = [\boldsymbol{X} \vdots \boldsymbol{O}][\boldsymbol{X} \vdots \boldsymbol{Y}]^{-1}$$

因为

$$(\boldsymbol{X} \vdots \boldsymbol{Y})^{\mathrm{H}}(\boldsymbol{X} \vdots \boldsymbol{Y}) = \begin{bmatrix}\boldsymbol{X}^{\mathrm{H}}\\\boldsymbol{Y}^{\mathrm{H}}\end{bmatrix}(\boldsymbol{X} \vdots \boldsymbol{Y}) = \begin{bmatrix}\boldsymbol{X}^{\mathrm{H}}\boldsymbol{X} & \boldsymbol{O}\\\boldsymbol{O} & \boldsymbol{Y}^{\mathrm{H}}\boldsymbol{Y}\end{bmatrix}$$

所以

$$(X \vdots Y)^{-1}=\begin{bmatrix}(X^{\mathrm{H}}X)^{-1} & O \\ O & (Y^{\mathrm{H}}Y)^{-1}\end{bmatrix}(X \vdots Y)^{\mathrm{H}}=\begin{bmatrix}(X^{\mathrm{H}}X)^{-1}X^{\mathrm{H}} \\ (Y^{\mathrm{H}}Y)^{-1}Y^{\mathrm{H}}\end{bmatrix}$$

于是

$$P_L=(X \vdots O)\begin{bmatrix}(X^{\mathrm{H}}X)^{-1}X^{\mathrm{H}} \\ (Y^{\mathrm{H}}Y)^{-1}Y^{\mathrm{H}}\end{bmatrix}=X(X^{\mathrm{H}}X)^{-1}X^{\mathrm{H}}=XX^{+} \tag{6.2.6}$$

例 6.5 在 $\mathbf{R}^3$ 中,设 L 是由向量 $\boldsymbol{\alpha}=(1,2,0)^{\mathrm{T}}$ 和 $\boldsymbol{\beta}=(0,1,1)^{\mathrm{T}}$ 张成的子空间,求正交投影矩阵 P_L 和向量 $x=(1,2,3,)^{\mathrm{T}}$ 在 L 上的正交投影.

解 因为

$$X=\begin{bmatrix}1 & 0 \\ 2 & 1 \\ 0 & 1\end{bmatrix}, \quad X^{\mathrm{H}}X=\begin{bmatrix}5 & 2 \\ 2 & 2\end{bmatrix}=\frac{1}{6}\begin{bmatrix}2 & -2 \\ -2 & 5\end{bmatrix}$$

所以由式(6.2.6)可得

$$P_L=X(X^{\mathrm{H}}X)^{-1}X^{\mathrm{H}}=\frac{1}{6}\begin{bmatrix}2 & 2 & -2 \\ 2 & 5 & 1 \\ -2 & 1 & 5\end{bmatrix}$$

向量 x 在 L 上的投影为 $P_Lx=(0,5/2,5/2)^{\mathrm{T}}$.

6.2.3 Moore-Penrose 逆的等价定义

Moore-Penrose 逆在广义逆矩阵中占有十分重要的位置.为了后面应用方便,这里给出它的几个等价定义.

1920 年,Moore 利用投影变换定义了一种广义逆,以矩阵形式描述如下.

定义 6.6 设矩阵 $A\in \mathbf{C}^{m\times n}$,若矩阵 $X\in \mathbf{C}^{n\times m}$ 满足

$$AX=P_{R(A)}, \quad XA=P_{R(X)} \tag{6.2.7}$$

其中P_L 是子空间 L 上的正交投影矩阵,则称 X 为 A 的 **Moore 广义逆矩阵**.

定理 6.13 Moore 的广义逆矩阵和 Penrose 的广义逆矩阵(定义 6.1)是等价的.

证 设矩阵 X 满足式(6.2.7),根据性质 3 和定理 6.12,可得

$$AXA=P_{R(A)}A=P_{R(A)}(a_1,\cdots,a_n)=(a_1,\cdots,a_n)=A$$
$$XAX=P_{R(X)}X=P_{R(X)}(x_1,\cdots,x_n)=(x_1,\cdots,x_n)=X$$
$$(AX)^{\mathrm{H}}=P_{R(A)}^{\mathrm{H}}=P_{R(A)}=AX$$
$$(XA)^{\mathrm{H}}=P_{R(X)}^{\mathrm{H}}=P_{R(X)}=XA$$

故 X 是 Penrose 广义逆.

反之,设矩阵 X 满足 Penrose 方程(1) ~ (4),则有

$$(AX)^2=AX, \quad (AX)^{\mathrm{H}}=AX$$

由定理 6.12 知,AX 是正交投影矩阵,且 $AX=P_{R(AX)}$.由定理 6.5 之(6) 知

$$R(AX)=R(A)$$

故 $\boldsymbol{AX}=\boldsymbol{P}_{R(\boldsymbol{AX})}=\boldsymbol{P}_{R(\boldsymbol{A})}$. 同理可证 $\boldsymbol{XA}=\boldsymbol{P}_{R(\boldsymbol{X})}$.　证毕

基于本定理的结果，将定义 6.6 中满足 Penrose 方程(1) ~ (4) 的矩阵 $\boldsymbol{X}$ 称为 Moore-Penrose 逆是有道理的.

定理 6.14　设 $\boldsymbol{A}\in\mathbf{C}^{m\times n}$，若存在 $\boldsymbol{X}\in\mathbf{C}^{n\times m}$ 和 $\boldsymbol{U}\in\mathbf{C}^{m\times m}$ 及 $\boldsymbol{V}\in\mathbf{C}^{n\times n}$ 满足

$$\boldsymbol{AXA}=\boldsymbol{A},\quad \boldsymbol{X}=\boldsymbol{A}^{\mathrm{H}}\boldsymbol{U},\quad \boldsymbol{X}=\boldsymbol{V}\boldsymbol{A}^{\mathrm{H}} \tag{6.2.8}$$

则 $\boldsymbol{X}$ 是唯一的，且 $\boldsymbol{X}=\boldsymbol{A}^{+}$.

证　由 Penrose 方程(1) ~ (4) 和定理 6.10，可得

$$\boldsymbol{A}\boldsymbol{A}^{+}\boldsymbol{A}=\boldsymbol{A}$$

$$\boldsymbol{A}^{+}=\boldsymbol{A}^{+}\boldsymbol{A}\boldsymbol{A}^{+}=(\boldsymbol{A}^{+}\boldsymbol{A})^{\mathrm{H}}\boldsymbol{A}^{+}=\boldsymbol{A}^{\mathrm{H}}(\boldsymbol{A}^{+})^{\mathrm{H}}\boldsymbol{A}^{+}$$

$$\boldsymbol{A}^{+}=\boldsymbol{A}^{+}\boldsymbol{A}\boldsymbol{A}^{+}=\boldsymbol{A}^{+}(\boldsymbol{A}\boldsymbol{A}^{+})^{\mathrm{H}}=\boldsymbol{A}^{+}(\boldsymbol{A}^{+})^{\mathrm{H}}\boldsymbol{A}^{\mathrm{H}}$$

若取

$$\boldsymbol{U}=(\boldsymbol{A}^{+})^{\mathrm{H}}\boldsymbol{A}^{+}\in\mathbf{C}^{m\times m},\quad \boldsymbol{V}=\boldsymbol{A}^{+}(\boldsymbol{A}^{+})^{\mathrm{H}}\in\mathbf{C}^{n\times n}$$

则 $\boldsymbol{X}=\boldsymbol{A}^{+}$ 满足式(6.2.8). 下面证明满足式(6.2.8) 的矩阵 X 是唯一的.

设 $\boldsymbol{X}_1\in\mathbf{C}^{n\times m}$ 也满足式(6.2.8)，即

$$\boldsymbol{A}\boldsymbol{X}_1\boldsymbol{A}=\boldsymbol{A},\quad \boldsymbol{X}_1=\boldsymbol{A}^{\mathrm{H}}\boldsymbol{U}_1,\quad \boldsymbol{X}_1=\boldsymbol{V}_1\boldsymbol{A}^{\mathrm{H}}$$

其中 $\boldsymbol{U}_1\in\mathbf{C}^{m\times m}$，$\boldsymbol{V}_1\in\mathbf{C}^{n\times n}$. 记

$$\boldsymbol{X}_2=\boldsymbol{X}-\boldsymbol{X}_1,\quad \boldsymbol{U}_2=\boldsymbol{U}-\boldsymbol{U}_1,\quad \boldsymbol{V}_2=\boldsymbol{V}-\boldsymbol{V}_1$$

则 $\boldsymbol{X}_2$ 满足

$$\boldsymbol{A}\boldsymbol{X}_2\boldsymbol{A}=\boldsymbol{O},\quad \boldsymbol{X}_2=\boldsymbol{A}^{\mathrm{H}}\boldsymbol{U}_2,\quad \boldsymbol{X}_2=\boldsymbol{V}_2\boldsymbol{A}^{\mathrm{H}}$$

从而

$$(\boldsymbol{X}_2\boldsymbol{A})^{\mathrm{H}}(\boldsymbol{X}_2\boldsymbol{A})=\boldsymbol{A}^{\mathrm{H}}\boldsymbol{X}_2^{\mathrm{H}}\boldsymbol{X}_2\boldsymbol{A}=\boldsymbol{A}^{\mathrm{H}}(\boldsymbol{A}^{\mathrm{H}}\boldsymbol{U}_2)^{\mathrm{H}}\boldsymbol{X}_2\boldsymbol{A}=\boldsymbol{A}^{\mathrm{H}}\boldsymbol{U}_2^{\mathrm{H}}(\boldsymbol{A}\boldsymbol{X}_2\boldsymbol{A})=\boldsymbol{O}$$

因此 $\boldsymbol{X}_2\boldsymbol{A}=\boldsymbol{O}$. 但这样一来，又有

$$\boldsymbol{X}_2\boldsymbol{X}_2^{\mathrm{H}}=\boldsymbol{X}_2(\boldsymbol{V}_2\boldsymbol{A}^{\mathrm{H}})^{\mathrm{H}}=(\boldsymbol{X}_2\boldsymbol{A})\boldsymbol{V}_2^{\mathrm{H}}=\boldsymbol{O}$$

于是得出 $\boldsymbol{X}-\boldsymbol{X}_1=\boldsymbol{X}_2=\boldsymbol{O}$，即 $\boldsymbol{X}_1=\boldsymbol{X}$.　证毕

推论　设 $\boldsymbol{A}\in\mathbf{C}^{m\times n}$，若存在 $\boldsymbol{X}\in\mathbf{C}^{n\times m}$ 和 $\boldsymbol{Z}\in\mathbf{C}^{m\times n}$ 满足

$$\boldsymbol{AXA}=\boldsymbol{A},\quad \boldsymbol{X}=\boldsymbol{A}^{\mathrm{H}}\boldsymbol{Z}\boldsymbol{A}^{\mathrm{H}} \tag{6.2.9}$$

则 $\boldsymbol{X}=\boldsymbol{A}^{+}$

证　分别取 $\boldsymbol{U}=\boldsymbol{Z}\boldsymbol{A}^{\mathrm{H}}\in\mathbf{C}^{m\times m}$ 和 $\boldsymbol{V}=\boldsymbol{A}^{\mathrm{H}}\boldsymbol{Z}\in\mathbf{C}^{n\times n}$，由定理 6.14 即得.　证毕

这样已经得到 Moore-Penrose 逆的 4 个等价定义. 矩阵 $\boldsymbol{A}$ 的 Moore-Penrose 逆 $\boldsymbol{X}$ 满足：

(1) Penrose 方程(1) ~ (4).

(2) $\boldsymbol{AX}=\boldsymbol{P}_{R(\boldsymbol{A})}$，$\boldsymbol{XA}=\boldsymbol{P}_{R(\boldsymbol{X})}$.

(3) $\boldsymbol{AXA}=\boldsymbol{A}$，$\boldsymbol{X}=\boldsymbol{A}^{\mathrm{H}}\boldsymbol{U}$，$\boldsymbol{X}=\boldsymbol{V}\boldsymbol{A}^{\mathrm{H}}$，其中 $\boldsymbol{U}$ 和 $\boldsymbol{V}$ 是适当阶的复方阵.

(4) $\boldsymbol{AXA}=\boldsymbol{A}$，$\boldsymbol{X}=\boldsymbol{A}^{\mathrm{H}}\boldsymbol{Z}\boldsymbol{A}^{\mathrm{H}}$，其中 $\boldsymbol{Z}$ 是与 $\boldsymbol{A}$ 同阶的复矩阵.

习　题　6.2

1. 设 L 和 M 都是 $\mathbf{C}^n$ 的子空间，且 $\mathbf{C}^n=L\oplus M$，证明投影变换 $T_{L,M}$ 是线性变换.

2. 若 $\boldsymbol{P}$ 是投影矩阵，证明 $\boldsymbol{P}^{\mathrm{H}},\boldsymbol{I}-\boldsymbol{P},\boldsymbol{T}^{-1}\boldsymbol{P}\boldsymbol{T}$（$\boldsymbol{T}$ 为可逆矩阵）均为投影矩阵.

3. 证明 $\boldsymbol{I}-\boldsymbol{P}_{L,M}=\boldsymbol{P}_{M,L}$.

4. 设 $\boldsymbol{P}_1,\boldsymbol{P}_2$ 均为投影矩阵，证明：

(1) $\boldsymbol{P}=\boldsymbol{P}_1+\boldsymbol{P}_2$ 是投影矩阵的充要条件是 $\boldsymbol{P}_1\boldsymbol{P}_2=\boldsymbol{P}_2\boldsymbol{P}_1=\boldsymbol{O}$；

(2) $\boldsymbol{P}=\boldsymbol{P}_1-\boldsymbol{P}_2$ 是投影矩阵的充要条件是 $\boldsymbol{P}_1\boldsymbol{P}_2=\boldsymbol{P}_2\boldsymbol{P}_1=\boldsymbol{P}_2$；

(3) 若 $\boldsymbol{P}_1\boldsymbol{P}_2=\boldsymbol{P}_2\boldsymbol{P}_1$，则 $\boldsymbol{P}=\boldsymbol{P}_1\boldsymbol{P}_2$ 是投影矩阵.

5. 设 $\boldsymbol{P}$ 是投影矩阵，证明 $\boldsymbol{P}$ 的特征值为 1 或 0.

6. 设 $\boldsymbol{P}$ 是正交投影矩阵，证明 $\boldsymbol{P}$ 是半正定的.

7. 设 $\mathbf{R}^3$ 的子空间 L 由向量 $\boldsymbol{e}_1=(1,0,0)^{\mathrm{T}}$ 生成.

(1) 若子空间 M 由 $\boldsymbol{\alpha}=(1,1,0)^{\mathrm{T}}$ 和 $\boldsymbol{\beta}=(1,1,1)^{\mathrm{T}}$ 生成，求投影矩阵 $\boldsymbol{P}_{L,M}$ 和向量 $\boldsymbol{x}=(2,3,1)^{\mathrm{T}}$ 沿着 M 到 L 的投影；

(2) 求正交投影矩阵 $\boldsymbol{P}_L$ 和向量 $\boldsymbol{x}=(2,3,1)^{\mathrm{T}}$ 在 L 上的正交投影.

8. 证明满足以下三个矩阵方程

$$\boldsymbol{AX}=\boldsymbol{B},\quad \boldsymbol{XA}=\boldsymbol{D},\quad \boldsymbol{XAX}=\boldsymbol{X}$$

的矩阵 $\boldsymbol{X}$ 是唯一的（如果它存在的话）.

*6.3　广义逆矩阵的计算方法

定理 6.1 和定理 6.2 表明，如果已经知道矩阵 $\boldsymbol{A}$ 的满秩分解或者不可逆值分解，就可以计算 $\boldsymbol{A}^{+}$. 本节讨论计算广义逆矩阵的另外一些方法.

6.3.1　利用满秩分解求广义逆矩阵

在 4.3 节中介绍了矩阵 $\boldsymbol{A}\in\mathbf{C}_r^{m\times n}$ 的满秩分解的概念，并给出了用初等变换进行满秩分解的方法. 设 $\boldsymbol{A}\in\mathbf{C}_r^{m\times n}(r>0)$ 的满秩分解为

$$\boldsymbol{A}=\boldsymbol{FG}\quad(\boldsymbol{F}\in\mathbf{C}_r^{m\times r},\boldsymbol{G}\in\mathbf{C}_r^{r\times n})\tag{6.3.1}$$

那么，可以按照例 6.1 和定理 6.1 的结论计算矩阵的 Moore-Penrose 逆，即

$$\boldsymbol{F}^{+}=(\boldsymbol{F}^{\mathrm{H}}\boldsymbol{F})^{-1}\boldsymbol{F}^{\mathrm{H}}\tag{6.3.2}$$

$$\boldsymbol{G}^{+}=\boldsymbol{G}^{\mathrm{H}}(\boldsymbol{G}\boldsymbol{G}^{\mathrm{H}})^{-1}\tag{6.3.3}$$

$$\boldsymbol{A}^{+}=\boldsymbol{G}^{+}\boldsymbol{F}^{+}=\boldsymbol{G}^{\mathrm{H}}(\boldsymbol{F}^{\mathrm{H}}\boldsymbol{A}\boldsymbol{G}^{\mathrm{H}})^{-1}\boldsymbol{F}^{\mathrm{H}}\tag{6.3.4}$$

此外，还可以按照下述定理给出的结论计算其它广义逆矩阵.

定理 6.15　设 $\boldsymbol{A}\in\mathbf{C}_r^{m\times n}(r>0)$ 的满秩分解为式(6.3.4). 则有以下结论：

(1) $\boldsymbol{G}^{(i)}\boldsymbol{F}^{(1)}\in A\{i\}(i=1,2,4)$；

(2) $\boldsymbol{G}^{(1)}\boldsymbol{F}^{(i)}\in A(i)\ (i=1,2,3)$；

(3) $\boldsymbol{G}^{(1)}\boldsymbol{F}^{+}\in A\{1,2,3\}$，$\boldsymbol{G}^{+}\boldsymbol{F}^{(1)}\in A\{1,2,4\}$；

(4) $\boldsymbol{A}^{+}=\boldsymbol{G}^{+}\boldsymbol{F}^{(1,3)}=\boldsymbol{G}^{(1,4)}\boldsymbol{F}^{+}$.

证　由定理 6.5 之(7) 知

$$\boldsymbol{F}^{(1)}\boldsymbol{F}=\boldsymbol{G}\boldsymbol{G}^{(1)}=\boldsymbol{I}_r$$

根据定义容易验证(1),(2) 成立.

(3) 可由(1),(2) 直接得到.

(4) 由(3) 知,$\boldsymbol{X}=\boldsymbol{G}^{+}\boldsymbol{F}^{(1,3)}\in A\{1,2,4\}$,又因为

$$(\boldsymbol{AX})^{\mathrm{H}}=(\boldsymbol{FGG}^{+}\boldsymbol{F}^{(1,3)})^{\mathrm{H}}=(\boldsymbol{FF}^{(1,3)})^{\mathrm{H}}=\boldsymbol{FF}^{(1,3)}=\boldsymbol{AX}$$

所以 $\boldsymbol{X}\in A\{1,2,3,4\}$. 另一式可类似地证明.　证毕

在定理 6.15 之(3) 中,将$\boldsymbol{F}^{+}$ 与$\boldsymbol{G}^{+}$ 分别换成$\boldsymbol{F}^{(1,2,3)}$ 和$\boldsymbol{G}^{(1,2,4)}$ 时,结论仍然成立.

6.3.2　计算 A^{+} 的 Zlobec 公式

先证明以下两个引理.

引理 6.5　设 $\boldsymbol{A}\in\mathbf{C}_r^{m\times n}$,$\boldsymbol{U}\in\mathbf{C}^{n\times p}$,$\boldsymbol{V}\in\mathbf{C}^{q\times m}$,且

$$\boldsymbol{X}=\boldsymbol{U}(\boldsymbol{VAU})^{(1)}\boldsymbol{V}\tag{6.3.5}$$

其中$(\boldsymbol{VAU})^{(1)}\in(\boldsymbol{VAU})\{1\}$,则有下述结论:

(1) $\boldsymbol{X}\in A\{1\}$ 的充要条件是 $\operatorname{rank}(\boldsymbol{VAU})=r$;

(2) $\boldsymbol{X}\in A\{2\}$ 且 $R(\boldsymbol{X})=R(\boldsymbol{U})$ 的充要条件是 $\operatorname{rank}(\boldsymbol{VAU})=\operatorname{rank}\boldsymbol{U}$.

(3) $\boldsymbol{X}\in A\{2\}$ 且 $N(\boldsymbol{X})=N(\boldsymbol{V})$ 的充要条件是 $\operatorname{rank}(\boldsymbol{VAU})=\operatorname{rank}\boldsymbol{V}$.

(4) $\boldsymbol{X}\in A\{1,2\}$ 且 $R(\boldsymbol{X})=R(\boldsymbol{U})$,$N(\boldsymbol{X})=N(\boldsymbol{V})$ 的充要条件是

$$\operatorname{rank}(\boldsymbol{VAU})=\operatorname{rank}\boldsymbol{U}=\operatorname{rank}\boldsymbol{V}=r$$

证　(1) 充分性. 因为

$$r=\operatorname{rank}(\boldsymbol{VAU})\leqslant\operatorname{rank}(\boldsymbol{AU})\leqslant\operatorname{rank}\boldsymbol{A}=r$$

所以 $\operatorname{rank}(\boldsymbol{AU})=\operatorname{rank}\boldsymbol{A}=r$. 但 $R(\boldsymbol{AU})\subset R(\boldsymbol{A})$,从而

$$R(\boldsymbol{AU})=R(\boldsymbol{A})$$

即存在矩阵 $\boldsymbol{Y}$,使得 $\boldsymbol{A}=\boldsymbol{AUY}$. 由定理 6.5 之(8) 可得

$$\boldsymbol{AXA}=\boldsymbol{AU}(\boldsymbol{VAU})^{(1)}\boldsymbol{VAUY}=\boldsymbol{AUY}=\boldsymbol{A}$$

必要性. 因为 $\boldsymbol{X}\in A\{1\}$,所以

$$\boldsymbol{A}=\boldsymbol{AXAXA}=\boldsymbol{AU}(\boldsymbol{VAU})^{(1)}\boldsymbol{VAU}(\boldsymbol{VAU})^{(1)}\boldsymbol{VA}$$

故

$$r=\operatorname{rank}\boldsymbol{A}\leqslant\operatorname{rank}(\boldsymbol{VAU})\leqslant\operatorname{rank}\boldsymbol{A}=r$$

(2) 充分性. 因为 $\operatorname{rank}(\boldsymbol{VAU})=\operatorname{rank}\boldsymbol{U}$,由定理 6.5 之(8) 可得

$$\boldsymbol{XAU}=\boldsymbol{U}(\boldsymbol{VAU})^{(1)}\boldsymbol{VAU}=\boldsymbol{U}$$

所以

$$\boldsymbol{XAX}=\boldsymbol{XAU}(\boldsymbol{VAU})^{(1)}\boldsymbol{V}=\boldsymbol{U}(\boldsymbol{VAU})^{(1)}\boldsymbol{V}=\boldsymbol{X}$$

$$\operatorname{rank}\boldsymbol{U}=\operatorname{rank}(\boldsymbol{XAU})\leqslant\operatorname{rank}\boldsymbol{X}$$

又因为

$$R(\boldsymbol{X})=R[\boldsymbol{U}(\boldsymbol{VAU})^{(1)}\boldsymbol{V}]\subset R(\boldsymbol{U})$$

所以 $\boldsymbol{X}\in A\{2\}$ 且 $R(\boldsymbol{X})=R(\boldsymbol{U})$.

必要性. 由 $\boldsymbol{X}\in A\{2\}$ 可得

$$\boldsymbol{X}=\boldsymbol{XAX}=\boldsymbol{U}(\boldsymbol{VAU})^{(1)}\boldsymbol{VAU}(\boldsymbol{VAU})^{(1)}\boldsymbol{V}$$

由 $R(\boldsymbol{X})=R(\boldsymbol{U})$ 得 $\operatorname{rank}\boldsymbol{X}=\operatorname{rank}\boldsymbol{U}$,因而

$$\operatorname{rank}\boldsymbol{X}\leqslant\operatorname{rank}(\boldsymbol{VAU})\leqslant\operatorname{rank}\boldsymbol{U}=\operatorname{rank}\boldsymbol{X}$$

(3) 与(2) 类似.

(4) 由(1),(2) 和(3) 即得. 证毕

引理 6.6 任意给定矩阵 $\boldsymbol{A}$,若矩阵 $\boldsymbol{X}$ 满足

$$\boldsymbol{X} \in A\{1,2\}, \quad R(\boldsymbol{X}) = R(\boldsymbol{A}^{\mathrm{H}}), \quad N(\boldsymbol{X}) = N(\boldsymbol{A}^{\mathrm{H}})$$

则 $\boldsymbol{X} = \boldsymbol{A}^{+}$.

证 首先由定理 6.10 之(6) 知,矩阵 $\boldsymbol{A}^{+}$ 满足引理的条件.

反之,由 $R(\boldsymbol{X}) = R(\boldsymbol{A}^{\mathrm{H}})$ 知,存在矩阵 $\boldsymbol{U}$,使得

$$\boldsymbol{X} = \boldsymbol{A}^{\mathrm{H}}\boldsymbol{U}$$

因为 $N(\boldsymbol{X}) = N(\boldsymbol{A}^{\mathrm{H}})$ 等价于 $N^{\perp}(\boldsymbol{X}) = N^{\perp}(\boldsymbol{A}^{\mathrm{H}})$,而后者等价于 $R(\boldsymbol{X}^{\mathrm{H}}) = R(\boldsymbol{A})$,所以存在矩阵 $\boldsymbol{V}^{\mathrm{H}}$,使得 $\boldsymbol{X}^{\mathrm{H}} = \boldsymbol{A}\boldsymbol{V}^{\mathrm{H}}$,即 $\boldsymbol{X} = \boldsymbol{V}\boldsymbol{A}^{\mathrm{H}}$. 由定理 6.14 知 $\boldsymbol{X} = \boldsymbol{A}^{+}$. 证毕

由这两个引理可得计算 $\boldsymbol{A}^{+}$ 的 **Zlobec 公式**.

定理 6.16 任意给定矩阵 $\boldsymbol{A}$,则

$$\boldsymbol{A}^{+} = \boldsymbol{A}^{\mathrm{H}}(\boldsymbol{A}^{\mathrm{H}}\boldsymbol{A}\boldsymbol{A}^{\mathrm{H}})^{(1)}\boldsymbol{A}^{\mathrm{H}} \tag{6.3.6}$$

其中 $(\boldsymbol{A}^{\mathrm{H}}\boldsymbol{A}\boldsymbol{A}^{\mathrm{H}})^{(1)} \in (A^{\mathrm{H}}AA^{\mathrm{H}})\{1\}$.

证 在引理 6.5 中取 $\boldsymbol{U} = \boldsymbol{V} = \boldsymbol{A}^{\mathrm{H}}$,则由引理 6.3 知

$$\operatorname{rank}\boldsymbol{A}^{\mathrm{H}} = \operatorname{rank}(\boldsymbol{A}^{\mathrm{H}}\boldsymbol{A}) = \operatorname{rank}(\boldsymbol{A}^{\mathrm{H}}\boldsymbol{A}\boldsymbol{A}^{\mathrm{H}}\boldsymbol{A}) \leqslant \operatorname{rank}(\boldsymbol{A}^{\mathrm{H}}\boldsymbol{A}\boldsymbol{A}^{\mathrm{H}}) \leqslant \operatorname{rank}\boldsymbol{A}^{\mathrm{H}}$$

从而 $\boldsymbol{X} = \boldsymbol{A}^{\mathrm{H}}(\boldsymbol{A}^{\mathrm{H}}\boldsymbol{A}\boldsymbol{A}^{\mathrm{H}})^{(1)}\boldsymbol{A}^{\mathrm{H}}$ 满足

$$\boldsymbol{X} \in A\{1,2\}, \quad R(\boldsymbol{X}) = R(\boldsymbol{A}^{\mathrm{H}}), \quad N(\boldsymbol{X}) = N(\boldsymbol{A}^{\mathrm{H}})$$

由引理 6.6 知结果成立. 证毕

Zlobec公式(6.3.6) 的优点是,只需计算 $\boldsymbol{A}^{\mathrm{H}}\boldsymbol{A}\boldsymbol{A}^{\mathrm{H}}$ 的一个$\{1\}$-逆 即可求得$\boldsymbol{A}^{+}$,而$\{1\}$-逆的计算是较为容易的. 此外,在式(6.3.6) 中,$\{1\}$-逆的选取是任意的,但乘积 $\boldsymbol{A}^{\mathrm{H}}(\boldsymbol{A}^{\mathrm{H}}\boldsymbol{A}\boldsymbol{A}^{\mathrm{H}})^{(1)}\boldsymbol{A}^{\mathrm{H}}$ 却与$\{1\}$-逆的选取无关,即它是一个不变量. 因而在计算时,可以选取最简单的$\{1\}$-逆.

例 6.6 设 $\boldsymbol{A} = \begin{bmatrix} -1 & 0 & 1 \\ 2 & 0 & -2 \end{bmatrix}$,用 Zlobec 公式计算 $\boldsymbol{A}^{+}$.

解 因为

$$\boldsymbol{A}^{\mathrm{H}}\boldsymbol{A}\boldsymbol{A}^{\mathrm{H}} = \begin{bmatrix} -1 & 2 \\ 0 & 0 \\ 1 & -2 \end{bmatrix}\begin{bmatrix} -1 & 0 & 1 \\ 2 & 0 & -2 \end{bmatrix}\begin{bmatrix} -1 & 2 \\ 0 & 0 \\ 1 & -2 \end{bmatrix} = \begin{bmatrix} -10 & 20 \\ 0 & 0 \\ 10 & -20 \end{bmatrix}$$

可求得

$$(\boldsymbol{A}^{\mathrm{H}}\boldsymbol{A}\boldsymbol{A}^{\mathrm{H}})^{(1)} = \begin{bmatrix} -\frac{1}{10} & 0 & 0 \\ 0 & 0 & 0 \end{bmatrix}$$

所以

$$A^+ = A^H(A^HAA^H)^{(1)}A^H =$$

$$\begin{bmatrix}-1 & 2\\ 0 & 0\\ 1 & -2\end{bmatrix}\begin{bmatrix}-\frac{1}{10} & 0 & 0\\ 0 & 0 & 0\end{bmatrix}\begin{bmatrix}-1 & 2\\ 0 & 0\\ 1 & -2\end{bmatrix} = \frac{1}{10}\begin{bmatrix}-1 & 2\\ 0 & 0\\ 1 & -2\end{bmatrix}$$

6.3.3 Greville 方法

计算 $\boldsymbol{A}^+$ 的 Greville 方法是一种有限迭代法，它在已知矩阵的前 k 列所构成子矩阵的广义逆矩阵基础上，来构造前 $k+1$ 列所构成子矩阵的广义逆矩阵. 因此，若矩阵 $\boldsymbol{A}$ 有 n 列，则经过 n 步就可得到$\boldsymbol{A}^+$.

定理 6.17(Greville)　设 $\boldsymbol{A}\in \mathbf{C}^{m\times n}$. 记 $\boldsymbol{a}_k(k=1,2,\cdots,n)$ 为 $\boldsymbol{A}$ 的第 k 列，$\boldsymbol{A}_k(k=1,2,\cdots,n)$ 为 $\boldsymbol{A}$ 的前 k 列构成的子矩阵；又记

$$\boldsymbol{d}_k = \boldsymbol{A}_{k-1}^+\boldsymbol{a}_k \tag{6.3.7}$$

$$\begin{aligned}\boldsymbol{c}_k &= \boldsymbol{a}_k - \boldsymbol{A}_{k-1}\boldsymbol{d}_k = \boldsymbol{a}_k - \boldsymbol{A}_{k-1}\boldsymbol{A}_{k-1}^+\boldsymbol{a}_k = \\ &\boldsymbol{a}_k - \boldsymbol{P}_{R(\boldsymbol{A}_{k-1})}\boldsymbol{a}_k = (\boldsymbol{I}-\boldsymbol{P}_{R(\boldsymbol{A}_{k-1})})\boldsymbol{a}_k = \\ &\boldsymbol{P}_{R^\perp(\boldsymbol{A}_{k-1})}\boldsymbol{a}_k = \boldsymbol{P}_{N(\boldsymbol{A}_{k-1}^H)}\boldsymbol{a}_k \quad (k=2,3,\cdots,n)\end{aligned} \tag{6.3.8}$$

则

$$\boldsymbol{A}_k^+ = \begin{bmatrix}\boldsymbol{A}_{k-1}^+ - \boldsymbol{d}_k\boldsymbol{b}_k^H\\ \boldsymbol{b}_k^H\end{bmatrix} \tag{6.3.9}$$

其中

$$\boldsymbol{b}_k^H = \begin{cases}\boldsymbol{c}_k^+ & (\boldsymbol{c}_k\neq \boldsymbol{0})\\ (1+\boldsymbol{d}_k^H\boldsymbol{d}_k)^{-1}\boldsymbol{d}_k^H\boldsymbol{A}_{k-1}^+ & (\boldsymbol{c}_k=\boldsymbol{0})\end{cases}\quad (k=2,3,\cdots,n)$$

证　显然

$$\boldsymbol{A}_k = [\boldsymbol{A}_{k-1} \;\vdots\; \boldsymbol{a}_k] \tag{6.3.10}$$

设

$$\boldsymbol{A}_k^+ = \begin{bmatrix}\boldsymbol{B}_k\\ \boldsymbol{b}_k^H\end{bmatrix} \tag{6.3.11}$$

其中 $\boldsymbol{B}_k$ 是一个待定的$(k-1)\times m$ 矩阵，$\boldsymbol{b}_k^H$ 是待定的行向量，则

$$\boldsymbol{A}_k\boldsymbol{A}_k^+ = [\boldsymbol{A}_{k-1} \;\vdots\; \boldsymbol{a}_k]\begin{bmatrix}\boldsymbol{B}_k\\ \boldsymbol{b}_k^H\end{bmatrix} = \boldsymbol{A}_{k-1}\boldsymbol{B}_k + \boldsymbol{a}_k\boldsymbol{b}_k^H \tag{6.3.12}$$

由定理 6.10 之(6) 和定理 6.5 之(6) 得

$$N(\boldsymbol{A}_{k-1}^+) = N(\boldsymbol{A}_{k-1}^H) \supset N(\boldsymbol{A}_k^H) = N(\boldsymbol{A}_k^+) = N(\boldsymbol{A}_k\boldsymbol{A}_k^+)$$

即　$$R((\boldsymbol{A}_{k-1}^+)^H) \subset R((\boldsymbol{A}_k\boldsymbol{A}_k^+)^H) = R(\boldsymbol{A}_k\boldsymbol{A}_k^+)$$

因此　$$\boldsymbol{A}_k\boldsymbol{A}_k^+(\boldsymbol{A}_{k-1}^+)^H = \boldsymbol{P}_{R(\boldsymbol{A}_k\boldsymbol{A}_k^+)}(\boldsymbol{A}_{k-1}^+)^H = (\boldsymbol{A}_{k-1}^+)^H$$

或者

$$\boldsymbol{A}_{k-1}^+\boldsymbol{A}_k\boldsymbol{A}_k^+ = \boldsymbol{A}_{k-1}^+ \tag{6.3.13}$$

又由 $R(\boldsymbol{A}_k^+)=R(\boldsymbol{A}_k^{\mathrm{H}})$ 知,存在矩阵 $\boldsymbol{U}$,使得,$\boldsymbol{A}_k^+=\boldsymbol{A}_k^{\mathrm{H}}\boldsymbol{U}$,因而 $\boldsymbol{B}_k=\boldsymbol{A}_{k-1}^{\mathrm{H}}\boldsymbol{U}$. 故有

$$R(\boldsymbol{B}_k)\subset R(\boldsymbol{A}_{k-1}^{\mathrm{H}})=R(\boldsymbol{A}_{k-1}^+)=R(\boldsymbol{A}_{k-1}^+\boldsymbol{A}_{k-1})$$

由此推得

$$\boldsymbol{A}_{k-1}^+\boldsymbol{A}_{k-1}\boldsymbol{B}_k=\boldsymbol{P}_{R(\boldsymbol{A}_{k-1}^+\boldsymbol{A}_{k-1})}\boldsymbol{B}_k=\boldsymbol{B}_k \tag{6.3.14}$$

用 $\boldsymbol{A}_{k-1}^+$ 右乘式(6.3.12),且由式(6.3.13)和式(6.3.14)得

$$\boldsymbol{A}_{k-1}^+=\boldsymbol{B}_k+\boldsymbol{A}_{k-1}^+\boldsymbol{a}_k\boldsymbol{b}_k^{\mathrm{H}}=\boldsymbol{B}_k+\boldsymbol{d}_k\boldsymbol{b}_k^{\mathrm{H}} \tag{6.3.15}$$

从而

$$\boldsymbol{A}_k^+=\begin{bmatrix}\boldsymbol{A}_{k-1}^+-\boldsymbol{d}_k\boldsymbol{b}_k^{\mathrm{H}}\\ \boldsymbol{b}_k^{\mathrm{H}}\end{bmatrix}$$

下面确定 $\boldsymbol{b}_k^{\mathrm{H}}$. 将式(6.3.15)代入式(6.3.12)可得

$$\boldsymbol{A}_k\boldsymbol{A}_k^+=\boldsymbol{A}_{k-1}\boldsymbol{A}_{k-1}^++(\boldsymbol{a}_k-\boldsymbol{A}_{k-1}\boldsymbol{d}_k)\boldsymbol{b}_k^{\mathrm{H}}=\boldsymbol{A}_{k-1}\boldsymbol{A}_{k-1}^++\boldsymbol{c}_k\boldsymbol{b}_k^{\mathrm{H}} \tag{6.3.16}$$

分两种情形讨论.

(1) $\boldsymbol{c}_k\neq\boldsymbol{0}$:因为 $\boldsymbol{A}_k\boldsymbol{A}_k^+$ 和 $\boldsymbol{A}_{k-1}\boldsymbol{A}_{k-1}^+$ 均为 Hermite 矩阵,由式(6.3.16)知 $\boldsymbol{c}_k\boldsymbol{b}_k^{\mathrm{H}}$ 是 Hermite 矩阵,所以

$$\boldsymbol{b}_k^{\mathrm{H}}=\delta\boldsymbol{c}_k^{\mathrm{H}}\quad(\delta\ \text{是一个数}) \tag{6.3.17}$$

又因为

$$\begin{aligned}\boldsymbol{A}_k=\boldsymbol{A}_k\boldsymbol{A}_k^+\boldsymbol{A}_k=(\boldsymbol{A}_{k-1}\boldsymbol{A}_{k-1}^++\boldsymbol{c}_k\boldsymbol{b}_k^{\mathrm{H}})[\boldsymbol{A}_{k-1}\ \vdots\ \boldsymbol{a}_k]=\\ [\boldsymbol{A}_{k-1}+\boldsymbol{c}_k\boldsymbol{b}_k^{\mathrm{H}}\boldsymbol{A}_{k-1}\ \vdots\ \boldsymbol{a}_k-\boldsymbol{c}_k+\boldsymbol{c}_k(\boldsymbol{b}_k^{\mathrm{H}}\boldsymbol{a}_k)]\end{aligned}$$

与式(6.3.10)比较得 $\boldsymbol{b}_k^{\mathrm{H}}\boldsymbol{a}_k=1$,所以

$$\begin{aligned}1=\boldsymbol{b}_k^{\mathrm{H}}\boldsymbol{a}_k=\delta\boldsymbol{c}_k^{\mathrm{H}}\boldsymbol{a}_k=\delta(\boldsymbol{P}_{N(\boldsymbol{A}_{k-1}^{\mathrm{H}})}\boldsymbol{a}_k)^{\mathrm{H}}\boldsymbol{a}_k=\\ \delta\boldsymbol{a}_k^{\mathrm{H}}\boldsymbol{P}_{N(\boldsymbol{A}_{k-1}^{\mathrm{H}})}\boldsymbol{a}_k=\delta\boldsymbol{a}_k^{\mathrm{H}}\boldsymbol{P}_{N(\boldsymbol{A}_{k-1}^{\mathrm{H}})}\boldsymbol{P}_{N(\boldsymbol{A}_{k-1}^{\mathrm{H}})}\boldsymbol{a}_k=\delta\boldsymbol{c}_k^{\mathrm{H}}\boldsymbol{c}_k\end{aligned}$$

即 $\delta=(\boldsymbol{c}_k^{\mathrm{H}}\boldsymbol{c}_k)^{-1}$,代入式(6.3.17)且由式(6.2.5)可得

$$\boldsymbol{b}_k^{\mathrm{H}}=(\boldsymbol{c}_k^{\mathrm{H}}\boldsymbol{c}_k)^{-1}\boldsymbol{c}_k^{\mathrm{H}}=\boldsymbol{c}_k^+$$

(2) $\boldsymbol{c}_k=\boldsymbol{0}$:由式(6.3.16)知,$\boldsymbol{A}_k\boldsymbol{A}_k^+=\boldsymbol{A}_{k-1}\boldsymbol{A}_{k-1}^+$,从而

$$R(\boldsymbol{A}_k)=R(\boldsymbol{A}_k\boldsymbol{A}_k^+)=R(\boldsymbol{A}_{k-1}\boldsymbol{A}_{k-1}^+)=R(\boldsymbol{A}_{k-1})$$

即 $N(\boldsymbol{A}_k^{\mathrm{H}})=N(\boldsymbol{A}_{k-1}^{\mathrm{H}})$. 因为

$$N(\boldsymbol{b}_k^{\mathrm{H}})\supset N(\boldsymbol{A}_k^+)=N(\boldsymbol{A}_k^{\mathrm{H}})=N(\boldsymbol{A}_{k-1}^{\mathrm{H}})=N(\boldsymbol{A}_{k-1}^+)=N(\boldsymbol{A}_{k-1}\boldsymbol{A}_{k-1}^+)$$

或者

$$R(\boldsymbol{b}_k)\subset R((\boldsymbol{A}_{k-1}\boldsymbol{A}_{k-1}^+)^{\mathrm{H}})=R(\boldsymbol{A}_{k-1}\boldsymbol{A}_{k-1}^+)$$

故得 $\boldsymbol{A}_{k-1}\boldsymbol{A}_{k-1}^+\boldsymbol{b}_k=\boldsymbol{b}_k$,即

$$\boldsymbol{b}_k^{\mathrm{H}}\boldsymbol{A}_{k-1}\boldsymbol{A}_{k-1}^+=\boldsymbol{b}_k^{\mathrm{H}} \tag{6.3.18}$$

又有

$$\begin{aligned}\boldsymbol{A}_k^+\boldsymbol{A}_k=\begin{bmatrix}\boldsymbol{A}_{k-1}^+-\boldsymbol{d}_k\boldsymbol{b}_k^{\mathrm{H}}\\ \boldsymbol{b}_k^{\mathrm{H}}\end{bmatrix}[\boldsymbol{A}_{k-1}\ \vdots\ \boldsymbol{a}_k]=\\ \begin{bmatrix}\boldsymbol{A}_{k-1}^+\boldsymbol{A}_{k-1}-\boldsymbol{d}_k\boldsymbol{b}_k^{\mathrm{H}}\boldsymbol{A}_{k-1} & (1-\alpha)\boldsymbol{d}_k\\ \boldsymbol{b}_k^{\mathrm{H}}\boldsymbol{A}_{k-1} & \alpha\end{bmatrix}\end{aligned} \tag{6.3.19}$$

其中 $\alpha=\boldsymbol{b}_k^{\mathrm{H}}\boldsymbol{a}_k$,由 $\boldsymbol{A}_k^+\boldsymbol{A}_k$ 是 Hermite 矩阵可知 α 是实数,且 $\boldsymbol{b}_k^{\mathrm{H}}\boldsymbol{A}_{k-1}=(1-\alpha)\boldsymbol{d}_k^{\mathrm{H}}$. 故

而

$$\boldsymbol{b}_k^{\mathrm{H}} = \boldsymbol{b}_k^{\mathrm{H}}\boldsymbol{A}_{k-1}\boldsymbol{A}_{k-1}^{+} = (1-\alpha)\boldsymbol{d}_k^{\mathrm{H}}\boldsymbol{A}_{k-1}^{+} \tag{6.3.20}$$

上式右乘 $\boldsymbol{a}_k$ 得

$$\alpha = \boldsymbol{b}_k^{\mathrm{H}}\boldsymbol{a}_k = (1-\alpha)\boldsymbol{d}_k^{\mathrm{H}}\boldsymbol{d}_k$$

解出 $1-\alpha=(1+\boldsymbol{d}_k^{\mathrm{H}}\boldsymbol{d}_k)^{-1}$,代入式(6.3.20)即得所证.　证毕

Greville 方法的优点是,无需计算任何矩阵的逆或广义逆,只利用矩阵乘法即可求得 Moore-Penrose 逆.

例 6.7　设 $\boldsymbol{A}=\begin{bmatrix}1 & 0\\ 2 & 1\\ 0 & 1\end{bmatrix}$,利用 Greville 方法计算 $\boldsymbol{A}^{+}$.

解　由式(6.1.12)求得

$$\boldsymbol{A}_1^{+} = \begin{bmatrix}1\\2\\0\end{bmatrix}^{+} = \frac{1}{5}\begin{bmatrix}1 & 2 & 0\end{bmatrix}$$

而

$$\boldsymbol{d}_2 = \boldsymbol{A}_1^{+}\boldsymbol{a}_2 = \frac{1}{5}\begin{bmatrix}1 & 2 & 0\end{bmatrix}\begin{bmatrix}0\\1\\1\end{bmatrix} = \frac{2}{5}$$

$$\boldsymbol{c}_2 = \boldsymbol{a}_2 - \boldsymbol{A}_1\boldsymbol{d}_2 = \begin{bmatrix}0\\1\\1\end{bmatrix} - \begin{bmatrix}1\\2\\0\end{bmatrix}\frac{2}{5} = \begin{bmatrix}-\frac{2}{5}\\ \frac{1}{5}\\ 1\end{bmatrix}$$

$$\boldsymbol{b}_2^{\mathrm{H}} = \boldsymbol{c}_2^{+} = \frac{1}{6}\begin{bmatrix}-2 & 1 & 5\end{bmatrix}$$

所以

$$\boldsymbol{A}^{+} = \begin{bmatrix}\frac{1}{5}\begin{bmatrix}1 & 2 & 0\end{bmatrix} - \frac{2}{5}\times\frac{1}{6}\begin{bmatrix}-2 & 1 & 5\end{bmatrix}\\ \frac{1}{6}\begin{bmatrix}-2 & 1 & 5\end{bmatrix}\end{bmatrix} = \frac{1}{6}\begin{bmatrix}2 & 2 & -2\\ -2 & 1 & 5\end{bmatrix}$$

6.3.4　一些特殊分块矩阵的广义逆矩阵

设 $\boldsymbol{A}\in\mathbf{C}^{m\times n}$. 如果已知 $\boldsymbol{A}$ 的秩为 r,并且可以找到 $\boldsymbol{A}$ 的 r 阶可逆子矩阵 $\boldsymbol{A}_{11}$,则通过行和列的置换可将它移到左上角,即

$$\boldsymbol{PAQ} = \begin{bmatrix}\boldsymbol{A}_{11} & \boldsymbol{A}_{12}\\ \boldsymbol{A}_{21} & \boldsymbol{A}_{22}\end{bmatrix}$$

其中 $\boldsymbol{P}$ 和 $\boldsymbol{Q}$ 分别是 m 阶和 n 阶置换矩阵,$\boldsymbol{A}_{11}\in\mathbf{C}_r^{r\times r}$. 需要说明的是:若 $r=n$,则 $\boldsymbol{A}_{12}$ 和 $\boldsymbol{A}_{22}$ 不出现;若 $r=m$,则 $\boldsymbol{A}_{21}$ 和 $\boldsymbol{A}_{22}$ 不出现.

因为 $\mathrm{rank}\boldsymbol{A}=\mathrm{rank}\boldsymbol{A}_{11}=r$,所以

$$\begin{bmatrix}\boldsymbol{A}_{12}\\\boldsymbol{A}_{22}\end{bmatrix}=\begin{bmatrix}\boldsymbol{A}_{11}\\\boldsymbol{A}_{21}\end{bmatrix}\boldsymbol{T},\quad [\boldsymbol{A}_{21}\ \vdots\ \boldsymbol{A}_{22}]=\boldsymbol{S}[\boldsymbol{A}_{11}\ \vdots\ \boldsymbol{A}_{12}]$$

这里 $\boldsymbol{T}=\boldsymbol{A}_{11}^{-1}\boldsymbol{A}_{12}$ 和 $\boldsymbol{S}=\boldsymbol{A}_{21}\boldsymbol{A}_{11}^{-1}$. 从而可将矩阵 $\boldsymbol{A}$ 分块为

$$\boldsymbol{A}=\boldsymbol{P}^{\mathrm{T}}\begin{bmatrix}\boldsymbol{A}_{11} & \boldsymbol{A}_{12}\\\boldsymbol{A}_{21} & \boldsymbol{A}_{22}\end{bmatrix}\boldsymbol{Q}^{\mathrm{T}}=\boldsymbol{P}^{\mathrm{T}}\begin{bmatrix}\boldsymbol{I}_r\\\boldsymbol{S}\end{bmatrix}\boldsymbol{A}_{11}[\boldsymbol{I}_r\ \vdots\ \boldsymbol{T}]\boldsymbol{Q}^{\mathrm{T}} \tag{6.3.21}$$

定理 6.18 设 $\boldsymbol{A}\in\mathbf{C}_r^{m\times n}$ 分块为式(6.3.21). 则有

(1) $\boldsymbol{A}^{(1,2)}=\boldsymbol{Q}\begin{bmatrix}\boldsymbol{A}_{11}^{-1} & \boldsymbol{O}\\\boldsymbol{O} & \boldsymbol{O}\end{bmatrix}\boldsymbol{P}$;

(2) $\boldsymbol{A}^{(1,2,3)}=\boldsymbol{Q}\begin{bmatrix}\boldsymbol{A}_{11}^{-1}\\\boldsymbol{O}\end{bmatrix}(\boldsymbol{I}_r+\boldsymbol{S}^{\mathrm{H}}\boldsymbol{S})^{-1}[\boldsymbol{I}_r\ \vdots\ \boldsymbol{S}^{\mathrm{H}}]\boldsymbol{P}$;

(3) $\boldsymbol{A}^{(1,2,4)}=\boldsymbol{Q}\begin{bmatrix}\boldsymbol{I}_r\\\boldsymbol{T}^{\mathrm{H}}\end{bmatrix}(\boldsymbol{I}_r+\boldsymbol{T}\boldsymbol{T}^{\mathrm{H}})^{-1}[\boldsymbol{A}_{11}^{-1}\ \vdots\ \boldsymbol{O}]\boldsymbol{P}$;

(4) $\boldsymbol{A}^{+}=\boldsymbol{Q}\begin{bmatrix}\boldsymbol{I}_r\\\boldsymbol{T}^{\mathrm{H}}\end{bmatrix}(\boldsymbol{I}_r+\boldsymbol{T}\boldsymbol{T}^{\mathrm{H}})^{-1}\boldsymbol{A}_{11}^{-1}(\boldsymbol{I}_r+\boldsymbol{S}^{\mathrm{H}}\boldsymbol{S})^{-1}[\boldsymbol{I}_r\ \vdots\ \boldsymbol{S}^{\mathrm{H}}]\boldsymbol{P}$.

证 由定义可直接验证(1).

因为分块表示式(6.3.21) 是矩阵 $\boldsymbol{A}$ 的满秩分解 $\boldsymbol{A}=\boldsymbol{F}\boldsymbol{G}$,其中

$$\boldsymbol{F}=\boldsymbol{P}^{\mathrm{T}}\begin{bmatrix}\boldsymbol{I}_r\\\boldsymbol{S}\end{bmatrix}\boldsymbol{A}_{11}\in\mathbf{C}_r^{m\times r},\quad \boldsymbol{G}=[\boldsymbol{I}_r\ \vdots\ \boldsymbol{T}]\boldsymbol{Q}^{\mathrm{T}}\in\mathbf{C}_r^{r\times n}$$

容易验证

$$\boldsymbol{A}_{11}^{-1}[\boldsymbol{I}_r\ \vdots\ \boldsymbol{O}]\boldsymbol{P}\in F\{1\},\quad \boldsymbol{Q}\begin{bmatrix}\boldsymbol{I}_r\\\boldsymbol{O}\end{bmatrix}\in G\{1\}$$

由式(6.1.10) 和(6.1.11) 可得

$$\boldsymbol{F}^{+}=\boldsymbol{A}_{11}^{-1}(\boldsymbol{I}_r+\boldsymbol{S}^{\mathrm{H}}\boldsymbol{S})^{-1}[\boldsymbol{I}_r\ \vdots\ \boldsymbol{S}^{\mathrm{H}}]\boldsymbol{P}$$

$$\boldsymbol{G}^{+}=\boldsymbol{Q}\begin{bmatrix}\boldsymbol{I}_r\\\boldsymbol{T}^{\mathrm{H}}\end{bmatrix}(\boldsymbol{I}_r+\boldsymbol{T}\boldsymbol{T}^{\mathrm{H}})^{-1}$$

根据定理 6.15 之(3),(5),即得本定理之(2),(3),(4) 的结论. 证毕

定理 6.18 之(4) 称为 **Noble 公式**.

对于 $r=n$ 或 $r=m$ 时的相应结果,请读者自己推证.

6.3.5 计算一类实 Hessenberg 矩阵的广义逆

因为任何方阵均可正交相似于 Hessenberg 矩阵,所以求出了 Hessenberg 矩阵的广义逆也就可以求出任意方阵的广义逆.

考虑实的 n 阶下 Hessenberg 矩阵

$$\boldsymbol{H}=\begin{bmatrix} h_{11} & h_{12} & & & \\ h_{21} & h_{22} & h_{23} & & \\ \vdots & \vdots & \ddots & \ddots & \\ h_{n-1,1} & h_{n-1,2} & \cdots & h_{n-1,n-1} & h_{n-1,n} \\ h_{n1} & h_{n2} & \cdots & h_{n,n-1} & h_{nn} \end{bmatrix} \tag{6.3.22}$$

设上对角线元素非零，即 $h_{i,i+1}\neq 0(i=1,2,\cdots,n-1)$，并假定 $\boldsymbol{H}$ 是不可逆矩阵.

引理 6.7　设数组 $x_i,y_i(i=1,2,\cdots,n)$ 按如下方式递推地计算：

$$\left.\begin{aligned} &x_1=1 \\ &x_i=-\frac{1}{h_{i-1,i}}\sum_{k=1}^{i-1}h_{i-1,k}x_k \quad (i=2,3,\cdots,n) \end{aligned}\right\} \tag{6.3.23}$$

$$\left.\begin{aligned} &y_n=1 \\ &y_i=-\frac{1}{h_{i,i+1}}\sum_{k=i+1}^{n}y_k h_{k,i+1} \quad (i=n-1,\cdots,1) \end{aligned}\right\} \tag{6.3.24}$$

则

$$(h_{n1},h_{n2},\cdots,h_{nn})(x_1,x_2,\cdots,x_n)^{\mathrm{T}}=\sum_{k=1}^{n}h_{nk}x_k=0 \tag{6.3.25}$$

$$(y_1,y_2,\cdots,y_n)(h_{11},h_{21},\cdots,h_{n1})^{\mathrm{T}}=\sum_{k=1}^{n}y_k h_{k1}=0 \tag{6.3.26}$$

证　用反证法. 假设 $\sum\limits_{k=1}^{n}h_{nk}x_k=a\neq 0$. 由式(6.3.23)知，$x_i(i=1,2,\cdots,n)$ 满足线性方程组

$$\begin{bmatrix} h_{11} & h_{12} & & & \\ h_{21} & h_{22} & h_{23} & & \\ \vdots & \vdots & \ddots & \ddots & \\ h_{n-1,1} & h_{n-1,2} & \cdots & h_{n-1,n-1} & h_{n-1,n} \\ h_{n1} & h_{n2} & \cdots & h_{n,n-1} & h_{nn} \end{bmatrix}\begin{bmatrix} x_1 \\ x_2 \\ \vdots \\ x_{n-1} \\ x_n \end{bmatrix}=\begin{bmatrix} 0 \\ 0 \\ \vdots \\ 0 \\ a \end{bmatrix}$$

由于 $h_{i,i+1}(i=1,2,\cdots,n-1)$ 非零，所以 $\operatorname{rank}\boldsymbol{H}=n-1$，但增广矩阵的秩为 n，从而该方程组无解，矛盾. 另一结果可类似地证明.　　证毕

为方便起见，引入以下记号：

$$\boldsymbol{P}_{n-1}=\begin{bmatrix} h_{12} & & & \\ h_{22} & h_{23} & & \\ \vdots & \vdots & \ddots & \\ h_{n-1,2} & h_{n-1,3} & \cdots & h_{n-1,n} \end{bmatrix}_{(n-1)\times(n-1)}$$

$$\boldsymbol{c}_{n-1}=(h_{11},h_{21},\cdots,h_{n-1,1})^{\mathrm{T}},\quad \boldsymbol{r}_{n-1}^{\mathrm{T}}=(h_{n2},h_{n3},\cdots,h_{nn})$$
$$\boldsymbol{x}=(x_2,x_3,\cdots,x_n)^{\mathrm{T}},\quad \boldsymbol{y}=(y_1,y_2,\cdots,y_{n-1})^{\mathrm{T}}$$

于是

$$\boldsymbol{H}=\begin{bmatrix}\boldsymbol{c}_{n-1} & \boldsymbol{P}_{n-1}\\ h_{n1} & \boldsymbol{r}_{n-1}^{\mathrm{T}}\end{bmatrix} \tag{6.3.27}$$

式(6.3.23) 和式(6.3.24) 可化为

$$\boldsymbol{x}=-\boldsymbol{P}_{n-1}^{-1}\boldsymbol{c}_{n-1},\quad \boldsymbol{y}^{\mathrm{T}}=-\boldsymbol{r}_{n-1}^{\mathrm{T}}\boldsymbol{P}_{n-1}^{-1} \tag{6.3.28}$$

而式(6.3.25) 和式(6.3.26) 可写为

$$\boldsymbol{r}_{n-1}^{\mathrm{T}}\boldsymbol{x}=-h_{n1},\quad \boldsymbol{y}^{\mathrm{T}}\boldsymbol{c}_{n-1}=-h_{n1} \tag{6.3.29}$$

定理 6.19 Hessen berg 矩阵 $\boldsymbol{H}$ 的一个{1}- 逆可表示为

$$\boldsymbol{H}^{(1)}=\begin{bmatrix}\boldsymbol{0}^{\mathrm{T}} & 0\\ \boldsymbol{P}_{n-1}^{-1} & \boldsymbol{0}\end{bmatrix}+\begin{bmatrix}1\\ \boldsymbol{x}\end{bmatrix}\begin{bmatrix}\alpha_{11} & \alpha_{12} & \cdots & \alpha_{1n}\end{bmatrix}+\begin{bmatrix}\alpha_{1n}\\ \alpha_{2n}\\ \vdots\\ \alpha_{nn}\end{bmatrix}\begin{bmatrix}\boldsymbol{y}^{\mathrm{T}} & \vdots & 1\end{bmatrix}-\alpha_{1n}\begin{bmatrix}1\\ \boldsymbol{x}\end{bmatrix}\begin{bmatrix}\boldsymbol{y}^{\mathrm{T}} & \vdots & 1\end{bmatrix} \tag{6.3.30}$$

其中 $\alpha_{1i},\alpha_{in}(i=1,2,\cdots,n)$ 任意取值.

证 令 $\boldsymbol{H}^{(1)}=(\alpha_{ij})_{n\times n}$. 由 $\boldsymbol{H}\boldsymbol{H}^{(1)}\boldsymbol{H}=\boldsymbol{H}$,即

$$\begin{bmatrix}\boldsymbol{c}_{n-1} & \boldsymbol{P}_{n-1}\\ h_{n1} & \boldsymbol{r}_{n-1}^{\mathrm{T}}\end{bmatrix}\left[\begin{array}{ccc|c}\alpha_{11} & \cdots & \alpha_{1,n-1} & \alpha_{1n}\\ \hline \alpha_{21} & \cdots & \alpha_{2,n-1} & \alpha_{2n}\\ \vdots & & \vdots & \vdots\\ \alpha_{n1} & \cdots & \alpha_{n,n-r} & \alpha_{nn}\end{array}\right]\begin{bmatrix}\boldsymbol{c}_{n-1} & \boldsymbol{P}_{n-1}\\ h_{n1} & \boldsymbol{r}_{n-1}^{\mathrm{T}}\end{bmatrix}=\begin{bmatrix}\boldsymbol{c}_{n-1} & \boldsymbol{P}_{n-1}\\ h_{n1} & \boldsymbol{r}_{n-1}^{\mathrm{T}}\end{bmatrix}$$

可得

$$\begin{bmatrix}\alpha_{21} & \cdots & \alpha_{2,n-1}\\ \vdots & & \vdots\\ \alpha_{n1} & \cdots & \alpha_{n,n-1}\end{bmatrix}=\boldsymbol{P}_{n-1}^{-1}-\boldsymbol{P}_{n-1}^{-1}\boldsymbol{c}_{n-1}\begin{bmatrix}\alpha_{11} & \alpha_{12} & \cdots & \alpha_{1,n-1}\end{bmatrix}-\begin{bmatrix}\alpha_{2n}\\ \vdots\\ \alpha_{nn}\end{bmatrix}\boldsymbol{r}_{n-1}^{\mathrm{T}}\boldsymbol{P}_{n-1}^{-1}-\alpha_{1n}\boldsymbol{P}_{n-1}^{-1}\boldsymbol{c}_{n-1}\boldsymbol{r}_{n-1}^{\mathrm{T}}\boldsymbol{P}_{n-1}^{-1}$$

由式(6.3.28) 即可推得式(6.3.30). 利用式(6.3.27),式(6.3.28) 和式(6.3.29) 容易验证,无论 $\alpha_{i1},\alpha_{in}(i=1,2,\cdots,n)$ 如何取值,Penrose 方程(i) 恒成立. 证毕

如果适当限制式(6.3.30) 中参数 $\alpha_{1i},\alpha_{in}(i=1,2,\cdots,n)$ 的取值,就可得到其他的广义逆矩阵.

定理 6.20　如果 α_{1i}，$\alpha_{in}(i=1,\ 2,\ \cdots,n)$ 满足

$$[\alpha_{11}\quad \alpha_{12}\quad \cdots\quad \alpha_{1n}]\boldsymbol{H}[\alpha_{1n}\quad \alpha_{2n}\quad \cdots\quad \alpha_{nn}]^{\mathrm{T}}=\alpha_{1n} \tag{6.3.31}$$

则由式(6.3.30)确定的 $\boldsymbol{H}^{(1)}$ 也满足 Penrose 方程(2)，即 $\boldsymbol{H}^{(1)}=\boldsymbol{H}^{(1,2)}$.

证　将矩阵 $\boldsymbol{H}^{(1)}$ 代入 Penrose 方程(ii)，利用式(6.3.28)和式(6.3.29)化简得

$$\boldsymbol{H}^{(1)}\boldsymbol{H}\boldsymbol{H}^{(1)}=\boldsymbol{H}^{(1)}+\begin{bmatrix}1\\ \boldsymbol{x}\end{bmatrix}\left([\alpha_{11}\quad \alpha_{12}\quad \cdots\quad \alpha_{1n}]\boldsymbol{H}\begin{bmatrix}\alpha_{1n}\\ \alpha_{2n}\\ \vdots\\ \alpha_{nn}\end{bmatrix}-\alpha_{1n}\right)[\boldsymbol{y}^{\mathrm{T}}\ \vdots\ 1]$$

当式(6.3.31)成立时，有 $\boldsymbol{H}^{(1)}\boldsymbol{H}\boldsymbol{H}^{(1)}=\boldsymbol{H}^{(1)}$，故 $\boldsymbol{H}^{(1)}\in H\{1,2\}$.　证毕

定理 6.21　若 $\alpha_{in}(i=1,\ 2,\ \cdots,n)$ 任意，而 $\alpha_{1i}(i=1,2,\cdots,n-1)$ 满足

$$[\alpha_{11}\quad \cdots\quad \alpha_{1,n-1}]=\alpha_{1n}\boldsymbol{y}^{\mathrm{T}}-\boldsymbol{x}^{\mathrm{T}}\boldsymbol{P}_{n-1}^{-1}/(1+\boldsymbol{x}^{\mathrm{T}}\boldsymbol{x}) \tag{6.3.32}$$

则由式(6.3.30)确定的 $\boldsymbol{H}^{(1)}$ 满足 Penrose 方程(4)，即 $\boldsymbol{H}^{(1)}=\boldsymbol{H}^{(1,4)}$.

证　根据式(6.3.27) ~ 式(6.3.30)，有

$$\boldsymbol{H}^{(1)}\boldsymbol{H}=\begin{bmatrix}0 & \boldsymbol{0}^{\mathrm{T}}\\ -\boldsymbol{x} & \boldsymbol{I}_{n-1}\end{bmatrix}+\begin{bmatrix}1\\ \boldsymbol{x}\end{bmatrix}[\alpha_{11}\quad \cdots\quad \alpha_{1n}]\boldsymbol{H}$$

代入 Penrose 方程(4)可得

$$\begin{bmatrix}0 & -\boldsymbol{x}^{\mathrm{T}}\\ \boldsymbol{0} & \boldsymbol{I}_{n-1}\end{bmatrix}+\boldsymbol{H}^{\mathrm{T}}\begin{bmatrix}\alpha_{11}\\ \vdots\\ \alpha_{1n}\end{bmatrix}[1\ \vdots\ \boldsymbol{x}^{\mathrm{T}}]=\begin{bmatrix}0 & \boldsymbol{0}^{\mathrm{T}}\\ -\boldsymbol{x} & \boldsymbol{I}_{n-1}\end{bmatrix}+\begin{bmatrix}1\\ \boldsymbol{x}\end{bmatrix}[\alpha_{11}\quad \cdots\quad \alpha_{1n}]\boldsymbol{H} \tag{6.3.33}$$

可以验证，只要

$$[\alpha_{11}\quad \cdots\quad \alpha_{1n}]\begin{bmatrix}\boldsymbol{P}_{n-1}\\ \boldsymbol{r}_{n-1}^{\mathrm{T}}\end{bmatrix}-[\boldsymbol{c}_{n-1}^{\mathrm{T}}\ \vdots\ h_{n1}]\begin{bmatrix}\alpha_{11}\\ \vdots\\ \alpha_{1n}\end{bmatrix}\boldsymbol{x}^{\mathrm{T}}=-\boldsymbol{x}^{\mathrm{T}} \tag{6.3.34}$$

成立，式(6.3.33)就恒成立. 由式(6.3.34)可得

$$[\alpha_{11}\quad \cdots\quad \alpha_{1,n-1}]\boldsymbol{P}_{n-1}(\boldsymbol{I}_{n-1}+\boldsymbol{x}\boldsymbol{x}^{\mathrm{T}})=\alpha_{1n}\boldsymbol{y}^{\mathrm{T}}\boldsymbol{P}_{n-1}(\boldsymbol{I}_{n-1}+\boldsymbol{x}\boldsymbol{x}^{\mathrm{T}})-\boldsymbol{x}^{\mathrm{T}}$$

因为 $\boldsymbol{I}_{n-1}+\boldsymbol{x}\boldsymbol{x}^{\mathrm{T}}$ 是正定矩阵，且其逆为

$$(\boldsymbol{I}_{n-1}+\boldsymbol{x}\boldsymbol{x}^{\mathrm{T}})^{-1}=\boldsymbol{I}_{n-1}-\boldsymbol{x}\boldsymbol{x}^{\mathrm{T}}/(1+\boldsymbol{x}^{\mathrm{T}}\boldsymbol{x})$$

故得

$$\begin{aligned}[\alpha_{11}\quad \cdots\quad \alpha_{1,n-1}]&=\alpha_{1n}\boldsymbol{y}^{\mathrm{T}}-\boldsymbol{x}^{\mathrm{T}}(\boldsymbol{I}_{n-1}+\boldsymbol{x}\boldsymbol{x}^{\mathrm{T}})^{-1}\boldsymbol{P}_{n-1}^{-1}=\\ &\alpha_{1n}\boldsymbol{y}^{\mathrm{T}}-\boldsymbol{x}^{\mathrm{T}}\boldsymbol{P}_{n-1}^{-1}/(1+\boldsymbol{x}^{\mathrm{T}}\boldsymbol{x})\end{aligned}$$

证毕

定理 6.22　若 $\alpha_{1i}(i=1,2,\cdots,n)$ 任意，而 $\alpha_{in}(i=2,\ 3,\ \cdots,n)$ 满足

$$[\alpha_{2n}\quad \cdots\quad \alpha_{nn}]^{\mathrm{T}}=\alpha_{1n}\boldsymbol{x}-\boldsymbol{P}_{n-1}^{-1}\boldsymbol{y}/(1+\boldsymbol{y}^{\mathrm{T}}\boldsymbol{y}) \tag{6.3.35}$$

则由式(6.3.30)确定的 $\boldsymbol{H}^{(1)}$ 满足 Penrose 方程(3),即 $\boldsymbol{H}^{(1)}=\boldsymbol{H}^{(1,3)}$.

证 证明过程类似于定理 6.21. 证毕

定理 6.23 若 $\alpha_{1i},\alpha_{in}(i=1,2,\cdots,n)$ 满足

$$\begin{cases}[\alpha_{11} \quad \cdots \quad \alpha_{1,n-1}]=-\dfrac{\boldsymbol{x}^{\mathrm{T}}\boldsymbol{P}_{n-1}^{-1}}{1+\boldsymbol{x}^{\mathrm{T}}\boldsymbol{x}}\left[\boldsymbol{I}_{n-1}-\dfrac{\boldsymbol{y}\boldsymbol{y}^{\mathrm{T}}}{1+\boldsymbol{y}^{\mathrm{T}}\boldsymbol{y}}\right] \\ [\alpha_{2n} \quad \cdots \quad \alpha_{nn}]^{\mathrm{T}}=-\left[\boldsymbol{I}_{n-1}-\dfrac{\boldsymbol{x}\boldsymbol{x}^{\mathrm{T}}}{1+\boldsymbol{x}^{\mathrm{T}}\boldsymbol{x}}\right]\dfrac{\boldsymbol{P}_{n-1}^{-1}\boldsymbol{y}}{1+\boldsymbol{y}^{\mathrm{T}}\boldsymbol{y}} \\ \alpha_{1n}=-[\alpha_{11} \quad \cdots \quad \alpha_{1,n-1}]\boldsymbol{y}\end{cases} \tag{6.3.36}$$

则由式(6.3.30)确定的 $\boldsymbol{H}^{(1)}$ 为 Moore-Perose 逆 $\boldsymbol{H}^{+}$.

证 由式(6.3.31),式(6.3.32)和式(6.3.35)即可推得式(6.3.36). 证毕

例 6.8 已知一类实下 Hessenberg 矩阵

$$\boldsymbol{H}_n=\begin{bmatrix} h & 1 & & & \\ h^2 & h & 1 & & \\ \vdots & \vdots & \ddots & \ddots & \\ h^{n-1} & h^{n-2} & \cdots & h & 1 \\ h^n & h^{n-1} & \cdots & h^2 & h \end{bmatrix}$$

其中 h 是任意实数,求广义逆矩阵 $\boldsymbol{H}_n^{(1)},\boldsymbol{H}_n^{(1,4)},\boldsymbol{H}_n^{(1,3)}$ 和 $\boldsymbol{H}_n^{+}$.

解 由式(6.3.23)和式(6.3.24)得

$$x_1=1,\ x_2=-h,\ x_3=\cdots=x_n=0$$
$$y_n=1,\ y_{n-1}=-h,\ y_{n-2}=\cdots=y_1=0$$

因为 $\boldsymbol{H}_n$ 的前两列成比例,所以 $\boldsymbol{H}_n$ 不可逆. 注意到

$$\boldsymbol{P}_{n-1}=\begin{bmatrix} 1 & & & \\ h & 1 & & \\ \vdots & \ddots & \ddots & \\ h^{n-2} & \cdots & h & 1 \end{bmatrix},\quad \boldsymbol{P}_{n-1}^{-1}=\begin{bmatrix} 1 & & & \\ -h & 1 & & \\ & \ddots & \ddots & \\ & & -h & 1 \end{bmatrix}$$

由式(6.3.30)求得

$$\boldsymbol{H}_n^{(1)}=\begin{bmatrix} 0 & & & & \\ 1 & 0 & & & \\ -h & 1 & 0 & & \\ & \ddots & \ddots & \ddots & \\ & & -h & 1 & 0 \end{bmatrix}+\begin{bmatrix} 1 \\ -h \\ 0 \\ \vdots \\ 0 \end{bmatrix}[\alpha_{11} \quad \cdots \quad \alpha_{1n}]+$$

$$\begin{bmatrix}\alpha_{1n}\\ \vdots\\ \alpha_{nn}\end{bmatrix}\begin{bmatrix}0 & \cdots & 0 & -h & 1\end{bmatrix}-\alpha_{1n}\begin{bmatrix}1\\ -h\\ 0\\ \vdots\\ 0\end{bmatrix}\begin{bmatrix}0 & \cdots & 0 & -h & 1\end{bmatrix}$$

其中 $\alpha_{1i},\alpha_{in}(i=1,2,\cdots,n)$ 可任意取值;利用式(6.3.32)可求得

$$\boldsymbol{H}_n^{(1,4)}=\begin{bmatrix}\frac{h}{1+h^2} & & & \\ \frac{1}{1+h^2} & 0 & & \\ -h & 1 & 0 & \\ & \ddots & \ddots & \ddots \\ & & -h & 1 & 0\end{bmatrix}+\begin{bmatrix}\alpha_{1n}\\ \alpha_{2n}\\ \vdots\\ \alpha_{nn}\end{bmatrix}\begin{bmatrix}0 & \cdots & 0 & -h & 1\end{bmatrix}$$

其中 $\alpha_{in}(i=1,2,\cdots,n)$ 可任意取值;利用式(6.3.35)可得

$$\boldsymbol{H}_n^{(1,3)}=\begin{bmatrix}0 & & & & \\ 1 & 0 & & & \\ -h & 1 & 0 & & \\ & \ddots & \ddots & \ddots & \\ & & -h & 1 & 0 \\ & & & -h & \frac{1}{1+h^2} & \frac{h}{1+h^2}\end{bmatrix}+\begin{bmatrix}1\\ -h\\ 0\\ \vdots\\ 0\end{bmatrix}\begin{bmatrix}\alpha_{11} & \cdots & \alpha_{1n}\end{bmatrix}$$

其中 $\alpha_{1i}(i=1,2,\cdots,n)$ 可任意取值;利用式(6.3.36)可求得

$$\boldsymbol{H}_n^{+}=\begin{bmatrix}\frac{h}{1+h^2} & & & & \\ \frac{1}{1+h^2} & 0 & & & \\ -h & 1 & 0 & & \\ & \ddots & \ddots & \ddots & \\ & & -h & 1 & 0 \\ & & & -h & \frac{1}{1+h^2} & \frac{h}{1+h^2}\end{bmatrix}$$

对于上 Hessenberg 矩阵有类似的结果,请读者自己推导.

6.3.6　计算 A^+ 的迭代方法

前面介绍的诸方法均为直接方法,经过有限步运算后即可求得精确的广义逆矩阵.但当用计算机进行计算时,由于舍入误差的影响,所得的广义逆矩阵总是近

似的，由于迭代方法具有编程简单和占用存储单元少的优点，因此有时更为可取.

设 $\boldsymbol{A} \in \mathbf{C}^{m\times n}$，计算 $\boldsymbol{A}^+$ 的迭代方法就是构造收敛于 $\boldsymbol{A}^+$ 的矩阵序列

$$\{\boldsymbol{X}_k:\ k=0,1,\cdots\}$$

该矩阵序列的收敛性由所谓的残差序列（基于 Moore 的广义逆矩阵定义）

$$\boldsymbol{R}_k=\boldsymbol{P}_{R(\boldsymbol{A})}-\boldsymbol{A}\boldsymbol{X}_k\quad(k=0,1,\cdots)\tag{6.3.37}$$

或

$$\widetilde{\boldsymbol{R}}_k=\boldsymbol{P}_{R(\boldsymbol{A}^{\mathrm{H}})}-\boldsymbol{X}_k\boldsymbol{A}\quad(k=0,1,\cdots)\tag{6.3.38}$$

来确定. 由

$$\boldsymbol{A}\boldsymbol{A}^+=\boldsymbol{P}_{R(\boldsymbol{A})},\quad \boldsymbol{A}^+\boldsymbol{A}=\boldsymbol{P}_{R(\boldsymbol{A}^+)}=\boldsymbol{P}_{R(\boldsymbol{A}^{\mathrm{H}})}$$

可见，当 $\boldsymbol{X}_k\to\boldsymbol{A}^+$ 时，$\boldsymbol{R}_k\to\boldsymbol{O}$（或 $\widetilde{\boldsymbol{R}}_k\to\boldsymbol{O}$）. 为比较收敛的快慢，引入下面的定义.

定义 6.7 设 $\boldsymbol{A}\in\mathbf{C}^{m\times n}$，且矩阵序列 $\{\boldsymbol{X}_k\}$ 收敛于 $\boldsymbol{A}^+$. 若对矩阵范数 $\|\cdot\|$，存在常数 $c>0$，使得残差序列式 6.3.37)（或式(6.3.38)）满足

$$\|\boldsymbol{R}_{k+1}\|\leqslant c\|\boldsymbol{R}_k\|^p\quad(k=0,1,\cdots)$$

$$(\text{或}\ \ \|\widetilde{\boldsymbol{R}}_{k+1}\|\leqslant c\|\widetilde{\boldsymbol{R}}_k\|^p\quad(k=0,1,\cdots))$$

则称该迭代方法是 $\boldsymbol{p}$ **阶**的.

类似于可逆矩阵的情形，考虑如下迭代方法及约定.

(1) 当 $m\leqslant n$ 时，构造矩阵序列

$$\boldsymbol{X}_{k+1}=\boldsymbol{X}_k+\boldsymbol{C}_k\boldsymbol{R}_k,\quad \boldsymbol{R}_k=\boldsymbol{P}_{R(\boldsymbol{A})}-\boldsymbol{A}\boldsymbol{X}_k\quad(k=0,1,\cdots)\tag{6.3.39}$$

这里 $\boldsymbol{X}_0$ 和 $\boldsymbol{C}_k(k=0,1,\cdots)$ 是事先给定的 $m\times n$ 矩阵. 由于 $\boldsymbol{P}_{R(\boldsymbol{A})}$ 通常是未知的，要求 $\boldsymbol{C}_k$ 满足附加条件

$$\boldsymbol{C}_k\boldsymbol{P}_{R(\boldsymbol{A})}=\boldsymbol{C}_k\quad(k=0,1,\cdots)\tag{6.3.40}$$

这样一来，就有

$$\boldsymbol{C}_k\boldsymbol{R}_k=\boldsymbol{C}_k(\boldsymbol{P}_{R(\boldsymbol{A})}-\boldsymbol{A}\boldsymbol{X}_k)=\boldsymbol{C}_k(\boldsymbol{I}-\boldsymbol{A}\boldsymbol{X}_k)$$

从而式(6.3.39) 变为

$$\boldsymbol{X}_{k+1}=\boldsymbol{X}_k+\boldsymbol{C}_k\boldsymbol{Z}_k,\quad \boldsymbol{Z}_k=\boldsymbol{I}-\boldsymbol{A}\boldsymbol{X}_k\quad(k=0,1,\cdots)\tag{6.3.41}$$

(2) 当 $m>n$ 时，构造矩阵序列

$$\boldsymbol{X}_{k+1}=\boldsymbol{X}_k+\widetilde{\boldsymbol{R}}_k\widetilde{\boldsymbol{C}}_k,\quad \widetilde{\boldsymbol{R}}_k=\boldsymbol{P}_{R(\boldsymbol{A}^{\mathrm{H}})}-\boldsymbol{X}_k\boldsymbol{A}\quad(k=0,1,\cdots)\tag{6.3.42}$$

其中 $\boldsymbol{X}_0$ 和 $\widetilde{\boldsymbol{C}}_k(k=0,1,\cdots)$ 事先给定. 同样假定 $\widetilde{\boldsymbol{C}}_k=\boldsymbol{P}_{R(\boldsymbol{A}^{\mathrm{H}})}\widetilde{\boldsymbol{C}}_k$，则式(6.3.42) 变为

$$\boldsymbol{X}_{k+1}=\boldsymbol{X}_k+\widetilde{\boldsymbol{Z}}_k\widetilde{\boldsymbol{C}}_k,\quad \widetilde{\boldsymbol{Z}}_k=\boldsymbol{I}-\boldsymbol{X}_k\boldsymbol{A}\quad(k=0,1,\cdots)\tag{6.3.43}$$

区分这两种不同情形是因为式(6.3.41) 中 $\boldsymbol{Z}_k$ 是 $m\times m$ 矩阵，而式(6.3.43) 中 $\widetilde{\boldsymbol{Z}}_k$ 是 $n\times n$ 矩阵，所以当 $m>n$ 时，后者比前者简便. 以下仅考虑 $m\leqslant n$ 的情形，另一种情形的讨论留给读者.

下面定理给出了计算 $\boldsymbol{A}^+$ 的一阶迭代方法.

定理 6.24 设 $\boldsymbol{O}\neq\boldsymbol{A}\in\mathbf{C}^{m\times n}$，且

$$\boldsymbol{X}_0=\boldsymbol{A}^{\mathrm{H}}\boldsymbol{Y}_0\boldsymbol{A}^{\mathrm{H}} \tag{6.3.44}$$

其中 $\boldsymbol{Y}_0\in\mathbf{C}^{m\times n}$ 取定. 如果

$$\rho(\boldsymbol{R}_0)=\rho(\boldsymbol{P}_{R(\boldsymbol{A})}-\boldsymbol{A}\boldsymbol{X}_0)<1 \tag{6.3.45}$$

其中 $\rho(\boldsymbol{R}_0)$ 表示矩阵 $\boldsymbol{R}_0$ 的谱半径，则当 $k\to\infty$ 时，序列

$$\boldsymbol{X}_{k+1}=\boldsymbol{X}_k+\boldsymbol{X}_0\boldsymbol{Z}_k,\quad \boldsymbol{Z}_k=\boldsymbol{I}-\boldsymbol{A}\boldsymbol{X}_k\quad(k=0,1,\cdots) \tag{6.3.46}$$

收敛到 $\boldsymbol{A}^{+}$，且对应的残差序列满足

$$\|\boldsymbol{R}_{k+1}\|\leqslant\|\boldsymbol{R}_0\|\,\|\boldsymbol{R}_k\|\quad(k=0,1,\cdots)$$

证　取 $\boldsymbol{C}_k=\boldsymbol{X}_0(k=0,1,\cdots)$，由式(6.3.44) 知

$$\boldsymbol{C}_k\boldsymbol{P}_{R(\boldsymbol{A})}=\boldsymbol{X}_0\boldsymbol{P}_{R(\boldsymbol{A})}=\boldsymbol{A}^{\mathrm{H}}\boldsymbol{Y}_0\boldsymbol{A}^{\mathrm{H}}\boldsymbol{P}_{R(\boldsymbol{A})}=$$
$$\boldsymbol{A}^{\mathrm{H}}\boldsymbol{Y}_0(\boldsymbol{P}_{R(\boldsymbol{A})}\boldsymbol{A})^{\mathrm{H}}=\boldsymbol{A}^{\mathrm{H}}\boldsymbol{Y}_0\boldsymbol{A}^{\mathrm{H}}=\boldsymbol{X}_0=\boldsymbol{C}_k$$

即式(6.3.40) 成立，所以

$$\boldsymbol{X}_{k+1}=\boldsymbol{X}_k+\boldsymbol{X}_0\boldsymbol{Z}_k=\boldsymbol{X}_k+\boldsymbol{X}_0(\boldsymbol{I}-\boldsymbol{A}\boldsymbol{X}_k)=$$
$$\boldsymbol{X}_k+\boldsymbol{X}_0(\boldsymbol{P}_{R(\boldsymbol{A})}-\boldsymbol{A}\boldsymbol{X}_k)=\boldsymbol{X}_k+\boldsymbol{X}_0\boldsymbol{R}_k$$

从而

$$\boldsymbol{R}_{k+1}=\boldsymbol{P}_{R(\boldsymbol{A})}-\boldsymbol{A}\boldsymbol{X}_{k+1}=\boldsymbol{P}_{R(\boldsymbol{A})}-\boldsymbol{A}\boldsymbol{X}_k-\boldsymbol{A}\boldsymbol{X}_0\boldsymbol{R}_k=$$
$$\boldsymbol{R}_k-\boldsymbol{A}\boldsymbol{X}_0\boldsymbol{R}_k=\boldsymbol{P}_{R(\boldsymbol{A})}\boldsymbol{R}_k-\boldsymbol{A}\boldsymbol{X}_0\boldsymbol{R}_k=(\boldsymbol{P}_{R(\boldsymbol{A})}-\boldsymbol{A}\boldsymbol{X}_0)\boldsymbol{R}_k=\boldsymbol{R}_0\boldsymbol{R}_k$$

故有
$$\|\boldsymbol{R}_{k+1}\|\leqslant\|\boldsymbol{R}_0\|\,\|\boldsymbol{R}_k\|\ (k=0,1,\cdots)$$

而且
$$\boldsymbol{R}_k=\boldsymbol{R}_0\boldsymbol{R}_{k-1}=\boldsymbol{R}_0^2\boldsymbol{R}_{k-2}=\cdots=\boldsymbol{R}_0^{k+1}\quad(k=0,1,\cdots)$$

由式(6.3.45) 知序列 $\boldsymbol{R}_k\to\boldsymbol{O}\ (k\to\infty)$. 下面进一步证明序列 $\boldsymbol{X}_k$ 收敛于 $\boldsymbol{A}^{+}$. 因为

$$\boldsymbol{X}_{k+1}=\boldsymbol{X}_k+\boldsymbol{X}_0\boldsymbol{R}_k=\boldsymbol{X}_k+\boldsymbol{X}_0\boldsymbol{R}_0^{k+1}=\boldsymbol{X}_{k-1}+\boldsymbol{X}_0\boldsymbol{R}_0^{k}+\boldsymbol{X}_0\boldsymbol{R}_0^{k+1}=$$
$$\boldsymbol{X}_0(\boldsymbol{I}+\boldsymbol{R}_0+\boldsymbol{R}_0^2+\cdots+\boldsymbol{R}_0^{k+1})\quad(k=0,1,\cdots)$$

根据式(6.3.45) 知

$$\boldsymbol{X}_{k+1}\to\boldsymbol{X}_0(\boldsymbol{I}-\boldsymbol{R}_0)^{-1}\quad(k\to\infty)$$

记 $\boldsymbol{G}=\boldsymbol{X}_0(\boldsymbol{I}-\boldsymbol{R}_0)^{-1}$，对等式 $\boldsymbol{P}_{R(\boldsymbol{A})}-\boldsymbol{A}\boldsymbol{X}_k=\boldsymbol{R}_k$ 两边取极限可得

$$\boldsymbol{P}_{R(\boldsymbol{A})}-\boldsymbol{A}\boldsymbol{G}=\boldsymbol{O}$$

上式右乘 $\boldsymbol{A}$ 得到 $\boldsymbol{AGA}=\boldsymbol{A}$，又从式(6.3.44) 和式(6.3.46) 不难得到

$$\boldsymbol{X}_{k+1}=\boldsymbol{A}^{\mathrm{H}}\boldsymbol{Y}_{k+1}\boldsymbol{A}^{\mathrm{H}}(\boldsymbol{Y}_{k+1}\in\mathbf{C}^{m\times n})$$

上式两边取极限可得 $\boldsymbol{G}=\boldsymbol{A}^{\mathrm{H}}\boldsymbol{T}\boldsymbol{A}^{\mathrm{H}}$，这里 $\boldsymbol{T}=\lim\limits_{k\to\infty}\boldsymbol{Y}_{k+1}$.

至此，已经得到 $\boldsymbol{AGA}=\boldsymbol{A}$，$\boldsymbol{G}=\boldsymbol{A}^{\mathrm{H}}\boldsymbol{T}\boldsymbol{A}^{\mathrm{H}}$，由定理 6.13 知 $\boldsymbol{G}=\boldsymbol{A}^{+}$.　证毕

对任意整数 $p\geqslant 2$，计算 $\boldsymbol{A}^{+}$ 的 p 阶迭代方法如下.

定理 6.25　在定理 6.24 的条件下. 当 $k\to\infty$ 时，矩阵序列

$$\begin{cases}\boldsymbol{X}_{k+1}=\boldsymbol{X}_k(\boldsymbol{I}+\boldsymbol{Z}_k+\boldsymbol{Z}_k^2+\cdots+\boldsymbol{Z}_k^{p-1})\\ \boldsymbol{Z}_k=\boldsymbol{I}-\boldsymbol{A}\boldsymbol{X}_k\quad(k=0,1,\cdots)\end{cases} \tag{6.3.47}$$

收敛到 $\boldsymbol{A}^{+}$，且对应的残差序列满足

$$\| \boldsymbol{R}_{k+1} \| \leqslant \| \boldsymbol{R}_k \|^p \quad (k=0,1,\cdots) \tag{6.3.48}$$

证 在式(6.3.41)中取

$$\boldsymbol{C}_k = \boldsymbol{X}_k(\boldsymbol{I}+\boldsymbol{Z}_k+\cdots+\boldsymbol{Z}_k^{p-2})$$

即得式(6.3.47).由式(6.3.44)和式(6.3.47)可推知式(6.3.40)成立,所以

$$\boldsymbol{X}_{k+1} = \boldsymbol{X}_k(\boldsymbol{I}+\boldsymbol{R}_k+\boldsymbol{R}_k^2+\cdots+\boldsymbol{R}_k^{p-1}) \quad (k=0,1,\cdots) \tag{6.3.49}$$

由此得

$$\boldsymbol{R}_{k+1} = \boldsymbol{P}_{R(\boldsymbol{A})} - \boldsymbol{A}\boldsymbol{X}_{k+1} = \boldsymbol{P}_{R(\boldsymbol{A})} - \boldsymbol{A}\boldsymbol{X}_k(\boldsymbol{I}+\boldsymbol{R}_k+\cdots+\boldsymbol{R}_k^{p-1}) =$$
$$\boldsymbol{R}_k - \boldsymbol{A}\boldsymbol{X}_k(\boldsymbol{R}_k+\boldsymbol{R}_k^2+\cdots+\boldsymbol{R}_k^{p-1}) \quad (k=0,1,\cdots) \tag{6.3.50}$$

反复利用

$$\boldsymbol{R}_k^j - \boldsymbol{A}\boldsymbol{X}_k\boldsymbol{R}_k^j = \boldsymbol{P}_{R(\boldsymbol{A})}\boldsymbol{R}_k^j - \boldsymbol{A}\boldsymbol{X}_k\boldsymbol{R}_k^j = \boldsymbol{R}_k\boldsymbol{R}_k^j = \boldsymbol{R}_k^{j+1} \quad (j=1,\cdots,p-1)$$

可将式(6.3.50)改写为

$$\boldsymbol{R}_{k+1} = \boldsymbol{R}_k^p \quad (k=0,1,\cdots)$$

从而式(6.3.48)成立.其余证明类似于定理6.24. 证毕

可以证明,如果取相同的初始近似 $\boldsymbol{X}_0$,则用 p 阶迭代方法在第 j 步算得的近似 $\boldsymbol{X}_j$,需要一阶迭代方法计算 p^j-1 步才能达到.因此,高阶迭代方法有较快的收敛速度,但每一步要花费更多的计算.在实际中常使用 $p=2$ 的迭代格式,即

$$\boldsymbol{X}_{k+1} = \boldsymbol{X}_k(\boldsymbol{I}+\boldsymbol{Z}_k) = \boldsymbol{X}_k(2\boldsymbol{I}-\boldsymbol{A}\boldsymbol{X}_k) \quad (k=0,1,\cdots) \tag{6.3.51}$$

该格式每一步的计算量与一阶迭代方法差别不大,但它是二阶收敛的.

在迭代格式式(6.3.46)和式(6.3.47)中,经常选取初始近似 $\boldsymbol{X}_0$ 为

$$\boldsymbol{X}_0 = \beta\boldsymbol{A}^{\mathrm{H}} \tag{6.3.52}$$

(在式(6.3.44)中取 $\boldsymbol{Y}_0=\beta(\boldsymbol{A}^{\mathrm{H}})^{(1)}$ 即可得到),其中 β 是实数.下面讨论 β 的取值范围,使得式(6.3.45)成立.因为

$$\boldsymbol{R}_0 = \boldsymbol{P}_{R(\boldsymbol{A})} - \beta\boldsymbol{A}\boldsymbol{A}^{\mathrm{H}}$$

是 Hermite 矩阵,注意到对任意 $\boldsymbol{x}\in N(\boldsymbol{A}^{\mathrm{H}})=R^{\perp}(\boldsymbol{A})$,等式

$$\boldsymbol{R}_0\boldsymbol{x} = (\boldsymbol{P}_{R(\boldsymbol{A})} - \beta\boldsymbol{A}\boldsymbol{A}^{\mathrm{H}})\boldsymbol{x} = \boldsymbol{0}$$

成立,而对任意 $\boldsymbol{x}\in R(\boldsymbol{A})=R(\boldsymbol{A}\boldsymbol{A}^{\mathrm{H}})$,有

$$\boldsymbol{R}_0\boldsymbol{x} = \boldsymbol{x} - \beta\boldsymbol{A}\boldsymbol{A}^{\mathrm{H}}\boldsymbol{x} = (\boldsymbol{I}-\beta\boldsymbol{A}\boldsymbol{A}^{\mathrm{H}})\boldsymbol{x}$$

所以 $\boldsymbol{R}_0$ 的特征值为0或 $1-\beta\lambda_i(\boldsymbol{A}\boldsymbol{A}^{\mathrm{H}})(i=1,2,\cdots,r)$,这里

$$\lambda_1(\boldsymbol{A}\boldsymbol{A}^{\mathrm{H}}) \geqslant \lambda_2(\boldsymbol{A}\boldsymbol{A}^{\mathrm{H}}) \geqslant \cdots \geqslant \lambda_r(\boldsymbol{A}\boldsymbol{A}^{\mathrm{H}}) > 0$$

是矩阵 $\boldsymbol{A}\boldsymbol{A}^{\mathrm{H}}$ 的非零特征值.如果

$$|1-\beta\lambda_i(\boldsymbol{A}\boldsymbol{A}^{\mathrm{H}})| < 1 \quad (i=1,2,\cdots,r) \tag{6.3.53}$$

就有 $\rho(\boldsymbol{R}_0)<1$.由式(6.3.53)即得 β 的取值范围为

$$0 < \beta < \frac{2}{\lambda_1(\boldsymbol{A}\boldsymbol{A}^{\mathrm{H}})} \tag{6.3.54}$$

当取 $X_0=\beta A^H$ 且满足式(6.3.54)时,迭代格式式(6.3.46)和式(6.3.47)均收敛.

特别地,若取 $X_0=\beta A^H$ 时,迭代格式式(6.3.46)可改写为

$$X_{k+1}=X_k+\beta A^H(I-AX_k)=(I-\beta A^HA)X_k+\beta A^H=\cdots=$$
$$\beta\sum_{j=0}^{k}(I-\beta A^HA)^jA^H\quad(k=0,1,\cdots)$$

而当式(6.3.54)成立时,上式取极限可得

$$A^+=\beta\sum_{j=0}^{\infty}(I-\beta A^HA)^jA^H\tag{6.3.55}$$

称式(6.3.55)为 A^+ 的 **Neumann 展式**.

习　题　6.3

1. 证明每个方阵有可逆的{1}-逆.

2. 已知矩阵

$$A=\begin{bmatrix}1&0&0&1\\1&1&0&0\\0&1&1&0\\0&0&1&1\end{bmatrix}$$

(1) 利用 Zlobec 公式(6.3.6)计算 A^+;

(2) 利用 Greville 方法计算 A^+;

(3) 利用定理6.18计算 $A^{(1,2)}$,$A^{(1,2,3)}$,$A^{(1,2,4)}$ 和 A^+;

(4) 矩阵 A 是上 Hessenberg 矩阵,根据式(6.3.23)、式(6.3.24)、式(6.3.30)和式(6.3.36)计算 A^+.

6.4　广义逆矩阵与线性方程组的求解

考虑非齐次线性方程组

$$Ax=b\tag{6.4.1}$$

其中 $A\in C^{m\times n}$,$b\in C^m$ 给定,而 $x\in C^n$ 为待定向量.如果存在向量 x 使方程组(6.4.1)成立,则称方程组**相容**,否则称为**不相容**或**矛盾方程组**.

关于线性方程组的求解问题,常见的有以下几种情形.

(1) 方程组(6.4.1)相容的条件是什么? 在相容时求出其通解(若解不唯一的话).

(2) 如果方程组(6.4.1)相容,其解可能有无穷多个,求出具有极小范数的解,即

$$\min_{Ax=b}\|x\|\tag{6.4.2}$$

其中 $\|\cdot\|$ 是欧氏范数.可以证明,满足该条件的解是唯一的,称之为**极小范**

数解.

(3) 如果方程组(6.4.1)不相容,则不存在通常意义下的解.但在许多实际问题中,需要求出极值问题

$$\min_{x\in \mathbf{C}^n} \| \boldsymbol{Ax} - \boldsymbol{b} \| \tag{6.4.3}$$

的解 $\boldsymbol{x}$,其中 $\|\cdot\|$ 是欧氏范数.称这个极值问题为求矛盾方程组的**最小二乘问题**,相应的 $\boldsymbol{x}$ 称为矛盾方程组的**最小二乘解**.

(4) 一般说来,矛盾方程组的最小二乘解是不唯一的.但在最小二乘解的集合中,具有极小范数的解

$$\min_{\min \| \boldsymbol{Ax}-\boldsymbol{b} \|} \| \boldsymbol{x} \| \tag{6.4.4}$$

是唯一的,称之为**极小范数最小二乘解**.

广义逆矩阵与线性方程组的求解有着极为密切的关系.利用广义逆矩阵可以给出上述诸问题的解,反之,由线性方程组的解又可以确定广义逆矩阵.

6.4.1 线性方程组的相容性、通解与广义{1}-逆

对于线性方程组(6.4.1),若系数矩阵 $\boldsymbol{A}$ 可逆,则 $\boldsymbol{x}=\boldsymbol{A}^{-1}\boldsymbol{b}$ 就是唯一的解.但当 $\boldsymbol{A}$ 是不可逆方阵或长方矩阵时,它的逆不存在或无意义,那么自然会考虑是否可以用广义逆矩阵求方程组的解.对这个问题的回答是肯定的,稍后将会发现 $\boldsymbol{A}$ 的{1}-逆起着类似于可逆矩阵之逆的作用.首先证明更一般的结果.

定理 6.26 设 $\boldsymbol{A}\in \mathbf{C}^{m\times n}$, $\boldsymbol{B}\in \mathbf{C}^{p\times q}$, $\boldsymbol{D}\in \mathbf{C}^{m\times q}$, 则矩阵方程

$$\boldsymbol{AXB}=\boldsymbol{D} \tag{6.4.5}$$

相容的充要条件是

$$\boldsymbol{AA}^{(1)}\boldsymbol{DB}^{(1)}\boldsymbol{B}=\boldsymbol{D} \tag{6.4.6}$$

其中 $\boldsymbol{A}^{(1)}\in A\{1\}$, $\boldsymbol{B}^{(1)}\in B\{1\}$①.当方程(6.4.5)相容时,其通解为

$$\boldsymbol{X}=\boldsymbol{A}^{(1)}\boldsymbol{DB}^{(1)}+\boldsymbol{Y}-\boldsymbol{A}^{(1)}\boldsymbol{AYBB}^{(1)} \tag{6.4.7}$$

这里 $\boldsymbol{Y}\in \mathbf{C}^{n\times p}$ 任意.

证 若条件式(6.4.6)成立,显然 $\boldsymbol{X}=\boldsymbol{A}^{(1)}\boldsymbol{DB}^{(1)}$ 就是方程(6.4.5)的解.反之,设 $\boldsymbol{X}$ 是方程(6.4.5)的任意解,则有

$$\boldsymbol{D}=\boldsymbol{AXB}=\boldsymbol{AA}^{(1)}\boldsymbol{AXBB}^{(1)}\boldsymbol{B}=\boldsymbol{AA}^{(1)}\boldsymbol{DB}^{(1)}\boldsymbol{B}$$

当方程(6.4.5)相容时,容易验证式(6.4.7)是它的解.另外,设 $\boldsymbol{X}$ 是方程(6.4.5)的任意解,则

① 有些书中将 $A\{1\}$ 中的任意一个固定广义逆矩阵 $\boldsymbol{A}^{(1)}$ 记为 $\boldsymbol{A}^{-}$.

$$X = A^{(1)}DB^{(1)} + X - A^{(1)}AXBB^{(1)}$$

可见它可以写成式(6.4.7) 的形式,因而是方程(6.4.5) 的通解.

证毕

由定理6.26可以导出{1}-逆$A\{1\}$的一般表示式,即由$A\{1\}$中的任意一个元素表示出该集合的所有元素.

推论　设$\boldsymbol{A} \in \mathbf{C}^{m\times n}$,$\boldsymbol{A}^{(1)} \in A\{1\}$,则

$$A\{1\} = \{\boldsymbol{A}^{(1)} + \boldsymbol{Z} - \boldsymbol{A}^{(1)}\boldsymbol{AZAA}^{(1)} \mid \boldsymbol{Z} \in \mathbf{C}^{n\times m}\} \tag{6.4.8}$$

证　在定理 6.26 中取$\boldsymbol{B} = \boldsymbol{D} = \boldsymbol{A}$,即得$\boldsymbol{AXA} = \boldsymbol{A}$的通解为

$$\boldsymbol{X} = \boldsymbol{A}^{(1)}\boldsymbol{AA}^{(1)} + \boldsymbol{Y} - \boldsymbol{A}^{(1)}\boldsymbol{AYAA}^{(1)},\ \boldsymbol{Y} \in \mathbf{C}^{n\times m}$$

再令$\boldsymbol{Y} = \boldsymbol{A}^{(1)} + \boldsymbol{Z}$,即得式(6.4.8).　证毕

由定理 6.26 可以得到以下定理.

定理 6.27　线性方程组(6.4.1) 相容的充要条件是

$$\boldsymbol{AA}^{(1)}\boldsymbol{b} = \boldsymbol{b} \tag{6.4.9}$$

且其通解为

$$\boldsymbol{x} = \boldsymbol{A}^{(1)}\boldsymbol{b} + (\boldsymbol{I} - \boldsymbol{A}^{(1)}\boldsymbol{A})\boldsymbol{y} \tag{6.4.10}$$

其中$\boldsymbol{y} \in \mathbf{C}^n$任意.

值得指出:由线性代数的知识,相容方程组(6.4.1) 的通解可表示为

$$\boldsymbol{x} = \boldsymbol{x}_0 + \boldsymbol{z}\quad (\boldsymbol{z} \in N(\boldsymbol{A}))$$

其中$\boldsymbol{x}_0$是特解.由式(6.4.10) 可见,取定$\boldsymbol{A}^{(1)}$后,$\boldsymbol{A}^{(1)}\boldsymbol{b}$正是该方程组的特解,而任意的$(\boldsymbol{I} - \boldsymbol{A}^{(1)}\boldsymbol{A})\boldsymbol{y} \in N(\boldsymbol{A})$是$\boldsymbol{Ax} = \boldsymbol{0}$的通解;由式(6.4.9) 可推得,方程组(6.4.1) 相容的充要条件是$\boldsymbol{b} \in R(\boldsymbol{A})$(这也可由相容性直接推出).

例 6.9　已知

$$\boldsymbol{A} = \begin{bmatrix} 1 & 1 & 0 \\ 0 & 0 & 1 \\ 0 & 0 & 0 \end{bmatrix},\quad \boldsymbol{b} = \begin{bmatrix} l \\ k \\ k \end{bmatrix}$$

求$\boldsymbol{A}$的一个{1}-逆$\boldsymbol{A}^{(1)}$;确定参数l与k使得线性方程组$\boldsymbol{Ax} = \boldsymbol{b}$有解,并求通解.

解　矩阵$\boldsymbol{A}$是 Hermite 标准形,取置换矩阵

$$\boldsymbol{P} = (\boldsymbol{e}_1, \boldsymbol{e}_3, \boldsymbol{e}_2) = \begin{bmatrix} 1 & 0 & 0 \\ 0 & 0 & 1 \\ 0 & 1 & 0 \end{bmatrix}$$

根据定理 6.3 计算$\boldsymbol{A}$的一个{1}-逆为

$$A^{(1)}=P\begin{bmatrix}1&0&0\\0&1&0\\0&0&0\end{bmatrix}=\begin{bmatrix}1&0&0\\0&0&0\\0&1&0\end{bmatrix}$$

由 $AA^{(1)}b=b$ 可得

$$\begin{bmatrix}l\\k\\0\end{bmatrix}=\begin{bmatrix}l\\k\\k\end{bmatrix}$$

即 $k=0$,l 任意.方程组的通解为

$$x=A^{(1)}b+(I-A^{(1)}A)y=$$

$$\begin{bmatrix}l\\0\\0\end{bmatrix}+\begin{bmatrix}0&-1&0\\0&1&0\\0&0&0\end{bmatrix}\begin{bmatrix}\xi_1\\\xi_2\\\xi_3\end{bmatrix}=\begin{bmatrix}l\\0\\0\end{bmatrix}+\xi_2\begin{bmatrix}-1\\1\\0\end{bmatrix}$$

其中 $\xi_1,\xi_2,\xi_3\in\mathbf{C}$ 任意.

式(6.4.10)表明,利用某个{1}-逆就可以解决相容方程组的求解问题.反之,利用相容方程组的解,也可以给出{1}-逆.

定理 6.28 设 $A\in\mathbf{C}^{m\times n}$,$b\in\mathbf{C}^m$,$X\in\mathbf{C}^{n\times m}$.若对于使得方程组(6.4.1)相容的所有 b,$x=Xb$ 都是其解,则 $X\in A\{1\}$.

证 记 a_j 为 A 的第 j 列,则方程组 $Ax=a_j$ 相容.由于 $x=Xa_j$ 是方程组的解,即

$$AXa_j=a_j\quad(j=1,2,\cdots,n)$$

所以 $AXA=A$ 也就是 $X\in A\{1\}$. 证毕

6.4.2 相容线性方程组的极小范数解与广义{1,4}-逆

引理 6.8 集合 $A\{1,4\}$ 由矩阵方程

$$XA=A^{(1,4)}A \tag{6.4.11}$$

的所有解 X 组成,其中 $A^{(1,4)}\in A\{1,4\}$①.

证 设 X 满足方程(6.4.11),则

$$AXA=AA^{(1,4)}A=A$$

$$(XA)^{\mathrm H}=(A^{(1,4)}A)^{\mathrm H}=A^{(1,4)}A=XA$$

所以 $X\in A\{1,4\}$.反之,若 $X\in A\{1,4\}$,则有

$$A^{(1,4)}A=A^{(1,4)}AXA=(A^{(1,4)}A)^{\mathrm H}(XA)^{\mathrm H}=$$

$$(A^{(1,4)}A)^{\mathrm H}A^{\mathrm H}X^{\mathrm H}=(AA^{(1,4)}A)^{\mathrm H}X^{\mathrm H}=$$

$$A^{\mathrm H}X^{\mathrm H}=(XA)^{\mathrm H}=XA$$

证毕

引理 6.8 表明,对任意 $X\in A\{1,4\}$,XA 是一个不变量.由定理 6.26 和方程

① 有些书中将集合 $A\{1,4\}$ 中的任意一个广义逆矩阵 $A^{(1,4)}$ 记为 A_m^-.

(6.4.11) 可以导出集合 $A\{1,4\}$ 的一般表示式.

定理 6.29　设 $\boldsymbol{A}\in\mathbf{C}^{m\times n}$，$\boldsymbol{A}^{(1,4)}\in A\{1,4\}$，则

$$A\{1,4\}=\{\boldsymbol{A}^{(1,4)}+\boldsymbol{Z}(\boldsymbol{I}-\boldsymbol{A}\boldsymbol{A}^{(1,4)})\,|\,\boldsymbol{Z}\in\mathbf{C}^{n\times m}\}\tag{6.4.12}$$

证　方程(6.4.11) 的通解为

$$\boldsymbol{X}=\boldsymbol{A}^{(1,4)}\boldsymbol{A}\boldsymbol{A}^{(1,4)}+\boldsymbol{Y}-\boldsymbol{Y}\boldsymbol{A}\boldsymbol{A}^{(1,4)}$$

其中 $\boldsymbol{Y}\in\mathbf{C}^{n\times m}$ 任意. 令 $\boldsymbol{Y}=\boldsymbol{A}^{(1,4)}+\boldsymbol{Z}$，由引理 6.8 即得式(6.4.12).　证毕

下述结论建立了方程组(6.4.1) 的极小范数解与 $\boldsymbol{A}$ 的$\{1,4\}$-逆之间的关系.

引理 6.9　相容方程组(6.4.1) 的极小范数解唯一，这个唯一解在 $R(\boldsymbol{A}^{\mathrm{H}})$ 中. 且在 $R(\boldsymbol{A}^{\mathrm{H}})$ 中仅有方程组(6.4.1) 的一个解.

证　设 $\boldsymbol{A}\boldsymbol{x}=\boldsymbol{b}$ 的极小范数解为 $\boldsymbol{x}_0$.

(1) 先证 $\boldsymbol{x}_0\in R(\boldsymbol{A}^{\mathrm{H}})$. 采用反证法. 若 $\boldsymbol{x}_0\notin R(\boldsymbol{A}^{\mathrm{H}})$，则由

$$\mathbf{C}^n=R(\boldsymbol{A}^{\mathrm{H}})\oplus R^{\perp}(\boldsymbol{A}^{\mathrm{H}})=R(\boldsymbol{A}^{\mathrm{H}})\oplus N(\boldsymbol{A})$$

知

$$\boldsymbol{x}_0=\boldsymbol{y}_0+\boldsymbol{y}_1,\quad \boldsymbol{y}_0\in R(\boldsymbol{A}^{\mathrm{H}}),\quad \boldsymbol{y}_1\in N(\boldsymbol{A})\text{ 且 }\boldsymbol{y}_1\neq\boldsymbol{0}$$

于是

$$\|\boldsymbol{x}_0\|^2=\|\boldsymbol{y}_0\|^2+\|\boldsymbol{y}_1\|^2>\|\boldsymbol{y}_0\|^2$$

且有 $\boldsymbol{A}\boldsymbol{y}_0=\boldsymbol{A}\boldsymbol{y}_0+\boldsymbol{A}\boldsymbol{y}_1=\boldsymbol{A}\boldsymbol{x}_0=\boldsymbol{b}$，这与 $\boldsymbol{x}_0$ 是 $\boldsymbol{A}\boldsymbol{x}=\boldsymbol{b}$ 的极小范数解矛盾.

(2) 再证 $R(\boldsymbol{A}^{\mathrm{H}})$ 中仅有 $\boldsymbol{A}\boldsymbol{x}=\boldsymbol{b}$ 的一个解. 设 $\boldsymbol{y},\boldsymbol{z}\in R(\boldsymbol{A}^{\mathrm{H}})$ 都是 $\boldsymbol{A}\boldsymbol{x}=\boldsymbol{b}$ 的解，即

$$\boldsymbol{A}\boldsymbol{y}=\boldsymbol{b},\quad \boldsymbol{A}\boldsymbol{z}=\boldsymbol{b}$$

则有

$$\boldsymbol{A}(\boldsymbol{y}-\boldsymbol{z})=\boldsymbol{A}\boldsymbol{y}-\boldsymbol{A}\boldsymbol{z}=\boldsymbol{0}$$

故

$$\boldsymbol{y}-\boldsymbol{z}\in N(\boldsymbol{A})=R^{\perp}(\boldsymbol{A}^{\mathrm{H}})$$

又因为 $\boldsymbol{y}-\boldsymbol{z}\in R(\boldsymbol{A}^{\mathrm{H}})$，所以 $\boldsymbol{y}-\boldsymbol{z}=\boldsymbol{0}$，也就是 $\boldsymbol{y}=\boldsymbol{z}$.

综述(1) 和(2) 即得极小范数解唯一.　证毕

定理 6.30　设方程组(6.4.1) 相容，则 $\boldsymbol{x}_0=\boldsymbol{A}^{(1,4)}\boldsymbol{b}$ 是极小范数解，其中 $\boldsymbol{A}^{(1,4)}\in A\{1,4\}$. 反之，设 $\boldsymbol{X}\in\mathbf{C}^{n\times m}$，若对所有 $\boldsymbol{b}\in R(\boldsymbol{A})$，$\boldsymbol{x}=\boldsymbol{X}\boldsymbol{b}$ 是方程组(6.4.1) 的极小范数解，则 $\boldsymbol{X}\in A\{1,4\}$.

证　若 $\boldsymbol{A}\boldsymbol{x}=\boldsymbol{b}$ 相容，则 $\boldsymbol{b}\in R(\boldsymbol{A})$. 由式(6.4.10) 知，对任意 $\boldsymbol{A}^{(1,4)}\in A\{1,4\}$，$\boldsymbol{x}_0=\boldsymbol{A}^{(1,4)}\boldsymbol{b}$ 都是其解. 由 $\boldsymbol{b}\in R(\boldsymbol{A})$ 推得，存在 $\boldsymbol{u}\in\mathbf{C}^n$，使得 $\boldsymbol{b}=\boldsymbol{A}\boldsymbol{u}$，所以

$$\boldsymbol{A}^{(1,4)}\boldsymbol{b}=\boldsymbol{A}^{(1,4)}\boldsymbol{A}\boldsymbol{u}=(\boldsymbol{A}^{(1,4)}\boldsymbol{A})^{\mathrm{H}}\boldsymbol{u}=\boldsymbol{A}^{\mathrm{H}}(\boldsymbol{A}^{(1,4)})^{\mathrm{H}}\boldsymbol{u}\in R(\boldsymbol{A}^{\mathrm{H}})$$

根据引理 6.9，$\boldsymbol{x}_0=\boldsymbol{A}^{(1,4)}\boldsymbol{b}$ 是方程组(6.4.1) 的唯一极小范数解.

反之，若对所有 $\boldsymbol{b}\in R(\boldsymbol{A})$，$\boldsymbol{x}=\boldsymbol{X}\boldsymbol{b}$ 都是方程组(6.4.1) 的极小范数解，则有

$$\boldsymbol{X}\boldsymbol{b}=\boldsymbol{A}^{(1,4)}\boldsymbol{b}\quad(\boldsymbol{A}^{(1,4)}\in A\{1,4\})$$

依次取 $\boldsymbol{b}$ 为 $\boldsymbol{A}$ 的各列可得 $\boldsymbol{X}\boldsymbol{A}=\boldsymbol{A}^{(1,4)}\boldsymbol{A}$，由引理 6.8 知，$\boldsymbol{X}\in A\{1,4\}$.　证毕

6.4.3 矛盾方程组的最小二乘解与广义{1,3}-逆

先研究{1,3}-逆的性质.

引理 6.10 设 $\boldsymbol{A} \in \mathbf{C}^{m\times n}$,集合 $A\{1,3\}$ 由矩阵方程

$$\boldsymbol{AX} = \boldsymbol{AA}^{(1,3)} \tag{6.4.13}$$

的所有解 $\boldsymbol{X}$ 组成,其中 $\boldsymbol{A}^{(1,3)} \in A\{1,3\}$①.

证 与引理 6.8 的证明类似. 证毕

定理 6.31 设 $\boldsymbol{A} \in \mathbf{C}^{m\times n}$,$\boldsymbol{A}^{(1,3)} \in A\{1,3\}$,则

$$A\{1,3\} = \{\boldsymbol{A}^{(1,3)} + (\boldsymbol{I} - \boldsymbol{A}^{(1,3)}\boldsymbol{A})\boldsymbol{Z} \mid \boldsymbol{Z} \in \mathbf{C}^{n\times m}\} \tag{6.4.14}$$

证 由定理 6.26 知,方程(6.4.13) 的通解为

$$\boldsymbol{X} = \boldsymbol{A}^{(1,3)}\boldsymbol{AA}^{(1,3)} + \boldsymbol{Y} - \boldsymbol{A}^{(1,3)}\boldsymbol{AY},\ \boldsymbol{Y} \in \mathbf{C}^{n\times m}$$

令 $\boldsymbol{Y} = \boldsymbol{A}^{(1,3)} + \boldsymbol{Z}\quad(\boldsymbol{Z} \in \mathbf{C}^{n\times m})$,由引理 8 即得式(6.4.14). 证毕

若方程组(6.4.1) 不相容,经常需要求它的最小二乘解. 利用矩阵的{1,3}-逆,可以给出最小二乘解的表示式.

定理 6.32 设 $\boldsymbol{A} \in \mathbf{C}^{m\times n}$,$\boldsymbol{b} \in \mathbf{C}^{m}$,$\boldsymbol{A}^{(1,3)} \in A\{1,3\}$,则

$$\boldsymbol{x}_0 = \boldsymbol{A}^{(1,3)}\boldsymbol{b} \tag{6.4.15}$$

是方程组(6.4.1) 的最小二乘解. 反之,设 $\boldsymbol{X} \in \mathbf{C}^{n\times m}$,若对所有 $\boldsymbol{b} \in \mathbf{C}^{m}$,$\boldsymbol{x} = \boldsymbol{Xb}$ 都是方程组(6.4.1) 的最小二乘解,则 $\boldsymbol{X} \in A\{1,3\}$.

证 令 $\boldsymbol{P} = \boldsymbol{AA}^{(1,3)}$,则有

$$\boldsymbol{P}^2 = \boldsymbol{P},\quad \boldsymbol{P}^{\mathrm{H}} = \boldsymbol{P},\quad \boldsymbol{Pb} = \boldsymbol{AA}^{(1,3)}\boldsymbol{b} \in R(\boldsymbol{A})$$

因为

$$\boldsymbol{Ax} - \boldsymbol{b} = (\boldsymbol{Ax} - \boldsymbol{Pb}) + (\boldsymbol{Pb} - \boldsymbol{b}) = (\boldsymbol{Ax} - \boldsymbol{Pb}) + (\boldsymbol{P} - \boldsymbol{I})\boldsymbol{b}$$

且有

$$\begin{aligned}(\boldsymbol{Ax})^{\mathrm{H}}(\boldsymbol{P} - \boldsymbol{I})\boldsymbol{b} = \boldsymbol{x}^{\mathrm{H}}\boldsymbol{A}^{\mathrm{H}}(\boldsymbol{AA}^{(1,3)} - \boldsymbol{I})\boldsymbol{b} = &\\ \boldsymbol{x}^{\mathrm{H}}(\boldsymbol{A}^{\mathrm{H}}(\boldsymbol{AA}^{(1,3)})^{\mathrm{H}} - \boldsymbol{A}^{\mathrm{H}})\boldsymbol{b} = &\\ \boldsymbol{x}^{\mathrm{H}}((\boldsymbol{AA}^{(1,3)}\boldsymbol{A})^{\mathrm{H}} - \boldsymbol{A}^{\mathrm{H}})\boldsymbol{b} = 0 &\end{aligned}$$

$$(\boldsymbol{Pb})^{\mathrm{H}}(\boldsymbol{P} - \boldsymbol{I})\boldsymbol{b} = \boldsymbol{b}^{\mathrm{H}}\boldsymbol{P}^{\mathrm{H}}(\boldsymbol{P} - \boldsymbol{I})\boldsymbol{b} = \boldsymbol{b}^{\mathrm{H}}(\boldsymbol{P}^2 - \boldsymbol{P})\boldsymbol{b} = 0$$

所以 $(\boldsymbol{Ax} - \boldsymbol{Pb}) \perp (\boldsymbol{P} - \boldsymbol{I})\boldsymbol{b}$,故

$$\|\boldsymbol{Ax} - \boldsymbol{b}\|_2^2 = \|\boldsymbol{Ax} - \boldsymbol{Pb}\|_2^2 + \|(\boldsymbol{P} - \boldsymbol{I})\boldsymbol{b}\|_2^2 \tag{6.4.16}$$

由此可得,式(6.4.16) 取得极小值的充要条件为

$$\boldsymbol{Ax} = \boldsymbol{Pb} \tag{6.4.17}$$

又 $\boldsymbol{Ax}_0 = \boldsymbol{AA}^{(1,3)}\boldsymbol{b} = \boldsymbol{Pb}$,即 $\tilde{\boldsymbol{x}}_0$ 是 $\boldsymbol{Ax} = \boldsymbol{Pb}$ 的解,因此 $\boldsymbol{x}_0$ 是方程组(6.4.1) 的最小二乘解.

反之,若对所有 $\boldsymbol{b} \in \mathbf{C}^{m}$,$\boldsymbol{x} = \boldsymbol{Xb}$ 满足式(6.4.17),即 $\boldsymbol{AXb} = \boldsymbol{Pb}$,则有 $\boldsymbol{AX} = \boldsymbol{P}$. 由

---

① 有些书中将 $A\{1,3\}$ 中任意一个广义逆矩阵 $\boldsymbol{A}^{(1,3)}$ 记为 $\boldsymbol{A}_l^-$.

此可得

$$\boldsymbol{AXA}=\boldsymbol{PA}=\boldsymbol{AA}^{(1,3)}\boldsymbol{A}=\boldsymbol{A},\quad (\boldsymbol{AX})^{\mathrm{H}}=\boldsymbol{P}^{\mathrm{H}}=\boldsymbol{P}=\boldsymbol{AX}$$

故 $\boldsymbol{X}\in A\{1,3\}$.　证毕

一般地说,最小二乘解不是唯一的,因为若 $\boldsymbol{x}_0$ 满足式(6.4.3),则 $\boldsymbol{x}_0+\boldsymbol{y}$ ($\boldsymbol{y}\in N(\boldsymbol{A})$) 也满足式(6.4.3). 仅当 $\boldsymbol{A}$ 为列满秩时(这在统计应用中经常遇到),最小二乘解才是唯一的,因为这时 $N(\boldsymbol{A})=\{\boldsymbol{0}\}$,且由定理 6.5 之(7) 知 $\boldsymbol{A}^{(1,3)}\boldsymbol{A}=\boldsymbol{I}$,由式(6.4.14) 可得 $A\{1,3\}$ 只含一个元素.

由定理 6.32 的证明可得如下推论.

推论　$\boldsymbol{x}$ 是方程组(6.4.1) 的最小二乘解的充要条件是,$\boldsymbol{x}$ 为

$$\boldsymbol{A}^{\mathrm{H}}\boldsymbol{Ax}=\boldsymbol{A}^{\mathrm{H}}\boldsymbol{b}\tag{6.4.18}$$

的解.

证　必要性. 根据定理 6.32,方程组(6.4.1) 的最小二乘解 $\boldsymbol{x}$ 满足

$$\boldsymbol{Ax}=\boldsymbol{Pb}=\boldsymbol{AA}^{(1,3)}b$$

因为

$$\boldsymbol{A}^{\mathrm{H}}\boldsymbol{Ax}=\boldsymbol{A}^{\mathrm{H}}\boldsymbol{AA}^{(1,3)}\boldsymbol{b}=\boldsymbol{A}^{\mathrm{H}}(\boldsymbol{AA}^{(1,3)})^{\mathrm{H}}\boldsymbol{b}=(\boldsymbol{AA}^{(1,3)}\boldsymbol{A})^{\mathrm{H}}\boldsymbol{b}=\boldsymbol{A}^{\mathrm{H}}\boldsymbol{b}$$

所以 $\boldsymbol{x}$ 满足方程组(6.4.18).

充分性. 若 $\boldsymbol{x}$ 满足方程组(6.4.18),则有

$$\boldsymbol{A}^{\mathrm{H}}(\boldsymbol{Ax}-\boldsymbol{AA}^{(1,3)}\boldsymbol{b})=\boldsymbol{A}^{\mathrm{H}}\boldsymbol{Ax}-\boldsymbol{A}^{\mathrm{H}}(\boldsymbol{AA}^{(1,3)})^{\mathrm{H}}\boldsymbol{b}=\boldsymbol{A}^{\mathrm{H}}\boldsymbol{b}-(\boldsymbol{AA}^{(1,3)}\boldsymbol{A})^{\mathrm{H}}\boldsymbol{b}=\boldsymbol{0}$$

于是

$$\boldsymbol{Ax}-\boldsymbol{AA}^{(1,3)}\boldsymbol{b}\in N(\boldsymbol{A}^{\mathrm{H}})=R^{\perp}(\boldsymbol{A})$$

又

$$\boldsymbol{Ax}-\boldsymbol{AA}^{(1,3)}\boldsymbol{b}=\boldsymbol{A}(\boldsymbol{x}-\boldsymbol{A}^{(1,3)}\boldsymbol{b})\in R(\boldsymbol{A})$$

所以 $\boldsymbol{Ax}-\boldsymbol{AA}^{(1,3)}\boldsymbol{b}=\boldsymbol{0}$,即

$$\boldsymbol{Ax}=\boldsymbol{AA}^{(1,3)}\boldsymbol{b}=\boldsymbol{Pb}$$

由定理 6.32 知 $\boldsymbol{x}$ 是方程组(6.4.1) 的最小二乘解.　证毕

方程组(6.4.18) 称为矛盾方程组(6.4.1) 的**法方程组**(或**正规方程组**).

6.4.4　矛盾方程组的极小范数最小二乘解与广义逆矩阵 $\boldsymbol{A}^+$

虽然最小二乘解一般不唯一,但是极小范数最小二乘解却是唯一的,并且它可由 Moore-Penrose 逆 $\boldsymbol{A}^+$ 表出.

定理 6.33　设 $\boldsymbol{A}\in\mathbf{C}^{m\times n}$,$\boldsymbol{b}\in\mathbf{C}^m$,则 $\boldsymbol{x}=\boldsymbol{A}^+\boldsymbol{b}$ 是方程组(6.4.1) 的唯一极小范数最小二乘解. 反之,设 $\boldsymbol{X}\in\mathbf{C}^{n\times m}$,若对所有 $\boldsymbol{b}\in\mathbf{C}^m$,$\boldsymbol{x}=\boldsymbol{Xb}$ 是方程组(6.4.1) 的极小范数最小二乘解,则 $\boldsymbol{X}=\boldsymbol{A}^+$.

证　取 $\boldsymbol{A}^{(1,3)}\in A\{1,3\}$,由定理 6.32 的证明和式(6.4.17) 知,方程组(6.4.1) 的最小二乘解为

$$Ax = AA^{(1,3)}b \tag{6.4.19}$$

的解，因而方程组(6.4.1)的极小范数最小二乘解就是方程组(6.4.19)的极小范数解．由定理6.30和定理6.9得，方程组(6.4.19)的唯一极小范数解为

$$x = A^{(1,4)}AA^{(1,3)}b = A^{+}b$$

反之，若对所有$b \in \mathbf{C}^m$，$x = Xb$是方程组(6.4.1)的极小范数最小二乘解，则有$Xb = A^{+}b$，从而$X = A^{+}$． 证毕

需要指出，若方程组(6.4.1)相容，则最小二乘解与一般意义下的解一致，而极小范数最小二乘解与极小范数解一致．

例6.10 已知$A = \begin{bmatrix} -1 & 2 & 1 \\ 1 & 0 & 1 \\ 0 & -2 & -2 \\ 3 & 2 & 5 \end{bmatrix}$，$b = \begin{bmatrix} 1 \\ 0 \\ -1 \\ 1 \end{bmatrix}$．

(1) 求A的Moore-Penrose逆A^{+}；

(2) 用广义逆矩阵方法判断线性方程组$Ax = b$是否有解，并求其极小范数解或者极小范数最小二乘解x_0．

解 (1) 采用满秩分解方法求A^{+}．计算得

$$A \xrightarrow{\text{行}} \begin{bmatrix} 1 & 0 & 1 \\ 0 & 1 & 1 \\ 0 & 0 & 0 \\ 0 & 0 & 0 \end{bmatrix}, \quad A = \begin{bmatrix} -1 & 2 \\ 1 & 0 \\ 0 & -2 \\ 3 & 2 \end{bmatrix} \begin{bmatrix} 1 & 0 & 1 \\ 0 & 1 & 1 \end{bmatrix} = FG$$

$$F^{+} = (F^{\mathrm{T}}F)^{-1}F^{\mathrm{T}} = \frac{1}{58}\begin{bmatrix} -10 & 6 & 4 & 14 \\ 13 & -2 & -11 & 5 \end{bmatrix}$$

$$G^{+} = G^{\mathrm{T}}(GG^{\mathrm{T}})^{-1} = \frac{1}{3}\begin{bmatrix} 2 & -1 \\ -1 & 2 \\ 1 & 1 \end{bmatrix}$$

$$A^{+} = G^{+}F^{+} = \frac{1}{174}\begin{bmatrix} -33 & 14 & 19 & 23 \\ 36 & -10 & -26 & -4 \\ 3 & 4 & -7 & 19 \end{bmatrix}.$$

(2) 计算，有

$$x_0 = A^{+}b = \frac{1}{6}\begin{bmatrix} -1 \\ 2 \\ 1 \end{bmatrix}$$

因为$AA^{+}b = Ax_0 = b$，所以$Ax = b$有解，从而x_0是$Ax = b$的极小范数解．

6.4.5 矩阵方程 $AXB = D$ 的极小范数最小二乘解

定理6.33的结果可以推广到矩阵方程(6.4.5)的情形．设矩阵范数为

$$\| A \| = \| A \|_F = \sqrt{\sum_{i=1}^{m}\sum_{j=1}^{n} | a_{ij} |^2} \tag{6.4.20}$$

而$\overline{\text{vec}}(\boldsymbol{A})$是将矩阵 $\boldsymbol{A}$ 按行拉直构成的列向量，即

$$\overline{\text{vec}}(\boldsymbol{A}) = (a_{11},\cdots,a_{1n},a_{21},\cdots,a_{2n},\cdots,a_{m1},\cdots,a_{mn})^{\text{T}} \tag{6.4.21}$$

显然矩阵 $\boldsymbol{A}$ 的范数式(6.4.20)等于对应向量$\overline{\text{vec}}(\boldsymbol{A})$的欧氏范数. 利用 5.4 节介绍的矩阵的行拉直向量与直积的关系，可将矩阵方程(6.4.5)化为线性方程组

$$(\boldsymbol{A} \otimes \boldsymbol{B}^{\text{T}})\ \overline{\text{vec}}(\boldsymbol{X}) = \overline{\text{vec}}(\boldsymbol{D}) \tag{6.4.22}$$

因而有以下定理.

定理 6.34　若矩阵方程(6.4.5)不相容，则它的极小范数最小二乘解，即满足

$$\min_{\min \| \boldsymbol{AXB}-\boldsymbol{D} \|} \| \boldsymbol{X} \|$$

的唯一解为

$$\boldsymbol{X} = \boldsymbol{A}^{+}\boldsymbol{D}\boldsymbol{B}^{+}$$

证　根据定理 6.33 并利用习题 6.1 中第 14 题的结果知，线性方程组(6.4.22)的唯一极小范数最小二乘解为

$$\overline{\text{vec}}(\boldsymbol{X}) = (\boldsymbol{A} \otimes \boldsymbol{B}^{\text{T}})^{+}\ \overline{\text{vec}}(\boldsymbol{D}) = (\boldsymbol{A}^{+} \otimes (\boldsymbol{B}^{+})^{\text{T}})\ \overline{\text{vec}}(\boldsymbol{D})$$

从而矩阵方程(6.4.5)的极小范数最小二乘解为 $\boldsymbol{X}=\boldsymbol{A}^{+}\boldsymbol{D}\boldsymbol{B}^{+}$.　　证毕

当取 $\boldsymbol{B}$ 和 $\boldsymbol{D}$ 为单位矩阵时，$\boldsymbol{X}=\boldsymbol{A}^{+}$，它给出了单位矩阵 $\boldsymbol{I}$ 写成 $\boldsymbol{AX}$ 形式的范数最小的最佳平方逼近. 由此看来，广义逆矩阵还有逼近论的含义.

习　题　6.4

1. 证明向量 $\boldsymbol{x}$ 是方程组 $\boldsymbol{Ax}=\boldsymbol{b}$ 的最小二乘解的充要条件是，存在向量 $\boldsymbol{y}$ 使得向量 $\begin{bmatrix}\boldsymbol{y}\\ \boldsymbol{x}\end{bmatrix}$ 为

$$\begin{bmatrix}\boldsymbol{I} & \boldsymbol{A}\\ \boldsymbol{A}^{\text{H}} & \boldsymbol{O}\end{bmatrix}\begin{bmatrix}\boldsymbol{y}\\ \boldsymbol{x}\end{bmatrix} = \begin{bmatrix}\boldsymbol{b}\\ \boldsymbol{0}\end{bmatrix}$$

的解.

2. 设 $\boldsymbol{A} \in \mathbf{C}^{m\times n}$，列向量 $\boldsymbol{b}_1,\boldsymbol{b}_2,\cdots,\boldsymbol{b}_k \in \mathbf{C}^m$. 证明：向量 $\boldsymbol{x}$ 使得

$$\min_{x\in \mathbf{C}^n}\sum_{i=1}^{k} \| \boldsymbol{Ax}-\boldsymbol{b}_i \|^2$$

成立的充要条件是，$\boldsymbol{x}$ 为方程组 $\boldsymbol{Ax} = \dfrac{1}{k}\sum\limits_{i=1}^{k}\boldsymbol{b}_i$ 的最小二乘解.

3. 设 $\boldsymbol{A}_i \in \mathbf{C}^{m\times n}$，列向量 $\boldsymbol{b}_i \in \mathbf{C}^m (i=1,2,\cdots,k)$. 证明：向量 $\boldsymbol{x}$ 使得

$$\min_{x\in \mathbf{C}^n}\sum_{i=1}^{k} \| \boldsymbol{A}_i\boldsymbol{x}-\boldsymbol{b}_i \|^2$$

成立的充要条件是，$\boldsymbol{x}$ 为方程组 $\left(\sum\limits_{i=1}^{k}\boldsymbol{A}_i^{\text{H}}\boldsymbol{A}_i\right)\boldsymbol{x} = \sum\limits_{i=1}^{k}\boldsymbol{A}_i^{\text{H}}\boldsymbol{b}_i$ 的解.

4. 设 $\boldsymbol{A} \in \mathbf{C}^{m\times n}$，$\boldsymbol{b} \in \mathbf{C}^m$，$a^2$ 是正实数，证明：满足

$$\min_{x\in \mathbf{C}^n}\{ \| \boldsymbol{Ax}-\boldsymbol{b} \|^2 + a^2 \| \boldsymbol{x} \|^2 \}$$

的 x 为 $x = (A^H A + a^2 I)^{-1} A^H b$.

提示:利用第 3 题的结果.

5. 设 $A \in C^{m\times n}, b \in C^m, a \in C^n$. 若方程组 $Ax = b$ 相容,证明:使得 $\min\limits_{Ax=b} \| x - a \|$ 成立的唯一解是

$$x = A^{(1,4)} b + (I - A^{(1,4)} A)a$$

其中 $A^{(1,4)} \in A\{1,4\}$.

6. 已知矩阵 $A = \begin{bmatrix} 1 & 0 & 0 & 1 \\ 1 & 1 & 0 & 0 \\ 0 & 1 & 1 & 0 \\ 0 & 0 & 1 & 1 \end{bmatrix}$.

(1) 当 $b = (1,1,1,1)^T$ 时,方程组 $Ax = b$ 是否相容?

(2) 当 $b = (1,0,1,0)^T$ 时,方程组 $Ax = b$ 是否相容?

(3) 若方程组相容,求其通解和极小范数解;若方程组不相容,求其极小范数最小二乘解.

*6.5 约束广义逆和加权广义逆

前面几节介绍的均为 Penrose 的广义逆,但广义逆矩阵并不限于此. 本节从两个方面进行推广,一种推广方式是在 Penrose 方程(1) ~ (4) 的基础上再附加别的条件,由此引出受约束的广义逆和 Drazin 逆等概念;另一种推广方式是采用更宽的一类椭圆范数作为向量的度量,从而得到加权广义逆.

6.5.1 约束广义逆

设 $A \in C^{m\times n}, b \in C^m$, S 是 C^n 的子空间, P_S 是 S 上的正交投影矩阵. 考虑受约束的方程组

$$Ax = b \quad (x \in S) \tag{6.5.1}$$

解决该问题可采用以下两种方法:一种处理方法是将约束方程组(6.5.1) 化为更高阶的"无约束" 方程组

$$\begin{bmatrix} A \\ P_{S^\perp} \end{bmatrix} x = \begin{bmatrix} b \\ 0 \end{bmatrix} \quad (P_{S^\perp} = I - P_S)$$

求解(见本节习题第 1 题),而这一方程组的求解问题前面已经解决. 另一种处理方法不增加原方程组的阶数,但附加一些约束,这在原方程组阶数很高时更为可取. 首先给出如下引理.

引理 6.11 约束方程组(6.5.1) 相容的充要条件是,方程组

$$AP_S z = b \tag{6.5.2}$$

相容;当约束方程组(6.5.1) 相容时, x 是它的解的充要条件是

$$x = P_S z \tag{6.5.3}$$

其中 z 是方程组(6.5.2) 的解.

证　若约束方程组(6.5.1)相容且 $x \in S$ 是其解，则 x 满足

$$AP_Sx = Ax = b$$

反之，若方程组(6.5.2)相容且 z 是其解，显然 $x = P_Sz$ 是约束方程组(6.5.1)的解.

证毕

由此引理和 6.4 节的结果知，约束方程组(6.5.1)的通解为

$$x = P_S(AP_S)^{(1)}b + P_S(I - (AP_S)^{(1)}AP_S)y =$$
$$P_S(AP_S)^{(1)}b + (I - P_S(AP_S)^{(1)}A)P_Sy$$

其中 $(AP_S)^{(1)} \in (AP_S)\{1\}$，$y \in \mathbf{C}^n$ 任意.

从上式可见，在约束问题中，$P_S(AP_S)^{(1)}$ 的作用类似于 $A^{(1)}$ 在无约束问题中所起的作用，对此做如下定义.

定义 6.8　设 $A \in \mathbf{C}^{m\times n}$，$S$ 是 $\mathbf{C}^n$ 的子空间，称 $P_S(AP_S)^{(i,j,\cdots,l)}$ 为 A 的 **S 约束$\{i, j, \cdots, l\}$-逆**，其中 $(AP_S)^{(i,j,\cdots,l)} \in (AP_S)\{i,j,\cdots,l\}$.

由引理 6.11 和上面的推导有以下定理.

定理 6.35　约束方程组(6.5.1)相容的充要条件是

$$AXb = b \tag{6.5.4}$$

其中 X 是 A 的任意一个 S 约束$\{1\}$-逆. 当约束方程组(6.5.1)相容时，其通解为

$$x = Xb + (I - XA)z \tag{6.5.5}$$

这里 $z \in S$ 任意.

下述一些结果可由引理 6.11，定理 6.30，定理 6.32 及定理 6.33 推得(证明留给读者).

定理 6.36　对于使得约束方程组(6.5.1)相容的任意 $b \in \mathbf{C}^m$，$x = Xb$ 为约束方程组(6.5.1)的极小范数解的充要条件是 $X = P_S(AP_S)^{(1,4)}$，即 X 为 A 的任意一个 S 约束$\{1,4\}$-逆.

定理 6.37　若约束方程组(6.5.1)不相容，则对任意 $b \in \mathbf{C}^m$，$x = Xb \in S$，使 $\| Ax - b \|$ 在 S 中为最小的充要条件是 $X = P_S(AP_S)^{(1,3)}$，即 X 是 A 的任意一个 S 约束$\{1,3\}$-逆.

定理 6.38　对任意 $b \in \mathbf{C}^m$，$x = Xb$ 为约束方程组(6.5.1)的极小范数最小二乘解的充要条件是 $X = P_S(AP_S)^{+}$，即 X 是 A 的 S 约束 Moore-Penrose 逆.

如果子空间 S 的基已知，则可求出 P_S，因此计算约束广义逆不存在什么原则上的困难.

例 6.11　已知 $\mathbf{R}^3$ 的子空间 S 由向量 $\boldsymbol{\alpha} = (1,1,1)^{\mathrm{T}}$ 张成，计算矩阵

$$A = \begin{bmatrix} 1 & 2 & 0 \\ 0 & 1 & 1 \end{bmatrix}$$

的 S 约束 Moore-Penrose 逆.

解　由式(6.2.6)计算正交投影矩阵

$$P_S = \alpha(\alpha^H\alpha)^{-1}\alpha^H = \frac{1}{3}\begin{bmatrix} 1 & 1 & 1 \\ 1 & 1 & 1 \\ 1 & 1 & 1 \end{bmatrix}$$

从而
$$AP_S = \frac{1}{3}\begin{bmatrix} 3 & 3 & 3 \\ 2 & 2 & 2 \end{bmatrix} = \begin{bmatrix} 1 \\ \frac{2}{3} \end{bmatrix}[1\ 1\ 1]$$

上式右端是 AP_S 的满秩分解. 根据式(6.3.4)求得

$$(AP_S)^+ = \frac{1}{13}\begin{bmatrix} 3 & 2 \\ 3 & 2 \\ 3 & 2 \end{bmatrix}$$

故 A 的 S - 约束 Moore-Penrose 逆为

$$P_S(AP_S)^+ = \frac{1}{3}\begin{bmatrix} 1 & 1 & 1 \\ 1 & 1 & 1 \\ 1 & 1 & 1 \end{bmatrix}\frac{1}{13}\begin{bmatrix} 3 & 2 \\ 3 & 2 \\ 3 & 2 \end{bmatrix} = \frac{1}{13}\begin{bmatrix} 3 & 2 \\ 3 & 2 \\ 3 & 2 \end{bmatrix}$$

6.5.2 加权广义逆

在实际应用中,人们经常使用欧氏范数作为向量长度的度量,但有时也给出不同的"权"以适应不同的需要;例如,对 $\alpha = (a_1, a_2, \cdots, a_n)^T \in C^n$,取

$$\|\alpha\|_\Lambda^2 = \sum_{i=1}^{n} k_i |a_i|^2 = \alpha^H \Lambda \alpha$$

作为向量范数,其中 $\Lambda = \mathrm{diag}(k_1, k_2, \cdots, k_n)$, $k_i > 0\ (i=1,2,\cdots,n)$. 更为一般的是以

$$\|\alpha\|_N^2 = \alpha^H N \alpha \tag{6.5.6}$$

作为向量范数(即向量的椭圆范数),其中 N 是正定矩阵. 从而导致如下的求解问题:

(1) 当方程组 $Ax = b$ 相容时,求它的极小 $\|\cdot\|_N$ 范数解,即

$$\min_{Ax=b} \|x\|_N$$

其中 N 是正定矩阵.

(2) 当方程组 $Ax = b$ 不相容时,求它的广义最小二乘解问题,即

$$\min_{x \in C^n} \|Ax - b\|_M$$

其中 M 是正定矩阵.

(3) 求矛盾方程组 $Ax = b$ 的极小 $\|\cdot\|_N$ 范数广义最小二乘解,即

$$\min_{\min\|Ax-b\|_M} \|x\|_N$$

这样一些加权问题可以通过所谓的"加权广义逆"来解决. 下面将会看到,研究"加权广义逆"也不存在什么新的困难,因为总可以通过一些简单的变换把"加

权”问题变为“不加权”问题.

将正定矩阵 $\boldsymbol{M}$ 和 $\boldsymbol{N}$ 进行 Cholesky 分解(见 4.1 节).

$$\boldsymbol{M}=\boldsymbol{G}_M^{\mathrm{H}}\boldsymbol{G}_M,\quad \boldsymbol{N}=\boldsymbol{G}_N^{\mathrm{H}}\boldsymbol{G}_N \tag{6.5.7}$$

其中$\boldsymbol{G}_M,\boldsymbol{G}_N$ 是可逆上三角矩阵,引入变换

$$\widetilde{\boldsymbol{A}}=\boldsymbol{G}_M\boldsymbol{A}\boldsymbol{G}_N^{-1},\quad \widetilde{\boldsymbol{x}}=\boldsymbol{G}_N\boldsymbol{x},\quad \widetilde{\boldsymbol{b}}=\boldsymbol{G}_M\boldsymbol{b} \tag{6.5.8}$$

容易验证

$$\|\boldsymbol{Ax}-\boldsymbol{b}\|_M=\|\widetilde{\boldsymbol{A}}\widetilde{\boldsymbol{x}}-\widetilde{\boldsymbol{b}}\| \tag{6.5.9}$$

$$\|\boldsymbol{x}\|_N=\|\widetilde{\boldsymbol{x}}\| \tag{6.5.10}$$

从而有下述结果.

定理 6.39　设 $\boldsymbol{A}\in\mathbf{C}^{m\times n},\boldsymbol{b}\in\mathbf{C}^m$,且 $\boldsymbol{M}\in\mathbf{C}^{m\times m}$ 和 $\boldsymbol{N}\in\mathbf{C}^{n\times n}$ 均为正定矩阵.若 $\boldsymbol{X}\in\mathbf{C}^{n\times m}$ 满足

$$\boldsymbol{AXA}=\boldsymbol{A},\quad (\boldsymbol{MAX})^{\mathrm{H}}=\boldsymbol{MAX} \tag{6.5.11}$$

则 $\boldsymbol{x}=\boldsymbol{Xb}$ 使得 $\|\boldsymbol{Ax}-\boldsymbol{b}\|_M$ 为最小.反之,设 $\boldsymbol{X}\in\mathbf{C}^{n\times m}$,若对所有 $\boldsymbol{b}\in\mathbf{C}^m,\boldsymbol{x}=\boldsymbol{Xb}$ 使得 $\|\boldsymbol{Ax}-\boldsymbol{b}\|_M$ 为最小,则 $\boldsymbol{X}$ 满足式(6.5.11).

证　由式(6.5.8)、式(6.5.9) 和定理 6.32 知,当 $\widetilde{\boldsymbol{x}}=\boldsymbol{Y}\widetilde{\boldsymbol{b}}$ 时,$\|\widetilde{\boldsymbol{A}}\widetilde{\boldsymbol{x}}-\widetilde{\boldsymbol{b}}\|=\|\boldsymbol{Ax}-\boldsymbol{b}\|_M$ 为最小,其中 $\boldsymbol{Y}$ 满足

$$\widetilde{\boldsymbol{A}}\boldsymbol{Y}\widetilde{\boldsymbol{A}}=\widetilde{\boldsymbol{A}},\quad (\widetilde{\boldsymbol{A}}\boldsymbol{Y})^{\mathrm{H}}=\widetilde{\boldsymbol{A}}\boldsymbol{Y} \tag{6.5.12}$$

反之,设 $\boldsymbol{Y}\in\mathbf{C}^{n\times m}$,若对所有 $\boldsymbol{b}\in\mathbf{C}^m,\widetilde{\boldsymbol{x}}=\boldsymbol{Y}\widetilde{\boldsymbol{b}}$ 使得 $\|\boldsymbol{Ax}-\boldsymbol{b}\|_M$ 为最小,则$\boldsymbol{Y}$ 满足式(6.5.12).记

$$\boldsymbol{X}=\boldsymbol{G}_N^{-1}\boldsymbol{Y}\boldsymbol{G}_M\quad 或\quad \boldsymbol{Y}=\boldsymbol{G}_N\boldsymbol{X}\boldsymbol{G}_M^{-1} \tag{6.5.13}$$

由式(6.5.8) 和式(6.5.12) 容易验证

$$\widetilde{\boldsymbol{x}}=\boldsymbol{Y}\widetilde{\boldsymbol{b}}\Leftrightarrow\boldsymbol{x}=\boldsymbol{Xb}$$

$$\widetilde{\boldsymbol{A}}\boldsymbol{Y}\widetilde{\boldsymbol{A}}=\widetilde{\boldsymbol{A}}\Leftrightarrow\boldsymbol{AXA}=\boldsymbol{A}$$

$$(\widetilde{\boldsymbol{A}}\boldsymbol{Y})^{\mathrm{H}}=\widetilde{\boldsymbol{A}}\boldsymbol{Y}\Leftrightarrow(\boldsymbol{MAX})^{\mathrm{H}}=\boldsymbol{MAX}$$

证毕

称满足式(6.5.12) 的矩阵 $\boldsymbol{X}$ 为$\boldsymbol{A}$ 的**加权{1,3}-逆**,记为 $\boldsymbol{A}_M^{(1,3)}$.

以下两个定理的证明与定理 6.39 的证明类似.

定理 6.40　设 $\boldsymbol{A}\in\mathbf{C}^{m\times n},\boldsymbol{b}\in\mathbf{C}^m$,且 $\boldsymbol{N}\in\mathbf{C}^{n\times n}$ 是正定矩阵.如果方程组 $\boldsymbol{Ax}=\boldsymbol{b}$ 相容,则使得 $\|\boldsymbol{x}\|_N$ 为最小的唯一解 $\boldsymbol{x}$ 是 $\boldsymbol{x}=\boldsymbol{Xb}$,其中 $\boldsymbol{X}$ 满足

$$\boldsymbol{AXA}=\boldsymbol{A},\ (\boldsymbol{NXA})^{\mathrm{H}}=\boldsymbol{NXA} \tag{6.5.14}$$

反之,设 $\boldsymbol{X}\in\mathbf{C}^{n\times m}$,若对所有 $\boldsymbol{b}\in R(\boldsymbol{A}),\boldsymbol{x}=\boldsymbol{Xb}$ 使得 $\|\boldsymbol{x}\|_N$ 为最小,则 $\boldsymbol{X}$ 满足式(6.5.14).

称满足式(6.5.14) 的矩阵 $\boldsymbol{X}$ 为$\boldsymbol{A}$ 的**加权{1,4}**-逆,记为 $\boldsymbol{A}_N^{(1,4)}$.

定理 6.41　设 $\boldsymbol{A}\in\mathbf{C}^{m\times n},\boldsymbol{b}\in\mathbf{C}^m$,且 $\boldsymbol{M}\in\mathbf{C}^{m\times m}$ 和 $\boldsymbol{N}\in\mathbf{C}^{n\times n}$ 是正定矩阵,则 $\boldsymbol{x}=\boldsymbol{Xb}$ 使得

$$\min_{\min\|\boldsymbol{Ax}-\boldsymbol{b}\|_M}\|\boldsymbol{x}\|_N \tag{6.5.15}$$

成立，其中 $\boldsymbol{X}$ 满足

$$\begin{cases}\boldsymbol{AXA}=\boldsymbol{A}, & \boldsymbol{XAX}=\boldsymbol{X}\\(\boldsymbol{MAX})^{\mathrm{H}}=\boldsymbol{MAX}, & (\boldsymbol{NXA})^{\mathrm{H}}=\boldsymbol{NXA}\end{cases}\tag{6.5.16}$$

反之，设 $\boldsymbol{X}\in\mathbf{C}^{n\times m}$，若对所有 $\boldsymbol{b}\in\mathbf{C}^{m}$，$\boldsymbol{x}=\boldsymbol{Xb}$ 使式(6.5.15)成立，则 $\boldsymbol{X}$ 满足式(6.5.16).

称满足式(6.5.16)的矩阵 $\boldsymbol{X}$ 为 $\boldsymbol{A}$ 的**加权 Moore-Penrose 逆**，记为 $\boldsymbol{A}_{MN}^{+}$.

习 题 6.5

1. 设 $\boldsymbol{A}\in\mathbf{C}^{m\times n}$，$\boldsymbol{b}\in\mathbf{C}^{m}$，$S$ 是 $\mathbf{C}^{n}$ 的子空间. 证明：解约束问题

$$\boldsymbol{Ax}=\boldsymbol{b}\quad(\boldsymbol{x}\in S)$$

等价于解无约束方程组

$$\begin{bmatrix}\boldsymbol{A}\\\boldsymbol{P}_{S^{\perp}}\end{bmatrix}\boldsymbol{x}=\begin{bmatrix}\boldsymbol{b}\\\boldsymbol{0}\end{bmatrix}$$

其中 $\boldsymbol{P}_{S^{\perp}}=\boldsymbol{I}-\boldsymbol{P}_{S}$.

2. 证明定理 6.36，6.37，6.38.

3. 证明定理 6.40，6.41.

4. 设 $\boldsymbol{A}\in\mathbf{C}^{m\times n}$，$\boldsymbol{b}\in R(\boldsymbol{A})$，且 $\boldsymbol{N}\in\mathbf{C}^{n\times n}$ 是正定矩阵，证明：问题

$$\min_{\boldsymbol{Ax}=\boldsymbol{b}}\|\boldsymbol{x}\|_{\boldsymbol{N}}$$

有唯一极小因子 $\boldsymbol{x}_0=\boldsymbol{N}^{-1}\boldsymbol{A}^{\mathrm{H}}(\boldsymbol{AN}^{-1}\boldsymbol{A}^{\mathrm{H}})^{(1)}\boldsymbol{b}$，且极小值为

$$\sqrt{\boldsymbol{b}^{\mathrm{H}}(\boldsymbol{AN}^{-1}\boldsymbol{A}^{\mathrm{H}})^{(1)}\boldsymbol{b}}$$

其中 $(\boldsymbol{AN}^{-1}\boldsymbol{A}^{\mathrm{H}})^{(1)}\in(AN^{-1}A^{\mathrm{H}})\{1\}$.

5. 证明 $\boldsymbol{A}_{MN}^{+}=\boldsymbol{G}_{N}^{-1}(\boldsymbol{G}_{M}\boldsymbol{AG}_{N}^{-1})^{+}\boldsymbol{G}_{M}$.

6. 利用 Zlobec 公式(6.3.6)证明

$$\boldsymbol{A}_{MN}^{+}=\boldsymbol{N}^{-1}\boldsymbol{A}^{\mathrm{H}}\boldsymbol{MA}(\boldsymbol{A}^{\mathrm{H}}\boldsymbol{MAN}^{-1}\boldsymbol{A}^{\mathrm{H}}\boldsymbol{MA})^{(1)}\boldsymbol{A}^{\mathrm{H}}\boldsymbol{M}$$

*6.6 Drazin 广义逆

Penrose 的广义逆保留了可逆矩阵之逆的若干性质，但也失掉了另一些性质. 例如可逆矩阵 $\boldsymbol{A}$ 的逆矩阵 $\boldsymbol{A}^{-1}$ 具有下述性质：

(1) $\boldsymbol{AA}^{-1}=\boldsymbol{A}^{-1}\boldsymbol{A}$；

(2) $(\boldsymbol{A}^{-1})^{p}=(\boldsymbol{A}^{p})^{-1}$ （p 为正整数）；

(3) $(\boldsymbol{AB})^{-1}=\boldsymbol{B}^{-1}\boldsymbol{A}^{-1}$；

(4) λ 是 $\boldsymbol{A}$ 的特征值的充要条件为 λ^{-1} 是 $\boldsymbol{A}^{-1}$ 的特征值.

而广义逆矩阵 $\boldsymbol{A}^{(1)}$，$\boldsymbol{A}^{(1,3)}$，$\boldsymbol{A}^{(1,4)}$，$\boldsymbol{A}^{+}$ 等一般不具有这些性质(长方矩阵更谈不上特征值的问题). 本节介绍方阵的另一种广义逆 ——Drazin 逆，从某一角度来看，它和通常的逆矩阵更为相似. 这种广义逆矩阵在不可逆线性常微分方程组以及不可逆差分方程组求解问题中有重要的应用.

6.6.1　方阵的指标

引理 6.12　设 $\boldsymbol{A} \in \mathbf{C}^{n\times n}$，则

$$\operatorname{rank}\boldsymbol{A}^{k} = \operatorname{rank}\boldsymbol{A}^{k+1} \tag{6.6.1}$$

必对于 1 与 n 之间的某个整数 k 成立.

证　因为

$$0 \leqslant \operatorname{rank}\boldsymbol{A}^{n+1} \leqslant \operatorname{rank}\boldsymbol{A}^{n} \leqslant \cdots \leqslant \operatorname{rank}\boldsymbol{A}^{2} \leqslant \operatorname{rank}\boldsymbol{A} \leqslant n$$

所以必存在 1 与 n 之间的某个 k，使式(6.6.1) 成立.　证毕

定义 6.9　设 $\boldsymbol{A} \in \mathbf{C}^{n\times n}$，使得式(6.6.1) 成立的最小正整数 k 称为 $\boldsymbol{A}$ 的**指标**.

显然，可逆矩阵的指标为 1.

直接由式(6.6.1) 计算矩阵 $\boldsymbol{A}$ 的指标是不方便的，为此，首先给定出指标的几个性质如下，每一性质都可作为指标的定义，也可用于计算矩阵的指标.

定理 6.42　设 $\boldsymbol{A} \in \mathbf{C}^{n\times n}$，则下列叙述等价：

(1) $\boldsymbol{A}$ 的指标为 k；

(2) 使得 $\boldsymbol{A}^{l+1}\boldsymbol{X} = \boldsymbol{A}^{l}$ 成立的最小正整数是 k；

(3) 若 $\boldsymbol{A}$ 是不可逆矩阵且 $m(\lambda)$ 是它的最小多项式，则 k 是$\lambda = 0$ 作为 $m(\lambda)$ 的零点的重数.

证　(1) ⇒ (2)　显然 $R(\boldsymbol{A}^{k+1}) \subset R(\boldsymbol{A}^{k})$. 因为

$$\operatorname{rank}\boldsymbol{A}^{k+1} = \operatorname{rank}\boldsymbol{A}^{k}$$

所以 $R(\boldsymbol{A}^{k+1}) = R(\boldsymbol{A}^{k})$，即存在矩阵 $\boldsymbol{X}$，使得 $\boldsymbol{A}^{k+1}\boldsymbol{X} = \boldsymbol{A}^{k}$. 对 $l \geqslant k$ 显然有 $\boldsymbol{A}^{l} = \boldsymbol{A}^{l+1}\boldsymbol{X}$. 假设有 $l < k$，使得

$$\boldsymbol{A}^{l} = \boldsymbol{A}^{l+1}\boldsymbol{X}$$

成立，则有 $\operatorname{rank}\boldsymbol{A}^{l} = \operatorname{rank}\boldsymbol{A}^{l+1}$，这与 $\boldsymbol{A}$ 的指标为 k 矛盾.

(2) ⇒ (1)：逆推回去即得.

(2) ⇔ (3)：设 $m(\lambda) = \lambda^{l}p(\lambda)$，其中 $p(0) \neq 0$. 再设 k 由(2) 确定，下面证明 $k = l$. 由最小多项式的定义可得

$$p(\boldsymbol{A})\boldsymbol{A}^{l} = m(\boldsymbol{A}) = \boldsymbol{O}$$

若 $l > k$，则

$$\boldsymbol{O} = p(\boldsymbol{A})\boldsymbol{A}^{l}\boldsymbol{X} = p(\boldsymbol{A})\boldsymbol{A}^{l-1}$$

而 $\lambda^{l-1}p(\lambda)$ 比 $m(\lambda)$ 的次数低，矛盾.

又因为 $p(0) \neq 0$，设 $p(\lambda) = c(1 - \lambda q(\lambda))$，其中 $c \neq 0$，$q(\lambda)$ 是多项式，从而

$$m(\lambda) = c\lambda^{l}(1 - \lambda q(\lambda)) \tag{6.6.2}$$

由此可得

$$\boldsymbol{A}^{l+1}q(\boldsymbol{A}) = \boldsymbol{A}^{l} \tag{6.6.3}$$

如果 $l < k$，这又与(2) 矛盾.　证毕

例 6.12　求矩阵

$$A = \begin{bmatrix} 1 & 1 & 0 & 0 \\ 1 & 1 & 1 & 0 \\ 1 & 1 & 1 & 1 \\ 1 & 1 & 1 & 1 \end{bmatrix}$$

的指标.

解 矩阵 A 是不可逆的，其最小多项式为 $m(\lambda)=\lambda^2(\lambda^2-4\lambda+3)$，所以 A 的指标为 2.

6.6.2 Drazin 逆

1958 年，Drazin 定义了方阵的一类广义逆.

定义 6.10 设 $A \in \mathbf{C}^{n\times n}$ 的指标为 k，则满足

$$A^k XA = A^k \tag{i^k}$$

$$XAX = X \tag{ii}$$

$$AX = XA \tag{iii}$$

的矩阵 X 称为 A 的 **Drazin 逆**，记为 $A^{(d)}$.

按照前几节的记号，$A^{(d)}$ 是 A 的 $\{1^k,2,5\}$- 逆. 显然对任意整数 $l \geqslant k$，$A^{(d)}$ 也是 A 的 $\{1^l,2,5\}$- 逆. 另外容易验证，三个方程(i^k)，(ii)，(iii) 等价于方程

$$AX = XA \tag{iii}$$

$$A^{k+1}X = A^k \tag{6.6.4}$$

$$AX^2 = X \tag{6.6.5}$$

下面证明 Drazin 逆存在并且唯一.

引理 6.13 若 Y 是方阵 A 的 $\{1^l,5\}$- 逆，则

$$X = A^l Y^{l+1} \tag{6.6.6}$$

是 A 的 $\{1^l,2,5\}$- 逆.

证 因为

$$A^l YX = A^l, \quad AY = YA$$

所以

$$AX = A^{l+1}Y^{l+1} = A^l Y^{l+1} A = XA$$

$$A^{l+1}X = A^{2l+1}Y^{l+1} = A^{2l}Y^l = A^{2l-1}Y^{l-1} = \cdots = A^l$$

$$AX^2 = A^{2l+1}Y^{2l+2} = A^{2l}Y^{2l+1} = \cdots = A^l Y^{l+1} = X$$

可见方程(iii)，式(6.6.4) 和式(6.6.5) 成立. 证毕

定理 6.43 设 $A \in \mathbf{C}^{n\times n}$ 的指标为 k，则 A 有唯一的 Drazin 逆，它可表示为 A 的多项式，并且对任意 $l \geqslant k$，它也是唯一的 $\{1^l,2,5\}$- 逆.

证 容易验证，式(6.6.3) 中的矩阵 $q(A)$ 是 A 的 $\{1^k,5\}$- 逆，因此由引理 6.13，知

$$X = A^k(q(A))^{k+1} \tag{6.6.7}$$

是$\boldsymbol{A}$的$\{1^k,2,5\}$-逆，即$\boldsymbol{A}^{(d)}$存在并且可表示为$\boldsymbol{A}$的多项式. 由定义知，$\boldsymbol{A}^{(d)}$是$\boldsymbol{A}$的$\{1^l,2,5,\}$-逆$(l \geqslant k)$.

下面证明唯一性.

设$\boldsymbol{X},\boldsymbol{Y} \in A\{1^l,2,5\}$. 记

$$\boldsymbol{E}=\boldsymbol{AX}=\boldsymbol{XA},\quad \boldsymbol{F}=\boldsymbol{AY}=\boldsymbol{YA}$$

显然$\boldsymbol{E}$和$\boldsymbol{F}$是幂等矩阵. 又因为

$$\boldsymbol{E}=\boldsymbol{AX}=\boldsymbol{A}^l\boldsymbol{X}^l=\boldsymbol{A}^l\boldsymbol{YAX}^l=\boldsymbol{AYA}^l\boldsymbol{X}^l=\boldsymbol{FAX}=\boldsymbol{FE}$$
$$\boldsymbol{F}=\boldsymbol{YA}=\boldsymbol{Y}^l\boldsymbol{A}^l=\boldsymbol{Y}^l\boldsymbol{A}^l\boldsymbol{XA}=\boldsymbol{YAE}=\boldsymbol{FE}$$

即$\boldsymbol{E}=\boldsymbol{F}$，所以

$$\boldsymbol{X}=\boldsymbol{XAX}=\boldsymbol{EX}=\boldsymbol{FX}=\boldsymbol{YAX}=\boldsymbol{YE}=\boldsymbol{YF}=\boldsymbol{YAY}=\boldsymbol{Y}$$

证毕

例 6.13　利用式(6.6.7)计算例6.12中的矩阵$\boldsymbol{A}$的Drazin逆.

解　因为$\boldsymbol{A}$的指标为2，且

$$m(\lambda)=\lambda^2(\lambda^2-4\lambda+3)=3\lambda^2\left[1+\frac{\lambda}{3}(\lambda-4)\right]$$

由式(6.6.2)知$q(\lambda)=-\frac{1}{3}(\lambda-4)$，所以

$$q(\boldsymbol{A})=\frac{1}{3}\begin{bmatrix}3 & -1 & 0 & 0\\ -1 & 3 & -1 & 0\\ -1 & -1 & 3 & -1\\ -1 & -1 & -1 & 3\end{bmatrix}$$

根据式(6.6.7)，有

$$\boldsymbol{A}^{(d)}=\boldsymbol{A}^2(\boldsymbol{q}(\boldsymbol{A}))^3=$$
$$\begin{bmatrix}2 & 2 & 1 & 0\\ 3 & 3 & 2 & 1\\ 4 & 4 & 3 & 2\\ 4 & 4 & 3 & 2\end{bmatrix}\times\frac{1}{27}\begin{bmatrix}35 & -29 & 9 & -1\\ -21 & 43 & -30 & 9\\ -13 & -13 & 43 & -29\\ -13 & -13 & -21 & 35\end{bmatrix}=$$
$$\frac{1}{27}\begin{bmatrix}15 & 15 & 1 & -13\\ 3 & 3 & 2 & 1\\ -9 & -9 & 3 & 15\\ -9 & -9 & 3 & 15\end{bmatrix}$$

6.6.3　Drazin 逆的谱性质

关于特征值与特征向量，Drazin逆与通常的逆矩阵有类似的性质.

定理 6.44　λ是矩阵$\boldsymbol{A}$的特征值的充要条件是，λ^+是$\boldsymbol{A}^{(d)}$的特征值，其中λ^+由式(6.1.9)所定义.

证　设$\boldsymbol{A}$的指标为k，且$\boldsymbol{Ax}=\lambda\boldsymbol{x}(\boldsymbol{x}\neq\boldsymbol{0})$. 若$\lambda\neq 0$，则由

$$\lambda^k \boldsymbol{x} = \boldsymbol{A}^k \boldsymbol{x} = \boldsymbol{A}^{(d)} \boldsymbol{A}^{k+1} \boldsymbol{x} = \lambda^{k+1} \boldsymbol{A}^{(d)} \boldsymbol{x}$$

可得 $\boldsymbol{A}^{(d)} \boldsymbol{x} = \lambda^{-1} \boldsymbol{x}$；而当 $\lambda = 0$ 时，$\boldsymbol{Ax} = \boldsymbol{0}$，且有

$$\boldsymbol{A}^{(d)} \boldsymbol{x} = (\boldsymbol{A}^{(d)})^2 \boldsymbol{Ax} = \boldsymbol{0} = 0\boldsymbol{x}$$

因此 λ^+ 是 $\boldsymbol{A}^{(d)}$ 的特征值.

反之，设 $\lambda \neq 0$，若 $\boldsymbol{A}^{(d)} \boldsymbol{x} = \lambda^{-1} \boldsymbol{x}(\boldsymbol{x} \neq \boldsymbol{0})$，则由

$$\lambda^{-1} \boldsymbol{x} = \boldsymbol{A}^{(d)} \boldsymbol{x} = \boldsymbol{A}(\boldsymbol{A}^{(d)})^2 \boldsymbol{x} = \lambda^{-2} \boldsymbol{Ax}$$

可得 $\boldsymbol{Ax} = \lambda \boldsymbol{x}$；而当 $\boldsymbol{A}^{(d)} \boldsymbol{x} = 0\boldsymbol{x}(\boldsymbol{x} \neq \boldsymbol{0})$ 时，有

$$\boldsymbol{A}^k \boldsymbol{x} = \boldsymbol{A}^{k+1} \boldsymbol{A}^{(d)} \boldsymbol{x} = 0x$$

这表明 $\lambda = 0$ 是 $\boldsymbol{A}^k$ 的特征值，从而也是 $\boldsymbol{A}$ 的特征值. 证毕

由定理的证明过程可见，若 $\boldsymbol{x}$ 是 $\boldsymbol{A}$ 的属于非零特征值 λ 的特征向量，则它也是 $\boldsymbol{A}^{(d)}$ 的属于 λ^{-1} 的特征向量；反之亦然. 但对于 $\boldsymbol{A}$ 的零特征值，相应的结果不一定成立.

6.6.4 Drazin 逆的计算方法

式(6.6.7)可用于计算 Drazin 逆，下面再给出两种计算 Drazin 逆的方法.

引理 6.14 给定矩阵 $\boldsymbol{A},\boldsymbol{B},\boldsymbol{C}$，且 $\boldsymbol{CAB}$ 有意义. 若

$$\text{rank}(\boldsymbol{CAB}) = \text{rank}\boldsymbol{C} = \text{rank}\boldsymbol{B} \tag{6.6.8}$$

则对任意 $(\boldsymbol{CAB})^{(1)} \in (CAB)\{1\}$，$\boldsymbol{B}(\boldsymbol{CAB})^{(1)}\boldsymbol{C}$ 是不变的.

证 显然

$$R(\boldsymbol{CAB}) \subset R(\boldsymbol{C}), \quad R((\boldsymbol{CAB})^{\mathrm{H}}) \subset R(\boldsymbol{B}^{\mathrm{H}})$$

由式(6.6.8)可得

$$R(\boldsymbol{CAB}) = R(\boldsymbol{C}), \quad R((\boldsymbol{CAB})^{\mathrm{H}}) = R(\boldsymbol{B}^{\mathrm{H}})$$

即存在矩阵 $\boldsymbol{U},\boldsymbol{V}$，使得

$$\boldsymbol{C} = (\boldsymbol{CAB})\boldsymbol{U}, \quad \boldsymbol{B} = \boldsymbol{V}^{\mathrm{H}}(\boldsymbol{CAB})$$

因此对任意 $(\boldsymbol{CAB})^{(1)} \in (CAB)\{1\}$，有

$$\boldsymbol{B}(\boldsymbol{CAB})^{(1)}\boldsymbol{C} = \boldsymbol{V}^{\mathrm{H}}(\boldsymbol{CAB})(\boldsymbol{CAB})^{(1)}(\boldsymbol{CAB})\boldsymbol{U} = \boldsymbol{V}^{\mathrm{H}}(\boldsymbol{CAB})\boldsymbol{U}$$ 证毕

定理 6.45 设 $\boldsymbol{A} \in \mathbf{C}^{n\times n}$ 的指标为 k，则

$$\boldsymbol{A}^{(d)} = \boldsymbol{A}^k (\boldsymbol{A}^{2k+1})^{(1)} \boldsymbol{A}^k \tag{6.6.9}$$

其中 $(\boldsymbol{A}^{2k+1})^{(1)} \in A^{2k+1}\{1\}$.

证 采用数学归纳法可以证明

$$\text{rank}\boldsymbol{A}^{2k+1} = \text{rank}\boldsymbol{A}^k \tag{6.6.10}$$

由引理 6.14 知，对任意 $(\boldsymbol{A}^{2k+1})^{(1)} \in A^{2k+1}\{1\}$，矩阵

$$\boldsymbol{X} = \boldsymbol{A}^k (\boldsymbol{A}^{2k+1})^{(1)} \boldsymbol{A}^k \tag{6.6.11}$$

是不变的. 显然 $\boldsymbol{A}^{2k+1}$ 的指标为 1，从而 $(\boldsymbol{A}^{2k+1})^{(d)} \in A^{2k+1}\{1\}$. 根据定理 6.43，$(\boldsymbol{A}^{2k+1})^{(d)}$ 可表示为 $\boldsymbol{A}^{2k+1}$ 的多项式，因而也是 $\boldsymbol{A}$ 的多项式，故

$$\boldsymbol{X} = \boldsymbol{A}^k (\boldsymbol{A}^{2k+1})^{(1)} \boldsymbol{A}^k = \boldsymbol{A}^k (\boldsymbol{A}^{2k+1})^{(d)} \boldsymbol{A}^k$$

可表示为 $\boldsymbol{A}$ 的多项式，即有 $\boldsymbol{AX}=\boldsymbol{XA}$. 由式(6.6.10)和 $R(\boldsymbol{A}^{2k+1})=R(\boldsymbol{A}^k)$ 可得

$$\boldsymbol{A}^{k+1}\boldsymbol{X}=\boldsymbol{A}^{2k+1}(\boldsymbol{A}^{2k+1})^{(1)}\boldsymbol{A}^k=\boldsymbol{P}_{R(\boldsymbol{A}^k),M}\boldsymbol{A}^k=\boldsymbol{A}^k$$

$$\boldsymbol{XAX}=\boldsymbol{A}^k(\boldsymbol{A}^{2k+1})^{(1)}\boldsymbol{A}^{2k+1}(\boldsymbol{A}^{2k+1})^{(1)}\boldsymbol{A}^k=$$
$$\boldsymbol{A}^k(\boldsymbol{A}^{2k+1})^{(1)}\boldsymbol{P}_{R(\boldsymbol{A}^k),M}\boldsymbol{A}^k=\boldsymbol{A}^k(\boldsymbol{A}^{2k+1})^{(1)}\boldsymbol{A}^k=\boldsymbol{X}$$

其中 $M=N(\boldsymbol{A}^{2k+1}(\boldsymbol{A}^{2k+1})^{(1)})$. 由 Drazin 逆的唯一性知 $\boldsymbol{X}=\boldsymbol{A}^{(d)}$.　证毕

该方法的优点是，仅需求一个{1}-逆，即可得到 $\boldsymbol{A}^{(d)}$. 当 $\boldsymbol{A}$ 的指标容易求得并且较小时，可采用此法.

例 6.14　利用式(6.6.9)计算例 6.12 矩阵 $\boldsymbol{A}$ 的 Drazin 逆.

解　$\boldsymbol{A}$ 的指标为 2，且

$$\boldsymbol{A}^2=\begin{bmatrix}2&2&1&0\\3&3&2&1\\4&4&3&2\\4&4&3&2\end{bmatrix},\quad \boldsymbol{A}^5=\begin{bmatrix}41&41&27&13\\81&81&54&27\\121&121&81&41\\121&121&81&41\end{bmatrix}$$

可求得

$$(\boldsymbol{A}^5)^{(1)}=\frac{1}{27}\begin{bmatrix}27&27&0&-27\\0&0&0&0\\-39&-39&1&41\\0&0&0&0\end{bmatrix}$$

故得

$$\boldsymbol{A}^{(d)}=\boldsymbol{A}^2(\boldsymbol{A}^5)^{(1)}\boldsymbol{A}^2=\frac{1}{27}\begin{bmatrix}15&15&1&-13\\3&3&2&1\\-9&-9&3&15\\-9&-9&3&15\end{bmatrix}$$

当矩阵 $\boldsymbol{A}$ 的阶数较高时，求 $\boldsymbol{A}$ 的指标是不容易的. 另一方面，当 $\boldsymbol{A}$ 的病态严重时，求 $\boldsymbol{A}$ 的较高幂次会使病态更为严重. 这时，采用式(6.6.9)进行计算是不适合的，最好采用 Cline 给出的逐次满秩分解的方法. 该方法每一步都作较小阶矩阵的满秩分解，有限步后可以确定出矩阵的指标和 Drazin 逆.

定理 6.46　设 $\boldsymbol{A}\in\mathbf{C}^{n\times n}$，且 $\boldsymbol{A}$ 的满秩分解为 $\boldsymbol{A}=\boldsymbol{B}_1\boldsymbol{G}_1$，而 $\boldsymbol{G}_i\boldsymbol{B}_i$ 的满秩分解为

$$\boldsymbol{G}_i\boldsymbol{B}_i=\boldsymbol{B}_{i+1}\boldsymbol{G}_{i+1}\quad(i=1,2,\cdots)$$

则 $\boldsymbol{A}$ 的指标为 k 的充要条件是 $\boldsymbol{G}_k\boldsymbol{B}_k$ 可逆，并且

$$\boldsymbol{A}^{(d)}=\boldsymbol{B}_1\boldsymbol{B}_2\cdots\boldsymbol{B}_k[(\boldsymbol{G}_k\boldsymbol{B}_k)^{k+1}]^{-1}\boldsymbol{G}_k\boldsymbol{G}_{k-1}\cdots\boldsymbol{G}_1\tag{6.6.12}$$

证　可以推得

$$\boldsymbol{A}^k=\boldsymbol{B}_1\cdots\boldsymbol{B}_k\boldsymbol{G}_k\cdots\boldsymbol{G}_1,\quad \boldsymbol{A}^{k+1}=\boldsymbol{B}_1\cdots\boldsymbol{B}_k(\boldsymbol{G}_k\boldsymbol{B}_k)\boldsymbol{G}_k\cdots\boldsymbol{G}_1$$

设 $\mathrm{rank}\boldsymbol{B}_k=\mathrm{rank}\boldsymbol{G}_k=r_k$. 利用 $\boldsymbol{B}_i^{(1)}\boldsymbol{B}_i=\boldsymbol{I},\boldsymbol{G}_i\boldsymbol{G}_i^{(1)}=\boldsymbol{I}\ (i=1,2,\cdots,k)$，可得

$$\mathrm{rank}\boldsymbol{A}^k=r_k,\quad \mathrm{rank}\boldsymbol{A}^{k+1}=\mathrm{rank}(\boldsymbol{G}_k\boldsymbol{B}_k)$$

从而 $\boldsymbol{A}$ 的指标为 k 的充要条件是 $\boldsymbol{G}_k\boldsymbol{B}_k$ 可逆. 取

$$X = B_1 \cdots B_k (G_k B_k)^{-(k+1)} G_k \cdots G_1$$

容易验证 X 是$\{1^k, 2, 5\}$- 逆，由唯一性得 $X = A^{(d)}$. 证毕

例 6.15 用 Cline 方法计算例 6.12 中矩阵 A 的 Drazin 逆.

解 因为

$$A = B_1 G_1 = \begin{bmatrix} 1 & 0 & 0 \\ 1 & 1 & 0 \\ 1 & 1 & 1 \\ 1 & 1 & 1 \end{bmatrix} \begin{bmatrix} 1 & 1 & 0 & 0 \\ 0 & 0 & 1 & 0 \\ 0 & 0 & 0 & 1 \end{bmatrix}$$

$$G_1 B_1 = \begin{bmatrix} 2 & 1 & 0 \\ 1 & 1 & 1 \\ 1 & 1 & 1 \end{bmatrix}, \ \det(G_1 B_1) = 0$$

$$G_1 B_1 = B_2 G_2 = \begin{bmatrix} 2 & 1 \\ 1 & 1 \\ 1 & 1 \end{bmatrix} \begin{bmatrix} 1 & 0 & -1 \\ 0 & 1 & 2 \end{bmatrix}$$

$$G_2 B_2 = \begin{bmatrix} 1 & 0 \\ 3 & 3 \end{bmatrix}, \ \det(G_2 B_2) \neq 0$$

故 A 的指标为 2. 又因为

$$(G_2 B_2)^{-3} = \frac{1}{27} \begin{bmatrix} 27 & 0 \\ -39 & 1 \end{bmatrix}$$

所以

$$A^{(d)} = B_1 B_2 (G_2 B_2)^{-3} G_2 G_1 = \frac{1}{27} \begin{bmatrix} 15 & 15 & 1 & -13 \\ 3 & 3 & 2 & 1 \\ -9 & -9 & 3 & 15 \\ -9 & -9 & 3 & 15 \end{bmatrix}$$

6.6.5 Drazin 逆的特例 —— 群逆

当矩阵 $A \in \mathbf{C}^{n \times n}$ 的指标为 1 时，称 A 的 Draizn 逆为**群逆**，记为 $A^{\#}$. 之所以这样称呼是由于 A 的正幂、负幂(看做 $A^{\#}$ 的幂)，并以 $AA^{\#}$ 作为单位元素，就构成了 Abel 群(见本节习题第 13 题). 由 $A^{(d)}$ 的结果知，群逆存在的充要条件是 A 的指标为 1，并且它是唯一的. 作为 $A^{(d)}$ 的特例，有以下定理.

定理 6.47 设 $A \in \mathbf{C}^{n \times n}$ 的指标为 1，则 $A^{\#} = A(q(A))^2$，其中多项式 $q(\lambda)$ 由式(6.6.2) 确定.

定理 6.48 设 $A \in \mathbf{C}^{n \times n}$ 的指标为 1，则 $A^{\#} = A(A^3)^{(1)} A$，其中 $(A^3)^{(1)} \in A^3\{1\}$.

定理 6.49 设方阵 A 的满秩分解为 $A = FG$，则 A 有群逆的充要条件是 GF 可逆，且 $A^{\#} = F(GF)^{-2} G$.

一般说来,Drazin 逆 $\boldsymbol{A}^{(d)}$ 或群逆 $\boldsymbol{A}^{\#}$ 与 Moore-Penrose 逆 $\boldsymbol{A}^{+}$ 并不相等. 但在一定条件下,它们是相等的. 下面给出了一个这样的条件.

定理 6.50　$\boldsymbol{A}^{(d)}$ 或 $\boldsymbol{A}^{\#}$ 等于 $\boldsymbol{A}^{+}$ 的充要条件是

$$\boldsymbol{A}\boldsymbol{A}^{+}=\boldsymbol{A}^{+}\boldsymbol{A} \tag{6.6.13}$$

证　若式(6.6.13) 成立,则 $\boldsymbol{A}^{+}$ 具有 $\boldsymbol{A}^{\#}$ 的全部性质,所以必有

$$\boldsymbol{A}^{+}=\boldsymbol{A}^{(d)}=\boldsymbol{A}^{\#}$$

反之,若 $\boldsymbol{A}^{+}=\boldsymbol{A}^{(d)}$,则有

$$\boldsymbol{A}\boldsymbol{A}^{(d)}\boldsymbol{A}=\boldsymbol{A}$$

从而 $\boldsymbol{A}^{+}=\boldsymbol{A}^{\#}=\boldsymbol{A}^{(d)}$.　证毕

习　题　6.6

1. 证明 $(\boldsymbol{A}^{\mathrm{H}})^{(d)}=(\boldsymbol{A}^{(d)})^{\mathrm{H}}$, $(\boldsymbol{A}^{\mathrm{T}})^{(d)}=(\boldsymbol{A}^{(d)})^{\mathrm{T}}$.
2. 证明 $(\boldsymbol{A}^{l})^{(d)}=(\boldsymbol{A}^{(d)})^{l}$　$(l=1,2,\cdots)$.
3. 若 $\boldsymbol{A}$ 的指标为 k,则对 $l\geqslant k$,$\boldsymbol{A}^{l}$ 的指标为 1,且 $(\boldsymbol{A}^{l})^{\#}=(\boldsymbol{A}^{(d)})^{l}$.
4. 证明 $(\boldsymbol{A}^{\#})^{\#}=\boldsymbol{A}$.
5. 证明 $(\boldsymbol{A}^{(d)})^{(d)}=\boldsymbol{A}$ 的充要条件是 $\boldsymbol{A}$ 的指标为 1.
6. 证明 $\boldsymbol{A}^{(d)}$ 的指标为 1 且 $(\boldsymbol{A}^{(d)})^{\#}=\boldsymbol{A}^{2}\boldsymbol{A}^{(d)}$.
7. 证明 $((\boldsymbol{A}^{(d)})^{(d)})^{(d)}=\boldsymbol{A}^{(d)}$.
8. 证明 $\boldsymbol{A}^{(d)}(\boldsymbol{A}^{(d)})^{\#}=\boldsymbol{A}\boldsymbol{A}^{(d)}$.
9. 若 $\boldsymbol{A}$ 是幂零矩阵(即存在正整数 l,使得 $\boldsymbol{A}^{l}=\boldsymbol{O}$),则 $\boldsymbol{A}^{(d)}=\boldsymbol{O}$.
10. 若 $\boldsymbol{A}$ 是可逆矩阵,则 $\boldsymbol{A}^{(d)}=\boldsymbol{A}^{-1}$.
11. 若整数 $l>m>0$,则 $\boldsymbol{A}^{m}(\boldsymbol{A}^{(d)})^{l}=(\boldsymbol{A}^{(d)})^{l-m}$.
12. 若整数 $m>0$ 和 $l-m\geqslant k$,则 $\boldsymbol{A}^{l}(\boldsymbol{A}^{(d)})^{m}=\boldsymbol{A}^{l-m}$.
13. 设 $\boldsymbol{A}$ 的指标为 1,记 $(\boldsymbol{A}^{\#})^{j}$ 为 $\boldsymbol{A}^{-j}$ $(j=1,2,\cdots)$,又记 $\boldsymbol{A}\boldsymbol{A}^{\#}$ 为 $\boldsymbol{A}^{0}$. 证明:对所有整数 l 和 m,都有 $\boldsymbol{A}^{l}\boldsymbol{A}^{m}=\boldsymbol{A}^{l+m}$(即 $\boldsymbol{A}$ 的幂(正、负和零幂) 在矩阵乘积下构成 Abel 群).
14. 对于矩阵

$$\boldsymbol{A}=\begin{bmatrix}1&0&0&1\\1&1&0&0\\0&1&1&0\\0&0&1&1\end{bmatrix}$$

分别用式(6.6.7)、式(6.6.9) 和式(6.6.12) 计算 $\boldsymbol{A}^{(d)}$.

本章要点评述

广义逆矩阵是通常的逆矩阵概念对于不可逆矩阵和长方矩阵的推广,推广形式多种多样. 由 Penrose 的四个矩阵方程给出的广义逆矩阵分为 15 类,其中常用的广义逆矩阵有 $\{1\}$ - 逆和 $\{1,i\}$ - 逆 $(i=2,3,4)$ 以及 Moore-Penrose 逆. 矩阵的 Moore-Penrose 逆是唯一的,通常利用矩阵的满秩分解或者不可逆值分解来计算.

可以利用矩阵的一个或者两个{1}-逆构造矩阵的{1,i}-逆($i=2,3,4$)和Moore-Penrose逆.从计算的角度来说,利用矩阵的满秩分解求矩阵的Moore-Penrose逆比较简便.

向量空间的直和分解是投影变换的基础.沿着子空间M到子空间L的投影变换可以看做L中的单位变换,也可以看做M中的零变换.投影矩阵与幂等矩阵一一对应,正交投影矩阵与幂等Hermite矩阵一一对应.

投影矩阵是Moore逆的基础,也是研究广义逆矩阵和最小二乘问题的重要工具.Moore的两个矩阵方程等价于Penrose的四个矩阵方程.

利用广义逆矩阵的性质,可以将线性矩阵方程的某个解矩阵(或最小二乘解矩阵)表示为系数矩阵的广义逆矩阵与其右端矩阵的乘积,也可以将它的一般解矩阵明显地表示出来.线性方程组是线性矩阵方程的特例,当然可以将线性方程组的某个解向量(或最小二乘解向量)表示为系数矩阵的广义逆矩阵与其右端向量的乘积,也可以将它的一般解向量明显地表示出来.

矩阵的{1}-逆集合、{1,3}-逆集合、{1,4}-逆集合可以用线性矩阵方程的一般解来表示,而矩阵$\boldsymbol{A}$的{1,2}-逆集合是矩阵$\boldsymbol{A}$的{1}-逆集合中与$\boldsymbol{A}$有相同秩的{1}-逆的子集.

矩阵的{1,4}-逆可以描述相容线性方程组的极小范数解,矩阵的{1,3}-逆可以描述矛盾线性方程组的最小二乘解,而矩阵的Moore-Penrose逆可以同时描述一般线性方程组的极小范数解和极小范数最小二乘解.

* 第 7 章　若干特殊矩阵类介绍

本章将综合介绍若干特殊矩阵类的性质.特殊矩阵类在许多科学技术领域内,都有不同程度的应用,而且在方程数值解与数值代数的研究中,都有着一定地位.就数值代数而论,它起源很早,远可追溯到 17 世纪 I. Newton(1642—1727 年)和 C. F. Gauss(1777—1855 年)分别给出解非线性方程和线性方程组的著名数值方法,这就是 Newton 切线法和 Gauss 消去法.其后 C. G. Jacobi(1805—1851 年)和 Seidel, Hekpacoв 及 Richardson 等人,又给出求对称矩阵全部特征值的旋转方法和求线性方程组数值解的迭代法.20 世纪 40 年代以来,R. V. Southwell, S. P. Frankd 和 D. Young 提出求线性方程组数值解的 SOR 方法,1978 年 A. Hadjidimos 提出解线性方程组的 AOR 方法,Davidon 和 Broyden 提出解非线性方程组的拟 Newton 法,等等.1958 年 Rutishauser 提出求任意矩阵全部特征值及特征向量的 LR 方法.在 LR 方法的启发下,1961 年 J. G. F. Francis 和 V. N. Kublanovskaya 各自独立发现了求任意矩阵全部特征值及特征向量的 QR 方法.虽然成果丰硕,不胜枚举,但从实际应用和计算数学各分枝研究上看,所要解决矩阵计算问题的规模却越来越大,适时处理周期越来越短,若无好的方法,即使现代大型高速计算机也难以应付.从目前数值代数(或矩阵计算)的进展情况来看,为了对其进行更为深入的研究,至少可以从两方面着手:一方面研究有某种实际背景的特殊矩阵类型,探讨其固有性质,并据此发展一些新的数值方法;另一方面研究分块矩阵的性质,发展矩阵分块技巧,从而解决大型数值代数问题.

这里所谓的特殊矩阵,是指它的**元素在数值上或其所具有的性质上有特性的矩阵**.例如单位矩阵、初等矩阵、置换矩阵、对角矩阵、三角矩阵、三对角矩阵、带状矩阵、对称矩阵、次对称矩阵、中心对称矩阵、Hermite 矩阵、正交矩阵、酉矩阵、非负矩阵、Givens 矩阵以及 Householder 矩阵等等,都是熟知的特殊矩阵.又如矩阵

$$\boldsymbol{L}=\begin{bmatrix} a_1 & b_1 & & & b_n \\ b_1 & a_2 & b_2 & & \\ & b_2 & \ddots & \ddots & \\ & & \ddots & a_{n-1} & b_{n-1} \\ b_n & & & b_{n-1} & a_n \end{bmatrix} \quad (b_i>0;\ i=1,2,\cdots,n)$$

和

$$\boldsymbol{L}_{-1}=\begin{bmatrix} a_1 & b_1 & & & -b_n \\ b_1 & a_2 & b_2 & & \\ & b_2 & \ddots & \ddots & \\ & & \ddots & a_{n-1} & b_{n-1} \\ -b_n & & & b_{n-1} & a_n \end{bmatrix} \quad (b_i>0;\ i=1,2,\cdots,n)$$

依次称为**周期 Jacobi 矩阵**(Periodic Jacobi matrix)和**反周期 Jacobi 矩阵**(Antiperiodic Jacobi matrix).如果抹去$\boldsymbol{L}$(或$\boldsymbol{L}_{-1}$)的最后一行和最后一列,便得在样条插值理论中常见的 Jacobi 矩阵

$$\boldsymbol{J}_{n-1}=(b_{i-1},a_i,b_i)_1^{n-1}=\begin{bmatrix} a_1 & b_1 & & & \\ b_1 & a_2 & b_2 & & \\ & \ddots & \ddots & \ddots & \\ & & \ddots & \ddots & b_{n-2} \\ & & & b_{n-2} & a_{n-1} \end{bmatrix}$$

在一些文献中已对矩阵$\boldsymbol{L}$,$\boldsymbol{J}_{n-1}$(或$\boldsymbol{J}_n$)的某些性质及具有指定谱的$\boldsymbol{L}$和$\boldsymbol{J}_{n-1}$的构造方法(实为它们特征值的反问题)进行了讨论,又把关于$\boldsymbol{L}$的结果推广到$\boldsymbol{L}_{-1}$上去.人们还对具有某种实际背景的特殊矩阵给予特别注意.例如,由椭圆型方程差分逼近引出的差分算子矩阵(具有块三对角型、不可约对角占优等性质),由数据曲线拟合引出的 Hankel 矩阵、Toeplitz 矩阵(由多项式运算问题引出的三角 Toeplitz 矩阵),由部门间综合平衡问题(投入产出问题)引出的 M 矩阵,由工程系统的稳定性问题引出的正稳定矩阵,由有限 Markov 链的研究引出的具有非负元素且每一行和之值都等于 1 的随机矩阵,等等,都是一些重要的特殊矩阵.

7.1 正定矩阵与正稳定矩阵

7.1.1 正定矩阵及一些矩阵不等式

参照实对称正定矩阵的概念,下面引入 Hermite 正定矩阵的概念.

令$\boldsymbol{A}$是n阶 Hermite 矩阵,若对任意复n维列向量$\boldsymbol{x}\neq\boldsymbol{0}$,都有

$$\boldsymbol{x}^{\mathrm{H}}\boldsymbol{A}\boldsymbol{x}\geqslant 0 \tag{7.1.1}$$

则称$\boldsymbol{A}$为**Hermite 非负定(半正定)矩阵**,简称$\boldsymbol{A}$为**非负定(半正定)矩阵**;又若对任意复n维列向量$\boldsymbol{x}\neq\boldsymbol{0}$,都有

$$\boldsymbol{x}^{\mathrm{H}}\boldsymbol{A}\boldsymbol{x}>0 \tag{7.1.2}$$

则称$\boldsymbol{A}$为 **Hermite 正定矩阵**,简称$\boldsymbol{A}$为**正定矩阵**.

例如,单位矩阵$\boldsymbol{I}$就是正定矩阵.

由 Hermite 正定矩阵的概念可得,若$\boldsymbol{A}$是正定矩阵,k为正常数,则$k\boldsymbol{A}$也是正定矩阵;若$\boldsymbol{A}$,$\boldsymbol{B}$都是正定矩阵,则$\boldsymbol{A}+\boldsymbol{B}$也是正定矩阵;若$\boldsymbol{A}$是正定矩阵,则$\boldsymbol{A}^{-1}$也

是正定矩阵.

下面介绍判别 Hermite 矩阵正定性的方法.

n 阶 Hermite 矩阵 $\boldsymbol{A}$ 是正定矩阵的充要条件是 $\boldsymbol{A}$ 的特征值都是正数.

事实上,若 $\boldsymbol{Ax}=\lambda\boldsymbol{x}$,则有

$$0<\boldsymbol{x}^{\mathrm{H}}\boldsymbol{Ax}=\boldsymbol{x}^{\mathrm{H}}\lambda\boldsymbol{x}=\lambda\boldsymbol{x}^{\mathrm{H}}\boldsymbol{x}=\lambda\|\boldsymbol{x}\|_2^2$$

故必有 $\lambda>0$. 反之,由定理 1.42 知,必存在酉矩阵 $\boldsymbol{U}$,使

$$\boldsymbol{U}^{\mathrm{H}}\boldsymbol{AU}=\mathrm{diag}(\lambda_1,\lambda_2,\cdots,\lambda_n)$$

或者

$$\boldsymbol{A}=\boldsymbol{U}\mathrm{diag}(\lambda_1,\lambda_2,\cdots,\lambda_n)\boldsymbol{U}^{\mathrm{H}}$$

因为诸 $\lambda_i>0$,且对任意 $\boldsymbol{x}\neq\boldsymbol{0}$ 有

$$\boldsymbol{Ux}=\boldsymbol{y}\neq\boldsymbol{0}$$

从而

$$\boldsymbol{x}^{\mathrm{H}}\boldsymbol{Ax}=(\boldsymbol{U}^{\mathrm{H}}\boldsymbol{y})^{\mathrm{H}}\boldsymbol{A}(\boldsymbol{U}^{\mathrm{H}}\boldsymbol{y})=\boldsymbol{y}^{\mathrm{H}}(\boldsymbol{UAU}^{\mathrm{H}})\boldsymbol{y}=\boldsymbol{y}^{\mathrm{H}}\mathrm{diag}(\lambda_1,\lambda_2,\cdots,\lambda_n)\boldsymbol{y}>0$$

这就证明了 $\boldsymbol{A}$ 是正定矩阵.

仿照上述证明方法,可得 $\boldsymbol{A}$ 为非负定矩阵的如下判别法.

Hermite 矩阵 $\boldsymbol{A}$ 为非负定矩阵的充要条件是 $\boldsymbol{A}$ 的特征值都是非负实数.

由上面判别正定性的方法不难得到下面的结果.

若 $\boldsymbol{A}$ 为正定矩阵(或非负定矩阵),则对 $i=1,2,\cdots,n$,有

$$\mathrm{tr}\boldsymbol{A}>\lambda_i(\boldsymbol{A})\quad(\text{或 }\mathrm{tr}\boldsymbol{A}\geqslant\lambda_i(\boldsymbol{A}))\tag{7.1.3}$$

又可证明:n 阶 Hermite 矩阵 $\boldsymbol{A}$ 为正定矩阵(或非负定矩阵)的充要条件是存在 n 阶可逆矩阵(或 n 阶矩阵)$\boldsymbol{P}$,使

$$\boldsymbol{A}=\boldsymbol{P}^{\mathrm{H}}\boldsymbol{P}\tag{7.1.4}$$

进一步,还有 $\boldsymbol{A}=\boldsymbol{B}^2$,其中 $\boldsymbol{B}$ 是正定矩阵(或非负定矩阵).

事实上,若 $\boldsymbol{A}$ 为正定矩阵,则存在酉矩阵 $\boldsymbol{U}$,使

$$\begin{aligned}\boldsymbol{A}=&\boldsymbol{U}\mathrm{diag}(\lambda_1,\lambda_2,\cdots,\lambda_n)\boldsymbol{U}^{\mathrm{H}}=\\&\boldsymbol{U}\mathrm{diag}(\sqrt{\lambda_1},\sqrt{\lambda_2},\cdots,\sqrt{\lambda_n})\mathrm{diag}(\sqrt{\lambda_1},\sqrt{\lambda_2},\cdots,\sqrt{\lambda_n})\boldsymbol{U}^{\mathrm{H}}=\\&\boldsymbol{U}\mathrm{diag}(\sqrt{\lambda_1},\sqrt{\lambda_2},\cdots,\sqrt{\lambda_n})\boldsymbol{U}^{\mathrm{H}}\boldsymbol{U}\mathrm{diag}(\sqrt{\lambda_1},\sqrt{\lambda_2},\cdots,\sqrt{\lambda_n})\boldsymbol{U}^{\mathrm{H}}\end{aligned}$$

令

$$\boldsymbol{P}=\mathrm{diag}(\sqrt{\lambda_1},\sqrt{\lambda_2},\cdots,\sqrt{\lambda_n})\boldsymbol{U}^{\mathrm{H}}$$

便有 $\boldsymbol{A}=\boldsymbol{P}^{\mathrm{H}}\boldsymbol{P}$. 若令

$$\boldsymbol{B}=\boldsymbol{U}\mathrm{diag}(\sqrt{\lambda_1},\sqrt{\lambda_2},\cdots,\sqrt{\lambda_n})\boldsymbol{U}^{\mathrm{H}}$$

则 $\boldsymbol{B}$ 是正定矩阵,且 $\boldsymbol{A}=\boldsymbol{B}^2$. 反之,由于

$$\boldsymbol{x}^{\mathrm{H}}\boldsymbol{Ax}=\boldsymbol{x}^{\mathrm{H}}\boldsymbol{P}^{\mathrm{H}}\boldsymbol{Px}=(\boldsymbol{Px})^{\mathrm{H}}(\boldsymbol{Px})>0$$

故 $\boldsymbol{A}$ 为正定矩阵. 同样可以证明非负定矩阵的情况.

由上面的结果,还可得到下面事实.

若 $\boldsymbol{A}$ 为正定矩阵,$\boldsymbol{C}$ 是任一 $n\times m$ 列满秩矩阵,则 $\boldsymbol{C}^{\mathrm{H}}\boldsymbol{AC}$ 为正定矩阵.

类似于实对称矩阵的情况,还有使用顺序主子式来判别 Hermite 正定矩阵的

方法如下.

Hermite矩阵$\boldsymbol{A}$是正定矩阵的充分必要条件是$\boldsymbol{A}$的n个顺序主子式的值全为正数.

关于正定矩阵的乘积是否仍是正定矩阵的问题,有如下的结果.

如果$\boldsymbol{A},\boldsymbol{C}$均为$n$阶正定矩阵,且$\boldsymbol{AC}=\boldsymbol{CA}$,则$\boldsymbol{AC}$亦为正定矩阵.

事实上,因为$(\boldsymbol{AC})^{\mathrm{H}}=\boldsymbol{C}^{\mathrm{H}}\boldsymbol{A}^{\mathrm{H}}=\boldsymbol{CA}=\boldsymbol{AC}$,所以$\boldsymbol{AC}$为Hermite矩阵.于是,只要能够证明$\boldsymbol{AC}$的特征值全为正数就行了.因为$\boldsymbol{A}$是正定矩阵,故存在正定矩阵$\boldsymbol{B}$,使$\boldsymbol{A}=\boldsymbol{B}^2$,于是有

$$\boldsymbol{B}^{-1}(\boldsymbol{AC})\boldsymbol{B}=\boldsymbol{BCB}$$

这表明$\boldsymbol{AC}$与$\boldsymbol{BCB}$有相同的特征值.但由上式立即可得$\boldsymbol{BCB}=\boldsymbol{B}^{\mathrm{H}}\boldsymbol{CB}$,即$\boldsymbol{BCB}$的特征值全为正数,从而$\boldsymbol{AC}$为正定矩阵.

仿照上面结论的证法,还可得到以下结果.

若$\boldsymbol{A},\boldsymbol{C}$依次为$n$阶正定矩阵和非负定矩阵,且$\boldsymbol{AC}=\boldsymbol{CA}$,则$\boldsymbol{AC}$为非负定矩阵.

例 7.1 若$\boldsymbol{A},\boldsymbol{B}$都是$n$阶Hermite矩阵且$\boldsymbol{B}$为正定,证明存在可逆矩阵$\boldsymbol{Q}$,使得

$$\boldsymbol{Q}^{\mathrm{H}}\boldsymbol{BQ}=\boldsymbol{I},\quad \boldsymbol{Q}^{\mathrm{H}}\boldsymbol{AQ}=\mathrm{diag}(\lambda_1,\lambda_2,\cdots,\lambda_n) \tag{7.1.5}$$

证 因为$\boldsymbol{B}$是正定矩阵,故由式(7.1.4)有$\boldsymbol{B}=\boldsymbol{P}^{\mathrm{H}}\boldsymbol{P}$,于是有

$$(\boldsymbol{P}^{-1})^{\mathrm{H}}\boldsymbol{BP}^{-1}=\boldsymbol{I} \tag{7.1.6}$$

易见$(\boldsymbol{P}^{-1})^{\mathrm{H}}\boldsymbol{AP}^{-1}$是Hermite矩阵,故存在酉矩阵$\boldsymbol{U}$,使

$$\boldsymbol{U}^{\mathrm{H}}(\boldsymbol{P}^{-1})^{\mathrm{H}}\boldsymbol{AP}^{-1}\boldsymbol{U}=\mathrm{diag}(\lambda_1,\lambda_2,\cdots,\lambda_n)$$

令$\boldsymbol{Q}=\boldsymbol{P}^{-1}\boldsymbol{U}$,则$\boldsymbol{Q}$可逆,从而就得式(7.1.5)的第二式.给式(7.1.6)分别左乘$\boldsymbol{U}^{\mathrm{H}}$和右乘$\boldsymbol{U}$,可得

$$\boldsymbol{U}^{\mathrm{H}}(\boldsymbol{P}^{-1})^{\mathrm{H}}\boldsymbol{BP}^{-1}\boldsymbol{U}=\boldsymbol{U}^{\mathrm{H}}\boldsymbol{U}=\boldsymbol{I}$$

由此可得式(7.1.5)的第一式.

例 7.2 若$\boldsymbol{A}=(a_{ij})\in\mathbf{C}^{n\times n}$是正定矩阵,则

$$\det\boldsymbol{A}\leqslant a_{nn}\det\boldsymbol{A}_{n-1} \tag{7.1.7}$$

其中$\boldsymbol{A}_{n-1}$为$\boldsymbol{A}$的$n-1$阶顺序主子矩阵;当且仅当$a_{in}=0\ (i=1,2,\cdots,n-1)$时,式(7.1.7)中等号成立.

证 若记

$$\boldsymbol{A}=\begin{bmatrix}\boldsymbol{A}_{n-1} & \boldsymbol{a}\\ \boldsymbol{a}^{\mathrm{H}} & a_{nn}\end{bmatrix}$$

容易验证

$$\begin{bmatrix}\boldsymbol{I}_{n-1} & \boldsymbol{0}\\ -\boldsymbol{a}^{\mathrm{H}}\boldsymbol{A}_{n-1}^{-1} & 1\end{bmatrix}\begin{bmatrix}\boldsymbol{A}_{n-1} & \boldsymbol{a}\\ \boldsymbol{a}^{\mathrm{H}} & a_{nn}\end{bmatrix}=\begin{bmatrix}\boldsymbol{A}_{n-1} & \boldsymbol{a}\\ \boldsymbol{0}^{\mathrm{T}} & a_{nn}-\boldsymbol{a}^{\mathrm{H}}\boldsymbol{A}_{n-1}^{-1}\boldsymbol{a}\end{bmatrix}$$

上式两端取行列式,有

$$\det\boldsymbol{A}=(a_{nn}-\boldsymbol{a}^{\mathrm{H}}\boldsymbol{A}_{n-1}^{-1}\boldsymbol{a})\det\boldsymbol{A}_{n-1}$$

因为 $\boldsymbol{A}_{n-1}$ 是正定矩阵，所以 $\boldsymbol{a}^{\mathrm{H}}\boldsymbol{A}_{n-1}^{-1}\boldsymbol{a} \geqslant 0$. 再由上式可得

$$\det\boldsymbol{A} \leqslant a_{nn}\det\boldsymbol{A}_{n-1}$$

当且仅当 $\boldsymbol{a}=\boldsymbol{0}$ 时，上式中等号成立.

下面介绍一些常用的矩阵不等式.

设 $\boldsymbol{A},\boldsymbol{B}$ 都是 n 阶 Hermite 矩阵，若 $\boldsymbol{A}-\boldsymbol{B}$ 为正定矩阵（或非负定矩阵），则称 $\boldsymbol{A}$ 大于 $\boldsymbol{B}$，记为 $\boldsymbol{A}>\boldsymbol{B}$（或称 $\boldsymbol{A}$ 不小于 $\boldsymbol{B}$，记为 $\boldsymbol{A}\geqslant\boldsymbol{B}$）[①].

有时也将 $\boldsymbol{A}>\boldsymbol{B}$ 及 $\boldsymbol{A}\geqslant\boldsymbol{B}$ 记为 $\boldsymbol{B}<\boldsymbol{A}$ 及 $\boldsymbol{B}\leqslant\boldsymbol{A}$.

显然 $\boldsymbol{A}\geqslant\boldsymbol{B}$ 的充要条件是对任意复 n 维列向量 $\boldsymbol{x}$，都有

$$\boldsymbol{x}^{\mathrm{H}}\boldsymbol{A}\boldsymbol{x} \geqslant \boldsymbol{x}^{\mathrm{H}}\boldsymbol{B}\boldsymbol{x} \tag{7.1.8}$$

特别当 $\boldsymbol{A},\boldsymbol{B}$ 都是实对角矩阵，即

$$\boldsymbol{A}=\mathrm{diag}(a_1,a_2,\cdots,a_n),\quad \boldsymbol{B}=\mathrm{diag}(b_1,b_2,\cdots,b_n)$$

则 $\boldsymbol{A}\geqslant\boldsymbol{B}$ 的充要条件是

$$a_i \geqslant b_i \quad (i=1,2,\cdots,n) \tag{7.1.9}$$

事实上，令 $\boldsymbol{x}=(\xi_1,\xi_2,\cdots,\xi_n)^{\mathrm{T}}$，则由式(7.1.8)有

$$a_1\xi_1\bar{\xi}_1+a_2\xi_2\bar{\xi}_2+\cdots+a_n\xi_n\bar{\xi}_n \geqslant b_1\xi_1\bar{\xi}_1+b_1\xi_2\bar{\xi}_2+\cdots+b_n\xi_n\bar{\xi}_n$$

即

$$\sum_{i=1}^{n}(a_i-b_i)\mid\xi_i\mid^2 \geqslant 0$$

从而有 $a_i \geqslant b_i(i=1,2,\cdots,n)$.

必须指出，任意两个同阶的 Hermite 矩阵（即便它们都是正定的）不一定都能比较大小. 例如，对于矩阵

$$\boldsymbol{A}=\begin{bmatrix}1 & 0\\0 & 2\end{bmatrix},\quad \boldsymbol{B}=\begin{bmatrix}2 & 0\\0 & 1\end{bmatrix}$$

不能得出 $\boldsymbol{A}\geqslant\boldsymbol{B}$ 或者 $\boldsymbol{B}\leqslant\boldsymbol{A}$ 来.

由矩阵不等式的定义，容易推得下述简单性质.

(1) 若 $\boldsymbol{A}\geqslant\boldsymbol{B},\boldsymbol{B}\geqslant\boldsymbol{C}$，则 $\boldsymbol{A}\geqslant\boldsymbol{C}$（传递性）.

(2) 若 $\boldsymbol{A}\geqslant\boldsymbol{B},k>0$，则 $k\boldsymbol{A}\geqslant k\boldsymbol{B}$（线性性）.

(3) 若 $\boldsymbol{A}_1\geqslant\boldsymbol{B}_1,\boldsymbol{A}_2\geqslant\boldsymbol{B}_2$，则 $\boldsymbol{A}_1+\boldsymbol{A}_2\geqslant\boldsymbol{B}_1+\boldsymbol{B}_2$（线性性）.

(4) 若 $\boldsymbol{A},\boldsymbol{B}$ 均为 n 阶 Hermite 矩阵，且 $\boldsymbol{A}\geqslant\boldsymbol{B},\boldsymbol{P}$ 为 $n\times m$ 矩阵，则 $\boldsymbol{P}^{\mathrm{H}}\boldsymbol{A}\boldsymbol{P}\geqslant\boldsymbol{P}^{\mathrm{H}}\boldsymbol{B}\boldsymbol{P}$.

(5) 若 $\boldsymbol{A}$ 为非负定矩阵，则

$$\boldsymbol{A}\leqslant(\mathrm{tr}\boldsymbol{A})\boldsymbol{I} \tag{7.1.10}$$

事实上，因为

$$\boldsymbol{A}=\boldsymbol{U}\mathrm{diag}(\lambda_1,\lambda_2,\cdots,\lambda_n)\boldsymbol{U}^{\mathrm{H}}$$

其中 $\boldsymbol{U}$ 为酉矩阵. 由式(7.1.3)可得

① 这里记号“>”及“≥”等，并不是正矩阵和非负矩阵的记号意义.

$$\operatorname{tr}\boldsymbol{A} \geqslant \lambda_i(\boldsymbol{A}) = \lambda_i \quad (i = 1, 2, \cdots, n)$$

所以有

$$(\operatorname{tr}\boldsymbol{A})\boldsymbol{I} - \boldsymbol{A} = (\operatorname{tr}\boldsymbol{A})\boldsymbol{I} - \boldsymbol{U}\operatorname{diag}(\lambda_1, \lambda_2, \cdots, \lambda_n)\boldsymbol{U}^{\mathrm{H}} =$$
$$\boldsymbol{U}[(\operatorname{tr}\boldsymbol{A})\boldsymbol{I} - \operatorname{diag}(\lambda_1, \lambda_2, \cdots, \lambda_n)]\boldsymbol{U}^{\mathrm{H}} \geqslant \boldsymbol{O}$$

这就证明了式(7.1.10).

(6) 若 $\boldsymbol{A}, \boldsymbol{B}$ 均为 n 阶正定矩阵，且 $\boldsymbol{AB} = \boldsymbol{BA}$，$\boldsymbol{A} \geqslant \boldsymbol{B}$，则

$$\boldsymbol{A}^2 \geqslant \boldsymbol{B}^2 \tag{7.1.11}$$

事实上，由于 $\boldsymbol{AB} = \boldsymbol{BA}$，可得

$$\boldsymbol{A}^2 - \boldsymbol{B}^2 = (\boldsymbol{A} - \boldsymbol{B})(\boldsymbol{A} + \boldsymbol{B}) = (\boldsymbol{A} + \boldsymbol{B})(\boldsymbol{A} - \boldsymbol{B})$$

又 $\boldsymbol{A} + \boldsymbol{B}$ 为正定矩阵，$\boldsymbol{A} - \boldsymbol{B}$ 为非负定矩阵，且 $\boldsymbol{A} + \boldsymbol{B}$ 与 $\boldsymbol{A} - \boldsymbol{B}$ 之积可交换，于是由前面指出的结果可知 $(\boldsymbol{A} + \boldsymbol{B})(\boldsymbol{A} - \boldsymbol{B}) = \boldsymbol{A}^2 - \boldsymbol{B}^2$ 为非负定矩阵，从而式(7.1.11)成立.

值得指出的是，把式(7.1.11)的条件"$\boldsymbol{A}, \boldsymbol{B}$ 均为正定矩阵"改为"$\boldsymbol{A}, \boldsymbol{B}$ 均为非负定矩阵"，式(7.1.11)仍旧成立. 事实上，当 $\boldsymbol{A}, \boldsymbol{B}$ 均为非负定矩阵，且 $\boldsymbol{AB} = \boldsymbol{BA}$，$\boldsymbol{A} \geqslant \boldsymbol{B}$ 时，对任意小正数 ε，就有 $\boldsymbol{A} + \varepsilon\boldsymbol{I}$，$\boldsymbol{B} + \varepsilon\boldsymbol{I}$ 均为正定矩阵，而

$$(\boldsymbol{A} + \varepsilon\boldsymbol{I})(\boldsymbol{B} + \varepsilon\boldsymbol{I}) = (\boldsymbol{B} + \varepsilon\boldsymbol{I})(\boldsymbol{A} + \varepsilon\boldsymbol{I}), \ \boldsymbol{A} + \varepsilon\boldsymbol{I} \geqslant \boldsymbol{B} + \varepsilon\boldsymbol{I}$$

再用式(7.1.11)，则有

$$(\boldsymbol{A} + \varepsilon\boldsymbol{I})^2 \geqslant (\boldsymbol{B} + \varepsilon\boldsymbol{I})^2$$

从而

$$\boldsymbol{x}^{\mathrm{H}}(\boldsymbol{A} + \varepsilon\boldsymbol{I})^2\boldsymbol{x} \geqslant \boldsymbol{x}^{\mathrm{H}}(\boldsymbol{B} + \varepsilon\boldsymbol{I})^2\boldsymbol{x}$$

令 $\varepsilon \to 0$，就有 $\boldsymbol{x}^{\mathrm{H}}\boldsymbol{A}^2\boldsymbol{x} \geqslant \boldsymbol{x}^{\mathrm{H}}\boldsymbol{B}^2\boldsymbol{x}$，即 $\boldsymbol{A}^2 \geqslant \boldsymbol{B}^2$.

(7) 若 $\boldsymbol{A}, \boldsymbol{B}$ 均为同阶正定矩阵，且 $\boldsymbol{A} \geqslant \boldsymbol{B}$，则有

$$\boldsymbol{B}^{-1} \geqslant \boldsymbol{A}^{-1} \tag{7.1.12}$$

事实上，由式(7.1.5)知，存在可逆矩阵 $\boldsymbol{Q}$，使

$$\boldsymbol{Q}^{\mathrm{H}}\boldsymbol{BQ} = \boldsymbol{I}, \quad \boldsymbol{Q}^{\mathrm{H}}\boldsymbol{AQ} = \operatorname{diag}(\lambda_1, \lambda_2, \cdots, \lambda_n)$$

于是 $\operatorname{diag}(\lambda_1, \lambda_2, \cdots, \lambda_n) \geqslant \boldsymbol{I}$，从而有

$$[\operatorname{diag}(\lambda_1, \lambda_2, \cdots, \lambda_n)]^{-1} = \operatorname{diag}(\lambda_1^{-1}, \lambda_2^{-1}, \cdots, \lambda_n^{-1}) \leqslant \boldsymbol{I}$$

但是

$$\boldsymbol{B}^{-1} = \boldsymbol{QIQ}^{\mathrm{H}}, \quad \boldsymbol{A}^{-1} = \boldsymbol{Q}[\operatorname{diag}(\lambda_1, \lambda_2, \cdots, \lambda_n)]^{-1}\boldsymbol{Q}^{\mathrm{H}}$$

故有 $\boldsymbol{B}^{-1} \geqslant \boldsymbol{A}^{-1}$.

(8) 矩阵型的 Schwarz 不等式.

设 $\boldsymbol{A}, \boldsymbol{B}$ 依次为 $n \times m$ 和 $m \times s$ 矩阵，且 $\boldsymbol{AA}^{\mathrm{H}}$ 可逆(此时 $n \leqslant m$ 且 $\operatorname{rank}\boldsymbol{A} = n$)，则

$$\boldsymbol{B}^{\mathrm{H}}\boldsymbol{B} \geqslant (\boldsymbol{AB})^{\mathrm{H}}(\boldsymbol{AA}^{\mathrm{H}})^{-1}(\boldsymbol{AB}) \tag{7.1.13}$$

其中等号成立的充要条件是存在一个 $n \times s$ 矩阵 $\boldsymbol{C}$，使 $\boldsymbol{B} = \boldsymbol{A}^{\mathrm{H}}\boldsymbol{C}$.

事实上，式(7.1.13)可由下面的计算得出：

$$\boldsymbol{O} \leqslant [\boldsymbol{B} - \boldsymbol{A}^{\mathrm{H}}(\boldsymbol{AA}^{\mathrm{H}})^{-1}\boldsymbol{AB}]^{\mathrm{H}}[\boldsymbol{B} - \boldsymbol{A}^{\mathrm{H}}(\boldsymbol{AA}^{\mathrm{H}})^{-1}\boldsymbol{AB}] =$$

$$[B^H - B^H A^H (AA^H)^{-1} A][B - A^H (AA^H)^{-1} AB] =$$
$$B^H B - 2B^H A^H (AA^H)^{-1} AB + B^H A^H (AA^H)^{-1} AA^H (AA^H)^{-1} AB =$$
$$B^H B - B^H A^H (AA^H)^{-1} (AB) =$$
$$B^H B - (AB)^H (AA^H)^{-1} AB$$

这就证明了式(7.1.13).

又当且仅当 $B = A^H (AA^H)^{-1} AB$ 时，上式右端为零矩阵. 这时令 $C = (AA^H)^{-1} AB$，则有 $B = A^H C$；反之，如果 $B = A^H C$，则有

$$A^H (AA^H)^{-1} AB = A^H (AA^H)^{-1} AA^H C = A^H C = B$$

这就表明式(7.1.13) 中等号成立的充要条件是 $B = A^H C$.

当 $A = (\xi_1, \xi_2, \cdots, \xi_n)$，$B = (\eta_1, \eta_2, \cdots, \eta_n)^T$ 时，式(7.1.13) 就是熟知的公式(1.3.14).

7.1.2 正稳定矩阵

稳定性理论是俄国数学家 Lyapunov 在上世纪末创立的. 由于他的工作，使得判别一个线性系统的稳定性问题归结为研究一个矩阵的特征值问题. 因此，人们称一个矩阵是稳定的，即是指该矩阵对应的线性系统是稳定的. 目前人们非常重视从矩阵的角度来研究系统的稳定性，并把具有稳定性的矩阵作为一个特殊矩阵类来研究它的性质，它与其他特殊矩阵类的关系以及判别矩阵稳定性的条件. 随着科学技术的发展，除了正稳定矩阵(Lyapunov 稳定) 外，人们还提出一些新的稳定性概念，例如强稳定及 D 稳定，VL(Volterra-Lyapunov) 稳定，1980 年 M. Neumann 提出弱稳定等. 这些稳定性概念都具有广泛的实际背景. 它们在自动控制、系统理论、微分方程、差分方程、经济学、力学以及振动问题等许多领域中都有广泛应用. 在下面的论述中，如无特别声明，所研究的矩阵都属于 $\mathbf{R}^{n \times n}$.

对于矩阵 A，若存在正定矩阵 W，使得 $AW + WA^T$ 为正定矩阵，则称 A 为**正稳定矩阵**.

判别矩阵 A 是否为正稳定矩阵的问题，早在上世纪末已由 Lyapunov 给出如下结论.

n 阶矩阵 A 为正稳定矩阵的充要条件是 A 的每个特征值 $\lambda_i(A)$ $(i=1,2,\cdots,n)$ 的实部均为正值(工程中为负值)，即有 $\mathrm{Re}\lambda_i(A) > 0$ $(i=1,2,\cdots,n)$.

显然正定矩阵是正稳定矩阵.

20 世纪 50 年代到 60 年代初，还得出了下述判别正稳定矩阵的 3 个条件.

(1) A 为正稳定矩阵的充要条件是 $A + I$ 为可逆矩阵，并且

$$G = (A + I)^{-1}(A - I) \tag{7.1.14}$$

为收敛矩阵.

(2) A 为正稳定矩阵的充要条件是 $A + I$ 为可逆矩阵，并且存在正定矩阵 W，使 $W - G^T W G$ 为正定矩阵，这里 G 见式(7.1.14).

(3) $\boldsymbol{A}$ 为正稳定矩阵的充要条件是对任何满足 $\boldsymbol{x}^{\mathrm{T}}\boldsymbol{N}\boldsymbol{x}\neq 0$ 的半正定矩阵 $\boldsymbol{N}$，其中 $\boldsymbol{x}$ 为微分方程 $\boldsymbol{x}'=\boldsymbol{A}\boldsymbol{x}$ 的非平凡解，存在正定矩阵 $\boldsymbol{M}$，使 $\boldsymbol{AM}+\boldsymbol{MA}^{\mathrm{T}}=\boldsymbol{N}$.

下面介绍迄今研究较多的强稳定、D-稳定及 VL 稳定的概念.

若对一切非负对角矩阵 $\boldsymbol{D}$，$\boldsymbol{A}+\boldsymbol{D}$ 为正定矩阵，则称 $\boldsymbol{A}$ 为**强稳定矩阵**；

若对任意正对角矩阵 $\boldsymbol{D}$，$\boldsymbol{AD}$ 为正稳定矩阵，则称 $\boldsymbol{A}$ 为 **D 稳定矩阵**；

若存在一个正对角矩阵 $\boldsymbol{D}$，使 $\boldsymbol{AD}+\boldsymbol{DA}^{\mathrm{T}}$ 为正定矩阵，则称 $\boldsymbol{A}$ 为 **VL 稳定矩阵**.

前面介绍的 4 种稳定矩阵之间有如图 7.1 的包含关系. 至于强稳定与 D-稳定之间是否有包含关系，目前尚未见到. 例如矩阵

$$\boldsymbol{A}=\begin{bmatrix}3 & 4 & 0\\ 2 & 3 & 16\\ 10 & 2 & 12\end{bmatrix}$$

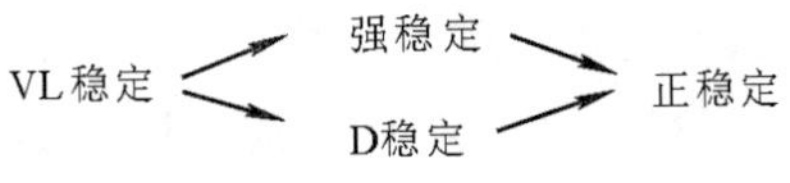

图 7.1

是强稳定的，但不是 D-稳定的.

关于 $\boldsymbol{A}$ 为 VL 稳定矩阵的充要条件，直到 20 世纪 70 年代中后期才有以下 3 种.

(1) 存在正对角矩阵 $\boldsymbol{D}$，使 $\boldsymbol{B}=\boldsymbol{D}^{-1}\boldsymbol{AD}$ 为正定矩阵(或 $\boldsymbol{B}+\boldsymbol{B}^{\mathrm{T}}$ 为正定矩阵).

(2) 对于任一非零半正定矩阵 $\boldsymbol{P}$，$\boldsymbol{PA}$ 至少有一个正对角元素.

(3) $\boldsymbol{A}$ 的任意主子矩阵均为 VL 稳定矩阵.

条件(3)表明，矩阵的 VL 稳定蕴含了它的主子矩阵也具有 VL 稳定，而其他三种稳定性则不具有这种性质.

具有某种稳定性的矩阵全体构成一个特殊矩阵类，于是便有许多这样的矩阵类. 目前，有关稳定矩阵问题的研究主要有以下三方面.

第一方面，多种稳定矩阵类的判别条件和相互关系问题；

第二方面，稳定矩阵类的扩充及其与其他特殊矩阵类之间的关系问题；

第三方面，特殊型的稳定矩阵类.

各种稳定矩阵类的判别条件以及它们之间的相互关系，已如上述. 但从论述的情况来看，迄今为止，仅对正稳定矩阵的判别有较好的结果，而对其他三种稳定矩阵类的判别方法还很不完善.

关于特殊型矩阵稳定性的研究，主要有两个方面，即低阶矩阵和非低阶矩阵.

当 $\boldsymbol{A}$ 为二阶矩阵时，有以下 3 个充要条件.

(1) $\boldsymbol{A}$ 为正稳定矩阵的充要条件是 $\det\boldsymbol{A}>0$，且对角元素之和为正值.

(2) $\boldsymbol{A}$ 为 D(或强) 稳定矩阵的充要条件是 $\boldsymbol{A}\in P_0^+$(P_0^+ 是主子式的值非负，且同阶主子式中至少有一个为正值的矩阵集合).

(3) $\boldsymbol{A}$ 为 VL 稳定矩阵的充要条件是 $\boldsymbol{A}\in P$(P 是全部主子式的值均为正的矩阵集合，常称之为 P 型矩阵类).

当 $\boldsymbol{A}$ 为三阶矩阵时，有以下 4 个充要条件.

(1) $\boldsymbol{A}=(a_{ij})$ 为正稳定矩阵的充要条件是 $a_{11}+a_{22}+a_{33}>0$，且

$$(A_{11}+A_{22}+A_{33})(a_{11}+a_{22}+a_{33})>\det\boldsymbol{A}>0$$

(2) $\boldsymbol{A}$ 为强稳定矩阵的充要条件是 $\boldsymbol{A} \in P_0^+$，且 $\boldsymbol{A}$ 为正稳定矩阵.

(3) $\boldsymbol{A}$ 为 D 稳定矩阵的充要条件是 $\boldsymbol{A} \in P_0^+$，且

$$(\sqrt{a_{11}A_{11}} + \sqrt{a_{22}A_{22}} + \sqrt{a_{33}A_{33}})^2 > \det\boldsymbol{A}$$

(4) $\boldsymbol{A}$ 为 VL 稳定矩阵的充要条件是 $\boldsymbol{A} \in P$，且同时满足

$$P_1(y) = (a_{13}y + a_{31})^2 - 4a_{11}a_{33}y < 0$$

$$P_2(y) = (A_{31}y + A_{13})^2 - 4a_{33}A_{11}y < 0$$

其中 A_{ij} 是 $\det\boldsymbol{A}$ 中元素 a_{ij} 的代数余子式.

近年来，对于非低阶特殊矩阵稳定性的判别工作有了一些新的研究，如对于循环三对角矩阵

$$\boldsymbol{J}_n = (c,a,b)_1^n = \begin{bmatrix} a & b & & & c \\ c & a & b & & \\ & \ddots & \ddots & \ddots & \\ & & \ddots & \ddots & b \\ b & & & c & a \end{bmatrix}$$

其中 $a = a_1 + a_2\mathrm{j}, b = b_1 + b_2\mathrm{j}, c = c_1 + c_2\mathrm{j}$，有下面两个结果 .

对于一切 $n \geqslant 3$，$\boldsymbol{A}$ 为正稳定矩阵的必要条件是

$$a_1 \geqslant \sqrt{(b_1 + c_1)^2 + (c_2 - b_2)^2}$$

对于一切 $n \geqslant 3$，$\boldsymbol{A}$ 为正稳定矩阵的充分条件是

$$a_1 > \sqrt{(b_1 + c_1)^2 + (c_2 - b_2)^2}$$

对于一般的实三对角矩阵

$$\boldsymbol{J}_n = (a_{i-1}, b_i, c_i)_1^n = \begin{bmatrix} b_1 & c_1 & & & \\ a_1 & b_2 & c_2 & & \\ & \ddots & \ddots & \ddots & \\ & & \ddots & \ddots & c_{n-1} \\ & & & a_{n-1} & b_n \end{bmatrix}$$

其中 $a_i c_i \neq 0 \ (i=1,2,\cdots,n-1)$，它是 VL 稳定矩阵的充要条件是 $(a_{i-1}, b_i, c_i)_1^n$ 的所有主子式的值为正.

若在 $\boldsymbol{J}_n = (a_{i-1}, b_i, c_i)_1^n$ 中有 $a_i c_i > 0 \ (i=1,2,\cdots,n-1)$，此时 $\boldsymbol{J}_n$ 是 Jacobi 矩阵，对它有下面的结果.

若 $\boldsymbol{J}_n = (a_{i-1}, b_i, c_i)_1^n$ 为 Jacobi 矩阵，则下列 5 个命题等价 .

(1) $\boldsymbol{J}_n$ 的顺序主子式的值为正.

(2) $\boldsymbol{J}_n$ 是正稳定矩阵.

(3) $\boldsymbol{J}_n$ 是 D 稳定矩阵.

(4) $\boldsymbol{J}_n$ 是强稳定矩阵.

(5) $\boldsymbol{J}_n$ 是 VL 稳定矩阵.

至于循环矩阵的稳定性问题，已有一些结果，留待 7.5 中介绍.

关于稳定性的数值判定，工程中多使用的是 Routh-Hurwitz 判别方法，但使用起来不太方便. 近年来提出利用前面论述的充要条件判别正稳定的方法，还很不完善，有待于进一步研究更有效的判别方法.

习 题 7.1

1. 若 $\boldsymbol{A}=(a_{ij})_{n\times n}$ 为实对称正定矩阵，证明 $\det\boldsymbol{A}\leqslant\prod_{i=1}^{n}a_{ii}$，且等号成立的充要条件是 $\boldsymbol{A}$ 为对角矩阵.

2. 证明 Hadamard 不等式：设 $\boldsymbol{A}$ 是 n 阶实矩阵，则

$$\det\boldsymbol{A}\leqslant\sqrt{\left(\sum_{i=1}^{n}a_{i1}^{2}\right)\left(\sum_{i=1}^{n}a_{i2}^{2}\right)\cdots\left(\sum_{i=1}^{n}a_{in}^{2}\right)}$$

提示：利用 $(\det\boldsymbol{A})^2=\det(\boldsymbol{A}^{\mathrm{T}}\boldsymbol{A})=\det\boldsymbol{B}\leqslant\prod_{i=1}^{n}b_{ii}$.

3. 若 $\boldsymbol{A}$ 为非负定矩阵，求证 $\det(\boldsymbol{A}+\boldsymbol{I})\geqslant 1$，且等号成立的充要条件是 $\boldsymbol{A}=\boldsymbol{O}$.

提示：设 $\boldsymbol{A}=\boldsymbol{P}\mathrm{diag}(\lambda_1,\lambda_2,\cdots,\lambda_n)\boldsymbol{P}^{\mathrm{H}}$，计算 $\det(\boldsymbol{A}+\boldsymbol{I})$.

4. 若分块矩阵 $\boldsymbol{M}=\begin{bmatrix}\boldsymbol{A} & \boldsymbol{B}\\ \boldsymbol{B}^{\mathrm{H}} & \boldsymbol{D}\end{bmatrix}$ 为正定矩阵，求证 $\det\boldsymbol{M}\leqslant\det\boldsymbol{A}\cdot\det\boldsymbol{D}$.

5. 设 $\boldsymbol{S}$ 是实对称正定矩阵，证明：对任意列向量 $\boldsymbol{x}$ 和 $\boldsymbol{y}$，都有

$$(\boldsymbol{x}^{\mathrm{T}}\boldsymbol{S}\boldsymbol{y})^2\leqslant(\boldsymbol{x}^{\mathrm{T}}\boldsymbol{S}\boldsymbol{x})(\boldsymbol{y}^{\mathrm{T}}\boldsymbol{S}\boldsymbol{y})$$

6. 若第 4 题的矩阵 $\boldsymbol{M}$ 为正稳定矩阵，则 $\boldsymbol{D}-\boldsymbol{B}^{\mathrm{H}}\boldsymbol{A}^{-1}\boldsymbol{B}$ 亦为正稳定矩阵.

7. 设 $\boldsymbol{A},\boldsymbol{B}$ 分别是 n 阶的正定和非负定矩阵，证明 $\det(\boldsymbol{A}+\boldsymbol{B})\geqslant\det\boldsymbol{A}$，且等号成立的充要条件是 $\boldsymbol{B}=\boldsymbol{O}$.

8. 设 $\boldsymbol{A}$ 为 n 阶实对称矩阵，$\boldsymbol{x}$ 为任一 n 维列向量，则必有

$$\lambda_n\boldsymbol{x}^{\mathrm{T}}\boldsymbol{x}\leqslant\boldsymbol{x}^{\mathrm{T}}\boldsymbol{A}\boldsymbol{x}\leqslant\lambda_1\boldsymbol{x}^{\mathrm{T}}\boldsymbol{x}$$

其中 λ_1,λ_n 分别为 $\boldsymbol{A}$ 的最大和最小特征值.

9. 判别下列各矩阵的稳定性：

(1) $\begin{bmatrix}-3 & -6\\ 4 & 5\end{bmatrix}$； (2) $\begin{bmatrix}1 & 2 & 3\\ 3 & 1 & 2\\ 2 & 3 & 1\end{bmatrix}$.

10. 设 n 阶实矩阵 $\boldsymbol{A}=(a_{ij})_{n\times n}$ 为严格(强)对角占优矩阵，且 $a_{ii}>0\ (i=1,2,\cdots,n)$，则 $\boldsymbol{A}$ 为正稳定矩阵，且 $\det\boldsymbol{A}>0$.

11. 若 $\boldsymbol{A}$ 为 n 阶 Hermite 正定矩阵，$\boldsymbol{B}$ 为 n 阶 Hermite 非负定矩阵，且 $\boldsymbol{A}^2\geqslant\boldsymbol{B}^2$，则 $\boldsymbol{A}\geqslant\boldsymbol{B}$.

12. 设 $\boldsymbol{A},\boldsymbol{B}$ 均为 n 阶 Hermite 矩阵，且至少有一个是正定的，则 $\boldsymbol{AB}$ 必相似于对角矩阵.

7.2 对角占优矩阵

19 世纪末，人们在研究行列式的性质及其计算时，就注意到“对角占优”这一性质. 强(严格)对角占优矩阵与不可约对角占优矩阵的概念，早为人们所熟知. 20

世纪 60 年代以来，又陆续提出了具非零元素链对角占优矩阵、拟对角占优矩阵、半强对角占优矩阵(Beauwens，1976)等一系列概念. 本节将系统地介绍它们.

7.2.1　强对角占优与不可约对角占优矩阵

对角占优矩阵的概念，读者已有所了解，定义如下：

设 n 阶矩阵 $\boldsymbol{A}=(a_{ij})_{n\times n}$ 满足

$$|a_{ii}|\geqslant\sum_{j\neq i}|a_{ij}|\quad(i=1,2,\cdots,n)\tag{7.2.1}$$

则称 $\boldsymbol{A}$ 为**行对角占优矩阵**.

类似地还可定义**列对角占优**的概念. 行对角占优矩阵与列对角占优矩阵统称为**对角占优矩阵**.

以下主要介绍行对角占优的情况，至于列对角占优的情况也有类似的结果.

设 n 阶矩阵 $\boldsymbol{A}=(a_{ij})_{n\times n}$ 满足

$$|a_{ii}|>\sum_{j\neq i}|a_{ij}|\quad(i=1,2,\cdots,n)\tag{7.2.2}$$

则称 $\boldsymbol{A}$ 为**强对角占优矩阵**(实为行强对角占优，这里略去"行"字).

如果 $\boldsymbol{A}$ 为强对角占优矩阵，则 $\boldsymbol{A}$ 可逆(见例 5.8).

如果三对角矩阵 $\boldsymbol{J}_n=(a_{i-1},b_i,c_i)_1^n$ 具有强对角占优，则数值求解三对角方程组的追赶法必可进行到底.

下面引入不可约矩阵的概念.

设有 n 阶矩阵 $\boldsymbol{A}=(a_{ij})_{n\times n}$，当 $n=1$ 时，若 $\boldsymbol{A}$ 的唯一的元素不为零，则称 $\boldsymbol{A}$ 为不可约，否则称为可约；当 $n\geqslant2$ 时，把正整数 $1,2,\cdots,n$ 的全体记为 N，若存在一个非空集合 K，它是 N 的真子集合(即 $K\subset N$，但 $K\neq N$)使

$$a_{ij}=0\quad(i\overline{\in}K,\ j\in K)$$

则称 $\boldsymbol{A}$ 为**可约矩阵**，否则称为**不可约矩阵**.

例如，当矩阵 $\boldsymbol{A}$ 分块为

$$\boldsymbol{A}=\begin{bmatrix}\boldsymbol{A}_{11} & \boldsymbol{A}_{12}\\ \boldsymbol{A}_{21} & \boldsymbol{A}_{22}\end{bmatrix}$$

其中 $\boldsymbol{A}_{11}$ 是 r 阶方阵，$\boldsymbol{A}_{22}$ 是 $n-r$ 阶方阵，$1\leqslant r<n$. 如果 $\boldsymbol{A}_{21}$ 为零矩阵，即

$$\boldsymbol{A}=\begin{bmatrix}\boldsymbol{A}_{11} & \boldsymbol{A}_{12}\\ \boldsymbol{O} & \boldsymbol{A}_{22}\end{bmatrix}\tag{7.2.3}$$

则 $\boldsymbol{A}$ 为可约矩阵. 事实上，此时取集合 $K=\{1,2,\cdots,r\}$，由于 $\boldsymbol{A}_{21}=\boldsymbol{O}$，便得 $a_{ij}=0$ $(i\overline{\in}K,j\in K)$. 如果不是 $\boldsymbol{A}_{21}=\boldsymbol{O}$，而是 $\boldsymbol{A}_{12}=\boldsymbol{O}$，取集合 $K=\{r+1,r+2,\cdots,n\}$，便知 $\boldsymbol{A}$ 仍为可约矩阵. 因此，有的教材以能求得置换矩阵 $\boldsymbol{P}$，使 $\boldsymbol{PAP}^{\mathrm{T}}$ 呈式(7.2.3)的形状作为可约矩阵的定义，不呈现式(7.2.3)者称为不可约矩阵.

如果线性方程组 $\boldsymbol{Ax}=\boldsymbol{b}$ 的系数矩阵 $\boldsymbol{A}$ 可约，则可找到置换矩阵 $\boldsymbol{P}$，使得

$$PAP^{\mathrm{T}} = \begin{bmatrix} A_{11} & A_{12} \\ O & A_{22} \end{bmatrix} \tag{7.2.4}$$

于是原方程组可化为

$$PAP^{\mathrm{T}}(Px) = Pb$$

记 $y = Px = [y_1^{\mathrm{T}} \vdots y_2^{\mathrm{T}}]^{\mathrm{T}}$ 和 $\hat{b} = Pb = [\hat{b}_1^{\mathrm{T}} \vdots \hat{b}_2^{\mathrm{T}}]^{\mathrm{T}}$，就有

$$\begin{cases} A_{11}y_1 + A_{12}y_2 = \hat{b}_1 \\ \qquad\qquad A_{22}y_2 = \hat{b}_2 \end{cases}$$

于是方程组化为两个独立的低阶方程组，比直接解原方程组简单.

同样，A 的特征多项式也可化为两个低阶矩阵的特征多项式的乘积.

如果三对角矩阵 $J_n = (a_{i-1}, b_i, c_i)_1^n$ 满足 $a_i c_i \neq 0$ $(i = 1, 2, \cdots, n-1)$，则 J_n 是不可约的，请读者完成证明.

设 n 阶矩阵 $A = (a_{ij})_{n\times n}$ 满足以下 3 个条件：

(1) A 为对角占优矩阵；

(2) A 为不可约矩阵；

(3) 严格不等式 $|a_{ii}| > \sum_{j\neq i} |a_{ij}|$ 至少对一个下标 $i \in N$ 成立.

则称 A 为**不可约对角占优矩阵**.

不可约对角占优矩阵与强对角占优矩阵具有如下性质.

设 n 阶矩阵 $A = (a_{ij})_{n\times n}$ 为强对角占优或不可约对角占优，且$B = I - D^{-1}A$，其中 $D = \mathrm{diag}(a_{11}, a_{22}, \cdots, a_{nn})$，$a_{ii} \neq 0$，则$\rho(B) < 1$，且 $\det A \neq 0$(即 A 可逆).

例如，令 $A = \begin{bmatrix} -2 & 1 \\ 1 & 2 \end{bmatrix}$，显见 A 为强对角占优矩阵. 而

$$B = I - D^{-1}A = \begin{bmatrix} 0 & 1/2 \\ -1/2 & 0 \end{bmatrix}$$

其特征值为 $\lambda_i(B) = \pm\frac{1}{2}\mathrm{j}$，故 $\rho(B) < 1$，且 $\det A \neq 0$.

若 n 阶矩阵 $A = (a_{ij})_{n\times n}$ 为强对角占优或不可约对角占优，且$a_{ii} > 0$ $(i = 1, 2, \cdots, n)$，则 $\mathrm{Re}\lambda_i(A) > 0$ $(i = 1, 2, \cdots, n)$，且$\det A > 0$.

这就表明，具有正对角元素的强对角占优或不可约对角占优的矩阵是正稳定矩阵.

7.2.2 具非零元素链对角占优矩阵

具非零元素链对角占优矩阵是指 $A = (a_{ij})_{n\times n}$ 是指 A 满足以下 3 个条件.

(1) $|a_{ii}| \geqslant \sum_{j\neq i} |a_{ij}|$ $(i = 1, 2, \cdots, n)$；

(2) $K = \{k \in N \mid |a_{kk}| > \sum_{j\neq i} |a_{kj}|\} \neq \varnothing$，即 N 中至少有一个 i 满足不等式

$$|a_{ii}| > \sum_{j \neq i} |a_{ij}|$$

(3) 对于 $i \in N$,若 $i \overline{\in} K$,则必存在如下的非零元素序列(称为连接下标 i 和 k 的**非零元素链**,其中每个元素都不为零,并且 $k \in K$)

$$a_{ii_1}, a_{i_1 i_2}, \cdots, a_{i_s k}$$

已经证明,若矩阵 $\boldsymbol{A}$ 为强对角占优或不可约对角占优,则 $\boldsymbol{A}$ 必为具非零元素链对角占优矩阵.但反之则不然,例如,3 阶矩阵

$$\begin{bmatrix} 1 & 1 & 0 \\ 0 & 1 & 1 \\ 0 & -\frac{1}{2} & 1 \end{bmatrix}$$

不是强对角占优矩阵,也不是不可约对角占优矩阵,而是具非零元素链对角占优矩阵.

对于 n 阶具非零元素链对角占优矩阵 $\boldsymbol{A} = (a_{ij})_{n\times n}$,有以下两个结果.

(1) 令 $\boldsymbol{B} = \boldsymbol{I} - \boldsymbol{D}^{-1}\boldsymbol{A}$,其中 $\boldsymbol{D} = \mathrm{diag}(a_{11}, a_{22}, \cdots, a_{nn})$,$a_{ii} \neq 0$,则 $\rho(\boldsymbol{B}) < 1$;

(2) 当 $a_{ii} > 0\ (i = 1,2,\cdots,n)$ 时,$\mathrm{Re}\lambda_i(\boldsymbol{A}) > 0\ (i = 1,2,\cdots,n)$.

第(2)个结果表明,当 $\boldsymbol{A}$ 为 n 阶具非零元素链对角占优矩阵,且对角元素为正时,$\boldsymbol{A}$ 为正稳定矩阵.

7.2.3　拟对角占优矩阵

如果对 n 阶矩阵 $\boldsymbol{A} = (a_{ij})_{n\times n}$ 如果存在正对角矩阵 $\boldsymbol{D}$,使 $\boldsymbol{AD}$ 为强对角占优矩阵,则称 $\boldsymbol{A}$ 为**拟对角占优矩阵**.

例如,对 4 阶矩阵

$$\boldsymbol{A} = \begin{bmatrix} 1 & 1 & 1 & 1 \\ 0 & 1 & 1 & 1 \\ 0 & 0 & 1 & 1 \\ 0 & 0 & 0 & 1 \end{bmatrix}$$

取 $\boldsymbol{D} = \mathrm{diag}\left(1, \frac{1}{2}, \frac{1}{4}, \frac{1}{8}\right)$,则

$$\boldsymbol{AD} = \begin{bmatrix} 1 & \frac{1}{2} & \frac{1}{4} & \frac{1}{8} \\ 0 & \frac{1}{2} & \frac{1}{4} & \frac{1}{8} \\ 0 & 0 & \frac{1}{4} & \frac{1}{8} \\ 0 & 0 & 0 & \frac{1}{8} \end{bmatrix}$$

为强对角占优矩阵,故 $\boldsymbol{A}$ 为拟对角占优矩阵.

可以证明,拟对角占优矩阵的主对角元素都不为零,且强对角占优矩阵、不可约对角占优矩阵以及具非零元素链对角占优矩阵都是拟对角占优矩阵.

这里指出,拟对角占优矩阵的定义还可改为:设 $\boldsymbol{A}=(a_{ij})_{n\times n}$,若存在 n 维向量 $\boldsymbol{x}=(\xi_1,\xi_2,\cdots,\xi_n)^{\mathrm{T}}>0$,使得

$$|a_{ii}|\xi_i>\sum_{j\neq i}|a_{ij}|\xi_j\quad(i=1,2,\cdots,n)\tag{7.2.5}$$

成立,则称 $\boldsymbol{A}$ 为拟对角占优矩阵.

同样可以定义按列为拟对角占优矩阵,且可证明二者是等价的.

拟对角占优矩阵 $\boldsymbol{A}=(a_{ij})_{n\times n}$ 具有这样的性质:$\boldsymbol{A}$ 的对角元素 $a_{ii}\neq 0\ (i=1,2,\cdots,n)$,且 $\det\boldsymbol{A}\neq 0$;若更有 $a_{ii}>0\ (i=1,2,\cdots,n)$,则 $\mathrm{Re}\lambda_i(\boldsymbol{A})>0\ (i=1,2,\cdots,n)$,且 $\det\boldsymbol{A}>0$.

这就是说,有正对角元素的拟对角占优矩阵是正稳定矩阵.

拟对角占优矩阵的判别方法如下:

矩阵 $\boldsymbol{A}$ 为拟对角占优矩阵的充要条件是存在正对角矩阵 $\boldsymbol{D}_1$ 和 $\boldsymbol{D}_2$,使矩阵 $\boldsymbol{D}_1\boldsymbol{A}\boldsymbol{D}_2$ 为强对角占优矩阵.

7.2.4 半强对角占优矩阵

如果 n 阶矩阵 $\boldsymbol{A}=(a_{ij})_{n\times n}$ 为对角占优,则有

$$|a_{ii}|\geqslant\sum_{j\neq i}|a_{ij}|\quad(i=1,2,\cdots,n)$$

并且满足如下的严格不等式

$$|a_{ii}|>\sum_{j<i}|a_{ij}|\quad(i=2,3,\cdots,n)\tag{7.2.6}$$

则称 $\boldsymbol{A}$ 为**下半强对角占优矩阵**;如果存在置换矩阵 $\boldsymbol{P}$,使 $\boldsymbol{PAP}^{\mathrm{T}}$ 为下半强对角占优矩阵,则称 $\boldsymbol{A}$ 为**半强对角占优矩阵**.

半强对角占优矩阵与具非零元素链对角占优矩阵之间的关系如下:

n 阶矩阵 $\boldsymbol{A}=(a_{ij})_{n\times n}$ 为半强对角占优的充要条件是 $\boldsymbol{A}$ 为具非零元素链对角占优矩阵.

这就是说,半强对角占优矩阵实际上就是具非零元素链对角占优矩阵.

n 阶矩阵 $\boldsymbol{A}=(a_{ij})_{n\times n}$ 为不可约对角占优的充要条件是 $\boldsymbol{A}$ 为半强对角占优矩阵且不可约. 各对角占优矩阵类之间有如图 7.2 所示的关系.

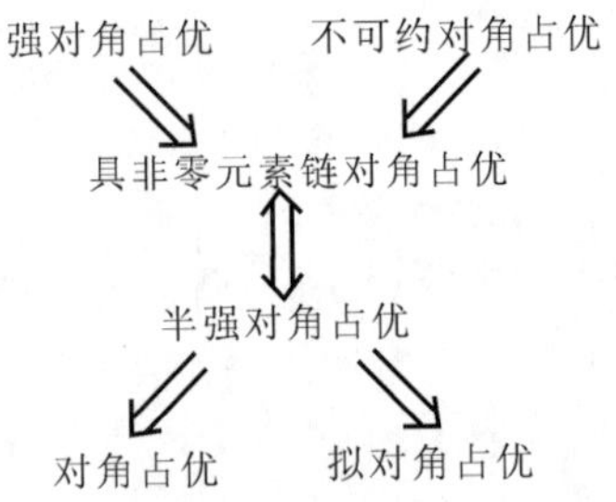

图 7.2

$\boldsymbol{A}$ 为不可约对角占优矩阵的充要条件是 $\boldsymbol{A}$ 为半强对角占优矩阵且不可约.

$\boldsymbol{A}$ 为拟对角占优矩阵的充要条件是 $\boldsymbol{D}_1\boldsymbol{A}\boldsymbol{D}_2$ 为强对角占优矩阵.

由以上论述可见，从强对角占优矩阵类到拟对角占优矩阵类，可以视为右乘以正对角矩阵（或**拟似变换**）扩张而来．这种扩张把其他各类对角占优矩阵都包含进去了．有趣的是，这一扩张还是**饱和**的，即如存在正对角矩阵 $\boldsymbol{D}$，使 $\boldsymbol{AD}$ 为拟对角占优矩阵，则 $\boldsymbol{A}$ 仍为拟对角占优矩阵．因此，如果要进一步扩张拟对角占优矩阵类，就要用比拟似变换更为广泛的变换．

各类对角占优矩阵在实际中经常遇到．许多文献讨论了**基本迭代法**（指 Jacobi，Seidel 及 SOR 迭代法）的收敛性与这些矩阵类的关系，例如 James 等人给出了下述两个结果．

考虑对角线元素全为 1 的矩阵 $\boldsymbol{A}$，有以下结论．

(1) 若 $\boldsymbol{A}$ 为不可约的 L- 矩阵（具有正对角元素而主对角线外的元素非负），则 $\boldsymbol{A}$ 对应的 Jacobi 及 Seidel 迭代法收敛的必要条件是 $\boldsymbol{A}$ 为拟对角占优矩阵．

(2) 设 $\boldsymbol{A}=\boldsymbol{I}-\boldsymbol{L}-\boldsymbol{U}$ 为不可约矩阵，且 $\boldsymbol{L}$ 与 $\boldsymbol{U}$ 分别是元素非负的严格下三角矩阵和严格上三角矩阵，则当 $0<\omega\leqslant 1$ 时，$\boldsymbol{A}$ 对应的 SOR 迭代法收敛的必要条件是 $\boldsymbol{A}$ 为拟对角占优矩阵．

对于对角线元素非零的矩阵 $\boldsymbol{A}$，可以取可逆对角矩阵 $\boldsymbol{D}_1$ 和 $\boldsymbol{D}_2$，使得 $\widetilde{\boldsymbol{A}}=\boldsymbol{D}_1\boldsymbol{A}\boldsymbol{D}_2$ 的对角线元素全为 1．研究结果表明，对 $\boldsymbol{A}$ 对应的 SOR 迭代法收敛的充要条件是 $\widetilde{\boldsymbol{A}}$ 对应的 SOR 迭代法收敛；若 $\widetilde{\boldsymbol{A}}$ 对角占优，则 $\boldsymbol{A}$ 对应的 Jacobi 迭代法与 Seidel 迭代法均收敛．

20 世纪 40 年代还出现了有关基本迭代法的 **Stein-Rosenberg 定理**：

设 $\boldsymbol{A}=\boldsymbol{D}-\boldsymbol{L}-\boldsymbol{U}$，其中 $\boldsymbol{D}=\mathrm{diag}(a_{11},a_{22},\cdots,a_{nn})$；$\boldsymbol{L}$，$\boldsymbol{U}$ 分别为严格下三角与严格上三角矩阵，记 $\widetilde{\boldsymbol{L}}=\boldsymbol{D}^{-1}\boldsymbol{L}$，$\widetilde{\boldsymbol{U}}=\boldsymbol{D}^{-1}\boldsymbol{U}$，且 Jacobi 迭代矩阵 $\boldsymbol{B}=\widetilde{\boldsymbol{L}}+\widetilde{\boldsymbol{U}}$ 为非负矩阵；Seidel 迭代矩阵 $\boldsymbol{B}_\omega=(\boldsymbol{I}-\widetilde{\boldsymbol{L}})\widetilde{U}$，则下列互斥关系有且仅有一个成立：

(1) $\rho(\boldsymbol{B})=\rho(\boldsymbol{B}_1)=0$；

(2) $0<\rho(\boldsymbol{B}_1)<\rho(\boldsymbol{B})<1$；

(3) $1=\rho(\boldsymbol{B})=\rho(\boldsymbol{B}_1)$；

(4) $1<\rho(\boldsymbol{B})<\rho(\boldsymbol{B}_1)$．

于是 $\boldsymbol{B}$ 对应于 Jacobi 迭代法与 $\boldsymbol{B}_1$ 对应的 Seidel 迭代法同时收敛或同时发散．

20 世纪 50 年代已有了关于 SOR 迭代法的 Ostrowski-Reich 定理．近年来，国内外学者对上述几个定理加以改进或推广，高益明在 1981 年高校第三次计算数学学术会议上宣布了一个结果：如果矩阵 $\boldsymbol{A}$ 为广义的不可约 L- 矩阵（即存在可逆对角矩阵 $\boldsymbol{P}$，$\boldsymbol{Q}$ 使 $\boldsymbol{PAQ}$ 为 L- 矩阵），则 $\boldsymbol{A}$ 对应的 Jacobi 和 Seidel 迭代法收敛的充要条件是 $\boldsymbol{A}$ 为拟对角占优矩阵．该结果较深刻地描写了拟对角占优与基本迭代法收敛性的关系．

7.2.5　块对角占优矩阵

将对角占优矩阵概念推广到分块矩阵的情形，是 Feingold 等人在 Pacific J.

Math. (1962) 讨论Gerschgorin圆盘定理的推广时提到的. 他们给出了分块强对角占优及分块不可约对角占优的概念，即把 n 阶矩阵 $\boldsymbol{A}=(a_{ij})_{n\times n}$ 划分为分块矩阵

$$\boldsymbol{A}=(\boldsymbol{A}_{ij})_{N\times N}$$

其中 $\boldsymbol{A}_{ii}$ 均是可逆矩阵，若有

$$\|\boldsymbol{A}_{ii}^{-1}\|^{-1}\geqslant\sum_{j\neq i}\|\boldsymbol{A}_{ij}\|\quad(i=1,2,\cdots,N)\tag{7.2.7}$$

则称 $\boldsymbol{A}$ 为**按行分块对角占优矩阵**（简称为**块对角占优矩阵**）；若式(7.2.7) 的不等号严格成立，则称 $\boldsymbol{A}$ 为**按行分块强对角占优矩阵**（简称为**块强对角占优矩阵**）.

一般说来，块对角占优矩阵不一定是对角占优矩阵. 例如，对于矩阵

$$\boldsymbol{A}=\left[\begin{array}{cc|cc}0&1&0&0\\ \frac{2}{3}&0&\frac{1}{3}&0\\ \hline 0&\frac{1}{3}&0&\frac{2}{3}\\ 0&0&1&0\end{array}\right]=\begin{bmatrix}\boldsymbol{A}_{11}&\boldsymbol{A}_{12}\\ \boldsymbol{A}_{21}&\boldsymbol{A}_{22}\end{bmatrix}$$

采用矩阵的 ∞- 范数，有

$$\|\boldsymbol{A}_{11}^{-1}\|_{\infty}^{-1}=\|\boldsymbol{A}_{22}^{-1}\|_{\infty}^{-1}=\frac{2}{3},\qquad\|\boldsymbol{A}_{21}\|_{\infty}=\|\boldsymbol{A}_{12}\|_{\infty}=\frac{1}{3}.$$

显见 $\boldsymbol{A}$ 是块对角占优矩阵，而不是对角占优矩阵.

如果 $\boldsymbol{B}=(\|\boldsymbol{A}_{ij}\|)_{N\times N}$ 不可约，则称 $\boldsymbol{A}$ 为块不可约.

可以证明，对于矩阵 $\boldsymbol{A}=(\boldsymbol{A}_{ij})_{N\times N}$，若下列二条件中有任何一个成立，则 $\boldsymbol{A}$ 为可逆矩阵.

(1) $\boldsymbol{A}$ 为块强对角占优矩阵；

(2) $\boldsymbol{A}$ 为块不可约对角占优矩阵，且式(7.2.7) 中至少有一个不等号成立.

矩阵 $\boldsymbol{A}$ 的具非零元素链对角占优，半强对角占优，拟对角占优等定义和性质，都已相应推广到分块矩阵的情形. 值得指出的是，块强对角占优的条件可减弱为

$$\sum_{j\neq i}\|\boldsymbol{A}_{ii}^{-1}\boldsymbol{A}_{ij}\|<1\tag{7.2.8}$$

至于其他类型的条件同样可以减弱. 到目前为止，对角占优、块对角占优已有不少的类型出现，但除了强对角占优和不可约对角占优比较容易直接判别外，其他类型在判别问题上仍然缺少有效的方法，值得进一步研究. 另外，研究具有以各种对角占优矩阵为系数矩阵的线性方程组迭代解法的收敛性，也有一定的价值.

习 题 7.2

1. 设矩阵 $\boldsymbol{A}$ 为强对角占优或不可约对角占优，直接证明齐次线性方程组 $\boldsymbol{Ax}=\boldsymbol{0}$ 只有零解.

2. 设矩阵 $\boldsymbol{A}$ 为强对角占优或不可约对角占优，且主对角元素都是正值，问 $\boldsymbol{A}$ 的各主子矩阵的特征值实部是否都为正值？

3. 设矩阵 $\boldsymbol{A}$ 的阶数大于1，证明 $\boldsymbol{A}$ 为不可约矩阵的充要条件是对于 $N=\{1,2,\cdots,n\}$ 中的任

意两个数 i 与 j $(i \neq j)$，都存在连接 i 与 j 的非零元素链.

4. 若存在正对角矩阵 $\boldsymbol{D}$，使矩阵 $\boldsymbol{AD}$ 为半强对角占优，则称 $\boldsymbol{A}$ 为拟半强对角占优矩阵. 试对拟半强对角占优矩阵与拟对角占优矩阵作比较.

5. 设 $\boldsymbol{A}$ 为拟对角占优矩阵，$\boldsymbol{D}$ 为正对角矩阵，问 $\boldsymbol{AD} + \boldsymbol{DA}^{\mathrm{T}}$ 是否仍为拟对角占优矩阵？

6. 对称正定矩阵是否为拟对角占优矩阵？

7. 设矩阵 $\boldsymbol{A}$ 为对角占优矩阵，且为拟对角占优矩阵，问 $\boldsymbol{A}$ 是否为具非零元素链对角占优矩阵？

7.3　非负矩阵

本节讨论非负矩阵、单调矩阵与矩阵的正则分裂等概念.

7.3.1　非负矩阵

若 n 阶实矩阵 $\boldsymbol{A} = (a_{ij})_{n \times n}$ 满足 $a_{ij} \geqslant 0$ $(i,j = 1,2,\cdots,n)$，则称 $\boldsymbol{A}$ 为**非负矩阵**，记为 $\boldsymbol{A} \geqslant \boldsymbol{O}$；若 $a_{ij} > 0$ $(i,j = 1,2,\cdots,n)$，则称 $\boldsymbol{A}$ 为正矩阵，记为 $\boldsymbol{A} > \boldsymbol{O}$.

例如，零矩阵是非负矩阵. 若非负矩阵 $\boldsymbol{A}$ 不是零矩阵，则记为 $\boldsymbol{A} \geqslant \boldsymbol{O}$(注意符号 $\geqslant$ 和 $\geqslant$ 的区别). 又若 $\boldsymbol{B} = (b_{ij})_{n \times n} \in \mathbf{R}^{n \times n}$，则以其元素的绝对值 $|b_{ij}|$ 为元素的矩阵也是非负矩阵，常记为 $|\boldsymbol{B}|$.

类似地，把一个没有负分量的向量 $\boldsymbol{x}$ 称为非负向量，记为 $\boldsymbol{x} \geqslant \mathbf{0}$；当非负向量 $\boldsymbol{x}$ 同时不是零向量，则记为 $\boldsymbol{x} \geqslant \mathbf{0}$；又把分量都是正值的向量 $\boldsymbol{x}$ 称为正向量，记为 $\boldsymbol{x} > \mathbf{0}$.

若 $\boldsymbol{A} = (a_{ij})_{n \times n} \in \mathbf{R}^{n \times n}$ 的主对角线外的元素为非正值，即 $a_{ij} \leqslant 0 (i \neq j)$，且 $\boldsymbol{A}^{-1} \geqslant \boldsymbol{O}$，则称 $\mathbf{A}$ 为 **M 矩阵**.

非负矩阵不仅在应用问题中经常出现，而且是研究一些特殊矩阵，如 M 矩阵(即若 $\boldsymbol{A} = (a_{ij})_{n \times n} \in \mathbf{R}^{n \times n}$ 的主对角线外的元素为非正值，即 $a_{ij} \leqslant 0$ $(i \neq j)$，且 $\boldsymbol{A}^{-1} \geqslant \boldsymbol{O}$，则称 $\boldsymbol{A}$ 为 M 矩阵) 的三角分解及特征值等问题的基础. 它来源于这样的事实：对于矩阵 $\boldsymbol{A} \in \mathbf{R}^{n \times n}$ 及非负矩阵 $|\boldsymbol{A}|$ 而言，它们的谱半径满足关系 $\rho(\boldsymbol{A}) \leqslant \rho(|\boldsymbol{A}|)$.

下面不加证明地介绍非负不可约矩阵的 Perron-Frobenius 理论的一些主要结果.

定理 7.1　设 $\boldsymbol{A} \in \mathbf{R}^{n \times n}$ 是非负不可约矩阵，则有结论：

(1) $\boldsymbol{A}$ 有一个正特征值恰等于它的谱半径 $\rho(\boldsymbol{A})$；

(2) 对应特征值 $\rho(\boldsymbol{A})$ 有一个正特征向量；

(3) 当 $\boldsymbol{A}$ 的任意元素(一个或多个) 增加时，谱半径 $\rho(\boldsymbol{A})$ 不减少.

定理 7.2　设 $\boldsymbol{A} \in \mathbf{R}^{n \times n}$ 为非负矩阵，则有结论：

(1) $\boldsymbol{A}$ 有一个非负特征值恰等于它的谱半径 $\rho(\boldsymbol{A})$；

(2) 对应特征值 $\rho(\boldsymbol{A})$ 有一个非负特征向量;

(3) 当 $\boldsymbol{A}$ 的任意元素(一个或多个) 增加时,谱半径 $\rho(\boldsymbol{A})$ 不减少.

例如,对非负不可约矩阵

$$\begin{bmatrix} 1 & 2 & 0 \\ 2 & 1 & 3 \\ 0 & 2 & 1 \end{bmatrix}$$

其谱半径 $\rho(\boldsymbol{A}) = 1 + \sqrt{10}$ 是它的一个特征值,而属于 $\rho(\boldsymbol{A})$ 的正特征向量是 $(1,\sqrt{10},2)^{\mathrm{T}}$.

7.3.2 单调矩阵

如果一个 n 阶实矩阵 $\boldsymbol{A}$ 的逆矩阵 $\boldsymbol{A}^{-1} \geqslant \boldsymbol{O}$,则称 $\boldsymbol{A}$ 为**单调矩阵**.

例如矩阵

$$\boldsymbol{A} = \begin{bmatrix} 1 & -\frac{1}{2} & \frac{1}{8} \\ 0 & 1 & -\frac{1}{2} \\ 0 & 0 & 1 \end{bmatrix} \tag{7.3.1}$$

的逆矩阵为

$$\boldsymbol{A}^{-1} = \begin{bmatrix} 1 & \frac{1}{2} & \frac{1}{8} \\ 0 & 1 & \frac{1}{2} \\ 0 & 0 & 1 \end{bmatrix} \geqslant \boldsymbol{O}$$

故 $\boldsymbol{A}$ 为单调矩阵.

若 $\boldsymbol{A}$ 为单调矩阵,则 $\boldsymbol{A}$ 是可逆的. 于是线性方程组 $\boldsymbol{Ax} = \boldsymbol{b}$ 有唯一解 $\tilde{\boldsymbol{x}} = (\xi_1, \xi_2, \cdots, \xi_n)^{\mathrm{T}}$,并有如下结果.

设 $\boldsymbol{A}$ 为单调矩阵,若能找到向量 $\boldsymbol{x}' = (\xi_1', \xi_2', \cdots, \xi_n')^{\mathrm{T}}$ 和 $\boldsymbol{x}'' = (\xi_1'', \xi_2'', \cdots, \xi_n'')^{\mathrm{T}}$,分别使 $\boldsymbol{Ax}' \leqslant \boldsymbol{b}, \boldsymbol{Ax}'' \geqslant \boldsymbol{b}$,则有估计式

$$\boldsymbol{x}' \leqslant \tilde{\boldsymbol{x}} \leqslant \boldsymbol{x}'' \tag{7.3.2}$$

或者

$$\xi_i' \leqslant \tilde{\xi}_i \leqslant \xi_i'' \quad (i = 1, 2, \cdots, n) \tag{7.3.2$'$}$$

事实上,由于 $\boldsymbol{Ax}' \leqslant \boldsymbol{b}$,因此 $\boldsymbol{Ax}' - \boldsymbol{b} \leqslant \boldsymbol{0}$. 又 $\boldsymbol{A}$ 是单调矩阵,即有 $\boldsymbol{A}^{-1} \geqslant \boldsymbol{O}$,于是有

$$\boldsymbol{A}^{-1}(\boldsymbol{Ax}' - \boldsymbol{b}) \leqslant \boldsymbol{0}$$

即

$$\boldsymbol{x}' - \boldsymbol{A}^{-1}\boldsymbol{b} \leqslant \boldsymbol{0}$$

由 $\tilde{x}=A^{-1}b$，便得 $x'\leqslant\tilde{x}$ 类似地有 $x''\geqslant\tilde{x}$.

式(7.3.2)的意义在于，当找到了满足 $Ax'\leqslant b$ 的向量 x'，便直接得到 $x'\leqslant\tilde{x}$，即 x' 为解向量 $\tilde{x}$ 的下界. 同样，只要找到满足 $Ax''\geqslant b$ 的 x''，便知 x'' 是 $\tilde{x}$ 的上界.

作为式(7.3.2)的应用，考虑线性方程组

$$\left.\begin{aligned}\xi_1-\frac{1}{4}\xi_2-\frac{1}{4}\xi_3\qquad&=0.6\\-\frac{1}{4}\xi_1+\xi_2\qquad-\frac{1}{4}\xi_4&=0.6\\-\frac{1}{4}\xi_1\qquad+\xi_3-\frac{1}{4}\xi_4&=0.6\\-\frac{1}{4}\xi_2-\frac{1}{4}\xi_3+\xi_4&=0.66\end{aligned}\right\}\tag{7.3.3}$$

它的系数矩阵 A 的逆矩阵是

$$A^{-1}=\begin{bmatrix}\frac{7}{6}&\frac{2}{6}&\frac{2}{6}&\frac{1}{6}\\\frac{2}{6}&\frac{7}{6}&\frac{1}{6}&\frac{2}{6}\\\frac{2}{6}&\frac{1}{6}&\frac{7}{6}&\frac{2}{6}\\\frac{1}{6}&\frac{2}{6}&\frac{2}{6}&\frac{7}{6}\end{bmatrix}\geqslant O$$

若取 $x'=(1.2,\ 1.2,\ 1.2,\ 1.2)^{\mathrm{T}}$，容易计算出

$$Ax'=(0.6,\ 0.6,\ 0.6,\ 0.6)^{\mathrm{T}}$$

于是 $Ax'\leqslant b$，成立，故所论方程组的解的下界为 $\tilde{\xi}_i\geqslant 1.2\ (i=1,2,3,4)$. 实际上，该方程组的精确解为 $\tilde{x}=(1.21,\ 1.22,\ 1.22,\ 1.27)^{\mathrm{T}}$.

下面给出20世纪50年代初由Collatz提出的判别矩阵 A 为单调矩阵的一个充要条件，它可作为单调矩阵概念的等价条件.

矩阵 A 为单调矩阵的充要条件是可从 $Ax\geqslant 0$ 推出 $x\geqslant 0$，这里 x 是向量.

事实上，因为 A 是单调矩阵，所以 $A^{-1}\geqslant O$. 若 $Ax\geqslant 0$，则必有 $A^{-1}Ax\geqslant 0$，从而 $x\geqslant 0$.

反之，若可从 $Ax\geqslant 0$ 推出 $x\geqslant 0$，则 A 为可逆矩阵，事实上，设 $Ax=0$ 有解 $\tilde{x}$，即 $A\tilde{x}=0$，于是 $A\tilde{x}\geqslant 0$，由假设知 $\tilde{x}\geqslant 0$；再由 $A(-\tilde{x})=-A\tilde{x}=0$，又可推得 $-\tilde{x}\geqslant 0$. 故只能有 $\tilde{x}=0$. 从而 $Ax=0$ 仅有零解，所以 A 为可逆矩阵，即 A^{-1} 存在.

记 a_j^{-1} 为 A^{-1} 的第 j 列($j=1,2,\cdots,n$)，则 $Aa_j^{-1}=e_j\geqslant 0$. 由假设有 $a_j^{-1}\geqslant 0$. 这就是说 A^{-1} 的第 j 列 a_j^{-1} 为非负向量，故 $A^{-1}\geqslant O$. 这就证明了 A 为单调矩阵.

设 $A\in\mathbf{R}^{n\times n}$，如果以 $\mathbf{R}_+^n$ 表示 n 维实向量集合 $\mathbf{R}^n$ 的全体非负向量所构成的子集合，那末前面关于单调矩阵 A 的定义可以叙述为：若由 $Ax\in\mathbf{R}_+^n$ 可以推出 $x\in\mathbf{R}_+^n$，就称 A 为单调矩阵.

当 $\boldsymbol{A}\in\mathbf{R}^{m\times n}$ 时，Mangasarian 在 1968 年仍然用"由 $\boldsymbol{Ax}\geqslant\mathbf{0}$ 可以推出 $\boldsymbol{x}\geqslant\mathbf{0}$"作为 $\boldsymbol{A}$ 是单调矩阵的定义. 如果注意到此时矩阵空间的维数，则可用"若由 $\boldsymbol{Ax}\in\mathbf{R}_+^m$ 可以推出 $\boldsymbol{x}\in\mathbf{R}_+^n$"作为 $\boldsymbol{A}$ 是单调矩阵的定义. 他还提出了一些等价条件，其中有 $m\times n$ 矩阵 $\boldsymbol{A}$ 为单调矩阵的充要条件是 $\boldsymbol{A}$ 有一非负左逆(即存在 $n\times m$ 非负矩阵 $\boldsymbol{B}$，使 $\boldsymbol{BA}=\boldsymbol{I}$). 还有一个等价条件是 $K(\boldsymbol{A})\supset\mathbf{R}_+^n$，这里 $K(\boldsymbol{A})=\{\boldsymbol{z}\mid\boldsymbol{z}=\boldsymbol{A}^{\mathrm{T}}\boldsymbol{u},\boldsymbol{u}\geqslant\mathbf{0}\}$.

7.3.3 矩阵的正则分裂及弱正则分裂

设矩阵 $\boldsymbol{A}$ 可表示为

$$\boldsymbol{A}=\boldsymbol{Q}-\boldsymbol{S},\quad \boldsymbol{Q}^{-1}\geqslant\boldsymbol{O},\quad \boldsymbol{S}\geqslant\boldsymbol{O} \tag{7.3.4}$$

则称式(7.3.4)为 $\boldsymbol{A}$ 的**正则分裂**. 如果更有 $\boldsymbol{Q}^{-1}\boldsymbol{S}$ 为收敛矩阵，即 $\rho(\boldsymbol{Q}^{-1}\boldsymbol{S})<1$，则称 $\boldsymbol{A}$ 有**收敛的正则分裂**.

矩阵 $\boldsymbol{A}$ 为逆非负的另一等价条件是 $\boldsymbol{A}$ 有收敛的正则分裂.

与收敛的正则分裂相联系的解线性方程组 $\boldsymbol{Ax}=\boldsymbol{b}$ 的基本迭代法是

$$\boldsymbol{x}^{(k+1)}=\boldsymbol{Q}^{-1}\boldsymbol{S}\boldsymbol{x}^{(k)}+\boldsymbol{Q}^{-1}\boldsymbol{b} \tag{7.3.5}$$

由于迭代矩阵 $\boldsymbol{Q}^{-1}\boldsymbol{S}$ 的谱半径 $\rho(\boldsymbol{Q}^{-1}\boldsymbol{S})<1$，故迭代法式(7.3.5)收敛于 $\boldsymbol{Ax}=\boldsymbol{b}$ 的唯一解.

矩阵的正则分裂概念是 Varga 于 1960 年引入的. 之后又出现了弱正则分裂的概念，即若矩阵 $\boldsymbol{A}$ 有表达式

$$\boldsymbol{A}=\boldsymbol{Q}-\boldsymbol{S},\quad \boldsymbol{Q}^{-1}\geqslant\boldsymbol{O},\quad \boldsymbol{Q}^{-1}\boldsymbol{S}\geqslant\boldsymbol{O} \tag{7.3.6}$$

则称式(7.3.6)为 $\boldsymbol{A}$ 的**弱正则分裂**. 如果更有 $\rho(\boldsymbol{Q}^{-1}\boldsymbol{S})<1$，则称 $\boldsymbol{A}$ 有**收敛的弱正则分裂**.

矩阵具有收敛的正则分裂和具有收敛的弱正则分裂是等价的.

Plemmons 在 1972 年把 $\boldsymbol{A}$ 的正则分裂推广到 $m\times n$ 的矩阵，并且得到下面的结果.

设 $\boldsymbol{A}\in\mathbf{R}^{m\times n}$ 为列满秩矩阵，则 $\boldsymbol{A}$ 的 Moore-Penrose 逆 $\boldsymbol{A}^{+}\geqslant\boldsymbol{O}$ 的充要条件是存在矩阵 $\boldsymbol{S}$，使得以下条件成立：

(1) $\boldsymbol{Q}=\boldsymbol{A}+\boldsymbol{S}$ 满足 $R(\boldsymbol{S})\subseteq R(\boldsymbol{Q})$，且 $\boldsymbol{Q}^{+}\geqslant\boldsymbol{O}$；

(2) $\boldsymbol{Q}^{+}\boldsymbol{S}\geqslant\boldsymbol{O}$；

(3) $\rho(\boldsymbol{Q}^{+}\boldsymbol{S})<1$.

这里的 $R(\boldsymbol{S})$ 与 $R(\boldsymbol{Q})$ 分别是矩阵 $\boldsymbol{S}$ 与 $\boldsymbol{Q}$ 的值域.

1975 年，Poole 称满足 $\boldsymbol{A}^{+}\geqslant\boldsymbol{O}$ 的矩阵 $\boldsymbol{A}$ 为**半单调矩阵**. $\boldsymbol{A}$ 为半单调矩阵的充要条件是由 $\boldsymbol{Ax}\in\mathbf{R}_+^m+N(\boldsymbol{A}^{\mathrm{T}})$ 与 $\boldsymbol{x}\in R(\boldsymbol{A}^{\mathrm{T}})$ 可推出 $\boldsymbol{x}\geqslant\mathbf{0}$，这里的 $N(\boldsymbol{A}^{\mathrm{T}})$ 为 $\boldsymbol{A}^{\mathrm{T}}$ 的核空间.

目前，已发展了各种单调矩阵的概念. 例如，令 V 为 n 维向量空间 $\mathbf{R}^n$ 的子空间，如果能从 $\boldsymbol{Ax}\geqslant\mathbf{0}$ 与 $\boldsymbol{x}\in V$ 推出 $\boldsymbol{x}\geqslant\mathbf{0}$，那么称 $\boldsymbol{A}$ 在 $\boldsymbol{V}$ 上为单调的. 令 T 是 $N(\boldsymbol{A})$ 的余子空间(即 $T+N(\boldsymbol{A})=\mathbf{R}^n$，而 $T\cap N(\boldsymbol{A})=\{\mathbf{0}\}$，即 $\mathbf{R}^n$ 可分解为 T 与 $N(\boldsymbol{A})$ 的

直和)，且 $\boldsymbol{A}$ 在 T 上为单调，则称 $\boldsymbol{A}$ 为 **T- 单调矩阵**. 当 $\boldsymbol{A}$ 对 $N(\boldsymbol{A})$ 的每一余子空间 T 均为 T- 单调时，则称 $\boldsymbol{A}$ 为**几乎单调矩阵**.

若 $\boldsymbol{A}$ 在 $R(\boldsymbol{A}^{\mathrm{T}})$ 上为单调时，则称 $\boldsymbol{A}$ 为**行单调**. $\boldsymbol{A}$ 为行单调的充要条件是至少有一个广义逆 $\boldsymbol{A}^{(1,4)} \geqslant \boldsymbol{O}$.

若能从 $\boldsymbol{Ax} \geqslant \mathbf{0}$ 推出 $\boldsymbol{x} \in \mathbf{R}_+^n + N(\boldsymbol{A})$，则称 $\boldsymbol{A}$ 为**弱单调矩阵**.

若对 n 阶方阵 $\boldsymbol{A}$ 有 $\boldsymbol{AA}^{(1,2)} = \boldsymbol{A}^{(1,2)}\boldsymbol{A}$，且 $\boldsymbol{A}^{(1,2)} \geqslant \boldsymbol{O}$，则称 $\boldsymbol{A}$ 为**群单调矩阵**. $\boldsymbol{A}$ 为群单调矩阵的充要条件是由 $\boldsymbol{Ax} \in \mathbf{R}_+^m + N(\boldsymbol{A}^{\mathrm{T}})$ 和 $\boldsymbol{x} \in R(\boldsymbol{A}^{\mathrm{T}})$ 可以推出 $\boldsymbol{x} \geqslant \mathbf{0}$.

以上所介绍的各种单调矩阵，有如图 7.3 所示的包含关系.

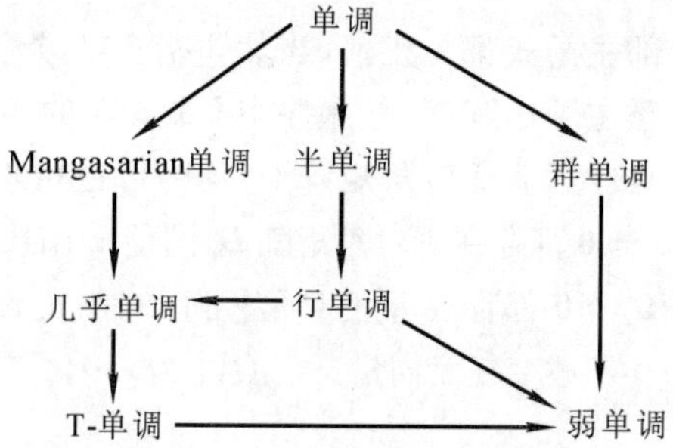

图　7.3

习　题　7.3

1. 设 n 阶矩阵 $\boldsymbol{A} = (a_{ij})_{n\times n}$ 为非负矩阵，且是可逆的，问逆矩阵 $\boldsymbol{A}^{-1} = \boldsymbol{B} = (b_{ij})_{n\times n}$ 满足

$$b_{ij} \geqslant 0 \quad (i \neq j), \quad \boldsymbol{B} \geqslant \boldsymbol{O}$$

的条件是什么？

2. 设矩阵 $\boldsymbol{A}$ 的逆矩阵 $\boldsymbol{A}^{-1}$ 是单调矩阵，问 $\boldsymbol{A}$ 是怎样的矩阵？

3. 设 $\boldsymbol{A}$ 为单调矩阵，$\tilde{\boldsymbol{x}}$ 是线性方程组 $\boldsymbol{Ax} = \boldsymbol{b}$ 的唯一解，若有向量 $\boldsymbol{x}'' \geqslant \tilde{\boldsymbol{x}}$，问是否有 $\boldsymbol{Ax}'' \geqslant \boldsymbol{b}$？

7.4　M 矩阵与广义 M 矩阵

在本节中，如无特别声明，所讨论的矩阵都是实矩阵. M 矩阵及广义 M 矩阵，经常出现在诸如偏微分方程的有限差分法和有限元素法、经济学中的投入产出法、运筹学中的线性余问题以及概率统计的 Markov 过程等不同的学科领域中. M 矩阵这个术语是 Ostrowski 在 1937 年首先提出的，到现在有关 M 矩阵的系统研究或综述性的文章已有多篇，如 Fiedler 与 Ptak(1962)，Poole 与 Boullion(1974)，以及 Plemmons(1977) 等. Plemmons 的综述性文章列举了与 M 矩阵有关的 40 个充要条件，他把这些充要条件分为 14 类，用英文大写字母 A，B，C，…，M，N 来表示. 在同一类中各条件互相等价，且各条件采用下标来区分，但下标实行统一编号. 于是有下标 1,2,3,…,39,40. 值得注意的是,当矩阵的主对角线以外的元素为非正值(称其为 Z- 型矩阵,定义稍后给出)时,矩阵只要满足 40 个条件中的一个,它便是 M 矩阵. 换言之,对主对角线以外元素为非正值的矩阵而言,这 40 个条件都是等价的. 下面就来介绍这 40 个条件,同时介绍特殊的 M 矩阵. 这就是稍后将要讨论的 S(Stieltjes) 矩阵以及广义 M 矩阵.

7.4.1 40 个充要条件介绍

M 矩阵 $\boldsymbol{A}$ 的 40 个充要条件分别如下.

A 类有 7 个条件:

A_1 矩阵 $\boldsymbol{A}$ 的全部主子式都是正值(当然包括全部顺序主子式在内).

A_2 矩阵 $\boldsymbol{A}$ 的任意主子矩阵(包括顺序主子矩阵) 的实特征值都是正值.

A_3 矩阵 $\boldsymbol{A}+\boldsymbol{D}$ 对任意非负对角矩阵 $\boldsymbol{D}$,均为可逆矩阵.

A_4 对任意向量 $\boldsymbol{x}\neq\boldsymbol{0}$ 都存在正对角矩阵 $\boldsymbol{D}$,满足 $\boldsymbol{x}^{\mathrm{T}}\boldsymbol{ADx}>0$.

A_5 对任意向量 $\boldsymbol{x}\neq\boldsymbol{0}$ 都存在非负对角矩阵 $\boldsymbol{D}$,满足$\boldsymbol{x}^{\mathrm{T}}\boldsymbol{ADx}>0$.

A_6 矩阵 $\boldsymbol{A}=(a_{ij})$ 不改变任意向量 $\boldsymbol{x}=(\xi_1,\xi_2,\cdots,\xi_n)^{\mathrm{T}}\neq\boldsymbol{0}$ 的符号,即至少有一个下标 i,使 $\boldsymbol{x}$ 的第 i 个分量 ξ_i 和向量 $\boldsymbol{Ax}$ 的第 i 个分量同号,亦即有 $\xi_i\sum_{j=1}^{n}a_{ij}\xi_j>0$.

A_7 对任意主对角元素为 1 或 -1 的对角矩阵 $\boldsymbol{S}$,都存在向量 $\boldsymbol{x}>\boldsymbol{0}$(指 $\boldsymbol{x}$ 为正向量),使 $\boldsymbol{SASx}>\boldsymbol{0}$.

B 类只有 1 个条件:

B_8 矩阵 $\boldsymbol{A}$ 的全部 $k(k=1,2,\cdots,n)$ 阶主子式(共有 C_n^k 个) 的和都是正值.

C 类有 2 个条件:

C_9 矩阵 $\boldsymbol{A}$ 的实特征值,都是正值.

C_{10} 矩阵 $\boldsymbol{A}+\alpha\boldsymbol{I}$ 对任意 $\alpha\geqslant0$ 都为可逆矩阵.

D 类有 2 个条件:

D_{11} 矩阵 $\boldsymbol{A}$ 的顺序主子式都是正值.

D_{12} 矩阵 $\boldsymbol{A}$ 能作三角分解 $\boldsymbol{A}=\boldsymbol{LU}$,并使下三角矩阵 $\boldsymbol{L}$ 和上三角矩阵 $\boldsymbol{U}$ 的主对角元素都是正值.

注意,在 D_{12} 中,若限定 $\boldsymbol{L}$ 和 $\boldsymbol{U}$ 之中有一个的主对角元素等于 1,则三角分解是唯一的;另外在 D 类的条件下,矩阵 $\boldsymbol{A}$ 的顺序主子矩阵都能作类似的三角分解.

E 类有 2 个条件:

E_{13} 存在置换矩阵 $\boldsymbol{P}$,使矩阵 $\boldsymbol{PAP}^{\mathrm{T}}$ 的顺序主子式都是正值.

E_{14} 存在置换矩阵 $\boldsymbol{P}$,使矩阵 $\boldsymbol{PAP}^{\mathrm{T}}$ 能作三角分解 $\boldsymbol{PAP}^{\mathrm{T}}=\boldsymbol{LU}$,并使下三角矩阵 $\boldsymbol{L}$ 和上三角矩阵 $\boldsymbol{U}$ 的主对角元素都是正值.

以上 5 类条件(A,B,C,D,E) 的主要特点是其主子式的正值性. 下面各类条件与其不同,它们是以逆非负矩阵、单调型矩阵、正则分裂、弱正则分裂、VL 稳定、正稳定、拟对角占优等为基础而建立的，现介绍于下.

F 类有 8 个条件：

F_{15}　矩阵 $\boldsymbol{A}$ 是逆非负的，即 $\boldsymbol{A}^{-1}$ 存在且 $\boldsymbol{A}^{-1} \geqslant \boldsymbol{O}$.

F_{16}　矩阵 $\boldsymbol{A}$ 是单调的，即能由 $\boldsymbol{Ax} \geqslant \boldsymbol{0}$ 推出 $\boldsymbol{x} \geqslant \boldsymbol{0}$.

F_{17}　矩阵 $\boldsymbol{A}$ 具有收敛的正则分裂.

F_{18}　矩阵 $\boldsymbol{A}$ 具有收敛的弱正则分裂.

F_{19}　矩阵 $\boldsymbol{A}$ 具有弱正则分裂，且存在向量 $\boldsymbol{x} > \boldsymbol{0}$，使向量 $\boldsymbol{Ax} > \boldsymbol{0}$.

F_{20}　存在 $\boldsymbol{M}_1^{-1} \geqslant \boldsymbol{O}$ 和 $\boldsymbol{M}_2^{-1} \geqslant \boldsymbol{O}$，满足 $\boldsymbol{M}_1 \leqslant \boldsymbol{A} \leqslant \boldsymbol{M}_2$.

F_{21}　存在 $\boldsymbol{M}^{-1} \geqslant \boldsymbol{O}$，满足 $\boldsymbol{M} \geqslant \boldsymbol{A}$，并且 $\boldsymbol{M}^{-1}\boldsymbol{A}$ 为 M 矩阵(其定义见后).

F_{22}　存在 $\boldsymbol{M}^{-1} \geqslant \boldsymbol{O}$，使 $\boldsymbol{M}^{-1}\boldsymbol{A}$ 为 M 矩阵.

G 类只有 1 个条件：

G_{23}　矩阵 $\boldsymbol{A}$ 的任意弱正则分裂都是收敛的(即如 $\boldsymbol{A}$ 有弱正则分裂，则该弱正则分裂必是收敛的).

H 类也只有 1 个条件：

H_{24}　矩阵 $\boldsymbol{A}$ 的任意正则分裂都是收敛的.

I 类有 4 个条件：

I_{25}　对于 $\boldsymbol{A}$ 存在一个正对角矩阵 $\boldsymbol{D}$，使矩阵 $\boldsymbol{AD} + \boldsymbol{DA}^{\mathrm{T}}$ 为对称正定矩阵，即 $\boldsymbol{A}$ 为 VL 稳定矩阵.

I_{26}　存在一个正对角矩阵 $\boldsymbol{D}$，使 $\boldsymbol{B} + \boldsymbol{B}^{\mathrm{T}}$ 为对称正定矩阵，其中 $\boldsymbol{B} = \boldsymbol{D}^{-1}\boldsymbol{AD}$.

I_{27}　矩阵 $\boldsymbol{PA}$ 对于任意非零半正定矩阵 $\boldsymbol{P}$，都有正的主对角元素.

I_{28}　矩阵 $\boldsymbol{A}$ 的任意主子矩阵都满足条件 I_{25}.

J 类也有 4 个条件：

J_{29}　矩阵 $\boldsymbol{A}$ 是正稳定的，即 $\boldsymbol{A}$ 的任意特征值的实部都是正的.

J_{30}　存在一个对称正定矩阵 $\boldsymbol{W}$，使矩阵 $\boldsymbol{AW} + \boldsymbol{WA}^{\mathrm{T}}$ 为对称正定矩阵.

J_{31}　矩阵 $\boldsymbol{A} + \boldsymbol{I}$ 为可逆矩阵，并且矩阵 $\boldsymbol{G} = (\boldsymbol{A} + \boldsymbol{I})^{-1}(\boldsymbol{A} - \boldsymbol{I})$ 为收敛矩阵.

J_{32}　矩阵 $\boldsymbol{A} + \boldsymbol{I}$ 为可逆矩阵，并且存在一个对称正定矩阵 $\boldsymbol{W}$，使 $\boldsymbol{W} - \boldsymbol{G}^{\mathrm{T}}\boldsymbol{WG}$ 也是对称正定矩阵，其中 $\boldsymbol{G}$ 和条件 J_{31} 中的相同.

K 类有 3 个条件：

K_{33}　矩阵 $\boldsymbol{A}$ 是半正的，即存在一个向量 $\boldsymbol{x} > \boldsymbol{0}$，使向量 $\boldsymbol{Ax} > \boldsymbol{0}$.

K_{34}　存在一个向量 $\boldsymbol{x} \geqslant \boldsymbol{0}$，使 $\boldsymbol{Ax} > \boldsymbol{0}$.

K_{35}　存在一个正对角矩阵 $\boldsymbol{D}$，使 $\boldsymbol{AD}$ 的全部行和(一行各元素的和)都是正值.

L 类只有 1 个条件：

L_{36}　对于矩阵 $\boldsymbol{A} = (a_{ij})_{n\times n}$ 存在一个向量 $\boldsymbol{x} = (\xi_1, \xi_2, \cdots, \xi_n)^{\mathrm{T}} > \boldsymbol{0}$，使向量 $\boldsymbol{Ax} \geqslant \boldsymbol{0}$，并且对于 $\boldsymbol{Ax}$ 的零分量的下标，必有非零元素链和 $\boldsymbol{Ax}$ 的正分量的下标相

连接，即在 $\sum_{j=1}^{n} a_{i_0 j}\xi_j = 0$ 时，必有非零元素序列

$$a_{i_0 i_1},\ a_{i_1 i_2},\ \cdots,\ a_{i_{r-1} i_r}$$

且 $\sum_{j=1}^{r} a_{i_r j}\xi_j > 0$.

M 类只有 1 个条件：

M_{37}　对于矩阵 $\boldsymbol{A}=(a_{ij})_{n\times n}$ 存在一个向量 $\boldsymbol{x}=(\xi_1,\xi_2,\cdots,\xi_n)^{\mathrm{T}} > \boldsymbol{0}$，使向量 $\boldsymbol{Ax} \geqslant \boldsymbol{0}$，并且

$$\sum_{j=1}^{i} a_{ij}\xi_j > 0 \quad (i=1,2,\cdots,n)$$

N 类有 3 个条件：

N_{38}　存在一个向量 $\boldsymbol{x} > \boldsymbol{0}$，使对于任意主对角元素为 1 或 −1 的对角矩阵 $\boldsymbol{S}$ 都有 $\boldsymbol{SASx} > \boldsymbol{0}$.

N_{39}　矩阵 $\boldsymbol{A}$ 的主对角元素都是正值，且拟对角占优，即存在一个正对角矩阵 $\boldsymbol{D}$，使 $\boldsymbol{AD}$ 为强对角占优矩阵.

N_{40}　矩阵 $\boldsymbol{A}$ 的主对角元素都是正值，并且 $\boldsymbol{A}$ 与一个强对角占优矩阵正对角相似（即存在一个正对角矩阵 $\boldsymbol{D}$，使 $\boldsymbol{D}^{-1}\boldsymbol{AD}$ 为强对角占优矩阵）.

Plemmons 的综述性文章没有涉及 M 类条件和其他条件之间的包含关系. 1979 年 Neumann 的文章对此进行了补充，现将 M 矩阵 40 个条件之间的包含关系列出，如图 7.4 所示（用 M′ 表示存在置换矩阵 $\boldsymbol{P}$ 使矩阵 $\boldsymbol{PAP}^{\mathrm{T}}$ 满足条件 M_{37}）.

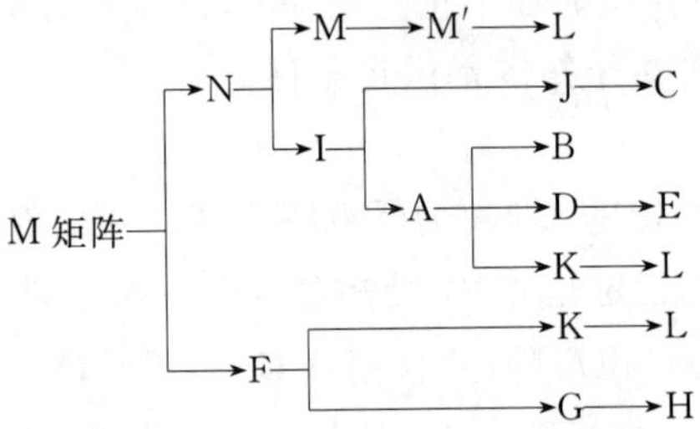

图　7.4

关于 M 矩阵的同类各条件互相等价性的证明和 40 个充要条件的证明均很冗长，这里略去.

7.4.2　M 矩阵

M 矩阵有多种等价的定义. 这里采用逆非负矩阵这一种作为它的定义，而把其他定义作为它的性质对待.

如果 n 阶矩阵 $\boldsymbol{A}=(a_{ij})_{n\times n}$ 的主对角线以外的元素非正，且 $\boldsymbol{A}^{-1}$ 为非负矩阵，即

$$a_{ij} \leqslant 0\ (i \neq j),\quad \boldsymbol{A}^{-1} \geqslant \boldsymbol{O} \tag{7.4.1}$$

则称 $\boldsymbol{A}$ 为 **M 矩阵**.

显然 7.3 中的方程组(7.3.3) 的系数矩阵是 M 矩阵. 又如三阶矩阵

$$\boldsymbol{A}=\begin{bmatrix}1 & -\frac{1}{2} & 0\\ 0 & 1 & -\frac{1}{2}\\ 0 & 0 & 1\end{bmatrix}$$

也是一个 M 矩阵. 因为既有 $a_{ij}\leqslant 0\ (i\neq j)$, 又有

$$\boldsymbol{A}^{-1}=\begin{bmatrix}1 & \frac{1}{2} & \frac{1}{4}\\ 0 & 1 & \frac{1}{2}\\ 0 & 0 & 1\end{bmatrix}\geqslant \boldsymbol{O}$$

由此例可见, M 矩阵不一定是对称矩阵. 可以证明, M 矩阵的主对角元素必为正值.

由定义知, M 矩阵是可逆的; 可以证明 M 矩阵是拟对角占优矩阵; M 矩阵的转置仍是 M 矩阵. 后者是因为 $(\boldsymbol{A}^{-1})^{\mathrm{T}}=(\boldsymbol{A}^{\mathrm{T}})^{-1}$, 故当 $\boldsymbol{A}^{-1}\geqslant \boldsymbol{O}$ 时, 有 $(\boldsymbol{A}^{-1})^{\mathrm{T}}\geqslant \boldsymbol{O}$, 从而 $(\boldsymbol{A}^{\mathrm{T}})^{-1}\geqslant \boldsymbol{O}$.

因为单调矩阵不要求主对角线外的元素为非正值, 所以单调矩阵不一定是 M 矩阵. 例如, 矩阵(7.3.2) 虽是单调矩阵, 但它不是 M 矩阵.

M 矩阵有一个与强对角占优或不可约对角占优矩阵类似的判别法则如下.

令矩阵 $\boldsymbol{A}=(a_{ij})_{n\times n}$ 满足 $a_{ij}\leqslant 0\ (i\neq j)$, 则 $\boldsymbol{A}$ 为 M 矩阵的充要条件是 $a_{ii}>0$ $(i=1,2,\cdots,n)$, 且矩阵 $\boldsymbol{B}=\boldsymbol{I}-\boldsymbol{D}^{-1}\boldsymbol{A}$ 满足 $\rho(\boldsymbol{B})<1$, 这里 $\boldsymbol{D}=\mathrm{diag}(a_{11},a_{22},\cdots,a_{nn})$.

把上面这个结论应用到三角矩阵, 就可得到如下三角矩阵为 M 矩阵的简单判别法则.

三角矩阵 $\boldsymbol{A}=(a_{ij})_{n\times n}$ 为 M 矩阵的充要条件是 $a_{ii}>0\ (i=1,2,\cdots,n)$ 和 $a_{ij}\leqslant 0\ (i\neq j)$.

应用这个结果立刻可知如下的上三角矩阵

$$\boldsymbol{A}=\begin{bmatrix}1 & -\frac{1}{2} & -\frac{1}{2} & \cdots & -\frac{1}{2}\\ & 1 & -\frac{1}{2} & \cdots & -\frac{1}{2}\\ & & 1 & \cdots & -\frac{1}{2}\\ & & & \ddots & \vdots\\ & & & & 1\end{bmatrix}$$

是 M 矩阵, 因为它的逆矩阵为

$$A^{-1}=\begin{bmatrix}1 & \frac{1}{2} & \frac{1}{2}\left(\frac{3}{2}\right) & \cdots & \frac{1}{2}\left(\frac{3}{2}\right)^{n-2} \\ & 1 & \frac{1}{2} & \cdots & \frac{1}{2}\left(\frac{3}{2}\right)^{n-3} \\ & & 1 & \cdots & \frac{1}{2}\left(\frac{3}{2}\right)^{n-4} \\ & & & \ddots & \vdots \\ & & & & 1\end{bmatrix}\geqslant O$$

且有 $a_{ij}\leqslant 0(i\neq j)$.

M 矩阵也有一个和非负矩阵相类似的性质如下.

设 A 为 M 矩阵,当 A 的任意元素(一个或多个)增大,但保持主对角线外的元素仍为非正值时,则所得矩阵 C 也是 M 矩阵,且有

$$C^{-1}\leqslant A^{-1} \tag{7.4.2}$$

M 矩阵是如下的所谓 Z-型矩阵的特殊情况.

设 $A=(a_{ij})_{n\times n}$,且

$$a_{ij}\leqslant 0 \quad (i\neq j;i,\ j=1,2,\cdots,n) \tag{7.4.3}$$

则称 A 为 **Z-型矩阵**.

M 矩阵还有如下一个不包含在其 40 个充要条件之内的充要条件,并常用作 M 矩阵的定义.

矩阵 $A=(a_{ij})_{n\times n}$ 为 M 矩阵的充要条件是 A 可表示为$A=sI-B,B\geqslant O$,且 $\rho(B)<s$. 也就是说,如果 A 可表示为

$$A=sI-B,\quad B\geqslant O,\quad \rho(B)<s \tag{7.4.4}$$

则 A 为 M 矩阵.

定义式(7.4.4) 实际上是指 A 具有一种收敛的正则.

下面介绍关于 M 矩阵的三角分解问题.

设矩阵 $A=(a_{ij})_{n\times n}$ 是 Z- 型矩阵,而且有三角分解 $A=LU$,其中 L 和 U 依次是下三角 M 矩阵和上三角 M 矩阵,则 A 为 M 矩阵.

人们可能会问矩阵 A 在什么条件下可能有上述的三角分解呢? 回答如下.

设矩阵 $A=(a_{ij})_{n\times n}$ 是 Z- 型矩阵,且其 n 个顺序主子式均为正值,则 A 必有三角分解 $A=LU$,其中 L 为下三角 M 矩阵,U 为单位上三角 M 矩阵.

又一个问题是:任意 M 矩阵是否必有上面谈论到的三角分解呢? 为了回答这个问题,先介绍用顺序主子式判别 M 矩阵的方法.

首先指出:若 A 为 M 矩阵,则它的 n 个顺序主子矩阵也都是 M 矩阵. 再者,若 $A\in\mathbf{R}^{n\times n}$ 的实特征值都是正值(对复特征值无要求),则 $\det A>0$.

由此可以证明用顺序主子式判别 M 矩阵的如下结果.

设 $A\in\mathbf{R}^{n\times n}$ 是 Z- 型矩阵,则 A 为 M 矩阵的充要条件是 A 的 n 个顺序主子式

均为正值.

上述结果表明,若 $\boldsymbol{A}$ 是 M 矩阵,则它的 n 个顺序主子式都是正值,又因 M 矩阵是 Z- 型矩阵的特例,故由前面的结果可知,$\boldsymbol{A}$ 有如上要求的三角分解.

更进一步,还有用矩阵 $\boldsymbol{A}$ 的主子式来判别 $\boldsymbol{A}$ 是否为 M 矩阵的结果.

设矩阵 $\boldsymbol{A}$ 为 Z- 型矩阵,则 $\boldsymbol{A}$ 为 M 矩阵的充要条件是 $\boldsymbol{A}$ 的所有主子式都是正值.

现在介绍 M 矩阵与各种对角占优矩阵之间的关系.

设 $\boldsymbol{A}=(a_{ij})_{n\times n}$ 为 Z- 型矩阵,若 $a_{ii}>0\ (i=1,2,\cdots,n)$,且 $\boldsymbol{A}$ 为强对角占优或不可约对角占优矩阵,则 $\boldsymbol{A}$ 为 M 矩阵.

设 $\boldsymbol{A}=(a_{ij})_{n\times n}$ 为具非零元素链对角占优的 Z- 型矩阵,且 $a_{ii}>0\ (i=1,2,\cdots,n)$,则 $\boldsymbol{A}$ 为 M 矩阵.

如果拟对角占优矩阵 $\boldsymbol{A}$ 的主对角元素为正值,其余元素均为非正值,那么 $\boldsymbol{A}$ 为 M 矩阵.

如果拟对角占优矩阵 $\boldsymbol{A}=(a_{ij})_{n\times n}$ 满足 $a_{ii}>0\ (i=1,2,\cdots,n)$,$a_{ij}\leqslant 0\ (i\neq j)$,且 $\boldsymbol{B}=\boldsymbol{A}+\boldsymbol{A}^{\mathrm{T}}$ 为拟对角占优矩阵,则 $\boldsymbol{A}$ 为 M 矩阵.

设 $\boldsymbol{A}=(a_{ij})_{n\times n}\in\mathbf{R}^{n\times n}$ 为对角占优的 Z- 型矩阵,且 $a_{ii}>0\ (i=1,2,\cdots,n)$,则 $\boldsymbol{A}$ 为 M 矩阵的充要条件是 $\boldsymbol{A}$ 为半强对角占优矩阵.

下面介绍这样一个问题:Z- 型矩阵在其特征值具备什么条件时,它才成为 M 矩阵?

矩阵 $\boldsymbol{A}$ 为 M 矩阵的充要条件是 $\boldsymbol{A}$ 为 Z- 型矩阵,且其实特征值都是正值.

若 $\boldsymbol{A}$ 是 Z- 型矩阵,且它的同阶主子式之和都是正值,则 $\boldsymbol{A}$ 为 M 矩阵.

n 阶 Z- 型矩阵 $\boldsymbol{A}$ 是 M 矩阵的充要条件是 $\boldsymbol{A}$ 的主子式均为正值.

例如,设三角矩阵 $\boldsymbol{A}=(a_{ij})_{n\times n}\in\mathbf{R}^{n\times n}$ 满足 $a_{ii}>0\ (i=1,2,\cdots,n)$,$a_{ij}\leqslant 0\ (i\neq j)$. 那么,因为 $\boldsymbol{A}$ 的 n 个实特征值 $a_{ii}>0$,故 $\boldsymbol{A}$ 为 M 矩阵. 另外,由于 $\boldsymbol{A}$ 的同阶主子式之和恰是正数,故亦可断定 $\boldsymbol{A}$ 为 M 矩阵.

前面已经指出,M 矩阵的实特征值必为正值. 这里介绍关于 M 矩阵的复特征值的特点. 为此先介绍一个预备性结果.

设矩阵 $\boldsymbol{A}=\alpha\boldsymbol{I}-\boldsymbol{C}$,其中 α 为正值且 $\rho(\boldsymbol{C})<\alpha$,则 $\boldsymbol{A}$ 的实特征值为正值;$\boldsymbol{A}$ 的复特征值的实部也是正值(统称为 $\boldsymbol{A}$ 的特征值的实部为正值,即 $\boldsymbol{A}$ 为正稳定矩阵).

设 $\boldsymbol{A}$ 为 M 矩阵,则 $\boldsymbol{A}$ 为正稳定矩阵.

由此可知,M 矩阵也是正稳定矩阵. 同时,M 矩阵也是单调矩阵.

设 $\boldsymbol{A}$ 为 M 矩阵,则 $\boldsymbol{A}$ 的任意主子矩阵都是正稳定矩阵(即任意主子矩阵的特征值的实部都是正值).

其次介绍一下实特征值为正值的矩阵的情况.

矩阵 A 的实特征值为正值的充要条件是矩阵 $\boldsymbol{A}+\alpha\boldsymbol{I}$ 对于任意的 $\alpha\geqslant 0$ 都为可逆矩阵.

设 $\boldsymbol{A}$ 为 Z- 型矩阵，则 $\boldsymbol{A}$ 为 M 矩阵的充要条件是矩阵 $\boldsymbol{A}+\alpha\boldsymbol{I}$ 对任意的 $\alpha \geqslant 0$ 都为可逆矩阵.

矩阵 $\boldsymbol{A}$ 的任意主子矩阵的实特征值为正值的充要条件是矩阵 $\boldsymbol{A}+\boldsymbol{D}$ 对任意非负对角矩阵 $\boldsymbol{D}$ 都为可逆矩阵.

例如，对于三阶矩阵

$$\boldsymbol{A}=\begin{bmatrix} 1.74 & -1 & 1 \\ -3 & 1.74 & -1 \\ -2 & 1 & 1.74 \end{bmatrix}$$

和任意非负对角矩阵 $\boldsymbol{D}=\operatorname{diag}(d_1,d_2,d_3)$，有

$$\det(\boldsymbol{A}+\boldsymbol{D})=(1.74+d_1)(1.74+d_2)(1.74+d_3)+d_1+2d_2-3d_3-5$$

由于 $d_1\geqslant 0, d_2\geqslant 0, d_3\geqslant 0, 1.74^3\geqslant 5, 1.74^2\geqslant 3$，可得

$$\det(\boldsymbol{A}+\boldsymbol{D})>0$$

故矩阵 $\boldsymbol{A}$ 的主子矩阵的实特征值都是正值.

关于特征值实部为正值的矩阵，即正稳定矩阵的判别方法，已在 7.1 节中进行过介绍.

最后介绍一下 S 矩阵的问题.

M 矩阵不一定是对称矩阵，称对称的 M 矩阵为 **S 矩阵**.

例如式(7.3.4) 的系数矩阵就是一个 S 矩阵.

若 $\boldsymbol{A}$ 为 Z- 型矩阵，则 $\boldsymbol{A}$ 为 S 矩阵的充要条件是 $\boldsymbol{A}$ 为对称正定矩阵.

早在 19 世纪 80 年代，Stieltjes 就指出：对称正定矩阵 $\boldsymbol{A}=(a_{ij})_{n\times n}$ 若满足 $a_{ij}<0\ (i\neq j)$，则 $\boldsymbol{A}$ 为**逆正矩阵**(即 $\boldsymbol{A}^{-1}>\boldsymbol{O}$). 20 世纪 10 年代，Frobenius 在 $\boldsymbol{B}>\boldsymbol{O}$ 以及 $\rho(\boldsymbol{B})<s$ 的条件下，同样得到 $\boldsymbol{A}=s\boldsymbol{I}-\boldsymbol{B}$ 为逆正矩阵. 到了 20 世纪 30 年代的 Ostrowski 以后，关于 M 矩阵有了较多的结果，上面所介绍的只是其中的一部分.

7.4.3 广义 M 矩阵

假设 $\boldsymbol{A}$ 为 Z- 型矩阵，若减弱 Plemmons，Neumann 等人所归纳出的关于 M 矩阵的各种条件，就得出所谓**广义 M 矩阵**的概念. 例如可将 M 矩阵的 40 个充要条件中相应的若干条件减弱如下：

$\widetilde{\mathrm{A}}_1$ $\boldsymbol{A}$ 的全部主子式的值均为非负的；

$\widetilde{\mathrm{A}}_2$ $\boldsymbol{A}$ 的任意主子矩阵的实特征值均非负；

$\widetilde{\mathrm{A}}_3$ 对于每个正对角矩阵 $\boldsymbol{D}$，$\boldsymbol{A}+\boldsymbol{D}$ 为可逆矩阵；

$\widetilde{\mathrm{D}}_{12}$ $\boldsymbol{A}$ 有三角分解 $\boldsymbol{A}=\boldsymbol{LU}$，并且 $\boldsymbol{L}$ 与 $\boldsymbol{U}$ 的主对角元素均为非负值；

$\widetilde{\mathrm{F}}_{17}$ $\boldsymbol{A}$ 具有半收敛的正则分裂. **半收敛**指的是 $\lim\limits_{k\to\infty}\boldsymbol{A}^k$ 存在(不要求极限为零矩阵)；

$\widetilde{\mathrm{F}}_{18}$ $\boldsymbol{A}$ 具有半收敛的弱正则分裂；

$\widetilde{\mathrm{I}}_{25}$ 存在一个正对角矩阵 $\boldsymbol{D}$，使 $\boldsymbol{AD}+\boldsymbol{DA}^{\mathrm{T}}$ 为对称半正定矩阵.

由本节“二”中减弱有关结论的条件而得出下面几条：

A 的每个非零特征值的实部均为正值；

A 的每个特征值的实部均为非负值；

$\boldsymbol{A}=s\boldsymbol{I}-\boldsymbol{B}$，其中 $\boldsymbol{B}$ 为非负矩阵，且 $\rho(\boldsymbol{B})\leqslant s$；

A 是主对角元素均为正值的对角占优矩阵.

等等. 这一方面的研究工作还在进行.

如果把M矩阵中的逆非负条件减弱为其广义逆非负，也可能得到各种广义M矩阵. 甚至可以对长方矩阵 $\boldsymbol{A}\in\mathbf{R}^{m\times n}$ 进行讨论.

必须指出，由广义逆非负的条件推广而来的广义M矩阵和直接减弱M矩阵的条件推广而来的广义M矩阵，不尽相同. 而且，这两方面的推广，都还有不少工作可做，特别是缺少系统的研究. 另外，在Plemmons所综合的14类条件中，把其中两类以上综合起来（即假定一矩阵同时具有两类以上的性质）讨论，也是很有意义的. 近年来陆续出现了这方面的研究工作，例如，Olesky和Driessche(1982)讨论了单调型正稳定矩阵.

习　题　7.4

1. 设矩阵 $\boldsymbol{A}$ 和它的逆矩阵 $\boldsymbol{A}^{-1}$ 都是M矩阵，问 $\boldsymbol{A}$ 是怎样的矩阵？

2. 矩阵 $\boldsymbol{A}=(a_{ij})_{n\times n}$ 为M矩阵的充要条件是 $a_{ii}>0, a_{ij}\leqslant 0\ (i\neq j)$ 以及 $\rho(\boldsymbol{B})<1$，这个结论是否正确？这里 $\boldsymbol{B}=\boldsymbol{I}-\boldsymbol{D}^{-1}\boldsymbol{A}$，而 $\boldsymbol{D}=\mathrm{diag}(a_{11}, a_{22}, \cdots, a_{nn})$.

3. 证明M矩阵的任意主子矩阵仍为M矩阵.

4. 单调矩阵 $\boldsymbol{A}$ 为S矩阵的条件是什么？

5. 设 $\boldsymbol{A}$ 和 $\boldsymbol{B}$ 都是M矩阵，问 $\boldsymbol{A}+\boldsymbol{B}$ 是否为M矩阵？

6. 设矩阵 $\boldsymbol{A}=(a_{ij})_{n\times n}$ 满足 $a_{ii}>0, a_{ij}\leqslant 0\ (i\neq j)$，并且是强对角占优或不可约对角占优矩阵，问 $\boldsymbol{A}$ 是否为M矩阵？

7. 设 $\boldsymbol{A}=(a_{ij})_{n\times n}$ 为三角矩阵，并且满足 $a_{ii}>0, a_{ij}\leqslant 0\ (i\neq j)$，证明 $\boldsymbol{A}$ 为M矩阵？

8. 设 $\boldsymbol{A}$ 为Z-型矩阵，且 $\boldsymbol{A}$ 有三角分解 $\boldsymbol{A}=\boldsymbol{L}\boldsymbol{U}$，其中 $\boldsymbol{L},\boldsymbol{U}$ 依次是可逆下，上三角矩阵，且 $\boldsymbol{U}$ 的对角元素都是1. 若 $\boldsymbol{L}$ 和 $\boldsymbol{U}$ 中有一个是M矩阵，问另一个是否必为M矩阵？

9. 设三对角矩阵 $\boldsymbol{J}_n=(b_{i-1}, a_i, c_i)_1^n$ 为非负矩阵，并且它的顺序主子式都是正值. 问 $\tilde{\boldsymbol{J}}_n=(-b_{i-1}, a_i, -c_i)_1^n$，问 $\tilde{\boldsymbol{J}}_n$ 是否为M矩阵？

10. 当矩阵 $\boldsymbol{A}$ 对于任意非零向量 $\boldsymbol{x}$ 都有 $\boldsymbol{x}^{\mathrm{T}}\boldsymbol{A}\boldsymbol{x}>0$ 时，称 $\boldsymbol{A}$ 为正定矩阵（这里不要求 $\boldsymbol{A}$ 为对称，通常称前者为对称正定矩阵）. 证明正定矩阵的实特征值都是正值.

11. 设 $\boldsymbol{A}$ 是正定的Z-型矩阵（不要求 $\boldsymbol{A}$ 对称），$\boldsymbol{A}$ 是否为M矩阵？

12. 设矩阵 $\boldsymbol{A}$ 的顺序主子式都是正值，但未假设它是Z-型矩阵，这时矩阵 $\boldsymbol{A}$ 有怎样的三角分解？

13. 试分析下面两个条件之间的关系.

(1) 矩阵 $\boldsymbol{A}$ 的特征值的实部都是正值；

(2) 矩阵 $\boldsymbol{A}$ 的顺序主子矩阵的特征值实部都是正值.

14. 设矩阵 $\boldsymbol{A}$ 的顺序主子式都是正值，是否能推得 $\boldsymbol{A}$ 的实特征值为正值？

15. 设 $\boldsymbol{A}$ 为正定矩阵(不要求对称),能否推得 $\boldsymbol{A}$ 的任意主子矩阵的特征值实部都为正值?

16. 设 $\boldsymbol{A}=(a_{ij})_{n\times n}$,作一个矩阵 $\boldsymbol{C}=(c_{ij})_{n\times n}$,其中

$$c_{ii}=|a_{ii}|,\quad c_{ij}=-|a_{ij}|\ (i\neq j)$$

则称 $\boldsymbol{C}$ 为矩阵 $\boldsymbol{A}$ 的**比较矩阵**.

(1) 试证明半强对角占优矩阵 $\boldsymbol{A}$ 的比较矩阵 $\boldsymbol{C}$ 必为 M 矩阵.

(2) 对称正定矩阵 $\boldsymbol{A}$ 的比较矩阵 $\boldsymbol{C}$ 是否为 S 矩阵?

17. 设 $\boldsymbol{A}$ 为 M 矩阵,$\boldsymbol{B}$ 为 Z- 型矩阵,并且 $\boldsymbol{B}\geqslant\boldsymbol{A}$,证明 $\det\boldsymbol{B}\geqslant\det\boldsymbol{A}$(本题选自 Fiedler 和 Ptak 在 1962 年的论文).

18. 设 n 阶矩阵 $\boldsymbol{A}=(a_{ij})_{n\times n}$ 的元素满足

$$a_{n+1-i,n+1-j}=a_{ij}\quad(i,j=1,2,\cdots,n)$$

则称 $\boldsymbol{A}$ 为中心对称矩阵. 试讨论这类矩阵为 M 矩阵的条件.

7.5 Toeplitz 矩阵及其有关矩阵

本节主要介绍 Toeplitz 矩阵、Hankel 矩阵及其在应用中较为重要的一些特殊矩阵,如循环矩阵等.

7.5.1 Toeplitz 矩阵与 Hankel 矩阵等

在数据处理、有限元素法、概率统计以及滤波理论等广泛的科学技术领域里,常常遇到在 20 世纪初提出的具有 $2n-1$ 个元素的以下 n 阶矩阵(位于任一条平行于主对角线的直线上的元素全相同)

$$\boldsymbol{A}=\begin{bmatrix} a_0 & a_{-1} & a_{-2} & \cdots & a_{-n+1}\\ a_1 & a_0 & a_{-1} & \cdots & a_{-n+2}\\ a_2 & a_1 & a_0 & \cdots & a_{-n+3}\\ \vdots & \vdots & \vdots & & \vdots\\ a_{n-2} & a_{n-3} & a_{n-4} & \cdots & a_{-1}\\ a_{n-1} & a_{n-2} & a_{n-3} & \cdots & a_0 \end{bmatrix} \tag{7.5.1}$$

称其为 **Toeplitz 矩阵**,简称 **T 矩阵**.

T 矩阵(7.5.1) 也可简写为 $\boldsymbol{A}=(a_{i-j})_{i,j=1}^{n}$.

20 世纪 60 年代以来,有关 T 矩阵的快速算法已有相当发展. 60 年代中期,Trench 提出 T 矩阵的快速求逆算法. 几年后 Zohar 进一步讨论了 Trench 的算法,他的主要工作是对推导的简化以及把对称正定条件减弱为**强可逆**(所有顺序主子矩阵可逆). 上述的快速算法把通常求逆的计算量(或计算复杂性)从 $O(n^3)$ 级减少为 $O(n^2)$ 级. 60 年代末期以来,还出现了不通过快速求逆,而直接数值求解以 T 矩阵为系数矩阵的线性方程组的快速算法. 至于求一般 T 矩阵特征值的快速算法还较少见. 关于快速算法可参阅有关文献.

T 矩阵的性质不易探讨,因此人们很早就把兴趣集中在与 T 矩阵联系密切的

矩阵或特殊的 T 矩阵的研究上,例如具有以下形式的 $n+1$ 阶矩阵(沿着所有平行于副对角线的直线上有相同的元素)

$$\boldsymbol{H}_{n+1}=\begin{bmatrix} a_0 & a_1 & a_2 & \cdots & a_n \\ a_1 & a_2 & a_3 & \cdots & a_{n+1} \\ a_2 & a_3 & a_4 & \cdots & a_{n+2} \\ \vdots & \vdots & \vdots & & \vdots \\ a_n & a_{n+1} & a_{n+2} & \cdots & a_{2n} \end{bmatrix}=(a_{i+j})_{i,j=0}^{n} \tag{7.5.2}$$

称为 **Hankel 矩阵**.

考虑用最小二乘法求数据的多项式拟合曲线问题.

设 (ξ_i,η_i) $(i=1,2,\cdots,m)$ 是一组观测数据,其中 ξ_i 互异,寻找一个 n 次非零多项式

$$f(x)=\mu_0+\mu_1 x+\cdots+\mu_n x^n \quad (n<m)$$

使得

$$S(\mu_0,\mu_1,\cdots,\mu_n)=\sum_{j=1}^{m}[\eta_j-f(\xi_j)]^2=\sum_{j=1}^{m}[\eta_j-\sum_{i=0}^{n}\mu_i\xi_j^i]^2$$

达到最小. 由高等数学知,$(\mu_0,\mu_1,\cdots,\mu_n)$ 是极值点的必要条件为

$$\frac{\partial S}{\partial \mu_k}=2\sum_{j=1}^{m}\xi_j^k[\eta_j-\sum_{i=0}^{n}\mu_i\xi_j^i]=0 \quad (k=0,1,\cdots,n) \tag{7.5.3}$$

记 $a_k=\sum_{j=1}^{m}\xi_j^k$, $\beta_k=\sum_{j=1}^{m}\xi_j^k\eta_j$,则由式(7.5.3),得

$$\sum_{i=0}^{n}a_{k+i}\mu_i=\beta_k \quad (k=0,1,2,\cdots,n) \tag{7.5.4}$$

写成矩阵形式即为

$$\boldsymbol{H}_{n+1}\boldsymbol{u}=\boldsymbol{b}$$

其中 $\boldsymbol{H}_{n+1}$ 是式(7.5.2)的 Hankel 矩阵,$\boldsymbol{u}=(\mu_0,\mu_1,\cdots,\mu_n)^{\mathrm{T}}$,$\boldsymbol{b}=(\beta_0,\beta_1,\cdots,\beta_n)^{\mathrm{T}}$. 可见问题转化为求解以 Hankel 矩阵为系数矩阵的线性方程组问题. 此时还可以证明 Hankel 矩阵 $\boldsymbol{H}_{n+1}$ 是可逆的. 事实上,如果 $\det\boldsymbol{H}_{n+1}=0$,则式(7.5.4)的导出方程组

$$\sum_{i=0}^{n}a_{k+i}\mu_i=0 \quad (k=0,1,2,\cdots,n)$$

有非零解. 将上面方程组中第 k 个方程乘以 μ_k,然后对所有 k 求和,可得

$$0=\sum_{k=0}^{n}\mu_k(\sum_{i=0}^{n}a_{k+i}\mu_i)=\sum_{k=0}^{n}\mu_k\sum_{i=0}^{n}\mu_i\sum_{j=1}^{m}\xi_j^{k+j}=$$

$$\sum_{j=1}^{m}(\sum_{k=0}^{n}\mu_k\xi_j^k)(\sum_{i=0}^{n}\mu_i\xi_j^i)=\sum_{j=1}^{m}(\sum_{i=0}^{n}\mu_i\xi_j^i)^2=\sum_{j=1}^{m}f^2(\xi_j)$$

据此则有

$$f(\xi_1)=f(\xi_2)=\cdots=f(\xi_m)=0$$

又因 $m>n$，故 $f(x)\equiv 0$，与假设 $f(x)\neq 0$ 矛盾.

在实际计算中，当 n 较大时，例如 $n\geqslant 7$，虽然 $\det \boldsymbol{H}_{n+1}\neq 0$，但其值总是很小的，致使方程组(7.5.4)出现病态情形. 克服这一缺点是有一些办法的.

Hankel 矩阵可通过特殊的初等变换化为 T 矩阵. 事实上，直接可以验证，用矩阵

$$\boldsymbol{J}=\begin{bmatrix} & & 1\\ & \iddots & \\ 1 & & \end{bmatrix} \tag{7.5.5}$$

乘矩阵 $\boldsymbol{H}_{n+1}$，其结果 $\boldsymbol{J}\boldsymbol{H}_{n+1}$ 或 $\boldsymbol{H}_{n+1}\boldsymbol{J}$ 都是 Toeplitz 矩阵，并且有

$$(\boldsymbol{J}\boldsymbol{H}_{n+1})^{\mathrm{T}}=\boldsymbol{H}_{n+1}\boldsymbol{J} \tag{7.5.6}$$

式(7.5.6)给出了 Hankel 矩阵与 T 矩阵的联系，从而可把对 T 矩阵的研究转化为对 Hankel 矩阵的研究.

如果矩阵 $\boldsymbol{A}=(a_{ij})_{n\times n}$ 的元素关于其副(次)对角线对称，即其元素满足

$$a_{ij}=a_{n+1-j,n+1-i} \tag{7.5.7}$$

则称 $\boldsymbol{A}$ 为**次对称矩阵**(Persymmetric matrix). 例如，当 $n=4$ 时，有

$$\boldsymbol{A}=\begin{bmatrix} a_{11} & a_{12} & a_{13} & a_{14}\\ a_{21} & a_{22} & a_{23} & a_{13}\\ a_{31} & a_{32} & a_{22} & a_{12}\\ a_{41} & a_{31} & a_{21} & a_{11}\end{bmatrix}$$

是次对称矩阵. 由式(7.5.1)可以看出，任一 T 矩阵都是次对称矩阵.

容易验证，次对称矩阵 $\boldsymbol{A}$ 满足关系式

$$\boldsymbol{J}\boldsymbol{A}^{\mathrm{T}}\boldsymbol{J}=\boldsymbol{A} \tag{7.5.8}$$

注意到 $\boldsymbol{J}^2=\boldsymbol{I}$，$\boldsymbol{J}^{\mathrm{T}}=\boldsymbol{J}$，就能由式(7.5.8)证明 $\boldsymbol{A}^{-1}$ 也是次对称矩阵，且有

$$(\boldsymbol{J}\boldsymbol{A})^{\mathrm{T}}=\boldsymbol{J}\boldsymbol{A} \tag{7.5.9}$$

如果矩阵 $\boldsymbol{D}=(d_{ij})_{n\times n}$ 的元素满足

$$d_{ij}=d_{n+1-i,n+1-j} \tag{7.5.10}$$

则称 $\boldsymbol{D}$ 为**中心对称矩阵**(Centrosymmetric matrix)，例如当 $n=4$ 时，有

$$\boldsymbol{D}=\begin{bmatrix} d_{11} & d_{12} & d_{13} & d_{14}\\ d_{21} & d_{22} & d_{23} & d_{24}\\ d_{24} & d_{23} & d_{22} & d_{21}\\ d_{14} & d_{13} & d_{12} & d_{11}\end{bmatrix}$$

容易验证，中心对称矩阵 $\boldsymbol{D}$ 满足关系式

$$\boldsymbol{J}\boldsymbol{D}\boldsymbol{J}=\boldsymbol{D} \tag{7.5.11}$$

易见，关于主对角线和次对角线都对称的任何矩阵 $\boldsymbol{A}$ 是中心对称矩阵. 事实上，如果 $\boldsymbol{A}$ 满足式(7.5.8)，且有 $\boldsymbol{A}^{\mathrm{T}}=\boldsymbol{A}$，那么就有 $\boldsymbol{J}\boldsymbol{A}\boldsymbol{J}=\boldsymbol{A}$，即满足式(7.5.11). 可以看出，对称的 Toeplitz 矩阵是对称的中心对称矩阵的特殊情形. $2n$ 阶的任一中心

对称矩阵 $\boldsymbol{D}$ 可写为

$$\boldsymbol{D}=\begin{bmatrix}\boldsymbol{A} & \boldsymbol{BJ}\\ \boldsymbol{JB} & \boldsymbol{JAJ}\end{bmatrix} \tag{7.5.12}$$

这里 $\boldsymbol{A}$ 和 $\boldsymbol{B}$ 都是 n 阶矩阵，$\boldsymbol{J}$ 的定义如式(7.5.5). 在式(7.5.12) 中，指定 $\boldsymbol{B}=\boldsymbol{JC}$，则有

$$\begin{bmatrix}\boldsymbol{A} & \boldsymbol{JCJ}\\ \boldsymbol{C} & \boldsymbol{JAJ}\end{bmatrix} \tag{7.5.13}$$

注意，如果 $\boldsymbol{A},\boldsymbol{B}$ 都是中心对称矩阵，则

$$\begin{bmatrix}\boldsymbol{A} & \boldsymbol{B}\\ \boldsymbol{B} & \boldsymbol{A}\end{bmatrix}$$

也是中心对称矩阵.

对于式(7.5.12) 的 $2n$ 阶中心对称矩阵 $\boldsymbol{D}$，如果取 $2n$ 阶正交矩阵

$$\boldsymbol{Q}=\frac{1}{\sqrt{2}}\begin{bmatrix}\boldsymbol{I} & \boldsymbol{I}\\ -\boldsymbol{J} & \boldsymbol{J}\end{bmatrix}$$

则有

$$\boldsymbol{Q}^{\mathrm{T}}\boldsymbol{DQ}=\begin{bmatrix}\boldsymbol{A}-\boldsymbol{B} & \boldsymbol{O}\\ \boldsymbol{O} & \boldsymbol{A}+\boldsymbol{B}\end{bmatrix} \tag{7.5.14}$$

由式(7.5.14) 可得

$$\det\boldsymbol{D}=\det(\boldsymbol{A}+\boldsymbol{B})\det(\boldsymbol{A}-\boldsymbol{B})$$

且有

$$\boldsymbol{D}^{-1}=\begin{bmatrix}\boldsymbol{C} & \boldsymbol{RJ}\\ \boldsymbol{JR} & \boldsymbol{JCJ}\end{bmatrix} \tag{7.5.15}$$

其中

$$\boldsymbol{C}=\frac{1}{2}[(\boldsymbol{A}+\boldsymbol{B})^{-1}+(\boldsymbol{A}-\boldsymbol{B})^{-1}],\quad \boldsymbol{R}=\frac{1}{2}[(\boldsymbol{A}+\boldsymbol{B})^{-1}-(\boldsymbol{A}-\boldsymbol{B})^{-1}]$$

可见，如果 $\boldsymbol{D}^{-1}$ 存在，则$(\boldsymbol{A}+\boldsymbol{B})^{-1}$ 与$(\boldsymbol{A}-\boldsymbol{B})^{-1}$ 恒存在. 于是，$2n$ 阶中心对称矩阵的逆，特别是对称 Toeplitz 矩阵的逆的计算，能够转化为两个 n 阶矩阵之逆的计算. 对奇数阶矩阵 $\boldsymbol{D}$ 亦有对应的表达式.

对称的中心对称矩阵和对称的三对角 T 矩阵的特征值与特征向量都有明显的表达式；一般 Toeplitz 矩阵和正定 Toeplitz 矩阵的逆的算法分别由 Trench(1964) 和 Justice(1972，1974) 给出.

7.5.2 循环矩阵

T 矩阵的一种特殊情形是如下形式的矩阵

$$
\boldsymbol{C}_n = \operatorname{circ}(c_0, c_1, \cdots, c_{n-1}) = \begin{bmatrix} c_0 & c_1 & c_2 & \cdots & c_{n-2} & c_{n-1} \\ c_{n-1} & c_0 & c_1 & \cdots & c_{n-3} & c_{n-2} \\ \vdots & \vdots & \vdots & & \vdots & \vdots \\ c_1 & c_2 & c_3 & \cdots & c_{n-1} & c_0 \end{bmatrix} \tag{7.5.16}
$$

称 $\boldsymbol{C}_n$ 为**循环矩阵**.

如果取下面的基本矩阵

$$
\boldsymbol{A} = \begin{bmatrix} 0 & 1 & 0 & \cdots & 0 & 0 \\ 0 & 0 & 1 & \cdots & 0 & 0 \\ \vdots & \vdots & \vdots & & \vdots & \vdots \\ 0 & 0 & 0 & \cdots & 0 & 1 \\ 1 & 0 & 0 & \cdots & 0 & 0 \end{bmatrix} \tag{7.5.17}
$$

则式(7.5.16) 可改写为

$$
\boldsymbol{C}_n = c_0\boldsymbol{I} + c_1\boldsymbol{A} + c_2\boldsymbol{A}^2 + \cdots + c_{n-1}\boldsymbol{A}^{n-1} \tag{7.5.18}
$$

正是由于式(7.5.18) 的成立,才能使循环矩阵 $\boldsymbol{C}_n$ 的研究得以顺利进行.例如,不难由矩阵运算直接推得:循环矩阵的线性运算及乘积都是循环矩阵,并且乘法还满足交换律;循环矩阵的逆矩阵也是循环矩阵,即有

$$
\boldsymbol{C}_n^{-1} = \operatorname{circ}(b_0, b_1, \cdots, b_{n-1}) \tag{7.5.19}
$$

其中

$$
\left.\begin{aligned} b_j &= \frac{1}{n}\sum_{k=0}^{n-1}\lambda_{n-j}^k[f(\lambda_k)]^{-1} \quad (j = 1, 2, \cdots, n-1) \\ b_0 &= \frac{1}{n}\sum_{k=0}^{n-1}\lambda_0^k[f(\lambda_k)]^{-1} \end{aligned}\right\} \tag{7.5.20}
$$

且

$$
\lambda_k = \mathrm{e}^{\frac{2k\pi}{n}\mathrm{j}} = \cos\frac{2k\pi}{n} + \mathrm{j}\sin\frac{2k\pi}{n} \quad (k = 0, 1, \cdots, n-1) \tag{7.5.21}
$$

它是 n 次二项方程

$$
\lambda^n - 1 = 0 \tag{7.5.22}
$$

的 n 个 n 次单位根;而 $f(x)$ 是

$$
f(x) = c_0 + c_1x + c_2x^2 + \cdots + c_{n-1}x^{n-1} \tag{7.5.23}
$$

由式(7.5.20) 可以看出,循环矩阵可逆的条件是 $f(\lambda_k) \neq 0$ $(k = 0, 1, 2, \cdots, n-1)$.

使用式(7.5.23),可把式(7.5.18) 改写为

$$
\boldsymbol{C}_n = f(\boldsymbol{A}) \tag{7.5.24}
$$

如果 $\boldsymbol{Ax} = \lambda\boldsymbol{x}$,则有

$$
\boldsymbol{C}_n\boldsymbol{x} = f(\lambda)\boldsymbol{x} \tag{7.5.25}
$$

式(7.5.25) 表明,求 $\boldsymbol{C}_n$ 的特征值 $f(\lambda)$ 的问题可转化为求 $\boldsymbol{A}$ 的特征值,它们有

相同的特征向量 $\boldsymbol{x}$. 可以证明 $\boldsymbol{A}$ 的 n 个特征值恰是式(7.5.21)中的数 $\lambda_k(k=0,1,2,\cdots,n-1)$,相应于 λ_k 的特征向量为

$$\boldsymbol{x}_k=(1,\lambda_k,\lambda_k^2,\cdots,\lambda_k^{n-1})^{\mathrm{T}}\quad(k=0,1,\cdots,n-1)\tag{7.5.26}$$

因为当 $i\neq j$ 时,$\lambda_i\neq\lambda_j$,所以由式(7.5.26)知 $\boldsymbol{C}_n$ 有完备的特征向量系. 再由矩阵可对角化的理论知,n 阶复矩阵

$$\boldsymbol{V}_n(\lambda_0,\lambda_1,\cdots,\lambda_{n-1})=\begin{bmatrix}1&1&\cdots&1\\\lambda_0&\lambda_1&\cdots&\lambda_{n-1}\\\lambda_0^2&\lambda_1^2&\cdots&\lambda_{n-1}^2\\\vdots&\vdots&&\vdots\\\lambda_0^{n-1}&\lambda_1^{n-1}&\cdots&\lambda_{n-1}^{n-1}\end{bmatrix}\tag{7.5.27}$$

使得

$$\boldsymbol{V}_n^{-1}\boldsymbol{C}_n\boldsymbol{V}_n=\mathrm{diag}(f(\lambda_0),f(\lambda_1),\cdots,f(\lambda_{n-1}))\tag{7.5.28}$$

式(7.5.27)与式(7.5.28)表明,在复数域 $\mathbf{C}$ 中,能用一个可逆矩阵 $\boldsymbol{V}_n$,使 $\mathbf{C}$ 上的所有循环矩阵 $\boldsymbol{C}_n$ 同时与对角矩阵相似.

式(7.5.28)表明 $f(\lambda_k)$ $(k=0,1,2,\cdots,n-1)$ 是 $\boldsymbol{C}_n$ 的特征值. Good(1950)已经证明:如果 $\boldsymbol{A}$ 和 $\boldsymbol{B}$ 都是循环矩阵,那么 $\boldsymbol{A}+\boldsymbol{B},\boldsymbol{A}-\boldsymbol{B},\boldsymbol{AB}$ 以及 $\boldsymbol{A}^{-1}$ 的特征值依次是

$$\lambda_k(\boldsymbol{A})+\lambda_k(\boldsymbol{B}),\ \lambda_k(\boldsymbol{A})-\lambda_k(\boldsymbol{B}),\ \lambda_k(\boldsymbol{A})\lambda_k(\boldsymbol{B}),\ [\lambda_k(\boldsymbol{A})]^{-1}\quad(k=0,1,\cdots,n-1)$$

由式(7.5.28)可求得

$$\det\boldsymbol{C}_n=\prod_{k=0}^{n-1}f(\lambda_k)\tag{7.5.29}$$

以及 $\boldsymbol{C}_n$ 的对角元素

$$c_0=\frac{1}{n}\sum_{k=0}^{n-1}f(\lambda_k)\tag{7.5.30}$$

需要指出,式(7.5.30)可作为检查计算出的 $\boldsymbol{C}_n$ 的特征值是否正确之用.

在数值代数的研究中,还经常遇到以下形式的矩阵:

$$\boldsymbol{E}_n=\begin{bmatrix}1&1&\cdots&1\\1&1&\cdots&1\\\vdots&\vdots&&\vdots\\1&1&\cdots&1\end{bmatrix}\tag{7.5.31}$$

称为**幺矩阵**. 显见乘积 $\boldsymbol{EA}$ 的各列元素是把 $\boldsymbol{A}$ 的相应列元素求和作列所得的矩阵,而 $\boldsymbol{AE}$ 的元素结构读者不难指出.

幺矩阵可以视为循环矩阵 $\boldsymbol{C}_n$ 的特殊情形. 于是,有关 $\boldsymbol{C}_n$ 的结论可适用于 $\boldsymbol{E}_n$. 此外,由 $\boldsymbol{E}_n$ 的特殊性,还可给出如下结果.

幺矩阵 $\boldsymbol{E}_n$ 的阶数 n 是其非零单特征值,数 0 为其 $n-1$ 重特征值,相应的特征

向量系仍如式(7.5.26)所示.

由于循环矩阵 $\boldsymbol{C}_n$ 的丰富性质,使得涉及这一特殊矩阵类计算的复杂问题,得到较好的解决.

对于非低阶(这里为 n 阶)的特殊矩阵

$$\boldsymbol{C}_n = \mathrm{circ}(1, a, b, 0, \cdots, 0, b, a) \tag{7.5.32}$$

的稳定性区域已经给出. 今后进行这方面的研究,看来将会是有意义的.

在数值代数的研究中,有时得到如下形式的 n 阶 Jacobi 矩阵

$$\boldsymbol{J}_n = (c, a, d)_1^n = \begin{bmatrix} a & d & & & \\ c & a & d & & \\ & \ddots & \ddots & \ddots & \\ & & \ddots & \ddots & d \\ & & & c & a \end{bmatrix}$$

实行添加一行和一列的方法,可得如下的 $n+1$ 阶循环矩阵:

$$\mathrm{circ}(a, d, 0, \cdots, 0, c) = \left[\begin{array}{ccccc|c} a & d & & & & c \\ c & a & d & & & 0 \\ & \ddots & \ddots & \ddots & & \vdots \\ & & \ddots & \ddots & d & 0 \\ & & & c & a & d \\ \hline d & 0 & \cdots & 0 & c & a \end{array}\right] \tag{7.5.33}$$

这样一来,对式(7.5.33)使用循环矩阵的某些结果,可以获得 $\boldsymbol{J}_n$ 的一些结果(如求逆矩阵等).

7.5.3 其他特殊的 T 矩阵

如果在矩阵(7.5.1)中有 $a_k = 0\ (k = \pm 2, \pm 3, \cdots, \pm(n-1))$,可得矩阵

$$\begin{bmatrix} a_0 & a_{-1} & & & \\ a_1 & a_0 & a_{-1} & & \\ & \ddots & \ddots & \ddots & \\ & & \ddots & \ddots & a_{-1} \\ & & & a_1 & a_0 \end{bmatrix} \tag{7.5.34}$$

称为**三对角 T 矩阵**,它的全部特征值已有了明显的表达式. 如果矩阵(7.5.34)是对称三对角 T 矩阵,则可相似于对角矩阵. 这一性质将有助于求解某些椭圆型差分方程.

又如在 T 矩阵(7.5.1)中令 $a_k = 0$,或令 $a_{-k} = 0\ (k = 1, 2, \cdots, n-1)$,则得矩阵

$$\begin{bmatrix} a_0 & a_{-1} & a_{-2} & \cdots & a_{-n+1} \\ & a_0 & a_{-1} & \cdots & a_{-n+2} \\ & & \ddots & \ddots & \vdots \\ & & & a_0 & a_{-1} \\ & & & & a_0 \end{bmatrix} \tag{7.5.35}$$

或

$$\begin{bmatrix} a_0 & & & & \\ a_1 & a_0 & & & \\ a_2 & a_1 & a_0 & & \\ \vdots & \vdots & \ddots & \ddots & \\ a_{n-1} & a_{n-2} & \cdots & a_1 & a_0 \end{bmatrix} \tag{7.5.36}$$

分别称为**上三角 T 矩阵**及**下三角 T 矩阵**. 显然同型的三角 T 矩阵的乘积仍是三角 T 矩阵. 同样,三角 T 矩阵的逆矩阵仍是三角 T 矩阵. 这些运算与多项式乘除法计算有密切联系,使得这两方面的快速算法可以相互引用.

7.6　其他特殊矩阵

本节主要介绍既有理论价值又有实际应用的 Vandermonde 矩阵、Hilbert 矩阵及 Hadamard 矩阵的性质和应用.

7.6.1　Vandermonde 矩阵

如下形式的 n 阶矩阵

$$\boldsymbol{V} = \begin{bmatrix} 1 & 1 & \cdots & 1 \\ \alpha_1 & \alpha_2 & \cdots & \alpha_n \\ \alpha_1^2 & \alpha_2^2 & \cdots & \alpha_n^2 \\ \vdots & \vdots & & \vdots \\ \alpha_1^{n-1} & \alpha_2^{n-2} & \cdots & \alpha_n^{n-1} \end{bmatrix} \tag{7.6.1}$$

称为 **Vandermonde 矩阵**. 根据线性代数中的结论,该矩阵的行列式为

$$\det\boldsymbol{V} = \prod_{n\geqslant i>j\geqslant 1} (\alpha_i - \alpha_j)$$

可见,当 $\alpha_1,\alpha_2,\cdots,\alpha_n$ 两两互异时,Vandermonde 矩阵总是可逆的.

在多项式插值理论中,如果已知某函数 $f(x)$ 在 n 个互异点 $\alpha_1,\alpha_2,\cdots,\alpha_n$ 处的函数值为

$$f(\alpha_i) = f_i \quad (i=1,2,\cdots,n)$$

要求一次数不超过 $n-1$ 的多项式

$$p(x) = c_0 + c_1 x + c_2 x^2 + \cdots + c_{n-1} x^{n-1} \qquad (7.6.2)$$

使满足插值条件

$$p(\alpha_i) = f_i \quad (i = 1, 2, \cdots, n) \qquad (7.6.3)$$

上式写成矩阵表达式为

$$\boldsymbol{V}^{\mathrm{T}} \boldsymbol{c} = \boldsymbol{f} \qquad (7.6.4)$$

其中 $\boldsymbol{V}$ 是形如式(7.6.1) 的 Vandermonde 矩阵，$\boldsymbol{c} = (c_0, c_1, \cdots, c_{n-1})^{\mathrm{T}}$，$\boldsymbol{f} = (f_1, f_2, \cdots, f_n)^{\mathrm{T}}$. 由于 Vandermonde 矩阵 $\boldsymbol{V}$ 可逆，所以方程组(7.6.4) 有唯一解 $\boldsymbol{c}$，即满足插值条件式(7.6.3) 的多项式是唯一确定的.

当采用数值方法求线性泛函 $\mathscr{L}[f(x)]$ 的值时(如求 $f(x)$ 的定积分等)，通常以 $f(x)$ 的插值多项式 $p(x)$ 代替 $f(x)$ 求线性泛函，即 $\mathscr{L}[f(x)] \approx \mathscr{L}[p(x)]$. 令

$$b_k = \mathscr{L}[x^{k-1}] \quad (k = 1, 2, \cdots, n)$$

则由式(7.6.2) 和方程组(7.6.4) 得

$$\mathscr{L}[f(x)] \approx \mathscr{L}[p(x)] = \mathscr{L}\left[\sum_{k=0}^{n-1} c_k x^k\right] = \sum_{k=0}^{n-1} c_k b_k = \boldsymbol{c}^{\mathrm{T}} \boldsymbol{b} =$$

$$(\boldsymbol{V}^{-\mathrm{T}} \boldsymbol{f})^{\mathrm{T}} \boldsymbol{b} = \boldsymbol{f}^{\mathrm{T}} (\boldsymbol{V}^{-1} \boldsymbol{b}) = \boldsymbol{f}^{\mathrm{T}} \boldsymbol{y} = \sum_{j=1}^{n} f_j y_j$$

其中 $\boldsymbol{b} = (b_1, b_2, \cdots, b_n)^{\mathrm{T}}$，$\boldsymbol{y} = (y_1, y_2, \cdots, y_n)^{\mathrm{T}} = \boldsymbol{V}^{-1} \boldsymbol{b}$. 于是对线性泛函的逼近问题可转化为以 Vandermonde 矩阵 $\boldsymbol{V}$ 为系数矩阵的线性方程组

$$\boldsymbol{V} \boldsymbol{y} = \boldsymbol{b} \qquad (7.6.5)$$

的求解问题.

求解线性方程组(7.6.4) 和(7.6.5) 的快速算法，其基本思想如下.

将式(7.6.2) 的插值多项式 $p(x)$ 写成牛顿(Newton) 形式

$$p(x) = d_1^{(1)} + \sum_{k=2}^{n} d_k^{(k)} \prod_{j=1}^{k-1} (x - \alpha_j) \qquad (7.6.6)$$

其中 $d_k^{(k)} = f[\alpha_1, \alpha_2, \cdots, \alpha_k]$ 是函数 $f(x)$ 在 $\alpha_1, \alpha_2, \cdots, \alpha_k$ 的 $k-1$ 阶差商. 若记 $k-1$ 阶差商为 $d_j^{(k)} = f[\alpha_{j-k+1}, \alpha_{j-k+2}, \cdots, \alpha_j]$，由差商的定义知 $d_k^{(k)}$ $(k = 1, 2, \cdots, n)$ 可递推地求出

$$d_j^{(1)} = f_j \quad (j = 1, 2, \cdots, n)$$

对 $k = 1, 2, \cdots, n-1$，有

$$d_j^{(k+1)} = \frac{d_j^{(k)} - d_{j-1}^{(k)}}{\alpha_j - \alpha_{j-k}} \quad (j = k+1, k+2, \cdots, n) \qquad (7.6.7)$$

再递推地定义多项式

$$p_n(x) = d_n^{(n)}, \; p_k(x) = d_k^{(k)} + (x - \alpha_k) p_{k+1}(x)$$

$$(k = n-1, \cdots, 2, 1) \qquad 7.6.8)$$

由式(7.6.6) 可知 $p_1(x) = p(x)$. 记

$$p_k(x) = c_k^{(k)} + c_{k+1}^{(k)} x + \cdots + c_n^{(k)} x^{n-k}$$

代入式(7.6.8),并比较两边 x 的同次幂系数得

$c_n^{(n)}=d_n^{(n)}$

对 $k=n-1,\cdots,2,1$,有

$$\begin{aligned} c_k^{(k)}&=d_k^{(k)}-\alpha_k c_{k+1}^{(k+1)} \\ c_j^{(k)}&=c_j^{(k+1)}-\alpha_k c_{j+1}^{(k+1)} \quad (j=k+1,\cdots,n-1) \\ c_n^{(k)}&=c_n^{(k+1)} \end{aligned} \tag{7.6.9}$$

于是线性方程组(7.6.4)的解为 $c_j=c_j^{(1)}\,(j=1,2,\cdots,n)$. 利用式(7.6.7)和式(7.6.9),求解线性方程组(7.6.4)的计算量为 $O(n^2)$.

引入 n 阶矩阵

$$\boldsymbol{L}_k(\alpha)=\left[\begin{array}{c:cccc} \boldsymbol{I}_k & & \boldsymbol{O} & & \\ \hdashline -\alpha & 1 & & & \\ & -\alpha & 1 & & \\ & & \ddots & \ddots & \\ & & & -\alpha & 1 \end{array}\right]$$

和 n 阶对角矩阵

$$\boldsymbol{D}_k=\mathrm{diag}\,(1,\cdots,1,(\alpha_{k+1}-\alpha_1)^{-1},\cdots,(\alpha_n-\alpha_{n-k})^{-1})$$

再引入 n 维列向量

$$\boldsymbol{d}^{(k)}=(d_1^{(1)},\cdots,d_{k-1}^{(k-1)},d_k^{(k)},\cdots,d_n^{(k)})^{\mathrm{T}}$$

$$\boldsymbol{c}^{(k)}=(d_1^{(1)},\cdots,d_{k-1}^{(k-1)},c_k^{(k)},\cdots,c_n^{(k)})^{\mathrm{T}} \quad (k=1,2,\cdots,n)$$

则由式(7.6.7)和式(7.6.9)可得

$$\boldsymbol{d}^{(1)}=\boldsymbol{f},\quad \boldsymbol{d}^{(k+1)}=\boldsymbol{D}_k\boldsymbol{L}_k(1)\boldsymbol{d}^{(k)} \quad (k=1,2,\cdots,n-1)$$

$$\boldsymbol{c}^{(n)}=\boldsymbol{d}^{(n)},\quad \boldsymbol{c}^{(k)}=\boldsymbol{L}_k^{\mathrm{T}}(\alpha_k)\boldsymbol{c}^{(k+1)} \quad (k=n-1,\cdots,2,1)$$

于是线性方程组(7.6.4)的解为

$$\boldsymbol{c}=\boldsymbol{c}^{(1)}=\boldsymbol{L}_1^{\mathrm{T}}(\alpha_1)\cdots\boldsymbol{L}_{n-1}^{\mathrm{T}}(\alpha_{n-1})\boldsymbol{c}^{(n)}=$$
$$\boldsymbol{L}_1^{\mathrm{T}}(\alpha_1)\cdots\boldsymbol{L}_{n-1}^{\mathrm{T}}(\alpha_{n-1})\boldsymbol{D}_{n-1}\boldsymbol{L}_{n-1}(1)\cdots\boldsymbol{D}_1\boldsymbol{L}_1(1)\boldsymbol{f}$$

这表明

$$\boldsymbol{V}^{-\mathrm{T}}=\boldsymbol{L}_1^{\mathrm{T}}(\alpha_1)\cdots\boldsymbol{L}_{n-1}^{\mathrm{T}}(\alpha_{n-1})\boldsymbol{D}_{n-1}\boldsymbol{L}_{n-1}(1)\cdots\boldsymbol{D}_1\boldsymbol{L}_1(1)$$

从而线性方程组(7.6.5)的解为

$$\boldsymbol{y}=\boldsymbol{V}^{-1}\boldsymbol{b}=\boldsymbol{L}_1^{\mathrm{T}}(1)\boldsymbol{D}_1\cdots\boldsymbol{L}_{n-1}^{\mathrm{T}}(1)\boldsymbol{D}_{n-1}\boldsymbol{L}_{n-1}(\alpha_{n-1})\cdots\boldsymbol{L}_1(\alpha_1)\boldsymbol{b}$$

令

$$\left.\begin{aligned} &\boldsymbol{g}^{(1)}=\boldsymbol{b},\ \boldsymbol{g}^{(k+1)}=\boldsymbol{L}_k(\alpha_k)\boldsymbol{g}^{(k)} \quad (k=1,2,\cdots,n-1) \\ &\boldsymbol{y}^{(n)}=\boldsymbol{g}^{(n)},\quad \boldsymbol{y}^{(k)}=\boldsymbol{L}_k^{\mathrm{T}}(\alpha_k)\boldsymbol{D}_k\boldsymbol{y}^{(k+1)} \quad (k=n-1,\cdots,2,1) \end{aligned}\right\} \tag{7.6.10}$$

且记

$$\boldsymbol{g}^{(k)}=(g_1^{(1)},\cdots,g_{k-1}^{(k-1)},g_k^{(k)},\cdots,g_n^{(k)})^{\mathrm{T}}$$

$$\boldsymbol{y}^{(k)}=(g_1^{(1)},\cdots,g_{k-1}^{(k-1)},y_k^{(k)},\cdots,y_n^{(k)})^{\mathrm{T}} \quad (k=1,2,\cdots,n)$$

由式(7.6.10)可得

$g_j^{(1)} = b_j \quad (j=1,2,\cdots,n)$

对 $k=1,2,\cdots,n-1$，有

$g_j^{(k+1)} = g_j^{(k)} - \alpha_k g_{j-1}^{(k)} \quad (j=k+1,k+2,\cdots,n)$

$y_j^{(n)} = g_j^{(j)} \quad (j=1,2,\cdots,n)$

对 $k=n-1,\cdots,2,1$，有

$z_k^{(k+1)} = y_k^{(k+1)}$

$z_j^{(k+1)} = \dfrac{y_j^{(k+1)}}{\alpha_j - \alpha_{j-k}} \quad (j=k+1,k+2,\cdots,n)$

$y_j^{(k)} = z_j^{(k+1)} - z_{j+1}^{(k+1)} \quad (j=k,k+1,\cdots,n-1)$

$y_n^{(k)} = z_n^{(k+1)}$

最后 $y_j = y_j^{(1)}(j=1,2,\cdots,n)$ 即为线性方程组(7.6.5)的解，该算法的计算量仍为 $O(n^2)$.

为构造 Vandermonde 矩阵求逆算法，引入如下一些多项式：

$$\pi(x) = \prod_{j=1}^{n}(x-\alpha_j),\ \pi_k(x) = \prod_{\substack{j=1 \\ j\neq k}}^{n}(x-\alpha_j) \quad (k=1,2,\cdots,n)$$

$$L_0(x) = 1,\ L_k(x) = \prod_{j=1}^{k}(x-\alpha_j) \quad (k=1,2,\cdots,n) \tag{7.6.11}$$

如果记

$$L_k(x) = l_{k0} + l_{k1}x + \cdots + l_{kk}x^k \quad (k=0,1,\cdots,n)$$

且注意到 $L_k(x) = (x-\alpha_k)L_{k-1}(x)\ (k=1,2,\cdots,n)$，则有

$l_{00} = 1$

对 $k=1,2,\cdots,n$，有

$$l_{k0} = -\alpha_k l_{k-1,0} \tag{7.6.12}$$

$l_{kj} = l_{k-1,j-1} - \alpha_k l_{k-1,j} \quad (j=1,2,\cdots,k-1)$

$l_{kk} = l_{k-1,k-1}$

又记 $\pi_k(x) = w_{k1} + w_{k2}x + \cdots + w_{kn}x^{n-1}(k=1,2,\cdots,n)$. 利用

$$\pi(x) = L_n(x) = \sum_{j=0}^{n} l_{nj}x^j$$

$$\pi(x) = (x-\alpha_k)\pi_k(x) \quad (k=1,2,\cdots,n)$$

可得

$$\left.\begin{aligned} w_{kn} &= l_{nn} \\ w_{kj} &= l_{nj} + \alpha_k w_{k,j+1} \quad (j=n-1,\cdots,2,1) \end{aligned}\right\} \tag{7.6.13}$$

再将 $\pi_k(x)$ 表示为

$$\pi_k(x) = u_{k1} + (x-\alpha_k)(u_{k2} + u_{k3}x + \cdots + u_{kn}x^{n-2}) \tag{7.6.14}$$

则 $u_{kj}(j=1,2,\cdots,n)$ 可递推计算如下：

$$\left.\begin{aligned} u_{kn} &= w_{kn} \\ u_{kj} &= w_{kj} + \alpha_k u_{k,j+1} \quad (j = n-1, \cdots, 2, 1) \end{aligned}\right\} \tag{7.6.15}$$

如果取

$$\beta_k = \frac{1}{u_{k1}} \quad (k = 1, 2, \cdots, n) \tag{7.6.16}$$

则由 $\pi_k(x)$ 的定义及式(7.6.14) 可知

$$\beta_k \pi_k(\alpha_j) = \begin{cases} 1 & (j = k) \\ 0 & (j \neq k) \end{cases} \tag{7.6.17}$$

最后，令

$$\beta_k \pi_k(x) = v_{k1} + v_{k2} x + \cdots + v_{kn} x^{n-1} \tag{7.6.18}$$

则有

$$v_{kj} = \beta_k w_{kj} \quad (j = 1, 2, \cdots, n) \tag{7.6.19}$$

由式(7.6.17) 和式(7.6.18) 可看出，Vandermonde 矩阵 $\mathbf{V}$ 的逆矩阵为 $\mathbf{V}^{-1} = (v_{kj})_{n\times n}$. 利用式(7.6.12)、式(7.6.13)、式(7.6.15)、式(7.6.16)、式(7.6.18) 及式(7.6.19)，计算 Vandermonde 矩阵的逆矩阵，其计算量为 $O(n^2)$.

7.6.2　Hilbert 矩阵

给定区间 $a \leqslant x \leqslant b$ 上给定连续函数 $f(x)$，要求用 x 的$n-1$ 次多项式 $\sum_{i=1}^{n} c_i x^{i-1}$ 逼近 $f(x)$，即要求

$$F(c_1, c_2, \cdots, c_n) = \int_a^b \omega(x)\left[f(x) - \sum_{j=1}^{n} c_j x^{j-1}\right]^2 \mathrm{d}x$$

达到最小，其中 $\omega(x)$ 是$[a,b]$ 上一个非负的权函数. 由$(c_1, c_2, \cdots, c_n)$ 是 $F(c_1, c_2, \cdots, c_n)$ 的极值点的必要条件为

$$\frac{\partial F}{\partial c_i} = 0 \quad (i = 1, 2, \cdots, n) \tag{7.6.20}$$

得

$$\sum_{j=1}^{n} c_j \int_a^b \omega(x) x^{i+j-2} \mathrm{d}x = \int_a^b \omega(x) f(x) x^{i-1} \mathrm{d}x \quad (i = 1, 2, \cdots, n) \tag{7.6.21}$$

这是 n 个未知量 c_j 满足的 n 个方程. 如果取 $\omega(x) \equiv 1$，$[a,b] = [0,1]$，且记

$$h_{i+j} = \int_0^1 x^{i+j-2} \mathrm{d}x = \frac{1}{i+j-1}$$

$$b_i = \int_0^1 f(x) x^{i-1} \mathrm{d}x \quad (i, j = 1, 2, \cdots, n)$$

那么方程组(7.6.21) 就成为

$$\sum_{j=1}^{n} h_{i+j} c_j = b_i \quad (i = 1, 2, \cdots, n)$$

写成矩阵形式即为

$$\boldsymbol{H}_n\boldsymbol{c}=\boldsymbol{b}$$

其中 $\boldsymbol{c}=(c_1,c_2,\cdots,c_n)^{\mathrm{T}}$，$\boldsymbol{b}=(b_1,b_2,\cdots,b_n)^{\mathrm{T}}$，而

$$\boldsymbol{H}_n=\left(\frac{1}{i+j-1}\right)_{i,j=1}^{n}=\begin{bmatrix}1 & \frac{1}{2} & \cdots & \frac{1}{n}\\ \frac{1}{2} & \frac{1}{3} & \cdots & \frac{1}{n+1}\\ \vdots & \vdots & & \vdots\\ \frac{1}{n} & \frac{1}{n+1} & \cdots & \frac{1}{2n-1}\end{bmatrix} \tag{7.6.22}$$

称之为 **Hilbert 矩阵.**

Hilbert 矩阵是特殊的 Hankel 矩阵，还是对称正定矩阵、正矩阵和正稳定矩阵. 该矩阵的行列式为

$$\det\boldsymbol{H}_n=\frac{[1!\ 2!\ \cdots(n-1)!]^3}{n!\ (n+1)!\ \cdots(2n-1)!}$$

它的逆矩阵 $\boldsymbol{H}_n^{-1}=(v_{ij})_{n\times n}$ 有以下明显的表达式

$$v_{ij}=\frac{(-1)^{i+j}(n+i-1)!\ (n+j-1)!}{(i+j-1)[(i-1)!\ (j-1)!]^2(n-i)!\ (n-j)!}\quad (i,j=1,2,\cdots,n)$$

例如，对 3 阶 Hilbert 矩阵有

$$\boldsymbol{H}_3^{-1}=\begin{bmatrix}9 & -36 & 30\\ -36 & 192 & -180\\ 30 & -180 & 180\end{bmatrix}$$

对 Hilbert 矩阵有兴趣主要在于它是严重病态的，其条件数随 n 增加而快速增大. 表 7.1 对少数几个 n 值，给出了 $\boldsymbol{H}_n$ 的条件数：

$$\mathrm{cond}_2(\boldsymbol{H}_n)=\|\boldsymbol{H}_n\|_2\|\boldsymbol{H}_n^{-1}\|_2=\frac{\max\lambda(\boldsymbol{H}_n)}{\min\lambda(\boldsymbol{H}_n)}$$

表 7.1 Hilbert 矩阵条件数

n	$\mathrm{cond}_2(\boldsymbol{H}_n)$	n	$\mathrm{cond}_2(\boldsymbol{H}_n)$
3	5.24×10^{2}	7	4.75×10^{8}
4	1.55×10^{4}	8	1.53×10^{10}
5	4.77×10^{5}	9	4.93×10^{11}
6	1.50×10^{7}	10	1.60×10^{13}

由于 Hilbert 矩阵是这样的病态矩阵，所以常常用它来检验一些矩阵算法的可行性及其数值稳定性等问题. 但是也因为有这样的病态，使用时必须小心谨慎.

7.6.3　Hadamard 矩阵

如果 n 阶矩阵 $\boldsymbol{H}$ 的全体元素取 1 或者 -1，并且满足

$$\boldsymbol{H}\boldsymbol{H}^{\mathrm{T}}=n\boldsymbol{I} \tag{7.6.23}$$

则称 $\boldsymbol{H}$ 为 **Hadamard 矩阵**.

Hadamard 矩阵有下述性质.

(1) 若 $\boldsymbol{H}$ 是 n 阶 Hadamard 矩阵，则

$$\det\boldsymbol{H}=n^{\frac{n}{2}} \quad 或 \quad \det\boldsymbol{H}=-n^{\frac{n}{2}}$$

(2) 若 $\boldsymbol{H}$ 是 Hadamard 矩阵，则 $\boldsymbol{H}^{\mathrm{T}}$ 也是 Hadamard 矩阵.

事实上，由于 $\boldsymbol{H}$ 是可逆矩阵，给式(7.6.23) 两边同时左乘 $\boldsymbol{H}^{\mathrm{T}}$ 和右乘$(\boldsymbol{H}^{\mathrm{T}})^{-1}$，得 $\boldsymbol{H}^{\mathrm{T}}\boldsymbol{H}=n\boldsymbol{I}$，即 $\boldsymbol{H}^{\mathrm{T}}(\boldsymbol{H}^{\mathrm{T}})^{\mathrm{T}}=n\boldsymbol{I}$. 此外 $\boldsymbol{H}^{\mathrm{T}}$ 也是由 1 或者 -1 为元素构成的 n 阶矩阵，因此 $\boldsymbol{H}^{\mathrm{T}}$ 也是 Hadamard 矩阵.

(3) 若 $\boldsymbol{H}$ 是 n 阶 Hadamard 矩阵($n>2$)，则 n 是 4 的倍数.

事实上，设 $\boldsymbol{H}=(h_{ij})_{n\times n}$，则由式(7.6.23) 可得

$$\begin{cases} h_{11}^2+h_{12}^2+\cdots+h_{1n}^2=n \\ h_{11}h_{21}+h_{12}h_{22}+\cdots+h_{1n}h_{2n}=0 \\ h_{11}h_{31}+h_{12}h_{32}+\cdots+h_{1n}h_{3n}=0 \\ h_{21}h_{31}+h_{22}h_{32}+\cdots+h_{2n}h_{3n}=0 \end{cases}$$

从而

$$(h_{11}+h_{21})(h_{11}+h_{31})+(h_{12}+h_{22})(h_{12}+h_{32})+\cdots+$$
$$(h_{1n}+h_{2n})(h_{1n}+h_{3n})=h_{11}^2+h_{12}^2+\cdots+h_{1n}^2=n$$

由于 $h_{1i}+h_{2i}, h_{1i}+h_{3i}(i=1,2,\cdots,n)$ 或为 0，或为 2，因此上式左端是 4 的倍数，从而 n 是 4 的倍数.

这一性质表明，大于 2 而不为 4 的倍数阶的 Hadamard 矩阵是不存在的.

(4) 任意交换 Hadamard 矩阵的两行(或列)，用(-1) 乘 Hadamard 矩阵的任意一行(或列) 的所有元素，仍得 Hadamard 矩阵.

由式(7.6.27) 可直接证明该性质. 由这一性质可知，对任一 Hadamard 矩阵，总可以通过上述两种变换，使其第 1 行和第 1 列的元素都是 1，这样的矩阵称为**正规 Hadamard 矩阵**. 另外，n 阶 Hadamard 矩阵不是唯一的，n 阶正规 Hadamard 矩阵也不是唯一的，因为交换它的任意两行(或列)，但除去第一行(或第一列)，得到另一(正规)Hadamard 矩阵.

由定义可知：

$\boldsymbol{H}_1=(1)$ 是 1 阶(正规)Hadamard 矩阵；

$\boldsymbol{H}_2=\begin{bmatrix}1 & 1\\ 1 & -1\end{bmatrix}$是 2 阶(正规)Hadamard 矩阵；

一般地，$2^k(k=1,2,\cdots)$ 阶（正规）Hadamard 矩阵为

$$\boldsymbol{H}_{2^k}=\begin{bmatrix}\boldsymbol{H}_{2^{k-1}} & \boldsymbol{H}_{2^{k-1}}\\ \boldsymbol{H}_{2^{k-1}} & -\boldsymbol{H}_{2^{k-1}}\end{bmatrix}\quad(k=1,2,\cdots)$$

这种构造 Hadamard 矩阵的方法称为 **Sylvester 法**.

如何构造 12,20,24,28,…（这些数是 4 的倍数，但不属于 $2^k(k=1,2,\cdots)$）阶的 Hadamard 矩阵呢？对于较大的 n 已具体构造出来了，但对一般情形的研究仍在进行.

Hadamard 矩阵在网络、逻辑电路、编码、数字信号处理等方面，都有重要的应用. 例如，美国在 1969 年水手号火星探险的遥测系统中，曾采用一个以 $\boldsymbol{H}_{2^5}$ 的行向量为基础的纠错码.

习题答案或提示

习　题　1.1

2. 是.　3. (1) 否；(2) 是；(3) 否.

4. 因为 $1-2\cos^2 t+\cos 2t=0$

5. 令 $\boldsymbol{F}_{ij}=\boldsymbol{E}_{ij}+\boldsymbol{E}_{ji}\,(i\leqslant j)$，则一个基为 $\boldsymbol{F}_{11},\boldsymbol{F}_{12},\cdots,\boldsymbol{F}_{1n},\boldsymbol{F}_{22},\cdots,\boldsymbol{F}_{2n},\cdots,\boldsymbol{F}_{nn}$，维数为 $\frac{1}{2}n(n+1)$.

6. $(3,4,1)^{\mathrm{T}}$.

7. (1) $\boldsymbol{C}=\begin{bmatrix}4&-2&1&0\\8&-4&2&1\\1&0&0&2\\-2&1&0&0\end{bmatrix}$，(2) $\begin{bmatrix}11\\23\\4\\-5\end{bmatrix}$

8. (1) $\boldsymbol{C}=\begin{bmatrix}2&0&5&6\\1&3&3&6\\-1&1&2&1\\1&0&1&3\end{bmatrix}$；(3) $k\begin{bmatrix}1\\1\\1\\-1\end{bmatrix}\ (k\neq 0)$.

10. 基为 $\boldsymbol{y}_1$，$\boldsymbol{y}_2$.　11. 基为 $(1,0,-1,0)$，$(0,1,0,-1)$.

12. (2) 基为 $\begin{bmatrix}1&0\\0&-1\end{bmatrix},\begin{bmatrix}0&1\\0&0\end{bmatrix},\begin{bmatrix}0&0\\1&0\end{bmatrix}$；维数为 3.

13. 提示：$\boldsymbol{A}=\frac{1}{2}(\boldsymbol{A}+\boldsymbol{A}^{\mathrm{T}})+\frac{1}{2}(\boldsymbol{A}-\boldsymbol{A}^{\mathrm{T}})$.

习　题　1.2

1. (1) 不是；(2) 是；(3) 是.

2. $(T_1+T_2)\boldsymbol{x}=(\xi_1+\xi_2,-\xi_1-\xi_2)$

   $(T_1T_2)\boldsymbol{x}=(-\xi_2,\xi_1)$，$(T_2T_1)\boldsymbol{x}=(\xi_2,\xi_1)$.

4. $\boldsymbol{A}=\begin{bmatrix}2&-1&0\\0&1&1\\1&0&0\end{bmatrix}$.

5. 提示：验证 $T_2\boldsymbol{x}_1=T_1\boldsymbol{x}_1$，$T_2\boldsymbol{x}_2=T_1\boldsymbol{x}_2$.

6. $\boldsymbol{A}=\begin{bmatrix}a&b&1&0&0&0\\-b&a&0&1&0&0\\0&0&a&b&1&0\\0&0&-b&a&0&1\\0&0&0&0&a&b\\0&0&0&0&-b&a\end{bmatrix}$.

7. $\boldsymbol{B}=\boldsymbol{C}^{-1}\boldsymbol{A}\boldsymbol{C}=\begin{bmatrix}-1&1&-2\\2&2&0\\3&0&2\end{bmatrix}$.

8. $\boldsymbol{A}_1=\begin{bmatrix}a&0&b&0\\0&a&0&b\\c&0&d&0\\0&c&0&d\end{bmatrix}$, $\boldsymbol{A}_2=\begin{bmatrix}a&c&0&0\\b&d&0&0\\0&0&a&c\\0&0&b&d\end{bmatrix}$, $\boldsymbol{A}_3=\boldsymbol{A}_1\boldsymbol{A}_2$.

9. 设 $c_0\boldsymbol{x}+c_1T\boldsymbol{x}+\cdots+c_{k-1}T^{k-1}\boldsymbol{x}=\boldsymbol{0}$,两端用 T^{k-1} 变换,并利用 $T^k\boldsymbol{x}=\boldsymbol{0}$ 可得 $c_0T^{k-1}\boldsymbol{x}=\boldsymbol{0}$,再由 $T^{k-1}\boldsymbol{x}\neq\boldsymbol{0}$ 可得 $c_0=0$. 同理 $c_1=\cdots=c_{k-1}=0$. 故结论成立.

10. 提示:$T^2\boldsymbol{x}=(0,0,\xi_1)$.

11. (1) $\boldsymbol{C}=\dfrac{1}{2}\begin{bmatrix}-4&-3&3\\2&3&3\\2&1&-5\end{bmatrix}$; (2) $\boldsymbol{A}=\boldsymbol{C}$; (3) $\boldsymbol{B}=\boldsymbol{C}$.

12. $\lambda_1=\lambda_2=1$:$\boldsymbol{x}=3\boldsymbol{x}_1-6\boldsymbol{x}_2+20\boldsymbol{x}_3$,全体为 $k\boldsymbol{x}$ $(k\neq0)$;

$\lambda_3=-2$: $\boldsymbol{x}=\boldsymbol{x}_3$,全体为 $k\boldsymbol{x}$ $(k\neq0)$.

13. $\boldsymbol{P}=\begin{bmatrix}0&1&1\\0&2&0\\1&0&0\end{bmatrix}$, $\boldsymbol{P}^{-1}\boldsymbol{A}\boldsymbol{P}=\begin{bmatrix}2&1&1\\&1&-2\\&&1\end{bmatrix}$. 14. $\begin{bmatrix}-3&48&-26\\0&95&-61\\0&-61&34\end{bmatrix}$.

15. T 的特征值与特征向量为

$$\begin{cases}\lambda_1=\lambda_2=\lambda_3=3\\ \boldsymbol{y}_1=\boldsymbol{x}_1+\boldsymbol{x}_6,\quad \boldsymbol{y}_2=\boldsymbol{x}_2+\boldsymbol{x}_5,\quad \boldsymbol{y}_3=\boldsymbol{x}_3+\boldsymbol{x}_4\\ \boldsymbol{y}=k_1\boldsymbol{y}_1+k_2\boldsymbol{y}_2+k_3\boldsymbol{y}_3\quad (k_1,k_2,k_3\text{ 不同时为 }0)\end{cases};$$

$$\begin{cases}\lambda_4=\lambda_5=\lambda_6=-1\\ \boldsymbol{y}_4=\boldsymbol{x}_1-\boldsymbol{x}_6,\quad \boldsymbol{y}_5=\boldsymbol{x}_2-\boldsymbol{x}_5,\quad \boldsymbol{y}_6=\boldsymbol{x}_3-\boldsymbol{x}_4\\ \boldsymbol{y}=k_4\boldsymbol{y}_4+k_5\boldsymbol{y}_5+k_6\boldsymbol{y}_6\quad (k_4,k_5,k_6\text{ 不同时为 }0)\end{cases}$$

T 在基 $\boldsymbol{y}_1,\boldsymbol{y}_2,\cdots,\boldsymbol{y}_6$ 下的矩阵为 $\boldsymbol{\Lambda}=\mathrm{diag}(3,3,3,-1,-1,-1)$.

16. $\varphi(\lambda)=\lambda^3+9\lambda^2-81\lambda-729$, $m(\lambda)=\lambda^2-81$.

17. 设 $\boldsymbol{A}$ 的最小多项式为 $m_{\boldsymbol{A}}(\lambda)$,$\boldsymbol{B}=\boldsymbol{A}^{\mathrm{T}}$ 的最小多项式为 $m_{\boldsymbol{B}}(\lambda)$. 因 $m_{\boldsymbol{A}}(\boldsymbol{A})=\boldsymbol{O}$,故 $m_{\boldsymbol{A}}(\boldsymbol{B})=[m_{\boldsymbol{A}}(\boldsymbol{A})]^{\mathrm{T}}=\boldsymbol{O}$,从而 $m_{\boldsymbol{B}}(\lambda)\mid m_{\boldsymbol{A}}(\lambda)$. 同理可得 $m_{\boldsymbol{A}}(\lambda)\mid m_{\boldsymbol{B}}(\lambda)$. 因此 $m_{\boldsymbol{A}}(\lambda)=m_{\boldsymbol{B}}(\lambda)$.

18. $\forall\boldsymbol{x}\in V_{\lambda_0}$ $T_1\boldsymbol{x}=\lambda_0\boldsymbol{x}$. 因 $T_1(T_2\boldsymbol{x})=T_2(T_1\boldsymbol{x})=\lambda_0(T_2\boldsymbol{x})$,故 $T_2\boldsymbol{x}\in V_{\lambda_0}$,从而 V_{λ_0} 是 T_2 的不变子空间.

19. (1) $\boldsymbol{J}=\begin{bmatrix}1&&\\&\mathrm{j}&\\&&-\mathrm{j}\end{bmatrix}$; (2) $\boldsymbol{J}=\left[\begin{array}{cc|cc}1&1&&\\&1&&\\\hline&&1&1\\&&&1\end{array}\right]$.

20. 设 $\boldsymbol{A}$ 的 Jordan 标准形为 $\boldsymbol{J}$,即 $\boldsymbol{P}^{-1}\boldsymbol{A}\boldsymbol{P}=\boldsymbol{J}$. 由于 $\boldsymbol{J}^m=\boldsymbol{P}^{-1}\boldsymbol{A}^m\boldsymbol{P}=\boldsymbol{I}$,所以 $[\boldsymbol{J}_i(\lambda_i)]^m=\boldsymbol{I}_{m_i}$. 由 $\boldsymbol{A}$ 可逆,知 $\lambda_i\neq0$,从而 $m_i=1$,即 $\boldsymbol{A}$ 与对角矩阵相似.

21. $\xi_1(t)=c_1\mathrm{e}^t+c_2t\mathrm{e}^t$, $\xi_2(t)=2c_1\mathrm{e}^t+c_2(2t+1)\mathrm{e}^t$

$\xi_3(t)=4c_1\mathrm{e}^t+c_2(4t+2)\mathrm{e}^t+c_3\mathrm{e}^{-t}$.

习　题　1.3

1. (2) $\boldsymbol{A}$.　2. 是.　3. (1) $\frac{\pi}{2}$；(2) $\frac{\pi}{4}$.　4. $\frac{1}{\sqrt{26}}(4,0,1,-3)$.

5. $\boldsymbol{y}_1=\frac{1}{\sqrt{2}}(\boldsymbol{x}_1+\boldsymbol{x}_5)$，　$\boldsymbol{y}_2=\frac{1}{\sqrt{10}}(\boldsymbol{x}_1-2\boldsymbol{x}_2+2\boldsymbol{x}_4-\boldsymbol{x}_5)$，　$\boldsymbol{y}_3=\frac{1}{2}(\boldsymbol{x}_1+\boldsymbol{x}_2+\boldsymbol{x}_3-\boldsymbol{x}_5)$.

6. $\boldsymbol{y}_1=\frac{\sqrt{2}}{2}$，$\boldsymbol{y}_2=\frac{\sqrt{6}}{2}t$，　$\boldsymbol{y}_3=\frac{\sqrt{10}}{4}(3t^2-1)$，$\boldsymbol{y}_4=\frac{\sqrt{14}}{4}(5t^3-3t)$.

7. 设 $k_1\boldsymbol{x}_1+k_2\boldsymbol{x}_2+\cdots+k_m\boldsymbol{x}_m=\boldsymbol{0}$，$\boldsymbol{y}=(k_1,k_2,\cdots,k_m)^{\mathrm{T}}$，则有 $\boldsymbol{By}=\boldsymbol{0}$. 该方程组有非零解的充要条件是 $\det\boldsymbol{B}=0$.

8. 类似定理 1.35 的证明.　9. 按定义验证.　10. 类似定理 1.38 的证明.

11. (1) $\boldsymbol{P}=\begin{bmatrix}-\frac{1}{3} & -\frac{2}{\sqrt{5}} & \frac{2}{3\sqrt{5}}\\ -\frac{2}{3} & \frac{1}{\sqrt{5}} & \frac{4}{3\sqrt{5}}\\ \frac{2}{3} & 0 & \frac{5}{3\sqrt{5}}\end{bmatrix}$，　$\boldsymbol{P}^{\mathrm{T}}\boldsymbol{AP}=\begin{bmatrix}10 & & \\ & 1 & \\ & & 1\end{bmatrix}$；

(2) $\boldsymbol{P}=\begin{bmatrix}0 & \frac{1}{\sqrt{2}} & -\frac{1}{\sqrt{2}}\\ \frac{\mathrm{j}}{\sqrt{2}} & -\frac{\mathrm{j}}{2} & -\frac{\mathrm{j}}{2}\\ \frac{1}{\sqrt{2}} & \frac{1}{2} & \frac{1}{2}\end{bmatrix}$，　$\boldsymbol{P}^{\mathrm{H}}\boldsymbol{AP}=\begin{bmatrix}0 & & \\ & \sqrt{2} & \\ & & -\sqrt{2}\end{bmatrix}$.

12. 类似定理 1.39 的证明.

13. 提示：$\boldsymbol{A}$ 的特征值为 1 或 0，再利用定理 1.42 的推论 1.

15. (1) $\boldsymbol{X}_1=\frac{1}{\sqrt{2}}\begin{bmatrix}1 & 0\\ 0 & 1\end{bmatrix}$，　$\boldsymbol{X}_2=\frac{1}{\sqrt{2}}\begin{bmatrix}0 & 1\\ 1 & 0\end{bmatrix}$；

(2) T 在标准正交基 $\boldsymbol{X}_1,\boldsymbol{X}_2$ 下的矩阵为 $\boldsymbol{A}=\begin{bmatrix}1 & 1\\ 1 & 1\end{bmatrix}$. 由于 $\boldsymbol{A}$ 是对称矩阵，所以 T 是对称变换；

(3) T 在标准正交基

$$\boldsymbol{Y}_1=\frac{1}{2}\begin{bmatrix}-1 & 1\\ 1 & -1\end{bmatrix},\quad \boldsymbol{Y}_2=\frac{1}{2}\begin{bmatrix}1 & 1\\ 1 & 1\end{bmatrix}$$

下的矩阵为 $\boldsymbol{\Lambda}=\mathrm{diag}(0,2)$.

习　题　2.1

1. $\|\boldsymbol{e}\|_1=n$，$\|\boldsymbol{e}\|_2=\sqrt{n}$，$\|\boldsymbol{e}\|_\infty=1$.

3. 提示：应用积分形式的 Hölder 不等式，可得

$$\int_a^b|f(t)g(t)|\,\mathrm{d}t\leqslant\left[\int_a^b|f(t)|^p\mathrm{d}t\right]^{\frac{1}{p}}\left[\int_a^b|g(t)|^q\mathrm{d}t\right]^{\frac{1}{q}}$$

$$\left(\frac{1}{p}+\frac{1}{q}=1,\ p>1,\ q>1\right)$$

习 题 2.2

1. $\|\boldsymbol{A}\|_1=2$，$\|\boldsymbol{A}\|_2=\sqrt{6}$，$\|\boldsymbol{A}\|_\infty=4$

$\|\boldsymbol{B}\|_1=4$，$\|\boldsymbol{B}\|_2=\sqrt{8+2\sqrt{13}}$，$\|\boldsymbol{B}\|_\infty=6$

3. $\boldsymbol{A}=\frac{1}{\sqrt{2}}\begin{bmatrix}1&0&1\\0&1&0\end{bmatrix}$，$\|\boldsymbol{A}\|_1=\frac{1}{\sqrt{2}}<1$，$\|\boldsymbol{A}\|_\infty=\sqrt{2}>1$，$\|\boldsymbol{A}\|_2=1$.

5. $\|\boldsymbol{A}\|_S=\|\boldsymbol{SAS}^{-1}\|_2$.

6. 设 $\boldsymbol{A}=(a_{ij})_{m\times n}$，$\boldsymbol{x}=(\xi_1,\xi_2,\cdots,\xi_n)^{\mathrm{T}}$，则

$$\boldsymbol{E}_{ij}\boldsymbol{x}=(0,\cdots,0,\xi_j,0,\cdots,0)^{\mathrm{T}},\ \|\boldsymbol{E}_{ij}\boldsymbol{x}\|_p\leqslant\|\boldsymbol{x}\|_p,\quad \boldsymbol{Ax}=\sum_{i=1}^{m}\sum_{j=1}^{n}a_{ij}\boldsymbol{E}_{ij}\boldsymbol{x}$$

$$\|\boldsymbol{Ax}\|_p\leqslant\sum_{i=1}^{m}\sum_{j=1}^{n}|a_{ij}|\,\|\boldsymbol{E}_{ij}\boldsymbol{x}\|_p\leqslant\left[\sum_{i=1}^{m}\sum_{j=1}^{n}|a_{ij}|\right]\|\boldsymbol{x}\|_p=\|\boldsymbol{A}\|_{m_1}\|\boldsymbol{x}\|_p$$

7. 提示：$\|\boldsymbol{A}\|_{\mathrm{F}}=\|\boldsymbol{A}^{\mathrm{T}}\|_{\mathrm{F}}$.

8. 提示：$\|\boldsymbol{AB}\|=\|\boldsymbol{S}^{-1}\boldsymbol{ABS}\|_{\mathrm{M}}=\|\boldsymbol{S}^{-1}\boldsymbol{AS}\cdot\boldsymbol{S}^{-1}\boldsymbol{BS}\|_{\mathrm{M}}$.

习 题 2.3

1. 由 $\|\boldsymbol{A}^{-1}\boldsymbol{B}\|\leqslant\|\boldsymbol{A}^{-1}\|\,\|\boldsymbol{B}\|<1$ 及定理 2.8，可得结论.

2. $\frac{19}{56}\approx 0.34$.

习 题 3.1

2. $-\frac{1}{2}<c<\frac{1}{2}$.

习 题 3.2

1. $\rho(\boldsymbol{A})=1$，故 Neumann 级数发散． 2. 有可能． 3. (1) 发散；(2) 绝对收敛.

4. 记 $\boldsymbol{S}^{(N)}=\sum_{k=0}^{N}\boldsymbol{A}^{(k)}$，已知 $\sum_{k=0}^{\infty}\boldsymbol{A}^{(k)}$ 收敛，可设 $\lim_{N\to\infty}\boldsymbol{S}^{(N)}=\boldsymbol{S}$，于是有

$$\lim_{N\to\infty}\boldsymbol{A}^{(N)}=\lim_{N\to\infty}(\boldsymbol{S}^{(N)}-\boldsymbol{S}^{(N-1)})=\boldsymbol{O}.$$

习 题 3.3

5. $$\mathrm{e}^{\boldsymbol{A}}=\frac{1}{6}\begin{bmatrix}6\mathrm{e}^2 & 4\mathrm{e}^2-3\mathrm{e}-\mathrm{e}^{-1} & 2\mathrm{e}^2-3\mathrm{e}+\mathrm{e}^{-1}\\ 0 & 3\mathrm{e}+3\mathrm{e}^{-1} & 3\mathrm{e}-3\mathrm{e}^{-1}\\ 0 & 3\mathrm{e}-3\mathrm{e}^{-1} & 3\mathrm{e}+3\mathrm{e}^{-1}\end{bmatrix}$$

$$e^{tA}=\frac{1}{6}\begin{bmatrix}6e^{2t} & 4e^{2t}-3e^{t}-e^{-t} & 2e^{2t}-3e^{t}+e^{-t}\\ 0 & 3e^{t}+3e^{-t} & 3e^{t}-3e^{-t}\\ 0 & 3e^{t}-3e^{-t} & 3e^{t}+3e^{-t}\end{bmatrix}$$

$$\sin\boldsymbol{A}=\frac{1}{6}\begin{bmatrix}6\sin 2 & 4\sin 2-2\sin 1 & 2\sin 2-4\sin 1\\ 0 & 0 & 6\sin 1\\ 0 & 6\sin 1 & 0\end{bmatrix}.$$

6. (1) $\boldsymbol{P}=\begin{bmatrix} & & & 1\\ & & 1 & \\ & 1 & & \\ 1 & & & \end{bmatrix}$, $\boldsymbol{P}^{-1}\boldsymbol{AP}=\boldsymbol{J}=\begin{bmatrix}1 & 1 & & \\ & 1 & 1 & \\ & & 1 & 1\\ & & & 1\end{bmatrix}$

$$\ln\boldsymbol{A}=\boldsymbol{P}\cdot\ln\boldsymbol{J}\cdot\boldsymbol{P}^{-1}=\begin{bmatrix}0 & 0 & 0 & 0\\ 1 & 0 & 0 & 0\\ -\frac{1}{2} & 1 & 0 & 0\\ \frac{1}{3} & -\frac{1}{2} & 1 & 0\end{bmatrix};$$

(2) $\ln\boldsymbol{A}=\begin{bmatrix}\ln 2 & \frac{1}{2} & 0 & 0\\ & \ln 2 & 0 & 0\\ & & 0 & 1\\ & & & 0\end{bmatrix}$.

习　题　3.4

2. 由 $\left.\frac{\mathrm{d}\sin\boldsymbol{A}t}{\mathrm{d}t}\right|_{t=0}=(\boldsymbol{A}\cos\boldsymbol{A}t)|_{t=0}$ 可得 $\boldsymbol{A}=\begin{bmatrix}3 & 5 & 7\\ 4 & 6 & 8\\ 5 & 7 & 9\end{bmatrix}$.

3. 原式 $=-\boldsymbol{A}^{-1}\int_0^1\mathrm{d}(\cos\boldsymbol{A}t)=\boldsymbol{A}^{-1}(\boldsymbol{I}-\cos\boldsymbol{A})$.

4. $\frac{\mathrm{d}f}{\mathrm{d}\boldsymbol{x}}=2\boldsymbol{Ax}-\boldsymbol{b}$.　5. 对 $\boldsymbol{AA}^{-1}=\boldsymbol{I}$ 两端求导即可得.

8. $\frac{\partial f}{\partial\xi_k}=\begin{bmatrix}a_{1k}\\ a_{2k}\\ \vdots\\ a_{nk}\end{bmatrix}=\boldsymbol{a}_k$, $\frac{\mathrm{d}f}{\mathrm{d}\boldsymbol{x}}=\begin{bmatrix}\boldsymbol{a}_1\\ \boldsymbol{a}_2\\ \vdots\\ \boldsymbol{a}_n\end{bmatrix}$.

9. $m=2$ 时，取 $\boldsymbol{A}(t)=\begin{bmatrix}t^2 & t\\ 0 & t\end{bmatrix}$，则

$$\boldsymbol{A}^2(t)=\begin{bmatrix}t^4 & t^3+t^2\\ 0 & t^2\end{bmatrix},\ \frac{\mathrm{d}}{\mathrm{d}t}\boldsymbol{A}^2(t)=\begin{bmatrix}4t^3 & 3t^2+2t\\ 0 & 2t\end{bmatrix}$$

$$2\boldsymbol{A}(t)\frac{\mathrm{d}}{\mathrm{d}t}\boldsymbol{A}(t)=\begin{bmatrix}4t^3 & 2t^2+2t\\ 0 & 2t\end{bmatrix}\neq\frac{\mathrm{d}}{\mathrm{d}t}\boldsymbol{A}^2(t)$$

欲使等式成立,必须有$\frac{\mathrm{d}\boldsymbol{A}(t)}{\mathrm{d}t}\cdot\boldsymbol{A}(t)=\boldsymbol{A}(t)\frac{\mathrm{d}\boldsymbol{A}(t)}{\mathrm{d}t}$.

习 题 3.5

1. 提示:先证$\frac{\mathrm{d}}{\mathrm{d}t}(\det\boldsymbol{X})=\det\boldsymbol{X}\cdot\mathrm{tr}\boldsymbol{A}$.

2. $\mathrm{e}^{t\boldsymbol{A}}=\mathrm{e}^{-t}\begin{bmatrix}1+4t & 0 & 8t\\ 3t & 1 & 6t\\ -2t & 0 & 1-4t\end{bmatrix}$, $\boldsymbol{x}(t)=\mathrm{e}^{-t}\begin{bmatrix}1+12t\\ 1+9t\\ 1-6t\end{bmatrix}$.

3. $\mathrm{e}^{t\boldsymbol{A}}=\begin{bmatrix}1-2t & t & 0\\ -4t & 2t+1 & 0\\ 1+2t-\mathrm{e}^t & \mathrm{e}^t-t-1 & \mathrm{e}^t\end{bmatrix}$, $\boldsymbol{x}(t)=\begin{bmatrix}1\\ 1\\ (t-1)\mathrm{e}^t\end{bmatrix}$.

4. 提示:作变量代换 $u=\ln(t-a)$.

习 题 4.1

1. $\boldsymbol{A}=\begin{bmatrix}1 & & & \\ \frac{2}{5} & 1 & & \\ -\frac{4}{5} & -2 & 1 & \\ 0 & 5 & 2 & 1\end{bmatrix}\begin{bmatrix}5 & & & \\ & \frac{1}{5} & & \\ & & 1 & \\ & & & -7\end{bmatrix}\begin{bmatrix}1 & \frac{2}{5} & -\frac{4}{5} & 0\\ & 1 & -2 & 5\\ & & 1 & 2\\ & & & 1\end{bmatrix}$.

3. 提示:先求 $\boldsymbol{B}$ 与 $\boldsymbol{A}$ 的元素之间的关系式.

4. $\boldsymbol{A}=\begin{bmatrix}\sqrt{5} & & \\ \frac{2}{\sqrt{5}} & \frac{1}{\sqrt{5}} & \\ -\frac{4}{\sqrt{5}} & -\frac{2}{\sqrt{5}} & 1\end{bmatrix}\begin{bmatrix}\sqrt{5} & \frac{2}{\sqrt{5}} & -\frac{4}{\sqrt{5}}\\ & \frac{1}{\sqrt{5}} & -\frac{2}{\sqrt{5}}\\ & & 1\end{bmatrix}$.

习 题 4.2

1. $\boldsymbol{A}=\begin{bmatrix}1 & \frac{2}{\sqrt{6}} & \frac{1}{\sqrt{3}}\\ \frac{1}{\sqrt{2}} & \frac{1}{\sqrt{6}} & -\frac{1}{\sqrt{3}}\\ \frac{1}{\sqrt{2}} & -\frac{1}{\sqrt{6}} & \frac{1}{\sqrt{3}}\end{bmatrix}\begin{bmatrix}\sqrt{2} & \frac{1}{\sqrt{2}} & \frac{1}{\sqrt{2}}\\ & \frac{3}{\sqrt{6}} & \frac{1}{\sqrt{6}}\\ & & \frac{2}{\sqrt{3}}\end{bmatrix}$.

$$2.\ \boldsymbol{T}=\boldsymbol{T}_{14}\boldsymbol{T}_{12}=\begin{bmatrix}\frac{\sqrt{13}}{\sqrt{38}} & 0 & 0 & \frac{5}{\sqrt{38}}\\ 0 & 1 & 0 & 0\\ 0 & 0 & 1 & 0\\ \frac{-5}{\sqrt{38}} & 0 & 0 & \frac{\sqrt{13}}{\sqrt{38}}\end{bmatrix}\begin{bmatrix}\frac{2}{\sqrt{13}} & \frac{3}{\sqrt{13}} & 0 & 0\\ \frac{-3}{\sqrt{13}} & \frac{2}{\sqrt{13}} & 0 & 0\\ 0 & 0 & 1 & 0\\ 0 & 0 & 0 & 1\end{bmatrix}.$$

$$3.\ \boldsymbol{H}=\boldsymbol{I}-2\boldsymbol{e}_1\boldsymbol{e}_1^{\mathrm{T}}=\begin{bmatrix}-1 & 0\\ 0 & 1\end{bmatrix},\quad \boldsymbol{y}=\boldsymbol{H}\boldsymbol{x}=\begin{bmatrix}-\xi_1\\ \xi_2\end{bmatrix}.$$

4. $a=0,2$.

$$6.\ \boldsymbol{A}=\begin{bmatrix}\frac{1}{\sqrt{2}} & 0 & \frac{1}{\sqrt{2}}\\ \frac{1}{3\sqrt{2}} & \frac{4}{3\sqrt{2}} & -\frac{1}{3\sqrt{2}}\\ -\frac{2}{3} & \frac{1}{3} & \frac{2}{3}\end{bmatrix}\begin{bmatrix}2\sqrt{2} & \frac{3}{\sqrt{2}} & \frac{3}{\sqrt{2}}\\ & \frac{3}{\sqrt{2}} & \frac{7}{3\sqrt{2}}\\ & & \frac{4}{3}\end{bmatrix}.$$

$$7.\ \boldsymbol{A}=\frac{1}{\sqrt{2}}\begin{bmatrix}0 & 1 & 0 & 1\\ 1 & 0 & -1 & 0\\ 1 & 0 & 1 & 0\\ 0 & 1 & 0 & -1\end{bmatrix}\times\begin{bmatrix}\sqrt{2} & 0 & 0 & \sqrt{2}\\ & \sqrt{2} & \sqrt{2} & 0\\ & & 0 & 0\\ & & & 0\end{bmatrix}.$$

$$8.\ \boldsymbol{A}=\begin{bmatrix}0 & \frac{4}{5} & \frac{3}{5}\\ 1 & 0 & 0\\ 0 & \frac{3}{5} & -\frac{4}{5}\end{bmatrix}\begin{bmatrix}1 & 1 & 1\\ & 5 & 2\\ & & -1\end{bmatrix}.$$

$$9.\ \boldsymbol{H}=\begin{bmatrix}1 & 0 & 0\\ 0 & \frac{3}{5} & \frac{4}{5}\\ 0 & \frac{4}{5} & -\frac{3}{5}\end{bmatrix},\quad \boldsymbol{HAH}=\begin{bmatrix}0 & 20 & 0\\ 20 & 600 & 75\\ 0 & 75 & 0\end{bmatrix}.$$

习　题　4.3

$$1.\ (1)\ \boldsymbol{A}=\begin{bmatrix}1 & 0\\ 0 & -1\\ 1 & 1\end{bmatrix}\begin{bmatrix}1 & 2 & 3 & 0\\ 0 & -2 & -1 & 1\end{bmatrix};$$

$$(2)\ \boldsymbol{A}=\begin{bmatrix}1 & -1\\ -1 & 1\\ -1 & -1\\ 1 & 1\end{bmatrix}\begin{bmatrix}1 & 0 & 0 & 0\\ 0 & 1 & -1 & -1\end{bmatrix}.$$

2. 由 $\text{rank}\boldsymbol{B}=r$ 知 $\boldsymbol{B}$ 的列向量组 $\boldsymbol{b}_1,\boldsymbol{b}_2,\cdots,\boldsymbol{b}_r$ 线性无关，对任意 $\boldsymbol{x}=(k_1,k_2,\cdots,k_r)^{\mathrm{T}}\neq\boldsymbol{0}$，有 $\boldsymbol{Bx}=k_1\boldsymbol{b}_1+k_2\boldsymbol{b}_2+\cdots+k_r\boldsymbol{b}_r\neq\boldsymbol{0}$，于是 $\boldsymbol{x}^{\mathrm{T}}(\boldsymbol{B}^{\mathrm{T}}\boldsymbol{B})\boldsymbol{x}=(\boldsymbol{Bx})^{\mathrm{T}}\boldsymbol{Bx}>0$，即 $\boldsymbol{B}^{\mathrm{T}}\boldsymbol{B}$ 是对称正定矩阵，从而 $\boldsymbol{B}^{\mathrm{T}}\boldsymbol{B}$ 可逆.

3. 必要性. 已知 $\boldsymbol{BA}=\boldsymbol{I}_m$，因为

$$\text{rank}(\boldsymbol{BA})\leqslant\text{rank}\boldsymbol{A}\leqslant m,\quad \text{rank}(\boldsymbol{BA})=\text{rank}\,\boldsymbol{I}_m=m$$

所以 $\text{rank}\boldsymbol{A}=m$，即 $\boldsymbol{A}$ 列满秩. 充分性. 由 $\boldsymbol{A}$ 列满秩知 $\boldsymbol{A}^{\mathrm{T}}\boldsymbol{A}$ 可逆，令 $\boldsymbol{B}=(\boldsymbol{A}^{\mathrm{T}}\boldsymbol{A})^{-1}\boldsymbol{A}^{\mathrm{T}}$，则有 $\boldsymbol{BA}=\boldsymbol{I}$，即 $\boldsymbol{A}$ 有左逆矩阵.

4. 令 $\boldsymbol{A}=\boldsymbol{FG}$，则 $\text{rank}\boldsymbol{A}\leqslant\text{rank}\boldsymbol{F}=r$. 因为 $\boldsymbol{F}$ 列满秩，由第 2 题的结果知 $\boldsymbol{F}^{\mathrm{H}}\boldsymbol{F}$ 可逆，于是有

$$(\boldsymbol{F}^{\mathrm{H}}\boldsymbol{F})^{-1}\boldsymbol{F}^{\mathrm{H}}\boldsymbol{A}=(\boldsymbol{F}^{\mathrm{H}}\boldsymbol{F})^{-1}\boldsymbol{F}^{\mathrm{H}}\boldsymbol{FG}=\boldsymbol{G}$$

从而 $r=\text{rank}\boldsymbol{G}\leqslant\text{rank}\boldsymbol{A}$. 故 $\text{rank}\boldsymbol{A}=r$.

5. 已知 $\boldsymbol{A}\in\mathbf{R}_r^{m\times r}$，由第 2 题的结果知 $\boldsymbol{A}^{\mathrm{T}}\boldsymbol{A}$ 可逆，故 $\text{rank}(\boldsymbol{A}^{\mathrm{T}}\boldsymbol{A})=r$. 由第 4 题的结果知 $\text{rank}(\boldsymbol{A}\boldsymbol{A}^{\mathrm{T}})=r$.

习 题 4.4

4. $$\boldsymbol{A}=\begin{bmatrix}\frac{1}{\sqrt{6}} & \frac{1}{\sqrt{2}} & \frac{1}{\sqrt{3}}\\ \frac{1}{\sqrt{6}} & -\frac{1}{\sqrt{2}} & \frac{1}{\sqrt{3}}\\ \frac{2}{\sqrt{6}} & 0 & -\frac{1}{\sqrt{3}}\end{bmatrix}\begin{bmatrix}\sqrt{3} & 0\\ 0 & 1\\ 0 & 0\end{bmatrix}\begin{bmatrix}\frac{1}{\sqrt{2}} & \frac{1}{\sqrt{2}}\\ \frac{1}{\sqrt{2}} & -\frac{1}{\sqrt{2}}\end{bmatrix}.$$

5. $$\widetilde{\boldsymbol{U}}=\begin{bmatrix}\frac{1}{\sqrt{2}}\boldsymbol{U}_1 & \frac{1}{\sqrt{2}}\boldsymbol{U}_1 & \boldsymbol{U}_2 & \boldsymbol{O}\\ \frac{1}{\sqrt{2}}\boldsymbol{U}_1 & -\frac{1}{\sqrt{2}}\boldsymbol{U}_1 & \boldsymbol{O} & \boldsymbol{U}_2\end{bmatrix},\quad \widetilde{\boldsymbol{V}}=\boldsymbol{V},\quad \boldsymbol{B}=\widetilde{\boldsymbol{U}}\begin{bmatrix}\sqrt{2}\boldsymbol{\Sigma} & \boldsymbol{O}\\ \boldsymbol{O} & \boldsymbol{O}\end{bmatrix}\widetilde{\boldsymbol{V}}^{\mathrm{H}}.$$

习 题 5.1

1. 令 $\boldsymbol{\Lambda}=\text{diag}(\alpha_1,\alpha_2,\cdots,\alpha_n)$，$\boldsymbol{B}=\boldsymbol{\Lambda A\Lambda}^{-1}=(a_{ij}\dfrac{\alpha_i}{\alpha_j})_{n\times n}$，根据定理 5.4 可得

$$\prod_{j=1}^{n}|\lambda_j(\boldsymbol{A})|=\prod_{j=1}^{n}|\lambda_j(\boldsymbol{B})|\leqslant\Big[\prod_{j=1}^{n}\Big[\sum_{i=1}^{n}|b_{ij}|^2\Big]\Big]^{\frac{1}{2}}=$$
$$\Big[\prod_{j=1}^{n}\alpha_j^{-2}\Big[\sum_{i=1}^{n}\alpha_i^2|a_{ij}|^2\Big]\Big]^{\frac{1}{2}}$$

划分 $\boldsymbol{A}=[\boldsymbol{a}_1 \vdots \cdots \vdots \boldsymbol{a}_n]$，$\boldsymbol{B}=[\boldsymbol{b}_1 \vdots \cdots \vdots \boldsymbol{b}_n]$，则有

$$\text{等号成立}\Leftrightarrow\text{某 }\boldsymbol{b}_{j_0}=\boldsymbol{0}\text{ 或}(\boldsymbol{b}_i,\boldsymbol{b}_j)=0\ (i\neq j)$$

由于 $\boldsymbol{b}_{j_0}=\boldsymbol{0}$ 等价于 $\boldsymbol{a}_{j_0}=\boldsymbol{0}$，且

$$(\boldsymbol{b}_i,\boldsymbol{b}_j)=(\boldsymbol{\Lambda a}_i\alpha_i^{-1},\boldsymbol{\Lambda a}_j\alpha_j^{-1})=(\alpha_i\alpha_j)^{-1}(\boldsymbol{\Lambda a}_i,\boldsymbol{\Lambda a}_j)$$

则有

$$\text{等号成立}\Leftrightarrow\text{某 }\boldsymbol{a}_{j_0}=\boldsymbol{0}\text{ 或}(\boldsymbol{\Lambda a}_i,\boldsymbol{\Lambda a}_j)=0\ (i\neq j).$$

2. 存在酉矩阵 $\boldsymbol{P}$，使得 $\boldsymbol{A}=\boldsymbol{PTP}^{\mathrm{H}}$（$\boldsymbol{T}$ 为上三角矩阵）. 设 $\boldsymbol{T}=(t_{ij})_{n\times n}$，并由

$$\frac{\boldsymbol{A}+\boldsymbol{A}^{\mathrm{H}}}{2}=\boldsymbol{P}\frac{\boldsymbol{T}+\boldsymbol{T}^{\mathrm{H}}}{2}\boldsymbol{P}^{\mathrm{H}}$$

可得

$$\sum_{i=1}^{n}[\mathrm{Re}(\lambda_i(\boldsymbol{A}))]^2 = \sum_{i=1}^{n}\left[\frac{\lambda_i(\boldsymbol{A})+\bar{\lambda}_i(\boldsymbol{A})}{2}\right]^2 = \sum_{i=1}^{n}\left[\frac{t_{ii}+\bar{t}_{ii}}{2}\right]^2 \leqslant \sum_{i,j=1}^{n}\left|\frac{t_{ij}+\bar{t}_{ij}}{2}\right|^2 =$$

$$\left\| \frac{1}{2}(\boldsymbol{T}+\boldsymbol{T}^{\mathrm{H}}) \right\|_F^2 = \left\| \frac{1}{2}(\boldsymbol{A}+\boldsymbol{A}^{\mathrm{H}}) \right\|_F^2 = \sum_{i,j=1}^{n}\left|\frac{a_{ij}+\bar{a}_{ij}}{2}\right|^2$$

类似地，由$\dfrac{\boldsymbol{A}-\boldsymbol{A}^{\mathrm{H}}}{2} = \boldsymbol{P}\dfrac{\boldsymbol{T}-\boldsymbol{T}^{\mathrm{H}}}{2}\boldsymbol{P}^{\mathrm{H}}$ 可推导出另一式.

3. 提示：对 $\boldsymbol{A}$，取 $\boldsymbol{D} = \mathrm{diag}(1,1,\frac{1}{2})$，构造 $\boldsymbol{B} = \boldsymbol{DAD}^{-1}$，再考察 $\boldsymbol{B}^{\mathrm{T}}$. 最后利用实矩阵的复特征值必成对共轭出现的性质，得到 $\lambda_1 \in [16,24]$，$\lambda_2 \in [6.5,13.5]$，$\lambda_3 \in [-6,6]$.

4. 提示：$\boldsymbol{A}$ 的 n 个盖尔圆孤立，且为实矩阵.

5. 提示：同第 4 题.

6. 设 $\boldsymbol{A}$ 按行严格对角占优（或弱对角占优且不可约），则 $R_k \leqslant a_{kk}$，且特征值 $\lambda \neq 0$. 由 $a_{kk} > 0$ 知盖尔圆 G_k 关于实轴对称，且位于右半平面（有可能与虚轴相切于坐标原点）. 再由 $0 \neq \lambda \in \bigcup_{k=1}^{n} G_k$ 可得 $\mathrm{Re}(\lambda(\boldsymbol{A})) > 0$.

7. (1) a_{ii} 是实数时，有

$$|\mathrm{Im}(\lambda)|^2 \leqslant [\mathrm{Im}(\lambda)]^2 + [\mathrm{Re}(\lambda) - a_{kk}]^2 = |\lambda - a_{kk}|^2 \leqslant [R_k]^2 \leqslant [\max_i(R_i)]^2$$

类似地，可证(2).

8. (1) 因为 $\boldsymbol{A}$ 不可约，且 $\sum_{j=1}^{4}|a_{4j}| = \frac{6}{7} < 1 = \|\boldsymbol{A}\|_\infty$，所以由定理 5.9 可得 $\rho(\boldsymbol{A}) < 1$.

(2) 因 $\rho(\boldsymbol{A}) \leqslant \|\boldsymbol{A}\|_\infty = 1$，且 $\det(1\boldsymbol{I}-\boldsymbol{A}) = 0$，故 $\rho(\boldsymbol{A}) = 1$.

9. (1) 二盖尔圆相交，且特征值位于交集中.

(2) 二盖尔圆外切，且切点是单特征值.

10. 两个连通部分关于实轴对称，$S_1 = G_4$ 中只有 $\boldsymbol{A}$ 的一个特征值，该特征值为实数；$S_2 = G_1 \cup G_2 \cup G_3$ 中有 $\boldsymbol{A}$ 的三个特征值，其中至少有一个特征值为实数.

11. 提示：用 Ostrowski 定理的推论 5.

习 题 5.2

1. 由 $\boldsymbol{x}_1, \boldsymbol{x}_2, \cdots, \boldsymbol{x}_n$ 按 $\boldsymbol{B}$ 标准正交，可得 $\boldsymbol{Q}^{\mathrm{T}}\boldsymbol{BQ} = \boldsymbol{I}$. 再由 $\boldsymbol{Ax}_i = \lambda_i\boldsymbol{Bx}_i$ 知 $\boldsymbol{AQ} = \boldsymbol{BQ\Lambda}$，故 $\boldsymbol{Q}^{\mathrm{T}}\boldsymbol{AQ} = \boldsymbol{\Lambda}$.

2. (1) $\boldsymbol{B}^{-1}\boldsymbol{Ax} = \lambda\boldsymbol{x}$： $\boldsymbol{B}^{-1}\boldsymbol{A} = \begin{bmatrix} 3 & -5 & 1 \\ -9 & 20 & 4 \\ -1 & 4 & 3 \end{bmatrix}$；

(2) $\boldsymbol{Sy} = \lambda\boldsymbol{y}$，$\boldsymbol{x} = (\boldsymbol{G}^{-1})^{\mathrm{T}}\boldsymbol{y}$： $\boldsymbol{G} = \dfrac{1}{\sqrt{5}}\begin{bmatrix} 5 & & \\ 2 & 1 & \\ -4 & -2 & \sqrt{5} \end{bmatrix}$，$\boldsymbol{S} = \boldsymbol{G}^{-1}\boldsymbol{A}(\boldsymbol{G}^{-1})^{\mathrm{T}}$.

习 题 5.3

1. 设 $\boldsymbol{A}$ 的属于 $\lambda_1, \lambda_2, \cdots, \lambda_n$ 的标准正交特征向量系为 $\boldsymbol{x}_1, \boldsymbol{x}_2, \cdots, \boldsymbol{x}_n$，$\boldsymbol{B}$ 的属于 $\mu_1, \mu_2, \cdots, \mu_n$ 的标准正交特征向量系为 $\boldsymbol{y}_1, \boldsymbol{y}_2, \cdots, \boldsymbol{y}_n$. 记 $V_k^0(\boldsymbol{x}) = L(\boldsymbol{x}_1, \boldsymbol{x}_2, \cdots, \boldsymbol{x}_k)$，$V_k^0(\boldsymbol{y}) = L(\boldsymbol{y}_1,$

$\boldsymbol{y}_2, \cdots, \boldsymbol{y}_k)$，于是有

$$\lambda_k = \min_{V_k} \max\{\boldsymbol{x}^{\mathrm{T}}\boldsymbol{A}\boldsymbol{x} \mid \boldsymbol{x} \in V_k, \ \|\boldsymbol{x}\|_2 = 1\} \leqslant$$
$$\max\{\boldsymbol{x}^{\mathrm{T}}\boldsymbol{A}\boldsymbol{x} \mid \boldsymbol{x} \in V_k^0(\boldsymbol{y}), \ \|\boldsymbol{x}\|_2 = 1\} \leqslant$$
$$\max\{\boldsymbol{x}^{\mathrm{T}}\boldsymbol{B}\boldsymbol{x} + \varepsilon \mid \boldsymbol{x} \in V_k^0(\boldsymbol{y}), \ \|\boldsymbol{x}\|_2 = 1\} =$$
$$\max\{\boldsymbol{x}^{\mathrm{T}}\boldsymbol{B}\boldsymbol{x} \mid \boldsymbol{x} \in V_k^0(\boldsymbol{y}), \ \|\boldsymbol{x}\|_2 = 1\} + \varepsilon =$$
$$\mu_k + \varepsilon \quad (k = 1,2,\cdots,n)$$

同理可得 $\mu_k \leqslant \lambda_k + \varepsilon\ (k = 1,2,\cdots,n)$. 因此 $|\mu_k - \lambda_k| \leqslant \varepsilon$.

2. 设 $\boldsymbol{A}$ 的属于 $\lambda_1, \lambda_2, \cdots, \lambda_n$ 的标准正交特征向量系为 $\boldsymbol{x}_1, \boldsymbol{x}_2, \cdots, \boldsymbol{x}_n$，$\boldsymbol{A}+\boldsymbol{Q}$ 的属于 $\mu_1, \mu_2, \cdots, \mu_n$ 的标准正交特征向量系为 $\boldsymbol{y}_1, \boldsymbol{y}_2, \cdots, \boldsymbol{y}_n$. 记 $V_k^0(\boldsymbol{x}) = L(\boldsymbol{x}_1, \boldsymbol{x}_2, \cdots, \boldsymbol{x}_k)$，$V_k^0(\boldsymbol{y}) = L(\boldsymbol{y}_1, \boldsymbol{y}_2, \cdots, \boldsymbol{y}_k)$，于是有

$$\mu_k = \min_{V_k} \max\{\boldsymbol{x}^{\mathrm{T}}(\boldsymbol{A}+\boldsymbol{Q})\boldsymbol{x} \mid \boldsymbol{x} \in V_k, \ \|\boldsymbol{x}\|_2 = 1\} \leqslant$$
$$\min_{V_k}[\max\{\boldsymbol{x}^{\mathrm{T}}\boldsymbol{A}\boldsymbol{x} \mid \boldsymbol{x} \in V_k, \ \|\boldsymbol{x}\|_2 = 1\} +$$
$$\max\{\boldsymbol{x}^{\mathrm{T}}\boldsymbol{Q}\boldsymbol{x} \mid \boldsymbol{x} \in V_k, \ \|\boldsymbol{x}\|_2 = 1\}] \leqslant$$
$$\max\{\boldsymbol{x}^{\mathrm{T}}\boldsymbol{A}\boldsymbol{x} \mid \boldsymbol{x} \in V_k^0(\boldsymbol{x}), \ \|\boldsymbol{x}\|_2 = 1\} + \gamma_n = \lambda_k + \gamma_n \quad (k = 1,2,\cdots,n)$$
$$\lambda_k = \min_{V_k} \max\{\boldsymbol{x}^{\mathrm{T}}\boldsymbol{A}\boldsymbol{x} \mid \boldsymbol{x} \in V_k, \ \|\boldsymbol{x}\|_2 = 1\} =$$
$$\min_{V_k} \max\{\boldsymbol{x}^{\mathrm{T}}(\boldsymbol{A}+\boldsymbol{Q})\boldsymbol{x} + \boldsymbol{x}^{\mathrm{T}}(-\boldsymbol{Q})\boldsymbol{x} \mid \boldsymbol{x} \in V_k, \|\boldsymbol{x}\|_2 = 1\} \leqslant$$
$$\min_{V_k}[\max\{\boldsymbol{x}^{\mathrm{T}}(\boldsymbol{A}+\boldsymbol{Q})\boldsymbol{x} \mid \boldsymbol{x} \in V_k, \|\boldsymbol{x}\|_2 = 1\} +$$
$$\max\{\boldsymbol{x}^{\mathrm{T}}(-\boldsymbol{Q})\boldsymbol{x} \mid \boldsymbol{x} \in V_k, \|\boldsymbol{x}\|_2 = 1\}] \leqslant$$
$$\max\{\boldsymbol{x}^{\mathrm{T}}(\boldsymbol{A}+\boldsymbol{Q})\boldsymbol{x} \mid \boldsymbol{x} \in V_k^0(\boldsymbol{y}), \|\boldsymbol{x}\|_2 = 1\} + (-\gamma_1) = \mu_k - \gamma_1$$

因此 $\lambda_k + \gamma_1 \leqslant \mu_k \leqslant \lambda_k + \gamma_n$.

3. 提示：由 $\boldsymbol{Q}$ 正定知 $\gamma_1 > 0$，根据第 2 题的结论即得所求.

习　题　5.4

1. 提示：利用性质(4).

2. 因为 $(\boldsymbol{A} \otimes \boldsymbol{B})^{\mathrm{H}} = \boldsymbol{A}^{\mathrm{H}} \otimes \boldsymbol{B}^{\mathrm{H}} = \boldsymbol{A} \otimes \boldsymbol{B}$，所以 $\boldsymbol{A} \otimes \boldsymbol{B}$ 是 Hermite 矩阵. 又 $\lambda(\boldsymbol{A} \otimes \boldsymbol{B}) = \lambda(\boldsymbol{A}) \cdot \lambda(\boldsymbol{B}) > (\geqslant) 0$，故 $\boldsymbol{A} \otimes \boldsymbol{B}$(半) 正定.

3. 设 $\boldsymbol{A}\boldsymbol{\xi} = \lambda\boldsymbol{\xi}$，$\boldsymbol{B}\boldsymbol{\eta} = \mu\boldsymbol{\eta}$，则有

$$(\boldsymbol{A} \otimes \boldsymbol{B})(\boldsymbol{\xi} \otimes \boldsymbol{\eta}) = (\boldsymbol{A}\boldsymbol{\xi}) \otimes (\boldsymbol{B}\boldsymbol{\eta}) = (\lambda\boldsymbol{\xi}) \otimes (\mu\boldsymbol{\eta}) = (\lambda\mu)(\boldsymbol{\xi} \otimes \boldsymbol{\eta})$$

4. 因为 $\operatorname{rank}(\boldsymbol{u}_n\boldsymbol{u}_n^{\mathrm{T}}) = 1$，所以 $\boldsymbol{u}_n\boldsymbol{u}_n^{\mathrm{T}}$ 仅有一个非零特征值. 容易求出 $\boldsymbol{u}_n\boldsymbol{u}_n^{\mathrm{T}}$ 的非零特征值 $\mu_1 = n$，而 $\mu_2 = \cdots = \mu_n = 0$，故 $\boldsymbol{B}$ 的特征值集合为

$$\{\lambda_i\mu_j \mid i = 1,2,\cdots,m;\ j = 1,2,\cdots,n\}$$

也就是 $n\lambda_1, \cdots, n\lambda_m$ 和 $m(n-1)$ 重零.

5. 提示：直接验证即可.

6. 设 $\boldsymbol{A}$ 和 $\boldsymbol{B}$ 的特征值分别为$\{\lambda_i\}$ 和$\{\mu_j\}$. 由于 $\lambda_i\mu_j \geqslant 0$，所以 $1 + (\lambda_i\mu_j) + \cdots + (\lambda_i\mu_j)^l > 0$. 根据定理 5.30 即得所求.

7. 提示：对于任意实数 t，恒有 $1 + t + t^2 > 0$.

8. $\boldsymbol{X}=\begin{bmatrix} -\frac{1}{2} & & \\ 0 & -\frac{1}{2} & \\ \frac{1}{4} & -\frac{1}{2} & -\frac{1}{4} \end{bmatrix}$.

9. 由定义可得

$$\mathrm{e}^{\boldsymbol{I}\otimes\boldsymbol{A}}=\boldsymbol{I}\otimes\boldsymbol{I}+\frac{1}{1!}(\boldsymbol{I}\otimes\boldsymbol{A})+\frac{1}{2!}(\boldsymbol{I}\otimes\boldsymbol{A})^2+\cdots=$$
$$\boldsymbol{I}\otimes\boldsymbol{I}+\frac{1}{1!}(\boldsymbol{I}\otimes\boldsymbol{A})+\frac{1}{2!}(\boldsymbol{I}\otimes\boldsymbol{A}^2)+\cdots=$$
$$\boldsymbol{I}\otimes\left(I+\frac{1}{1!}\boldsymbol{A}+\frac{1}{2!}\boldsymbol{A}^2+\cdots\right)=\boldsymbol{I}\otimes\mathrm{e}^{\boldsymbol{A}}$$

类似地可证另一结论.

10. 提示:先验证$(\boldsymbol{A}\otimes\boldsymbol{I}_n)(\boldsymbol{I}_m\otimes\boldsymbol{B})=(\boldsymbol{I}_m\otimes\boldsymbol{B})(\boldsymbol{A}\otimes\boldsymbol{I}_n)$,再利用定理3.7和第9题的结果即得.

习 题 6.1

1. 所有 $n\times m$ 矩阵.

2. $\boldsymbol{X}=(x_{ij})_{n\times m}$,且 $x_{ji}=1$,其余元素任意.

12. 若 $\boldsymbol{H}^+=\boldsymbol{H}$,则$(\boldsymbol{H}^2)^2=\boldsymbol{H}^3\boldsymbol{H}=\boldsymbol{H}^2$,$(\boldsymbol{H}^2)^{\mathrm{H}}=(\boldsymbol{H}\boldsymbol{H}^+)^{\mathrm{H}}=\boldsymbol{H}^2$,即 $\boldsymbol{H}^2$ 为幂等 Hermite 矩阵,且有 $\mathrm{rank}\boldsymbol{H}=\mathrm{rank}\boldsymbol{H}^3\leqslant\mathrm{rank}\boldsymbol{H}^2\leqslant\mathrm{rank}\boldsymbol{H}$. 故 $\mathrm{rank}\boldsymbol{H}^2=\mathrm{rank}\boldsymbol{H}$. 反之,由$(\boldsymbol{H}^2)^{\mathrm{H}}=\boldsymbol{H}^2$ 知 $\boldsymbol{H}\in H\{3,4\}$,而由 $\mathrm{rank}\boldsymbol{H}^2=\mathrm{rank}\boldsymbol{H}$ 知存在矩阵 $\boldsymbol{U}$,使得 $\boldsymbol{H}=\boldsymbol{H}^2\boldsymbol{U}$,于是 $\boldsymbol{H}^3=\boldsymbol{H}^2\boldsymbol{H}=(\boldsymbol{H}^2)^2\boldsymbol{U}=\boldsymbol{H}^2\boldsymbol{U}=\boldsymbol{H}$,此即 $\boldsymbol{H}\in H\{1,2\}$,故 $\boldsymbol{H}=\boldsymbol{H}^+$.

13. 提示:利用 $\boldsymbol{A}^+=(\boldsymbol{A}^{\mathrm{H}}\boldsymbol{A})^+\boldsymbol{A}^{\mathrm{H}}=\boldsymbol{A}^{\mathrm{H}}(\boldsymbol{A}\boldsymbol{A}^{\mathrm{H}})^+$(定理6.10(5))及$\boldsymbol{A}^{\mathrm{H}}\boldsymbol{A}=\boldsymbol{A}\boldsymbol{A}^{\mathrm{H}}$ 直接推导.

15. 如取 $\boldsymbol{A}=\begin{bmatrix}1\\1\end{bmatrix}$,$\boldsymbol{P}=\begin{bmatrix}1&1\\0&1\end{bmatrix}$,$\boldsymbol{Q}=[1]$,则

$$\boldsymbol{PAQ}=\begin{bmatrix}2\\1\end{bmatrix},\quad(\boldsymbol{PAQ})^+=\frac{1}{5}[2\quad 1]$$

但 $\boldsymbol{Q}^{-1}\boldsymbol{A}^+\boldsymbol{P}^{-1}=\frac{1}{2}[1\quad 0]$.

习 题 6.2

3. 由第2题知 $\boldsymbol{I}-\boldsymbol{P}_{L,M}$ 是投影矩阵. 将 $\boldsymbol{x}\in\mathbf{C}^n$ 分解为

$$\boldsymbol{x}=\boldsymbol{y}+\boldsymbol{z}\quad(\boldsymbol{x}\in L,\quad \boldsymbol{z}\in M)$$

则有$(\boldsymbol{I}-\boldsymbol{P}_{L,M})\boldsymbol{x}=\boldsymbol{x}-\boldsymbol{P}_{L,M}\boldsymbol{x}=\boldsymbol{x}-\boldsymbol{y}=\boldsymbol{z}=\boldsymbol{P}_{M,L}\boldsymbol{x}$

4. 若 $\boldsymbol{P}=\boldsymbol{P}_1+\boldsymbol{P}_2$ 是投影矩阵,则由 $\boldsymbol{P}^2=\boldsymbol{P}$,可得 $\boldsymbol{P}_1\boldsymbol{P}_2+\boldsymbol{P}_2\boldsymbol{P}_1=\boldsymbol{O}$. 分别左乘和右乘 $\boldsymbol{P}_1$,又得

$$\boldsymbol{P}_1\boldsymbol{P}_2+\boldsymbol{P}_1\boldsymbol{P}_2\boldsymbol{P}_1=\boldsymbol{O},\quad \boldsymbol{P}_1\boldsymbol{P}_2\boldsymbol{P}_1+\boldsymbol{P}_2\boldsymbol{P}_1=\boldsymbol{O}$$

两式相减,可得 $\boldsymbol{P}_1\boldsymbol{P}_2-\boldsymbol{P}_2\boldsymbol{P}_1=\boldsymbol{O}$ 与前一式联立,解得 $\boldsymbol{P}_1\boldsymbol{P}_2=\boldsymbol{P}_2\boldsymbol{P}_1=\boldsymbol{O}$. 反之,由 $\boldsymbol{P}_1\boldsymbol{P}_2=\boldsymbol{P}_2\boldsymbol{P}_1=\boldsymbol{O}$,易知 $\boldsymbol{P}^2=\boldsymbol{P}$.

7. (1) $P_{L,M}=\begin{bmatrix}1&-1&0\\0&0&0\\0&0&0\end{bmatrix}$, $P_{L,M}x=\begin{bmatrix}-1\\0\\0\end{bmatrix}$;

(2) $P_L=\begin{bmatrix}1&0&0\\0&0&0\\0&0&0\end{bmatrix}$, $P_Lx=\begin{bmatrix}2\\0\\0\end{bmatrix}$.

习 题 6.3

1. 在式(6.1.6)中取 L 为可逆矩阵即得.

2. (3) $A^{(1,2)}=\begin{bmatrix}1&0&0&0\\-1&1&0&0\\1&-1&1&0\\0&0&0&0\end{bmatrix}$ $A^{(1,2,3)}=\frac{1}{4}\begin{bmatrix}3&1&-1&1\\-2&2&2&-2\\1&-1&1&3\\0&0&0&0\end{bmatrix}$

$$A^{(1,2,4)}=\frac{1}{4}\begin{bmatrix}1&2&-1&0\\-1&2&1&0\\1&-2&3&0\\3&-2&1&0\end{bmatrix};\quad A^{+}=\frac{1}{8}\begin{bmatrix}3&3&-1&-1\\-1&3&3&-1\\-1&-1&3&3\\3&-1&-1&3\end{bmatrix}$$

习 题 6.4

4. 这是第3题中取 $k=2,A_1=A,A_2=\alpha I,b_1=b,b_2=0$ 的特殊情形,从而 x 满足$(A^HA+\alpha^2I)x=A^Hb$,故 $x=(A^HA+\alpha^2I)^{-1}A^Hb$.

5. 问题转化为求线性方程组 $A(x-a)=b-Aa$ 的唯一极小范数解.

6. (1) 相容.通解为

$$x=\begin{bmatrix}1\\0\\1\\0\end{bmatrix}+\begin{bmatrix}0&0&0&-1\\0&0&0&1\\0&0&0&-1\\0&0&0&1\end{bmatrix}\begin{bmatrix}\xi_1\\\xi_2\\\xi_3\\\xi_4\end{bmatrix}=\begin{bmatrix}1\\0\\1\\0\end{bmatrix}+\xi_4\begin{bmatrix}-1\\1\\-1\\1\end{bmatrix}$$

极小范数解为 $x=\frac{1}{2}(1,1,1,1)^T$.

(2) 不相容.极小范数最小二乘解为 $x=\frac{1}{4}(1,1,1,1)^T$.

习 题 6.5

2. $x=P_sz$ 为方程组(6.5.1)的极小范数解(或最小二乘解)的充要条件是,z 为方程组(6.5.2)的极小范数解(或最小二乘解);而由定理6.30(或定理6.32),$z=Zb$ 是方程组(6.5.2)的极小范数解(或最小二乘解)的充要条件是 $Z=(AP_s)^{(1,4)}$(或 $Z=(AP_s)^{(1,3)}$).

4. 将正定矩阵 N 进行Cholesky分解 $N=G_N^HG_N$,则 $\min\limits_{Ax=b}\|x\|_N$ 等价于 $\min\limits_{\tilde{A}\tilde{x}=\tilde{b}}\|\tilde{x}\|$,其中 $\tilde{x}=G_Nx,\tilde{A}=AG_N^{-1},\tilde{b}=b$. 于是原问题的唯一极小范数解为 $x_0=G_N^{-1}Yb$,这里 $Y\in(AG_N^{-1})\{1,4\}$. 取 $Y=(AG_N^{-1})^H[(AG_N^{-1})(AG_N^{-1})^H]^{(1)}$,由定理6.8知 $Y\in(AG_N^{-1})\{1,2,4\}$,从而

$$x_0 = G_N^{-1}Yb = N^{-1}A^{\mathrm{H}}(AN^{-1}A^{\mathrm{H}})^{(1)}b$$

同引理 6.3,可证得 $\mathrm{rank}A = \mathrm{rank}(AN^{-1}A^{\mathrm{H}})$. 于是存在矩阵 U,使得 $A = AN^{-1}A^{\mathrm{H}}U$,又由 $b \in R(A)$ 知 $b = Az = AN^{-1}A^{\mathrm{H}}Uz$,故有

$$\| x_0 \|_N^2 = x_0^{\mathrm{H}}Nx_0 = b^{\mathrm{H}}[(AN^{-1}A^{\mathrm{H}})^{(1)}]^{\mathrm{H}}AN^{-1}A^{\mathrm{H}}(AN^{-1}A^{\mathrm{H}})^{(1)}b = b^{\mathrm{H}}(AN^{-1}A^{\mathrm{H}})^{(1)}b$$

5. 将正定矩阵 M 和 N 进行 Cholesky 分解 $M = G_M^{\mathrm{H}}G_M, N = G_N^{\mathrm{H}}G_N$. 令 $\tilde{A} = G_MAG_N^{-1}, \tilde{X} = G_NXG_M^{-1}$,则 $\tilde{X} = \tilde{A}^+$. 从而 $A_{MN}^+ = X = G_N^{-1}\tilde{A}^+G_M = G_N^{-1}(G_MAG_N^{-1})^+G_M$.

6. 由第 5 题及 Zlobec 公式,得

$$A_{MN}^+ = G_N^{-1}\tilde{A}^+G_M = G_N^{-1}\tilde{A}^{\mathrm{H}}(\tilde{A}^{\mathrm{H}}\tilde{A}\tilde{A}^{\mathrm{H}})^{(1)}\tilde{A}^{\mathrm{H}}G_M =$$
$$N^{-1}A^{\mathrm{H}}G_M^{\mathrm{H}}(G_N^{-\mathrm{H}}A^{\mathrm{H}}MAN^{-1}A^{\mathrm{H}}G_M)^{(1)}G_N^{-1}A^{\mathrm{H}}M$$

可以验证

$$G_MA(A^{\mathrm{H}}MAN^{-1}A^{\mathrm{H}}MA)^{(1)}G_N \in (G_N^{-\mathrm{H}}A^{\mathrm{H}}MAN^{-1}A^{\mathrm{H}}G_M)\{1\}$$

代入前一式即得.

习 题 6.6

3. 由 $\mathrm{rank}A^l = \mathrm{rank}A^k\ (l \geqslant k)$ 可得 $\mathrm{rank}(A^l)^2 = \mathrm{rank}A^l$,即 A^l 的指标为 1. 利用第 2 题的结果可得 $(A^l)^\# = (A^l)^{(d)} = (A^{(d)})^l$.

5. 若 $(A^{(d)})^{(d)} = A$,可推得 $A^2A^{(d)} = A$,于是由定理 6.42(2) 知 A 的指标为 1. 反之,若 A 的指标为 1,则 $A^{(d)} = A^\#$,可求得 $\mathrm{rank}(A^\#)^2 = \mathrm{rank}A^\#$,即 $A^\#$ 的指标也为 1,故有 $(A^{(d)})^{(d)} = (A^\#)^\# = A$.

6. 由 $A^{(d)}AA^{(d)} = A^{(d)}$ 可推得 $A^{(d)}$ 的指标为 1. 直接验证 $(A^{(d)})^\# = A^2A^{(d)}$.

7. 由第 6 题知 $A^{(d)}$ 的指标为 1,再由第 5 题即得.

8. 利用第 6 题的结果.

9. 易证使得 $A^l = O$ 的最小正整数即为 A 的指标. 再由式(6.6.11),即得 $A^{(d)} = O$.

14. $A^{(d)} = A^\# = \dfrac{1}{8}\begin{bmatrix} 3 & 3 & -1 & -1 \\ -1 & 3 & 3 & -1 \\ -1 & -1 & 3 & 3 \\ 3 & -1 & -1 & 3 \end{bmatrix}$.

参　考　文　献

［1］ 程云鹏，张凯院，徐仲．矩阵论［M］．4版．西安：西北工业大学出版社，2013.

［2］ 徐仲，张凯院，陆全，等．矩阵论简明教程［M］．3版．北京：科学出版社，2014.

［3］ 戴华．矩阵论［M］．北京：科学出版社，2001.

［4］ 北京大学数学系．高等代数［M］．2版．北京：高等教育出版社，1995.

［5］ 蒋尔雄，高坤敏，吴景琨．线性代数［M］．北京：高等教育出版社，1978.

［6］ 熊全淹，叶明训．线性代数［M］．3版．北京：高等教育出版社，1987.

［7］ 蒋正新，施国梁．矩阵理论及其应用［M］．北京：北京航空学院出版社，1988.

［8］ 徐仲，吕全义，张凯院，等．高等代数［M］．北京：科学出版社，2008.

［9］ 张凯院，徐仲．矩阵论导教导学导考［M］．3版．西安：西北工业大学出版社，2014.

［10］ 张凯院，徐仲．矩阵论辅导讲案［M］．西安：西北工业大学出版社，2007.